土木工程抗震设计技术指导丛书

房屋抗震加固与维修

梅全亭 李 建 编著

中国建筑工业出版社

图书在版编目（CIP）数据

房屋抗震加固与维修/梅全亭，李建编著. —北京：中国建筑工业出版社，2008
（土木工程抗震设计技术指导丛书）
ISBN 978-7-112-10475-8

Ⅰ. 房… Ⅱ.①梅…②李… Ⅲ.①房屋结构：抗震结构-加固②房屋结构：抗震结构-维修 Ⅳ.TU352.1

中国版本图书馆CIP数据核字（2008）第174802号

本书是在汶川8级特大地震后，依据2008年8月修订并颁布执行的规范、规程、标准，结合现有房屋抗震加固和震区损坏房屋加固、维修、改造、改建的急需而编写的。全书共分十六章，内容包括地震及其对房屋的破坏、现有房屋和震损房屋的检测评估方法、评估标准、加固维修技术措施等；对房屋的钢筋混凝土结构、木结构、砌体结构以及地基、基础、屋面、楼面、墙面、装饰装修工程的抗震鉴定、震损现象、机理、加固维修方法和措施进行了系统、详尽的介绍；对古建筑和镇（乡）村建筑的抗震鉴定、加固与维修方法进行了专门论述；对供电、供水、供暖系统及其设施设备的维修维护作了深入浅出的阐述；对房屋抗震加固修缮工程预决算编制、审核方法作了详细的介绍，并附有工程实例；书中介绍了新材料、新技术在房屋抗震加固维修中的应用。全书力求以简洁明快、深入浅出的风格介绍复杂多变的技术问题，充分体现"处方型、表格化、技术针对性强"的特点。

本书可供从事房屋建设和抗震加固维修工作的工程技术人员和管理人员阅读，也可作为大专院校相关专业师生教学和研究用书。

责任编辑：赵梦梅
责任设计：崔兰萍
责任校对：陈晶晶 王 爽

土木工程抗震设计技术指导丛书
房屋抗震加固与维修
梅全亭 李 建 编著

*

中国建筑工业出版社出版、发行（北京西郊百万庄）
各地新华书店、建筑书店经销
北京红光制版公司制版
北京市彩桥印刷有限责任公司印刷

*

开本：787×1092毫米 1/16 印张：37¾ 插页：1 字数：940千字
2009年1月第一版 2009年7月第二次印刷
定价：78.00元
ISBN 978-7-112-10475-8
（17399）

版权所有 翻印必究
如有印装质量问题，可寄本社退换
（邮政编码 100037）

《房屋抗震加固与维修》
编委会

主　编：梅全亭　李　建

副主编：刘亚辉　莫琳波　梅　岩　任敬安　史　亮

编　委：王建国　梁　俊　赵宏伟　贾胜武　张江水　何志新
　　　　梁　伟　张　恒　胡　柏　林国恩　冯裕钊　邱　林
　　　　马志明　高殿森　易良廷　何申洁　徐良明　孙　琼
　　　　王　强　王权阳　吕　楠　胡绍华　包　文　孙　亮
　　　　徐振明　张志顺　董玉杰　代祖慰

前　言

《房屋抗震加固与维修》是在汶川 8 级特大地震发生后，依据 2008 年 8 月修订并颁布执行的规范、规程、标准编写的。

汶川大地震夺去了 8.7 万人的生命，致伤致残 30 多万人。在强震的几十秒内，山崩地裂，江河断流，山河改观，数十万间房屋顷刻间倒塌，造成了无可挽回的损失。这是唐山大地震 32 年后我国发生的又一次毁灭性地震！身为建筑抗震科技工作者，无不痛心疾首，捶胸顿足。

在地震面前我们真的束手无策吗？否！科学研究已经证明，地震是伴生着地球的一种自然灾害，只要地球存在一日，地震就存在一天，威胁着人类。在人类对地震的认知有限、无法预报地震的时代，我们惟有把房屋建得坚固抗震，才能最大限度地减少生命财产的损失。汶川地震调查表明，在高烈度震区，不少抗震设防能力较低的房屋建筑，包括一些学校建筑，由于在震前采用了最简单实用的方法进行了抗震加固，地震时并未倒塌，保护了许多孩子的生命，这是极其宝贵的经验，昭示着我们要用最新的技术、材料、方法、工艺，将现有在用房屋加固好、改建好，使其达到"小震不坏、中震可修、大震不倒"的"三水准"抗震设防要求。实践证明，只要尊重科学、实事求是地按科学方法加固改造房屋，可以有效提高房屋抗震能力，实现事半功倍修复震损房屋的目标，从而使房屋建筑真正成为抵御地震灾害的避难所，确保人员和财产安全。为此，我们编写了这本房屋抗震加固与维修的书，旨在用科学的方法指导现有房屋抗震加固和震后幸存的房屋建筑加固、维修与改造。

本书编写主要依据国家颁布的现行规范规程标准，特别是大量参考借鉴了汶川地震后修订发行的《建筑抗震设计规范》GB 50011—2001（2008 年版）、《建筑工程抗震设防分类标准》GB 50223—2008、《镇（乡）村建筑抗震技术规程》JGJ 161—2008；同时在初步调查总结汶川大地震经验教训的基础上，结合作者多年来房屋抗震加固实践，较为科学、系统、完整地阐述了房屋抗震加固与维修的技术与方法。

本书内容包括地震及其对房屋建筑的破坏、现有房屋和震损房屋的检测评估方法和标准、加固维修技术标准以及房屋抗震加固工程预算的编制，涉及房屋建筑、房屋结构、房屋构造及各种地基基础方面的维护、维修，还特别对供水、供电、供暖系统及其设备的维护、维修作了较大篇幅的叙述，并对新材料、新技术在房屋抗震加固维修中的应用作了详细的介绍，力求以简洁明快、深入浅出的风格介绍复杂多变的技术问题，充分体现"处方型、表格化、技术针对性强"的特点，达到易学易用的目的。对在各种地域、各种复杂条件下的房屋抗震加固与维修技术问题，都讲述了针对性、实用性较强的方法和措施，对及时排解房屋抗震加固维修使用管理中出现的各种技术难题，具有技术指导作用。

在本书编写过程中，克服资料繁杂、内容多、涉及技术范围广等困难，多次修改编写纲目，反复征求和吸收多方面的意见和建议，以极端认真负责、严格细致的学风保证该书的质量。但由于时间和水平所限，错误和疏漏在所难免，还望读者批评指正。

本书在编写过程中参考和引用了大量的现行技术标准、著作、新闻图片和科技论文等资料，在此特向各位被引用文献的作者表示衷心的感谢。若本书有遗漏列出所引用的参考文献，还请其作者给予指正和谅解。

目 录

第一章 地震及其对房屋建筑的破坏 ... 1
- 第一节 地震及其震害 ... 1
- 第二节 20世纪以来国内外灾难性地震及震害 ... 5
- 第三节 地震对房屋建筑的破坏 ... 16
- 第四节 我国主要城镇抗震设防烈度、设计基本地震加速度和设计地震分组 ... 26

第二章 房屋抗震加固与维修概论 ... 41
- 第一节 房屋抗震加固与维修概述 ... 41
- 第二节 房屋抗震加固维修程序 ... 45
- 第三节 房屋抗震加固维修措施 ... 45
- 第四节 房屋抗震加固维修管理 ... 48
- 第五节 汶川地震对房屋抗震规范的影响 ... 49

第三章 房屋建筑的抗震鉴定 ... 56
- 第一节 房屋抗震鉴定概述 ... 56
- 第二节 多层混合结构房屋抗震鉴定 ... 57
- 第三节 钢筋混凝土框架结构房屋抗震鉴定 ... 68
- 第四节 内框架和底层框架砖房的抗震鉴定 ... 75
- 第五节 村镇房屋的抗震鉴定 ... 80
- 第六节 古建筑的抗震鉴定 ... 81
- 第七节 震后危房的快速鉴定 ... 86

第四章 屋面加固与维修 ... 92
- 第一节 屋面震损的检查 ... 92
- 第二节 瓦屋面的加固与维修 ... 93
- 第三节 柔性屋面的加固与维修 ... 94
- 第四节 刚性屋面的加固与维修 ... 104
- 第五节 其他屋面的加固与维修 ... 108
- 第六节 常用护面层的用料及操作要求 ... 113
- 第七节 冷胶涂料的技术性能及使用方法 ... 114

第五章 楼面墙面加固与维修 ... 115
- 第一节 楼地面震损检查、加固与维修 ... 115
- 第二节 有水房间震损检查、加固与维修 ... 130
- 第三节 墙面震损检查、加固与维修 ... 132

第六章　木结构加固与维修 ……………………………………………………………… 143
 第一节　木结构损坏检查 ……………………………………………………………… 143
 第二节　木结构加固与维修 …………………………………………………………… 149
 第三节　木结构虫害的防治 …………………………………………………………… 159
 第四节　古建筑加固与维修 …………………………………………………………… 166

第七章　钢筋混凝土结构加固与维修 …………………………………………………… 173
 第一节　钢筋混凝土结构损坏检查 …………………………………………………… 173
 第二节　钢筋混凝土结构裂缝维修 …………………………………………………… 177
 第三节　钢筋腐蚀维护与维修 ………………………………………………………… 185
 第四节　混凝土缺陷、腐蚀加固与维修 ……………………………………………… 187

第八章　基础墙柱加固与维修 …………………………………………………………… 196
 第一节　基础损坏的检查与加固维修 ………………………………………………… 196
 第二节　墙柱损坏的检查与加固维修 ………………………………………………… 202
 第三节　现有房屋加层改建技术 ……………………………………………………… 217

第九章　地基处理与加固 ………………………………………………………………… 225
 第一节　砂土、软土、山区地基 ……………………………………………………… 225
 第二节　冻土地基 ……………………………………………………………………… 239
 第三节　湿陷性黄土地基 ……………………………………………………………… 253
 第四节　膨胀土地基 …………………………………………………………………… 272
 第五节　土工织物 ……………………………………………………………………… 286

第十章　门窗维修 ………………………………………………………………………… 294
 第一节　木门窗维修 …………………………………………………………………… 294
 第二节　钢门窗维修 …………………………………………………………………… 296
 第三节　铝合金、塑料门窗维修 ……………………………………………………… 297
 第四节　门窗油漆 ……………………………………………………………………… 299

第十一章　抗震加固维修常用材料 ……………………………………………………… 302
 第一节　砖、瓦、灰、砂、石 ………………………………………………………… 302
 第二节　水泥、木材、钢材 …………………………………………………………… 309
 第三节　混凝土、建筑砂浆 …………………………………………………………… 322
 第四节　建筑防水材料 ………………………………………………………………… 336
 第五节　混凝土密封剂 ………………………………………………………………… 376

第十二章　给排水设施设备维修 ………………………………………………………… 379
 第一节　上、下水管道故障检修 ……………………………………………………… 379
 第二节　水龙头与阀门的维修 ………………………………………………………… 385

第三节　卫生设备的维修 ··· 386
　　第四节　水泵保养及维修 ··· 389
　　第五节　水塔、水池的管理与维修 ·· 395

第十三章　供暖系统设施设备维修 ··· 396
　　第一节　锅炉的保养和维修 ··· 396
　　第二节　锅炉常见故障及排除 ··· 399
　　第三节　采暖系统管道附件的维修 ·· 415
　　第四节　散热器故障检查与维修 ·· 420
　　第五节　锅炉辅助设备的维修 ··· 423

第十四章　供电用电设施设备维修 ··· 427
　　第一节　照明线路与灯具的检修 ·· 427
　　第二节　供配电线路与防雷装置的检修 ·· 434
　　第三节　高、低压电器的检修 ··· 438
　　第四节　电动机与变压器的检修 ·· 458
　　第五节　三相异步电动机控制线路的制作与维修 ····································· 484
　　第六节　内燃机发电机组的使用与维修 ·· 494
　　第七节　电梯的维护管理与检修 ·· 513

第十五章　房屋抗震加固维修工程预算 ·· 523
　　第一节　加固维修预算的特点 ··· 523
　　第二节　修缮定额 ··· 524
　　第三节　加固维修预算的编制步骤和方法 ··· 525
　　第四节　加固维修预算编制实例 ·· 530

第十六章　房屋抗震加固与维修新材料、新技术 ··· 557
　　第一节　房屋抗震加固与维修新材料介绍 ··· 557
　　第二节　房屋抗震加固与维修新技术 ··· 562
　　附录A　中国地震动参数区划图 ··· 576
　　附录B　中国地震烈度区划图（1990年版）·· 581

参考文献 ·· 593

第一章 地震及其对房屋建筑的破坏

第一节 地震及其震害

一、地震成因和类型

地球是一个半径约 6400km 的椭球体,由地核、地幔、地壳三部分组成。地壳是地球上厚 5~40km 的外层。当地壳中的岩石破裂、错动、地表塌陷、火山爆发时,就产生剧烈的振动,并以波的形式传到地球表面,引起破坏,这就是地震。按照地震发生的成因不同,可将其划分为构造地震、火山地震、陷落地震等三类。

(一) 构造地震

构造地震是当地壳中岩石所积累的应力超过岩石的强度极限时,就将产生新断层或使原有断层发生错动,以达到新的平衡,在这一瞬间释放出的能量,以弹性波的形式引起地壳的震动。构造地震占地震总数的 90% 以上。

(二) 火山地震

火山地震是由于火山爆发、岩浆喷出引起震动而产生的地震。火山地震占地震总数的 7%。

(三) 陷落地震

陷落地震是由于洞穴崩塌所引起的地壳的震动。这类地震震源极浅,影响范围很小,只占地震总数的 3%。

二、地震基本概念

(一) 震源、震中和震中距

地下能量聚积和释放而引发地震的区域称为震源,它在地表的垂直投影叫震中。从震中到震源的距离叫震源深度,从震中到任一地震台站的水平距离叫震中距,从震源到地面任一地震台站的距离叫震源距。

通常将震源深度小于 70km 的叫浅源地震,它分布最广,占地震总数的 72.5%,其中大部分的震源深度在 30km 以内;深度在 70~300km 的叫中源地震,占地震总数的 23.5%;深度大于 300km 的深源地震较少,只占地震总数的 4%,目前已知的最大震源深度为 720km。我国绝大多数地震是浅源地震,而中源、深源地震仅见于西南的喜玛拉雅及东北的延边、鸡西等地。破坏性地震一般是浅源地震,如 1976 年唐山大地震的震源深度为 12km,2008 年汶川大地震的震源深度为 17km。

(二) 震级和烈度

1. 震级

震级是衡量地震强弱的尺度，某次震级是用该次地震过程中释放出来的能量的总和来衡量。一次地震，只有一个震级。我国常用里氏震级 M 来划分震级的大小（共划分为九级）。$M<3$ 级的地震，人们感觉不到，只有测地震的仪器才能记录下来，称为微震；$3 \leqslant M \leqslant 5$ 级的地震，人就能感觉到，称为有感地震或弱震；$M>5$ 的地震，会引起地面上的房屋、烟囱等的破坏，称为破坏性地震；$5 \leqslant M \leqslant 7$ 级的地震，称为强震，$M>7$ 级的地震，称为大震。世界上已记录到的最大地震的震级为1986年5月21日在智利发生的8.9级地震。

2. 烈度

烈度是表示受震地区地面和建筑物等遭受地震破坏的强弱程度，每次地震只有一个震级，但对不同的地点其烈度是有所不同的。地震烈度往往与地震震级、震源深度、震中距、地质构造等因素有关，也与建筑物地基、结构等因素相关。判断烈度大小主要是根据地震监测台网仪器测定和人的感觉、家具及物品的振动情况、地面建筑物及地形的破坏程度等因素综合考虑确定的。我国将烈度分为12度，表1-1-1是各种烈度下房屋的震害程度。

烈度与房屋震害程度关系表　　　　　　　　　　　表1-1-1

烈　度	一般房屋的震害程度	平均震害指数
1度	无损坏	
2度	无损坏	
3度	门窗轻微作响	
4度	门窗作响	
5度	门窗、屋顶、屋架颤动作响，灰土掉落，抹灰出现细微裂缝	
6度	损坏——（10%以下）砖瓦掉落，墙体出现细微裂缝	0～0.10
7度	轻度损坏——局部破坏、开裂，但不妨碍使用	0.11～0.30
8度	中等破坏——结构受损，需要加固维修	0.31～0.50
9度	严重破坏——结构严重破坏，局部倒塌，修复困难	0.51～0.70
10度	倒塌——大多数倒塌，不堪修复	0.71～0.90
11度	普遍倒塌	0.91～1.00
12度	室外地面剧烈变化，山河改观	

3. 地震震中烈度与震级的关系

当地震发生时，震源深度是一定的值，震中烈度与震级成正比关系（表1-1-2）。

震中烈度与震级、震源深度关系表　　　　　　　　　　　表1-1-2

震　级	震源深度（km）			
	5	10	15	20
	震　中　烈　度			
3级	5.0	4.0	3.5	3.0
4级	6.5	5.5	5.0	4.6
5级	8.0	7.0	6.5	6.0
6级	9.5	8.5	8.0	7.5
7级	11.0	10.0	9.5	9.0
8级	12.0	11.5	11.0	10.5

4. 工程中常用的烈度
(1) 抗震设防烈度

抗震设防烈度是指按国家规定的权限批准作为一个地区抗震设防依据的地震烈度。一般情况下，取 50 年内超越概率 10% 的地震烈度。

抗震设防烈度可采用中国地震动参数区划图的地震基本烈度，或《建筑抗震设计规范》GB 50011—2001 设计基本地震加速度值对应的烈度值。对已编制抗震设防区划的城市，可按批准的抗震设防烈度或设计地震动参数进行抗震设防。

抗震设防烈度和设计基本地震加速度值的对应关系　　　　　　表 1-1-3

抗震设防烈度	6	7	8	9
设计基本地震加速度值	0.05g	0.10(0.15)g	0.20(0.30)g	0.40g

(2) 抗震设防标准

抗震设防标准是衡量抗震设防要求的尺度，由抗震设防烈度或设计地震动参数及建筑抗震设防类别确定。

各抗震设防类别建筑的抗震设防标准，均应符合现行国家标准《建筑工程抗震设防分类标准》GB 50223—2008 的要求。

三、地震灾害

地震波引起的地面强烈震动，造成建筑物倒塌或某些自然物崩塌或大地移位，并由此危及人身安全和带来经济损失，这是地震造成灾害的最主要、最常见的现象。对地震灾害进行分析可以发现，地震灾害主要表现在三个方面，即地表破坏、建筑物破坏和因地震而引发的各种次生灾害。

(一) 地表破坏

强烈地震容易引发地裂缝、喷砂冒水、滑坡塌方等地表震坏现象。

地震引起的地裂缝主要有两种：一种是强烈地震时由于地下断层的错动使地面的岩层发生错移形成地面的断裂；另一种是在古河道、河堤岸边、陡坡等土质松软地方产生交错裂缝，大小形状不一，规模也较前一种小。

地震时引起喷砂冒水的现象一般发生在地下水位较高、砂层埋藏较浅的地区。经过强烈地震波的震动作用，含水土层将发生挤压并液化，地下水往往从地裂缝或土质松软的地方冒出地面，在有砂层的地方便会出现喷水冒砂的破坏现象。

地震时引发的滑坡塌方常发生在山区和丘陵。在强烈的地震作用下，往往会出现陡崖失稳引起的崩塌、山石滚落、陡坡移位等现象。

(二) 建筑物与构筑物的破坏

地震中，各类建筑物将遭受不同程度的破坏，如房屋和桥梁倒塌、水坝开裂等。建筑物的地震破坏与建筑物本身的特性密切相关，各类房屋建筑的破坏特征将在后面章节中介绍。

地震即便尚未使建筑物产生倒塌性破坏，也会使结构产生裂缝和其他内部损伤，继而将影响结构的使用寿命和耐久性，因而，一般需在震后对建筑进行鉴定和加固维修。

(三) 地震的次生灾害

地震的次生灾害是指地震间接产生的灾害，如地震后引起的火灾、海啸、泥石流、水灾、有毒物质污染、空气污染、瘟疫等。由次生灾害造成的损失有时比地震直接产生的灾害造成的损失还要大。

四、地震活动带分布

地球表面上地震震中的空间分布称为地震的地理分布。大多数地震都发生在一定的地区且成带状分布，称为地震活动带。

（一）世界地震带分布

全球的地震活动带有三个（图1-1-1、图1-1-2）：

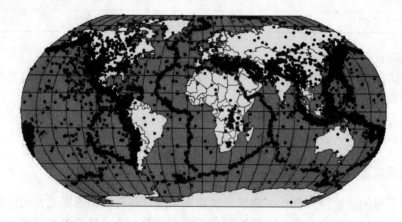

图1-1-1　1995～2001年全球4级以上地震震中分布图

图1-1-2　全球地震和火山分布图

1. 陆构造的过渡地区。全球约80%的浅震都发生在这一地震带内。
2. 欧亚地震带：常发生破坏性地震及少数深源地震。此地震带的一部分从堪察加开始，斜着越过中亚；另一部分则从印度尼西亚开始，越过南亚（喜马拉雅山脉），它们在帕米尔会合，然后向西进入伊朗、土耳其和地中海地区，再进入大西洋。我国大部分地区处于此地震带内。

3. 海岭地震带：几乎包括全部海岭构造地区。相对于前两个地震带，这是个次要的地震带。它从西伯利亚北部海岸经北极伸入大西洋，然后沿大西洋中部延伸入印度洋并分为两支，一支沿东非裂谷系，另一支通过太平洋的复活节岛海岭直达北美洲的落基山。

（二）中国地震带分布

中国是个多地震的国家，最早的记录是在公元前1831年，泰山发生强烈地震。根据历史地震资料和地质构造特征，我国有如下几个主要地震活动带（图1-1-3）：

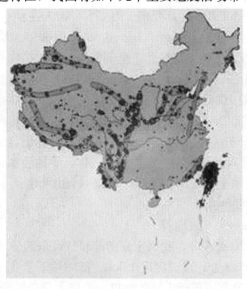

图 1-1-3　我国强震及地震带分布情况

1. 天山地震带：主要指南、北天山，阿尔泰山一带山区；
2. 南北地震带：由滇南的元江往北经过西昌、松潘、海原、银川直到内蒙古磴口。此地带发震特点为南、北两端频繁发生中强地震；
3. 华北地震带：指阴山、燕山一带，营口——郯城断裂带，汾渭河谷等地区；
4. 华南地震带：主要指东南沿海及海南岛北部等地区；
5. 西藏察隅地震带：沿西藏高原周围及边境一带；
6. 台湾地震带：包括台湾及其东部海域。此地区属于环太平洋地震带，地震出现频繁且强度较大。

第二节　20世纪以来国内外灾难性地震及震害

据统计，二十世纪以来，全球共发生里氏8级以上的浅源地震47次，平均不到两年发生一次，一百多年全球直接死于地震的人数超过100万，虽然特大地震只占整个地震灾害的一小部分，但其造成的人员伤亡和财产损失却是空前的。本章选取20世纪以来国内外典型的灾难性地震及其灾害进行简要介绍。

一、国内灾难性地震及震害

我国和我国周边地区是世界上发生大地震最集中的地区。20 世纪以来，仅八级以上的大地震就发生了 11 次，全世界造成人员伤亡最惨重的 3 次地震都在我国。

（一）1902 年新疆阿图什 8.3 级地震

1902 年 8 月 22 日，新疆阿图什发生 8.3 级地震，震中烈度 10 度，震源深度约 55km，震中位于中国新疆阿图什北部。这是新疆历史记载当中最强烈的地震，也是天山南北麓区域有记载以来最大的一次地震。阿图什地震共造成阿图什所属的 18 个市、县和所属 77 个点共计倒塌房屋 3 万多间，死伤 1 万多人，损失牲畜 600 多头。

地震有感范围的平均半径达 540km，面积达 92.7 万 km²。最严重的地区是天山南麓从小阿图什至哈尔峻一带，土搁梁房屋几乎全部倒塌，土木结构和质量较好的土夯墙、土坯墙房屋大多数倒塌。山崩、滑坡、地裂、冒沙冒水极其严重而普遍，致使地表景观改变了面貌。阿湖附近的托盖山喀拉翁库尔有半个山头垮塌下来，塌下的土石方量达 30 万 m³，最大一处崩塌体达 1540m³，崩塌物堵塞河流沟谷形成多级堰塞湖。河滩、平地裂缝呈网带状分布，缝长几十米，宽达数米。孙他克附近阿图什山岩错动、崩塌极甚，绝大多数树木被震倒。小阿图什附近两个山头震坍合为一体，平地喷水冒沙高达七八米，地裂缝最短者亦达 3~4km，树木全部倾倒。阿图什北面半个山头滑动 10~20m，土石崩塌堵塞道路，树木震倒陷入地裂缝中。

（二）1920 年宁夏海源 8.5 级地震

1920 年 12 月 16 日 20 时 6 分，我国宁夏南部和甘肃东部等六盘山广大地区发生里氏 8.5 级大地震，震中烈度 12 度，震源深度 17km，震中位于宁夏回族自治区海原县。这次地震共死亡 234117 人。地震还压死大量的牲口，造成大量房屋倒塌。

海源地震处在青藏高原北部及其东北部边缘地带的"青藏高原北部地震区"。海源地震不仅是我国历史上最大的地震之一，也是世界上最大的地震之一。地震影响波及宁夏、甘肃、陕西、青海、山西、内蒙古、河北、北京、天津、河南、山东、四川、湖北、安徽、江苏、上海、福建等 17 个省市，震感面积达 3×10⁷km²，约占中国面积的 31%。地震给震区带来了空前的灾难，在 7 度区就已经有人口死亡，极震区的中心地带建筑物几乎被夷为平地，海源、固原、西吉、静宁等 4 座县城全部毁灭。海源地震还造成了中国历史上最大的地震滑坡。由于极震区地处黄土高原，山体滑坡和山谷裂陷无数，滑坡群体形成一系列串珠状的堰塞湖，其中最大的长 25km，宽约 5km。灾区有的一间窑洞压死 100 多

图 1-2-1　劈成两半的古柳

图 1-2-2　静宁文庙塌毁

人；有的村庄 300 多口人在山崩时同葬一穴。加之当时北洋政府救灾不利，灾情进一步扩大。海源地震是 20 世纪地震史上地震冲击范围最大的一次地震。由于海原地震释放的能量特别的大，而且强烈的震动的持续了十几分钟，世界上有 96 个地震台都记录到了这次地震。

（三）1932 年甘肃昌马 7.6 级地震

1932 年 12 月 25 日 10 时 4 分，位于甘肃、青海交界处的昌马堡，发生里氏 7.6 级大地震，震中烈度 10 度，震中位于甘肃昌马堡，造成 7 万人死亡。

昌马断裂带为祁连构造带内加里东期形成的昌马—俄博断裂带（右缝合线）的西段，这次地震是断裂带强烈活动的产物。地震造成酒泉县等严重破坏，金塔城墙四周倒塌约 135m，鼎新的城墙和房屋在顷刻之间坍塌一半。东南乡昌马的房屋 90% 倒塌，人员死亡 400 多人，牲畜死亡在 500 头以上。赤金区房屋 60%～70% 倒塌。安西有民房 200 余间倒塌，城墙垛口倾圮五段。地震还造成了严重的山崩、地面破裂、滑坡、井泉干涸，疏勒河断流数日。著名古迹嘉峪关城楼被震坍一角，疏勒河南岸雪峰崩塌。此次地震后，余震频繁，且持续时间长达半年，给当地造成了巨大的损失。

图 1-2-3　昌马裂缝带

图 1-2-4　地震损坏的民房

（四）1933 年叠溪地震

1933 年 8 月 25 日 15 时 50 分 30 秒，中国四川茂县叠溪镇发生震级为 7.5 级的大地震。此次地震，震中烈度 10 度，叠溪镇被摧毁。震前该地异象迭出：犬哭羊嘶，蛇出鼠惊，乌鸦惨啼，母鸡司晨。地震发生时，地吐黄雾，城郭无存，有一个牧童竟然飞越了两重山岭。巨大山崩使岷江断流，形成大量的堰塞湖。1933 年 10 月 9 日 19 时，地震湖崩溃，洪水倾湖溃出，霹雳震山，尘雾障天，造成下游严重水灾，仅灌县境内捞获的尸体就有 4000 多具。叠溪地震和地震引发的水灾，共使 2 万多人死亡。

（五）1966 年河北邢台 7.2 级地震

1966 年 3 月 8 日 5 时 29 分，河北省邢台地区隆尧县发生 6.8 级地震，此后又发生了多次强震，以 3 月 22 日 16 时 19 分发生于宁晋县东南的 7.2 级地震震级最大。地震共死亡 8064 人，伤 38000 人，经济损失 10 亿元。

震区处于滹沱河冲积扇的西南缘，太行山山前洪积—冲积倾斜平原的前缘，古宁晋泊湖积—冲积洼地及冲积平原之间。由于灾区土质松散、地下水位高、古河道等因素，地震造成的破坏损失严重，破坏范围大。有感范围波及北到内蒙古多伦，东到烟台，南到南京，西到铜川等广大地区。受灾地区包括河北省的邢台、石家庄、衡水、邯郸、保定、沧州6个地区，80个县市，1639个乡镇，17633个村庄。地震使灾区110多个工厂和矿山、52个县市邮局、京广和石太等多条铁路、公路遭到破坏。地震造成了山石崩塌。3月22日7.2级地震时，邢台、石家庄、邯郸、保定4个地区，发生山石崩塌361处，山崩飞石撞击引起火灾22处，烧毁山林3000亩。震后事故性火灾连续发生，共发生火灾422起，烧死39人，烧伤74人，烧毁防震棚470座。地裂缝沿着滏阳河、古宁晋泊和古河道范围成带状分布；喷砂冒水比较普遍，多分布在古河道、地形低洼和土质疏松地区。由于震后谣言泛滥，地震影响涉及河北、河南、北京等3个省市、8个地区、40个县市，数百万人。

邢台地震以后，在周恩来总理的指示下，我国成立了中央和地方政府地震监测、防御和应急救援的专门机构，并加快了工程抗震研究和设计规范的编制工作。

（六）1976年云南龙陵7.4级地震

1976年5月29日，云南西部龙陵县先后发生两次强烈地震。第一次发生在20时23分18秒，震级为7.3级，第二次发生在22时0分23秒，震级7.4级。这次地震属于震群型地震。余震活动额度高，强度大。每次地震各出现了两个极震区。自5月29日至年底共记录到3级以上地震2477次，其中，4.7、5.9级19次，6.2级、7.3级及7.4级各一次。这次地震使云南省保山地区、临沧地区、德宏傣族景颇族自治州的9个县遭到不同程度的损失。人员死亡98人，重伤451人，轻伤1991人，房屋倒塌和损坏42万间。受灾面积约1883km^2。地震引起的滑坡也造成较严重损失。滑坡毁坏农房180幢，稻田、牧场、森林茶园近3900hm^2，破坏渠道1126条，摧毁一座装机容量为240kW的水电站和三座20kW以下的水电站。破坏道路185km，塌方量达78万m^3。龙陵地震经历了中期和短临预报的过程，并在震前采取了相应的防震措施。浅层崩塌性滑坡是此次地震的典型现象。

（七）1976年河北唐山7.8级地震

1976年7月28日凌晨3时42分，唐山市发生7.8级地震，震中烈度达12度，震源深度12km，震中位于唐山市路南区的吉祥路一带。同日18时45分，又在距唐山40余km的滦县商家林发生7.1级余震。地震共造成242419人死亡，164581人受重伤，仅唐山市区终身残废的就达1700多人；毁坏公产房屋1479万m^2，倒塌民房530万间，直接经济损失高达54亿元。唐山大地震是20世纪世界上人员伤亡最大的地震。

唐山地震破坏范围超过30000km^2，有感范围广达14个省、市、自治区，相当于全国面积的1/3。这次地震发生在工业城市，人口稠密，损失十分严重。唐山市区建筑物多数基本倒平或严重破坏，铁轨发生蛇形扭曲，地表发生大量裂缝。极震区包括京山铁路南北两侧的47 km^2，区内所有的建筑物几乎荡然无存。一条长8km、宽30m的地裂缝带，横切围墙、房屋和道路、水渠。唐山及其周围地区，出现大量的裂缝带、喷水冒沙、井喷、重力崩塌、滚石、边坡崩塌、地滑、地基沉陷、岩溶洞陷落以及采空区坍塌等。被地震损毁房屋65万余间，达95%，超过280km柏油路严重破坏，71座大、中型桥梁，160座小型桥梁，1千余个道路涵洞塌陷垮裂，至天津、北京、东北和沿海的主要公路干线路基塌陷或出现裂缝。公路交通基本断绝，东西铁路干线被切断，京沈铁路瘫痪。全市供水、供电、通讯、交通等生命线工程全部破坏，所有工矿全部停产，所有医院和医疗设施全部破坏。

图 1-2-5 震后的唐山
(a) 坍塌的唐山；(b) 扭曲的铁路；(c) 地震裂缝

（八）四川松潘、平武 7.2 级地震

1976 年 8 月 16 日 22 时 06 分，地处四川省西北部的松潘、平武地区发生了 7.2 级地震。由于地震前地震部门曾做了中期和短期预报，并采取了人员撤离等积极的预防措施，所以人员伤亡较少。8 月 22 日 05 时 49 分和 23 日 11 时 03 分，该地区又相继发生了 6.7 级和 7.2 级强烈地震。

这些地震的震源深度为 10～20km，极震区规模小，据调查长半轴为 5km，短半轴为 1.5km 左右，面积约 29km^2。极震区内破坏严重，砖木结构房屋大都倒塌，穿架房大都损坏。震时出现崩塌、滑坡。震后降雨，泥石流淹没村庄，堵塞河道成湖泊，道路毁坏，通讯中断。

松潘、平武二县人烟稀少，密度约 6～29 人/km^2。县内山脉高耸，森林覆盖面积大，经济以农业或农牧业为主，工业经济欠发达。因此，相对于工业、交通、经济发达地区以及人口密度大的城市来说，此次地震造成的损失要小得多。据当年的松潘、平武、茂汶、南坪四县统计，这次地震房屋倒塌 500 余间，耕地被毁达 15000 多亩，损失粮食 1700 多万斤，牲畜死亡 2800 余头，损坏桥梁 30 多座，涵洞 200 多处，有几个容量 2600kW 的小水电站亦损坏停电。这次地震人员伤亡较少，据统计，死亡 41 人，重伤 156 人，轻伤 600 余人。

（九）1999 年台湾集集 7.7 级地震

1999 年 9 月 21 日 1 时 47 分，台湾嘉义至南投一带发生 7.6 级强烈地震，震源深约为 7km，震中位于台湾省花莲西南的南投县境内。震后共发生 5 级以上余震 13 次。整个灾区死亡 2329 人，伤 8722 人，失踪 39 人，倒塌各类建筑物 9099 栋，受灾人口 250 万，灾民 32 万，财产损失 92 亿美元。

台湾岛位于太平洋板块和欧亚板块的前沿地带。地震时，台湾中部呈南北走向的大茅埔——双冬断层与车笼埔断层逆冲断层错动性变化，导致断层沿线的丰原、大境、务峰、中兴新村、南投、名间、竹川等市县村镇地区的灾难性破坏。台湾南投县及其东面的集集、埔里一带和日月潭附近，遭到前所未有的破坏。浙江省沿海的金华、衢州、杭州、宁波、嘉兴、湖州等地区亦有明显震感。灾区建筑物坍塌无遗，到处是断壁残垣，交通、通信、供电中断，台湾岛几近瘫痪。地震对公路和桥梁的破坏甚为严重，全岛 569 处交通中断。集集火车站全毁，数百幢房屋全毁，房屋倒塌近万栋，约有 20 万户住宅需要拆除重建。

图1-2-6 地震破坏的柱

图1-2-7 云林县国宝二期大楼

(十) 2008年汶川8.0级地震

2008年5月12日14时28分，四川省汶川县突发里氏8.0级大地震，震中映秀镇最大烈度达11度，破坏特别严重的地区超过10000km²。截至8月25日12时，地震已直接造成69226人死亡，374643人受伤，17923人失踪，总受灾人数达到1240多万，倒塌房屋50余万间，直接经济损失8700亿人民币。是新中国成立以来破坏力及波及范围最大的一次严重地震灾害。

图1-2-8 地面隆起的阿坝铝厂

图1-2-9 严重破坏的漩口中学

相关研究表明，汶川大地震位于龙门山地震带。该地震带成北东走向，长约400km，宽40～60km，其演化历史久远，结构复杂，主要由平行的三条北东向的主干活动断裂分布为：龙门山主边界断裂（江油—都江堰断裂），北东起于陕西宁强、勉县一带，向南西经广元、江油、都江堰至天全，全长500km，其中北东段马角坝断裂、中段二王庙断裂和南西段天全断裂，在平面上总体呈左行雁列展布，在南东有次级断裂发育；龙门山主中央断裂（映秀—北川断裂），西南始于泸定附近，向北东经宝兴盐井、映秀、北川，至陕西境与勉县—阳平关断裂相交，总长>500km，由北川断裂、映秀断裂、盐井断裂等组成，挤压兼右旋走滑运动性质明显，主干断裂两侧发育一系列次级断裂；龙门山后山断裂（汶川—茂县断裂），其西南端在泸定附近，向北东经宝兴陇东、汶川耿达、汶川、茂县、平武、青川等地。由青川断裂、茂县—汶川断裂、耿达—陇东断裂等组成，右旋走滑运动性质明显。

这次大地震的突出特点是影响范围广、震中烈度高。由于位于海拔较高的地方，且震源距地面非常近，因而波及地区很广，除吉林、黑龙江、新疆三省无震感报告外，全国其余省份及港澳台等地区，泰国、越南等国，均有明显震感。6度区以上面积合计44万km^2，其中，以四川省汶川县映秀镇和北川县县城为两个中心的11度区面积约2419km^2，呈长条状分布。

图1-2-10 严重坍塌的百花大桥

图1-2-11 映秀镇山体滑坡

地震中，位于震中映秀镇、漩口镇和卧龙镇等八个乡镇，基本被夷为平地；威州、绵虒地区农民群众的房屋大部分倒塌，县城3万余人在避难场所紧急避难；极震区道路、桥梁基础设施严重破坏，山体滑坡、泥石流严重；公路被全部震断，出现多处塌方，桥梁垮塌，完全瘫痪。北川县县城几乎被夷为平地，北川老县城80％、新县城60％以上建筑垮塌，县城周边山体滑坡，县城上游因山体滑坡形成大量堰塞湖。体量最大的唐家山堰塞湖，滑坡体坝高约82～124m，集雨面积达3550km^2，蓄水容积约3.2亿m^3。极震区交通几乎完全中断，滞留游客上千人。什邡市多处居民楼房、学校和企业厂区在震中坍塌，其中两个化工厂厂区有数百人被埋，80余吨液氨泄漏；位于山区的蓥华、红白、八角、湔底、洛水等乡镇，受灾最为严重，通讯交通全部中断；绵竹市共七所学校倒塌，1700人被埋；全市70％农户房屋倒塌，受灾镇乡21个，受灾人数40多万人；汉旺镇城区逾九成房间倒塌，近山边出现大面积塌方，东方汽轮机厂受到严重破坏。另外，位于四川北部

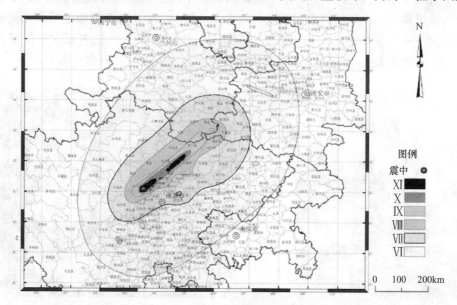

图1-2-12 汶川地震烈度分布图

的甘肃省、陕西省和东部的重庆市,均不同程度地遭受地震损毁。

二、国外灾难性地震及震害

上个世纪以来,在世界范围内也发生了多次强震灾害。本书选取了十个典型的地震作一简要介绍。

(一) 1906 年美国旧金山 8.3 级大地震

1906 年 4 月 18 日,位于美国西海岸加利福尼亚州中部的旧金山市,发生里氏 8.3 级大地震,震中烈度为 11 度,加利福尼亚震区 6 万人丧生,其中旧金山市死亡 2500 人。旧金山地震是 20 世纪最早的一起特大地震,也是美国历史上损失最惨重的一次地震。

图 1-2-13 旧金山渡口

旧金山市处在东太平洋大陆板块与北美洲大陆板块交接处,是世界上最大的地壳裂缝活动断层。4 月 18 日凌晨 5 时 12 分,地沟突然撕开一条长约 430km 的破裂带,水平位移达 7m 左右,引发地震。市内高大建筑有的被震塌,有的被震得歪歪斜斜;大街上尸首遍地,瓦砾成堆,一幅凄惨的荒凉景象。马凯特大街下陷了足有 1.2m,地面高低不平。在布伦诺大街,地面出现了巨大的裂缝,半个街区被陷入地下,几十人被埋。商业区和金融区成了一片废墟,许多尸体从瓦砾中被震出来。工业区被夷为平地,社区与住宅区变成废墟。工厂和仓库,大型商店和报馆、旅馆和巨富豪邸都化为乌有。街道有的隆起,有的下陷,到处是断壁残垣,全市的心脏地带有一半成了废墟。城区的煤气系统被地震破坏,大火随着地震在全城蔓延,火势由市场街南方的十几处不同地区、工人贫民区,还有无数工厂开始燃烧,一直烧了三天三夜,街区一个个被烧毁。由于旧金山城区有较大数量的 19 世纪城市木结构建筑物,而早期的自来水系统彻底瘫痪,加上旧金山消防建设滞后,从而致使这次地震的次生火灾更加触目惊心。据不完全统计,大约价值 3.5 亿美元(折合现在价值 50 亿美元)的财产化为乌有,并使整个加州震区 6 万多人丧生瓦砾和火海中。

图 1-2-14 被扭曲的电车轨道

图 1-2-15 旧金山大火

(二) 1908年意大利墨西拿7.5级地震

1908年12月28日，位于意大利南部西西里岛的墨西拿海峡海底，发生里氏7.5级大地震，并引发特大海啸，海啸几乎完全摧毁了海峡两岸的墨西拿和雷鲁卡拉布里亚市，导致12.3万人死亡，是20世纪最早的一起特大海底地震。

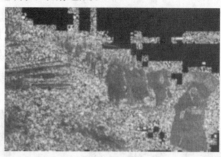

图1-2-16 墨西拿地震中损坏的房屋和被迫迁移的人们

地震使墨西拿海峡两岸城市的建筑物剧烈摇晃，甚至上下跳动，无数的煤气管道当即爆炸起火。墨西拿市的豪华钟楼、教堂、戏剧院相继坍塌，化为废墟。与此同时，墨西拿海峡两岸的陡峭悬崖像散架似的纷纷坍塌并坠落海中。地震导致海底突然沉陷，又突然上浮，在近海岸掀起高达12m的巨大海啸，巨波横扫海岸，直冲市区。排山倒海的海啸连续不断地向墨西拿和雷鲁卡拉布里亚市区猛烈冲袭。一些刚刚从废墟中爬出来的难民，又被涌进市区的海水卷走。几经洗城，港口几乎完全被咆哮的海水吞没，两大城市和45个村庄遭到了前所未有的毁灭性洗劫，残砖瓦砾到处堆成了无法逾越的山。此次地震在西西里以及意大利其他南部地区造成了十几万人死亡，仅墨西拿市死难者就多达8.3万人，其中三分之一直接死于地震，其余死于海啸。

(三) 1923年日本关东8.3级地震

1923年9月1日，位于太平洋西北部边缘的日本关东平原南部的相模湾海底发生里氏8.3级海洋型大地震，震中烈度为11度，导致东京都、横滨、横须贺三大城市完全毁灭，14.3万人丧生，造成20世纪以来最大的地震火灾，经济损失总价值折合现值超过300亿美元，非常惨重。

在太平洋板块与欧亚板块接缝东侧边缘，此间海底和"太欧板块"边缘一带的地壳变动剧烈，地震非常频繁。11时58分，"太欧板块"错动，遂即斜向俯冲碰撞，相模湾海沟当即下陷399.3m，引发地震。当地的河川、港湾、公路、铁路、供水、供电系统设施均遭严重破坏，房屋倒塌，多处被夷为平地。由于地震时正值烧火做饭的中午，加之当时的房屋多为木结构建筑，在东京都，震后半小时就发生火灾212处。有4万多灾民蜂涌逃聚到东京军事制服厂一块约有10万m²的空旷地上，16时左右，风向突变，无数火星像骤雨般袭来，引燃了刚抢救出来的物资和灾民的衣物，人海立即变成火海，当场烧死、窒息3.8万人，只有2000人侥幸逃生。从废墟中逃出来的数万灾民，被两岸的熊熊大火逼上了横跨隅田川的5座大桥，人多桥窄，无数的难民被迫跳入河中，有的当即被淹死，有的挣扎到岸边，又被强大的热浪烤死。数天后，桥头、桥上、岸边、水面上到处都是焦尸。同时，熊熊的大火又物化出无数强劲的上旋气流，并演变成转速极高的龙卷风，共计有120条烟龙卷、火龙卷在市区疯狂肆虐，龙卷到处，无一不是扫荡殆尽。在横滨，海浪高达9m以上,不少建筑物被卷走。铁路交通枢纽被彻底摧毁,20个车站,8列火车,数十节车厢和5.8万幢房屋先后被烧毁。据震后统计,关东大地震毁灭了57.5万幢房屋,其中火烧44万多幢,死亡14.3万人。这次地震是日本有史以来最大最惨重的大地震,震后不久,日本天皇将每年的9月1日诏定为"全国防灾日"。

(四) 1939年土耳其埃尔津詹8级地震

1939年12月27日凌晨2时到5时,8级地震猛烈震撼土耳其,特别是埃尔津詹、锡瓦斯和萨姆松三省。埃尔津詹市除一座监狱外,所有的建筑物尽成废墟。地震造成5万人死亡,几十个城镇和80多个村庄被彻底毁灭。地震后,暴风雪又袭击灾区,加剧了灾难。

图1-2-17 关中大地震后的日本东京　　　　图1-2-18 地震引起的火灾

(五) 1960年智利大地震

1960年5月21日下午3时,智利发生8.3级地震。从这一天到5月30日,该国连续遭受数次地震袭击,地震期间,6座死火山重新喷发,3座新火山出现。5月21日的8.5级大地震造成了20世纪最大的一次海啸,平均高达10m、最高25m的巨浪猛烈冲击智利沿岸,摧毁港口、码头、船舶、公路、仓库、住房。时速707km的海啸波横贯太平洋,地震发生后14h到达夏威夷时,波高仍达9m;22h到达17000km外的日本列岛,波高8.1m,把日本的大渔轮都掀到了城镇大街上。这次地震,智利有1万人死亡或失踪,100多万人口的家园被摧毁,全国20%的工业企业遭到破坏,直接经济损失5.5亿美元。

(六) 1970年秘鲁钦博特7.8级地震

1970年5月31日,位于秘鲁西部安卡休州境内的钦博特海湾海底,突然发生里氏7.8级大地震,震中烈度为10度,并引发迄今为止世界上最罕见、最猛烈的瓦斯卡兰特大泥石流,导致容加依城全部毁灭,并使震区近7万人丧生,是20世纪以来南美洲地震史上死亡人数最多的特大地震。

环太平洋地震活动带的东支安德烈斯地震环从秘鲁境内穿过。5月31日下午15时23分,钦博特海湾以东的太平洋近海海底的断层突然移位,引发地震。震中钦博特及其东部地区的瓦廉卡、楚基卡拉、容加依等,由于地质与土质条件和土砖抗震性能极差等主客观原因,房屋等建筑物象豆腐渣一样坍塌。尽管地震时值白天,但很多人却仍然来不及逃离,就当即被活埋在断壁残垣中。与此同时,强大的冲击波震裂了民斯卡兰主峰的冰冠,导致巨大的冰体坠落,酿变成南美洲甚至世界历史上空前的容加依泥石流毁城大惨案,一块大约近 1000m³ 的特大冰块，从瓦斯卡兰北峰崩塌，并狂落下坠 900m，撞击在海拔 3700m 处的冰山和冰河湖中。惯性溅起来的物体，形成一个巨大无比的涡流气旋。大约有 1 亿 t 左右的球块、岩石、泥土和冰雪被腾空卷起并坠落，形成一股冰雪泥石流。估计约有 5000 万 m³ 的冰雪泥石流以 320km/h 的速度咆哮着向山下奔腾而来，所经之处，激起无数强劲的气浪和石雨。泥石流，像庞大无比的推土机一样铲平了沿途所有的山丘和村庄后，又轻而易举地（其时速已高达 400km）翻过 100 多米高的分水岭，一下子整体凌空倾倒在容加依城内，使 2.3 万人丧生，容加依城全部毁灭。强大的冲击惯性，使泥石流在覆盖容加依城后，还继续向前推进了好几公里，流程长达 160km。据震后官方公布，除钦博特基本毁灭，楚基卡拉、瓦廉卡半毁灭外，容加依和兰拉西卡全部毁灭，共计死亡 66794 人，10 多万人受伤，100 多万人无家可归。

图 1-2-19　钦博特大地震中的地裂缝

（七）1985 年墨西哥墨西哥城 8.1 级地震

1985 年 9 月 19 日，位于墨西哥境内的西太平洋海底，突然发生里氏 8.1 级大地震，震中烈度为 11 度，导致远离震中的墨西哥城毁灭近半，震区内死亡 3.5 万人，是 20 世纪以来非极震区死亡人数最多的一次大地震。

城中处于科科斯板块（即美洲板块）与加勒比板块（即太平洋板块）的构造交接处。地震时，海面上掀起数米高的滔天巨浪，地面剧烈跳动，震中剧烈震动长达 90 秒。次日，墨西哥城又接二连三地遭到 7.3 级、6.5 级、5.5 级等 38 次大余震的袭击。远离震中约 370km 的墨西哥城遭到严重破坏。墨西哥城的所有政治、经济、文化、体育等活动当即陷于瘫痪——地铁停驶，铁路、公路交通枢纽中断、通信中断、航空港关闭；市政设施面目全非，一片狼籍。市区 35% 的房屋等建筑约有 8000 多幢遭到不同程度的破坏，其中有 300 幢全毁。尤其是老城区和繁华商业区（华雷斯大街），几乎完全变成废墟。煤气管道断裂，市区火灾四起，使灾情更加惨烈。

（八）1988 年亚美尼亚大地震

1988 年 12 月 7 日上午 11 时 41 分，当时的苏联亚美尼亚共和国发生 6.9 级地震，震中在亚美尼亚第二大城市列宁纳坎附近，烈度为 10 度，该市 80% 的建筑物被摧毁。地震造成 2.4 万人死亡，1.9 万人伤残，直接经济损失 100 亿卢布，超过切尔诺贝尔核电站事故的损失。这次地震的特点是震级不高，但损失惨重。1989 年，一个同样震级的地震发生在美国旧金山，仅死亡 68 人。

（九）1990 年伊朗拉什特 7.7 级地震

1990 年 6 月 21 日，位于伊朗西北部的吉兰省拉什特附近，突然发生里氏 7.7 级大地震,震中烈度为 10 度,导致吉兰和赞詹等 6 省死亡 5 万多人,鲁德巴尔镇全部毁灭。

伊朗位于欧亚地震带和高加索高原段的延伸段,为欧带中地震高发区和地震高烈度中心区,在太阳活动强烈物理冲击的作用下,1990 年欧亚地震带再次活跃起来,在德黑兰 200km 外的里海周围拉什特附近,处于叠压状态的板块突然错动,引发地震。大约 1 分多钟的剧烈摇晃,把里海沿岸 150km 宽的所有房屋、建筑物全部夷为平地。紧邻的亚美尼亚的吉兰、赞詹等 6 省,到处都是东倒西歪的残垣断壁和崩裂破碎的土地。河堤决口无数,沟壑纵横交错,尘烟滚滚。几乎所有的房屋都已经倒塌,地上裂缝弯曲蜿蜒。在赞詹省,计有 54 个城镇和村庄完全被夷为平地。阿波镇和布乌思镇几乎无人逃生。震后发生的余震达 360 多次,其中多次强震,并出现前所未有的无数次大面积滑坡。数十吨重的巨大石块和几百立方米的滑坡泥石体,把通往高原城镇山村的峡谷和道路完全封锁。据 7 天后伊朗当局公布,本次地震死亡人数至少已有 5 万,受伤人数近 20 万,另外还导致 50 万人无家可归。完全坍塌的房屋和高层建筑物 10 多万幢,半毁房屋 7 万多幢,鲁德巴尔全镇毁灭,经济损失约 100 亿美元,并使整个吉兰省的经济基本崩溃。

(十)1995 年日本阪神大地震

1995 年 1 月 17 日晨 5 时 46 分,日本神户市发生 7.2 级直下型地震,大阪市也受到严重影响。这次地震造成 5400 多人丧生,3.4 万多人受伤,19 万多幢房屋倒塌和损坏,直接经济损失达 1000 亿美元。神户市两座人工岛砂土液化严重,几乎所有岸壁崩塌,滑向大海,连接神户市和人工岛的跨海大桥也损坏严重,使日本第二大港神户港顿失生机。由于电线短路和煤气泄漏,灾区震后发生 500 多处火灾,在火灾最严重的地方,烈火蔓延了 1000 多米。

第三节 地震对房屋建筑的破坏

破坏性地震的能量十分巨大,直接影响就是造成房屋及构筑物的破坏或倒塌。这不仅造成极大的经济损失,还会带来一系列人员伤亡、安全稳定等严重问题。历次地震震害调查分析表明,地震造成的直接经济损失和人员死亡,主要是因为房屋建筑的倒塌破坏造成的。从这些地震中总结房屋建筑的破坏经验,对于房屋的抗震减灾工作有着重要意义。

一、地震作用下房屋的破坏机理

地震对房屋的破坏作用是多种多样的。强烈的地表振动,可以直接破坏房屋及构筑物;地表振动有时会使饱和含水的砂土液化,导致地面下降、开裂、喷水、冒砂等,造成地基失效或承载力降低,损坏房屋的基础和上部结构;地震引发的山崩、滑坡、泥石流等自然灾害以及火灾、水灾等次生灾害也会对房屋建筑物造成极大的危害。

(一)房屋的动力特性

房屋都有其动力特性,而由于动力特性的不同,房屋的抗震能力也有其各自不同的特点。

1. 刚度和周期

房屋都有其一定的刚度,以抵抗外力作用引起的形变。当受外力冲击或者偏离原来的平衡位置时，弹性力使它向反方向运动，如此往复，形成振动。往返运动一次后回到原来位置所需的时间，称为周期。房屋的自振周期由其高度、质量、刚度等因素决定。周期随高度和质量的增加而增加，而与刚度成反比，所以通常称周期较小的结构为刚性结构，周期较长的为柔性结构。

2. 振型

房屋在共振时的振动形状叫做振型。房屋受力时，不仅以其基本周期作第一振型（自振周期最长的基本振型）的振动，还有第二、第三等高振型的叠加作用。

3. 地震时房屋的振动

刚性房屋的顶部和基础的运动与附近地表一致，但房屋对周期小于0.1s的地震振动反应较小。中等刚度房屋顶部振动的周期、相位和波形与基础或地下室几乎一致，但振幅随运动性质有20%~70%的增加。柔性房屋的地下室或基础的振动很不规则，大致与地面的振动相似，但顶部运动以该房屋低阶固有周期分量为主，其最大振幅为地下室的2~3倍。

研究认为，在地震中，刚性房屋的运动与周围地面相同或接近，柔性房屋以其固有周期振动，中等刚度的房屋介于两者之间。

4. 阻尼

房屋在振动时，由于材料的内摩擦、构件节点的摩擦以及外界阻力的作用，能量将有损耗，另一部分能量也会由地基逸散，所有这些能量损耗的原因，统称为房屋的阻尼。在抗震设防工作中，通常选用周期和阻尼这两个最为关键且易于计算或实测的动力参数来表述。房屋的各个振型都分别有其一定的周期和阻尼。

（二）房屋破坏的机理

1. 振动破坏

地震波引起的地面振动，通过基础传给建筑物，引起建筑物本身的振动。通常的建筑物都是按静力设计建造的，没有考虑或者很少考虑动力影响。当振动强度超过建筑物本身的形变能力时，就会造成破坏。

由于地震波的频谱组成和延续时间以及建筑物的材料性质、动力特性、地基条件和地形等因素的影响，地震振动对建筑物的破坏作用由许多因素综合决定。

（1）地震波的周期

根据有关研究显示，周期在0.1~2s之间的振动对一般建筑物危害最大。例如，周期1s、振幅2.5cm、加速度约0.1g的振动，只需几秒钟就能破坏质量较差的房屋，若持续10s以上，则可对普通房屋造成重大破坏。

高频振动，如小型爆炸引起的周期为1/300s、振幅为0.0025cm、加速度达1g左右的振动，一般对建筑物不能构成直接的威胁。而特别强烈的地震，在数百甚至上千公里的距离外，能引起周期约20s、振幅在1cm左右的振动，人们不易察觉，但有时可以引起高层建筑的共振，使上层的最大位移达到20cm以上，这样也很容易造成破坏。

（2）共振作用

在小振幅的短周期地面振动作用下，建筑物的上部可认为基本保持不动。当地面振动和房屋建筑物的固有周期相同时，就产生共振，此时房屋上部位移可能超过地面运动很多倍。在长周期的地面振动作用下，顶层的加速度大于地面的加速度，地面周期越大，这个差别以及房屋的变形就越小。

（3）断层影响

活断层是产生震害的主要因素之一，位于断层边缘部位的震害程度与其规模大小关系可表示为

$$I_{(D)} = f\{\Delta, h, g, \sigma\}$$

其中，$I_{(D)}$为震害指数，它与震中距Δ、深度h、地面加速度g、建筑物刚度σ呈函数关系。

（4）地基影响

房屋建筑场所的地基土质、下卧岩层的结构和深度、基础的类型和深度，以及包括附近房屋在内的地表地形特征等，都对房屋的受震破坏有影响。一般来说，坚实地基上的大多数房屋受破坏最轻，软弱地基上的破坏最严重。

但是，从另一方面来说，在某种条件下，软弱地基也有其有利的一面。坚实地基是促使地震波剧烈扩散的媒介，地面振动引起房屋的振动，因而产生施加于房屋上的惯性力，这是刚性建筑物破坏的主要原因。而一个在振动台上的用砖石房屋模型进行的试验表明，坚实地基上的模型的上部水平振动加速度值比松软地基上的大56%。这是因为较软弱的地基的变形能力更强，有着"消能"的作用，也就是减轻了地震波对地基的冲量。软弱地基的压陷性使得其上部的砖石结构在强震时破坏较轻。

（5）竖向和旋转地震力的作用

震源产生的地震波（体波）分为横波和纵波，分别引起地面的水平运动和竖向运动。通常竖向运动比水平运动小，而一般的房屋建筑物的竖向稳定性又比较好，因此我们在房屋工程建设中通常只考虑水平地震力的作用。

而某些高耸的建（构）筑物（如高层建筑、发射塔架等）易受围绕水平轴或竖向轴旋转的扭转力的影响，在研究这些房屋工程的抗震问题时，需要加以特殊考虑。

（6）多次振动的效应

振动引起的房屋破坏程度和规模，与震前房屋本身的结构完整性有关。如果房屋曾遭受过地震损伤或者其他损坏，而没有及时进行修复和抗震加固，那么它的抗震能力必然会降低，若再遭受地震袭击，破坏必然更重。

2. 房屋地基失效引起的破坏

当加速度较小或地基坚实时，地表层具有弹性性质，反之则地表层或下垫层可能达到屈服点。达到屈服点后，岩石、土层将产生塑性变形，导致地基承载力下降、丧失以致发生位移。地基的破坏将会消耗部分能量，减小振动对房屋建筑物的直接破坏（如前所述），但是由于地基失效，同样会造成建筑物的破坏。地基承载力降低将导致房屋下沉；地基的不均匀下沉和水平位移将破坏房屋建筑物的基础，上部结构随之破坏。

在强烈振动下，饱和含水的松散粉土、细砂土层会产生液化，失去承载能力。这是因为砂土和粉土的土颗粒结构受到地震作用时将趋于密实，当土颗粒处于饱和状态时，这种趋势将使孔隙水压力急剧上升，而在地震作用的短暂时间内，这种急剧上升的水压力来不及消散，使原先由土颗粒通过其接触点传递的压力（亦称有效压力）减小；当有效压力完全消失时，砂土和粉土就处于悬浮状态中，场地土便产生液化。

3. 次生灾害引起的房屋破坏

陡峭的山区或丘陵地带，发生次生灾害的可能性最大和最为严重。一旦发生地震，破碎的岩石和松散的表土，往往与下卧岩石土层脱离，引起崩塌、滑坡或泥石流。若地震前长时间降雨，表层含水饱和，则更容易发生这类灾害。

二、房屋震害分析

（一）土、木、石结构房屋震害分析

1. 土坯墙承重房屋

土坯墙承重的房屋在 7 度以下地震作用下，一般发生中等程度的破坏；在 8 度地震作用下，将有一半左右倒塌。这类房屋破坏的部位主要是墙体，产生斜向或交叉裂缝，特别是窗间墙及房屋的尽端和转角部位的破坏特别严重。

2. 木结构房屋

木结构房屋的震害，从破坏程度看，可分为全部倒塌（落架）、局部倒塌、墙倒架歪、轻微破坏等。木结构倒塌主要是由于地震时木构架大幅度晃动，产生较大的形变，导致脱榫、折榫、柱子折断等。在遭受 7 度地震时，这类房屋一般会出现山墙和围护墙的倒塌或严重开裂，木架节点松动、柱脚滑移。8 度地震时，其破坏主要是木构架歪斜，墙体外闪或局部倒塌，个别木柱折断。9 度地震时，多数木结构房屋发生严重破坏或倒塌。

图 1-3-1　震塌的土坯墙承重建筑

图 1-3-2　木结构房屋震损

3. 石墙承重房屋

石砌体房屋主要采用料石或毛石砌筑而成，石砌体又分为浆砌体和干砌体（不用砂浆，仅用石块叠垒）两种，即俗称的"干打垒"。多层石结构房屋的破坏部位主要是纵横墙体及其连接处，还有山墙以及房屋的附属物（女儿墙、出屋面烟囱、突出屋面的屋顶间等）。

（二）砌体结构房屋震害分析

砌体结构房屋，主要是黏土砖、砌块等通过砂浆砌筑成承重墙和各种混凝土楼板组成。由于墙体材料为脆性，整体性能较差，砌体结构房屋的抗震能力相对比较低。唐山、海城等大地震的震害统计发现，未经抗震设防的多层砌体房屋受到的破坏最为严重：在 7 度区内，少数房屋轻微损坏，个别房屋出现中等程度破坏；8 度区内，多数房屋出现震坏，近半数达到中等和严重破坏；9 度区内，房屋普遍遭到破坏，多数严重破坏；10 度以上区内，多数倒塌。

1. 墙体的破坏

与水平地震作用平行的墙体是承受地震作用的主要抗侧力构件，当地震作用在砌体内产生的主拉应变超过相应极限拉应变时，就产生斜裂缝；地震反复作用，则形成交叉裂缝。在高宽比较小的横墙上，中部出现水平剪切裂缝。对于钢筋混凝土楼板的砖墙房屋，这种裂缝往往是底层比上层严重。在纵墙上，交叉裂缝出现在窗间墙。当房屋的承重横墙因抗剪强度不足而开裂后，随着水平作用力的继续作用，房屋将会发生原地的塌落。

墙体的水平裂缝主要出现在纵墙窗口上截面处，这是由于横墙间距过大或楼板水平刚度不足，在横向水平作用力下纵墙产生了过大的水平面变形，导致墙体的抗弯强度不足而出现水平裂缝。

门窗洞口开得多且大的墙面破坏也十分严重，如窗间墙布置不合理、墙段长度过大或过小，宽墙垛因吸收过多的地震作用而先坏，窄墙垛则因稳定性差也随后失效。对于大洞口的上部过梁或墙梁，在竖向地震作用下，有时在中部断裂破坏。

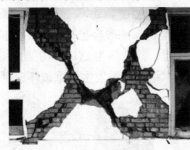 

图 1-3-3　汶川大地震中墙体典型破坏形式

2. 墙角的破坏

房屋的四角和部分凸出阳角的墙面，易出现纵横两个方向的 V 形斜裂缝，严重者发生该部位墙体的局部倒塌。这是由于地震过程中的扭转影响以及墙角部位具有较大的刚度，使得房屋角部所受的地震作用效应加大，且墙角处应力复杂并易于产生应力集中，而墙角位于房屋尽端，纵横两个方向的约束作用减弱，使得该处的抗震能力降低。

3. 纵横墙连接处的破坏

由于在施工时纵横墙往往不能同时咬槎砌筑，纵横墙间留有马牙槎，使墙体间缺乏拉结，或虽同时砌筑但砌筑质量不好，同样导致拉结强度较低。地震时在垂直于纵墙的作用力下，纵横墙连接处产生较大的拉应力，出现竖向裂缝、拉脱、纵墙外闪，甚至是整片墙倒塌。另外由于地震导致的地基不均匀沉降，也会引起纵横墙间的竖向裂缝。

4. 楼梯间的破坏

楼梯横墙间距比一般的横墙要小，所以楼梯间横墙水平抗剪刚度较大，因而分担的水平地震剪力也较大；另一方面，楼梯间没有像其他房间那样有楼板与墙体组成的盒子结构，空间刚度相对较小，特别是顶层休息平台以上的外纵墙常为一层半高，自由度加大，竖向压力较小；有时还因有楼梯踏步板嵌入墙体，削弱墙体截面。因此楼梯间的墙体容易在水平地震作用下产生斜裂缝和交叉裂缝。一般来说，上层楼梯间的震害较下层为重。若楼梯间布置在房屋的端部或转角处，由于房屋的扭转作用对楼梯间产生附加地震剪力的影响，将会加剧震害。

楼梯构件本身的震害较轻，但随着墙体的破坏，楼梯构件也会发生位移和开裂。9度时，现浇楼梯踏步板与平台梁相连接处易被拉断。

5．楼板与屋盖的破坏

楼板和屋盖是地震时传递水平作用力的主要构件，其水平刚度对房屋的整体抗震性能影响很大。现浇钢筋混凝土楼板、屋盖的整体性好、水平刚度大，是较理想的抗震构件。预制钢筋混凝土楼板、屋盖的整体性较差，以及板缝偏小、混凝土灌缝不密实，地震时板缝容易拉裂。7度时，房屋端部的大开间混凝土板的纵向或横向板缝裂开可达10mm；9度以上地区，预制混凝土楼板、屋盖往往因墙体的破坏或错动而掉落。另外，预制板端部的搁置长度过短或无可靠的拉结措施也是造成上述震害的一个重要原因。

图 1-3-4 地震作用下预制板断裂和楼板变形

6．房屋附属物的破坏

房屋附属物是指女儿墙、出屋面烟囱、突出屋面的屋顶间等。这类出屋面附属建筑物在地震时，受"鞭梢效应"的影响，地震反应强烈，破坏率极高。6度时，突出屋面的屋顶间墙体可出现交叉裂缝，女儿墙、屋顶烟囱等出现水平裂缝。

（三）多层和高层钢筋混凝土房屋震害分析

钢筋混凝土结构是较常用的结构形式，主要有框架结构、剪力墙结构、框架-剪力墙结构、筒体结构和框-筒结构等结构体系。

1．结构布置不当或有明显薄弱层的震害

钢筋混凝土结构房屋在整体设计上如果一味追求造型或美观，结构上存在较大的不均匀性，则在地震中极易遭受破坏。例如，在唐山大地震中，天津人民印刷厂的一幢L形建筑物，楼梯间偏置，角柱由于受扭而导致破坏；汉沽化工厂的一些厂房由于平面形状和刚度不对称，产生显著的扭转变形，使得角柱上下错位、断裂等等。

如果结构有明显的层间屈服强度特别薄弱的楼层，在地震作用下，薄弱层形成应力集中、率先屈服、发展弹塑性变形。

2．框架柱、梁和节点的震害

框架结构房屋的构件震害一般是梁轻柱重，柱顶重于柱底，尤其是角柱和边柱更易发生破坏。梁的破坏主要是发生在端部。

（1）框架柱

柱端弯剪破坏。上、下柱端出现水平裂缝和斜裂缝（也有交叉裂缝），混凝土局部压碎，柱端形成塑性铰。严重时混凝土剥落，箍筋外鼓崩断，柱筋屈服。

图1-3-5 地震造成的框架结构中间层垮塌

柱身剪切破坏。多发生在剪跨比小的短柱等部位，一般出现交叉斜裂缝或S形裂缝，箍筋屈服崩断。

角柱、边柱破坏。由于双向受弯、受剪，加上扭转作用，震害比内柱重，有的上、下柱身错动，钢筋从柱内拔出。

柱破坏的原因是抗弯和抗剪承载力不足，或箍筋太稀，对混凝土约束能力较差，在压、弯、剪作用下，柱身承载力达到极限。

(2) 框架梁

在地震作用下梁端纵向钢筋屈服，产生较大的剪力，当超过梁的受剪承载力时，就出现上下贯通的垂直裂缝和交叉斜裂缝。梁负弯矩钢筋切断处由于抗弯能力削弱也容易产生裂缝，造成梁剪切破坏。

(3) 梁柱节点

节点核心区没有箍筋时，会产生对角方向的斜裂缝或交叉斜裂缝，混凝土剪碎剥落，或是柱纵筋压曲外鼓。

梁筋锚固破坏。梁纵向钢筋锚固长度不足，从节点内拔出，将混凝土拉裂。

装配式框架构件连接处容易发生脆性断裂，特别是坡口焊接处的钢筋容易拉断。还有预制构件接缝处后浇混凝土开裂或散落。

3. 填充墙的震害

填充墙受剪承载力低，变形能力小，墙体与框架缺乏有效拉结，在往复变形时，墙体容易产生斜裂缝，并沿柱周边开裂。由于框架变形属剪切型，下部层间位移大，填充墙震害规律一般是上轻下重，空心砌体墙重于实心砌体墙，砌块墙重于砖墙。

4. 剪力墙的震害

在强震作用下，开洞剪力墙的震害主要表现为连系梁和墙肢底层的剪切破坏。

开洞剪力墙中，由于洞口应力集中，连系梁端部极为敏感，在约束弯矩作用下，很容易在连系梁端部形成垂直方向的弯曲裂缝。当连系梁高跨比较小时，梁以受弯为主，可能产生弯曲破坏。而剪力墙中往往具有很多剪跨比较小的深梁，除了端部很容易形成垂直的弯曲裂缝外，还易出现斜向的剪切裂缝。当抗剪箍筋不足或剪应力过大时，可能很早就出现剪切破坏，使墙肢间丧失联系，剪力墙承载力降低。

开口剪力墙的底层墙肢内力最大，容易在墙肢底部出现裂缝及破坏。在水平荷载下受拉的墙肢往往轴压力较小，有时甚至出现拉力，墙肢底部很容易出现水平裂缝。对于层高

小而宽度较大的墙肢,也容易出现斜裂缝。墙肢的破坏有如下几种情况:

(1) 剪力墙的总高度与总宽度之比较小,使得总剪跨比较小时,墙肢中的斜裂缝可能贯通成大的斜裂缝而出现剪切破坏;

(2) 如果某个剪力墙局部墙肢的剪跨比较小,也可能出现局部墙肢的剪坏;

(3) 当剪跨比较大,并采取措施加强墙肢抗剪能力时,则易出现墙肢弯曲破坏。

通过震害分析我们可以看到,钢筋混凝土剪力墙结构和钢筋混凝土框架-剪力墙结构的房屋具有较好的抗震性能。1968年日本十胜冲地震震害研究发现,含钢率低于30cm²/m²和墙的平均剪应力大于1.2MPa的建筑最容易产生震害。因此,框架结构房屋中应有适量的剪力墙,并且合理分配各抗侧力构件之间的抗震能力,使之形成有利的抗震结构。

三、房屋的易损性分类

房屋的抗震能力与它们的结构形式和使用的建筑材料有关。在确定的地震动强度下房屋发生某种破坏程度的概率或可能性称为房屋的易损性。如果用一个指数来表示房屋抗震能力的好坏,则这个指数称为地震易损性指数。

$$VID = \frac{1}{5} \sum_{i=6}^{10} \sum_{j=1}^{5} P[D_j \mid I] r_j$$

式中　$P[D_j \mid I] r_j$ ——房屋建筑震损矩阵;

　　　I ——烈度;

　　　D_j ——房屋破坏等级;$j=1\sim5$;

　　　r_j ——房屋发生j级破坏时的损失比。

房屋的地震易损性指数是某一类房屋6~10度地震损失率的平均值,地震易损性越大的房屋,抗震能力越差,反之则抗震能力越好。

根据相关统计结果,在充分调查现有主要房屋建筑的结构类型的基础上,可将现有房屋的地震易损性指数分为A、B、C、D四级,如表1-3-1所示。

房屋结构地震易损性分级指数　　　表1-3-1

易损性等级	A	B	C	D
易损性指数	VID<0.2	0.2≤VID<0.3	0.3≤VID<0.4	VID≥0.4

根据易损性分类原则,依照结构形式和建筑材料,可将房屋分为19类,它们在抗震性能上有明显的差别,而在同一类房屋中地震易损性也有差异。具体分类见表1-3-2。

房屋工程地震易损性分类　　　表1-3-2

类号和序号	结　　构	易损性等级			
		A	B	C	D
一	生土结构				
1	表砖土坯墙房屋				•
2	干打垒房屋				•
二	石砌房屋				
3	碎石、片石砌筑房屋				•
4	块石白灰砂浆砌筑房屋			•	

续表

类号和序号	结 构	易损性等级			
		A	B	C	D
三	木结构				
5	木柱、木屋架、屋龄小于50年的房屋		•		
四	单层砖结构				
6	空斗砖墙房屋、未设防				•
7	外墙24~37cm厚砖结构，木屋架瓦顶，未设防			•	
8	外墙24~37cm厚砖结构，钢筋混凝土现浇或预制板屋顶，未设防			•	
9	砖结构，木屋架或混凝土屋顶，7度设防		•		
五	多层砖结构，住宅、办公楼等				
10	空斗砖墙房屋，未设防				•
11	外墙24~37cm或49cm厚预制楼板，砖结构，未设防			•	
12	多层外墙24~37cm或49cm厚现浇混凝土板砖结构，未设防		•		
13	多层混凝土楼板砖结构7度设防	•			
六	多层底层框架结构				
14	外墙24~37cm厚预制楼板底层框架砖结构，未设防			•	
15	外墙24~37cm厚现浇楼板底层框架砖结构，未设防		•		
16	混凝土楼板底层框架砖结构，7度设防	•			
七	多层砖结构教学楼房				
17	多层外墙24~37cm厚预制楼板砖结构，未设防		•		
18	外墙24~37cm厚现浇楼板砖结构，未设防		•		
19	多层混凝土楼板砖结构，7度设防		•		
八	多层混凝土楼板小型砌块结构				
20	多层预制楼板小型砌块结构		•		
21	多层现浇楼板小型砌块结构		•		
22	多层混凝土楼板小型砌块结构，7度设防		•		
九	内框架结构				
23	多层预制楼板外墙24~37cm厚内框架房屋，未设防		•		
24	多层现浇楼板外墙24~37cm厚内框架结构，未设防		•		
25	多层内框架结构，7度设防	•			
十	单层砖柱礼堂				
26	大型屋面板屋面单层砖柱礼堂，未设防		•		
27	大型屋面板单层砖柱礼堂，7度设防	•			
十一	单层钢筋混凝土柱礼堂				
28	大型屋面板屋面混凝土柱礼堂，未设防		•		
29	大型屋面板混凝土柱礼堂，7度设防		•		
30	大型体育馆，未设防		•		
31	大型体育馆，7度设防	•			
十二	钢筋混凝土框架结构				
32	多层钢筋混凝土框架结构（9层以下），未设防		•		
33	高层钢筋混凝土框架结构（10层及以上），未设防		•		
34	多层钢筋混凝土框架结构，7度设防	•			
35	高层钢筋混凝土框架结构，7度设防	•			
十三	钢筋混凝土剪力墙结构				

续表

类号和序号	结构	易损性等级			
		A	B	C	D
36	多层钢筋混凝土剪力墙结构，未设防	•			
37	高层钢筋混凝土剪力墙结构，未设防	•			
38	多层钢筋混凝土剪力墙结构，7度设防	•			
39	高层钢筋混凝土剪力墙结构，7度设防	•			
十四	钢筋混凝土框架剪力墙结构				
40	高层框架剪力墙结构，未设防	•			
41	高层框架剪力墙结构，7度设防	•			
十五	钢筋混凝土框架-核心筒结构				
42	高层框架-核心筒结构，未设防	•			
43	高层框架-核心筒结构，7度设防	•			
十六	高层钢筋混凝土筒中筒结构				
44	高层钢筋混凝土筒中筒结构，未设防	•			
45	高层钢筋混凝土筒中筒结构，7度设防	•			
十七	钢框架结构				
46	多层钢框架结构，未设防		•		
47	多层钢框架结构，7度设防	•			
48	高层钢框架结构，未设防	•			
49	高层钢框架结构，7度设防	•			
十八	钢框架支撑结构				
50	高层钢框架支撑结构，未设防	•			
51	高层钢框架支撑结构，7度设防	•			
十九	钢框架筒体结构				
52	高层钢框架筒体结构，未设防	•			
53	高层钢框架筒体结构，7度设防	•			

四、各类房屋建筑的震损比例

合理的房屋建筑震害比例能为评估现有房屋的抗震能力和预计未来地震中可能造成的损失提供科学的参考。

砖结构房屋震损比（％）　　　　　表1-3-3

烈度	基本完好	轻微破坏	中等破坏	严重破坏	倒塌
7	48	32	11	8	1
8	34	23	21	17	5
9	6	9	25	45	15
10	1	3	8	23	65

大型砖柱仓库震损比（%）　　　　　　　　　　表 1-3-4

烈度	基本完好	轻微破坏	中等破坏	严重破坏	倒塌
7	52	22	15	9	2
8	32	21	22	19	6
9	25	17	20	19	22
10	2	11	12	26	49

木屋架瓦屋顶单层砖房震损比（%）　　　　　表 1-3-5

烈度	基本完好	轻微破坏	中等破坏	严重破坏	倒塌
7	30	25	23	15	7
8	15	16	30	22	15
9	5	15	20	25	35
10	0	3	12	15	70

注：其他的房屋工程也可根据实际损坏情况制定分级标准：

倒　　塌：房屋全部或大部倒塌，承重构件多数倒塌，屋盖大部落地；不堪修复，需拆除重建。

严重破坏：房屋结构的承重构件多数破坏严重或局部倒塌；需大修后方可使用，个别房屋修复困难。

中等破坏：房屋结构的承重构件轻微破坏，局部有明显裂缝，个别非承重构件破坏严重；须经一般修理后方可使用。

轻微破坏：房屋结构个别承重构件轻微裂缝，非承重构件明显破坏；不需修理或简单修理即可使用。

基本完好：房屋结构承重构件完好，个别非承重构件轻微破坏或完好；不加修理即可正常使用。

第四节　我国主要城镇抗震设防烈度、设计基本地震加速度和设计地震分组

A.0.1　首都和直辖市

1. 抗震设防烈度为 8 度，设计基本地震加速度值为 0.20g：

北京（除昌平、门头沟外的 11 个市辖区），平谷，大兴，延庆，宁河，汉沽

2. 抗震设防烈度为 7 度，设计基本地震加速度值为 0.15g：

密云，怀柔，昌平，门头沟，天津（除汉沽、大港外的 12 个市辖区），蓟县，宝坻，静海

3. 抗震设防烈度为 7 度，设计基本地震加速度值为 0.10g：

大港，上海（除金山外的 15 个市辖区），南汇，奉贤

4. 抗震设防烈度为 6 度，设计基本地震加速度值为 0.05g：

崇明，金山，重庆（14 个市辖区），巫山，奉节，云阳，忠县，丰都，长寿，璧山，合川，铜梁，大足，荣昌，永川，江津，綦江，南川，黔江，石柱，巫溪*

注：1. 首都和直辖市的全部县级及县级以上设防城镇，设计地震分组均为第一组；

　　2. 上标*指该城镇的中心位于本设防区和较低设防区的分界线，下同。

A.0.2 河北省

1. 抗震设防烈度为8度，设计基本地震加速度值为0.20g：

第一组：廊坊（2个市辖区），唐山（5个市辖区），三河，大厂，香河，丰南，丰润，怀来，涿鹿

2. 抗震设防烈度为7度，设计基本地震加速度值为0.15g：

第一组：邯郸（4个市辖区），邯郸县，文安，任丘，河间，大城，涿州，高碑店，涞水，固安，永清，玉田，迁安，卢龙，滦县，滦南，唐海，乐亭，宣化，蔚县，阳原，成安，磁县，临漳，大名，宁晋，下花园

3. 抗震设防烈度为7度，设计基本地震加速度值为0.10g：

第一组：石家庄（6个市辖区），保定（3个市辖区），张家口（桥西区、桥东区），沧州（2个市辖区），衡水，邢台（2个市辖区），霸州，雄县，易县，沧县，张北，万全，怀安，兴隆，迁西，抚宁，昌黎，青县，献县，广宗，平乡，鸡泽，隆尧，新河，曲周，肥乡，馆陶，广平，高邑，内丘，邢台县，赵县，武安，涉县，赤城，涞源，定兴，容城，徐水，安新，高阳，博野，蠡县，肃宁，深泽，安平，饶阳，魏县，藁城，栾城，晋州，深州，武强，辛集，冀州，任县，柏乡，巨鹿，南和，沙河，临城，泊头，永年，崇礼，南宫*

第二组：秦皇岛（海港、北戴河），清苑，遵化，安国

4. 抗震设防烈度为6度，设计基本地震加速度值为0.05g：

第一组：正定，围场，尚义，灵寿，无极，平山，鹿泉，井陉，元氏，南皮，吴桥，景县，东光

第二组：承德（除鹰手营子外的2个市辖区），隆化，承德县，宽城，青龙，阜平，满城，顺平，唐县，望都，曲阳，定州，行唐，赞皇，黄骅，海兴，孟村，盐山，阜城，故城，清河，山海关，沽源，新乐，武邑，枣强，威县

第三组：丰宁，滦平，鹰手营子，平泉，临西，邱县

A.0.3 山西省

1. 抗震设防烈度为8度，设计基本地震加速度值为0.20g：

第一组：太原（6个市辖区），临汾，忻州，祁县，平遥，古县，代县，原平，定襄，阳曲，太谷，介休，灵石，汾西，霍州，洪洞，襄汾，晋中，浮山，永济，清徐

2. 抗震设防烈度为7度，设计基本地震加速度值为0.15g：

第一组：大同（4个市辖区），朔州（朔城区），大同县，怀仁，浑源，广灵，应县，山阴，灵丘，繁峙，五台，古交，交城，文水，汾阳，曲沃，孝义，侯马，新绛，稷山，绛县，河津，闻喜，翼城，万荣，临猗，夏县，运城，芮城，平陆，沁源*，宁武*

3. 抗震设防烈度为7度，设计基本地震加速度值为0.10g：

第一组：长治（2个市辖区），阳泉（3个市辖区），长治县，阳高，天镇，左云，右玉，神池，寿阳，昔阳，安泽，乡宁，垣曲，沁水，平定，和顺，黎城，潞城，壶关

第二组：平顺，榆社，武乡，娄烦，交口，隰县，蒲县，吉县，静乐，盂县，沁县，陵川，平鲁

4. 抗震设防烈度为 6 度，设计基本地震加速度值为 0.05g：

第二组：偏关，河曲，保德，兴县，临县，方山，柳林

第三组：晋城，离石，左权，襄垣，屯留，长子，高平，阳城，泽州，五寨，岢岚，岚县，中阳，石楼，永和，大宁

A.0.4 内蒙自治区

1. 抗震设防烈度为 8 度，设计基本地震加速度值为 0.30g：

第一组：土默特右旗，达拉特旗*

2. 抗震设防烈度为 8 度，设计基本地震加速度值为 0.20g：

第一组：包头（除白云矿区外的 5 个市辖区），呼和浩特（4 个市辖区），土默特左旗，乌海（3 个市辖区），杭锦后旗，磴口，宁城，托克托*

3. 抗震设防烈度为 7 度，设计基本地震加速度值为 0.15g：

第一组：喀喇沁旗，五原，乌拉特前旗，临河，固阳，武川，凉城，和林格尔，赤峰（红山*，元宝山区）

第二组：阿拉善左旗

4. 抗震设防烈度为 7 度，设计基本地震加速度值为 0.10g：

第一组：集宁，清水河，开鲁，傲汉旗，乌特拉后旗，卓资，察右前旗，丰镇，扎兰屯，乌特拉中旗，赤峰（松山区），通辽*

第三组：东胜准格尔旗

5. 抗震设防烈度为 6 度，设计基本地震加速度值为 0.05g：

第一组：满洲里，新巴尔虎右旗，莫力达瓦旗，阿荣旗，扎赉特旗，翁牛特旗，兴和，商都，察右后旗，科左中旗，科左后旗，奈曼旗，库伦旗，乌审旗，苏尼特右旗

第二组：达尔罕茂明安联合旗，阿拉善右旗，鄂托克旗，鄂托克前旗，白云

第三组：伊金霍洛旗，杭锦旗，四王子旗，察右中旗

A.0.5 辽宁省

1. 抗震设防烈度为 8 度，设计基本地震加速度值为 0.20g：

普兰店，东港

2. 抗震设防烈度为 7 度，设计基本地震加速度值为 0.15g：

营口（4 个市辖区），丹东（3 个市辖区），海城，大石桥，瓦房店，盖州，金州

3. 抗震设防烈度为 7 度，设计基本地震加速度值为 0.10g：

沈阳（9 个市辖区），鞍山（4 个市辖区），大连（除金州外的 5 个市辖区），朝阳（2 个市辖区），辽阳（5 个市辖区），抚顺（除顺城外的 3 个市辖区），铁岭（2 个市辖区），盘锦（2 个市辖区），盘山，朝阳县，辽阳县，岫岩，铁岭县，凌源，北票，建平，开原，抚顺县，灯塔，台安，大洼，辽中

4. 抗震设防烈度为 6 度，设计基本地震加速度值为 0.05g：

本溪（4 个市辖区），阜新（5 个市辖区），锦州（3 个市辖区），葫芦岛（3 个市辖区），昌图，西丰，法库，彰武，铁法，阜新县，康平，新民，黑山，北宁，义县，喀喇沁，凌海，兴城，绥中，建昌，宽甸，凤城，庄河，长海，顺城

注：全省县级及县级以上设防城镇的设计地震分组，除兴城、绥中、建昌、南票为第二组外，均为第一组。

A.0.6 吉林省

1. 抗震设防烈度为8度，设计基本地震加速度值为0.20g：

前郭尔罗斯，松原

2. 抗震设防烈度为7度，设计基本地震加速度值为0.15g：

大安*

3. 抗震设防烈度为7度，设计基本地震加速度值为0.10g：

长春（6个市辖区），吉林（除丰满外的3个市辖区），白城，乾安，舒兰，九台，永吉*

4. 抗震设防烈度为6度，设计基本地震加速度值为0.05g：

四平（2个市辖区），辽源（2个市辖区），镇赉，洮南，延吉，汪清，图们，珲春，龙井，和龙，安图，蛟河，桦甸，梨树，磐石，东丰，辉南，梅河口，东辽，榆树，靖宇，抚松，长岭，通榆*，德惠，农安，伊通，公主岭，扶余，丰满

注：全省县级及县级以上设防城镇，设计地震分组均为第一组。

A.0.7 黑龙江省

1. 抗震设防烈度为7度，设计基本地震加速度值为0.10g：

绥化，萝北，泰来

2. 抗震设防烈度为6度，设计基本地震加速度值为0.05g：

哈尔滨（7个市辖区），齐齐哈尔（7个市辖区），大庆（5个市辖区），鹤岗（6个市辖区），牡丹江（4个市辖区），鸡西（6个市辖区），佳木斯（5个市辖区），七台河（3个市辖区），伊春（伊春区乌马河区），鸡东，望奎，穆棱，绥芬河，东宁，宁安，五大连池，嘉荫，汤原，桦南，桦川，依兰，勃利，通河，方正，木兰，巴彦，延寿，尚志，宾县，安达，明水，绥棱，庆安，兰西，肇东，肇州，肇源，呼兰，阿城，双城，五常，讷河，北安，甘南，富裕，龙江，黑河，青冈*，海林*

注：全省县级及县级以上设防城镇，设计地震分组均为第一组。

A.0.8 江苏省

1. 抗震设防烈度为8度，设计基本地震加速度值为0.30g：

第一组：宿迁，宿豫*

2. 抗震设防烈度为8度，设计基本地震加速度值为0.20g：

第一组：新沂，邳州，睢宁

3. 抗震设防烈度为7度，设计基本地震加速度值为0.15g：

第一组：扬州（3个市辖区），镇江（2个市辖区），东海，沭阳，泗洪，江都，大丰

4. 抗震设防烈度为7度，设计基本地震加速度值为0.10g：

第一组：南京（11个市辖区），淮安（除楚州外的3个市辖区），徐州（5个市辖区），铜山，沛县，常州（4个市辖区），泰州（2个市辖区），赣榆，泗阳，盱眙，射阳，

江浦，武进，盐城，盐都，东台，海安，姜堰，如皋，如东，扬中，仪征，兴化，高邮，六合，句容，丹阳，金坛，丹徒，溧阳，溧水，昆山，太仓

　　第三组：连云港（4个市辖区），灌云

　　5. 抗震设防烈度为6度，设计基本地震加速度值为0.05g：

　　第一组：南通（2个市辖区），无锡（6个市辖区），苏州（6个市辖区），通州，宜兴，江阴，洪泽，建湖，常熟，吴江，靖江，泰兴，张家港，海门，启东，高淳，丰县

　　第二组：响水，滨海，阜宁，宝应，金湖

　　第三组：灌南，涟水，楚州

A.0.9　浙江省

　　1. 抗震设防烈度为7度，设计基本地震加速度值为0.10g：

　　岱山，嵊泗，舟山（2个市辖区），宁波（镇海区、北仑区）

　　2. 抗震设防烈度为6度，设计基本地震加速度值为0.05g：

　　杭州（6个市辖区），宁波（3个市辖区），湖州，嘉兴（2个市辖区），温州（3个市辖区），绍兴，绍兴县，长兴，安吉，临安，奉化，鄞县，象山，德清，嘉善，平湖，海盐，桐乡，余杭，海宁，萧山，上虞，慈溪，余姚，瑞安，富阳，平阳，苍南，乐清，永嘉，泰顺，景宁，云和，庆元，洞头

　　注：全省县级及县级以上设防城镇，设计地震分组均为第一组。

A.0.10　安徽省

　　1. 抗震设防烈度为7度，设计基本地震加速度值为0.15g：

　　第一组：五河，泗县

　　2. 抗震设防烈度为7度，设计基本地震加速度值为0.10g：

　　第一组：合肥（4个市辖区），蚌埠（4个市辖区），阜阳（3个市辖区），淮南（5个市辖区），枞阳，怀远，长丰，六安（2个市辖区），灵壁，固镇，凤阳，明光，定远，肥东，肥西，舒城，庐江，桐城，霍山，涡阳，安庆（3个市辖区）*，铜陵县*

　　3. 抗震设防烈度为6度，设计基本地震加速度值为0.05g：

　　第一组：铜陵（3个市辖区），芜湖（4个市辖区），巢湖，马鞍山（4个市辖区），滁州（2个市辖区），芜湖县，砀山，萧县，亳州，界首，太和，临泉，阜南，利辛，蒙城，凤台，寿县，颖上，霍丘，金寨，天长，来安，全椒，含山，和县，当涂，无为，繁昌，池州，岳西，潜山，太湖，怀宁，望江，东至，宿松，南陵，宣城，郎溪，广德，泾县，青阳，石台

　　第二组：濉溪，淮北

　　第三组：宿州

A.0.11　福建省

　　1. 抗震设防烈度为8度，设计基本地震加速度值为0.20g：

　　第一组：金门*

　　2. 抗震设防烈度为7度，设计基本地震加速度值为0.15g：

第一组：厦门（7个市辖区），漳州（2个市辖区），晋江，石狮，龙海，长泰，漳浦，东山，诏安

第二组：泉州（4个市辖区）

3. 抗震设防烈度为7度，设计基本地震加速度值为 $0.10g$：

第一组：福州（除马尾外的4个市辖区），安溪，南靖，华安，平和，云霄

第二组：莆田（2个市辖区），长乐，福清，莆田县，平潭，惠安，南安，马尾

4. 抗震设防烈度为6度，设计基本地震加速度值为 $0.05g$：

第一组：三明（2个市辖区），政和，屏南，霞浦，福鼎，福安，柘荣，寿宁，周宁，松溪，宁德，古田，罗源，沙县，尤溪，闽清，闽侯，南平，大田，漳平，龙岩，永定，泰宁，宁化，长汀，武平，建宁，将乐，明溪，清流，连城，上杭，永安，建瓯

第二组：连江，永泰，德化，永春，仙游，马祖

A.0.12 江西省

1. 抗震设防烈度为7度，设计基本地震加速度值为 $0.10g$：

寻乌，会昌

2. 抗震设防烈度为6度，设计基本地震加速度值为 $0.05g$：

南昌（5个市辖区），九江（2个市辖区），南昌县，进贤，余干，九江县，彭泽，湖口，星子，瑞昌，德安，都昌，武宁，修水，靖安，铜鼓，宜丰，宁都，石城，瑞金，安远，定南，龙南，全南，大余

注：全省县级及县级以上设防城镇，设计地震分组均为第一组。

A.0.13 山东省

1. 抗震设防烈度为8度，设计基本地震加速度值为 $0.20g$：

第一组：郯城，临沭，莒南，莒县，沂水，安丘，阳谷

2. 抗震设防烈度为7度，设计基本地震加速度值为 $0.15g$：

第一组：临沂（3个市辖区），潍坊（4个市辖区），菏泽，东明，聊城，苍山，沂南，昌邑，昌乐，青州，临朐，诸城，五莲，长岛，蓬莱，龙口，莘县，鄄城，寿光*，台儿庄，东营（河口区）

3. 抗震设防烈度为7度，设计基本地震加速度值为 $0.10g$：

第一组：烟台（4个市辖区），威海，枣庄（4个市辖区），淄博（除博山外的4个市辖区），平原，高唐，茌平，东阿，平阴，梁山，郓城，定陶，巨野，成武，曹县，广饶，博兴，高青，桓台，文登，沂源，蒙阴，费县，微山，禹城，冠县，莱芜（2个市辖区）*，单县*，夏津*

第二组：东营（东营区），招远，新泰，栖霞，莱州，日照，平度，高密，垦利，博山，滨州*，平邑*

4. 抗震设防烈度为6度，设计基本地震加速度值为 $0.05g$：

第一组：德州，宁阳，陵县，曲阜，邹城，鱼台，乳山，荣成，兖州

第二组：济南（5个市辖区），青岛（7个市辖区），泰安（2个市辖区），济宁（2个市辖区），武城，乐陵，庆云，无棣，阳信，宁津，沾化，利津，惠民，商河，临邑，济

阳，齐河，邹平，章丘，泗水，莱阳，海阳，金乡，滕州，莱西，即墨

第三组：胶南，胶州，东平，汶上，嘉祥，临清，长清，肥城

A.0.14 河南省

1. 抗震设防烈度为8度，设计基本地震加速度值为0.20g：

第一组：新乡（4个市辖区），新乡县，安阳（4个市辖区），安阳县，鹤壁（3个市辖区），原阳，延津，汤阴，淇县，卫辉，获嘉，范县，辉县

2. 抗震设防烈度为7度，设计基本地震加速度值为0.15g：

第一组：郑州（除上街外的5个市辖区），濮阳，濮阳县，长垣，封丘，修武，武陟，内黄，浚县，滑县，台前，南乐，清丰，灵宝，三门峡，陕县，林州*

3. 抗震设防烈度为7度，设计基本地震加速度值为0.10g：

第一组：洛阳（6个市辖区），焦作（4个市辖区），开封（5个市辖区），南阳（2个市辖区），开封县，许昌县，沁阳，博爱，孟州，孟津，巩义，偃师，济源，新密，新郑，民权，兰考，长葛，温县，荥阳，中牟，杞县*，许昌*，上街

4. 抗震设防烈度为6度，设计基本地震加速度值为0.05g：

第一组：商丘（2个市辖区），信阳（2个市辖区），漯河，平顶山（4个市辖区），登封，义马，虞城，夏邑，通许，尉氏，宁陵，柘城，新安，宜阳，嵩县，汝阳，伊川，禹州，郏县，宝丰，襄城，郾城，鄢陵，扶沟，太康，鹿邑，郸城，沈丘，项城，淮阳，周口，商水，上蔡，临颍，西华，西平，栾川，内乡，镇平，唐河，邓州，新野，社旗，平舆，新县，驻马店，泌阳，汝南，桐柏，淮滨，息县，正阳，遂平，光山，罗山，潢川，商城，固始，南召，舞阳*

第二组：汝州，睢县，永城

第三组：卢氏，洛宁，渑池

A.0.15 湖北省

1. 抗震设防烈度为7度，设计基本地震加速度值为0.10g：

竹溪，竹山，房县

2. 抗震设防烈度为6度，设计基本地震加速度值为0.05g：

武汉（13个市辖区），荆州（2个市辖区），荆门，襄樊（2个市辖区），襄阳，十堰（2个市辖区），宜昌（4个市辖区），宜昌县，黄石（4个市辖区），恩施，咸宁，麻城，团风，罗田，英山，黄冈，鄂州，浠水，蕲春，黄梅，武穴，郧西，郧县，丹江口，谷城，老河口，宜城，南漳，保康，神农架，钟祥，沙洋，远安，兴山，巴东，秭归，当阳，建始，利川，公安，宣恩，咸丰，长阳，宜都，枝江，松滋，江陵，石首，监利，洪湖，孝感，应城，云梦，天门，仙桃，红安，安陆，潜江，嘉鱼，大冶，通山，赤壁，崇阳，通城，五峰*，京山*

注：全省县级及县级以上设防城镇，设计地震分组均为第一组。

A.0.16 湖南省

1. 抗震设防烈度为7度，设计基本地震加速度值为0.15g：

常德（2个市辖区）

2. 抗震设防烈度为7度，设计基本地震加速度值为0.10g：

岳阳（2个市辖区），岳阳县，汨罗，湘阴，临澧，澧县，津市，桃源，安乡，汉寿

3. 抗震设防烈度为6度，设计基本地震加速度值为0.05g：

长沙（5个市辖区），长沙县，益阳（2个市辖区），张家界（2个市辖区），郴州（2个市辖区），邵阳（3个市辖区），邵阳县，泸溪，沅陵，娄底，宜章，资兴，平江，宁乡，新化，冷水江，涟源，双峰，新邵，邵东，隆回，石门，慈利，华容，南县，临湘，沅江，桃江，望城，溆浦，会同，靖州，韶山，江华，宁远，道县，临武，湘乡*，安化*，中方*，洪江*，岳阳（云溪）

注：全省县级及县级以上设防城镇，设计地震分组均为第一组。

A.0.17 广东省

1. 抗震设防烈度为8度，设计基本地震加速度值为0.20g：

汕头（5个市辖区），澄海，潮安，南澳，徐闻，潮州*

2. 抗震设防烈度为7度，设计基本地震加速度值为0.15g：

揭阳，揭东，潮阳，饶平

3. 抗震设防烈度为7度，设计基本地震加速度值为0.10g：

广州（除花都外的9个市辖区），深圳（6个市辖区），湛江（4个市辖区），汕尾，海丰，普宁，惠来，阳江，阳东，阳西，茂名，化州，廉江，遂溪，吴川，丰顺，南海，顺德，中山，珠海，斗门，电白，雷州，佛山（2个市辖区）*，江门（2个市辖区）*，新会*，陆丰*

4. 抗震设防烈度为6度，设计基本地震加速度值为0.05g：

韶关（3个市辖区），肇庆（2个市辖区），花都，河源，揭西，东源，梅州，东莞，清远，清新，南雄，仁化，始兴，乳源，曲江，英德，佛冈，龙门，龙川，平远，大埔，从化，梅县，兴宁，五华，紫金，陆河，增城，博罗，惠州，惠阳，惠东，三水，四会，云浮，云安，高要，高明，鹤山，封开，郁南，罗定，信宜，新兴，开平，恩平，台山，阳春，高州，翁源，连平，和平，蕉岭，新丰*

注：全省县级及县级以上设防城镇，设计地震分组均为第一组。

A.0.18 广西自治区

1. 抗震设防烈度为7度，设计基本地震加速度值为0.15g：

灵山，田东

2. 抗震设防烈度为7度，设计基本地震加速度值为0.10g：

玉林，兴业，横县，北流，百色，田阳，平果，隆安，浦北，博白，乐业*

3. 抗震设防烈度为6度，设计基本地震加速度值为0.05g：

南宁（6个市辖区），桂林（5个市辖区），柳州（5个市辖区），梧州（3个市辖区），钦州（2个市辖区），贵港（2个市辖区），防城港（2个市辖区），北海（2个市辖区），兴安，灵川，临桂，永福，鹿寨，天峨，东兰，巴马，都安，大化，马山，融安，象州，武宣，桂平，平南，上林，宾阳，武鸣，大新，扶绥，邕宁，东兴，合浦，钟山，贺州，

藤县，苍梧，容县，岑溪，陆川，凤山，凌云，田林，隆林，西林，德保，靖西，那坡，天等，崇左，上思，龙州，宁明，融水，凭祥，全州

注：全自治区县级及县级以上设防城镇，设计地震分组均为第一组。

A.0.19 海南省

1. 抗震设防烈度为8度，设计基本地震加速度值为0.30g：

海口（3个市辖区），琼山

2. 抗震设防烈度为8度，设计基本地震加速度值为0.20g：

文昌，定安

3. 抗震设防烈度为7度，设计基本地震加速度值为0.15g：

澄迈

4. 抗震设防烈度为7度，设计基本地震加速度值为0.10g：

临高，琼海，儋州，屯昌

5. 抗震设防烈度为6度，设计基本地震加速度值为0.05g：

三亚，万宁，琼中，昌江，白沙，保亭，陵水，东方，乐东，通什

注：全省县级及县级以上设防城镇，设计地震分组均为第一组。

A.0.20 四川省

1. 抗震设防烈度不低于9度，设计基本地震加速度值不小于0.40g：

第一组：康定，西昌

2. 抗震设防烈度为8度，设计基本地震加速度值为0.30g：

第一组：冕宁*

3. 抗震设防烈度为8度，设计基本地震加速度值为0.20g：

第一组：道孚，泸定，甘孜，炉霍，石棉，喜德，普格，宁南，德昌，理塘，茂县，汶川，宝兴

第二组：松潘，平武，北川（震前），都江堰

第三组：九寨沟

4. 抗震设防烈度为7度，设计基本地震加速度值为0.15g：

第一组：巴塘，德格，马边，雷波

第二组：越西，雅江，九龙，木里，盐源，会东，新龙，天全，芦山，丹巴，安县，青川，江油，绵竹，什邡，彭州，理县，剑阁*

第三组：荥经，汉源，昭觉，布拖，甘洛

5. 抗震设防烈度为7度，设计基本地震加速度值为0.10g：

第一组：乐山（除金口河外的3个市辖区），自贡（4个市辖区），宜宾，宜宾县，峨边，沐川，屏山，得荣

第二组：攀枝花（3个市辖区），若尔盖，色达，壤塘，马尔康，石渠，白玉，盐边，米易，乡城，稻城，金口河，峨眉山，雅安，广元（3个市辖区），中江，德阳，罗江，绵阳（2个市辖区）

第三组：名山，美姑，金阳，小金，会理，黑水，金川，洪雅，夹江，邛崃，蒲江，

彭山，丹棱，眉山，青神，郫县，温江，大邑，崇州，成都（8个市辖区），双流，新津，金堂，广汉

6. 抗震设防烈度为6度，设计基本地震加速度值为0.05g：

第一组：泸州（3个市辖区），内江（2个市辖区），宣汉，达州，达县，大竹，邻水，渠县，广安，华蓥，隆昌，富顺，泸县，南溪，江安，长宁，高县，珙县，兴文，叙永，古蔺，资阳，仁寿，资中，犍为，荣县，威远，通江，万源，巴中，阆中，仪陇，西充，南部，射洪，大英，乐至

第二组：梓潼，筠连，井研，阿坝，南江，苍溪，旺苍，盐亭，三台，简阳

第三组：红原

A.0.21 贵州省

1. 抗震设防烈度为7度，设计基本地震加速度值为0.10g：

第一组：望谟

第二组：威宁

2. 抗震设防烈度为6度，设计基本地震加速度值为0.05g：

第一组：贵阳（除白云外的5个市辖区），凯里，毕节，安顺，都匀，六盘水，黄平，福泉，贵定，麻江，清镇，龙里，平坝，纳雍，织金，水城，普定，六枝，镇宁，惠水，长顺，关岭，紫云，罗甸，兴仁，贞丰，安龙，册亨，金沙，印江，赤水，习水，思南*

第二组：赫章，普安，晴隆，兴义

第三组：盘县

A.0.22 云南省

1. 抗震设防烈度不低于9度，设计基本地震加速度值不小于0.40g：

第一组：寻甸，东川

第二组：澜沧

2. 抗震设防烈度为8度，设计基本地震加速度值为0.30g：

第一组：剑川，嵩明，宜良，丽江，鹤庆，永胜，潞西，龙陵，石屏，建水

第二组：耿马，双江，沧源，勐海，西盟，孟连

3. 抗震设防烈度为8度，设计基本地震加速度值为0.20g：

第一组：石林，玉溪，大理，永善，巧家，江川，华宁，峨山，通海，洱源，宾川，弥渡，祥云，会泽，南涧

第二组：昆明（除东川外的4个市辖区），思茅，保山，马龙，呈贡，澄江，晋宁，易门，漾濞，巍山，云县，腾冲，施甸，瑞丽，梁河，安宁，凤庆*，陇川*

第三组：景洪，永德，镇康，临沧

4. 抗震设防烈度为7度，设计基本地震加速度值为0.15g：

第一组：中甸，泸水，大关，新平*

第二组：沾益，个旧，红河，元江，禄丰，双柏，开远，盈江，永平，昌宁，宁蒗，南华，楚雄，勐腊，华坪，景东*

第三组：曲靖，弥勒，陆良，富民，禄劝，武定，兰坪，云龙，景谷，普洱

5. 抗震设防烈度为 7 度，设计基本地震加速度值为 0.10g：

第一组：盐津，绥江，德钦，水富，贡山

第二组：昭通，彝良，鲁甸，福贡，永仁，大姚，元谋，姚安，牟定，墨江，绿春，镇沅，江城，金平

第三组：富源，师宗，泸西，蒙自，元阳，维西，宣威

6. 抗震设防烈度为 6 度，设计基本地震加速度值为 0.05g：

第一组：威信，镇雄，广南，富宁，西畴，麻栗坡，马关

第二组：丘北，砚山，屏边，河口，文山

第三组：罗平

A.0.23 西藏自治区

1. 抗震设防烈度不低于 9 度，设计基本地震加速度值不小于 0.40g：

第二组：当雄，墨脱

2. 抗震设防烈度为 8 度，设计基本地震加速度值为 0.30g：

第一组：申扎

第二组：米林，波密

3. 抗震设防烈度为 8 度，设计基本地震加速度值为 0.20g：

第一组：普兰，聂拉木，萨嘎

第二组：拉萨，堆龙德庆，尼木，仁布，尼玛，洛隆，隆子，错那，曲松

第三组：那曲，林芝（八一镇），林周

4. 抗震设防烈度为 7 度，设计基本地震加速度值为 0.15g：

第一组：札达，吉隆，拉孜，谢通门，亚东，洛扎，昂仁

第二组：日土，江孜，康马，白朗，扎囊，措美，桑日，加查，边坝，八宿，丁青，类乌齐，乃东，琼结，贡嘎，朗县，达孜，日喀则*，噶尔*

第三组：南木林，班戈，浪卡子，墨竹工卡，曲水，安多，聂荣

5. 抗震设防烈度为 7 度，设计基本地震加速度值为 0.10g：

第一组：改则，措勤，仲巴，定结，芒康

第二组：昌都，定日，萨迦，岗巴，巴青，工布江达，索县，比如，嘉黎，察雅，左贡，察隅，江达，贡觉

6. 抗震设防烈度为 6 度，设计基本地震加速度值为 0.05g：

第一组：革吉

A.0.24 陕西省

1. 抗震设防烈度为 8 度，设计基本地震加速度值为 0.20g：

第一组：西安（8 个市辖区），渭南，华县，华阴，潼关，大荔

第二组：陇县

2. 抗震设防烈度为 7 度，设计基本地震加速度值为 0.15g：

第一组：咸阳（2 个市辖区，杨凌特区），宝鸡（2 个市辖区），高陵，千阳，岐山，

凤翔，扶风，武功，兴平，周至，眉县，宝鸡县，三原，富平，澄城，蒲城，泾阳，礼泉，长安，户县，蓝田，韩城，合阳

第二组：凤县，略阳

3. 抗震设防烈度为7度，设计基本地震加速度值为0.10g：

第一组：安康，平利，乾县，洛南

第二组：白水，耀县，淳化，麟游，永寿，商州，铜川（2个市辖区）*，柞水*，勉县，宁强，南郑，汉中

第三组：太白，留坝

4. 抗震设防烈度为6度，设计基本地震加速度值为0.05g：

第一组：延安，清涧，神木，佳县，米脂，绥德，安塞，延川，延长，定边，吴旗，志丹，甘泉，富县，商南，旬阳，紫阳，镇巴，白河，岚皋，镇坪，子长*

第二组：府谷，吴堡，洛川，黄陵，旬邑，洋县，西乡，石泉，汉阴，宁陕，城固

第三组：宜川，黄龙，宜君，长武，彬县，佛坪，镇安，丹凤，山阳

A.0.25 甘肃省

1. 抗震设防烈度不低于9度，设计基本地震加速度值不小于0.40g：

第一组：古浪

2. 抗震设防烈度为8度，设计基本地震加速度值为0.30g：

第一组：天水（2个市辖区），礼县

第二组：平川区，西和

3. 抗震设防烈度为8度，设计基本地震加速度值为0.20g：

第一组：宕昌，肃北

第二组：兰州（4个市辖区），成县，徽县，康县，武威，永登，天祝，景泰，靖远，陇西，武山，秦安，清水，甘谷，漳县，会宁，静宁，庄浪，张家川，通渭，华亭，陇南，文县

第三组：两当，舟曲

4. 抗震设防烈度为7度，设计基本地震加速度值为0.15g：

第一组：康乐，嘉峪关，玉门，酒泉，高台，临泽，肃南

第二组：白银（白银区），永靖，岷县，东乡，和政，广河，临潭，卓尼，迭部，临洮，渭源，皋兰，崇信，榆中，定西，金昌，阿克塞，民乐，永昌，红古区

第三组：平凉

5. 抗震设防烈度为7度，设计基本地震加速度值为010g：

第一组：张掖，合作，玛曲，金塔，积石山

第二组：敦煌，安西，山丹，临夏，临夏县，夏河，碌曲，泾川，灵台

第三组：民勤，镇原，环县

6. 抗震设防烈度为6度，设计基本地震加速度值为0.05g：

第二组：华池，正宁，庆阳，合水，宁县

第三组：西峰

A.0.26 青海省

1. 抗震设防烈度为 8 度，设计基本地震加速度值为 0.20g：
第一组：玛沁
第二组：玛多，达日
2. 抗震设防烈度为 7 度，设计基本地震加速度值为 0.15g：
第一组：祁连，玉树
第二组：甘德，门源
3. 抗震设防烈度为 7 度，设计基本地震加速度值为 0.10g：
第一组：乌兰，治多，称多，杂多，囊谦
第二组：西宁（4 个市辖区），同仁，共和，德令哈，海晏，湟源，湟中，平安，民和，化隆，贵德，尖扎，循化，格尔木，贵南，同德，河南，曲麻莱，久治，班玛，天峻，刚察
第三组：大通，互助，乐都，都兰，兴海
4. 抗震设防烈度为 6 度，设计基本地震加速度值为 0.05g：
第二组：泽库

A.0.27 宁夏自治区

1. 抗震设防烈度为 8 度，设计基本地震加速度值为 0.30g：
第一组：海原
2. 抗震设防烈度为 8 度，设计基本地震加速度值为 0.20g：
第一组：银川（3 个市辖区），石嘴山（3 个市辖区），吴忠，惠农，平罗，贺兰，永宁，青铜峡，泾源，灵武，陶乐，固原
第二组：西吉，中卫，中宁，同心，隆德
3. 抗震设防烈度为 7 度，设计基本地震加速度值为 0.15g：
第三组：彭阳
4. 抗震设防烈度为 6 度，设计基本地震加速度值为 0.05g：
第三组：盐池

A.0.28 新疆自治区

1. 抗震设防烈度不低于 9 度，设计基本地震加速度值不小于 0.40g：
第二组：乌恰，塔什库尔干
2. 抗震设防烈度为 8 度，设计基本地震加速度值为 0.30g：
第二组：阿图什，喀什，疏附
3. 抗震设防烈度为 8 度，设计基本地震加速度值为 0.20g：
第一组：乌鲁木齐（7 个市辖区），乌鲁木齐县，温宿，阿克苏，柯坪，米泉，乌苏，特克斯，库车，巴里坤，青河，富蕴，乌什*
第二组：尼勒克，新源，巩留，精河，乌苏，奎屯，沙湾，玛纳斯，石河子，独山子
第三组：疏勒，伽师，阿克陶，英吉沙

4. 抗震设防烈度为 7 度，设计基本地震加速度值为 0.15g：

第一组：库尔勒，新和，轮台，和静，焉耆，博湖，巴楚，昌吉，拜城，阜康*，木垒*

第二组：伊宁，伊宁县，霍城，察布查尔，呼图壁

第三组：岳普湖

5. 抗震设防烈度为 7 度，设计基本地震加速度值为 0.10g：

第一组：吐鲁番，和田，和田县，吉木萨尔，洛浦，奇台，伊吾，鄯善，托克逊，和硕，尉犁，墨玉，策勒，哈密

第二组：克拉玛依（克拉玛依区），博乐，温泉，阿合奇，阿瓦提，沙雅

第三组：莎车，泽普，叶城，麦盖堤，皮山

6. 抗震设防烈度为 6 度，设计基本地震加速度值为 0.05g：

第一组：于田，哈巴河，塔城，额敏，福海，和布克赛尔，乌尔禾

第二组：阿勒泰，托里，民丰，若羌，布尔津，吉木乃，裕民，白碱滩

第三组：且末

A. 0. 29 港澳特区和台湾省

1. 抗震设防烈度不低于 9 度，设计基本地震加速度值不小于 0.40g：

第一组：台中

第二组：苗栗，云林，嘉义，花莲

2. 抗震设防烈度为 8 度，设计基本地震加速度值为 0.30g：

第二组：台北，桃园，台南，基隆，宜兰，台东，屏东

3. 抗震设防烈度为 8 度，设计基本地震加速度值为 0.20g：

第二组：高雄，澎湖

4. 抗震设防烈度为 7 度，设计基本地震加速度值为 0.15g：

第一组：香港

5. 抗震设防烈度为 7 度，设计基本地震加速度值为 0.10g：

第一组：澳门

注：根据《中国地震动参数区划图》GB 18306—2001 第 1 号修改单（国标委服务函 [2008] 57 号）对四川、甘肃、陕西部分地区地震动参数的相关规定，修订后的《建筑抗震设计规范》对汶川地震后相关地区县级及县级以上城镇的中心地区建筑工程抗震设计时所采用的抗震设防烈度、设计基本地震加速度值和所属的设计地震分组进行了调整，所调整的城镇涉及四川省、陕西省和甘肃省的 70 个城镇，其变化情况如下：

1. 新增为 8 度 0.20g 的城镇有 7 个：

四川省平武、茂县、宝兴和甘肃省的两当由 0.15g 提高为 0.20g，北川（震前）、汶川、都江堰由 0.10g 提高为 0.20g。

2. 新增为 7 度 0.15g 的城镇有 9 个：

四川省安县、青川、江油、绵竹、什邡、彭州、理县，陕西省略阳，均由 0.10g 提高为 0.15g。四川省剑阁由 0.05g 提高为 0.15g 附近。

3. 新增为 7 度 0.10g 的城镇有 15 个：

四川省广元（3 个市辖区）、绵阳（2 个市辖区）、罗江、德阳、中江、广汉、金堂、

成都市的 2 个市辖区，陕西省宁强、南郑、汉中，均由 0.05g 提高为 0.10g。

4. 设防烈度不变而设计地震分组改变的城镇有 39 个（对砌体结构，其地震作用取值不变；对混凝土结构、钢结构等，其地震作用取值略有增加或减少）：

四川省 8 度 0.20g 的九寨沟、松潘，7 度 0.15g 的天全、芦山、丹巴，7 度 0.10g 的成都（6 个市辖区）、双流、新津、黑水、金川、雅安、名山、洪雅、夹江、郫县、温江、大邑、崇州、邛崃、蒲江、彭山、丹棱、眉山，6 度 0.05g 的苍溪、盐亭、三台、简阳、旺苍、南江。

陕西省 7 度 0.10g 的勉县。

甘肃省 8 度 0.30g 的西和，8 度 0.20g 的文县、陇南、舟曲。

此外，部分乡镇的设防烈度与该县级城镇中心地区不同，需按区划图修改单确定：

四川省广元东南、剑阁东南、梓潼东北、中江东南、金堂东南、简阳西北、绵竹西北、什邡西北、彭州西北、汶川西南、理县东部、茂县西部、黑水东部；陕西省宁强西部、南郑东南；甘肃省文县东南、陇南东南角、康县东南。

第二章 房屋抗震加固与维修概论

第一节 房屋抗震加固与维修概述

房屋抗震加固与维修工作是使现有房屋达到规定的抗震设防要求而进行的设计及施工，其目的是使经过抗震加固与维修的房屋，在遭遇相当于抗震设防烈度的地震影响时，一般不致于倒塌伤人，经维修后仍可继续使用。

一、房屋抗震加固与维修一般规定

（一）房屋抗震加固设计基本要求

抗震加固设计应符合下列要求：

一是现有建筑抗震加固前，应按现行国家标准《建筑抗震鉴定标准》GB 50023 进行抗震鉴定。

二是加固方案应根据抗震鉴定结果综合确定，可包括整体房屋加固、区段加固或构件加固，并宜结合维修改造改善使用功能注意美观。

三是加固方法应便于施工，并应减少对生产、生活的影响。

（二）抗震加固的结构布置和连接构造要求

抗震加固的结构布置和连接构造应符合下列要求：

一是加固的总体布局，应优先采用增强结构整体抗震性能的方案，应有利于消除不利抗震的因素，改善构件的受力状况；宜减少地基基础的加固工程量，多采取提高上部结构抵抗不均匀沉降能力的措施；尚宜考虑场地的影响。

二是加固或新增构件的布置，宜使加固后结构质量和刚度分布较均匀、对称，应避免局部加强导致结构刚度或强度突变。

三是抗震薄弱部位、易损部位和不同类型结构的连接部位其承载力或变形能力宜采取比一般部位增强的措施。

四是增设的构件与原有构件之间应有可靠连接，增设的抗震墙柱等竖向构件应有可靠的基础。

五是女儿墙、门脸、出屋顶烟囱等易倒塌伤人的非结构构件不符合鉴定要求时，宜拆除或拆矮，当需保留时，应加固。

（三）抗震加固结构抗震验算要求

抗震加固时的结构抗震验算，应符合下列要求：

一是当抗震设防烈度为 6 度时，可不进行抗震验算。

二是抗震加固时的结构抗震验算应采用本规程中的楼层综合抗震能力指数进行验算，加固后楼层综合抗震能力指数不应小于 1.0。

三是加固后结构的分析和构件承载力计算，尚应符合下列要求：结构的计算简图，应根据加固后的荷载、地震作用和实际受力状况确定，且当加固后结构刚度和重力荷载代表值的变化分别不超过原来的10%和15%时，可不计入地震作用变化的影响；结构构件的计算截面面积，应采用实际有效的截面面积；结构构件承载力验算时，应计入实际荷载偏心、结构构件变形等造成的附加内力，并应计入加固后的实际受力程度、新增部分的应变滞后和新旧部分协同工作的程度对承载力的影响。

（四）抗震加固材料要求

抗震加固所用的材料应符合下列要求

一是黏土砖的强度等级不应低于MU7.5；粉煤灰中型实心砌块和混凝土中型空心砌块的强度等级不应低于MU10；混凝土小型空心砌块的强度等级不应低于MU5；砌体的砂浆强度等级不应低于M2.5。

二是钢筋混凝土的混凝土的强度等级不应低于C20，钢筋宜采用HRB335或HRB400。

三是钢材的型钢宜采用Q235钢。

四是加固所用材料的强度等级不应低于原构件材料的强度等级。

（五）抗震加固的施工应符合下列要求：

一是施工时应采取避免或减少损伤原结构的措施。

二是施工中发现原结构或相关工程隐蔽部位的构造有严重缺陷时，应暂停施工，在会同加固设计单位采取有效措施处理后方可继续施工。

三是当可能出现倾斜、开裂或倒塌等不安全因素时，施工前应采取安全措施。

二、房屋抗震设防

（一）房屋抗震设防的内容

1. 对新建房屋的建设，根据房屋的重要性，按照抗震设计和施工规范的要求，对房屋的设计和施工等进行验收。

2. 对已有的房屋，按照抗震鉴定和加固的要求，全面、有效地进行鉴定和加固。

（二）房屋抗震设防分类

所有建筑应按现行国家标准《建筑工程抗震设防分类标准》GB 50223—2008确定其抗震设防类别。

房屋的抗震设防应根据其重要性区别对待，可参考以下规定设防：

1. 标准设防类，应按本地区抗震设防烈度确定其抗震措施和地震作用，达到在遭遇高于当地抗震设防烈度的预估罕遇地震影响时不致倒塌或发生危及生命安全的严重破坏的抗震设防目标。

2. 重点设防类，应按高于本地区抗震设防烈度一度的要求加强其抗震措施；但抗震设防烈度为9度时应按比9度更高的要求采取抗震措施；地基基础的抗震措施，应符合有关规定。同时，应按本地区抗震设防烈度确定其地震作用。

3. 特殊设防类，应按高于本地区抗震设防烈度提高一度的要求加强其抗震措施；但抗震设防烈度为9度时应按比9度更高的要求采取抗震措施。同时，应按批准的地震安全性评价的结果且高于本地区抗震设防烈度的要求确定其地震作用。

4. 适度设防类，允许比本地区抗震设防烈度的要求适当降低其抗震措施，但抗震设防烈度为6度时不应降低。一般情况下，仍应按本地区抗震设防烈度确定其地震作用。

三、房屋抗震加固与维修基本知识

抗震加固与维修技术性强，涉及面广。要搞好房屋抗震加固与维修工作，需要具备以下几方面的基本知识：

（一）建筑基本知识

1. 建筑识图与构造知识

建筑识图知识主要是指应能看懂房屋维修、加固施工图中的建筑、结构、水、暖、电设备的施工图，明确图纸中的设计意图，能根据图纸要求安排人工、材料、设备进场、合理组织施工。

建筑构造知识主要是应了解不同结构类型房屋中的各种构配件的连接方式，不同性能材料之间的构造处理方式，以及一般房屋中常用的构造做法。

2. 建筑结构知识

在房屋维修加固工作中，经常会涉及到房屋的主体结构部分，掌握建筑结构知识，主要是了解房屋中各种主要承重构件的受力特点、传力方式，结构的主要承重部位，按照结构的受力特点进行合理的修缮加固，防止人为的损伤承重构件而造成不必要的结构损坏。

3. 建筑材料知识

建筑材料知识主要是应了解各种建筑材料的性能、特点、配合比及使用方法，在维修加固工作中，能根据不同的用途、部位正确合理地选用材料。

4. 建筑水、暖、电知识

为做好房屋维修加固工作，还应熟悉一般房屋中的给排水、卫生设备、供暖系统设备、供电照明等有关知识，以便配合房屋主体结构的维修施工，修复完善房屋的配套功能。

5. 建筑施工知识

建筑施工知识主要是应熟悉建筑维修施工技术与施工组织，以便合理地安排房屋维修的人工、材料、机械设备进场，做到安全施工，保证施工质量和施工工期。

6. 修缮工程预算知识

为了合理地利用有限的房屋维修经费，防止不必要的浪费，还应具备一定的房屋工程修缮预算知识。主要应熟悉修缮工程预算定额，了解修缮工程预算的特点，初步掌握修缮工程预算的编制步骤和方法。

（二）加固与维修基本知识

1. 地基处理与基础加固知识

地基处理的目的是提高软弱地基的承载力，保证地基的稳定，降低软弱地基的压缩性、减少基础的沉降和抑制基础过大的不均匀沉降；防止地震时地基的振动液化；消除土的湿陷性、胀缩性和冻胀性。在新建房屋工程中，可以采用的地基处理方法很多，但是对既有房屋地基处理却受到许多限制。因此，选择什么地基处理方法，要根据房屋主体结构、房屋的地基土特性及对地基处理的施工技术等情况综合考虑。在一般情况下，对房屋地基进行处理时，很重要的技术问题是地基处理方案及其施工技术、施工方法。

基础加固的主要目的是增强原有基础的承载力和刚度，扩大基础的底面积，提高基础的承载能力，减少基础的沉降和过大的不均匀沉降。对既有房屋的基础进行加固时，主要存在的技术问题是如何使新、旧基础有效连接以及保证在施工过程中房屋的安全使用,其施工难度和技术要求都很高。必须做到精心设计、精心施工。

2. 墙、柱的加固与维修知识

墙、柱的修缮主要是恢复墙体与柱的正常工作状态,提高墙、柱的强度、刚度和稳定性。在维修工作中,主要应掌握对倾斜的墙、柱纠偏与加固,并正确鉴定原有墙、柱的现有强度及承载力,并对不满足需要的墙、柱进行修缮与加固。

3. 钢筋混凝土结构构件的加固与维修知识

钢筋混凝土结构构件是房屋建筑中的主要承重结构构件,在修缮施工期间,应使原房屋建筑安全正常使用;加固前应对钢筋混凝土结构构件的承载力进行评价;加固后应确保加固质量,保证新、旧部分可靠连接,共同工作。

4. 屋面及有水房间渗漏的维修知识

屋面及有水房间的防渗漏,是建筑科技人员经过长期努力而至今未完全解决的技术问题。在维修工作中,应该准确找出屋面及有水房间的渗漏部位,提出防渗漏技术措施,选用恰当的防水材料,制定正确合理可行的修缮技术方案,并严格按照修缮技术方案执行。

5. 内、外装饰的维修知识

内、外装饰材料的种类较多,内、外装饰的维修方法各异。内、外装饰维修知识主要应掌握的是片材料损坏后,新补的内、外装饰材料与原墙体的粘接固定措施;防止新旧抹灰或水刷石结合处出现裂缝等。新型防火装饰材料应大力推广。各类装饰工程中的艺术设计与处理都需要不断的总结和探索。

除了建筑基本知识和加固维修基本知识外,本书还介绍了供电照明、给排水、采暖方面的维修知识。

(三)具有阅读应用各种规范的能力

房屋是经过工程技术人员的辛勤劳动铸造成的产品。它在生产过程中遵循其规律运行。房屋的设计应严格遵照国家规范、规程。新建工程建筑结构设计中执行现行国家标准《混凝结构设计规范》GB 50010—2002、《砌体结构设计规范》GB 50003—2001、《建筑地基基础设计规范》GB 50007—2002、《建筑结构荷载规范》GB 50009—2001、《建筑抗震设计规范》GB 50011—2001、《镇(乡)村建筑抗震技术规程》GBJ 161—2008 以及建筑防火、给排水、暖通、供配电、建筑施工和工程验收有关规范等数十种新建设计规范,只有熟练阅读应用规范,才能确保房屋建筑工程质量,特别是各有关规范中规定的强制性条文,要不折不扣的执行。

当房屋需要加固维修时,不但要知道它新建时是如何设计出来的,涉及什么技术,遵循什么规范,按照什么标准来检查、怎样检测它的强度、刚度和变形,而且一定要掌握房屋加固维修时应遵循的规范、规程。例如:本书在编写中有些已直接应用规范的公式或结论,有些则作一些必要阐述和解释,无论读者原来学习过上述种类规范与否,不影响对有关技术问题的理解和应用。直接应用解决实际的技术问题,是完全可能的,若想弄清问题的出处及解决问题的原理,对某些技术问题不单想知道怎么做,而且还想知道为什么这样做,那就涉及上述列举的各种有关的规范及有关理论探讨,就需要多一些精力去系统地思考和验证。从解决工程问题出发,书中所列日常的房屋及其设备的维修加固技术方法和措施,完全可以满足各级各类房屋维修加固的技术需要。总之,要进行房屋维修加固工作,除必须了解房屋设计中涉及的全部规范外,还必须掌握现已正式颁布执行的房屋维修加固规范和规程。只有全面地掌握房屋维修加固知识,充分利用本书介绍的技术方法,才能制定出全面、合理、安全、经济实用的房屋维修加固技术方案,使损坏的房屋能及时得到维修加固,恢复房屋的功能。

第二节 房屋抗震加固维修程序

房屋抗震加固必须按照下列程序进行:抗震鉴定、加固设计、设计审批、工程施工、工程验收等。未经鉴定的房屋,不得做加固设计,没有设计或设计未经审查批准的工程不得施工;施工未完成或施工质量不合格的工程不得验收。抗震加固的程序步骤如下:

一、抗震鉴定

抗震鉴定就是按照我国现行的建筑抗震鉴定标准(GB 50023—95)对现有房屋的抗震能力进行鉴定。经鉴定不合格的工程,提出抗震加固设计逐级上报上级房屋部门。经批准后,进行抗震加固。

二、抗震加固设计

列入加固维修的房屋工程,加固前必须进行加固设计。设计文件包括:技术说明书、施工图、计算书和工程概算等。

三、设计审批

所有房屋抗震加固维修设计方案和概算都要经相关主管部门组织审批。审批的内容有:是否符合鉴定标准和工程实际,实际数据是否准确,方案是否合理和便于施工,设计文件是否齐全。

四、工程施工

施工单位必须符合国家规定的资质要求,必须按图施工,并严格遵守有关施工验收规范。要做好施工纪录,特别是隐蔽工程,要保证施工质量,积极采用先进的施工方法、施工工艺和施工技术。

五、工程验收

所有完成抗震加固维修的工程,都要认真验收。正式的工程验收具备的条件是:工程建设单位已同施工单位进行了初步施工验收;设计、施工等资料齐全;初步施工验收时所提出问题已作出了处理。

第三节 房屋抗震加固维修措施

根据房屋的具体情况,选择恰当的加固维修方法,对提高房屋的抗震承载力、变形能力和整体性有重要作用。下面介绍几种加固维修措施以供参考。

一、墙体的加固维修措施

（一）面层的加固维修

面层加固适用于墙体无裂缝并以剪切为主的实心墙、多孔（孔径不大于 15mm 空心砖墙）及 240mm 厚的空心斗砖墙，对有轻微破坏的砖墙，应先将裂缝填塞补严后再作面层。面层加固不适合于砌筑砂浆强度等级小于 M2.5 的墙体和因墙面严重酥碱或油污不易清除，并不能保证抹面砂浆粘结质量的墙体。

面层可以做成水泥砂浆面层和钢筋网水泥砂浆两种。采用水泥砂浆面层加固时，厚度宜为 20~30mm，水泥砂浆强度等级宜为 M7.5~M10，水泥砂浆必须分层抹至设计厚度，每层厚度不大于 15mm；采用钢筋网水泥砂浆面层加固时，厚度宜为 25~40mm，钢筋外保护层厚度不应小于 10mm，钢筋网钢筋直径宜为 $\phi 4$~8，网格宜为方格布筋，间距不宜小于 150mm，水泥砂浆强度等级宜为 M7.5~M10，钢筋网用 $\phi 4$~6 的穿墙"S"筋（双面加固时）或用 $\phi 4$ "U"形筋（单面加固时）与墙体固定。

作面层前，应将抹灰清除干净，剔刮砖缝，对油漆或瓷砖等光面表层铲除，但切忌将砖表面打毛，以免打酥和松动墙体，做面层前要用水润湿墙面，面层做好后应洒水养护，以防干裂或与原墙面脱开。

（二）压力灌浆加固法

压力灌浆加固法适用于以剪切为主、墙体厚度不小于 240mm 的、砌筑砂浆强度等级不大于 M2.5 的实心砖墙。根据砖墙的实际抗震能力和要求，还可和水泥砂浆面层或钢筋网水泥砂浆面层联合加固墙体。

灌浆一般采用水泥与水溶液重量比为 1:0.7 的浆液材料。水泥强度等级一般不宜低于 42.5 级，水溶液系由水和悬浮剂组成，悬浮剂有聚乙烯醇等。灌浆孔宜每隔 1m 左右布设一个，厚度大于 360mm 的墙体宜两面布孔，孔深一般宜在 30~40mm，孔径稍大于灌浆嘴的外径，孔内应冲洗干净，并用 1:2 的水泥浆灌浆嘴固定在灌浆孔内。

灌浆加固前，应首先用水泥砂浆抹严墙面漏浆的孔洞与缝隙。清水砖墙勾缝不牢时，应将松动部位清理，然后进行勾缝封闭。水泥浆墙面空臌处，应铲除并以抹面封闭，依照自下而上的顺序进行灌浆，灌浆前，应先在每个灌浆孔内灌入适量的水，灌浆应进行到不进浆或附近灌浆孔溢浆方可停止（灌浆压力控制在 200kPa 左右）。

（三）增设抗震墙

当多层砖房因横墙间距过大或刚性多层砖房墙体抗震承载力不足时，可以增设抗震墙使其满足要求。新增设抗震墙可以是砖、也可以是钢筋混凝土或配筋砖砌体的。

为了使新增设的抗震墙起到良好的抗震作用，施工新增设的墙体上下要与楼板或梁顶紧，保证能够传递剪力，两端要与原有的墙体或柱子做有效的拉结。在刚性地面上后砌砖墙时，如承载不足应重作基础或加固基础。

二、增强房屋整体性加固维修措施

（一）多层砖房外加圈梁及钢拉杆

采用外加圈梁加固多层砖房，以提高其整体性，效果较显著。一般应优先采用现浇钢筋混凝土圈梁，外加固圈梁应靠近楼（屋）盖设置，并应在同一水平标高交圈闭合，否则，应采取加固措施使其闭合。内墙圈梁可采用钢拉杆代替，钢拉杆设置的间距应适当加密，且应贯穿房屋的全部宽度，并须设在横墙处，同时应锚固在纵墙上。

横墙承重的房屋，除顶层必须每开间设钢拉杆外，7度区的墙体砌筑砂浆强度等级小于M10的四层及四层以上的房屋，8度区墙体砌筑砂浆强度等级小于M2.5的三层及三层以上的房屋及9度区房屋，其楼层宜每开间设钢拉杆。其他情况下，房屋楼层钢拉杆宜每层隔开交错设置，或隔层每开间设置。

纵墙承重和纵、横墙承重的房屋，作为内圈梁的钢拉杆，宜在横墙两侧各设一根，无横墙处可不设。一般宜每层每开间设置钢拉杆。多层砖房的每道内纵墙均应用钢拉杆与外山墙拉结。

（二）楼盖、屋盖加刚性面层

当楼盖、屋盖采用装配式钢筋的混凝土梁板，而其整体性特别差时，可在楼、屋盖上做30～40mm厚的钢筋网水泥或细石混凝土面层，使其成为整体装配式楼、屋盖，对单开间和双开间设置的横墙房屋，为减少结构自重增加对结构抗震不利的影响，一般做20mm的面层即可。

（三）增设钢筋混凝土构造柱

当房屋的总高度超过规定的限值较多和楼梯间在房屋的尽端时，除按要求增设圈梁外，还需要在外墙的阳角处，每隔4～8m内外墙交接处的外侧以及房屋尽端楼梯间两侧横墙的外侧，增设钢筋混凝土构造柱与圈梁及墙连结在一起，以增强房屋的整体性。新增设的钢筋混凝土的构造柱的截面尺寸一般为300mm×250mm，柱内的竖向钢筋一般采用4根直径为φ12～φ16的钢筋，箍筋一般采用直径为φ6的钢筋，间距为250mm；在外墙的阳角处一般宜设置截面为L形（其截面的一般尺寸为6000mm×600mm×200mm）的钢筋混凝土构造柱，其配筋的数量需适当增加。钢筋混凝土构造柱的下部要做基础，新基础与原外墙基础用压浆锚杆进行拉结。

在屋盖及每层楼盖处，有钢筋混凝土构造柱的横墙应设钢拉杆，且外墙应设圈梁。如原房屋已有圈梁或现浇钢筋混凝土楼（屋）盖时，则该处可不再增设钢拉杆或圈梁，但外加钢筋混凝土构造柱与原圈梁或现浇混凝土楼（屋）盖应有可靠拉结。外加钢筋混凝土构造柱宜在每层1/3及2/3高处根据砖横墙的类别选用钢筋或压浆锚杆与横墙拉结。

三、砖柱及屋盖的加固维修

（一）砖柱的加固维修

多层的砖柱需要抗震加固时，可采用钢筋网水泥砂浆套层，钢筋混凝土套层及四角包角钢等方法提高其承载力和延性。钢筋网水泥砂浆套层和钢筋混凝土套层一般都采用直径为φ8～φ10的竖向钢筋，间距为100～200mm，箍筋直径常用φ6mm，间距小于或等于150mm，钢筋网水泥砂浆套层厚度为30mm，强度等级为M5～M10的砂浆，钢筋混凝土套层厚度为60～100mm，强度等级为C15的细石混凝土。

（二）木屋盖的加固维修

当房屋的山墙较单薄时，用墙缆把山墙互相拉结。加固时，先在屋架两侧增设木竖杆，木竖杆的两端用螺栓分别于屋架的上、下弦连接。然后把墙缆的一端用螺栓、方木拉杆与新加的木竖杆连接，另一端穿过山墙的水平灰缝，在山墙的外侧加钢销插紧。

当木屋架间无支撑时，可每层增设剪力撑。对于砖墙和木屋架软硬间隔布置的屋盖，可用扒钉加强檩木和屋架的连接。

无下弦人字屋架的房屋，应采取在楼屋盖处外加钢筋混凝土圈梁、内设钢拉杆、在屋架下弦位置加拉结钢筋或木夹板的加固措施。

（三）出屋面的女儿墙和小砖砌烟囱的加固维修

当女儿墙的高度超过了抗震要求，而建筑要求不能拆矮时，可以将外加钢筋混凝土构造柱延伸压顶；在两根构造柱之间的女儿墙上适当位置，拆除部分女儿墙外加钢筋混凝土小立柱；最后在女儿墙顶部加做钢筋混凝土压顶，并与构造柱和小立柱整体浇筑，提高女儿墙的整体性。

出屋面的小烟囱，可在其外侧用钢筋网砂浆套层进行加固，其具体的加固方法与砖柱加固方法基本相同。

第四节　房屋抗震加固维修管理

房屋抗震加固维修管理主要包括三方面的内容：一是房屋抗震加固维修质量管理；二是房屋抗震加固维修施工管理；三是房屋抗震加固维修行政管理。

一、房屋加固维修质量管理

房屋的质量管理，就是对现有房屋状况进行科学的鉴定，定期对房屋质量进行检查和评定，对每栋房屋抗震能力评定出质量等级并做好统计，从而为加固维修管理提供可靠的资料和编制房屋的加固维修计划提供依据，以便科学地制订房屋加固维修计划和方案，进行房屋加固维修设计，编制房屋加固维修施工的概预算，正确合理地进行加固维修。

二、房屋加固维修施工管理

房屋加固维修施工管理应做好以下几项工作：

（一）要做好施工前期准备工作

房屋管理部门要准备好房屋加固维修工程的设计图纸及有关文件材料，按规定选择施工单位，并向施工单位介绍应修房屋的维修项目、范围和要求，对需加固维修的房屋应提前安排，做好人员搬迁工作等。

（二）要抓好施工质量

房屋加固维修施工要坚持按图施工，对重要部位与隐蔽工程及时验收。施工过程中，对主要加固维修项目的质量，应由施工人员相互检查，工班长或质量管理小组适时检查，主管技术人员重点检查。检查应抓住：质量是否达到标准，震害整治是否彻底，加固维修后是否还留有致病因素等重点。

（三）做好竣工验收

加固维修工程竣工后，应先由施工单位组织初验。初验确认质量合格后，提出竣工资料和请验报告，由工程批准单位组织正式验收。竣工验收时，应按照国家有关的规范和标准，对工程质量作出评定，并写成验收记录。凡不符合要求，并需返修和补做的，应进行返修和补做，直到符合规定的标准和要求。

三、房屋加固维修行政管理

房屋加固维修行政管理是指按照国家和部门有关房屋加固维修规范和标准，对房屋加固维修工作进行管理。房屋加固维修工作由各级房屋管理部门实行管理。建设部颁发的《房屋修缮技术管理规定》、《房屋修缮工程施工管理规定》、《房屋修缮工程质量评定标准》、《危险房屋鉴定标准》等是加固维修工作中必须遵守的规定。

第五节 汶川地震对房屋抗震规范的影响

汶川地震中，房屋的倒塌、破坏给灾区人民带来了巨大的人员伤亡和经济损失。根据建设部落实国务院《汶川地震灾后恢复重建条例》的要求，在初步调查总结了汶川大地震的经验教训的基础上，考虑到我国经济已有较大发展，中国建筑科学研究院会同有关的设计、科研和教学单位对《建筑抗震设计规范》GB 50011—2001 和《建筑工程抗震设防分类标准》GB 50223—2004 进行了局部修订，加快了《镇（乡）村建筑抗震技术规程》JGJ 161—2008 的颁布和实施。本节主要对汶川地震后有关房屋抗震规范的修订内容进行简要介绍。

一、《建筑抗震设计规范》的修订内容

汶川地震表明，严格按照现行规范进行设计、施工和使用的建筑，在遭遇比当地设防烈度高一度的地震作用下，没有出现倒塌破坏，有效地保护了人民的生命安全。说明我国在 1976 年唐山地震后，建设部做出房屋从 6 度开始抗震设防和按高于设防烈度一度的"大震"不倒塌的设防目标进行抗震设计的决策，是正确的。

对《建筑抗震设计规范》GB 50011—2001 的修订，主要是依据地震局修编的灾区地震动参数的第 1 号修改单，相应调整了灾区的设防烈度，并对其他部分条文进行了修订。修订的主要内容如下（下划线为修改的内容）：

（一）强制性条文 15 条

1. 修订有关抗震设防类别的强制性条文 3 条。

划分不同的抗震设防类别并采取不同的设计要求，是在现有技术和经济条件下减轻地震灾害的重要对策之一。考虑到《建筑抗震设计规范》2001 年版 3.1.1 条～3.1.3 条的内容已经由分类标准 GB 50223 予以规定，可直接引用，修订时不再重复规定。修订的条目包括：

3.1.1 所有建筑应按现行国家标准《建筑工程抗震设防分类标准》GB 50223 确定其抗震设防类别。

3.1.2 （删除）

3.1.3 各抗震设防类别建筑的抗震设防标准，均应符合现行国家标准《建筑工程抗震设防分类标准》GB 50223 的要求。

2. 对在危险地段建造房屋建筑的要求作了局部的调整。相应条目修订内容为：

3.3.1 选择建筑场地时，应根据工程需要，掌握地震活动情况、工程地质和地震地质的有关资料，对抗震有利、不利和危险地段做出综合评价。对不利地段，应提出避开要求；当无法避开时应采取有效措施。对危险地段，<u>严禁建造甲、乙类的建筑，不应建造丙</u>类的建筑。

3. 对房屋建筑方案的各种不规则性，分别给出处理对策，以提高建筑设计和结构设计的协调性。相应条目修订内容为：

3.4.1 建筑设计应符合抗震概念设计的要求，<u>不规则的建筑方案应按规定采取加强措施</u>；<u>特别不规则的建筑方案应进行专门研究和论证，采取特别的加强措施</u>；不应采用严重不规则的建筑方案。

4. 新增针对围墙、隔墙等建筑非结构构件的强制性条文，以加强其抗震安全性，提高对生命的保护。相应条目内容为：

3.7.4 <u>框架结构的围护墙和隔墙，应考虑其</u>设置对结构抗震的不利影响，避免不合理设置而导致主体结构的破坏。

5. 提高了对房屋建筑材料的要求。相应条目修订内容为：

3.9.2 结构材料性能指标，应符合下列最低要求：

1 砌体结构材料应符合下列规定：

1) <u>烧结普通砖和烧结多孔砖</u>的强度等级不应低于MU10，其砌筑砂浆强度等级不应低于M5；

2) 混凝土小型空心砌块的强度等级不应低于MU7.5，其砌筑砂浆强度等级不应低于M7.5。

2 混凝土结构材料应符合下列规定：

1) 混凝土的强度等级，框支梁、框支柱及抗震等级为一级的框架梁、柱、节点核芯区，不应低于C30；构造柱、芯柱、圈梁及其他各类构件不应低于C20；

2) 抗震等级为一、二级的框架结构，其纵向受力钢筋采用普通钢筋时，钢筋的抗拉强度实测值与屈服强度实测值的比值不应小于1.25；钢筋的屈服强度实测值与强度标准值的比值不应大于1.3；<u>且钢筋在最大拉力下的总伸长率实测值不应小于9%</u>。

3 钢结构的钢材应符合下列规定：

1) 钢材的<u>屈服强度实测值与抗拉强度实测值的比值不应大于0.85</u>；

2) 钢材应有明显的屈服台阶，且伸长率不应小于20%；

钢材应有良好的焊接性和合格的冲击韧性。

6. 为加强对施工质量的监督和控制，实现预期的抗震设防目标，新增强制性条文，将构造要求等具体化。相应条目内容为：

3.9.4 当需要以强度等级较高的钢筋替代原设计中的纵向受力钢筋时，应按照钢筋承载力设计值相等的原则换算，并应满足<u>最小配筋率、抗裂验算</u>等要求。

3.9.6 钢筋混凝土构造柱、芯柱和底部框架-抗震墙砖房中砖抗震墙的施工，应先砌墙后浇构造柱、芯柱和框架梁柱。

7. 为加强山区房屋建筑的抗震能力，新增了不利地段建筑房屋的强制条款，相应条款内容为：

4.1.8 当需要在条状突出的山嘴、高耸孤立的山丘、非岩石和强风化岩石的陡坡、河岸和边坡边缘等不利地段建造丙类及丙类以上建筑时,除保证其在地震作用下的稳定性外,尚应估计不利地段对地震动可能产生的放大作用,其地震影响系数最大值应乘以增大系数。其值应根据不利地段的具体情况确定,<u>在1.1~1.6范围内采用</u>。

8. 新增了对计算竖向地震作用的强制条款,相应内容为:

5.4.3 当仅计算竖向地震作用时,各类结构构件的承载力抗震调整系数均应采用1.0。

9. 补充了抗震设防分类属于乙类的多层砌体结构房屋的高度和层数控制要求。相应条目内容为:

7.1.2 多层房屋的层数和高度应符合下列要求:

1 一般情况下,房屋的层数和总高度不应超过表7.1.2的规定。

房屋的层数和总高度限值(m)　　　　　表7.1.2

房屋类别		最小厚度(mm)	烈　　度							
			6		7		8		9	
			高度	层数	高度	层数	高度	层数	高度	层数
多层砌体	普通砖	240	24	8	21	7	18	6	12	4
	多孔砖	240	21	7	21	7	18	6	12	4
	多孔砖	190	21	7	18	6	15	5	—	—
	小砌块	190	21	7	21	7	18	6	—	—
底部框架—抗震墙		240	22	7	22	7	19	6		
多排柱内框架		240	16	5	16	5	13	4		

注:1. 房屋的总高度指室外地面到主要屋面板板顶或檐口的高度,半地下室从地下室室内地面算起,全地下室和嵌固条件好的半地下室应允许从室外地面算起;对带阁楼的坡屋面应算至山尖墙的1/2高度处;
2. 室内外高差大于0.6m时,房屋总高度应允许比表中数据适当增加,但不应多于1m;
3. 乙类的多层砌体房屋应允许按本地区设防烈度查表,但层数应减少一层且总高度应降低3m;
4. 本表小砌块砌体房屋不包括配筋混凝土空心小型砌块砌体房屋。

2 对医院、教学楼等横墙较少的多层砌体房屋,总高度应比表7.1.2的规定降低3m,层数相应减少一层;各层横墙很少的多层砌体房屋,还应再减少一层。

注:横墙较少指同一楼层内开间大于4.20m的房间占该层总面积的40%以上。

3 横墙较少的多层砖砌体住宅楼,当按规定采取加强措施并满足抗震承载力要求时,其高度和层数应允许仍按表7.1.2的规定采用。

10. 着眼构成"应急疏散安全岛",增加了6度设防时楼梯间四角以及不规则平面的外墙对应转角(凸角)处设置构造柱的要求。

7.3.1 多层普通砖、多孔砖房,应按下列要求设置现浇钢筋混凝土构造柱(以下简称构造柱):

1 构造柱设置部位,一般情况下应符合表7.3.1的要求。

2 外廊式和单面走廊式的多层房屋,应根据房屋增加一层后的层数,按表7.3.1的要求设置构造柱,且单面走廊两侧的纵墙均应按外墙处理。

3 教学楼、医院等横墙较少的房屋，应根据房屋增加一层后的层数，按表7.3.1的要求设置构造柱；当教学楼、医院等横墙较少的房屋为外廊式或单面走廊式时，应按2款要求设置构造柱，但6度不超过四层、7度不超过三层和8度不超过二层时，应按增加二层后的层数对待。

砖房构造柱设置要求   表7.3.1

房屋层数				设 置 部 位	
6度	7度	8度	9度		
四、五	三、四	二、三		楼、电梯间四角，楼梯段上下端对应的墙体处；外墙四角和对应转角；错层部位横墙与外纵墙交接处，大房间内外墙交接处，较大洞口两侧	隔15m或单元横墙与外纵墙交接处
六、七	五	四	二		隔开间横墙（轴线）与外墙交接处，山墙与内纵墙交接处
八	六、七	五、六	三、四		内墙（轴线）与外墙交接处，内墙的局部较小墙垛处；9度时内纵墙与横墙（轴线）交接处

11. 依据砌体结构规范对大跨度梁支座的规定，补充了大跨混凝土梁支承构件的构造和承载力要求，不允许采用一般的砖柱或砖墙。相应条目修订内容为：

7.3.6 楼、屋盖的钢筋混凝土梁或屋架应与墙、柱（包括构造柱）或圈梁可靠连接；6度时，梁与砖柱的连接不应削弱柱截面，独立砖柱顶部应在两个方向均有可靠连接；7～9度时不得采用独立砖柱。跨度不小于6m大梁的支承构件应采用组合砌体等加强措施，并满足承载力要求。

12. 考虑到楼梯间作为地震疏散通道的重要作用，而且地震时受力比较复杂，容易造成破坏，提高了砌体结构楼梯间的构造要求。相应条目修订内容为：

7.3.8 楼梯间应符合下列要求：

1 顶层楼梯间横墙和外墙应沿墙高每隔500mm设2φ6通长钢筋；7～9度时其他各层楼梯间墙体应在休息平台或楼层半高处设置60mm厚的钢筋混凝土带或配筋砖带，其砂浆强度等级不应低于M7.5，纵向钢筋不应少于2φ10。

2 楼梯间及门厅内墙阳角处的大梁支承长度不应小于500mm，并应与圈梁连接。

3 装配式楼梯段应与平台板的梁可靠连接；不应采用墙中悬挑式踏步或踏步竖肋插入墙体的楼梯，不应采用无筋砖砌栏板。

4 突出屋顶的楼、电梯间，构造柱应伸到顶部，并与顶部圈梁连接，内外墙交接处应沿墙高每隔500mm设2φ6通长拉结钢筋。

（二）涉及坡地、单跨框架、土木石民居构造措施以及楼梯参与整体计算等内容的非强制性条目12条

1. 新增针对山区房屋选址和地基基础设计的抗震要求。相应条目内容为：

3.3.5 山区建筑场地和地基基础设计应符合下列要求：

1 山区建筑场地应根据地质、地形条件和使用要求，因地制宜设置符合抗震设防要求的边坡工程；边坡应避免深挖高填，坡高大且稳定性差的边坡应采用后仰放坡或分阶放坡。

2 建筑基础与土质、强风化岩质边坡的边缘应留有足够的距离,其值应根据抗震设防烈度的高低确定,并采取措施避免地震时地基基础破坏。

2. 针对预制混凝土板在强烈地震中容易脱落导致人员伤亡的震害,增加了推荐采用现浇楼、屋盖,特别强调装配式楼、屋盖需加强整体性的基本要求。相应条目内容为:

3.5.4 结构构件应符合下列要求:

1 砌体结构应按规定设置钢筋混凝土圈梁和构造柱、芯柱,或采用配筋砌体等。

2 混凝土结构构件应控制截面尺寸和纵向受力钢筋与箍筋的设置,防止剪切破坏先于弯曲破坏、混凝土的压溃先于钢筋的屈服、钢筋的锚固先于构件破坏。

3 预应力混凝土构件,应配有足够的非预应力钢筋。

4 钢结构构件应避免局部失稳或整个构件失稳。

5 多、高层的混凝土楼、屋盖宜优先采用现浇混凝土板。当采用混凝土预制装配式楼、屋盖时,应从楼盖体系和构造上采取措施确保各预制板之间连接的整体性。

3. 考虑到楼梯的梯板等具有斜撑的受力状态,对结构的整体刚度有较明显的影响,建议在结构计算中予以适当考虑。相应条目修订内容为:

3.6.6 利用计算机进行结构抗震分析,应符合下列要求:

1 计算模型的建立、必要的简化计算与处理,应符合结构的实际工作状况;计算中应考虑楼梯构件的影响。

2 计算软件的技术条件应符合本规范及有关标准的规定,并应阐明其特殊处理的内容和依据。

3 复杂结构进行多遇地震作用下的内力和变形分析时,应采用不少于两个的不同力学模型,并对其计算结果进行分析比较。

4 所有计算机计算结果,应经分析判断确认其合理、有效后方可用于工程设计。

4. 新增疏散通道的楼梯间墙体的抗震安全性要求,提高对生命的保护。相应条目修订内容为:

3.7.3 附着于楼、屋面结构上的非结构构件,以及楼梯间的非承重墙体,应采取与主体结构可靠连接或锚固等避免地震时倒塌伤人或砸坏重要设备的措施。

5. 考虑到隔震和减震技术已比较成熟,提高了对该技术的应用要求。相应条目修订内容为:

3.8.1 隔震与消能减震设计,应主要应用于使用功能有特殊要求的建筑及抗震设防烈度为8、9度的建筑。

6. 补充了控制单跨框架结构适用范围的要求,相应条目修订内容为:

6.1.5 框架结构和框架-抗震墙结构中,框架和抗震墙均应双向设置,柱中线与抗震墙中线、梁中线与柱中线之间偏心距大于柱宽的1/4时,应计入偏心的影响。高层的框架结构不应采用单跨框架结构,多层框架结构不宜采用单跨框架结构。

7. 补充了砌体结构层高采用3.9m的条件。相应条目修订内容为:

7.1.3 普通砖、多孔砖和小砌块砌体承重房屋的层高,不应超过3.6m;底部框架-抗震墙房屋的底部和内框架房屋的层高,不应超过4.5m。

注:当使用功能确有需要时,采用约束砌体等加强措施的普通砖墙体的层高不应超过3.9m。

8. 补充了对教学楼、医院等横墙较少砌体房屋的楼、屋盖体系的要求,以加强横墙较少、跨度较大房屋的楼、屋盖的整体性。相应条目修订内容为：

7.1.7 多层砌体房屋的结构体系，应符合下列要求：

1 应优先采用横墙承重或纵横墙共同承重的结构体系。

2 纵横墙的布置宜均匀对称，沿平面内宜对齐，沿竖向应上下连续；同一轴线上的窗间墙宽度宜均匀。

3 房屋有下列情况之一时宜设置防震缝，缝两侧均应设置墙体，缝宽应根据烈度和房屋高度确定，可采用50～100mm：

1）房屋立面高差在6m以上；

2）房屋有错层，且楼板高差较大；

3）各部分结构刚度、质量截然不同。

4 楼梯间不宜设置在房屋的尽端和转角处。

5 烟道、风道、垃圾道等不应削弱墙体；当墙体被削弱时，应对墙体采取加强措施；不宜采用无竖向配筋的附墙烟囱及出屋面的烟囱。

6 <u>教学楼、医院等横墙较少、跨度较大的房屋，宜采用现浇钢筋混凝土楼、屋盖。</u>

7 不应采用无锚固的钢筋混凝土预制挑檐。

9. 进一步明确本规范的规定所适用的生土房屋的范围。相应条目修订内容为：

11.1.1 本节适用于6～8度（0.20g）未经焙烧的土坯、灰土和夯土承重墙体的房屋及土窑洞、土拱房。

注：1 灰土墙指掺石灰（或其他粘结材料）的土筑墙和掺石灰土坯墙；

2 土窑洞包括在未经扰动的原土中开挖而成的崖窑和由土坯砌筑拱顶的坑窑。

10. 修改规范执行严格程度用词，强调生土房屋墙体之间加强拉接，提高结构整体性。相应条目修订内容为：

11.1.5 生土房屋内外墙体应同时分层交错夯筑或咬砌，外墙四角和内外墙交接处，应沿墙高每隔300mm左右放一层竹筋、木条、荆条等拉结材料。

11. 修改规范执行严格程度用词，强调了木结构房屋的围护墙与主体的拉结，以避免土坯等倒塌伤人。相应条目修订内容为：

11.2.12 围护墙应与木结构可靠拉结；土坯、砖等砌筑的围护墙不应将木柱完全包裹，应贴砌在木柱外侧。

12. 修改规范执行严格程度用词，以严格控制石砌体民居的适用范围。相应条目修订内容为：

11.3.2 多层石砌体房屋的总高度和层数不应超过表11.3.2的规定：

多层石砌体房屋总高度（m）和层数限值　　　　表11.3.2

墙 体 类 别	烈 度					
	6		7		8	
	高度	层数	高度	层数	高度	层数
细、半细料石砌体（无垫片）	16	五	13	四	10	三
粗料石及毛料石砌体（有垫片）	13	四	10	三	7	二

注：房屋总高度的计算同表7.1.2注。

（三）材料性能按产品标准修改的非强制性条文 1 条。

考虑到产品标准《钢筋混凝土用钢 第 2 部分：热轧带肋钢筋》GB 1499.2—2007 增加了抗震钢筋的性能指标（强度等级编号加字母 E），对相应条文作了改动，具体内容为：

3.9.3 结构材料性能指标，尚宜符合下列要求：

1 普通钢筋宜优先采用延性、韧性和焊接性较好的钢筋；普通钢筋的强度等级，纵向受力钢筋宜选用符合抗震性能指标的 HRB400 级热轧钢筋，也可采用符合抗震性能指标的 HRB335 级热轧钢筋；箍筋宜选用符合抗震性能指标的 HRB335、HRB400 级热轧钢筋。

注：钢筋的检验方法应符合现行国家标准《混凝土结构工程施工质量验收规范》GB 50204 的规定。

2 混凝土结构的混凝土强度等级，9 度时不宜超过 C60，8 度时不宜超过 C70。

3 钢结构的钢材宜采用 Q235 等级 B、C、D 的碳素结构钢及 Q345 等级 B、C、D、E 的低合金高强度结构钢；当有可靠依据时，尚可采用其他钢种和钢号。

（四）灾区设防烈度变更，涉及四川、陕西、甘肃，共 3 条，详见第一章第四节。

二、《建筑工程抗震设防分类标准》的修订

《建筑工程抗震设防分类标准》的修订继续保持 1995 年版和 2004 年版的分类原则；鉴于所有建筑均要求达到"大震不倒"的设防目标，对需要比普通建筑提高抗震设防要求的建筑控制在较小的范围内，并主要采取提高抗倒塌变形能力的措施。主要修订内容如下：

1. 调整了分类的定义和内涵。

2. 特别加强了对未成年人在地震等突发事件中的保护。

3. 扩大了划入人员密集建筑的范围，提高了医院、体育场馆、博物馆、文化馆、图书馆、影剧院、商场、交通枢纽等人员密集的公共服务设施的抗震能力。

4. 增加了地震避难场所建筑、电子信息中心建筑的要求。

5. 进一步明确本标准所列的建筑名称是示例，未列入本标准的建筑可按使用功能和规模相近的示例确定其抗震设防类别。

第三章 房屋建筑的抗震鉴定

房屋的抗震鉴定是指通过检查现有房屋的设计、施工质量和现状，按规定的抗震设防要求，对其在地震作用下的安全性进行评估。抗震鉴定由其使用单位组织，委托具有法定资质的正式检测单位或部门，按照现行的国家标准《建筑抗震鉴定标准》GB 50023—95 进行。未经抗震鉴定的房屋，不得作抗震加固设计和组织施工。

第一节 房屋抗震鉴定概述

根据现行国家标准《建筑抗震鉴定标准》GB 50023—95 的规定，房屋的抗震鉴定方法分为两级。第一级鉴定以宏观控制和构造鉴定为主进行综合评价；第二级鉴定以抗震验算为主结合构造影响进行综合评价。当符合第一级鉴定的各项要求时，房屋可评定为满足抗震鉴定要求，不再进行第二级鉴定，当不符合第一级鉴定的各项要求时，除有明确规定的情况外，应由第二级鉴定作出判断。

一、现有房屋的抗震鉴定标准

现有房屋的抗震鉴定应执行现行国家标准《建筑抗震鉴定标准》GB 50023—95，对现有房屋的抗震能力进行鉴定。当该鉴定标准未作明确规定的部分，可参照现行国家规范《建筑抗震设计规范》GB 50011—2001、《镇（乡）村建筑抗震技术规程》JGJ 161—2008、《古建筑木结构维护与加固技术规范》GB 50165—92 及有关规定和标准执行。

二、建筑抗震鉴定名词术语

（一）综合抗震能力
整个建筑结构综合考虑其承载力和构造等因素所具有的抵抗地震作用的能力。
（二）墙体面积率
抗震墙体在楼层高度 1/2 处（或墙体最薄弱处）的净截面面积与同一楼层建筑平面面积的比值。
（三）抗震墙基准面积率
以抗震墙体面积率进行砌体结构简化的抗震验算时，表示 7 度抗震设防的基本要求所取用的代表值。
（四）结构构件现有承载力
现有结构构件由材料强度标准值、结构构件（包括钢筋）实有的截面面积和对应于重力荷载代表值的轴向力所确定的结构构件承载力。包括现有受弯承载力和现有受剪承载力等。

第二节 多层混合结构房屋抗震鉴定

多层混合结构房屋的抗震鉴定，主要按第一级进行抗震鉴定，它是贯彻总体抗震概念设计的具体做法。

一、一般规定

对多层混合结构房屋进行抗震鉴定时，应符合下列一般规定。

（一）房屋抗震鉴定的重点

多层混合结构房屋抗震鉴定的重点内容：房屋的高度和层数，抗震墙的厚度和间距，墙体的砂浆强度等级和砌筑质量，墙体交接处的连接，女儿墙和出屋面烟囱等易引起倒塌伤人的部位。当抗震设防烈度为 7、8、9 度时，尚应检查楼、屋盖处的圈梁，楼、屋盖与墙体的连接构造，墙体布置的规则性等。

（二）房屋的最大高度和层数

多层混合结构房屋抗震鉴定的最大高度和层数不宜超过表 3-2-1 的规定。

多层混合结构房屋抗震鉴定的最大高度（m）和层数　　　表 3-2-1

房屋类别		最小厚度（mm）	烈 度						
			6		7		8		9
			高度	层数	高度	层数	高度	层数	高度	层数
多层砌体	普通砖	240	24	8	21	7	18	6	12	4
	多孔砖	240	21	7	21	7	18	6	12	4
	多孔砖	190	21	7	18	6	15	5	—	—
	小砌块	190	21	7	21	7	18	6	—	—

注：1. 房屋的总高度指室外地面到主要屋面板板顶或檐口的高度，半地下室从地下室室内地面算起，全地下室和嵌固条件好的半地下室应允许从室外地面算起；对带阁楼的坡屋面应算到山尖墙的 1/2 高度处；
2. 室内外高差大于 0.6m 时，房屋总高度应允许比表中数据适当增加，但不应多于 1m；
3. 对医院、教学楼等横墙较少的多层砌体房屋，总高度应比表 3-2-1 的规定降低 3m，层数相应减少一层；各层横墙很少的多层砌体房屋，还应再减少一层。横墙较少指同一楼层内开间大于 4.20m 的房间占该层总面积的 40% 以上；
4. 本表小砌块砌体房屋不包括配筋混凝土空心小型砌块砌体房屋。

二、抗震横墙的最大间距

一般混合结构房屋抗震横墙的最大间距应符合表 3-2-2 的要求，否则应增加抗震横墙或采取其他加固措施。

抗震横墙的厚度：当烈度在 7 度和 8 度时，不应小于 180mm；在 9 度时不应小于 240mm。

房屋抗震横墙最大间距（m）　　　表 3-2-2

墙体类别	最小墙厚（mm）	房屋层数	楼层	木楼（屋）盖			预应力圆孔板楼（屋）盖		
				6、7 度	8 度	9 度	6、7 度	8 度	9 度
实心砖墙	240	一层	1	11.0	9.0	5.0	15.0	12.0	6.0
多孔砖墙	240	二层	2	11.0	9.0	—	15.0	12.0	—
小砌块墙	190		1	9.0	7.0	—	11.0	9.0	—

续表

墙体类别	最小墙厚(mm)	房屋层数	楼层	木楼（屋）盖 6、7度	木楼（屋）盖 8度	木楼（屋）盖 9度	预应力圆孔板楼（屋）盖 6、7度	预应力圆孔板楼（屋）盖 8度	预应力圆孔板楼（屋）盖 9度
多孔砖墙 蒸压砖墙	190 240	一层	1	9.0	7.0	5.0	11.0	9.0	6.0
		二层	2	9.0	7.0	—	11.0	9.0	—
			1	7.0	5.0	—	9.0	7.0	—
空斗墙	240	一层	1	7.0	5.0	—	9.0	7.0	—
		二层	2	7.0	—	—	9.0	—	—
			1	5.0	—	—	7.0	—	—

三、房屋的外观和内在质量要求

1. 墙体不空臌，无明显倾斜、鼓闪及严重酥碱；
2. 支承屋架、大梁的墙体无竖向裂缝，承重墙、自承重墙及其交接处无明显裂缝；
3. 外墙尽端门窗口处无上下贯通的竖向裂缝；
4. 木楼（屋）盖构件无明显变形、腐朽、蚁蛀和严重开裂；
5. 外墙或内外墙的交接处没有因安装管道及烟道对墙体的严重削弱；
6. 梁、柱及其节点的混凝土仅有少量微小开裂或局部剥落，钢筋无露筋、锈蚀。梁、板等主体结构构件无明显变形、倾斜或歪扭；
7. 没有其他严重影响墙体质量的缺陷。

四、多层混合结构房屋的抗震鉴定程序

多层混合结构房屋抗震鉴定的程序为：按结构体系、房屋整体性连接、局部易损易倒部位的构造及墙体抗震承载力，对整栋房屋的综合抗震能力进行两级鉴定。

五、多层混合结构房屋的第一级抗震鉴定

（一）结构体系的鉴定

现有房屋的结构体系的鉴定，包括刚性和规则性的判别。房屋实际的高宽比和横墙间距应符合刚性体系的要求。

1. 房屋高宽比

房屋的高度与宽度（对外廊式房屋，其宽度不包括外走廊宽度）之比不宜大于2.5，且房屋的总高度不大于底层平面的最长尺寸，满足表 3-2-3 的要求。

房屋最大高宽比　　　　　　　　　　表 3-2-3

烈　度	6	7	8	9
最大高宽比	2.5	2.5	2	1.5

2. 抗震横墙的最大间距

抗震横墙的最大间距应符合表 3-2-2 的要求，否则应增加砌抗震横墙或采取其他加固措施。

3. 规则性鉴定

房屋的平、立面和墙体布置宜符合下列规则性的要求：

(1) 质量和刚度沿高度分布比较规则均匀，立面高度变化不超过一层，同一楼层的楼板标高相差不大于500mm；

(2) 楼层的质心和计算刚心基本重合或接近。

（二）承重墙体的砖、砂浆强度等级鉴定

1. 砖的强度等级

烧结普通砖和烧结多孔砖的强度等级不应低于MU10，普通混凝土小型空心砌块的强度等级不应低于MU7.5，且不低于砌筑砂浆强度等级。

2. 砂浆的强度等级

烧结普通砖和烧结多孔砖砌筑砂浆的强度等级不应低于M5，普通混凝土小型空心砌块的砌筑砂浆强度等级不应低于MU7.5。

砌筑砂浆强度等级高于砖的强度等级时，墙体的砂浆强度等级宜按砖的强度等级采用。

（三）整体性连接构造鉴定

多层混合结构房屋的整体性连接构造，主要应从以下几方面进行鉴定。

1. 横墙交接处应有可靠连接

(1) 墙体布置在平面内应闭合；

(2) 纵横墙连接处，墙体内应无烟道、通风道等竖向孔道；

(3) 纵横墙交接处应咬槎较好；

(4) 当为马牙槎砌筑或有钢筋混凝土构造柱时，沿墙高每8皮砖（500mm）左右应有2φ6拉结钢筋，且每边伸入墙内长度不宜小于1m。

2. 楼、屋盖的连接

(1) 现浇钢筋混凝土楼板或屋面板伸进纵、横墙内的长度，均不应小于120mm。

(2) 装配式钢筋混凝土楼板或屋面板，当圈梁未设在板的同一标高时，板端伸进外墙的长度不应小于120mm，伸进内墙的长度不应小于100mm，在梁上不应小于80mm。

(3) 当板的跨度大于4.8m并与外墙平行时，靠外墙的预制板侧边应与墙或圈梁拉结。

(4) 房屋端部大房间的楼盖，8度时房屋的屋盖和9度时房屋的楼、屋盖，当圈梁设在板底时，钢筋混凝土预制板应相互拉结，并应与梁、墙或圈梁拉结。

(5) 楼、屋盖的钢筋混凝土梁或屋架应与墙、柱（包括构造柱）或圈梁可靠连接，6度时，梁与砖柱的连接不应削弱柱截面，各层独立砖柱顶部应在两个方向均有可靠连接；7～9度时不得采用独立砖柱。跨度不小于6m大梁的支承构件应采用组合砌体等加强措施，并满足承载力要求。

(6) 楼、屋盖构件的支承长度

楼、屋盖构件的支承长度不应小于表3-2-4 的规定。

楼、屋盖构件的最小支承长度（mm）　　表3-2-4

构件名称	混凝土预制板	预制进深梁	木屋架木大梁	对接檩条	木龙骨木檩条
位置	墙上	梁上	墙上	屋架上	墙上
支承长度	100	80	180 且有梁垫	60	120

3. 圈梁的布置和构造

(1) 装配式钢筋混凝土楼、屋盖或木楼、屋盖的砖房,横墙承重时应按表 3-2-5 的要求设置圈梁;纵墙承重时每层均应设置圈梁,且抗震横墙上的圈梁间距应比表内要求适当加密。

(2) 现浇或装备整体式钢筋混凝土楼、屋盖与墙体有可靠连接的房屋,应允许不另设圈梁,但楼板沿墙体周边应加强配筋并与相应的构造柱钢筋可靠连接。

(3) 圈梁应闭合,遇有洞口圈梁应上下搭接。圈梁宜与预制板设在同一标高处或紧靠板底。

(4) 现浇钢筋混凝土板墙或钢筋网水泥砂浆面层中的配筋加强带可代替该位置上的圈梁;与纵墙圈梁有可靠连接的进深梁或配筋板带也可代替该位置上的圈梁。

(5) 圈梁截面高度不应小于 120mm,配筋应符合表 3-2-6 的要求。

(6) 砖拱楼、屋盖房屋,每层所有内外墙均应有圈梁,当圈梁承受砖拱楼、屋盖的推力时,配筋量不应少于 4ϕ12。

砖房现浇钢筋混凝土圈梁设置要求　　　　　　　　　　　表 3-2-5

墙　类	烈　度		
	6、7 度	8 度	9 度
外墙和内纵墙	屋盖处及每层楼盖处	屋盖处及每层楼盖处	屋盖处及每层楼盖处
内横墙	同上;屋盖处间距不应大于 7m;楼盖处间距不应大于 15m;构造柱对应部位	同上;屋盖处沿所有横墙,且间距不应大于 7m;楼盖处间距不应大于 7m;构造柱对应部位	同上;各层所有横墙

砖房圈梁配筋要求　　　　　　　　　　　表 3-2-6

配　筋	烈　度		
	6、7 度	8 度	9 度
最小纵筋	4ϕ10	4ϕ12	4ϕ14
最大箍筋间距 (mm)	250	200	150

4. 构造柱的布置和构造

(1) 构造柱设置部位,一般情况下应符合表 3-2-7 的要求。

(2) 外廊式和单面走廊式的多层房屋,应根据房屋增加一层后的层数,按表 3-2-7 的要求设置构造柱,且单面走廊两侧的纵墙均应按外墙处理。

(3) 教学楼、医院等横墙较少的房屋,应根据房屋增加一层后的层数,按表 3-2-7 的要求设置构造柱;当教学楼、医院等横墙较少的房屋为外廊式或单面走廊式时,应按 2 款要求设置构造柱,但 6 度不超过四层、7 度不超过三层和 8 度不超过二层时,应按增加二层后的层数对待。

(4) 构造柱截面不得小于 240mm×180mm,纵向钢筋宜采用 4ϕ12,箍筋间距不宜大于 250mm,且在柱上下端宜适当加密;7 度时超过六层、8 度时超过五层和 9 度时,构造柱纵向钢筋宜采用4φ14，箍筋间距不应大于200mm；房屋四角的构造柱可适当加大截面及配筋。

（5）构造柱与墙连接处应砌成马牙槎，并应沿墙高每隔500mm设2φ6拉结钢筋，每边伸入墙内不宜小于1m。

（6）构造柱与圈梁连接处，构造柱的纵筋应穿过圈梁，保证构造柱纵筋上下贯通。

（7）构造柱可不单独设置基础，但应伸入室外地面500mm，或与埋深小于500mm的基础圈梁相连。

（8）房屋高度和层数接近表3-2-1的限值时，纵、横墙内构造柱间距尚应符合下列要求：

①横墙内的构造柱间距不宜大于层高的二倍；下部1/3楼层的构造柱间距适当减小；

②当外纵墙开间大于3.9m时，应另设加强措施。内纵墙的构造柱间距不宜大于4.2m。

砖房构造柱设置要求 表3-2-7

房屋层数				设置部位	
6度	7度	8度	9度		
四、五	三、四	二、三		楼、电梯间四角，楼梯段上下端对应的墙体处；外墙四角和对应转角；错层部位横墙与外纵墙交接处，大房间内外墙交接处，较大洞口两侧	隔15m或单元横墙与外纵墙交接处
六、七	五	四	二		隔开间横墙（轴线）与外墙交接处，山墙与内纵墙交接处
八	六、七	五、六	三、四		内墙（轴线）与外墙交接处，内墙的局部较小墙垛处；9度时内纵墙与横墙（轴线）交接处

5. 楼梯间的构造

楼梯间应符合下列要求：

（1）顶层楼梯间横墙和外墙应沿墙高每隔500mm设2φ6通长钢筋；7～9度时其他各层楼梯间墙体应在休息平台或楼层半高处设置60mm厚的钢筋混凝土带或配筋砖带，其砂浆强度等级不应低于M7.5，纵向钢筋不应少于2φ10。

（2）楼梯间及门厅内墙阳角处的大梁支承长度不应小于500mm，并应与圈梁连接。

（3）装配式楼梯段应与平台板的梁可靠连接；不应采用墙中悬挑式踏步或踏步竖肋插入墙体的楼梯，不应采用无筋砖砌栏板。

（4）突出屋顶的楼、电梯间，构造柱应伸到顶部，并与顶部圈梁连接，内外墙交接处应沿墙高每隔500mm设2φ6通长拉结钢筋。

（四）易引起局部倒塌部件及其连接的鉴定

1. 结构构件的局部尺寸

房屋结构构件的局部尺寸应满足表3-2-8的规定。

2. 结构构件的支承长度及连接构造

（1）楼梯间及门厅跨度≥6m的大梁，在砖墙转角处的支承长度不宜小于490mm；

房屋结构构件的局部尺寸限值表（m）　　　　　表 3-2-8

结构构件类别	6 度	7 度	8 度	9 度
承重门、窗间墙的最小宽度	1.0	1.0	1.2	1.5
承重外墙尽端至门窗洞边的最小距离	1.0	1.0	1.2	1.5
非承重外墙尽端至门窗洞边的最小距离	1.0	1.0	1.0	1.0
内墙阳角至门窗洞边的最小距离	1.0	1.0	1.5	2.0
无锚固女儿墙（非出入口）的最大高度	0.5	0.5	0.5	—

注：1. 出入口处的女儿墙应有锚固；
　　2. 多层多排柱内框架房屋的纵向窗间墙宽度，不应小于 1.5m。

（2）出屋面的楼、电梯间和水箱间等小房间，当抗震设防烈度为 8、9 度时，墙体的砂浆强度等级不宜低于 M7.5；

（3）门窗洞口不宜过大；

（4）预制屋盖与墙体应有连接。

3. 非结构构件的连接构造

（1）隔墙与两侧墙体或柱应有拉结，长度大于 5.1m 或高度大于 3m 时，墙顶还应与梁板有连接；

（2）无锚固女儿墙和门脸等装饰物，当砌筑砂浆的强度等级不低于 M2.5 且厚度为 240mm 时，其突出屋面的高度，对整体性不良或非刚性结构的房屋不应大于 0.5m；对刚性结构房屋的封闭女儿墙不宜大于 0.9m；

（3）出屋面小烟囱在出入口或临街处应有防倒塌措施；

（4）钢筋混凝土挑檐、雨罩等悬挑构件应有足够的稳定性。

4. 提高下列墙体的承载能力

（1）悬挑楼层、通长阳台的支撑墙体；

（2）房屋尽端有局部悬挑阳台、楼梯间、过街楼的支撑墙体；

（3）与独立承重砖柱相邻的承重墙体。

（五）刚性体系房屋抗震横墙间距和房屋宽度的鉴定

刚性体系房屋当进行第一级抗震鉴定时，其抗震横墙间距和房屋宽度，当符合下列要求时，可按表 3-2-9 的规定进行鉴定：

1. 层高在 3m 左右、墙厚为 240mm 的烧结黏土砖实心墙圆孔板楼屋盖房屋；

2. 在层高的 1/2 处（或墙体的最薄弱处）门窗洞口所占的水平截面面积，对承重横墙、承重纵墙分别不大于其总截面面积的 25%、50%；

3. 其他墙体的房屋，应按表 3-2-9 的限值乘以表 3-2-10 规定的墙体类别修正系数采用；

4. 对自承重墙的限值，可按本条（1）、（2）规定值的 1.25 倍采用；

5. 突出屋面的楼、电梯间和水箱间等小房间，其限值可按本条（1）、（2）规定值的 1/3 采用。

第二节 多层混合结构房屋抗震鉴定

第一级抗震鉴定的抗震横墙间距和房屋宽度限值（m）　　表3-2-9

烈度	层数	层号	层高	抗震横墙间距	与砂浆强度等级对应的房屋宽度限值									
					M1		M2.5		M5		M7.5		M10	
					上限	下限	上限	下限	上限	下限	上限	下限	上限	下限
6	二	2	3.6	3～15	4	15	4	15	4	15	4	15	4	15
		1	3.6	3	4	13.7	4	15	4	15	4	15	4	15
				3.6～11	4	15	4	15	4	15	4	15	4	15
7	二	2	3.6	3	4	9.5	4	15	4	15	4	15	4	15
				3.6	4	10.7	4	15	4	15	4	15	4	15
				4.2	4	11.7	4	15	4	15	4	15	4	15
				4.8	4	12.6	4	15	4	15	4	15	4	15
				5.4	4	13.4	4	15	4	15	4	15	4	15
				6	4	14.1	4	15	4	15	4	15	4	15
				6.6	4	14.8	4	15	4	15	4	15	4	15
				7.2—13.8	4	15	4	15	4	15	4	15	4	15
				14.4	4.2	15	4	15	4	15	4	15	4	15
				15	4.2	15	4	15	4	15	4	15	4	15
		1	3.6	3	4	6.2	4	9.5	4	12.6	4	15	4	15
				3.6	4	7	4	10.7	4	14.4	4	15	4	15
				4.2	4	7.7	4	11.9	4	15	4	15	4	15
				4.8	4	8.4	4	12.6	4	15	4	15	4	15
				5.4	4	9	4	13.9	4	15	4	15	4	15
				6	4	9.6	4	14.7	4	15	4	15	4	15
				6.6	4	10.1	4	15	4	15	4	15	4	15
				7.2	4	10.4	4	15	4	15	4	15	4	15
				7.8	4	11	4	15	4	15	4	15	4	15
				8.4	4.2	11.4	4	15	4	15	4	15	4	15
				9	4.4	11.8	4	15	4	15	4	15	4	15
				9.6	4.8	12.2	4	15	4	15	4	15	4	15
				10.2	5.1	12.5	4	15	4	15	4	15	4	15
				11	5.5	12.9	4	15	4	15	4	15	4	15
7 (0.15g)	二	2	3.6	3	4	5.4	4	8.9	4	15	4	15	4	15
				3.6	4	6	4	10	4	15	4	15	4	15
				4.2	4	6.6	4	11	4	15	4	15	4	15
				4.8	4	7.1	4	11.8	4	15	4	15	4	15
				5.4	4	7.6	4	12.6	4	15	4	15	4	15
				6	4	8	4	13.3	4	15	4	15	4	15
				6.6	4.3	8.4	4	13.9	4	15	4	15	4	15
				7.2	4.8	8.7	4	14.4	4	15	4	15	4	15
				7.8	5.3	9	4	15	4	15	4	15	4	15
				8.4	5.8	9.3	4	15	4	15	4	15	4	15
				9	6.4	9.5	4	15	4	15	4	15	4	15
				9.6	7.1	9.8	4	15	4	15	4	15	4	15
				10.2	7.8	10	4	15	4	15	4	15	4	15
				10.8	8.8	10.3	4	15	4	15	4	15	4	15
				11.4	9.3	10.4	4.2	15	4	15	4	15	4	15
				12	10.2	10.6	4.4	15	4	15	4	15	4	15
				12.6	—	—	4.7	15	4	15	4	15	4	15
				13.2	—	—	5	15	4	15	4	15	4	15
				13.8	—	—	5.3	15	4	15	4	15	4	15
				14.4	—	—	5.6	15	4	15	4	15	4	15
				15	—	—	6	15	4	15	4	15	4	15

续表

烈度	层数	层号	层高	抗震横墙间距	与砂浆强度等级对应的房屋宽度限值									
					M1		M2.5		M5		M7.5		M10	
					上限	下限	上限	下限	上限	下限	上限	下限	上限	下限
7 (0.15g)	二	1	3.6	3	—	—	4	5.3	4	7.3	4	15	4	11.3
				3.6	—	—	4	6	4	8.3	4	10.6	4	12.8
				4.2	—	—	4	6.6	4	9.2	4	11.7	4	14.2
				4.8	—	—	4	7.2	4	10	4	12.7	4	15
				5.4	—	—	4	7.8	4	10.7	4	13.7	4	15
				6	—	—	4	8.2	4	11.4	4	14.5	4	15
				6.6	—	—	4.4	8.7	4	12	4	15	4	15
				7.2	—	—	4.7	9	4	12.4	4	15	4	15
				7.8	—	—	5.3	9.5	4	13.1	4	15	4	15
				8.4	—	—	5.8	9.8	4	13.6	4	15	4	15
				9	—	—	6.3	10.1	4.1	14	4	15	4	15
				9.6	—	—	6.8	10.4	4.4	14.4	4	15	4	15
				10.2	—	—	7.3	10.7	4.7	14.8	4	15	4	15
				11	—	—	8.1	11	5.1	15	4	15	4	15
8	二	2	3.3	3	4	4.2	4	7.2	4	10.2	4	12	4	12
				3.6	4	4.7	4	8.1	4	11.4	4	12	4	12
				4.2	4	5.2	4	8.8	4	12	4	12	4	12
				4.8	4.2	5.5	4	9.5	4	12	4	12	4	12
				5.4	4.9	5.9	4	10.1	4	12	4	12	4	12
				6	5.8	6.2	4	10.6	4	12	4	12	4	12
				6.6	—	—	4	11.1	4	12	4	12	4	12
				7.2	—	—	4	11.5	4	12	4	12	4	12
				7.8	—	—	4	11.9	4	12	4	12	4	12
				8.4	—	—	4	12	4	12	4	12	4	12
				9	—	—	4.4	12	4	12	4	12	4	12
				9.6	—	—	4.8	12	4	12	4	12	4	12
				10.2	—	—	5.2	12	4	12	4	12	4	12
				10.8	—	—	5.9	12	4	12	4	12	4	12
				11.4	—	—	6.2	12	4	12	4	12	4	12
				12	—	—	6.7	12	4	12	4	12	4	12
		1	3.3	3	—	—	4	4.1	4	5.8	4	7.5	4	12
				3.6	—	—	4	4.6	4	6.6	4	8.5	4	9.2
				4.2	—	—	4	5.1	4	7.3	4	9.4	4	10.4
				4.8	—	—	4.4	5.6	4	7.9	4	10.2	4	11.5
				5.4	—	—	5.1	5.9	4	8.4	4	10.9	4	12
				6	—	—	5.8	6.3	4	8.9	4	11.6	4	12
				6.6	—	—	6.6	6.6	4	9.4	4	12	4	12
				7.2	—	—	—	—	4.3	9.7	4	12	4	12
				7.8	—	—	—	—	4.8	10.2	4	12	4	12
				8.4	—	—	—	—	5.3	10.6	4	12	4	12
				9	—	—	—	—	5.8	10.9	4.1	12	4	12

续表

烈度	层数	层号	层高	抗震横墙间距	与砂浆强度等级对应的房屋宽度限值									
					M1		M2.5		M5		M7.5		M10	
					上限	下限	上限	下限	上限	下限	上限	下限	上限	下限
8 (0.30g)	二	2	3.3	3	—	—	4	4.2	4	6.1	4	8.1	4	10.1
				3.6	—	—	4	4.7	4	6.9	4	9.1	4	11.3
				4.2	—	—	4	5.1	4	7.5	4	9.9	4	12
				4.8	—	—	4.9	5.5	4	8.1	4	10.7	4	12
				5.4	—	—	—	—	4	8.6	4	11.3	4	12
				6	—	—	—	—	4	9	4	11.9	4	12
				6.6	—	—	—	—	4.2	9.4	4	12	4	12
				7.2	—	—	—	—	4.8	9.7	4	12	4	12
				7.8	—	—	—	—	5.4	10.1	4	12	4	12
				8.4	—	—	—	—	6.1	10.4	4	12	4	12
				9	—	—	—	—	6.9	10.6	4.3	12	4	12
				9.6	—	—	—	—	7.8	10.9	4.7	12	4	12
				10.2	—	—	—	—	8.8	11.1	5.2	12	4.1	12
				10.8	—	—	—	—	10.3	11.3	5.9	12	4.3	12
				11.4	—	—	—	—	11.2	11.5	6.2	12	4.7	12
				12	—	—	—	—	—	—	6.8	12	4	12
		1	3.3	3	—	—	—	—	—	—	4	4.3	4	5.4
				3.6	—	—	—	—	—	—	4	4.8	4	6.1
				4.2	—	—	—	—	—	—	4	5.3	4	6.7
				4.8	—	—	—	—	—	—	4.6	5.8	4	7.3
				5.4	—	—	—	—	—	—	5.3	6.2	4	7.8
				6	—	—	—	—	—	—	6.2	6.6	4.3	8.3
				6.6	—	—	—	—	—	—	—	—	4.9	8.7
				7.2	—	—	—	—	—	—	—	—	5.3	9
				7.8	—	—	—	—	—	—	—	—	6.2	9.5
				8.4	—	—	—	—	—	—	—	—	6.9	9.8
				9	—	—	—	—	—	—	—	—	7.6	10.1

注：1. 上述数据来自《镇（乡）村建筑抗震技术规程》JGJ 161—2008；
2. 除厚度为240mm的烧结黏土砖实心墙房屋采用上表数据外，其他类型的墙体应按上表中的限值乘以表3-2-7中的墙体类别修正系数。

抗震墙体类别修正系数 表3-2-10

墙体类别	空斗墙	空心墙		多孔砖墙	小型砌块墙	中型砌块墙	实心墙		
厚度（mm）	240	300	420	190	t	t	180	370	480
修正系数	0.6	0.9	1.4	0.8	0.8t/240	0.6t/240	0.75	1.4	1.8

注：t指小型砌块墙体的厚度。

（六）多层混合结构房屋综合抗震能力评定

1. 当多层混合结构房屋符合以上各项规定时，可评定为综合抗震能力满足抗震鉴定要求。
2. 当遇到下列情况时，可不再进行第二级鉴定，但应对房屋进行加固或采取其他相应措施：
   （1）房屋高宽比大于 3，或横墙间距超过刚性体系最大值 4m；
   （2）纵横墙交接处连接不符合要求，或支承长度少于规定值的 75%；
   （3）易损部位非结构构件的构造不符合要求；
   （4）以上的其他规定有多项明显不符合要求。

六、多层混合结构房屋的第二级抗震鉴定

（一）第二级抗震鉴定方法

多层混合结构房屋的第二级抗震鉴定采用综合抗震能力指数方法进行。应根据房屋不符合第一级鉴定的具体情况，分别采用以下几种方法：

1. 楼层平均抗震能力指数法，也称为二〈甲〉级鉴定；
2. 楼层综合抗震能力指数法，也称为二〈乙〉级鉴定；
3. 墙段综合抗震能力指数法，也称为二〈丙〉级鉴定。

以上三种抗震鉴定方法中，均应按房屋的纵、横两个方向分别计算。当最薄弱楼层平均抗震能力指数、最薄弱楼层综合抗震能力指数或最薄弱墙段综合抗震能力指数 $\geqslant 1.0$ 时，可评定为满足抗震鉴定要求；当抗震能力指数 <1.0 时，应对房屋进行加固或采取其他相应措施。

（二）采用楼层平均抗震能力指数法鉴定

1. 适用条件

当房屋的结构体系、整体性连接和易引起倒塌的部位符合第一级鉴定的要求，但横墙间距和房屋宽度均超过或其中一项超过第一级鉴定的限值。

2. 鉴定（计算）公式

$$\beta_i = \frac{A_i}{A_{bi}\zeta_{oi}\lambda}$$

式中　β_i——第 i 楼层的纵向或横向墙体平均抗震能力指数；

　　　A_i——第 i 楼层的纵向或横向抗震墙在层高 1/2 处净截面的总面积，其中不包括高宽比大于 4 的墙段截面面积；

　　　A_{bi}——第 i 楼层的建筑平面面积；

　　　ζ_{oi}——第 i 楼层的纵向或横向抗震墙的基准面积率；

　　　λ——烈度影响系数；6、7、8、9 度时，分别按 0.7、1.0、1.5、2.5 采用。

（三）采用楼层综合抗震能力指数法鉴定

1. 适用条件

当房屋的结构体系、楼屋盖整体性连接、圈梁布置和构造及易引起局部倒塌的结构构件不符合第一级鉴定的要求。

2. 鉴定（计算）公式

$$\beta_{ci} = \psi_1 \psi_2 \beta_i$$

式中　β_{ci}——第 i 楼层的纵向或横向墙体综合抗震能力指数；
　　　ψ_1——体系影响系数，可按表 3-2-11 采用；
　　　ψ_2——局部影响系数，可按表 3-2-12 采用；
　　　β_i——第 i 楼层的纵向或横向墙体平均抗震能力指数。

3. 查表确定

体系影响系数见表 3-2-11。

体系影响系数值　　　　　　　　　　表 3-2-11

项　目	不符合程度	ψ_1	影响范围
房屋高宽比 η	$2.2<\eta<2.6$ $2.6<\eta<3.0$	0.85 0.75	上部 1/3 楼层 上部 1/3 楼层
横墙间距	超过表 9-2 最大值在 4m 以内	0.90 1.00	楼层的 β_{ci} 墙段的 β_{cij}
错层高度	$>0.5m$	0.90	错层上下
立面高度变化	超过一层	0.90	所有变化的楼层
相邻楼层墙体刚度比 λ	$2<\lambda<3$ $\lambda>3$	0.85 0.75	刚度小的楼层 刚度小的楼层
楼、屋盖构件支承长度	比规定少 15% 以内 比规定少 15%～25%	0.90 0.80	不满足的楼层 不满足的楼层
圈梁布置和构造	屋盖外墙不符合 楼盖外墙一道不符合 楼盖外墙二道不符合 内墙不符合	0.70 0.90 0.80 0.90	顶层 缺圈梁的上、下楼层 所有楼层 不满足的上、下楼层

注：1. 当混合结构的砂浆强度等级为 M0.4 时，上表中数值应乘以 0.9；
　　2. 单项不符合的程度超过表内规定或不符合的项目超过 3 项时，应进行加固或采取其他相应措施。

4. 体系影响系数确定方法

综合分析确定：体系影响系数可根据房屋的不规则性、非刚性和整体性连接不符合第一级鉴定要求的程度，经综合分析后确定。

5. 局部影响系数确定方法

（1）综合分析确定

局部影响系数可根据房屋易引起局部倒塌各部位不符合第一级鉴定要求的程度，经综合分析后确定。

（2）查表确定

局部影响系数见表 3-2-12。

局部影响系数表　　　　　　　　　　　　　　　　　表 3-2-12

项目	不符合程度	ψ_2	影响范围
墙体局部尺寸	比规定少10%以内 比规定少10%～20%	0.95 0.90	不满足的楼层 不满足的楼层
楼梯间等大梁支承长度 L	370mm＜L＜490mm	0.80 0.70	该楼层的 β_{ci} 该墙段的 β_{cij}
出屋面小房间		0.33	出屋面小房间
支承悬挑结构构件的承重墙体		0.80	该楼层和墙段
房屋尽端设过街楼或楼梯		0.80	该楼层和墙段
有独立砌体柱承重的房屋	柱顶有拉结 柱顶无拉结	0.80 0.60	楼层、柱两侧相邻墙段 楼层、柱两侧相邻墙段

注：不符合的程度超过表内规定时，应进行加固或采取其他相应措施。

（四）采用墙段综合抗震能力指数法进行鉴定

1. 适用条件

横墙间距超过刚性体系规定的最大值、有明显扭转效应和易引起局部倒塌的结构构件不符合第一级鉴定要求的房屋，当最弱的楼层综合抗震能力指数小于1.0时，可采用墙段综合抗震能力指数法进行第二级鉴定。

2. 鉴定（计算）公式

$$\beta_{cij} = \psi_1 \psi_2 \beta_{ij}$$

$$\beta_{ij} = \frac{A_{ij}}{A_{bij}\zeta_{oi}\lambda}$$

式中　β_{cij}——第 i 层 j 墙段综合抗震能力指数；

　　　β_{ij}——第 i 层 j 墙段抗震能力指数；

　　　A_{ij}——第 i 层第 j 墙段在1/2层高处的净截面面积；

　　　A_{bij}——第 i 层第 j 墙段计及楼盖刚度影响的从属面积，可根据刚性楼盖、中等刚性楼盖和柔性楼盖按现行国家标准《建筑抗震设计规范》（GB 50011—2001）（2008年版）的方法确定。

当考虑扭转效应时，式中尚应包括扭转效应系数，其值可按现行的国家规范《建筑抗震设计规范》（GB 50011—2001）（2008年版）的规定，取该墙段不考虑与考虑扭转时的内力比。

（五）综合评定

当房屋的质量和刚度沿高度分布明显不均匀，或7、8、9度时房屋的层数分别超过七、六、四层，可按现行国家规范《建筑抗震设计规范》（GB 50011—2001）（2008年版）的方法验算其抗震承载力，并按照本节的规定估算构造的影响，由综合评定进行第二级鉴定。

第三节　钢筋混凝土框架结构房屋抗震鉴定

钢筋混凝土框架结构韧性较好，工作较可靠，震害相对较小。本节仅对满足根据钢筋混凝土框架结构房屋的震害及试验资料，其抗震鉴定内容及有关要求如下：

一、一般规定

（一）抗震鉴定的适用范围

1. 主要适用于≤10层，超过10层的房屋，宜采用更精确的结构抗震设计方法进行抗震验算和鉴定。

2. 适用于现浇及装配整体式多层钢筋混凝土结构房屋。

3. 适用于钢筋混凝土框架和框架-剪力墙结构。

（二）抗震鉴定时应重点检查的薄弱部位

1. 6～9度时，局部易掉落伤人的构件、部件；

2. 7～9度时，除符合（1）外，尚应检查梁柱节点的连接方式及不同结构体系之间的连接构造；

3. 8～9度时，除符合（1）、（2）外，尚应检查梁柱的配筋，材料强度，各构件间的连接，结构体型的规则性，短柱分布，使用荷载的大小和分布等。

（三）房屋的外观和内在质量要求：

（1）梁、柱及其节点的混凝土仅有少量微小开裂或局部剥落，钢筋无露筋、锈蚀；

（2）填充墙无明显开裂或与框架脱开；

（3）主体结构构件无明显变形、倾斜或歪扭。

薄弱部位检查项目一览表   表3-3-1

序号	检查项目	抗震设防烈度			
		6度	7度	8度	9度
1	女儿墙材料及砌筑高度	√	√	√	√
2	砌体填充墙与周边连接	—	√	√	√
3	砌体隔墙周边构造	—	√	√	√
4	砖砌小烟囱、通风道	√	√	√	√
5	梁、柱纵筋在节点的锚固长度	—	√	√	√
6	装配式框架节点是否现浇	—	√	√	√
7	梁、柱节点内的箍筋配置	—	√	√	√
8	连接牛腿的构造与配筋	—	√	√	√
9	框架—排架连接节点的加强	—	√	√	√
10	梁的纵筋在柱内的锚固	√	√	√	√
11	梁端箍筋的间距	—	√	√	√
12	框架梁、柱、墙混凝土强度等级	—	√	√	√
13	柱的纵筋配筋率	—	—	√	√
14	柱端箍筋直径和间距	—	√	√	√
15	各预制构件间的连接	—	—	√	√
16	结构体型的规则性	—	—	√	√
17	有无短柱及其分布	—	—	√	√
18	实际使用荷载的变动情况	—	—	√	√

二、抗震鉴定程序

多层钢筋混凝土框架结构房屋的抗震鉴定程序为：结构体系、结构构件的配筋、填充墙等与主体结构的连接及构件的抗震承载力等方面，对整栋房屋的综合抗震能力进行两级鉴定。当符合第一级鉴定的各项规定时，可评定为满足抗震鉴定要求；不符合第一级鉴定要求和 9 度时，除有明确规定的情况外，应由第二级鉴定做出判断。

当砌体结构与框架结构相连或依托于框架结构时，应加大砌体结构所承担的地震作用，再按多层混合结构的规定进行抗震鉴定；对框架结构的鉴定，应计入两种不同性质的结构相连而导致的不利影响。砖砌女儿墙、门脸等非结构构件和突出屋面的小房间，应按多层混合结构的规定进行抗震鉴定。

三、多层钢筋混凝土框架结构房屋的第一级抗震鉴定

（一）结构体系

多层钢筋混凝土框架结构房屋的结构体系应符合：框架结构宜为双向框架，装配式框架宜有整浇节点，抗震设防烈度为 8、9 度时不应为铰接节点，不符合时应进行加固。

（二）规则性

抗震设防烈度为 8、9 度时，多层钢筋混凝土框架结构房屋的规则性宜符合下列要求：

1. 平面局部突出部分的长度不宜大于宽度，且不宜大于该方向总长度的 30%；
2. 立面局部缩进的尺寸不宜大于该方向水平总尺寸的 25%；
3. 楼层刚度不宜小于其相邻上层刚度的 70%，且连续三层总的刚度降低不宜大于 50%；
4. 无砌体结构相连，且平面内的抗侧力构件及质量分布宜基本均匀对称。

（三）抗震墙之间楼、屋盖的最大长宽比

框架—抗震墙和板柱—抗震墙结构中，抗震墙之间无大洞口的楼、屋盖的最大长宽比不宜超过表 3-3-2 规定的限值。

抗震墙之间楼、屋盖的最大长宽比　　　　表 3-3-2

楼（屋）盖类型	烈　度			
	6 度	7 度	8 度	9 度
现浇或叠合梁板	4	4	3	2
装配式楼盖	3	3	2.5	不采用
框支层和板柱—抗震墙的现浇板	2.5	2.5	2	不采用

（四）抗侧力黏土砖填充墙平均间距

抗震设防烈度为 8 度时，厚度≥240mm、砌筑砂浆强度等级≥M2.5 的抗侧力黏土砖填充墙，其平均间距宜符合表 3-3-3 规定的限值。

抗侧力黏土砖填充墙平均间距限值　　　　表 3-3-3

总层数	三	四	五	六
间距 (m)	17	14	12	11

(五) 混凝土强度等级

混凝土的强度等级，框支梁、框支柱及抗震等级为一级的框架梁、柱、节点核芯区，不应低于C30；构造柱、芯柱、圈梁及其他各类构件不应低于C20。

(六) 梁、墙、柱的钢筋及构造

1. 抗震等级为一、二级的框架结构，其纵向受力钢筋采用普通钢筋时，钢筋的抗拉强度实测值与屈服强度实测值的比值不应小于1.25；且钢筋的屈服强度实测值与强度标准值的比值不应大于1.3。

2. 梁的配筋及构造

(1) 梁的截面尺寸宜符合下列要求：
1) 截面宽度不宜小于200mm；
2) 截面高度不宜大于4；
3) 净跨与截面高度之比不宜小于4。

(2) 梁端纵向受拉钢筋的配筋率不应大于2.5%，且计入受压钢筋的梁端混凝土受压区高度和有效高度之比，一级不应大于0.25，二、三级不应大于0.35；

(3) 梁端截面的底面和顶面纵向钢筋配筋量的比值，除按计算确定外，一级不应小于0.5，二、三级不应小于0.3；

(4) 梁端箍筋加密区的长度、箍筋最大间距和最小直径应按表3-3-4采用，当梁端纵向受拉钢筋配筋率大于2%时，表中最小直径数值应增大2mm。

梁端箍筋加密区的长度、箍筋的最大间距和最小直径　　　表3-3-4

抗震等级	加密区长度 （采用较大值）(mm)	箍筋最大间距 （采用最小值）(mm)	箍筋最小直径 (mm)
一	$2h_b$, 500	$h_b/4$, $6d$, 100	10
二	$1.5h_b$, 500	$h_b/4$, $8d$, 100	8
三	$1.5h_b$, 500	$h_b/4$, $8d$, 150	8
四	$1.5h_b$, 500	$h_b/4$, $8d$, 150	6

(5) 梁的纵向钢筋配置，应符合下列各项要求：
1) 沿梁全长顶面和底面的配筋，一、二级不应少于$2\phi14$，且分别不应少于梁两端顶面和底面纵向配筋中较大截面面积的1/4，三、四级不应少于$2\phi12$。
2) 一、二级框架梁内贯通中柱的每根纵向钢筋直径，对矩形截面柱，不宜大于柱在该方向截面尺寸的1/20；对圆形截面柱，不宜大于纵向钢筋所在位置柱截面弦长的1/20。

(6) 梁端加密区的箍筋肢距，一级不宜大于200mm和20倍箍筋直径的较大值，二、三级不宜大于250mm和20倍箍筋直径的较大值，四级不宜大于300mm。

3. 柱的配筋和构造

(1) 柱的截面尺寸，宜符合下列各项要求：
1) 截面的宽度和高度均不宜小于300mm；圆柱直径不宜小于350mm。
2) 剪跨比宜大于2。
3) 截面长边与短边的边长比不宜大于3。

(2) 柱轴压比

柱轴压比不宜超过表3-3-5的规定；建造于Ⅳ类场地且较高的高层建筑，柱轴压比限值应适当减小。

柱轴压比限值　　　　　　　　　　　表 3-3-5

结构类型	抗震等级		
	一	二	三
框架结构	0.7	0.8	0.9
框架—抗震墙，板—柱—抗震墙及筒体	0.75	0.85	0.95
部分框支抗震墙	0.6	0.7	—

注：1. 轴压比指柱组合的轴压力设计值与柱的全截面面积和混凝土轴心抗压强度设计值乘积之比值；可不进行地震作用计算的结构，取无地震作用组合的轴力设计值。
2. 表内限值适用于剪跨比大于 2、混凝土强度等级不高于 C60 的柱；剪跨比不大于 2 的柱轴压比限值应降低 0.05；剪跨比小于 1.5 的柱，轴压比限值应专门研究并采取特殊构造措施。
3. 沿柱全高采用井字复合箍且箍筋肢距不大于 200mm、间距不大于 100mm、直径不小于 12mm，或沿柱全高采用复合螺旋箍、螺旋间距不大于 100mm、箍筋肢距不大于 200mm、直径不小于 12mm，或沿柱全高采用连续复合矩形螺旋箍、螺旋净距不大于 80mm、箍筋肢距不大于 200mm、直径不小于 10mm，轴压比限值均可增加 0.10；上述三种箍筋的配箍特征值均应按增大的轴压比由表 3-3-8 确定。
4. 在柱的截面中部附加芯柱，其中另加的纵向钢筋的总面积不少于柱截面面积的 0.8%，轴压比限值可增加 0.05；此项措施与注 3 的措施共同采用时，轴压比限值可增加 0.15，但箍筋的配箍特征值仍可按轴压比增加 0.10 的要求确定。
5. 柱轴压比不应大于 1.05。

(3) 柱的钢筋配置

1) 柱纵向钢筋的最小总配筋率应按表 3-3-6 采用，同时每一侧配筋率不应小于 0.2%；对建造于 Ⅳ 类场地且较高的高层房屋，表中的数值应增加 0.1。

柱截面纵向钢筋的最小总配筋率　　　　　　　　表 3-3-6

类别	抗震等级			
	一	二	三	四
中柱和边柱	1.0	0.8	0.7	0.6
角柱、框支柱	1.2	1.0	0.9	0.8

注：采用 HRB400 级热轧钢筋时应允许减少 0.1，混凝土强度等级高于 C60 时应增加 0.1。

2) 柱箍筋在规定的范围内应加密，加密区的箍筋间距和直径，应符合下列要求：
① 一般情况下，箍筋的最大间距和最小直径，应按表 3-3-7 采用。

柱箍筋加密区的箍筋最大间距和最小直径　　　　　表 3-3-7

抗震等级	箍筋最大间距（采用最小值，mm）	箍筋最小直径（mm）
一	$6d$，100	10
二	$8d$，100	8
三	$8d$，150（柱根 100）	8
四	$8d$，150（柱根 100）	6（柱根 8）

注：d 为柱纵筋最小直径；柱根指框架底层柱的嵌固部位。

② 二级框架柱的箍筋直径不小于 10mm 且箍筋肢距不大于 200mm 时，除柱根外最大间距应允许采用 150mm；三级框架柱的截面尺寸不大于 400mm 时，箍筋最小直径应允许采用 6mm；四级框架柱剪跨比不大于 2 时，箍筋直径不应小于 8mm。

③框支柱和剪跨比不大于 2 的柱，箍筋间距不应大于 100mm。

④柱箍筋加密区箍筋肢距，一级不宜大于 200mm，二、三级不宜大于 250mm 和 20 倍箍筋直径的较大值，四级不宜大于 300mm。至少每隔一根纵向钢筋宜在两个方向有箍筋或拉筋约束；采用拉筋复合箍时，拉筋宜紧靠纵向钢筋并钩住箍筋。

⑤柱箍筋加密区的体积配箍率，应符合下列要求

$$\rho_v \geqslant \lambda_v f_c / f_{yv}$$

式中 ρ_v——柱箍筋加密区的体积配箍率，一级不应小于 0.8%，二级不应小于 0.6%，三、四级不应小于 0.4%；计算复合箍的体积配箍率时，应扣除重叠部分的箍筋体积；

f_c——混凝土轴心抗压强度设计值；强度等级低于 C35 时，应按 C35 计算；

f_{yv}——箍筋或拉筋抗拉强度设计值，超过 360N/mm² 时，应取 360N/mm² 计算；

λ_v——最小箍筋特征值，宜按表 3-3-8 采用。

柱箍筋加密区的箍筋最小配筋特征值　　　　表 3-3-8

抗震等级	箍筋形式	柱轴压比							
		≤0.3	0.4	0.5	0.6	0.7	0.8	0.9	1.0	1.05
一	普通箍、复合箍	0.10	0.11	0.13	0.15	0.17	0.20	0.23		
	螺旋箍、复合或连续复合矩形螺旋箍	0.08	0.09	0.11	0.13	0.15	0.18	0.21		
二	普通箍、复合箍	0.08	0.09	0.11	0.13	0.15	0.17	0.19	0.22	0.24
	螺旋箍、复合或连续复合矩形螺旋箍	0.06	0.07	0.09	0.11	0.13	0.15	0.17	0.20	0.22
三	普通箍、复合箍	0.06	0.07	0.09	0.11	0.13	0.15	0.17	0.20	0.22
	螺旋箍、复合或连续复合矩形螺旋箍	0.05	0.06	0.07	0.09	0.11	0.13	0.15	0.17	0.20

（七）混合结构填充墙、隔墙与主体结构的连接规定

（1）填充墙的厚度与砂浆强度等级

考虑填充墙抗侧力作用时，其厚度：当抗震设防烈度为 6～8 度、9 度时分别不应小于 180mm、240mm；砂浆强度等级：当抗震设防烈度为 6～8 度、9 度时分别不应低于 M2.5、M7.5；填充墙应嵌砌于框架平面内。

（2）填充墙的拉结

1）填充墙沿柱高每隔 600mm 左右应有 2φ6 拉筋伸入墙内，当抗震设防烈度为 8、9 度时伸入墙内的长度不宜小于墙长的 1/5 且不小于 700mm；

2）填充墙高度大于 5m 时，墙内宜有连系梁与柱连接；

3）对长度大于 6m 的黏土砖墙或长度大于 5m 的空心砖墙，当抗震设防烈度为 8、9 度时墙顶与梁应有连接。

（3）内隔墙连接

房屋的内隔墙应与两端的墙或柱有可靠连接；当隔墙长度大于 6m，抗震设防烈度为 8、9 度时墙顶尚应与梁板连接。

（八）多层钢筋混凝土结构房屋综合抗震能力评定

（1）当多层钢筋混凝土结构房屋符合以上各项规定时，可评定为综合抗震能力满足抗震鉴定要求；

(2) 当遇到下列情况之一时，可不再进行第二级鉴定，但应对房屋进行加固或采取其他相应措施：

1) 单向框架；

2) 当抗震设防烈度为 8、9 度时，混凝土强度等级低于 C30；

3) 与框架结构相连的承重砌体结构不符合要求；或女儿墙、门脸等非结构构件不符合多层混合结构结构中相关部分的鉴定要求；

4) 以上规定中有多项明显不符合要求。

四、多层钢筋混凝土框架结构房屋的第二级抗震鉴定

（一）采用平面结构的楼层综合抗震能力指数法

采用平面结构的楼层综合抗震能力指数法进行第二级抗震鉴定时，分以下三种情况：

(1) 一般情况下，可在两个主轴方向分别选取有代表性的平面结构；

(2) 框架结构与承重砌体结构相连时，除符合本条（1）外，尚应取连接处的平面结构；

(3) 有明显扭转时，除符合本条（1）、（2）外，尚应取考虑扭转影响的边榀结构。

（二）楼层综合抗震能力指数的计算规定

1. 鉴定（计算）公式

$$\beta = \psi_1 \psi_2 \zeta_y$$

$$\zeta_y = \frac{V_y}{V_e}$$

式中 β——平面结构楼层综合抗震能力指数；

ψ_1——体系影响系数，可按本节第 2 款确定；

ψ_2——局部影响系数，可按本节第 3 款确定；

ζ_y——楼层屈服强度系数；

V_y——楼层现有受剪承载力，按附录 B 抗震鉴定标准确定；

V_e——楼层的弹性地震剪力，可按本节第 4 款确定。

2. 体系影响系数的确定

体系影响系数可根据结构体系、梁柱箍筋、轴压比等符合第一级鉴定要求的程度和部位，按下列情况确定：

1) 当上述构造均符合现行的国家规范《建筑抗震设计规范》（GB 50011—2001）(2008 年版）的规定时，可取 1.25；

2) 当上述构造均符合第一级鉴定的规定时，可取 1.0；

3) 当上述构造均符合非抗震设计规定时，可取 0.8；

4) 当结构受损伤或发生倾斜而已修复纠正，上述数值应乘以 0.8～1.0。

3. 局部影响系数的确定

局部影响系数可根据局部构造不符合第一级鉴定要求的程度，采用下列三项系数选定后的最小值来确定：

1) 与承重砌体结构相连的框架，取 0.8～0.95；

2）填充墙等与框架的连接不符合第一级鉴定要求，取 0.7～0.95；

3）抗震墙之间楼、屋盖长宽比超过表 3-3-2 的规定值，可按超过的程度，取 0.6～0.9。

4. 有关系数取值

1）地震影响系数

楼层的弹性地震剪力，对规则结构可采用底部剪力法计算，地震影响系数按现行的国家规范《建筑抗震设计规范》（GB 50011—2001）（2008 年版）截面抗震验算的规定取值，地震作用分项系数取 1.0；

2）考虑扭转影响的边榀结构

对考虑扭转影响的边榀结构，可按现行国家标准《建筑抗震设计规范》GB 50011—2001 规定的方法计算。

（三）多层钢筋混凝土框架结构房屋综合抗震能力评定

当多层钢筋混凝土框架结构房屋符合下列规定之一时，可评定为满足抗震鉴定要求；当不符合时，应对房屋进行加固或采取其他相应措施：

1）楼层综合抗震能力指数≥1.0 的结构；

2）按现行国家标准《建筑抗震鉴定》GB 50023—95 进行抗震承载力验算并满足要求的其他结构。验算时，应采用现行国家标准《建筑抗震设计规范》（GB 50011—2001）（2008 年版）规定的有关方法，其中，宜按三级抗震等级进行地震作用效应的调整；尚可按照本节的规定对构造的影响进行综合分析。

第四节　内框架和底层框架砖房的抗震鉴定

一、一般规定

（一）适用条件

1. 黏土砖墙和钢筋混凝土柱混合承重的内框架和底层框架砖房；

2. 房屋抗震鉴定的最大高度和层数

房屋抗震鉴定的最大高度和层数宜符合表 3-4-1 的规定。

房屋抗震鉴定的最大高度（m）和层数　　　　表 3-4-1

房屋类别	墙体厚度（mm）	6 度		7 度		8 度		9 度	
		高度	层数	高度	层数	高度	层数	高度	层数
底层框架砖房	≥240	22	7	22	7	19	6	—	—
底层内框架砖房	≥240	13	4	13	4	10	3	—	—
多排柱内框架砖房	≥240	16	5	16	5	13	4	—	—
单排柱内框架砖房	≥240	16	4	15	4	12	3	7	2

注：1. 类似的砌块房屋可按照本部分规定的原则进行鉴定，但 9 度时不适用，6～8 度时，高度相应降低 3m，层数相应减少一层；

2. 房屋的层数和高度超过表内规定值一层和 3m 以内时，应进行第二级鉴定。

(二)抗震鉴定检查的重点部位
1. 房屋的高度和层数、横墙的厚度和间距;
2. 墙体的砂浆强度等级和砌筑质量;
3. 底层框架和底层内框架砖房的底层楼盖类型及底层与第二层的侧移刚度比、多层内框架砖房的屋盖类型和纵向窗间墙宽度;
4. 7~9度时,圈梁和其他连接构造;
5. 8~9度时,框架的配筋。

(三)内框架和底层框架砖房的外观和内在质量要求
1. 砖墙体应符合本章第二节的有关规定;
2. 钢筋混凝土构件应符合本章第三节的有关规定。

(四)内框架和底层框架砖房的抗震鉴定程序
内框架和底层框架砖房可按结构体系、房屋整体性连接、局部易损部位的构造、砖墙和框架的抗震承载力,对整栋房屋的综合抗震能力进行两级鉴定。当符合第一级鉴定的规定时,可评定为满足抗震鉴定要求。当不符合第一级鉴定的各项规定时,除本节有明确规定的情况外,应由第二级鉴定做出判断。

(五)内框架和底层框架砖房的砌体和框架
内框架和底层框架砖房的砌体和框架部分,还应分别符合多层混合结构房屋和钢筋混凝土结构房屋抗震鉴定的有关规定。

二、内框架和底层框架砖房的第一级抗震鉴定

(一)结构体系鉴定
1. 抗震横墙的最大间距
抗震横墙的最大间距应符合表 3-4-2 的规定,当超过时应采取相应措施。

抗震横墙的最大间距(m) 表 3-4-2

房屋类型	6 度	7 度	8 度	9 度
底层框架砖房的底层	25	21	19	15
底层内框架砖房的底层	18	18	15	11
多排柱内框架砖房	30	30	30	20
单排柱内框架砖房	18	18	15	11

2. 底层抗震墙与侧移刚度
(1) 底层框架和底层内框架砖房的底层,在纵横两个方向均应有砖或钢筋混凝土抗震墙。
(2) 抗震墙周边应设置梁(或暗梁)和边框柱(或框架柱)组成的边框;边框梁的截面宽度不宜小于墙板厚度的 1.5 倍,截面高度不宜小于 2.5 倍;边框柱的截面高度不宜小于墙板厚度的 2 倍。
(3) 抗震墙墙板的厚度不宜小于 160mm,且不应小于墙板净高的 1/20;抗震墙宜开设洞口形成若干墙段,各墙段的高宽比不宜小于 2。
(4) 抗震墙的竖向和横向分布钢筋配筋率均不应小于 0.25%,并应采用双排布置;

双排分布钢筋间拉筋的间距不应大于600mm，直径不应小于6mm。

（5）抗震墙采用普通砖墙时，其构造应符合下列要求：

1）墙厚不应小于240mm，砌筑砂浆强度等级不应低于M10，应先砌墙后浇框架；

2）沿框架柱每隔500mm配置2ϕ6拉结钢筋，并沿砖墙全长设置；在墙体半高处尚应设置与框架柱相连的钢筋混凝土水平连系梁；

3）墙长大于5m时，应在墙内增设钢筋混凝土构造柱。

（6）底部框架-抗震墙房屋的材料强度等级，应符合下列要求：

1）框架柱、抗震墙和托墙梁的混凝土强度等级，不应低于C30；

2）过渡层墙体的砌筑砂浆强度等级，不应低于M7.5。

（7）底层框架和底层内框架砖房，在纵、横两个方向的第二层与底层侧移刚度的比值：抗震设防烈度为7度时不宜大于3.0，8~9度时不宜大于2.0。

3. 内框架砖房的纵向窗间墙宽度和墙体厚度

内框架砖房的纵向窗间墙宽度，当抗震设防烈度为6、7、8、9度时，分别不宜小于0.8m、1.0m、1.2m、1.5m；8、9度时厚度为240mm的抗震墙应有墙垛。

（二）房屋的整体性连接构造规定

1. 楼盖设置要求

（1）底部框架-抗震墙房屋过渡层的底板应采用现浇钢筋混凝土板，板厚不应小于120mm；并应少开洞、开小洞，当洞口尺寸大于800mm时，洞口周边应设置边梁；

（2）内框架房屋的楼、屋盖，应采用现浇或装配整体式钢筋混凝土板。底部框架-抗震墙房屋除过渡层的其他楼层和内框架房屋采用装配式钢筋混凝土楼板时均应设现浇圈梁，采用现浇钢筋混凝土楼板允许不设圈梁，但楼板沿墙体周边应加强配筋并应与相应的构造柱可靠连接。

2. 构造柱设置要求

（1）构造柱的截面不宜小于240mm×240mm；

（2）构造柱的纵向配筋不宜少于4ϕ14，箍筋间距不宜大于200mm；

（3）构造柱应与每层圈梁连接，或与现浇楼板可靠连接；

（4）底部框架-抗震墙房屋的上部应设置钢筋混凝土构造柱，其设置部位，应根据房屋的总层数按多层混合结构房屋圈梁的规定设置，过渡层还应在底部框架柱对应位置处设置构造柱。

过渡层构造柱的纵向钢筋，7度时不宜少于4ϕ16，8度时不宜少于6ϕ16。一般情况下，纵向钢筋应锚入下部的框架柱内；当纵向钢筋锚固在框架梁内时，框架梁的相应位置应加强；

（5）内框架房屋应在以下位置设置构造柱：

外墙四角和楼、电梯间的四角；楼梯休息平台梁的支承部位；抗震墙两端及未设置组合柱的外纵墙、外横墙上对应于中间柱列轴线的部位。

3. 底部框架房屋托墙梁设置要求

（1）梁的截面宽度不应小于300mm，梁的截面高度不应小于跨度的1/10；

（2）箍筋的直径不应小于8mm，间距不应大于200mm；梁在1.5倍梁高且不小于1/5梁净跨范围内，以及上部墙体的洞口处和洞口两侧各500mm且不小于梁高的范围内，箍筋间距不宜大于100mm；

(3) 沿梁高应设腰筋，数量不应少于2φ14，间距不宜大于200mm；

(4) 梁的主筋和腰筋应按受拉钢筋的要求锚固在柱内，且支座上部的纵向钢筋在柱内的锚固长度应符合钢筋混凝土框支梁的有关要求。

4. 大梁支承长度与构造

内框架砖房的大梁在外墙上的支承长度不应小于300mm，且梁端应与圈梁或组合柱、构造柱连接。

(三) 有关部位的鉴定规定

1. 易引起局部倒塌的构件、部件及其连接的构造，应符合多层混合结构房屋中的有关规定；

2. 底层框架和底层内框架砖房的上部各层的第一级鉴定，应符合多层混合结构房屋中第一级鉴定的有关规定；

3. 框架梁、柱的第一级鉴定，应符合多层钢筋混凝土框架结构房屋中第一级鉴定的有关规定。

(四) 第一级鉴定时，抗震横墙间距和房屋宽度限值

1. 底层框架和底层内框架砖房的上部各层

底层框架和底层内框架砖房的上部各层，抗震横墙间距和房屋宽度限值应按多层混合结构第一级鉴定的有关规定；

2. 底层框架砖房的底层

(1) 横墙厚度为370mm时的抗震横墙间距，其限值见表3-4-3；

(2) 纵墙厚度为240mm时的房屋宽度，其限值见表3-4-3。

底层抗震横墙间距和房屋宽度限值 (m) 表3-4-3

楼层总数	6 度				7 度				8 度				9 度			
	砂浆强度等级															
	M2.5		M5		M2.5		M5		M5		M10		M5		M10	
	L	B	L	B	L	B	L	B	L	B	L	B	L	B	L	B
二	25	15	25	15	19	14	21	15	17	13	18	15	11	8	14	10
三	20	15	25	15	15	11	19	14	13	10	16	12	—	—	10	7
四	18	13	22	15	12	9	16	12	11	8	13	10	—	—	—	—
五	15	11	20	15	11	8	14	10	—	—	12	9	—	—	—	—
六	14	10	18	13	—	—	12	9	—	—	—	—	—	—	—	—

注：1. L—370mm厚横墙的间距限值，B—240mm厚纵墙的房屋宽度限值；

2. 其他厚度的墙体，表内数值可按墙厚的比例相应换算。

3. 底层内框架砖房的底层

底层内框架砖房的底层，抗震横墙间距和房屋宽度的限值，可按底层框架砖房的0.85倍采用，9度时不适用。

4. 多排柱到顶的内框架砖房

(1) 多排柱到顶的内框架砖房的顶层

多排柱到顶的内框架砖房的顶层，抗震横墙间距和房屋宽度的限值，可按多层混合结构房屋的相应限值的 0.9 倍采用；

（2）多排柱到顶的内框架砖房底层

多排柱到顶的内框架砖房底层，其抗震横墙间距和房屋宽度的限值，可分别按多层混合结构房屋的相应限值的 1.4 倍、1.15 倍采用；

（3）多排柱到顶的内框架砖房的其他各层

多排柱到顶的内框架砖房的其他各层，其抗震横墙间距和房屋宽度的限值的调整，可采用内插法确定。

5. 单排柱到顶的内框架砖房

单排柱到顶的内框架砖房，其抗震横墙间距和房屋宽度的限值，可按多排柱到顶的内框架砖房相应限值的 0.85 倍采用。

（五）内框架和底层框架砖房综合抗震能力评定

1. 当内框架和底层框架砖房符合以上各项规定时，可评定为综合抗震能力满足抗震鉴定要求；

2. 当遇到下列情况之一时，可不再进行第二级鉴定，但应对房屋进行加固或采取其他相应措施：

（1）横墙间距超过表 3-4-3 的规定，或构件的支承长度少于规定值的 75%；

（2）底层框架、底层内框架砖房第二层与底层侧移刚度比大于 3；

（3）当抗震设防烈度为 8、9 度时混凝土强度等级低于 C25；

（4）非结构构件的构造不符合多层混合结构房屋中的有关要求；

（5）以上的其他规定有多项明显不符合要求。

三、内框架和底层框架砖房的第二级抗震鉴定

（一）采用综合抗震能力指数法

一般情况下，内框架和底层框架砖房采用综合抗震能力指数法进行第二级抗震鉴定时，应符合以下要求：

房屋层数超过表 3-4-1 的规定时，应按现行国家标准《建筑抗震设计规范》（GB 50011—2001）（2008 年版）的方法进行抗震承载力验算；并按本节规定计入构造影响因素，进行综合评定。

（二）采用综合抗震能力指数法鉴定的有关规定

1. 上部各层

内框架和底层框架砖房的第二级抗震鉴定，采用综合抗震能力指数法时，上部各层应符合多层混合结构房屋中第二级鉴定的有关要求；

2. 底层砖抗震墙

内框架和底层框架砖房的第二级抗震鉴定，采用综合抗震能力指数法时，底层砖抗震墙应符合多层混合结构房屋中第二级鉴定的有关要求；烈度影响系数：当抗震设防烈度为 6、7、8、9 度时，可分别按 0.7、1.0、1.7、3.0 采用；

3. 底层框架

内框架和底层框架砖房的第二级抗震鉴定，采用综合抗震能力指数法时，底层框架应

符合多层钢筋混凝土框架结构房屋中第二级鉴定的有关要求；框架承担的地震剪力可按现行国家标准《建筑抗震设计规范》（GB 50011—2001）（2008年版）的有关规定采用。

（三）多层内框架砖房的第二级抗震鉴定，采用综合抗震能力指数法时的要求。

1. 砖墙部分要求

（1）砖墙部分应符合多层混合结构房屋中第二级鉴定的有关要求；

（2）纵向窗间墙不符合第一级鉴定时，其影响系数应改按体系影响系数处理；

（3）烈度影响系数：当抗震设防烈度为6、7、8、9度时，可分别按0.7、1.0、1.7、3.0采用。

2. 框架部分要求

（1）框架部分应符合多层钢筋混凝土框架结构房屋中第二级鉴定的有关要求；

（2）外墙砖柱（墙垛）的现有受剪承载力，可根据对应于重力荷载代表值的砖柱轴向压力、砖柱偏心距限值、砖柱（包括钢筋）的截面面积和材料强度标准值等计算确定。

第五节 村镇房屋的抗震鉴定

本节主要对6～8度（0.20g）时未经焙烧的土坯、灰土、夯土墙及毛石、毛料石墙体承重的村镇房屋的抗震鉴定进行论述，主要包括：单层的土墙、毛石墙房屋，不超过二层的灰土墙房屋，不超过三层的毛料石墙房屋。

村镇房屋的抗震鉴定，应对墙体的布置、质量（品质）和连接，楼、屋盖的整体性及出屋面小烟囱等易倒塌伤人的部位进行重点检查。

一、村镇房屋的外观和内在质量要求

1. 墙体无明显裂缝和歪闪；
2. 木梁（柁）、屋架、檩、椽等无明显的变形、歪扭、腐朽、蚁蚀和严重开裂等；
3. 土墙的防潮碱草不腐烂。

土石墙村镇房屋可不进行抗震承载力验算。

二、现有土石墙村镇房屋的结构布置规定

（一）房屋檐口高度和横墙间距应符合表3-5-1的规定：

檐口高度和横墙间距　　　　表3-5-1

墙体类型	檐口最大高度（m）	厚度（mm）	横墙间距要求
卧砌土坯墙	2.9	≥250	每开间宜有横墙
夯土墙	2.9	≥400	每开间宜有横墙
灰土墙	6	≥250	每开间宜有横墙，不应大于二开间
浆砌毛石墙	2.9	≥400	每开间宜有横墙
毛料石墙	10	≥240	不应大于二开间

（二）墙体布置宜均匀，多层房屋立面不宜有错层；大梁不应支承在门窗洞口的上方。

（三）同一房屋不宜有不同材料的承重墙体。

（四）硬山搁檩房屋宜呈双坡屋面或弧形屋面；平屋顶上的土层厚度不宜大于150mm；座泥挂瓦的坡屋面，其座泥厚度不宜大于60mm。

（五）石墙房屋的横墙，洞口的水平截面面积不应大于总截面面积的1/3。

三、现有的土石墙体规定

（一）土坯墙不应干码、斗砌，泥浆要饱满；土筑墙不宜有竖向施工通缝。

（二）单层的毛石墙，其毛石的形状应较规整，可为1∶3石灰砂浆砌筑；多层的毛料石墙，实际达到的砂浆强度等级不应低于M1，干砌甩浆时砂浆的饱满度不应少于30％并应有砂浆面层。

（三）内、外墙体应咬槎较好，土筑墙应同时分层交错夯筑。

（四）土墙房屋的外墙四角和内外墙交接处，墙体不应被烟道削弱，沿墙高每隔300mm左右宜有一层竹筋、木条、荆条等拉结材料；砖抱角的土石墙，砖与土坯、石块之间应有可靠连接。

（五）二层灰土墙房屋，内、外山墙两侧的内纵墙顶面宜有踏步式墙垛；多层石墙房屋墙体留马牙槎时，每隔600mm左右宜有2ϕ6拉结钢筋。

（六）多层土石墙房屋每层均应有圈梁，并宜在横墙上拉通；木圈梁的截面高度不宜小于80mm，钢筋砖圈梁的截面高度不宜小于4皮砖。

四、现有房屋的楼、屋盖构造规定

（一）木屋盖构件应有圆钉、扒钉或铅丝等相互连接。

（二）梁（柁）、檩下方应有木垫板，端檩宜出檐；内墙上檩条宜满搭，对接时宜有夹板或燕尾榫。

（三）木构件在墙上的支承长度，对屋架和楼盖大梁不应小于250mm或墙厚，对接檩和木龙骨不应小于120mm。

（四）楼盖的木龙骨间应有剪刀撑，龙骨在大梁上的支承长度不应小于80mm。

（五）出入口或临街处突出屋面的小烟囱应有拉结。

第六节　古建筑的抗震鉴定

在我国，大多数古建筑是以木结构为主体的建筑，是由柱、梁、枋、檩等木构件组成木构架体系。木结构古建筑中，承重构件是柱和梁，墙体不起承重作用，只起围护作用和防寒保暖作用。古建筑的屋面一般由灰、泥、瓦等建筑材料构成，主要起防雨和保温隔热作用。木结构建筑有许多优点，比如加工容易、组装方便、建造快捷、抗震性能好等；同时，也有与生俱来的缺点，就是易腐朽、易虫蛀、易失火。尤其腐朽，是木结构建筑的大患。

一、古建筑木结构的抗震鉴定

对古建筑木结构抗震鉴定时,应重点检查承重木构架、楼盖和屋盖的质量和连接、墙体与木构架的连接、房屋所处场地条件的不利影响等内容。古建筑木结构的抗震鉴定应遵守下列规定:

1. 抗震设防烈度为 6 度及 6 度以上的古建筑,均应进行抗震构造鉴定。
2. 对规定范围内的古建筑,尚应对其主要承重结构进行截面抗震验算。
3. 对于下列情况,当有可能计算承重柱的最大侧偏位移时,尚宜进行抗震变形计算:

(1) 8 度Ⅲ、Ⅳ类场地及 9 度时,基本自振周期 $T_1 \geqslant 1s$ 的单层古建筑;
(2) 8 度及 9 度时,500 年以上的古建筑,或高度大于 15m 的多层古建筑。

(一) 木结构古建筑的外观和质量宜符合下列要求:

1. 柱、梁(柁)、屋架、檩、椽、穿枋、龙骨等受力构件无明显的变形、歪扭、腐朽、蚁蚀、影响受力的裂缝和庇病;
2. 木结构的节点无明显松动或拔榫;
3. 7 度时,木构架倾斜不应超过木柱直径的 1/3,8、9 度时不应有歪闪;
4. 墙体无空臌、酥碱和明显裂缝;
5. 古建筑木结构抗震鉴定时,尚应按有关规定检查其地震时的防火问题。

(二) 古建筑木构架的布置和构造应符合下列要求:

1. 旧式木骨架的布置和构造应符合下列要求:

(1) 8 度时,无廊厦的木构架,柱高不应超过 3m,超过时木柱与柁(梁)应有斜撑连接;9 度时,木构架房屋应有前廊或应兼有后厦(横向为三排柱或四排柱),檩下应有垫板和檩枋;

(2) 构造形状应合理,不应有悠悬柁架或无后檐檩,瓜柱高于 0.7m 的腊钎瓜柱柁架、柁与柱为榫接的五檩柁架和无连接措施的接柁;

(3) 木构架的常用截面尺寸应符合抗震鉴定规范的规定;

(4) 木柱的柱脚与砖墩连接时,墩的高度不宜大于 300mm,且砂浆强度等级不应低于 M2.5;8、9 度无横墙处的柱脚为拍巴掌榫墩接时,榫头处应有竖向连接铁件;9 度时木柱与柱基础应有可靠连接;

(5) 通天柱与大梁榫接处、被楼层大梁间断的柱与梁相交处,均应有铁件连接;

(6) 檩与椽、柁(梁),龙骨与大梁、楼板应钉牢;对接檩下应有替木或爬木,并与瓜柱钉牢或为燕尾榫;

(7) 檩在瓜柱上的支承长度,6、7 度时不应小于 60mm,8、9 度时不应小于 80mm。

(8) 楼盖的木龙骨间应有剪力撑,龙骨在大梁上的支承长度不应小于 80mm。

2. 木柱木屋架的布置和构造应符合下列要求:

(1) 梁柱布置不应零乱,并宜有排山架;
(2) 木屋架不应为无下弦的人字屋架;
(3) 柱顶在两个方向均应有可靠连接;被木梁间断的木柱与梁应有铁件连接;8 度时,木柱上不与屋架的端部宜有角撑活铁件连接,角撑与木柱的夹角不宜小于 30°,柱底与基础应有铁件锚固;

(4) 柱顶宜有通长水平系杆，古建筑两端的屋架间应有竖向支撑；建筑长度大于30m时，在中段且间隔不大于20m的柱间和屋架间均应有支撑；跨度小于9m且有密铺木望板或建筑长度小于25m且四坡顶时，屋架间可无支撑；

(5) 檩与椽和屋架，龙骨与大梁和楼板应钉牢；对接檩下方应有替木或爬木；对接檩在屋架上的支承长度不应小于60mm；

(6) 木构件在墙上的支承长度，对屋架和楼盖大梁不应小于250mm，对接檩和木龙骨不应小于120mm；

(7) 屋面坡度超过30°时，瓦与屋盖应有拉接；座泥挂瓦的坡屋面，座泥厚度不宜大于60mm。

3. 柁木檩架的布置和构造应符合下列要求：

(1) 建筑的檐口高度，6、7度时不宜超过2.9m，8度时不宜超过2.7m；

(2) 柁（梁）与柱之间应有斜撑；建筑宜有排山架，无排山架时山墙应有足够的承载能力；

(3) 瓜柱直径，6、7度时不宜小于120mm；8度时不宜小于140mm；

(4) 檩与椽和柁（梁）应钉牢，对接檩下方应有替木或爬木，并与瓜柱钉牢或为燕尾榫；

(5) 檩条支承在墙上时，檩下应有垫木或卧泥垫块；檩在柁（梁）或墙上的最小支承长度应符合表3-6-1的规定；

檩的最小支承长度（mm）　　　　表3-6-1

连接方式	7 度		8 度	
	柁（梁）上	墙 上	柁（梁）上	墙 上
对 接	50	180	70	240且不小于墙厚
搭 接	100	240	120	240且不小于墙厚

(6) 建筑的屋顶草泥（包括焦碴等）厚度，6、7度时不宜大于150mm，8度时不宜大于100mm。

穿斗木构架在纵横两方向均应有穿枋，梁柱节点宜为银锭榫，木柱被榫减损的截面面积不宜大于全截面的1/3；9度时，纵向柱间在楼层内的穿枋不应少于两道且应有1~2道斜撑。

康房的底层立柱应有稳定措施；8、9度时，柱间应有斜撑或轻质抗震墙；木柱应有基础，上柱柱脚与楼盖间应有可靠连接。

二、古建筑墙体的抗震鉴定

（一）旧式木骨架、木柱木屋架古建筑的墙体应符合下列要求：

1. 厚度不小于240mm的砖抗震横墙，其间距不应大于3开间；6、7度时，有前廊的单层木构架建筑，其间距可为5开间；

2. 8度时，砖实心墙可为白灰砂浆或M2.5砂浆砌筑，外整里碎砖墙的砂浆强度等级不应低于M5；9度时，应为砂浆强度等级不低于M7.5的砖实心墙；

3. 山墙与檩条、檐墙顶部与柱应有拉结；

4. 7度时墙高超过3.5m和8、9度时，外墙沿柱高每隔1m与梁或木龙骨有一道拉接；

5. 用砂浆强度等级为M1砌筑的厚度120mm高度大于2.5m且长度大于4.5m的后砌砖隔墙和9度时的后砌砖隔墙，应沿墙高每隔1m与木构架有钢筋或铅丝拉结；8、9度时墙顶尚应与柁（梁）拉结；

6. 空旷的木柱木屋架建筑，围护墙的砂浆强度等级不应低于M1，7度时柱高大于4m和8、9度时墙顶时墙顶应有闭合圈梁一道。

（二）柁木檩架古建筑的墙体应符合下列要求：

1. 6、7度时，抗震横墙间距不宜大于三个开间；8度时，抗震横墙间距不宜大于二个开间；

2. 承重墙体内无烟道，防潮碱草不腐烂；

3. 土坯墙不应干码斗砌，泥浆应饱满；土筑墙不应有竖向施工通缝；表砖墙的表砖不应斗砌；

4. 尽端三花山墙与排山架宜有拉结。

（三）穿斗木构架古建筑的墙体应符合下列要求：

1. 6、7度时，抗震横墙间距不宜大于五个开间，轻质抗震墙间距不宜大于四个开间；8、9度时，砖墙或轻质抗震墙的间距不宜大于三个开间；

2. 抗震墙不应为干码斗砌的土坯墙或卵石、片石墙，土筑墙不应有竖向施工通缝；6、7度时，空斗砖墙和毛石墙的砌筑砂浆等级不应低于M5；8、9度时，砖实心墙的砌筑砂浆强度等级分别不应低于M2.5、M7.5；

3. 围护墙宜贴砌在木柱外侧或半包柱；

4. 土坯墙、土筑墙的高度大于2.5m时，沿墙高每隔1m与柱应有一道拉结；砖墙在7度时高度大于3.5m和8、9度时，沿墙高每隔1m与柱应有一道拉结；

5. 轻质的围护墙、抗震墙应与木构架钉牢。

三、对抗震设防烈度8度和9度的古建筑，除应按上述要求进行鉴定外，尚应按表3-6-2的要求进行鉴定。

抗震设防烈度为8、9度的古建筑抗震构造鉴定要求　　　　表3-6-2

检查对象	检查内容	鉴定项目	合格标准
支柱	柱脚与柱础抵承状况	柱脚底面与柱础间实际抵承面积与柱脚处的原截面面积之比 ρ_c	$\rho_c \geqslant 3/4$
	柱础错位	柱与柱础之间错位与柱径（或柱截面）沿错位方向的尺寸之比 ρ_d	$\rho_d \leqslant 1/10$
梁枋	挠度	竖向挠度最大值 ω_1 或 ω'	当 $h/l \geqslant 1/14$ 时 $\omega_1 \leqslant l^2/2500h$
			当 $h/l \geqslant 1/14$ 时 $\omega_1 \leqslant l/180$
			对于300年以上的梁枋，若无其他残损，可按 $\omega' \leqslant \omega_1 + h/50$ 评定
柱与梁枋的连接	榫卯连接完好程度	榫头拔出卯口的长度	不应超过榫长的1/4
	柱与梁枋拉结情况	拉结件种类及拉结方法	应有可靠的铁件固结，且铁件无严重锈蚀

续表

检查对象	检查内容	鉴定项目	合格标准
斗栱	斗栱构件	完好程度	无腐朽、劈裂、残缺
	斗栱榫卯	完好程度	无腐朽、松动、断裂或残缺
木构架整体性	整体倾斜	构架平面内倾斜量 Δ_1	$\Delta_1 \leqslant H_0/150$，且 $\Delta_1 \leqslant 100mm$
		构架平面外倾斜量 Δ_2	$\Delta_1 \leqslant H_0/300$，且 $\Delta_1 \leqslant 50mm$
	局部倾斜	柱头与柱脚相对位移量（不含侧脚值）Δ	$\Delta \leqslant H/100$，且 $\Delta \leqslant 80mm$
	构架间的连系	纵向连系构件的连接情况	连接应牢固
	加强空间的度的措施	构架间的纵向连系梁下各柱的纵、横向连系	应有可靠的支撑或有效的替代措施
屋顶	椽条	拉结情况	脊檩处、两坡椽条应有防止下滑的措施
	檩条	锚固情况	檩条应有防止外滚和檩端脱榫的措施
	大梁以上各层梁	与瓜柱、驼峰连系情况	应有可靠的榫接，必要时应加隐蔽式铁件锚固
	角梁	抗倾覆能力	应有充分的抗倾覆连接件连结
	屋顶饰件及檐口瓦	系固情况	应有可靠的系固措施
檐墙	墙身倾斜	倾斜量 Δ_3	$\Delta_3 \leqslant B/10$
	墙体构造	墙脚酥碱处理情况	应予修补
		填心砌筑墙体的拉结情况	每 $3m^2$ 墙面应至少有一拉结件

四、古建筑木结构易损部位的构造规定

1. 楼房的挑阳台、外走廊、木楼梯的柱和承重构件应与主体结构牢固连接；
2. 梁上、柁（梁）上或屋架腹杆间不应有砌筑的土坯、砖山花等；
3. 抹灰顶棚不应有明显的下垂；抹面层或墙面装饰不应松动、离臌；屋面瓦尤其是檐口瓦不应有下滑；
4. 用砂浆强度等级为 M2.5 砌筑的卡口围墙，其高度不宜超过 4m，并应与主体结构有可靠拉结。

五、其他情况

古建筑木结构有下列情况之一者，也应采取加固或其他相应措施：
（1）木构件腐朽、严重开裂而可能丧失承载能力；
（2）木构架的构造形式不合理；
（3）木构架的构件连接不牢或支承长度少于规定值的 75%；
（4）墙体与木构架的连接或易损部位的构造不符合要求。

第七节 震后危房的快速鉴定

危险房屋（简称危房）为结构已严重损坏，或承重构件已属危险构件，随时可能丧失稳定和承载能力，不能保证居住和使用安全的房屋。震后房屋危险性快速鉴定，是在房屋建筑安全性应急评估结论的基础上，进一步对房屋的变形、开裂和损伤情况进行检查，从而快速确定房屋建筑是否为危房。危房鉴定应当根据《城市危险房屋管理规定》（建设部令第129号）、《民用建筑可靠性鉴定标准》GB 50292、《工业厂房可靠性鉴定标准》GBJ 144—90、《建筑抗震鉴定标准》GB 50023—95、《危险房屋鉴定标准》JGJ 125、《建筑抗震设计规范》（GB 50011—2001）（2008年版）、《镇（乡）村建筑抗震技术规程》JGJ 161—2008等标准、规范进行。

一、构件危险性快速鉴定

（一）一般规定

危险构件是指其承载能力、裂缝和变形不能满足正常使用要求的结构构件。快速鉴定时，对单个构件的划分应符合下列规定：

1. 基础
（1）独立柱基：以一根柱的单个基础为一构件；
（2）条形基础：以一个自然间一轴线单面长度为一构件；
（3）板式基础：以一个自然间的面积为一构件。
2. 墙体：以一个计算高度、一个自然间的一面为一构件。
3. 柱：以一个计算高度、一根为一构件。
4. 梁、檩条、搁栅等：以一个跨度、一根为一构件。
5. 板：以一个自然间面积为一构件；预制板以一块为一构件。
6. 屋架、桁架等：以一榀为一构件。

（二）地基基础的快速鉴定

地基基础危险性鉴定应包括地基和基础两部分。

地基基础应重点检查基础与承重砖墙连接处的斜向阶梯形裂缝、水平裂缝、竖向裂缝状况，基础与框架柱根部连接处的水平裂缝状况，房屋的倾斜位移状况，地基滑坡、稳定、特殊土质变形和开裂等状况。

当地基部分有下列现象之一者，应评定为危险状态：

1. 地基产生不均匀沉降，其沉降量大于现行国家标准《建筑地基基础设计规范》GB 50007—2002规定的允许值，上部墙体产生沉降裂缝宽度大于10mm，且房屋局部倾斜率大于1‰；
2. 地基不稳定产生滑移，水平位移量大于10mm，并对上部结构有显著影响，且仍有继续滑动迹象。

当房屋基础有下列现象之一者，应评定为危险点：

1. 基础老化、腐蚀、酥碎、折断，导致结构明显倾斜、位移、裂缝、扭曲等；

2. 基础已有明显可见滑动。

（三）砌体结构构件的快速鉴定

震后砌体结构构件的危险性快速鉴定应根据构造与连接、裂缝和变形等内容进行，应重点检查砌体的构造连接部位，纵横墙交接处的斜向或竖向裂缝状况，砌体承重墙体的变形和裂缝状况以及拱脚裂缝和位移状况，注意其裂缝宽度、长度、深度、走向、数量及其分布。

砌体结构构件有下列现象之一者，应评定为危险点：

1. 受压墙、柱沿受力方向产生缝宽大于 2mm、缝长超过层高 1/2 的竖向裂缝，或产生缝长超过层高 1/3 的多条竖向裂缝；

2. 支承梁或屋架端部的墙体或柱截面因局部受压产生多条竖向裂缝，或裂缝宽度已超过 1mm；

3. 墙柱因偏心受压产生水平裂缝，缝宽大于 0.5mm；

4. 墙、柱产生倾斜，其倾斜率大于 0.7％，或相邻墙体连接处断裂成通缝；

5. 墙、柱刚度不足，出现挠曲鼓闪，且在挠曲部位出现水平或交叉裂缝；

6. 砖过梁中部产生明显的竖向裂缝，或端部产生明显的斜裂缝，或支承过梁的墙体产生水平裂缝，或产生明显的弯曲、下沉变形；

7. 砖筒拱、扁壳、波形筒拱、拱顶沿母线裂缝，或拱曲面明显变形，或拱脚明显位移，或拱体拉杆锈蚀严重，且拉杆体系失效。

（四）木结构构件的快速鉴定

木结构构件的危险性快速鉴定应从构造与连接、裂缝和变形等内容入手，重点检查构造缺陷、结构构件变形、失稳状况，木屋架端节点受剪面裂缝状况，屋架出平面变形及屋盖支撑系统稳定状况。

木结构构件有下列现象之一者，应评定为危险点：

1. 连接方式不当，构造有严重缺陷，已导致节点松动变形、滑移、沿剪切面开裂、剪坏或铁件严重锈蚀、松动致使连接失效等损坏；

2. 主梁产生大于 $L_0/150$ 的挠度，或受拉区伴有较严重的材质缺陷；

3. 屋架产生大于 $L_0/120$ 的挠度，且顶部或端部节点产生腐朽或劈裂，或出平面倾斜量超过屋架高度的 $h/120$；

4. 檩条、搁栅产生大于 $L_0/120$ 的挠度；

5. 木柱侧弯变形，其矢高大于 $h/150$，或柱顶劈裂，柱身断裂；

6. 对受拉、受弯、偏心受压和轴心受压构件，其斜纹理或斜裂缝的斜率分别大于 7％、10％、15％和 20％。

（五）混凝土结构构件快速鉴定

混凝土结构构件的危险性快速鉴定应从构造与连接、裂缝和变形等内容，重点检查柱、梁、板及屋架的受力裂缝和主筋锈蚀状况，柱的根部和顶部的水平裂缝，屋架倾斜以及支撑系统稳定等。

混凝土构件有下列现象之一者，应评定为危险点：

1. 梁、板产生超过 $L_0/150$ 的挠度，且受拉区的裂缝宽度大于 1mm；

2. 简支梁、连续梁跨中部位受拉区产生竖向裂缝，其一侧向上延伸达梁高的 2/3 以上，且缝宽大于0.5mm，或在支座附近出现剪切斜裂缝，缝宽大于0.4mm；

3. 梁、板受力主筋处产生横向水平裂缝和斜裂缝，缝宽大于1mm，板产生宽度大于0.4mm的受拉裂缝；

4. 梁、板产生沿主筋方向的裂缝，缝宽大1mm，或构件混凝土严重缺损，或混凝土保护层严重脱落、露筋；

5. 现浇板面周边产生裂缝，或板底产生交叉裂缝；

6. 预应力梁、板产生竖向通长裂缝；或端部混凝土松散露筋，其长度达主筋直径的100倍以上；

7. 受压柱产生竖向裂缝，保护层剥落，主筋外露锈蚀；或一端产生水平裂缝，缝宽大于1mm，另一侧混凝土被压碎，主筋外露；

8. 墙中间部位产生交叉裂缝，缝宽大于0.4mm；

9. 柱、墙产生倾斜、位移，其倾斜率超过高度的1‰，其侧向位移量大于$h/500$；

10. 柱、墙混凝土破坏面大于全截面的1/3，且主筋外露，锈蚀严重，截面减小；

11. 柱、墙侧向变形，其极限值大于$h/250$，或大于30mm；

12. 屋架产生大于$L_0/200$的挠度，且下弦产生横断裂缝，缝宽大于1mm；

13. 屋架的支撑系统失效导致倾斜，其倾斜率大于屋架高度的2‰，；

14. 压弯构件保护层剥落，主筋多处外露锈蚀；端节点连接松动，且伴有明显的变形裂缝。

二、整栋房屋危险性快速鉴定

整栋房屋危险性快速鉴定应根据被鉴定房屋的构造特点和承重体系的种类，按其危险程度和影响范围进行鉴定。

（一）等级划分

1. 房屋组成部分危险性等级划分

整栋房屋划分成地基基础、上部承重结构和围护结构三个组成部分。房屋各组成部分危险性鉴定，应按下列等级划分：

a级：无危险点；

b级：有危险点；

c级：局部危险；

d级：整体危险。

2. 房屋整体危险性等级划分

房屋危险性鉴定，应按下列等级划分：

A级：结构承载力能满足正常使用要求，未发现危险点，房屋结构安全。

B级：结构承载力基本能满足正常使用要求，个别结构构件处于危险状态，但不影响主体结构，基本满足正常使用要求。

C级：部分承重结构承载力不能满足正常使用要求，局部出现险情，构成局部危房。

D级：承重结构承载力已不能满足正常使用要求，房屋整体出现险情，构成整幢危房。

（二）房屋危险性等级综合评定原则

房屋危险性快速鉴定应以整幢房屋的地基基础、结构构件危险程度的严重性鉴定为基础，结合历史状态、环境影响以及发展趋势，全面分析，综合判断。

在地基基础或结构构件发生危险的判断上，应考虑它们的危险是孤立的还是相关的。当构件的危险是孤立的，则不构成结构系统的危险；当构件的危险是相关的，则应联系结构的危险性判定其范围。

全面分析、综合判断时，应考虑下列因素：

1. 各构件的破损程度；
2. 破损构件在整幢房屋中的地位；
3. 破损构件在整幢房屋所占的数量和比例；
4. 结构整体周围环境的影响；
5. 有损结构的人为因素和危险状况。

（三）房屋危险性综合评定方法

1. 房屋组成部分危险性评价

根据划分的房屋组成部分，确定构件的总量，并分别确定其危险构件的数量。

（1）地基基础中危险构件百分数应按下式计算：

$$p_{fdm} = n_d/n \times 100\%$$

式中　p_{fdm}——地基基础中危险构件（危险点）百分数；

n_d——危险构件数；

n——构件数。

（2）承重结构中危险构件百分数应按下式计算：

$$p_{sdm} = [2.4n_{dc} + 2.4n_{dw} + 1.9(n_{dmb} + n_{drt}) + 1.4n_{dsb} + n_{ds}]/$$
$$[2.4n_c + 2.4n_w + 1.9(n_{mb} + n_{rt}) + 1.4n_{sb} + n_s] \times 100\%$$

式中　p_{sdm}——承重结构中危险构件（危险点）百分数；

n_{dc}——危险柱数；

n_{dw}——危险墙段数；

n_{dmb}——危险主梁数；

n_{drt}——危险屋架檩数；

n_{dsb}——危险次梁数；

n_{ds}——危险板数；

n_c——柱数；

n_w——墙段数；

n_{mb}——主梁数；

n_{rt}——屋架檩数；

n_{sb}——次梁数；

n_s——板数。

（3）围护结构中危险构件百分数应按下式计算：

$$p_{esdm} = n_d/n \times 100\%$$

式中　p_{esdm}——围护结构中危险构件（危险点）百分数；

n_d——危险构件数；

n——构件数。

2. 房屋组成部分危险性等级评定

(1) 房屋组成部分 a 级的隶属函数应按下式计算：

$$\mu_a = 1 \quad (p = 0\%)$$

式中 μ_a——房屋组成部分 a 级的隶属度；
p——危险构件（危险点）百分数。

(2) 房屋组成部分 b 级的隶属函数应按下式计算：

$$\mu_b = \begin{cases} 1 & (p \leqslant 5\%) \\ (30\% - p)/25\% & (5\% < p < 30\%) \\ 0 & (p \geqslant 30\%) \end{cases}$$

式中 μ_b——房屋组成部分 b 级的隶属度；
p——危险构件（危险点）百分数。

(3) 房屋组成部分 c 级的隶属函数应按下式计算：

$$\mu_c = \begin{cases} 0 & (p \leqslant 5\%) \\ (p - 5\%)/25\% & (5\% < p < 30\%) \\ (100\% - p)/70\% & (p \geqslant 30\%) \end{cases}$$

式中 μ_c——房屋组成部分 c 级的隶属度；
p——危险构件（危险点）百分数。

(4) 房屋组成部分 d 级的隶属函数应按下式计算：

$$\mu_d = \begin{cases} 0 & (p \leqslant 30\%) \\ (p - 30\%)/70\% & (30\% < p < 100\%) \\ 1 & (p \geqslant 100\%) \end{cases}$$

式中 μ_d——房屋组成部分 d 级的隶属度；
p——危险构件（危险点）百分数。

3. 房屋危险性等级评定

(1) 房屋 A 级的隶属函数应按下式计算：

$$\mu_A = \max[\min(0.3, \mu_{af}), \min(0.6, \mu_{as}), \min(0.1, \mu_{aes})]$$

式中 μ_A——房屋 A 级的隶属度；
μ_{af}——地基基础 a 级的隶属度；
μ_{as}——上部承重结构 a 级的隶属度；
μ_{aes}——围护结构 a 级的隶属度。

(2) 房屋 B 级的隶属函数应按下式计算：

$$\mu_B = \max[\min(0.3, \mu_{bf}), \min(0.6, \mu_{bs}), \min(0.1, \mu_{bes})]$$

式中 μ_B——房屋 B 级的隶属度；
μ_{bf}——地基基础 b 级的隶属度；
μ_{bs}——上部承重结构 b 级的隶属度；
μ_{bes}——围护结构 b 级的隶属度。

(3) 房屋 C 级的隶属函数应按下式计算：

$$\mu_C = \max[\min(0.3, \mu_{cf}), \min(0.6, \mu_{cs}), \min(0.1, \mu_{ces})]$$

式中　μ_C——房屋 C 级的隶属度；
　　　μ_{cf}——地基基础 c 级的隶属度；
　　　μ_{cs}——上部承重结构 c 级的隶属度；
　　　μ_{ces}——围护结构 c 级的隶属度。

(4) 房屋 D 级的隶属函数应按下式计算：

$$\mu_D = \max[\min(0.3,\mu_{df}), \min(0.6,\mu_{ds}), \min(0.1,\mu_{des})]$$

式中　μ_D——房屋 D 级的隶属度；
　　　μ_{df}——地基基础 d 级的隶属度；
　　　μ_{ds}——上部承重结构 d 级的隶属度；
　　　μ_{des}——围护结构 d 级的隶属度。

4. 房屋危险性评定

(1) $\mu_{df}=1$，则为 D 级（整幢危房）。
(2) $\mu_{ds}=1$，则为 D 级（整幢危房）。
(3) $\max(\mu_A,\mu_B,\mu_C,\mu_D)=\mu_A$，则综合判断结果为 A 级。
(4) $\max(\mu_A,\mu_B,\mu_C,\mu_D)=\mu_B$，则综合判断结果为 B 级。
(5) $\max(\mu_A,\mu_B,\mu_C,\mu_D)=\mu_C$，则综合判断结果为 C 级。
(6) $\max(\mu_A,\mu_B,\mu_C,\mu_D)=\mu_D$，则综合判断结果为 D 级。

第四章 屋面加固与维修

屋面出现的主要病害是渗水漏雨。屋面渗漏,不仅直接影响住用,而且使屋面基层潮湿,导致木构件腐朽,钢构件锈蚀,顶棚损坏,墙身腐蚀,抹灰层脱落;室内的电线受潮后,还可能发生漏电,甚至起火,影响使用安全和房屋寿命。在屋面维修工程中,预防和整治屋面渗漏病害,往往占有较大的比重,特别是在雨雪季节前,防漏工作更为重要。

第一节 屋面震损的检查

屋面的渗漏,有普遍漏、局部漏、大漏和小漏等不同情况。整治屋面渗漏前,首先必须找出渗漏的具体部位,尔后才能对症下药,制订出切合实际的整治方案。屋面渗漏的检查方法见表 4-1-1。

屋面渗漏的检查方法 表 4-1-1

检查内容	检 查 方 法	说 明
初步调查	首先向住用人员了解屋面渗漏的大致部位、范围和程度、何时开始渗漏,以及平时对屋面的使用和维护等情况	
室内检查	先检查室内顶棚、屋面、墙面的渗漏痕迹,根据水向低处流的特点,由下向上沿着渗漏的痕迹找屋面渗漏的部位、范围和程度,并作好记录	检查时机以下雨(或雨刚停)和化雪天为好
室外检查	根据室内检查结果,再到室外屋面上相对的范围内进一步确诊,因有些渗漏情况较复杂,室内外渗漏点往往不在同一位置。必要时须拆除屋面面层覆盖物进行检查	
室外试验检查	对平屋面或砖拱屋面的裂缝或渗漏点,可在屋面上喷水或浇水进行试验,因渗漏处吸水多,干燥慢,可留下较明显的湿痕迹,此痕迹即为裂缝或渗漏点	必须在晴天进行
	对屋面的斜沟、檐沟、拱沟等的渗漏点,除采用浇水法试验外,还可用土筑小坝,然后灌水试验,此法可逐段查出沟道的裂缝或渗漏点	
室外敲、照检查	瓦屋面渗漏处,怀疑瓦有裂缝时,可把瓦片取出用小锤轻敲,发出哑声者则说明瓦有裂缝等缺陷。如无哑声,则可把瓦片对着光线照,如果透亮,则说明有大砂眼,如不透亮,可浇水试验,检查是否渗水或漏水	适用于青瓦、椅瓦、乎瓦(含水泥平瓦)
室外水线、冰线检查	下雪天或雪刚停时上卷材屋面查渗漏点,当屋面积雪在 100mm 以内时,若发现积雪上有纵横缝条形水线或屋面水眼,或者在水线(眼)上结了一层薄冰层,此水线或冰线处对应的屋面防水层往往开裂破损,导致渗漏	
室外撒粉法检查	将屋面渗漏部位附近擦干,薄薄地撒上一层干水泥粉或石灰粉,因裂缝或渗漏处吸水多,可留下较明显的湿点或湿线,此痕迹即为裂缝或渗漏点	必须在阴天屋面潮湿时进行

第二节　瓦屋面的加固与维修

瓦屋面，主要指青瓦屋面、筒瓦屋面、平瓦（黏土或水泥）屋面、波形石棉水泥瓦屋面及铁皮（平铁皮及波形铁皮）屋面。

瓦屋面的损坏现象、损坏原因、预防措施及修缮方法　　　　　表 4-2-1

损坏现象：屋面渗漏水；瓦片滑动、脱落；屋面盖材风化、腐蚀或锈蚀等
损坏原因： 1. 设计施工方面：如屋面坡度太小，屋面承重结构刚度不足、铺设不平；盖材本身有缺陷；屋面排水沟、落水管的排水量不满足要求；屋面结构及盖材的安装铺设质量差等； 2. 自然损坏方面：屋面盖材长期受日光曝晒和风霜雨雪的侵蚀，瓦片、铁皮产生风化、锈蚀，砂浆粉化开裂等； 3. 使用维护方面：在屋面任意设天线、晒衣物，损坏了盖材防水层；寒区在屋面清雪时，损坏盖材防水层；未进行经常性维修保养，如未及时更换损坏的盖材，未经常清除屋面的树叶、杂草、泥沙等
预防措施： 1. 严把设计施工质量关，防止屋面盖材防水层产生"先天不足"。即屋面坡度、屋面基层及承重结构、屋面排水量、盖材质量、脊瓦座浆、泛水及其他细部构造处理等方面均应满足设计及施工验收规范的要求，并采用恰当合理的防渗漏构造措施； 2. 防止人为损坏屋面：除屋面检修人员外，不准其他人员随便上屋面活动、晒衣物、设天线等。也不准在屋面超载堆设重物，应小心清扫屋面，防止损坏屋面盖材及其防水构造； 3. 及时维护保养：经常清扫屋面的树叶、杂草、泥砂等杂物，疏通排水沟、雨水口等，使排水畅通无阻；对屋面泛水、排水沟、雨水管等易产生渗漏的部位要定期检修维护
修缮方法： 1. 对盖材防水层屋面，一般的修缮方法是： （1）扩大、整形或更换排水管沟，使屋面排水畅通。适用于排水沟、管排水断面不足或变形、破损严重的情况； （2）加大屋面坡度、修复局部下沉凹陷处。适用于屋面坡度太小，或因承重结构变形而使屋面局部凹陷者； （3）局部修补、更换或全部拆除重做。适用于盖材、泛水等局部或大面积损坏者。 2. 对由不同品种盖材建成的屋面，除上面的一般修缮方法外，其专门修缮方法如下： （1）青瓦屋面： ①串瓦与补瓦。当瓦片滑动或因搭盖不密实而产生渗漏时，可将瓦片串动，使其按要求搭盖密贴。串瓦时应将破裂、老化、缺角等破损瓦除去，换为好瓦。如新换的瓦与原有瓦规格不一致时，可调整使用，即将同一规格、颜色的瓦集中用于一栋房屋，或集中用于屋面的一个坡面。当瓦上有砂眼或细微裂缝时，可用1:1水泥石灰浆涂刷修补。

②调整瓦头出檐尺寸。檐瓦瓦头应伸出檐口约 50mm，以防止雨水从檐口渗入；

③斜沟两边的瓦垄应交错排列。即为了防止屋面两边流水互相冲击，流水室内，而将斜沟左边仰瓦行与右边俯瓦行相对铺设，见图 4-2-1。

（2）平瓦屋面：

①更换大脊瓦或在脊瓦下加铺小青瓦或插入白铁皮。当脊瓦与面瓦搭接不够引起渗漏时，可更换较大尺寸的青瓦；

无大脊瓦时，可在脊瓦下覆盖小青瓦，也可用小木条将白铁皮钉在脊瓦下。加盖小青瓦见图 4-2-2；

②外山墙压边线修缮。当山墙处的砂浆泛水渗漏严重不易修好时，可将出屋面的山墙拆除，上面盖平瓦，做水泥砂浆压边线，见图 4-2-3。

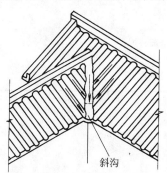

图 4-2-1　青瓦屋面斜沟两边瓦垄交错排列示意图

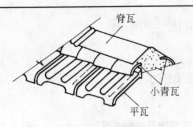

图 4-2-2 平瓦屋面脊瓦与面
瓦间加铺俯盖青瓦的
整治方法示意图

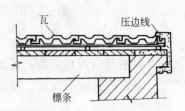

图 4-2-3 外山墙的压边线

③修理檐口渗漏。应使檐口瓦和油毡盖过封檐板，檐瓦挑出搪口 50～100mm，见图 4-2-4；

④铁丝固定瓦片。当房屋处于沿海或多风地区，以及屋面坡度大于 35°时，应每隔一排瓦用 20 号镀锌铁丝穿过瓦鼻小孔，绑在下一排挂瓦条上，见图 4-2-5。靠近檐口处的两排瓦应全部绑牢。

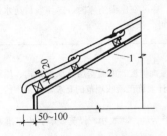

图 4-2-4 屋檐铺瓦
1—屋面板；2—油毡

图 4-2-5 用铁丝
将瓦系于挂瓦条上

(3) 铁皮屋面：
①全部或局部拆除更换。适用于平铁皮、波形铁皮屋面大部或局部损坏渗漏的修缮。更换时，先量好尺寸，按损坏面积及形状下料裁剪，平铁皮应做出咬口，拆除损坏铁皮后，清理基层再进行拼装；
②屋面、泛水、排水沟的修补。当铁皮有轻微锈蚀时，可磨去铁锈，清扫干净，尔后用红丹打底，再用调和漆罩面。当铁皮出现小砂眼、小块开裂或腐蚀等零星破损时，可用锡焊补洞眼，较大的洞眼则可用铁皮补焊，再刷油漆。平铁皮双平咬口示意图见图 4-2-6。

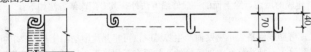

图 4-2-6 双平咬口示意图

(4) 波形石棉水泥瓦屋面：
①补加防水垫圈。如因螺栓、螺钉或钉钉处未设防水垫圈而渗漏的，应全部补加；
②修补浮钉、虚钉或缺钉；
③更换损坏的瓦片。如因个别瓦片由于人为或自然损坏而渗漏时，应及时进行更换

第三节 柔性屋面的加固与维修

在钢筋混凝土屋面板上用沥青胶结材料粘贴卷材作为防水层，是广泛使用的一种卷材防水屋面，这类屋面发生渗漏的主要问题是防水层出现开裂、流淌、起鼓、老化或构造节

第三节 柔性屋面的加固与维修

点损坏等。但只要施工质量好，维修及时，可以取得良好的防水效果。

一、柔性屋面开裂渗漏的损坏现象、原因、预防措施及修缮方法（表 4-3-1）

柔性屋面开裂渗漏的损坏现象、原因、预防措施及修缮方法　　　　表 4-3-1

损坏现象：屋面开裂渗漏分两种情况： 1. 一种为有规则横向裂缝，即在预制屋面板上无保温层时，此裂缝往往是通长和笔直的，位置正对屋面板支座的上端；当预制屋面板有保温层时，此裂缝往往是断续、弯曲的，位于屋面板支座两边 10～50cm； 2. 另一种是无规则裂缝，其位置、长度、形状各不相同。现浇屋面板上的油毡防水层，开裂的现象就很少。
损坏原因： 1. 有规则横向裂缝，主要是屋面板受温度变化以及荷载、湿度、混凝土徐变的作用，产生胀缩，引起板端角变形和相对位移。还有卷材质量低劣、老化或低温冷脆，降低了韧性和延伸度等原因； 2. 无规则裂缝，主要是卷材搭接太少，卷材收缩后接头开裂、翘起，卷材老化龟裂、鼓泡破裂或外伤等。还有找平层的分格缝设置不当或处理不好、水泥砂浆不规则开裂等原因。
预防措施： 1. 增强屋面的整体刚度，尽可能地避止或减少屋面基层变形的发生。如在屋面结构设计时，应考虑屋面防水对结构变形的特殊要求，控制结构变形值，加强屋盖支撑系统，尽可能减少支座发生不均匀沉降。找平层的强度和厚度要达到规定要求，且应在预制板的横缝处设分格缝，以便与防水层同时处理横缝开裂问题； 2. 提高防水层质量，增强防水层适应基层变形能力。如选用合格和质量高的卷材，条件许可时，最好采用 500 号石油沥青油毡或再生油毡；沥青胶结材料的耐热度、柔韧、粘结力三个指标必须全部符合质量标准。在寒区施工，还应考虑冷脆问题；要控制沥青胶结材料的熬制温度和时间，以防降低其柔韧性，加速材料老化；卷材铺贴前，应清理其表面，并反卷过来；

沥青胶结材料的加热温度、使用温度

类　别	加热温度（℃）	使用温度（℃）
普通石油沥青（高蜡沥青）或掺配建筑石油沥青的普通石油沥青胶结材料	不应高于 280	不宜低于 240
建筑石油沥青胶结材料	不应高于 240	不宜低于 140
焦油沥青胶结材料	不应高于 180	不宜低于 140

3. 采取恰当的构造措施，提高横缝处防水层的延伸能力。第一种是在屋面板横缝处干铺油毡条延伸（或缓冲）层，做法见图 4-3-1。第二种是在横缝处先放置 φ50 的油毡卷或防腐草绳，利用其少量的弹性压缩，使防水层有较小的伸缩余地。第三种是马鞍形伸缩缝，即将横缝处找平层砂浆做出两长横脊，断面呈马鞍形，见图 4-3-2。这种处理方法适宜于北方地区无保温层屋面的防裂处理，可以适应 10mm 以上的伸展，冷脆破坏的可能性小；

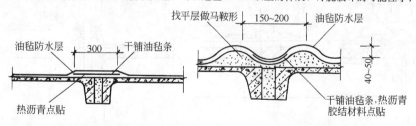

图 4-3-1　干铺油毡条延伸层详图　　图 4-3-2　马鞍形伸缩缝详图

4. 加强养护维修，保持防水层的韧性和延伸性，以避免或减少裂缝的发生和发展。如按时在护面层上加涂沥青胶结材料；及时检修局部缺陷；修补散失的绿豆砂；经常清理屋面上的垃圾、拔除杂草，保持屋面排水畅通；使屋面经常处于良好的状态。
修缮方法： 1. 用干铺卷材贴缝。在裂缝处干铺一层油毡条作延伸层，其两侧 20mm 处用玛蹄脂粘贴，以防止新做的防水层继续开裂，其做法见图 4-3-3；

2. 用盖缝条补缝。盖缝条用卷材或镀锌铁皮制成，其构造做法见图4-3-4，图4-3-5。这种做法能适应屋面基层伸缩变形，避免防水层被拉裂，但不适用于积灰严重、扫灰频繁的屋面。按图示的修补范围清理屋面。在裂缝处嵌入防水油膏或灌热沥青，卷材盖缝条应用玛蹄脂粘贴，周边应压实刮平。铁皮盖缝条用钉子固定在屋面找平层上，钉子中距约200mm，两侧再粘贴一层200mm宽的卷材条；

3. 用脊瓦或钢筋混凝土盖瓦盖缝。其构造做法见图4-3-6；

4. 用防水油膏补缝。补缝材料有聚氯乙烯胶泥、上海油膏、焦油麻丝等种类，用胶泥或焦油麻丝补缝做法见图4-3-7。施工时先切除裂缝两侧各50mm的卷材和找平层，将板缝凿宽为20～40mm，凿深为20～30mm，将裂缝处及两边的灰尘、绿豆砂等清扫干净，保持干燥，满刷冷底子油，再将胶泥灌入缝中。注意胶泥应与两侧割断的油毡粘牢，高出两侧油毡面，并覆盖两侧油毡各20～30mm。如嵌缝油膏的抗老化性能较差时，可在油膏表面加贴一层玻璃丝布。焦油麻丝油膏配合比（重量比）为焦油∶麻丝∶滑石粉＝100∶15∶60；

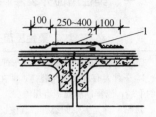

图4-3-3　干铺卷材作延伸层
1—干铺一层毡；2—一毡二油一砂；3—嵌油膏或灌热沥青

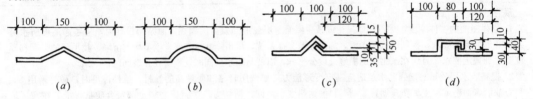

图4-3-4　盖缝条
(a)、(b) 卷材盖缝条断面；(c)、(d) 镀锌铁皮盖缝条断面

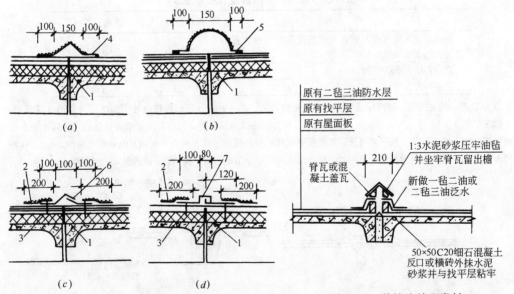

图4-3-5　用盖缝条补缝
1—嵌油膏或灌热沥青；2—卷材盖边；3—钉子；4—三角形卷材盖缝条上做一油一砂；5—圆弧形盖缝条上做一油一砂；6—三角形镀锌铁皮盖缝条；7—企口形镀锌铁皮盖缝条

图4-3-6　盖缝法处理卷材防水层渗漏构造图

5. 用再生橡胶沥青油毡或玻璃丝布补缝。其构造做法见图4-3-8。施工时先铲除裂缝两侧各100～150mm宽的绿豆砂及油毡层，清净裂缝后，灌注沥青或嵌填胶泥均可，尔后涂刷冷底子油一遍，再铺贴一胶（布）二油或二胶（布）

续表

三油,最后做好绿豆砂护面层即可

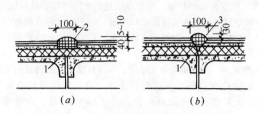

图 4-3-7 用胶泥或焦油麻丝补缝
1—裂缝；2—聚氯乙烯胶泥；3—焦油麻丝

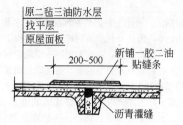

图 4-3-8 再生橡胶沥青油毡
补卷材防水层裂缝图

二、柔性屋面流淌渗漏的损坏现象、原因、预防措施及修缮方法（表 4-3-2）

柔性屋面流淌渗漏的损坏现象、原因、预防措施及修缮方法　　表 4-3-2

损坏现象：屋面流淌 1. 严重流淌者，流淌面积占屋面 50%以上，大部分流淌距离超过卷材搭接长度。卷材大多折皱成团，垂直面卷材拉开脱空。卷材横向搭接有严重错动。在脱空和拉断处可能产生渗漏； 2. 中等流淌者，流淌面积占屋面 20%～50%，大部分流淌距离在卷材搭接长度范围之内，脊面卷材有轻微折皱，只有天沟卷材脱空耸肩； 3. 轻度流淌者，流淌面积占屋面 20%以下，流淌距离仅 20～30mm，在屋架端坡处和天沟处有轻微折皱，泛水油毡稍有脱空，卷材横向错动并不明显。
损坏原因： 1. 沥青胶结材料耐热度偏低； 2. 使用了未经处理的多蜡沥青； 3. 沥青胶结材料涂刷过厚； 4. 屋面坡度过陡，而采用平行屋脊铺贴卷材； 5. 采用垂直屋脊铺贴卷材，而在半坡进行短边搭接。
预防措施： 1. 沥青胶结材料的耐热度应按规范选用。施工用料必须严格检验，垂直面用的耐热度还应提高 5～10 度； 2. 严格控制沥青胶结材料的涂刷厚度，一般为 1～1.5mm，最大不得超过 2mm。面层可以适当提高到 2～4mm，以利绿豆砂的粘结，使绿豆砂牢固嵌入沥青胶结材料中； 3. 垂直面上铺完防水层并涂刷热沥青胶结材料后，可在其上浇筑较稠的细石混凝土作保护层，见图 4-3-9。此做法对立铺卷材流淌下滑有一定的阻止作用； 4. 采用恰当的方法铺设油毡，其铺设方法见下表。

油毡铺贴方法

屋面坡度（%）	铺 贴 方 法
<3	平行屋脊铺贴
3～5	可平行或垂直屋脊铺贴
>15	应垂直屋脊铺贴，且每幅油毡都应铺过屋脊不少于 200mm

修缮方法：

卷材防水层严重流淌时可考虑拆除重铺；轻微流淌如不发生渗漏，一般可不作修缮；中等流淌可采用下法进行修缮。

1. 切割法。适用于屋面坡端和泛水处油毡因流淌而耸肩、脱空部位的修缮。施工方法是先铲除待切割处的绿豆砂，并清扫干净，再切开脱空的卷材，刮去卷材下积存的沥青胶结材料，待内部冷凝水晾干后，将下部已脱开的卷材用沥青胶结材料粘贴平整，在其上加贴一层新卷材，再将上部老卷材盖贴好，做好绿豆砂即可，用切割法修缮坡端卷材耸肩、泛水处卷材拉开脱空的原状图及修复图见图4-3-10～图4-3-13；

2. 局部铲除重铺法。适用于屋架坡端及天沟处已流淌而折皱成团的局部卷材的修缮。其损坏原状图及修复图见图4-3-14。施工方法：铲除表层折皱成团的卷材及绿豆砂，铲除范围以保留平整部分为准。沿保留卷材的边缘揭开150mm，并刮去卷材下的沥青。将铲除及揭开部分重新铺设新油毡，再把揭开的老卷材盖贴上，新、老卷材搭接150mm，最后做好绿豆砂；

3. 钉钉子法。适用于陡坡屋面卷材防流淌；亦可适用于完工不久的卷材出现下滑趋势时防继续下滑。其修复图见图4-3-15。施工方法：在卷材上部离屋脊300～450mm起，平行于屋脊钉三排带铁皮（或橡胶）垫片的圆铁钉，铁钉长50mm，ϕ20～30mm垫片，钉距纵向200～300mm，横向150mm，钉钉子处灌沥青胶结材料，以防渗水及圆钉锈蚀。卷材流淌后，横向搭接若有错动，先清除边缘翘起处的旧沥青，重新浇灌沥青胶结材料，将翘起卷材压实，刮平接口即可。

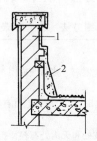

图 4-3-9　垂直面防水层用细石混凝土保护层

1—女儿墙；2—细石混凝土

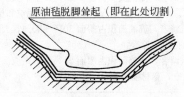

图 4-3-10　坡端油毡耸肩形状

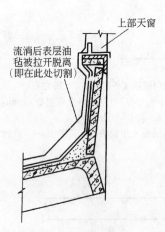

图 4-3-11　泛水处油毡拉开脱空情况图

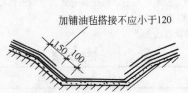

图 4-3-12　坡端油毡流淌修复图

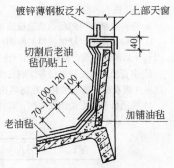

图 4-3-13　泛水处油毡拉开修复图

续表

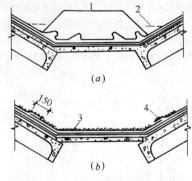

图 4-3-14 局部切除重铺法治理流淌
(a) 修理前；(b) 修理后
1—此处局部切开；2—虚线所示揭开 150
3—新铺天沟卷材；4—盖上所有卷材。

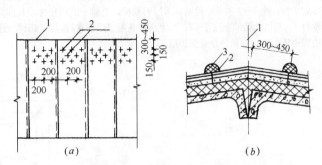

图 4-3-15 钉钉子法防止卷材流淌
(a) 平面；(b) 大样
1—屋脊线；2—圆钉；3—马蹄脂

三、柔性屋面起鼓渗漏的损坏现象、原因、预防措施及修缮方法（表 4-3-3）

柔性屋面起鼓渗漏的损坏现象、原因、预防措施及修缮方法　　　表 4-3-3

1. 损坏现象：

起鼓是卷材防水层较普遍发生的问题，且一般在施工后不久产生，尤其在高温季节。起鼓多发生在防水层与基层之间及油毡搭接处，在卷材各层之间及卷材幅面中也有发生。起鼓由小到大逐渐发展，大的直径可达 2~3m，小的约数十毫米，大小鼓泡还可能串连成片。将鼓泡切开可见内呈蜂窝状，沥青胶结材料被拉成薄壁，甚至被拉断。屋面基层带小白点或呈深灰色，还有冷凝水珠。

2. 损坏原因：

(1) 在防水层与基层之间，或卷材各层之间，局部粘贴不密实的部位，窝有水滴或潮湿空气，当受太阳照射或人工热源影响后，体积膨胀而造成起鼓；

(2) 卷材与基层粘结不牢。如找平层未干燥即涂刷冷底子油或抢铺油毡；基层凹凸不平，冷底子油涂刷不均匀；屋面基层未清扫干净；沥青胶结材料未涂刷好，厚薄不均匀；摊铺油毡用力太小；找平层受冻变酥等。

3. 预防措施：

(1) 找平层应平整、干净干燥，冷底子油涂刷均匀；

(2) 避免在雨天、大雾、霜、雪大风或风沙天气施工，防止基层受潮；

(3) 防水层施工时，卷材表面应清扫干净，沥青胶结材料应涂刷均匀，卷材应铺平压实，以增强其与基层或下层卷材的粘结能力；

(4) 防水层使用的原材料、半成品，必须防止受潮，若含水率较大时，应采取措施使其干燥后方可使用；

(5) 当保温层或找平层干燥确有困难而又急于铺设防水层时，可在保温层或找平层中预留与大气连通的孔道后再铺设防水层；

(6) 选用吸水率低的保温材料，以利于基层干燥，防止防水层起泡。

4. 修缮方法：

(1) 抽气灌油法。适用于 200mm 以下的鼓泡治理。施工方法：先在鼓泡的两侧用钻子钻两个孔，在孔中各插入一根兽医用针管，其中一支用来抽出鼓泡内的气体，另一支灌入纯 10 号建筑石油沥青稀液，边抽边灌，灌满后拔出针管，用力把卷材压平贴牢，用热沥青封闭针孔，撒好绿豆砂。在原鼓泡处压上几块砖，几天后将砖块移去即可；

(2) "开西瓜"法。适用于直径 100~300mm 的鼓泡治理。施工方法：先铲除鼓泡处的绿豆砂（图 4-3-16 (a)），将鼓泡按斜十字形切开，将卷材分块揭起，擦干泡内水分，清除旧沥青，再用喷灯将泡内吹干（如面层卷材已脆裂老化，即可按鼓泡范围切割掉），在基层涂一道冷底子油，再按图 4-3-16 (b) 的编号 1~3 顺序将旧卷材分片重新贴好，在其上再新贴一块方形卷材 4，其边长比开刀范围大 50~60mm，卷材 4 应压入卷材 5，尔后粘贴好卷材 5。新作卷材四周搭接处用铁熨斗加热抹压平整后，重做好绿豆砂保护层；

(3) 割补法（或大开刀去皮法）。适用于300mm以上的较大气泡。施工方法：见图4-3-17，将虚线部位起泡卷材切割掉；按"开西瓜"法处理基层；用喷灯烘烤旧卷材槎口，并分层割开，除去基层上的旧沥青胶结材料；刷一遍冷底子油，按1～3的顺序粘贴好下层旧卷材；上铺一层新卷材，其四周与旧卷材搭接不少于50mm；再贴下层旧卷材4；再依次粘贴上层5～7；其上再覆盖第二层新卷材，其与旧卷材搭接宽度同上；尔后粘贴上层旧卷材8；周边熨平压实后，重做好绿豆保护层。

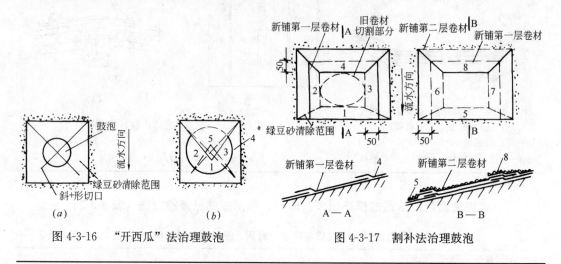

图4-3-16 "开西瓜"法治理鼓泡　　　图4-3-17 割补法治理鼓泡

四、柔性屋面防水层老化渗漏的损坏现象、原因、预防措施及修缮方法（表4-3-4）

柔性屋面防水层老化渗漏的损坏现象、原因、预防措施及修缮方法　　表4-3-4

损坏现象：
表现为沥青胶结材料质地变脆，延伸性下降，失去粘结力，发生早期龟裂；发展为卷材外露、变色、收缩、变脆、腐烂、出现裂缝，导致屋面渗漏水。
损坏原因：
1. 气候条件。防水层材料在不同的气候条件下，其老化速度不同，气候条件愈劣，老化愈快； 2. 防水层材料的强度等级选用不当。当施工中采用的卷材或沥青胶结材料的强度等级、品种不符合要求时，会加速防水层的过早老化； 3. 沥青胶结材料的耐热度及熬制质量。耐热度过高，对防止老化不利。熬制、施工温度过高；熬制时间过长；搅拌不均匀，油锅上下温差悬殊；均直接影响沥青胶结材料的质量，加快老化； 4. 护面层的质量。调查结果表明，沥青混凝土护面层及刚性护面层比绿豆砂护面层防止防水层老化效果好。同一种护面层，施工质量好的，防老化效果好； 5. 缺乏维护保养。如绿豆砂散失后未及时维修，失去护面层的作用，加速防水层的老化。同一种护面层，防老化效果如何，也与维护保养有直接关系。
预防措施：
1. 正确选择沥青胶结材料的耐热度，这是防止过早老化的必要措施； 2. 严格控制沥青胶结材料的熬制温度、使用温度及涂刷厚度； 3. 切实保证护面层的施工质量。常用护面层的用料及施工操作要求见本章附录一； 4. 加强维护保养。如经常清除屋面上的积灰、垃圾、杂草等，保持排水畅通；经常添补散失的绿豆砂；及时检修防水层的局部破损及缺陷；绿豆砂护面层2～3年涂刷沥青一次，沥青混凝土3～5年涂刷沥青一次以便保持卷材防水层的韧性和延伸性，延缓老化时间。
修缮方法：
1. 局部修补或局部铲除重铺。适用于卷材防水层的局部轻度老化的修缮； 2. 成片或全部铲除重铺。适用于成片或大面积严重老化防水层的修缮。施工方法：除新旧卷材搭接处可参照鼓泡修缮中的割补法外，其余施工过程与新作防水层相同。

五、柔性屋面构造节点渗漏的损坏现象、原因、预防措施及修缮方法（表 4-3-5）

柔性屋面构造节点渗漏的损坏现象、原因、预防措施及修缮方法　　表 4-3-5

损坏现象：
表现为突出屋面的部位如山墙、女儿墙、烟囱、天窗墙等处漏水；天沟、变形缝、幢口等处渗漏水

损坏原因：
1. 构造节点处理不当；
2. 立面卷材端都缺乏有效的固定措施；
3. 未按规定撒铺立面的绿豆砂；
4. 泛水高度不够；
5. 变形缝防水处理不好；
6. 天沟、落水管断面大小、排水量不够；
7. 天沟纵坡太小、排水管堵塞；
8. 防水层老化、开裂、腐烂、铁皮锈蚀、封口砂浆开裂、剥落；
9. 缺乏维护保养等。

预防措施：
1. 采用合理的节点构造措施；
2. 立面卷材应与屋面卷材分层搭接，收口处应钉设牢固；
3. 泛水高度应在 300mm 以上；
4. 在基层转角处应做成半径 50~100mm 的圆弧形或斜边长约 100mm 的钝角；
5. 天沟、落水管断面要符合要求，天沟纵坡不宜大小；
6. 在砌筑变形缝的附加墙之前，缝口应用伸缩片覆盖；
7. 加强维护保养。

卷材防水层泛水构造见图 4-3-18、图 4-3-19。天沟壁处卷材收口构造见图 4-3-20。无组织排水檐口处卷材收口构造见图 4-3-21。

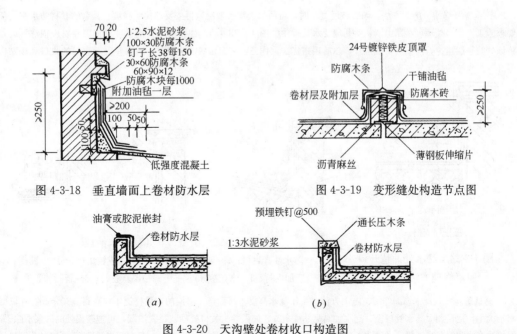

图 4-3-18　垂直墙面上卷材防水层　　　　图 4-3-19　变形缝处构造节点图

图 4-3-20　天沟壁处卷材收口构造图

续表

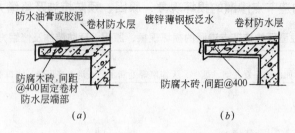

图 4-3-21 无组织排水檐口处卷材收口构造图

修缮方法：

1. 山墙、女儿墙卷材泛水的修缮。施工方法：清除渗漏处的卷材、沥青胶结材料，防腐木条如腐朽也应取出，清扫干净后，重贴卷材泛水，重新做（修）好压顶，新钉防腐木条，撒铺绿豆砂保护层。山墙、女儿墙卷材泛水的修缮见图 4-3-22～图 4-3-25；

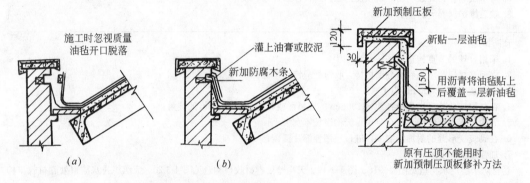

图 4-3-22 泛水处油毡开口脱落修理方法图之一
(a) 油毡开口脱落形状；(b) 修补后形状

图 4-3-23 泛水处油毡开口脱落修理方法图之二

2. 天沟渗漏修缮。施工方法：如因坡度太小时，可凿掉天沟找坡层，再按要求拉线找坡；其余的卷材防水层按新作要求施工；泛水处理可参照山墙、女儿墙泛水处理中的图 4-3-25 (c)。如因落水管雨水斗处周围卷材破损渗漏时，可将该处找平层凿掉，清扫后安装短管，尔后用搭槎法重作三毡（布）四油防水层，雨水斗附近卷材的收口和包贴也应做好。雨水斗的修缮安装见图 4-3-26；

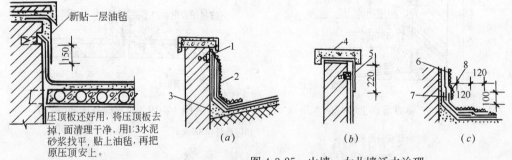

图 4-3-24 泛水处油毡开口脱落修理方法图之三

图 4-3-25 山墙、女儿墙泛水治理
1—防水油膏封口；2—新铺一层卷材；3—抹成钝角；4—压顶板；
5—新加卷材；6—原有卷材；7—干铺一层新卷材；8—新附加卷材

3. 高低跨连接处泛水渗漏修缮。施工方法：由于泛水高度不够而产生渗漏的，可将泛水加高到≥300mm，并依据排水量大小，适量加大落水管口径。泛水加高见图 4-3-27。如因卷材收口处砂浆裂脱渗漏，可把破损处的砂浆清除干净，嵌填油膏或胶泥封口即可，详见图 4-3-28。如因卷材收口处未设木条或木（铁皮）条腐朽（锈蚀），开口脱落而导致渗

续表

漏的，可先清除原有胶结材料，沿泛水纵向每隔 500～1000mm 打入 30mm×30mm 木楔，将基层清扫干净，晒干水分，铺贴好损坏的卷材，在卷材收口处沿预设的木楔用铁钉（钉下垫 φ30 白铁皮垫圈或橡胶垫圈）钉牢，沿钉头及垫圈涂沥青防锈，详见图 4-3-29。

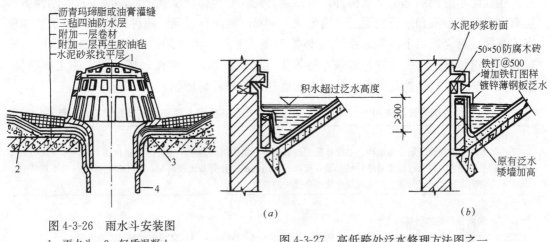

图 4-3-26 雨水斗安装图
1—雨水斗；2—轻质混凝土；
3—紧贴基层；4—短管

图 4-3-27 高低跨处泛水修理方法图之一
(a) 原有泛水高度不够；(b) 加高后泛水情况

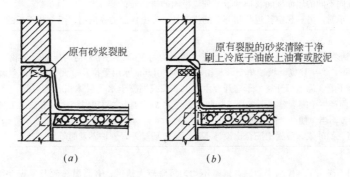

图 4-3-28 高低跨处泛水修理方法图之二
(a) 原有泛水砂浆脱落；(b) 嵌上油膏或胶泥修理后情况

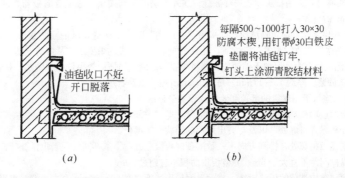

图 4-3-29 油毡收口脱落修复图

第四节 刚性屋面的加固与维修

刚性防水屋面的基层承重构件，有预制装配式和整体现浇式钢筋混凝土板。刚性防水层有水泥防水砂浆和细石混凝土（内配 $\phi 3 \sim 4mm$ 双向钢筋网）两种，前者适用于整体现浇式基层；后者适用于预制装配式或整体现浇式基层。刚性防水屋面与卷材防水屋面比较，具有造价低、耐久性好、维修方便等优点，但自重大、变形敏感性强、施工周期长，如设计、施工及构造处理不当，其裂渗程度往往超过卷材屋面。

刚性屋面开裂渗漏的损坏现象、裂缝部位、损坏原因、预防措施及修缮方法　表 4-4-1

损坏现象： 刚性防水屋面的裂缝一般分为结构、温度和施工裂缝三种。结构裂缝通常产生在屋面板拼缝上，一般宽度较大，并穿过防水层而上下贯通；温度裂缝一般都是有规则的、通长的，且分布比较均匀；施工裂缝常是一些不规则的、长短不等的断续裂缝，以及因砂浆或混凝土收缩而产生的龟裂。
裂缝部位： 1. 未设横向分格缝的预制板支座处； 2. 当进深较大（指大于 6m 时）的屋面，屋脊线处未设纵向分格缝时，沿屋脊线附近缝上方开裂； 3. 屋脊到檐口距离较大（指大于 6m）时，防水层在中间板的纵向拼缝上及其附近开裂； 4. 预制板与现浇檐口圈梁交接处的防水层，多产生纵向裂缝； 5. 类型与搁置方向不同的屋面板间及顶制板与现浇板间的拼缝处； 6. 预制板三边支承时，另一悬空长边与相邻板的拼缝处；突出板面的纵向墙、梁与相邻板的接缝处。
损坏原因： 1. 基层屋面板变形导致防水层开裂。如屋面板在地基不均匀沉降、砌体不均匀压缩、荷载、温度、混凝土干缩及徐变等因素影响下，产生挠度、板端角变形及相对位移，引起防水层受拉及过大变形而产生裂缝； 2. 刚性防水层因干缩、温差而开裂。干缩开裂主要由砂浆或混凝土水化后体积收缩引起，当其收缩变形受到基层约束时，防水层便产生干缩裂缝；温差裂缝是防水层受大气温度、太阳辐射、雨、雪及人工热源等的影响，加之变形缝未设置或设置不当，便会产生温差裂缝； 3. 设计施工不当。如砂浆、混凝土配合比设计不当，施工质量差，养护不及时等原因。
预防措施： 1. 刚性防水屋面不得用于气候剧变地区，地基不均匀沉降较大地区、有高温热源及受振动影响较大的建筑物；易爆房间或仓库等，也不宜采用刚性防水屋面； 2. 结构层应有足够的刚度和良好的整体性。预制板应坐浆满铺，板缝用 C20 细石混凝土灌注密实；板的排列方向力求一致，长边平行于屋脊为宜，且不要搁置在墙或梁上，以免形成三边支承；板下的非承重墙，在板底应留有 20mm 的间隙，待粉刷时，再用石灰砂浆局部嵌缝；靠外纵墙的板与圈梁、靠屋脊的板与板间、板侧边与墙体间，均应保持 $10 \sim 20mm$ 的缝隙； 3. 在结构层与防水层之间宜加做隔离层。即采用"脱离式"防水层构造，以消除防水层与结构层之间的机械咬合和粘结作用，使防水层在收缩和温差影响下，能自由伸缩，不产生约束变形，从而防止防水层被拉裂。隔离层可采用石灰砂浆、黄泥灰浆、中砂浆加干铺油毡、塑料薄膜等。施工简便而效果较好的做法，是在结构板面上抹一层 1：3 或 1：4 的石灰砂浆，厚约 $15 \sim 17mm$，再抹上 3mm 厚的纸筋石灰； 4. 普通刚性防水层应按下列规定的部位和要求，设置分格缝： （1）预制屋面板的板端或现浇板的支座每道横缝处，即"一间一分格"； （2）屋面转折处和屋脊拼缝处，以及与突出屋面的结构交接部位； （3）预制板与现浇板相交处，排列方向不一致的预制板接缝处，类型不同的预制板拼缝处； （4）分格缝的纵横间距不宜大于 6m；分格板块面积不宜超过 $20m^2$； （5）分格缝必须与结构基层的板缝对齐，截面呈倒梯形，下口宽 $20 \sim 30mm$ 左右，缝深贯穿防水层； （6）分格缝的接缝处理，通常有嵌缝、贴缝、盖缝等三种方式，尽可能采用贴缝式或嵌缝式；

续表

a. 嵌缝式：将具有良好粘结力和延伸率的弹塑性材料直接嵌入缝内，依靠嵌缝材料与缝壁细石混凝土的粘结密合而达到防渗漏的目的。常用的嵌缝材料有聚氯乙烯胶泥、聚氯乙烯油膏（湘潭油膏）、上海油膏等，以聚氯乙烯胶泥及聚氯乙烯油膏较好。为了满足接缝变形需要，可利用"背衬效应"来提高嵌缝材料粘贴延伸率，即在分格缝底部用与油膏不粘结的背衬材料如静电聚乙烯薄带、有机硅纸条、或用砂浆层、废水泥纸袋等，设置隔粘层，将油膏及垫层隔离，见图 4-4-1；

b. 贴缝式：是油膏嵌缝后再粘贴覆盖层，既保护嵌缝材料，延长老化期，同时也为分格缝增设一道防水线。常用的贴缝材料有油毡、麻布、玻璃丝布、再生胶油毡、沥青胶结材料、薄质防潮油等；做法采用一毡二油、二毡三油，或一布二油、一胶二油。贴缝宽度一般为 250～300mm，可根据分格缝需要及材料宽度决定。采用油毡贴缝的，为使覆盖层有较大的伸缩余地，在覆盖层与刚性防水层之间，应干铺一层油毡，见图 4-4-2；

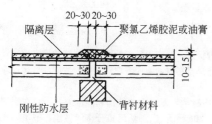

图 4-4-1 嵌缝式分格缝构造图

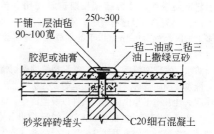

图 4-4-2 沥青油毡贴缝分格缝构造图

c. 盖缝式：将细石混凝土防水层在分格缝两侧做成向上翻口，其上盖脊瓦，以防雨水。具体做法如图 4-4-3。翻口采用直翻，亦可采用反向止坡形式（见图 4-4-4）。温度筋在翻口处上弯。盖瓦下适当坐浆，瓦两边沿一定要挑出，形成滴水，以防坐浆裂缝时，引起爬水。施工翻口时，要求混凝土浇捣密实，拆模时不要损坏翻口，如有纵槽分格缝交叉时，采用预制水泥十字形盖瓦。

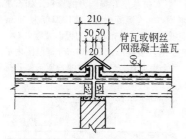

图 4-4-3 盖缝式分格缝构造图之一

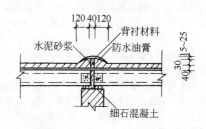

图 4-4-4 盖缝式分格缝构造图之二

5. 防水层采用密实性细石防水混凝土，厚度不小于 40mm，内配置 $\phi^b 4mm$、间距为 100～200mm 的双向钢筋网片，钢筋宜放在混凝土防水层的中间或偏上，并应在分格缝处断开。防水混凝土强度等级不低于 C20。采用普通硅酸盐水泥，不得使用矿渣或火山灰质水泥及过期水泥。水灰比以 0.5～0.55 为宜。细集料中含泥量不大于 3%。平均粒径 0.3～0.5mm 的粗砂；粗集料用粒径 5～13mm，经过筛洗、级配良好的碎石。混凝土厚度均匀一致，浇灌时振捣密实，滚压冒浆，抹平，收水后随即二次抹光；终凝后按规定喷水或蓄水养护 14d。夏季施工避开中午炎热时；冬季施工避开冰冻时间；严禁雨天施工；

6. 南方炎热地区，在屋面防水层上设置架空隔热层。在炎热地区，夏季屋面混凝土表面的曝晒温度高达 60℃以上；暴雨前后，板面温差可达 20℃以上。气温的剧变，加上雨水冲刷，对混凝土表面的破坏性很大。根据对空心板自防水屋面的调查资料：板上下表面温差在 12℃左右；使用 10 年的 C20 混凝土防水面层，露石已达 80%。由于上下表面温差较大，不断产生上拱下挠的往复变形运动，加剧了板面防水层的裂缝发展。这些都严重地影响着构件的耐久性。在屋面防水层上设置架空隔热层，则能遮挡太阳对屋面的辐射，通过架空层的自然通风，使屋面的表面温度大大降低。有关资料说明：当架空层设置合适时，屋面上表面的最高温度只比室外气温高 5℃左右，证明架空层的隔热效果是显著的。同时由于隔热层承受雨水的直接冲刷，使防水层少受侵袭，延长使用寿命。因此，在我国南方地区，无论空心板构件自防水或刚性防水层，在屋面上设置架空隔热层，均可取得隔热和防裂两种功能作用；

续表

架空隔热层的做法，应以就地取材为原则。目前采用架空钢丝水泥板或素混凝土预制块较为普遍。一般构造见图4-4-5。要达到隔热效果，必须保证架空层有一定的高度（H），才能使架空层中保持有足够的通风量和空气流速，各地采用的架空层高度为120～300mm。屋面进深大，架空层高度宜大；屋面坡度大，架空层高度宜相应减小。

修缮方法：

调查和实测的有关资料表明：钢筋混凝土构件上，宽度为0.1mm以下的裂缝，对结构的耐久性影响不大；屋面板上宽度小于0.2mm的裂缝，不一定能渗漏；在已发生渗漏的裂缝中，缝宽0.15mm以内的，表现为渗水；在平均相对湿度为75%～80%的南方地区，裂缝宽度不超过0.2mm时，钢筋锈蚀轻微，一般只见黄色浮锈。对刚性防水层，为防潮气侵入，引起钢筋锈蚀，并为确保长期正常使用和消灭渗水病害，宽度大于0.1mm的裂缝以及已有渗水想象的裂缝，应及时进行修补处理；在潮湿、多雨地区，对宽0.1mm以下的细缝（发丝裂纹），应及早采取封闭措施，以防发展扩大。

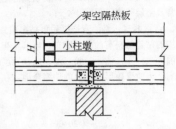

图4-4-5　屋面架空隔热层构造图

防水层发现裂缝后，首先应掌握裂缝的确切情况；结合屋面结构状态，对产生裂缝的原因、裂缝的稳定程度及其可能发展趋向等等。进行深入地研究分析，然后确定维修方案。选择材料时，除应考虑对裂缝的适应性外，还应考虑耐久性、施工与供应的可能性以及经济性。常用维修方法如下：

1. 结构和温度裂缝的维修方法。由于应设分格缝部位而未设分格缝，因而产生的结构和温度裂缝，可在裂缝位置处，将混凝土防水层凿开，形成分格缝（宽15～30mm，深20～30mm为宜），然后按分格缝做法，嵌填防水油膏、胶泥，防止渗漏；

2. 稳定裂缝的维修方法。对于稳定裂缝，一般可用上海油膏稀释涂料、强热熔化的聚氯乙烯油膏（湘潭油膏）或薄质石油沥青防潮油等涂料，在裂缝处涂刷覆盖修补，缝宽较大时，可在上述涂料上加贴玻璃丝布修补；

对各种大小的稳定裂缝或不规则龟裂以及封闭发丝裂纹以防渗水和潮气侵入，亦可分别情况，用环氧粘结剂、环氧胶泥、环氧砂浆等进行修补；

3. 不稳定裂缝的维修方法

(1) 对于较小的不稳定裂缝，可以在裂缝处涂刷柔韧性和延伸性较好，且有抗基层开裂能力的涂料，如石灰乳化沥青，再生橡胶沥青等防水涂料，或聚氯乙烯胶泥加10%桐油的稀释料均可。在混凝土板上涂层厚度为5mm的石灰乳化沥青，在18℃能抵抗0.3～0.45mm宽的板面裂缝；在10℃时能抵抗0.2～0.3mm宽的板面裂缝；

(2) 对较大的不稳定裂缝，如发展较慢的可用抹缝法：将缝口凿成V字形，裂缝部位5～10mm宽范围内清除干净，刷上冷底子油，然后在裂缝处抹上一层宽30～40mm、高3～4mm的上海油膏、聚氯乙烯油膏或聚氯乙烯胶泥均可，见图4-4-6。

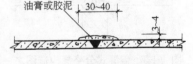

图4-4-6　油膏或胶泥涂补刚性防水层裂缝图

如开裂和发展趋势较严重的，应采用贴缝法修补：先按上述办法处理裂缝，并在缝内嵌抹油膏或胶泥，然后在裂缝部位300mm宽范围内刷上冷底子油，再用沥青胶结材料作一胶二油（一层再生胶油毡）、或一布二油贴缝，亦可用石油沥青防潮油或其他冷胶涂料和玻璃丝布贴缝；

防潮油和玻璃丝布贴缝的操作要点：先将0.06～0.08mm厚的玻璃丝布分别裁成宽200mm和250mm的纵条备用；其中250mm宽的布条、一边宜为光边。在裂缝部位300mm宽范围内刷上10号石油沥青与工业汽油按3:7调合的冷底子油；二小时后涂刷薄质防潮油，贴上200mm宽的玻璃丝布条，为第一层；刷油与贴布要密切配合，边刷边铺贴，刷油与铺贴间距不宜超过1m，否则油冷不易使布粘牢。贴妥后，用长柄棕毛刷在第一层布面反复涂刷薄质防潮油，赶出气泡，使油浸入布中贴牢刷平，以布面形成黑色光泽薄膜、且看不到布的纤维为度；再用250mm宽的玻璃丝布条贴上第二层，并在上反复涂油，方法和要求均同第一层。各层布的搭接长度不宜小于200mm，上下层间的搭接位置错开，并尽量将布条的光边放在面层和流水坡下方，以避免积水和翘边现象。

用其他材料贴缝施工可参照上法及有关参考资料。

4. 原有嵌缝式接缝的维修。嵌缝式接缝常出现油膏或胶泥老化失效，或与混凝土粘结不牢而脱开，嵌缝不满等问题，应及时换修：

(1) 油膏和胶泥老化后变硬变脆，失去粘结性，产生龟裂渗漏；

将老化部分油膏铲除干净，重新嵌入优质新油膏。如老油膏或胶泥难以铲除干净时，为保证防漏质量，新油膏嵌入后，在缝上加贴一毡二油、一胶二油或一布二油。

(2) 如有局部油膏或胶泥与混凝土未粘牢而脱开时,则应将该处油膏或胶泥挖出,按操作要求,局部换嵌新油膏。如有嵌缝不满之处,应用与原来同样的嵌缝材料补充灌满,达到规定要求,以防裂渗;

5. 原有贴缝式接缝的维修。此类接缝常因基层不平整,或粘贴不周到而产生贴缝条翘边。也有因贴缝材料不能适应屋面基层变形而产生横向开裂:

(1) 对个别处的少量翘边,可将翘边处局部掀开,底层清理干净后,将翘起贴缝条重新粘贴牢固;

(2) 当翘边现象比较普遍时,可采取两边加压缝条压边方法修理;压缝条可用150mm宽的油毡或玻璃丝布。先将翘边贴缝处的粘结材料清除干净;干燥后,用新的同类胶结材料涂上,贴好贴缝条边,再把压缝条压边铺上。压缝条所用胶结材料应与原贴缝条所用相同,见图4-4-7;

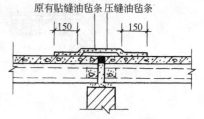

图4-4-7 原有贴缝条翘边修复图

(3) 对于贴缝开裂,应研究其开裂原因。如因施工时未设置干铺油毡缓冲层,则应将贴缝条掀掉重做,并加设干铺油毡一层。若原贴缝已设有干铺油毡,但仍然开裂,则应采用维修油毡屋面横缝开裂的其他方法进行修理;

6. 大面积龟裂的维修。轻度的可以全面涂石灰乳化沥青、聚氯乙烯油膏、厚质防潮油或再生橡胶沥青等防水涂料。严重的只有整块防水层板块敲除重做;

7. 构造节点的防漏措施

刚性防水屋面的构造节点处理,同样是防漏中的主要问题。常见缺陷有:

在槽沟、天沟连接部位:防水层与檐口圈梁浇成一体,或防水层与檐口梁间缺乏有效的脱离措施,在收缩和温差作用下,防水层自由伸缩受到约束,在薄弱处裂渗;防水层端部未设滴水线,或槽沟太浅,因而自檐口梁顶缝隙处;发生爬水、溢水渗漏;

在与女儿墙或其他突出屋面的墙体交接处:防水层未压进墙身,又未设任何形式的泛水,或泛水高度不够,因而造成漏水。在露出屋面的管道、烟囱等以及落水管弯头与防水层连接处,处理不善,防水不严密。

上述部位构造节点的防漏措施如下:

(1) 带檐沟的檐口

槽沟深度不少于180mm;檐沟外侧边顶部应与内侧檐口梁顶部取平;在檐口梁顶部位先干铺油毡一层,防水层沿屋面隔离层顶及檐口梁顶整浇覆盖,端部挑出檐口梁侧边50rnm,并作鹰嘴滴水,见图4-4-8。

(2) 不带檐沟的檐口

在檐口圈梁上挑出带滴水线的短挑檐,并与檐口圈梁一并浇捣。防水层顶面与檐口圈梁顶面取平,在两者间设置分格缝,见图4-4-9。

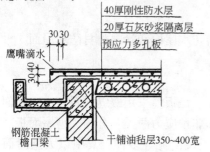

图4-4-8 带檐沟的檐口处
刚性防水层构造图

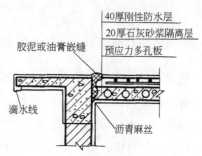

图4-4-9 不带檐沟的檐口处
刚性防水层构造图

(3) 女儿墙、山墙及其他突出屋面的墙体的交接处

防水层应向上翻口,钢筋同样伸转入翻口内。翻口深不宜少于120mm。防水层与墙连接有二种处理方法:

a. 翻口伸进墙内,防水层与墙身结为一体。为防止因砌体与混凝土胀缩不一致而在连接处可能产生纵向缝隙,宜加贴一布一油泛水,见图4-4-10 (a);

b. 防水层与墙面离缝20mm,缝内灌嵌防水胶泥或油膏。上端应加盖铁皮泛水或自砌体伸出砖挑,抹出泛水,防止雨水直接流到缝口,见图4-4-10 (b)、(c)。

(4) 露出屋面的管道、烟囱等的相接部位

续表

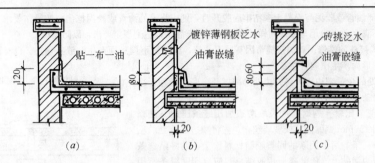

图 4-4-10 刚性防水层与女儿墙交界处构造节点图

防水层应沿管道四周作成向上翻口，并与管壁离缝20mm左右。缝下部用沥青麻丝或细石混凝土嵌实，上部灌嵌防水胶泥或油膏。最好在缝口上面加设铁皮罩或泛水，把水自缝口引开，见图4-4-11；

(5) 屋面落水管弯头与防水层连接处

宜将防水层的翻口伸进女儿墙，并局部加厚，与女儿墙厚度同，使弯头的顶、底及左右均为混凝土密实包固，不使雨水自进水口连接处及沿砌体渗入，见图4-4-12。

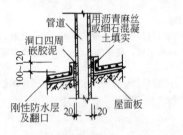

图 4-4-11 屋面管道洞口防水构造图

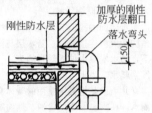

图 4-4-12 落水口处刚性防水层构造节点图

第五节　其他屋面的加固与维修

本节所述的其他屋面，主要介绍油膏嵌缝涂料防水屋面和涂料卷材防水屋面。

一、油膏嵌缝涂料防水屋面

油膏嵌缝涂料防水屋面也称作构件自防水屋面，是板缝采用嵌缝材料防水，板面采用涂料或板面自防水的一种屋面。屋面板有预应力和非预应力两类，分为大型屋面板、多孔板、F型板、单肋板、单T板、双T板、V形折板及槽瓦等多种，其中以大型屋面板和多孔板较为普遍。与其他防水屋面比较，具有自重轻、施工简单、维修方便等优点；以及隔热性能差、板面易风化、碳化、造价高等缺点，该防水屋面在南方地区应用较多，但不宜用于有较大振动或气温低于—20℃的寒冷地区。

构件自防水屋面板开裂的损坏现象、原因、预防措施及修缮方法　　表 4-5-1

损坏现象：屋面板开裂。屋面板面出现可见和不可见细微裂缝，呈纵向、横向或斜向分布，有的上下贯通板面，有的则不贯通。板面开裂可使板中钢筋锈蚀，进而发展为渗漏水。
损坏原因： 1. 预制板在生产、运输、安装过程中操作不当，养护不好，受力不均等；

续表

2. 混凝土水化过程中干缩过大；
3. 预制板受外界气候影响产生龟裂；
4. 设计不当，使用维护不好

预防措施：
1. 最好选用预应力屋面板，混凝土强度等级不宜低于C40。宜选用32.5号以上的普通硅酸盐水泥，石子最大粒径应小于板厚的1/3，且颗粒级配良好。选择较小的水灰比，如用中砂，水灰比可为0.38～0.42，塌落度为1～3cm。采用非预应力板时，混凝土强度等级不宜低于C30；
2. 屋面板混凝土应振捣密实，板的迎水面（朝上的面）应抹压光滑。禁止采用翻转脱模工艺生产屋面板；
3. 混凝土应覆盖养护7～10d，以减少板面干缩裂缝。如必须采用蒸汽养护（降低混凝土的抗渗性能）时，应先在屋面板上涂一层经稀释的厚质涂料；
4. 运输、安装按操作规程，防止板受力不均产生裂缝；
5. 加强使用管理、及时维护保养。禁止在屋面板上堆放重物、设天线、晾晒衣物等，防止板面超载及其他损坏，并应定期对板面进行维护保养

修缮方法：
1. 更换新构件或进行结构加固处理，适用于屋面板出现严重裂缝危及构件安全的情况；
2. 防水涂料作防护处理。适用于裂缝宽度小于0.1mm的情况；
3. 进行封闭裂缝处理。适用于以下几种情况：（1）裂缝宽度大于0.1（0.15）mm，空气年平均相对湿度大于60%；（2）裂缝贯通板面产生渗漏水；
4. 封闭裂缝方法。常用的有堆缝法、贴缝法、闭缝法几种；
堆缝法：将裂缝两侧各30mm范围清理干净，吹净灰尘，刷冷底子油一遍，再用防水油膏或胶泥堆在裂缝外，堆缝宽约50mm，高约5～10mm，见图4-5-1（a）。
贴缝法：清理基层，刷冷底子油一遍，在裂缝处贴一布二油或二布三油（无碱玻璃纤维布、防水涂料），用橡皮刮板压实刮平。
闭缝法：板面较细小裂缝，可用环氧树脂等粘结材料灌缝使其闭合。堆缝法、贴缝法、闭缝法分别见图4-5-1。

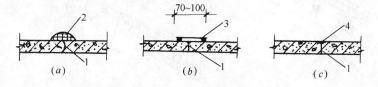

图4-5-1 板面裂缝的治理
(a)堆缝；(b)贴缝；(c)闭缝
1—裂缝；2—防水油膏；3——布二油或二布三油；4—环氧树脂

构件自防水屋面渗漏的损坏原因、预防措施及修缮方法　　表4-5-2

损坏原因：屋面板纵横缝搭接不严密；盖瓦下滑；屋面板接头搭接长度不够；横缝、屋脊盖瓦处座灰不当而爬水飘雨、板面涂料老化、开裂；嵌缝不密实、油膏或砂浆开裂；使用不当，维护不及时等。

预防措施：
1. 改进设计质量，加强节点防水。板面搭接及盖瓦节点构造见图4-5-2～图4-5-4；
2. 屋面板在生产、运输、安装过程中应采取防裂措施；
3. 板面、板缝与油膏接触处必须平整、干净、干燥，才可刷冷底子油，干燥后再冷嵌或热灌油膏；
4. 选用质量稳定、性能可靠的嵌缝及涂层材料；
5. 热灌油膏施工方法，由下而上，先灌横缝，后灌纵缝，连续浇灌，减少接头；
6. 冷嵌油膏宜采用嵌缝枪进行。不论冷、热嵌油膏，其覆盖宽度在缝两侧各不小于25mm。

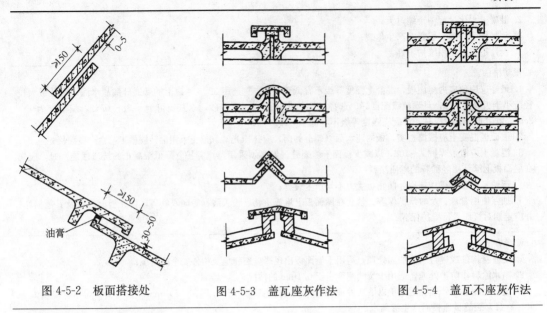

图 4-5-2　板面搭接处　　　图 4-5-3　盖瓦座灰作法　　　图 4-5-4　盖瓦不座灰作法

修缮方法：

F 型板的修缮：

1. 纵向搭接缝飘雨雪渗漏水时，可采用嵌胶泥；砂浆找坡、贴二毡（布）三油覆盖；浇混凝土或砌砖挡水条；填塞砂浆嵌胶泥；填塞沥青麻丝等方法进行修缮，见图 4-5-5；

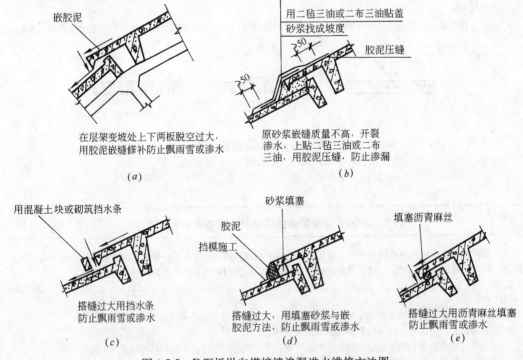

图 4-5-5　F 型板纵向搭接缝渗漏进水维修方法图

2. 挑檐缺口处的挡水条转角太急，雨水溢过挡水条进入室内时，可在急转角处用砖砌或浇混凝土顺水斜坡，见图 4-5-6、图 4-5-7。当挡水条及挑檐产生裂缝渗漏时，轻微裂缝可用环氧胶泥或环氧砂浆修补，严重裂缝可凿除局部混凝土后重新浇筑，面积较大时可更换个别构件；

续表

3. 横缝盖瓦下滑,因搭接少或脱空而漏雨时,可将下面盖瓦插至上块板挑檐缺口内,并在盖瓦上端凿孔,用8号镀锌铁丝与上块屋面板扎牢即可,见图4-5-8;

4. 天沟排水不畅,雨水从板与天沟接缝处溢入室内。在搭缝处嵌填防水油膏,并及时清除天沟内的杂草、泥砂等杂物,见图4-5-9。

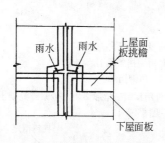 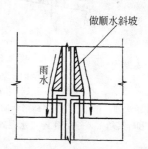

图4-5-6 F型板板面挡水条溢水情况示意图　　图4-5-7 F型板板面挡水条溢水维修处理图

槽瓦屋面板的修缮:

1. 槽瓦下滑后搭接长度过短,可将下滑的瓦复位,若其挂钩失效,可在槽瓦上端两侧外露钢筋上各补焊角钢一块;也可在槽瓦上端翘肋处焊二根 $\phi 14\sim 16$ 钢筋(每肋边一根),再用二根 $\phi 8\sim 10$ 钢筋做成弯钩,与檩条钩住,也可与檩条内钢筋焊接,角钢及钢筋均刷红丹防锈漆两道。修缮见图4-5-10;

2. 用油膏嵌填搭接过短的缝。因上下槽瓦搭接过短而爬水渗漏时,可因原搭接处座灰不当而渗漏,可将接缝处清理干净,刷一道热沥青,缝口用防水油膏或胶泥嵌填,见图4-5-11;

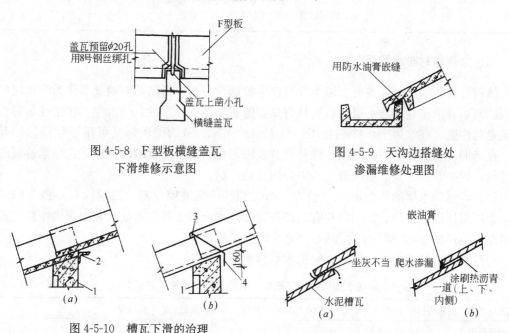

图4-5-10 槽瓦下滑的治理
1—檩条;2—焊上 L50×70×5, $L=100$ 每块板2只;
3—3ϕ14 钢筋,$L=200$;4—ϕ8 钢筋弯成

图4-5-11 槽瓦搭接处爬水渗漏维修方法示意图
(a)渗漏情况;(b)维修方法

3. 用油膏补填相邻槽板间的缝。因纵缝油膏不满引起的渗漏,在缝下侧用角钢或小木枋(上面靠缝侧刷隔离剂),再补灌油膏或胶泥,待其冷却后取出角钢或木枋,修边并用熨斗压边,使其粘牢,见图4-5-12(a)、(b)。对于横缝,可用温度稍低、稠度较大的油膏或胶泥徐徐灌满,冷却后修边及压边,见图4-5-12(c);

续表

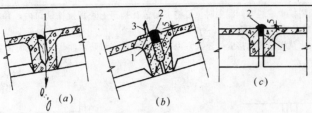

图 4-5-12 油膏嵌缝不满及其治理
(a)油膏未灌膏；(b)补灌油膏；(c)角钢挡条施工后移走
1—原油膏；2—补灌油膏；3—角钢挡条

4. 天沟或槽沟处，相邻槽瓦间三角形空洞飘雨雪的修缮方法，可用预制三角形垫块（砂浆或混凝土）填塞空洞，也可用砂浆和碎砖填塞，外面用1：2水泥砂浆勾缝、抹平压光，见图4-5-13。

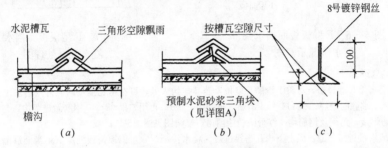

图 4-5-13 天沟处槽瓦飘雨维修处理图
(a)飘雨部位；(b)维修方法；(c)详图 A

二、涂料卷材防水屋面

涂料卷材防水屋面，主要指以水乳型再生胶沥青防水涂料粘贴玻璃丝布作为防水层的屋面。与沥青油毡卷材防水层比较，具有良好的耐热性、耐寒性、防水性、粘结性、弹性和抗老化性能。在常温下可冷贴施工，且无毒、无味、节约能源，又可用于较潮湿的基层。在老旧房屋面修缮中，可用作修补或替换因老化、破损严重的防水层，且维修补漏施工简便，因而在新建及旧房改造工程中应用日益广泛。

涂料卷材防水层的构造形式一般为一布二油（一层玻璃丝布、二层涂料）或二布三油，面层撒压细砂防护。常用涂料有成都市橡胶厂生产的伞牌防水涂料和温州市橡胶建筑材料总厂生产的JG-2型防水冷胶料、SR水乳型橡胶涂料。

冷胶涂料的技术性能及使用方法见本章第七节。

涂料卷材防水屋面的损坏现象、原因、预防措施及修缮方法　　表 4-5-3

损坏现象：防水层粘结不牢，出现气泡；防水层老化、开裂、破损；保护层砂子脱落等。
损坏原因： 1. 屋面结构层刚度不足，在荷载、温度、振动、地基不均匀沉降等因素影响下，板端及跨中变形较大，使防水层沿横缝和纵缝开裂渗漏； 2. 砂浆找平层因干缩、温度伸缩及结构变形而产生裂缝，进而导致防水层开裂； 3. 施工时基层未处理平整、不干净、涂料施工时温度高、涂刷过厚、基层太潮湿、涂料中有沉淀物质等，都会使防水层出现气泡； 4. 自然和人为的损坏，如防水层长期受日光曝晒和风霜雨雪的侵蚀，以及在屋面堆重物、晾晒衣物或设天线等，均可使防水层老化、开裂、破损及保护层砂子脱落。

续表

预防措施：
1. 屋面板要有足够的刚度，灌缝浇捣密实，以保证屋面结构良好的整体性；
2. 找平层应在板端支座处设温度变形缝，加强养护以防止砂浆干缩，待砂浆表面干燥后，才可做防水层，一般应养护 7d 以上；
3. 处理好基层。找平层不平、有酥松、塌陷等处，应进行找平或挖补；对基层的裂缝、小孔洞等，先薄涂一层涂料，再用腻子补平，在其上做防水层；
4. 选用合格涂料及配套的中碱玻璃丝布（其中以 3014 号、120D 型为佳）；
5. 选择晴朗、干燥天气施工，不要在负温下、雨雾天施工，涂刷时基层不许有水珠；
6. 在板面横缝处，先干铺 300mm 的玻璃丝布或油纸一层，作为缓冲层，以使槽缝处的防水层具有较大的延伸能力；
7. 控制好涂刷厚度。即一次成膜、干膜厚度分别为 0.6～1mm、0.3～0.5mm 为宜，且每道涂层间要有 12～24h 的间歇。防水层完工后，至少要养护（自然干燥）一周以上；
8. 提前 20min 将涂料倒入小桶，待气泡自行破裂后再涂刷，并应单方向涂刷，防止来回涂刷产生小气泡。玻璃丝布两侧每隔 1.5～2m 剪一小口，以利拉紧铺平，应边涂边铺。

修缮方法：
1. 板端横缝处开裂的修缮。将开裂的防水层沿横缝剪开，缝两侧各掀开 200～300mm 宽。清理基层，沿横缝干铺 300mm 宽油纸缓冲层，在其上粘贴好老防水层，最后在剪缝上加铺 400～500mm 宽，一布二油一砂或二布三油一砂新防水层；
2. 防水层破损的修缮。清除破损部位及其周围约 70～100mm 范围内的防水层表面上的杂物。掀开破损部位的防水层，如基层有缺陷，则予以处理。然后用涂料将老防水层粘贴牢固。如老防水层局部破损老化严重，则予以剪除，新做比剪除面积周边大 50～100mm 的新防水层，其做法同原有防水层。最后在粘牢的老防水层上或补贴的新防水层上，覆盖与原清除面积相同的一布二油一砂；
3. 防水层鼓泡的修缮。可参照油毡卷材防水屋面的修缮方法进行处理；
4. 防水层粘结不牢的修缮。如防水层在屋面四周的槽口、女儿墙等处粘结不牢而起壳、脱空时，可从损坏部位起，将防水层掀开，掀开宽度大于起壳范围 100～200mm，将找平层清理干净，将原防水层粘贴牢固，在掀开部位上面新铺一层一布二油一砂防水层，其宽度每边应大于掀开范围 200～300mm

第六节 常用护面层的用料及操作要求

一、绿豆砂护面层

沥青胶结材料厚度 2～4mm；撒铺粒径 3～5mm、不带棱角的绿豆砂；铺前淘洗干净，加热到 80℃；趁热撒铺扫平，用轻滚子压实。

二、沥青混凝土护面层

砂、石按 1：1 配合比拌合（石子粒径 3～5mm），再加熬制到 170℃、脱水的石油沥青 10%（砂石重量之和），混合加热炒拌，炒拌温度保持在 180℃约 12～14min 可退火，成为沥青混凝土。铺在油毡面层上，虚铺 15mm 厚，用铁板铺平压实，再用木板拍打密实，至 10mm 厚度后，用熨斗熨平，使表面析出油分即成。这种护面层粘结力强，耐热性、抗冻性较好，不流淌，不散失，较耐磨；但造价比绿豆砂护面层高；有重点地用在有人活动的油毡防水层上，是最适宜的。

三、刚柔结合防水层

在二毡三油防水层上再铺设一层 30～40mm 厚的 C20 细石混凝土（内配 $\phi 4$ 双向钢筋

网）作为护面层，配筋及混凝土质量要求均同普通刚性防水层。这种护面层造价更高，可用于经常有人活动的重要房屋的屋面上。

第七节 冷胶涂料的技术性能及使用方法

目前使用较多的冷胶涂料，有 JG—2 型防水冷胶料、SR 水乳型橡胶涂料等，系以废橡胶为基料，配合一定量的沥青，经水乳而成的一种冷施工胶结涂料。由于橡胶、沥青互为改性，涂层干燥后，形成一层具有良好耐热、耐寒、粘结、弹塑、不透水及耐老化等性能的薄膜，达到防水效果；还具有不燃烧、无刺激气味等优点。与一般薄质溶剂型防水涂料相比，可改善劳动条件，节省大量溶剂。

一、主要性能

涂膜厚度 0.4～0.6mm 的 SR 水乳型橡胶涂料的主要技术性能试验结果见表 4-7-1。

SR 水乳型橡胶涂料主要技术性能 表 4-7-1

项目名称	性　　能
粘结性（20±2℃）	用"8"字模法测定与水泥砂浆试块的粘结强度＞0.2MPa
耐热性	80℃经 5h，无流淌、起泡、皱皮
低温柔韧性（−10℃）	冷冻 2h 后，在 ϕ10mm 轴棒上弯曲，无裂纹
不透水性（水温 20±2℃）	动水压 0.1MPa，30min 内，涂膜不透水
耐碱性	浸于浓度为 1％氢氧化钙溶液中，15d，涂膜无气泡、剥落
人工老化	经 800h 的失光老化，"WE-2 型耐候曝晒试验仪"测定正常

二、使用方法和操作要点

1. 基层要求平整、干净，不要有突变部位；阴阳角、女儿墙、烟囱根、管道根等处均应做成圆角，以利铺贴。

2. 涂料使用前，按需要量倒入铁桶内，搅拌均匀，上下浓度一致。如采用 JG-2 型冷胶涂料，分有 A、B 液两种，使用前应先将两液按产品说明规定的比例（A 液∶B 液＝1∶1～1∶2），进行配合搅拌后使用。

3. 在基层上，用长柄鬃刷（200mm 宽）先满涂底子油一层，要求纵横用力刷匀。在上铺贴玻璃丝布一层，用长刷或小刷排除残余气泡，并以涂料在布面上刷展压实，做到随刷随铺，贴好的玻璃丝布，不许有皱纹、翘边、白斑、起泡等现象。如需铺贴第二层玻璃丝布，应在第一层完成后的第二天进行。面层涂料要求涂刷三遍，每次间隔时间 24h，涂层总厚度 1.5～2.0mm。为保护涂膜及减少紫外线辐射，最后在面上撒播晒干的细砂或云母粉，用胶皮铁滚压实。

4. 玻璃丝布同层内的搭接长度不小于 100mm，上下层的接缝应错开。

5. 构造节点的防漏要求，基本上同沥青油毡卷材防水屋面。

第五章 楼面墙面加固与维修

第一节 楼地面震损检查、加固与维修

一、水泥楼地面损坏的原因及其防治

水泥楼地面损坏的现象主要有裂缝、空臌、起砂等。

（一）水泥楼地面产生裂缝的原因和防治

1. 水泥楼地面产生裂缝的原因

（1）地基基础不均匀沉降，楼板支座产生负弯矩，使楼地面产生裂缝。

（2）楼板的板缝处理粗糙，降低了楼板的整体性，使楼面产生裂缝。

（3）大面积的水泥砂浆抹面，没有设置分格缝，使楼地面产生收缩裂缝。

（4）使用维护不当，如在楼地面上锤打、堆垛重物等，使楼地面产生裂缝。

（5）原材料质量低劣，如水泥标号低或水泥失效等使楼地面产生裂缝。

2. 水泥楼地面裂缝的防治方法

（1）根据质量要求，严格选用原材料。

（2）提高楼地面面层的整体性，可在楼板上做一层钢筋网片（双向 $\phi 4@200$），以抵抗楼面端部的负弯矩。

（3）正确处理楼板的板缝，其施工顺序为：凿开板缝，并清洗干净——用 1：2 水泥砂浆灌缝（20～30mm）——用 C20 细石混凝土灌至板面 10mm，捣实压平——养护。

（4）严格控制施工质量。砂浆的水灰比以手握成团，落地散开为宜，不得在面层表面上撒干水泥面压光，应撒 1：1 的干水泥砂子进行压光等。

（5）大面积的楼地面面层，应做分格；露天的大面积面层应留温度伸缩缝。

（6）由于地基基础不均匀沉降引起的裂缝，先整治地基基础，使沉降稳定后，再修补裂缝。

（7）对一般的裂缝，可将裂缝凿成V型，用水清洗干净后，用 1：1～1：2 的水泥砂浆嵌缝抹平压光即可。

（8）对于大面积裂缝，且影响使用的面层，应铲除重做，具体方法如下：

①铲除有裂缝的面层，清扫干净，并用水浇湿润。

②直接在找平层或垫层上刷一道 1：1 水泥砂浆，然后用 1：3 的水泥砂浆找平，挤压密实，使新旧面层接缝严密。

③找平后，撒 1：1 干水泥砂子，随撒随压光，一次成活。

④面层做好后，当用指甲在面层刻划不起痕时，浇水养护。

（二）水泥楼地面空臌的原因和防治

1. 水泥楼地面空臌的原因

(1) 做楼地面的面层前，基层清理不干净，结合层粘结不牢。
(2) 原材料质量低劣，配合比不正确，达不到规定的强度。
(3) 楼地面的楼板表面或地面垫层平整度较差且未处理好。
(4) 违反施工程序和操作规定，未按要求做好结合层。
(5) 养护不善，楼地面的面层未达到强度时，外力作用使基层和面层分离等。

2. 水泥楼地面空臌的防治方法

(1) 按照施工质量要求，严格选用原材料。
(2) 清理地面的混凝土垫层或楼板表面，并用水冲刷干净。
(3) 当楼地面的基层平整度较差时，先做一层找平层，再做面层，使面层厚薄一致，增强面层的整体性。
(4) 严格遵守施工操作规定。如作素水泥浆（水灰比为 0.4～0.5）结合层时，应在调浆后即均匀涂刷，不宜用先撒干水泥面后浇水扫浆的方法。
(5) 养护期间，应适时浇水养护，禁止人员在上面操作和走动。
(6) 对空臌的面层，先将空臌部分铲除，清理干净并用水润湿，再作结合层。最后用原材料嵌补，挤压密实、压光。

(三) 水泥楼地面起砂的原因和防治

1. 水泥楼地面起砂的原因

(1) 水泥标号太低或使用过期结块水泥，或使用细砂作骨料时，含泥量大，致使砂浆强度低，易起砂。
(2) 水灰比过大，影响面层的密实性和强度，细砂浮在表面，表面强度降低，易起砂。
(3) 面层的压实收光时间掌握不好，在水泥终凝后压实较困难，压得不实，强度降低。
(4) 采用不适当的收光做法，在表面上撒干水泥，使表面水泥浆不能与下层粘结成一整体，且厚薄不一、收缩不一，导致开裂脱皮，尔后起砂。
(5) 采用不适当的洒水提浆法。收光太迟，洒水硬性压光，使表层结构破坏。
(6) 养护不善，使水泥砂浆迅速干燥，强度降低和骤然收缩，面层龟裂及起砂。
(7) 底层（找平层）砂浆强度太低，致使面层和底层粘结不良，造成起壳或起砂。
(8) 使用不当，使面层磨损过度，造成起砂。

2. 水泥楼地面起砂的防治方法

(1) 严格按质量要求选择原材料。如宜采用早期强度较高的普通硅酸盐水泥，水泥的标号在 32.5 号以上，安定性要好；砂子宜采用粗中砂，含泥量不应大于 3%；用于面层的豆石和碎石粒径不应大于 15mm，也不应大于面层厚度的 2/3，含泥量不应大于 2%。
(2) 严格控制水泥砂浆的水灰比。水灰比一般控制在 0.55 以内，标准稠度不应大于 35mm。
(3) 正确掌握面层的压光时间。每一遍压光，在铺浆之后随即进行，先用木抹子均匀搓打一遍，抹压平整，以表面不出现水层为宜；第二遍压光，在水泥初凝之后终凝之前完成（一般以上人时有轻微脚印，但不明显下陷为宜）；第三遍压光，在上人后出现极细微的脚印为宜,切忌在水泥终凝后压光。

(4) 面层压光后应加强养护。一般在施工完毕 24～48h 后进行洒水养护,如气温较高,可用草帘、锯末覆盖后,洒水养护。使用普通硅酸盐水泥的水泥楼地面,连续养护的时间不应少于七昼夜;使用矿渣硅酸盐水泥的水泥楼地面,连续养护的时间不应少于十昼夜。

(5) 冬季施工时,应及早做好防冻准备。如应将门窗玻璃安装好,或增加供暖设备,以保证施工环境温度在 5℃ 以上。

(6) 采用无砂水泥楼地面面层。面层拌和物内不用砂,而用粒径为 2～5mm 的瓜米石,配合比为水泥:瓜米石＝1:2(体积比),稠度应控制在 35mm 以内。

(7) 严禁外力撞击楼地面,以减少撞击破坏。

(8) 当面层起砂的面积较小,不影响使用时,可不作处理;当面层起砂的面积较大,影响使用时,先把起砂部分铲除,清理坚硬的表面,重做水泥砂浆面层。

二、水磨石楼地面的损坏现象及其防治

水磨石地面的损坏现象主要有面层裂缝、表面质量缺陷,面层空臌,分格条不顺直、不显露、不清晰。

(一) 现浇水磨石楼地面产生裂缝的原因和防治

1. 现浇水磨石楼地面产生裂缝的原因

(1) 地面裂缝主要是由于基土没有夯实,或局部有松软土层,又没有被挖除换合格的土回填夯实,导致沉降而产生裂缝。

(2) 基础的大放脚顶面离室内地面太近,造成垫层厚薄不均匀,楼地面受荷载作用或温度变化较大而产生裂缝。

(3) 预制板之间的裂缝主要是纵向和横向板缝没有按设计要求灌筑好,楼板的整体性和刚度较差,当楼地面承受过于集中的荷载时而产生裂缝。

(4) 由于建筑的结构变形、温差变形、干缩变形,造成楼地面裂缝。

(5) 大面积水磨石楼地面没有按规定设置伸缩缝,在温差作用下产生拉裂和胀裂。

(6) 楼板板缝内暗敷电线的管线过高,管线周围的砂浆固定不好,造成楼面的水磨石面层开裂。

2. 现浇水磨石楼地面的裂缝的防治方法

(1) 地面基层的回填土不得含有杂物或淤泥等不易做回填土的东西,回填土应分层夯实。冬季施工中的回填土要采取保温措施,防止受冻。

(2) 基础的大放脚顶面因在混凝土垫层的下皮,保持混凝土垫层厚薄均匀并有足够的厚度。

(3) 当预制混凝土楼板的板缝较宽时,应按设计或规范要求在板缝加钢筋后,用细石混凝土浇灌密实;当室内荷载较大时,在预制板的板端亦应加配钢筋,以抵抗板端的负弯矩。

(4) 暗敷电线管不宜太集中,管线上面至少应有 20mm 混凝土保护,电线管集中较大的部位,垫层可采用加配钢筋网做法。

(5) 将楼地面基层表面清扫干净,铲除基层表面浮灰,保证上下层粘结牢固。

(6) 现浇水磨石楼地面各工序之间要有足够的养护时间,使各层材料的收缩变形基本稳定后再做面层。

(7) 当现浇水磨石楼地面产生较小的裂缝不影响使用时,可不修缮;当裂缝较宽且影响使用时,先分析产生裂缝的原因和做好修缮方案,再铲除损坏的面层,最后按照以下方法修缮:

①清扫干净垫层,并洒水湿润。

②在垫层上镶嵌玻璃或铜质分隔条。

③刷素水泥浆一道作为结合层。

④铺摊水泥石子浆(水泥:石子＝1:2～1:3),厚度10～15mm,在分隔条两旁及交角处须铺平拍实,铺摊高度超过分隔条1～2mm。

⑤在水泥石子浆上均匀地撒一层较粗的纯石子,拍平作为水磨石的面层。

⑥当面层干硬(1～3d),就可以进行磨光。磨光的具体方法是:先用40～60号粗砂轮磨石第一遍,边浇水边磨,磨到露出石子均匀;再用80～100号细砂轮磨石磨一遍,并用清水冲净;最后擦上一层素水泥浆把砂眼堵严,把掉落的石子补平,24h后浇水养护;5d以后用80～100号砂轮磨石磨第二遍,磨完后再擦一层水泥浆,24h后浇水养护;再隔5d以后,用150～180号砂轮磨石磨第三遍,磨完后再用220～280号油石磨光,用清水冲净。

⑦用小扫帚将溶化冷却的草酸溶液(按重量比 热水:草酸＝1:0.35)洒在磨石面层上,用280号油石磨出白浆为止,然后用棉丝擦净。

⑧浆蜡液(其配合比为蜡:煤油:松香水:鱼油＝1:7.5:0.625:0.1)包在薄布内在磨石面上擦一遍,用布擦均匀,两小时后用干布擦光打亮即可。

(二) 现浇水磨石楼地面表面光泽度差和细洞眼多的原因和防治

1. 现浇水磨石楼地面光泽度差和细洞眼多的原因

(1) 铺设水磨石面层时,使用刮尺刮平。由于水泥石子浆中石子成分较多,如果用刮尺刮平,则高出部分石子给刮尺刮走,出现水泥浆和石子分布不均匀的现象,影响楼地面表面的光泽度。

(2) 磨光时磨石规格不齐,使用不当。水磨石楼地面的磨光遍数一般不应少于三遍(俗称"二浆三磨",具体方法见现浇水磨石楼地面裂缝的修缮方法),但是在施工中,金刚石砂轮的规格往往不齐,对第二遍、第三遍的磨石要求重视不够,只要求石子、分隔条显露清晰,而忽视了对表面光泽度的要求。

(3) 打蜡前,未涂刷草酸溶液除去楼地面表面的杂物或将粉状草酸撒于楼地面表面干擦,未能使草酸涂擦均匀和面层洁净一致,使楼地面表面光泽度较差。

(4) 当磨光过程中出现面层洞眼孔隙时,未能采取有效的补浆方法补浆,影响楼地面的光泽度。

(5) 在使用过程中,由于堆垛物品过多,搬运物品的方法不当等原因,损坏楼地面的面层。

2. 现浇水磨石楼地面表面光泽度差和细洞眼多的防治方法

(1) 铺设水磨石面层时,如果出现局部过高,应用铁抹子或铁铲将高出部分挖出一部分,然后用铁抹子将周围的水泥石子浆拍挤抹平。

(2) 打磨时，磨石规格应齐全，对外观要求较高的水磨石楼地面，应适当提高第三遍的油石号数，并增加磨光遍数。

(3) 打蜡之前，应涂擦草酸溶液（配合比同前述），并用油石打磨一遍后，用清水冲洗干净。禁止采用撒粉状草酸后干擦的施工方法。

(4) 当磨光过程中出现洞眼孔隙时，禁止使用刷浆的施工方法（因刷浆法仅在洞眼上口有一层薄层浆膜，打磨后仍是洞眼），应用干布蘸上较浓的水泥浆将洞眼擦实。擦浆时，洞眼中不得有积水、杂物，擦浆后要有足够的时间等条件进行养护。

(5) 在使用过程中，注意采用正确的方法堆垛物品和搬运物品。严禁直接在楼地面表面上推拉物品，以免物品摩擦楼地面，影响楼地面的光泽度。

(6) 对于表面粗糙，光泽度差的水磨石楼地面，应重新用细金刚砂轮磨石或油石打磨一遍，直至表面光滑为止。

(7) 现浇水磨石楼地面的洞眼较多时，应局部铲除重做或用擦补的方法补浆一遍，直至打磨后清除洞眼为止。

(三) 现浇水磨石楼地面分隔条及其周围石子显露不清的原因和防治

1. 现浇水磨石楼地面分隔条及其周围石子显露不清的原因

(1) 面层水泥石子浆铺设厚度过高，超过分隔条较多，使分隔条难以磨出，显露不清。

(2) 铺好面层后，打磨不及时，面层强度过高，使分隔条难以磨出，显露不清。

(3) 第一遍磨光时，所用的磨石号数过大或磨光时用水量过大，磨损量过小不易磨出分隔条，显露不清。

(4) 分隔条粘贴操作方法不正确。由于用来粘贴分隔条的砂浆过高过多，当其达到一定强度后铺设面层的水泥石子浆时，石子就不能靠近分隔条，所以磨光后，分隔条周围就没有石子，出现局部的纯水泥面层。

(5) 滚筒的碾压方法不当。仅在一个方向来回辗压，与滚筒辗压方向平行的分隔条两边不易压实，容易造成浆多石子少的现象。

2. 现浇水磨石楼地面分隔条及其周围石子显露不清的防治方法

(1) 控制面层水泥石子浆的铺设厚度，虚铺高度一般比分隔条高出 5mm 为宜，待用滚筒压实后，则比分隔条高出约 1mm，第一遍磨完后，分隔条就能全部清晰外露。

(2) 现浇水磨石楼地面施工前，应准备好一定数量的磨石机。第一遍磨光（应注意磨光速度与铺设速度协调）应用磨石号数小的粗金刚砂磨石，以加大其磨损量。同时，磨光时应控制浇水速度，浇水量不应过大，使面层保持一定浓度的磨浆水。

(3) 正确掌握分隔条两边砂浆的粘贴高度和水平方向的角度（砂浆高度约为分隔条高度的 2/3，且做成与水平方向为 30°的斜坡），并粘贴牢固。

(4) 用滚筒滚压时，应在两个方向反复辗压。如果辗压时，发现分隔条周围浆多石子少，应立即补撒石子。尽量使石子密集，再反复辗压。

(5) 如因磨光时间过迟或铺设厚度较厚而难以磨出分隔条时，可在砂轮下撒些粗砂，以加大其磨损量，既可加快磨光速度，又容易磨出分隔条。

三、锦砖楼地面损坏的原因及其防治

锦砖楼地面的损坏现象主要有空臌、脱落、出现斜楞、表面污染等。

(一) 锦砖楼地面产生空臌、脱落的原因和防治

1. 锦砖楼地面产生空臌、脱落的原因

(1) 结合层砂浆摊铺后,没有及时铺贴锦砖,而结合层砂浆已初凝;或使用拌和好超过 3h 的砂浆等,造成空臌、脱落。

(2) 地面铺贴完工后,没有做好养护和成品保护工作,被人随意踩踏。

(3) 铺贴完的锦砖,盲目采用浇水湿纸的方法。因浇水过多,有的在揭纸时,拉动砖块,水渗入砖底使已贴好的锦砖有空臌。

(4) 铺刮结合层砂浆时,将砂浆中的游离物质浮在水面,被刮到低洼处凝结成薄膜隔离层,造成锦砖脱壳。

2. 锦砖楼地面空臌、脱落的防治方法

(1) 发现局部脱落,将脱落的锦砖揭开,用小型快口的錾子将粘结层凿低 2～3mm。用 JC 建筑装饰粘结剂补贴好,养护。

(2) 当大面积空臌脱落时,必须按下列操作工序返工重贴:

①基层处理:凿除粘结层的砂浆和灰疙瘩,冲洗扫刷干净,晾干,并弹好水平和坡度的标准线及陶瓷锦砖铺贴的控制线。

②刷浆和铺粘结层:根据分段、分块的范围,先涂刷水泥浆一遍,随用搅拌均匀的水泥砂浆(稠度控制在 30mm 左右)用刮尺刮平,锦砖背面应抹素水泥浆一遍,按控制线铺贴。

③拍平拍实:当铺贴好一小间或一部分时,从先贴的一端开始,垫硬木平板,用木锤拍打,应拍至粘结层砂浆挤满缝隙,用靠尺检查平整度和坡度。

④用喷雾器喷水湿润纸皮,当纸皮胶溶化后即可揭掉纸皮。检查过程中发现有脱落空臌的锦砖随即返修,填补拨正缝隙。随后用和锦砖相同颜色的水泥灌满缝隙,适当喷水,再垫木板锤打,达到平整度和观感标准。擦缝并擦净锦砖面的水泥浆液。

⑤养护:用干净的木屑铺 10mm 厚,浇水湿养护 7d,并保护铺贴好的锦砖地面,不要让人踩踏。

(二) 锦砖楼地面产生斜槎的原因和防治

所谓斜槎是指铺贴好的锦砖地面接缝不直,一头宽一头窄,相差 10mm 左右,影响观感。

1. 锦砖楼地面产生斜槎的原因

(1) 房间不方正,施工前没有查清和适当纠正,没有排列好铺贴位置,没有拉好控制线。

(2) 操作水平低,铺贴时又不拉控制线,以致锦砖铺贴歪斜。

2. 锦砖楼地面斜槎的防治方法

(1) 因房间内净尺寸不方正,已贴好的锦砖靠墙边的斜槎可不处理,但擦缝的水泥浆颜色要和锦砖相同。

(2) 因施工不良,造成斜槎影响观感时,必须返工纠正。纠正的方法参照锦砖楼地面空臌、脱落的防治方法。

(三) 锦砖楼地面产生表面污染的原因和防治

1. 锦砖楼地面表面污染的原因

(1) 锦砖铺贴好擦缝后，没有及时将砖面的水泥浆液擦揩干净；或擦揩后没有用清水洗干净，残浆液还粘在砖面上，干硬后成为污染物。

(2) 成品没有保护好，即锦砖贴好后，因其他工种操作而污染，如水泥、石灰浆、油漆、涂料等落在砖面上没有及时揩试干净。

2. 锦砖楼地面表面污染的防治方法

(1) 小面积污染时用稀盐酸擦洗干净，随用清水洗净盐酸。操作时要带防酸手套，做好安全保护工作，防止灼烧皮肤和衣服。

(2) 粘附的涂料和油漆，可用苯溶液先湿润后擦洗，并用清水冲洗干净。

(3) 大面积水泥浆液污染时，用稀盐酸全面涂刷一遍，然后擦洗，再用清水冲洗扫刷洁净。

四、石材、陶瓷地砖楼地面损坏的原因及其防治

石材、陶瓷地砖楼地面损坏的现象主要有空臌、脱落，裂缝，接缝质量差，面层不平整、泛水、倒积水等。

(一) 石材、陶瓷地砖楼地面产生空臌、脱落的原因和防治

1. 石材、陶瓷地砖楼地面产生空臌、脱落的原因

(1) 基层面没有按规定冲洗和扫刷干净泥浆、浮灰、积水等的隔离物质。

(2) 基层水泥砂浆强度低于 M15，表面酥松、起砂，有的基层干燥，没有浇水湿润。

(3) 水泥砂浆结合层搅拌计量不准，时干时湿，铺压不紧密。

(4) 地面砖在铺贴前，没有按规定浸水和洗净背面的灰烬和粉尘；或一边铺贴一边浸水，砖上的明水没有擦试干净就铺贴。

(5) 地面铺贴后，粘结层尚未硬化，就过早地在地面上走动、推车、堆放重物，或其他工种人员在地面上操作和振动，或不浇水养护等。

2. 石材、陶瓷地砖楼地面空臌、脱落的防治方法

由内向外用小锤敲击检查。发现松动、空臌、破碎的地面砖，划好标记，逐排逐块掀开，凿除原有结合层的砂浆，扫刷干净，用压力水冲洗、晾干；刷聚合物水泥砂浆，停 30min 后即可铺粘结层水泥砂浆（水泥∶砂＝1∶2）。水泥砂浆应搅拌均匀，稠度控制在 30mm 左右，刮平，控制平整均匀度、厚度。将地面砖背面的灰浆刮除，洗净灰尘、晾干；再刮一遍粘结剂，压实拍平。要和周围的地面砖相平，四周的接缝要均匀。要同地面砖颜色相同的水泥色浆灌缝，待收水后擦干擦匀砖缝，用湿布擦干净地面砖上的灰浆。石材、陶瓷地砖楼地面湿养护和成品保护至少需要 7d 方可进行使用。

(二) 石材、陶瓷地砖楼地面产生裂缝的原因和防治

1. 石材、陶瓷地砖楼地面产生裂缝的原因

(1) 因楼面结构变形，拉裂地面砖；或楼面结构层为预制钢筋混凝土空心板，则产生沿板端头的横向裂缝和沿预制板的水平裂缝等。

(2) 有的地面砖接合层采用纯水泥浆，因温差收缩系数不同造成地面砖起臌、爆裂。

2. 石材、陶瓷地砖楼地面裂缝的防治方法

(1) 因结构变形拉裂地面砖，先进行结构加固处理，然后再处理地面的裂缝。

(2) 沿预制板端头的裂缝，须将裂缝处的地面砖掀起，沿板端头裂缝处拉线，用切割

机切开伸缩缝（缝宽约为15mm），将缝内的砂浆凿除扫刷干净（不能浇水），再在缝内填嵌柔性密封胶。贴地面砖时，宜将砖缝留在伸缩缝上面。

(3) 因结构收缩变形和温差作用而引起地面砖起臌和爆裂，必须将起臌和脱壳、裂缝的地面砖铲除或掀起，沿已裂缝的找平层拉线，用混凝土切割机切缝，缝宽控制在10～15mm之间；扫刷干净，缝内灌柔性密封胶。用快口扁凿子除去水泥浆结合层，再用水冲洗扫刷洁净、晾干，将完整的添补的陶瓷地面砖浸水并洗净背面的泥灰，晾干。结合层用干硬性水泥砂浆（水泥∶砂＝1∶2）铺刮平整铺贴地面砖，也可采用JC建筑装饰粘合剂。铺贴地面砖要准确好对缝，将砖缝留在锯割的伸缩缝上，该条砖缝控制在10mm左右。确保面砖的横平竖直以及砂浆的饱满度、标高和平整度，相邻两块砖的高度差不得大于1mm。表面平整度用2m直尺检查不得大于2mm，面砖铺贴应在24h内进行擦缝、勾缝；缝的深度宜为砖厚的1/3；擦缝和勾缝应采用同品种、同标号、同颜色的水泥，随做随清理砖面的水泥浆液，做好后湿养护7d以上，并保护成品不被随意踩踏。

(三) 石材、陶瓷地砖楼地面接缝质量差的原因和防治

接缝质量差是指地面砖接缝高低差大于1mm，接缝宽度不均匀。

1. 石材、陶瓷地砖楼地面接缝质量差的原因

(1) 地面砖质量低劣，砖面的平整度和挠曲度超过规定。

(2) 操作不规范，接合层的平整度差，密实度小。铺砖的相邻两块砖接缝高低差大于1mm，接缝宽度大于2mm；或一头宽一头窄；或因接合层局部沉降而产生高低差。

2. 石材、陶瓷地砖楼地面接缝质量差的防治方法

(1) 当相邻两块砖接缝高低差大于1mm时，须返工纠正。方法是掀起不合格地砖，铲除结合层，扫刷冲洗干净，晾干，不得有积水。刷水泥浆隔30min铺1∶2水泥砂浆作结合层，要掌握厚度和均匀度。用经过检查平整度、几何尺寸、颜色一致的地面砖。洗净、浸泡、晾干后铺贴，选用木锤或橡皮锤垫木块轻轻敲击到四面平整为合格，调整缝隙均匀。然后将缝隙擦平、擦密实。用湿纱布擦净砖面，湿养护7d。

(2) 若接缝不均匀，在不影响使用功能和观感且数量不多时，可以不返修。但要用与地面砖颜色相同的水泥浆擦缝。如确实影响美观，须返修。

(四) 石材、陶瓷地砖楼地面面层不平整、积水、倒泛水产生的原因和防治

1. 石材、陶瓷地砖楼地面面层不平整、积水、倒泛水的原因

(1) 施工管理水平低，没有测好和拉好水平线。铺贴地面砖时，没有拉好控制线，尤其是水平线时松时紧，导致平整度差。

(2) 底层地面的基层回填土不密实，局部沉陷，造成地面砖面低洼而积水。

(3) 铺贴地面砖前，没有检查作业条件，如找平层的平整度、排水坡度没有查明，就盲目铺贴地面砖。

2. 石材、陶瓷地砖楼地面面层不平整、积水、倒泛水的防治方法

在检查中发现有倒泛水和积水的洼坑，必须返工纠正；局部破损地面砖也要返修。施工方法参照石材、陶瓷地砖楼地面接缝问题的防治方法。

五、木地板楼地面损坏的原因及其防治

木地板楼地面出现的问题包括行走时响声过大、面层起臌、变形、板缝不严、面层整

体不平整、拼花不规矩、地板表面戗茬等。

（一）木地板楼地面行走时响声大的原因和防治

1. 木地板楼地面行走时响声大的原因

（1）带龙骨的普通木地板是因为木龙骨安装时，地面不平，龙骨下用木榫垫嵌，由于木榫未固定牢靠，一经走动，木榫滑动，造成龙骨松动，行走时，木地板就会有响声。

（2）木龙骨含水率较高，安装后收缩，使锚固铁丝扣松动或预埋螺丝等不紧固，松动后，走动时面层产生响声。

（3）施工时，用冲击钻在混凝土楼板上打洞，洞内打入木楔，龙骨用圆钉钉入木楔，时间久后，木楔与圆钉松动，就会有响声。

（4）复合木地板的响声大多是由于胶黏剂的涂刷量少和早期黏结力小，黏结地板时没有及时进行早期养护，地板的尺寸稳定性不好或基层不平造成。

2. 木地板楼地面行走时响声大的防治方法

（1）控制木材含水率。木龙骨含水率应不大于12%。

（2）采用预埋铁丝和螺钉锚固木龙骨，木龙骨的铁丝要扎紧，螺钉要拧紧。

（3）锚固铁件埋设要合理，间距不宜过大。一般锚固铁件间距顺木龙骨方向不大于800mm，顶面宽不小于100mm，且弯成直角，用双股14号铁丝与木龙骨绑扎牢固，然后用翘棒翘起木龙骨，垫好木垫块。木垫块表面要平整，并用铁丝与木垫块垫牢。

（4）如采用木龙骨直接固定在地坪预埋木块上，预埋小木块的间距不宜过大，一般顺木龙骨不大于400mm，木龙骨横断面锯成八字形。安装时，拉好龙骨表面水平线，龙骨下垫实木块，木垫块表面要平，用铁钉将木龙骨钉牢。木龙骨安装完毕后，木龙骨间用细石混凝土或保温隔声材料浇灌，浇灌高度应低于木龙骨面20mm以上，以便于通气。浇捣后，要待细石混凝土强度达到100%，才能铺设木地板。

（5）在混凝土楼板上应用冲击钻打洞，用膨胀螺栓或铁件固定。

（二）木地板楼地面面层起臌、变形的原因和防治

1. 普通木地板楼地面面层起臌、变形的原因

（1）面层木地板含水率偏高或偏低。偏高时，在干燥空气中失去水分，断面产生收缩，而发生翘曲变形；偏低时，铺后吸收空气中的水分而产生起拱。

（2）木龙骨之间铺填的细石混凝土或保温隔声材料不干燥，地板铺设后，造成吸收潮气起臌、变形。

（3）未铺防潮层或地板四周未留通气孔；面层板铺设后内部潮气不能及时排出。

（4）毛地板未拉开缝隙或缝隙过少，受潮膨胀后，使面层板起臌、变形。

2. 木地板楼地面面层起臌、变形的防治方法

（1）控制木地板含水率，其含水率应不大于12%。

（2）木龙骨间浇灌的细石混凝土或保温隔声材料必须干燥后才能铺设木地板。

（3）合理设置通气孔。木龙骨应做到孔槽相通，与地板面层通气孔相连。地板面层通气孔每间不少于2处，通气孔不要堵塞，以利于空气流通。

（4）木地板下层板（即毛地板）板缝应适当拉开，一般为2~5mm。表面应刨平，相邻板缝应错开，四周离墙10~15mm。

（三）木地板楼地面板缝不严的原因和防治

1. 木地板楼地面板缝不严的原因

(1) 地板条规格不合要求。地板条不直，宽窄不一，企口窄、太松等。

(2) 拼装企口地板条时缝太虚，表面上看结合严密，刨平后即显出缝隙；或拼装时敲打过猛，地板条回弹，钉后造成缝隙。

(3) 面层板铺设接近收尾时，剩余宽度与地板条宽不成倍数，为凑整块，加大板缝，或将一部分地板条宽度加以调整，经手工加工后，地板条不很规矩，因而产生缝隙。

(4) 板条受潮，在铺设阶段含水率过大，铺设后经风干收缩而产生大面积"拔缝"。

2. 木地板楼地面板缝不严的防治方法

(1) 地板条的含水率应符合规范要求，一般不大于 12%。

(2) 地板条拼装前需经开格挑选，有腐朽、疖疤、劈裂、翘曲等疵病者应剔除，宽窄不一、企口不符合要求的应经修理后再用。地板条有顺弯应刨直，有死弯应从死弯处截断，修整后使用。

(3) 铺钉前房间应弹线找方，并弹出地板周边线。踢脚线周围有四形槽的，周围先钉四形槽。

(4) 长条地板与木龙骨垂直铺钉，当地板条为松木或为宽度大于 70mm 的硬木时，其接头必须在龙骨上。接头应互相错开；并在接头的两端各钉一枚钉子。长条地板铺至接近收尾时，要先计算一下差几块到边，以便将该部分地板条修成合适的宽度。装最后一块地板条时，可将其刨成略有斜度的大小头，以小头插入并楔紧。

(5) 木地板铺完应及时苫盖，刨平磨光后立即上油或烫蜡，以免"拔缝"。

(6) 缝隙小于 1mm 时，用同种材料的锯末加树脂胶和腻子嵌缝。缝隙大于 1mm 时，用相同材料刨成薄片（成刀背形），蘸胶后嵌入缝内刨平。如修补的面积较大，影响美观，可将烫蜡改为油漆，并加深地面的颜色。

(四) 木地板楼地面表面不平整的原因和防治

1. 木地板楼地面表面不平整的原因

(1) 房间内水平线弹得不准，使每一房间实际标高不一，或木龙骨不平等。

(2) 先后施工的地面，或不同房间同时施工的地面，操作时互不照应，造成高低不平。

另外，由于操作时电刨速度不匀，或换刀片处刀片的利钝变化使木板刨的深度不一，也会造成地面不平。

2. 地板楼地面表面不平整的防治方法

(1) 木龙骨经检验后方可铺设毛地板或面层。

(2) 施工前校正、调整水平线。

(3) 地面与墙面的施工顺序除了遵守先湿后干作业原则外，最好先施工走廊面层，或先将走廊面层标高线弹好，各房间由走廊的面层标高往里找，以达到里外交圈一致。相邻房间的地面标高应以先施工的为准。

(4) 使用电刨时，刨刀要细要快；转速不宜过低（4000r/min 以上）；行走速度要均匀，中途不要停。

(5) 人工修边要尽量找平。

(6) 两种不同材料的地面如高差在 3mm 以内，可将高处刨平或磨平，但必须在一定范围内顺平，不得有明显痕迹。

（7）门口处高差为 3~5mm 时，可加过门石处理。

（8）高差在 5mm 以上时，需将木地板拆开，调整木龙骨高度，并在 2m 以内顺平。

（五）木地板楼地面拼花不规矩的原因和防治

1. 木地板楼地面拼花不规矩的原因

（1）有的地板条不合要求，宽窄长短不一，使用前未挑选，安装时未套方。

（2）铺钉时没有弹设施工线或弹线不准。

2. 木地板楼地面拼花不规矩的防治方法

（1）拼花地板条应挑选，规格应整齐一致，分类、分色装箱。

（2）房间应先弹线后施工，席纹地板弹十字线，人字地板弹分档线，各对称边留空一致，以便圈边。但圈边的宽度最多不大于 10 块地板条。

（3）铺设拼花地板时，宜从中间开始，各房间人员不要太多，铺设第一方或第一趟检查合格后，继续从中央向四周铺钉。

（4）局部错牙，端头不齐在 2mm 以内者，用小刀锯将该处锯一小缝，按"地板缝不严"的方法治理。

（5）一块或一方地板条偏差过大时，将此方（块）挖掉，换上合格的地板条并用胶补牢。

（6）错牙不齐面积较大不易修补的，可用加深地板油漆的颜色进行处理。

（7）对称两边圈边宽窄不一致时，可将圈边加宽或作横圈边处理。

（六）木地板楼表面戗茬的原因和防治

1. 木地板楼表面戗茬的原因

（1）电刨刨刃太粗，吃刀太深，刨刀太钝或电刨转速太慢。

（2）电刨的刨刃太宽，能同时刨几根地板条，而地板条的木纹有顺有倒，倒纹易戗茬。

（3）机械磨光时所用砂布太粗，或砂布绷得不紧有皱褶。

2. 木地板楼表面戗茬的防治方法

（1）使用电刨时刨口要细，吃力要浅，要分层刨平。

（2）电刨的转速不应小于 4000 r/min，速度要匀。

（3）机器磨光时砂布要先粗后细，要绷紧绷平，停留时先停转。

（4）人工净面要用细刨认真刨平，再用砂纸打光。

（5）看戗茬的部位应仔细用细刨手工刨平。

（6）如局部戗茬较深，细刨不能刨平时，可用扁铲将该处剔掉，再用相同的材料涂胶镶补。

六、塑料楼地面损坏的原因及其防治

塑料楼地面包括塑料地板砖楼地面和塑料地板革楼地面两种。损坏的原因主要有面层空臌、表面不平呈波浪形、翘曲、错缝、凹陷、焊缝焦化或脱焊、褪色、污染、划伤等。

（一）塑料楼地面面层空臌的原因和防治

1. 塑料楼地面面层空臌的原因

(1) 基层表面不清洁，有浮尘、油脂等，使基层与板之间形成小的隔离层，影响了胶结效果，造成塑料板面有起臌现象。

(2) 基层表面粗糙，或有凹凸孔隙。粗糙的表面形成很多细孔隙。涂刷胶黏剂时，导致胶粘层厚薄不匀。粘贴后，由于细孔隙内胶黏剂多，其中的挥发性气体将继续挥发，当积聚到一定程度后，就会在粘贴的薄弱部位起臌或使板边翘起。

(3) 涂刷胶黏剂，面层黏结过早或过迟，也易使面层有起臌、翘边现象。胶黏剂涂刷需掺一定量的稀释剂，如丙酮、甲苯等，待稀释剂挥发后，用手摸胶层表面感到不粘手时再粘贴。如粘贴过早，稀释剂未挥发完，还闷在基层表面与塑料板面之间，积聚到一定程度，就会在面层粘贴的薄弱部位起臌。面层粘贴过迟，则粘性减弱，也易造成面层空臌。

(4) 粘贴方法不对，粘贴时整块下贴，使面层板块与基层间有空气排不出，也易使面层起臌。

(5) 在低温下施工，胶黏剂不易涂刮均匀，黏结层厚度增加，影响黏结效果，引起面层空臌。

(6) 胶黏剂质量差或过了使用期，已变质，影响黏结效果。

2. 塑料楼地面面层空臌的防治方法

(1) 基层表面应平整、光滑、无油脂及其他杂物，不得有起砂、起壳现象。麻面和凹处，用腻子嵌平，凸起的地方应铲平。

(2) 涂刷胶黏剂，应待稀释剂挥发后再粘贴。铺贴时一般应先涂刷塑料板粘贴面，后涂刷基层表面。塑料板粘贴面上胶黏剂应满涂，四边不要漏涂，确保边角粘贴密实。

(3) 塑料板铺贴应在环境温度不低于15℃、相对湿度不高于70％下进行施工。

(4) 铺贴方向应从一角或一边开始，边粘贴边用手抹压，将粘贴层中的空气全部挤出。铺贴过程中，不得用手拉抻塑料板，当铺贴好一块后，还应用橡皮锤从中心向四周轻轻拍打，排除气泡，以增强粘贴效果。

(5) 严禁使用变质的胶黏剂。

(6) 起臌的面层应沿四周焊缝切开后予以更换。基层应做认真清理，用铲子铲平，四边缝应切割整齐。新贴的塑料板在材质、厚薄、色彩等方面应与原来的塑料板一致。待胶黏剂干燥硬化后再行切割拼缝，并进行拼缝焊接施工。

(二) 塑料楼地面表面不平的原因和防治

1. 塑料楼地面表面不平的原因

(1) 基层表面平整度差，有凹凸不平等现象。

(2) 操作人员在涂刮胶黏剂时用力不均匀，使涂刮的胶黏剂有明显的波浪形。在粘贴塑料板时，胶黏剂内的稀释剂已挥发，胶体流动性差，粘贴时不易抹平，使层呈波浪形。

(3) 胶黏剂在低温下施工，不易涂刮均匀，流动性和黏结性差，胶粘层厚薄不匀，铺贴后就会出现明显的波浪形。

2. 塑料楼地面表面不平的防治方法

(1) 严格控制粘贴基层的表面平整度，对凹凸度大于±2mm的表面要作平整处理。

(2) 使用齿形刮板涂刮胶黏剂时，胶层的厚度薄而均匀。涂刮时，基层与塑料板粘贴面上的涂刮方向应纵横相交，铺贴面层时，粘贴面的胶层均匀。

(3) 施工时，温度应控制在 15~30℃，相对湿度应不高于 70%。
(4) 修补方法可参照"面层空臌"的处理方法。
（三）塑料楼地面翘曲的原因和防治
1. 塑料楼地面翘曲的原因
(1) 塑料板本身收缩变形翘曲。
(2) 胶黏剂与塑料板材不配套。
(3) 因气温过低、过高，胶黏剂黏结力减弱。
2. 塑料楼地面翘曲的防治方法
(1) 选择不翘的产品；卷材应松卷摊平静置 3~5d 后再使用。
(2) 应选择与塑料板材成分、性能相近的胶黏剂。
(3) 施工气温应保持在 10℃ 左右、且不得低于 5℃；高温或低温季节，涂胶后手触胶面不感到粘手后要立即粘贴，以防干涸。
（四）塑料楼地面错缝的原因和防治
1. 塑料楼地面错缝的原因
(1) 板材尺寸不标准，直角度差。
(2) 铺贴方法不当。
2. 塑料楼地面错缝的防治方法
(1) 按标准选材，剔除几何尺寸和直角度不合格的产品。
(2) 铺贴时，隔几块就要按控制线铺贴，消除累计误差。
（五）塑料楼地面凹陷的原因和防治
1. 塑料楼地面凹陷的主要原因
(1) 胶黏剂中的溶剂使塑料地板软化。
(2) 基层局部不平。
2. 塑料楼地面凹陷的防治方法
(1) 选用不使塑料地板砖软化的胶黏剂；并先做试验，合格后方可使用。
(2) 基层凹陷处应填平修整。
（六）塑料楼地面焊缝焦化或脱焊的原因和防治
1. 塑料楼地面焊缝焦化或脱焊的原因
(1) 焊条质量差。
(2) 焊接操作未控制好。
2. 塑料楼地面焊缝焦化或脱焊的防治方法
(1) 选用与塑料地板配套的焊条。
(2) 施焊前选择合适的焊接参数；先小块试焊，其焊缝经检验合格后方可正式焊接。施焊过程中，还需试焊，进行检验，以保证焊缝质量。
（七）塑料楼地面褪色、污染、划伤的原因和防治
1. 塑料楼地面褪色、污染、划伤的原因
(1) 块材颜色稳定性差。
(2) 胶液未擦净。
(3) 因钉鞋或硬物造成损伤。

2. 塑料楼地面褪色、污染、划伤的防治措施

(1) 选择颜色稳定性好的块材。

(2) 每粘贴一块，用棉纱擦除胶污；铺贴完毕，用溶剂全面擦拭一遍。

(3) 严禁穿钉鞋操作，避免硬物划伤表面。

七、涂布地面损坏的原因及其防治

(一) 涂布地面表面粗糙、有疙瘩的原因和防治

1. 涂布地面表面粗糙、有疙瘩的原因

(1) 混凝土或抹灰基层污物未清理干净；凸起处未处理平整，砂纸打磨不够或漏磨。

(2) 工具未清理干净，有杂物混在材料中。

(3) 操作现场周围有扬尘或污物，落在刚涂刷的表面上。

(4) 混凝土或抹灰基层表面太干燥，施工环境温度较高。

2. 涂布地面表面粗糙、有疙瘩的防治方法

(1) 基层表面污物应清理干净，特别是混凝土或抹灰的接茬棱印，要用铁铲或电动砂轮磨光；腻子疤等凸起处要用细砂纸打磨平整。

(2) 使用的材料要过筛，保持材料清洁，所用的工具和操作现场也应洁净，以防止污物混入材料内。

(3) 基层表面太干燥，施工现场温度太高时，可使用较稀的涂料涂饰。

(4) 基层表面粗糙时，可用细砂纸打磨光滑，或用铲刀将小疙瘩铲除平整，并用较稀的涂料修饰一遍。

(二) 涂布地面起皮、涂膜部分开裂或有片状卷皮的原因和防治

1. 涂布地面起皮、涂膜部分开裂或有片状卷皮的原因

(1) 混凝土或抹灰基层表面太光滑，或有油污、尘土、隔离剂等未清除干净，涂膜附着不牢固；涂料粘性太小；涂膜表面厚，容易起皮。

(2) 基层腻子粘性太小，而涂膜表层粘性太大，形成外硬里软的状态，涂膜遇潮湿，表层开裂卷皮。

2. 涂布地面起皮、涂膜部分开裂或有片状卷皮的防治方法

(1) 混凝土基层表面的灰尘应清理干净，如有隔离剂、油污等，应用5%～10%烧碱溶液刷1～2遍，再用清水洗净。

(2) 涂刷层不宜太厚，只要盖住基层，涂膜丰满即可。

(3) 基层聚合物浆的粘性不能太小，而涂膜表层粘性也不能太大，以聚合物浆有较强的附着力，涂膜又不掉粉为宜。

(三) 涂布地面腻子裂纹的原因和防治

1. 涂布地面腻子裂纹的原因

(1) 腻子粘性小，稠度大。

(2) 凹陷较大时，刮抹的腻子有半眼、蒙头等缺陷，造成腻子不生根或一次抹腻子太厚，形成干缩裂纹，甚至脱落。

2. 涂布地面腻子裂纹的防治方法

(1) 调制腻子时，稠度要适合，胶液应略多些。

(2) 基层表面尤其是凹陷处，要清理干净，并涂一遍胶黏剂，以增加腻子的附着力。

(3) 半眼、蒙头腻子必须挖除，处理后再分层刮腻子，直至平整。

(四) 涂布地面腻子翻皮、翘起或呈鱼鳞状皱褶的原因和防治

1. 涂布地面腻子翻皮、翘起或呈鱼鳞状皱褶的原因

(1) 腻子粘性较小或过稠。

(2) 混凝土或抹灰基层的表面有灰尘、隔离剂、油污等。

(3) 在很光滑的表面及在表面温度较高的情况下刮抹腻子。

(4) 腻子刮得过厚，基层过于干燥。

2. 涂布地面腻子翻皮、翘起或呈鱼鳞状皱褶的防治方法

(1) 调制腻子时加入适量胶液。

(2) 混凝土或抹灰基层表面的灰尘、隔离剂、油污等必须清除干净。

(3) 基层表面较光滑时，要涂一遍胶黏剂，再刮腻子。

(4) 每遍腻子不宜过厚，不可在潮湿或高温的基层上刮腻子。

八、地毯楼地面损坏的原因及其防治

(一) 地毯楼地面卷边、翻边的原因和防治

1. 地毯楼地面卷边、翻边的原因

(1) 地毯固定不牢。

(2) 黏结不牢。

2. 地毯楼地面卷边、翻边的防治方法

(1) 墙边、柱边应钉好倒刺板，用以固定地毯。

(2) 黏结固定地毯时，选用优质地板胶，刷胶要均匀，铺贴后应拉平压实。

(二) 地毯楼地面表面不平、打皱、鼓包的原因和防治

1. 地毯楼地面表面不平、打皱、鼓包的原因

(1) 地面本身凹凸不平。

(2) 铺设时两边用力或用力快慢不一致，使地毯摊开过程中方向偏移，地毯出现局部皱褶。

(3) 地毯铺设时未绷紧，或烫地毯时未绷紧。

(4) 地毯受潮后出现胀缩，造成地毯皱褶。

2. 地毯楼地面表面不平、打皱、鼓包的防治方法

(1) 地面表面不平面积不应大于 $4m^2$。

(2) 铺设地毯时，必须用大撑子撑头，小撑子或专用张紧器张拉平整后方可固定。

(3) 铺设后应避免地毯受潮。

(三) 地毯楼地面显露拼缝，收口不顺直的原因和防治

1. 地毯楼地面显露拼缝，收口不顺直的原因

(1) 接缝绒毛未做处理。

(2) 收口处未弹线；收口条不顺直。

(3) 地毯裁割时，尺寸有偏差或不顺直，使接缝处出现细缝。

(4) 烫地毯时，未将接缝烫平。

2. 地毯楼地面显露拼缝，收口不顺直的防治方法
（1）地毯接缝处用弯针操作使绒毛密实缝合。
（2）收口处先弹线，收口压条钉直。
（3）根据房间尺寸裁割，不得偏小或偏大。
（4）烫地毯时，在接缝处应绷紧拼缝，严密后再烫平。
（四）地毯楼地面发霉的原因和防治
1. 地毯楼地面发霉的原因
（1）首层地面未做防潮处理。
（2）地面铺地毯时含水率过大。
2. 地毯楼地面发霉的防治方法
（1）首层地面必须做防水层防潮。
（2）地面含水率不得大于8%。

第二节 有水房间震损检查、加固与维修

有水房间是指厨房、厕所、卫生间等有给水、排水管的房间。有水房间渗漏是一项严重的通病，处理得不好，会直接影响到用户的正常使用。受地震作用影响，有水房间容易出现各种形式的渗漏。

一、有水房间楼板渗漏的原因及防治

（一）有水房间楼板渗漏的原因
1. 对有水房间的楼板设计不够合理，在土建设计中未考虑到楼板的四个角容易出现裂缝而未采取相应的措施。
2. 在设计中各工程配合不好，在水施图中没有标注预留孔的位置，随意预留孔洞，在土建施工图中没有标注预留孔的处理方法，随意处理预留孔洞。
3. 对有水房间楼板浇筑施工中，模板胀膜、下沉、负筋被踩陷，造成楼板产生裂缝，另外，楼板还有蜂窝、麻面、起砂等缺陷。
4. 先砌筑蹲台、支墩、隔板、小便槽，后进行面层施工，积水从其底下没有面层的部分渗漏。
5. 预留孔位置不准确，安装时剔凿造成防水层破坏。
（二）有水房间楼板渗漏的防治
1. 在土建施工图中，在楼板四个角和预留孔周边等部位加防裂的构造筋。
2. 在设计中加强各工种的联系，各工种表示的预留孔位置和处理方法应一致。
3. 严格遵守施工验收规范和图纸施工，避免出现裂缝、蜂窝、麻面、起砂。
4. 采用正确的施工方法预留孔洞或凿洞，精心施工，填塞缝隙，切实做好防水层。
5. 楼板出现裂缝、蜂窝等缺陷引起渗漏时，可将损坏处清除干净，并浇水湿润，再分层抹上防水砂浆或局部作防水层。
6. 穿楼板的管道预留孔处理不当时，可将管道周围的混凝土凿开并清除干净，然后

用防水油膏等防水材料在管道四周做好防水层。

二、有水房间内卫生器具安装不牢固、连接处渗漏的原因及防治

（一）有水房间内卫生器具安装不牢固、连接处渗漏的原因

1. 土建墙体施工时，没有按规定预埋木砖。
2. 固定卫生器具的螺栓规格不合适，拧栽不牢固。
3. 卫生器具与墙面接触不够严实。
4. 大便器与排水管连接处，排水管甩口高度不够，大便器出口插入排水管的深度不够，蹲坑出口与排水管连接处没有抹严实。
5. 大便器与冲洗管、存水弯头接口及排水管接口不填塞油麻丝，填塞砂浆不密实、不养护，造成接口有漏洞或裂缝。

（二）有水房间卫生器具安装不牢固、连接处渗漏的防治

1. 固定卫生器具用的木砖应五面刷好防腐油。在墙体施工时预埋好，严禁后装木砖或木塞。
2. 固定卫生器具的螺栓规格要合适，宜尽量采取拧栽合适的机螺栓。
3. 凡固定卫生器具的托架和螺丝不牢固者应重新安装。卫生器具与墙面间的较大缝隙要用水泥砂浆填补饱满。
4. 大便器排水管甩出口高度必须合适，并高出地面 10mm。
5. 蹲坑的排水管甩口要选择内径较大、内口平整的承口或套袖以保证蹲坑出口插入足够的深度。
6. 排水管接口中，铸铁管承插口塞油麻丝为深度的 1/3。接口砂浆要掺水泥量 5％的防水剂作成防水砂浆，砂浆应分层塞紧捣实。
7. 大便器与冲洗管接口（非绑扎型）用油麻丝填塞，然后用 1∶2 水泥砂浆嵌填密实。大便器与冲洗管用胶皮绑扎连接时，不得用铁丝，用 14 号铜丝并绑二道。所有排水管接口，均要先试水后隐蔽。

三、有水房间墙面渗水的原因和防治

（一）有水房间墙面渗水的原因

1. 地面排水坡度不合适，墙根处过低而积水。
2. 墙裙处没作防水处理，墙裙空臌开裂或用白灰砂浆作面层。
3. 大便器等水卫设备与楼板连接不紧密且未作防水处理，水顺着本层楼板底面流到板边的墙上。
4. 设计中未考虑在楼板的四周设置附加钢筋，板角出现裂缝后，水顺着裂缝流到板边的墙上。

（二）有水房间墙面渗水的防治

1. 地漏集水半径大于 6m 时，找坡较难，故墙裙处用聚合物水泥砂浆或防水砂浆抹平浇筑。
2. 有水房间在捣制楼板的同时做出反边。即在现浇板四周设计一道板上圈梁与板整体浇注。

3. 在有水房间设置涂膜防水（加聚氨酯涂膜防水）代替各种卷材防水，使地面和墙面形成一个无接缝和封闭严密的整体防水层。

4. 在整治有水房间墙面渗水时，首先查出其原因。其次对引起渗水的根源进行处理，最后对墙裙进行防水处理。

第三节　墙面震损检查、加固与维修

一、清水墙面损坏的原因及其防治

（一）清水墙面勾缝砂浆开裂、脱落的原因及防治

1. 清水墙面勾缝砂浆开裂、脱落的原因

（1）清水墙面勾缝前未经开缝，刮缝深度不够或用大缩口缝砌砖，使勾缝砂浆不平，深浅不一致。竖缝挤浆不严，勾缝砂浆悬空未与缝内底灰接触，与平缝十字搭接不平等。

（2）脚手眼堵塞不严，补缝砂浆不严。

（3）勾缝前，对墙面浇水湿润不够，或墙缝内浮灰未清理干净，影响勾缝砂浆与灰缝内砂浆的粘结。

（4）有水房间或上下水管道漏水，使墙面长期潮湿，勾缝砂浆受浸泡而脱落。

（5）因年久失修，勾缝风化脱落。

2. 清水墙面勾缝砂浆开裂、脱落的防治方法

（1）勾缝前，对墙体砖块缺棱掉角部位、瞎缝、刮缝深度不够的灰缝进行开凿。开缝深度为10mm左右，缝子上下切口应开凿整齐。

（2）堵塞脚手眼前，先将洞内的残余砂浆剔除干净，并浇水湿润，然后铺以砂浆用砖挤严。横、竖灰缝均应填实砂浆，顶砖缝采用喂灰的方法塞严砂浆，以减少脚手眼对墙体强度的影响。

（3）勾缝前，提前浇水冲刷墙面的浮灰，待砖墙表皮略见风干时，再开始勾缝。

（4）在干燥的天气里，勾缝后应喷水养护。

（5）因有水房间或上下水管道漏水，使墙面的勾缝开裂、脱落时，首先将渗漏的部位修缮好，再铲除损坏的勾缝，清理干净浮灰，最后按原勾缝修复。

（6）因年久失修风化的勾缝，可结合墙体一起考虑，按原墙体的形式修复。

（二）清水墙面风化、勾缝酥松的原因和防治

1. 清水墙面风化、勾缝酥松的原因

（1）墙体的防潮层未做或失效，使墙体长期潮湿。

（2）有水房间或上下水管道漏水，使墙体长期潮湿。

（3）因年久失修，墙面风化、勾缝酥松。

2. 清水墙面风化、勾缝酥松的防治

（1）在新建时，严格按照设计和施工的要求，做好墙体的防潮层。

（2）加强养护，适时修缮。

（3）因墙体防潮层失效或有水房间等漏水产生的墙面风化、勾缝酥松时，先将防潮层

和漏水的部位修缮好，再修缮墙面或勾缝。

（4）清水墙风化较严重时，根据其损坏的范围，先修缮损坏的墙面，再补嵌灰缝，具体方法如下：

①将风化砖、浮土铲除刷净扫清，浇水湿润。

②将已铲清的风化砖面用1∶0.5∶4.5水泥、纸筋灰、黄砂刮糙（即粉底层）。

③用1∶1.5水泥、春光灰加色粉（黑色用氧化铁黑，红色用氧化铁红拌均）粉面。

（5）清水墙严重损坏时，可采用勒缝补嵌的方法修缮，具体方法如下：

①将严重风化的墙面用泥刀把酥松部分四周灰缝一起铲清，用钢丝刷刷去砖面及缝内浮灰、浇水湿润。

②用1∶2水泥黄砂修缮铲清的墙面，并用木蟹打毛。

③刷预先调的颜色水一度，边刷边用铁板砾光。

④再刷色水一度。

⑤稍干后按原砖块大小和砌法勒缝，即勒出黄砂水泥颜色代替嵌灰缝。

注意：色水是根据原有色相用红、黄或黑颜料，如氧化铁红、氧化铁黄或氧化铁黑等配制成偏红、偏黄或偏黑的颜色，再加上颜料重量5%的聚醋酸乙烯乳液，用水调成稀浆而得。涂刷前应做好试样，待试准后再使用。

二、抹灰墙面的损坏原因及其防治

（一）抹灰墙面产生裂缝的原因和防治

1. 抹灰墙面产生裂缝的原因

（1）地基基础的不均匀沉降，导致墙体和抹灰产生裂缝。

（2）抹灰砂浆的水灰比过大。

（3）抹底层灰时，没有清理干净基层。

（4）底层抹灰和面层抹灰间隔过长时，未用水湿润，致使抹面层后，干湿收缩不一致产生裂缝。

（5）未按照质量要求、严格选用材料。如水泥过期、黄砂含泥量大等。

（6）未及时压光和抹灰层太厚以及养护不善等。

（7）有水房间或上下水管道漏水，浸湿墙身，经过冬季冻胀，致使抹灰开裂。

（8）受到人为的撞击产生裂缝。

2. 抹灰墙面裂缝的防治方法

（1）严格按照施工要求，控制抹灰砂浆的水灰比。

（2）抹灰前，将砖石、混凝土等基层表面的灰尘、污垢和油渍等清除干净，并洒水湿润，基层表面应平整。

（3）室内墙面、柱面的阳角和门窗洞口的阳角，宜用1∶2水泥砂浆做护角，其高度不应低于2m，每侧宽度不小于50mm。

（4）按照质量要求，严格选用原材料。如应选用含泥量小于5%的中砂，不低于32.5号的普通硅酸盐水泥等。

（5）根据不同部位，选用合适的砂浆品种：

①外墙门窗洞口的外侧壁、屋檐、压檐墙等的抹灰采用水泥砂浆或水泥混合砂浆；勒

脚不宜用水泥混合砂浆。

②湿度较大的房间的抹灰和北方地区外墙抹灰采用水泥砂浆，不宜采用水泥混合砂浆。

③混凝土板和墙的底层抹灰采用水泥混合砂浆和水泥砂浆。

④硅酸盐砌块的底层抹灰采用水泥混合砂浆。

⑤板条、金属网顶棚和墙的底层和中层抹灰采用麻刀石灰砂浆或纸筋石灰砂浆。

⑥加气混凝土和板的底层抹灰采用混合砂浆或聚合物水泥砂浆，一般压光两遍。

(6) 正确掌握压光时间。当手指压无明显痕迹时，就应压光。在夏季气候炎热，室外抹灰受风、热的自然影响，砂浆收水很快，在抹灰时，要随抹随压光，抹完一段后应回手压光。在阴天雨后，室外抹灰收水慢，可把工作面拉长一点，待收水后再压光。

(7) 加强养护。如室外抹灰成活后，要用刷子蘸水顺一个方向刷一遍，以增加表面湿度，使表面缓凝，颜色一致，避免出现裂缝。

(8) 一般抹灰层的平均总厚度不应大于下列值：

①顶棚：板条、空心砖、现浇混凝土为 15mm；预制混凝土为 18mm；金属网为 20mm。

②内墙。普通抹灰为 18mm；中级抹灰为 20mm；高级抹灰为 25mm。

③外墙为 20mm；勒脚及突出墙面部分为 25mm；石墙为 35mm。

(9) 当抹灰上裂缝较小时，首先将裂缝处的浮灰清理干净，再浇水湿润，最后用粉浆抹裂缝即可，如不影响美观，可不修缮；当抹灰上裂缝较大时，可沿裂缝方向铲除适量宽度的抹灰，将裂缝内的浮灰清理干净，四周湿润后，再涂抹砂浆，最后抹上面层。

(10) 当地基和基础不均匀沉降，使抹灰产生裂缝时，首先将地基和基础进行适当的处理，待裂缝不再发展后，再按上述的方法修缮。

(二) 抹灰墙面产生空臌脱落的原因和防治

1. 抹灰墙面产生空臌、脱落的原因

(1) 抹底层灰时，未能清理干净和浇水湿润基层，致使抹灰层与基层粘结不牢固，产生空臌、脱落现象。

(2) 底层砂浆的材质差，如石灰沥浆未过筛，存有石灰颗粒或碎块过多，水泥过期结块等。

(3) 修补抹灰时，空臌部分敲除面积不够、不彻底，以致修补后在周围又出现开裂、空臌、脱落等现象。

(4) 养护不善，使抹灰层过早负重。

(5) 有水房间或上下水管道漏水，室内通风不良等，使室内抹灰长期处于潮湿状态，日久后，抹灰层损坏、脱落。

(6) 墙身防潮层未按要求做或防潮层失效，使墙体长期潮湿，抹灰层空臌、脱落。

2. 抹灰墙面空臌、脱落的防治方法

(1) 对基层要铲平补牢，堵抹孔洞，用水冲洗干净并湿润基层（根据经验，120mm厚墙浇水一遍，浇水应在抹灰前一天进行），太光滑的基层，必须凿毛。

(2) 用三层抹灰做抹灰层。底层抹灰不宜太厚，一般可刷水泥浆一道；随即抹中层水泥砂浆，强度等级不低于 M5，中层一次不能太厚，厚的要分层进行，且待前一层达七成干时再抹后一层；面层灰可抹麻刀石灰，如中层太干，要浇水湿润，要分次抹压平整光滑，最后一遍要干湿度适当。

(3) 按照质量要求，严格把好砂浆的质量关。如淋灰要求白灰先用水粉化，再到浅池内搅拌成浆，入淋灰池前要过孔径不大于3mm的筛子，经过15d以上时间的熟化方可使用。

(4) 加强对成品的保养，抹灰前应封闭门窗口，在炎热季节抹灰，应注意加大室内湿度。

(5) 在修缮抹灰层的空臌、脱落时，首先用小锤轻敲抹灰层的表面，确定修缮的范围，并用瓦刀将墙面结合不牢固的粉层面全部铲掉，直至周边坚实敲打不掉为止；再将原有粉刷面斩成倒斜口，刮掉砖缝深10～20mm，使抹灰能嵌入缝内；然后用毛柴扫帚或刷帚沾水湿润基层表面，并用硬砂浆或水泥石灰混合砂浆将接缝处嵌密实；最后，根据原有抹灰层的层数和厚度，重做抹灰层（先抹四周接槎处，再逐步往里抹，边抹边压实）。

(6) 由于有水房间或上下水管道漏水。墙身防潮层失效或未做好，使抹灰层产生空臌脱落时，先将漏水的部位或防潮层修缮好，再按前述的方法修缮抹灰层。

墙身水平防潮层失效等，可用以下作法进行更换或增补：两层油毡防潮层（地震区不宜用）、防水砂浆防潮层（砂浆厚20～25mm），是用1：2水泥砂浆内掺水泥重量的5%的防水剂拌和而得。作油毡防潮层的施工方法如下：

①根据墙身砌体强度和上部荷载以及施工条件，沿墙身按1～1.5m的长度划分若干段落，并确定好新设防潮层的标高位置（原墙身有防潮层时，就在原防潮层处）。

②将油毡按水平防潮层的宽度，裁成长条。

③不论是更换或增设防潮层，可以在墙的单侧进行。外墙应在外侧施工。如防潮层位于地面线以下，应在施工的一侧挖出施工用基槽（基槽宽度为800～1000mm，深度低于防潮层500mm）。

④按照划分的段落，间隔地前后分两阶段进行更换或增设。在第一阶段施工段落的长度和墙的宽度内，先凿出高约2～3皮砖的水平槽，分段除去旧防潮层，并用钢丝刷将此处的酥松层及杂质清除干净，浇水湿润后用水泥砂浆找平；然后，隔一天后分段在上铺设新的油毡防潮层，其两端各留出长约200mm，以备与第一阶段施工的邻段油毡相搭接，两层油毡间涂以热沥青；最后在第二层油毡的面上用1：1或1：2的水泥砂浆砌砖，最末一皮砖与旧砌体间用半干水泥砂浆嵌实。

⑤第一阶段换设施工完毕后，待砂浆达到一定强度后（常温下至多3～5d），再按同样的方法进行第二阶段的施工。

三、水刷石墙面损坏的原因及其防治

（一）水刷石墙面产生裂缝的原因和防治

1. 水刷石墙面产生裂缝的原因

(1) 基层处理不好，清扫不干净，墙面浇水不均匀，影响底层砂浆与基层的粘结性能。

(2) 脚手眼等孔洞堵塞不严，影响底层砂浆与基层的粘结。

(3) 屋面板与墙身交接处未作适当的处理，使其因温度变化伸缩不一致，导致水刷石墙面开裂。

(4) 地基基础的不均匀沉降，导致墙身和水刷石墙面产生裂缝。

(5) 夏季施工砂浆失水过快或作罩面前没有适当浇水养护。

(6) 上下水管道渗漏墙身防潮层未做或失效，使墙身长年潮湿，经过多次冻融而开裂。

2. 水刷石墙面裂缝的防治方法

(1) 设计时，在层面板与墙身之间应增设适当的隔离层。在适当的位置，增设圈梁，以增强房屋的整体性。

(2) 抹灰前，先将基层表面清扫干净，脚手眼等孔洞填充堵严，并于施工前一天浇水湿润。

(3) 夏季施工做面层时，如底层失水过多，应浇水湿润，刮上薄薄一层素水泥浆，再作面层。

(4) 加强对上下水管道渗漏的检查和修理，及时增设或更换墙身防潮层，使水刷石墙面长期干燥。

(5) 当水刷石墙面裂缝较宽时，可以沿缝方向凿开。清理干净并浇水湿润，刷一道水泥浆随抹底层灰，待底层灰六七成干燥时，先拌和聚合物水泥砂浆，随后按照原面层一样的水泥石子的配合比，颜料及石子颜色、规格调配水泥石子浆，并根据水刷石的工艺要求，完成每道工序。

(6) 当水刷石墙面裂缝细小且较多时，可采取分格块铲除重抹的方法修缮，使之形成规则的矩形，不影响美观。

(二) 水刷石墙成空臌、脱落的原因及防治

1. 水刷石墙面空臌、脱落的原因

(1) 原因同"裂缝"的前四点。

(2) 水刷石原材料控制不严，水泥的强度等级、石子规格混杂、石子使用前没有洗净过筛等。

(3) 墙面没有分格或分格太大，水刷石接槎不紧密，分格条粘贴操作不当。

(4) 水泥石子浆配合比不同，干稀不匀。

(5) 抹水泥石子浆时，抹、拍压墙面的操作不当。

2. 水刷石墙面空臌、脱落的防治方法

(1) 基层要按要求处理好，视墙面材料吸水率大小和季节气候情况，适时、适量浇水湿润，用聚合物水泥砂浆作粘结层。

(2) 弹性粘贴分格条，要保证横平竖直不显接槎。对木制分格条，要选用杉木或优质红、白松，粘贴前应在水中浸泡12h以上后风干使用。粘分格条要用纯水泥浆，抹成45°角。

(3) 抹罩面水泥石子浆时，应掌握好底层砂浆的干湿程度。如底层太干，将使石子不易压实和抹平，面层易整块脱落。

(4) 要掌握好喷刷的时度。喷刷过早或过度时，石子颗粒露出灰浆面过多，容易脱落。喷刷过晚又会使灰浆冲洗不净，造成表面石子污浊，影响美观。

（5）适量配制水泥石子浆。水泥石子浆要随用随配制，存放时间不要超过水泥初凝时间，上墙前需重新搅拌，以提高和易性和粘结力。

（6）严格控制水泥砂石的原材料，水泥要使用同一厂生产的、相同的强度等级。石子要选用同一规格，如果大小、颜色不同，必须经人工筛选，并用水清洗干净。

（7）水泥石子的搅拌要专人负责。每次搅拌水泥石子浆的配合比应相同、准确，宜集中搅拌。搅拌好的水泥石子浆稠度可稍大一些，一般以5～7度（或50～70mm）为宜。

（8）如为上下水管道渗漏或墙身的防潮层未做或失效，首先将上下水管道渗漏补好，增设或更换墙身防潮层，再修补水刷石墙角。

（9）水刷石墙面出现空臌或脱落时，可用瓦刀敲打破损处四周，确定破损的范围和程度。如果底层抹灰也空臌、脱落，则按照前述修补粉刷层空臌、脱落的方法，做好水泥砂浆底层后，再做水刷石面层。如果只是水刷石面层空臌、脱落，只需浇水湿润底层，再薄薄地刮一层聚合物水泥砂浆，随后抹水泥石子浆，按照水刷石墙面的作法完成每道工艺。

四、面砖墙面的损坏原因及其防治

（一）面砖墙面开裂的原因和防治

1. 面砖墙面开裂的原因

（1）面砖粘贴砂浆不饱满、面砖勾缝不严，雨水渗透后受冻膨胀而开裂。

（2）水泥砂浆配合比不准，稠度控制不好，砂子中含量过大，在同一施工面上，采取几种不同配合比的砂浆，引起不同的干缩率而开裂。

（3）上下管道渗漏和墙身防潮层未做或失效，使墙身长期潮湿，经过冬夏冻融而开裂。

（4）地基基础的不均匀沉降，墙身出现裂缝而拉裂面砖。

2. 面砖墙面开裂的防治

（1）按照施工要求，使粘贴面砖的砂浆饱满，勾缝严实。

（2）严格控制水泥砂浆的配合比及其原材料，在同一施工面上采用同种配合比的砂浆。

（3）由于上下水管道渗漏和墙身防潮层未做或失效引起面砖开裂，先根治上下水管道的渗漏和增设或更换墙身防潮层，再修补面砖。

（4）由于地基基础的不均匀沉降或其他原因，墙身出现细小裂缝而拉裂面砖时，可先用环氧树脂灌补密实墙身的裂缝，再拆换损坏的面砖，具体方法如下：

①把有裂缝的面砖凿除，同时检查裂缝，如裂缝向砖底延伸，则需沿裂缝再把面砖凿除，凿至基层墙面即可。

②在裂缝处用扩槽器或钢凿扩成沟槽状。

③用气泵清理修理面上的浮尘。

④待干燥后，在裂缝沟槽上涂灌缝用的环氧树脂。

⑤有裂缝的部位需先钻孔，钻孔的直径为3～4mm，二孔的间距可视裂缝宽度而定，一般可取50～100mm。

⑥用较稠的环氧树脂腻子填嵌沟槽，留出钻孔位置。环氧树脂腻子配方见表5-3-1。

环氧树脂腻子配方（重量比）　　　　　　　　　　　表 5-3-1

名　称	6101环氧树脂	乙二氨	二甲苯	邻二苯甲酸二丁脂	滑石粉
用量	100	8～10	20～25	10	70～100

⑦然后注入环氧树脂。注入的环氧树脂浆配合比可视裂缝宽度而定。可参考表 5-3-2。
⑧重新铺贴面砖，方法可参考前述面砖墙面的作法。

环氧树脂浆液参考配方（重量比）　　　　　　　　　　表 5-3-2

组分 NO	6101环氧树脂	乙二氨	丙酮	二甲苯	690溶剂	304聚酯树脂	裂缝宽度（mm）
1	100	8	30				0.3～0.4
2	100			30			0.5
3	100	8			30		0.6～1.0
4	100	10		15		5～10	1.0～1.5

（二）面砖墙面空臌、脱落的原因和防治

1. 面砖墙面空臌、脱落的原因

（1）原因同"面砖墙面开裂"的前三点。

（2）使用未浸泡的干面砖，表面有积灰，减弱砂浆的粘结力，使面砖空臌、脱落。

（3）使用浸泡的面砖，面砖没有晾干，表面有附着水，使铺贴面砖时产生浮动，易出现空臌、脱落。

（4）粘贴面砖的砂浆过多，面砖不易贴平，如果敲打过多，会造成浆水集中面砖四周或溢出，收水后形成空臌、脱落。

（5）空气中二氧化碳、二氧化硫、二氧化氮等有害气体，遇水形成碳酸、硫酸或硝酸。对碱性无机饰面材料有腐蚀作用，生成溶于水的碳酸钙、硫酸钙等，使面砖脱落。

（6）面砖的质量较差，歪斜、缺角等。

2. 面砖墙面空臌、脱落的防治方法

（1）外墙尽可能按照清水墙标准，做到平整垂直，为饰面工程创造良好的条件。

（2）使用面砖前，应严格进行剔选，凡外形歪斜、缺角掉棱、翘裂和颜色不匀者均应挑出。

（3）面砖使用前，清除干净，最好隔夜用水浸泡并晾干，表面无明水。

（4）铺贴面砖砂浆饱满，但不宜过多过厚。

（5）铺贴面砖时，要做到一次成活，不宜多动，在砂浆收水后切忌挪动面砖。

（6）可用 1∶1 水泥砂浆勾缝，砂子过窗纱筛，分二次进行，头一遍用一般水泥浆勾缝，第二遍按设计要求的色彩配制带色水泥砂浆勾成凹缝，凹进面砖深度一般为 3mm。

（7）当面砖空臌、脱落时，可用直观法和用小铁锤轻轻敲打面砖，确定修补范围，然后用环氧树脂重新粘贴面砖，其方法如下：

①确定钻孔位置，钻孔是在面砖之间的勾缝处，一般每平方米钻 16 个孔。

②根据钻孔的位置，用孔径为 8mm 的钻钻孔，深度以进基层（墙体）10mm 为宜。

③用气泵清除孔中的粉尘。

④待孔干燥后,用环氧树脂灌浆。环氧树脂的配合比为 6101 环氧树脂:乙二胺:690 溶剂=100:8:30。

⑤把溢出的环氧树脂用布擦净。

⑥待环氧树脂凝固后,用 1:1 水泥砂浆封闭注入口即可。

(8) 基层为混凝土的面砖脱落时,可用 YJ302 界面处理剂粘贴面砖,其方法如下:

①清扫基层,浇水湿润,按 1:3 的比例做水泥砂浆底层灰。

②选好面砖,用水浸泡,使用时表面无附水。

③将 YJ302 界面处理剂甲、乙组分按 1:3 的比例混合拌匀,用毛刷涂于基层和面砖背面,作为界面粘结层。

④待粘结层稍干后,在面砖背面的粘结层上,刮一层薄薄的水泥浆结合层。水泥浆的配合比为界面处理剂:水泥=1:1,并应在 2h 内用完。

⑤随即将面砖贴在基层上用力挤压,用木锤敲击,使面砖与基层结合紧密。

⑥调整面砖,使其横平竖直,将挤出的灰浆擦缝或勾缝,随即将面砖擦净。

五、墙面涂料损坏的原因及其预防

(一) 墙面涂料流坠(流挂、流淌)的原因和防治

1. 墙面涂料流坠(流挂、流淌)的原因

涂料施工黏度过低,涂膜太厚;施工场所温度太低,涂料干燥缓慢;在成膜中流动性较大;油刷蘸油太多,喷枪的孔径太大;涂饰面凹凸不平,在凹处积油太多;涂料中含有密度大的颜料,搅拌不匀;溶剂挥发缓慢,周围空气中溶剂蒸发浓度高,湿度大。

2. 墙面涂料流坠(流挂、流淌)的防治 选择适当的溶剂,控制基层的含水率达到规范要求;提高操作人员的技术水平,控制施涂厚度(20~25μm),以保证质量;严格控制涂料的施工黏度(20~30s),加强施工场所的通风,施工环境温度应保持在 10℃ 左右;选用干燥稍快的涂料品种;油刷蘸油应少蘸、勤蘸;调整喷嘴孔径;在施工中应尽量使基层平整;刷涂料时,用力刷匀。

(二) 墙面涂料渗色(渗透、调色)的原因和防治

1. 墙面涂料渗色(渗透、调色)的原因

在底层涂料未充分干透的情况下涂刷面层涂料,在一般的底层涂料上涂刷强溶剂的面层涂料。底层涂料中使用了某些有机颜料(如酞青蓝、酞青绿)、沥青、杂酚油等。木材中含有某些有机染料、木胶等。如不涂的封底涂料,日久或在高温情况下,易出现渗色。底层涂料的颜色深,而面层涂料的颜色浅,也易发生这种情况。

2. 墙面涂料渗色(渗透、调色)的防治措施

底层涂料充分干后,再涂刷面层涂料。底层涂料和面层涂料应配套使用。底漆中最好选用无机颜料或抗渗色性好的有机颜料,避免沥青、杂酚油等混入涂料。木材中的染料、木胶应尽量清除干净,节疤处应点刷 2~3 遍漆片清漆;并用漆片进行封底,待干后再施涂面层涂料。

(三) 墙面涂料咬底的原因和防治

1. 墙面涂料咬底的原因

底层涂料与面层涂料不适合、不配套,在一般底层涂料上刷涂强溶剂型的面层涂料;

底层涂料未完全干燥就涂刷面层涂料；刷面层涂料动作不迅速，反复涂刷次数过多。

2. 墙面涂料咬底的防治方法

涂刷强溶剂型涂料，应技术熟练，操作准确、迅速，反复次数不宜多；选择合适的涂料材料，底层涂料和面层涂料应适合、配套使用；应待底层涂料完全干透后，再刷面层涂料。遇到咬底时，应将涂层全部铲除洁净，待干燥后再进行一次涂饰施工。

（四）墙面涂料泛白的原因和防治

1. 墙面涂料泛白的原因

在喷涂施工中，由于油水分离器失效，而把水分带进涂料中；快干挥发性涂料不会发白，有时也会出现多孔状和细裂纹；当快干挥发性涂料在低温、高湿度（80%）的条件下施工，使部分水汽凝积在涂膜表面形成白雾状；凝积在湿涂膜上的水汽，使涂膜中的树脂或高分子聚合物部分析出，而引起涂料的涂膜发白；基层潮湿或工具内带有大量水分。

2. 墙面涂料泛白的防治方法

喷涂前，应检查油水分离器，不能漏水；快干挥发性涂料施工中，应选用配套的稀释剂，在涂料中加入适量防潮剂（防白剂）或丁醇类憎水剂；基层应干燥；清除工具内的水分。

（五）墙面涂料浮色（涂膜发花）的原因和防治

1. 墙面涂料浮色（涂膜发花）的原因

混色涂料的混合颜料中，各种颜料的比重差异较大；油刷的毛太粗太硬，使用涂料时，未将已沉淀的颜料搅匀。

2. 墙面涂料浮色（涂膜发花）的防治方法

在颜料比重差异较大的混色涂料的生产和施工中，适量加入甲基硅油；使用含有比重大的颜料，最好选用软毛油刷。涂刷时经常搅拌均匀；应选择性能优良的涂料；用软毛刷补涂一遍。

（六）墙面涂料产生桔皮的原因和防治

1. 墙面涂料产生桔皮的原因

喷涂压力太大，喷枪口径太小，涂料黏度过大，喷枪与物面间距不当；低沸点的溶剂用量太多，挥发迅速，在静止的液态涂膜中产生强烈的静电现象，使涂层出现半圆形凹凸不平的皱纹状，未等流平，表面已干燥形成桔皮；施工湿度过高或过低；涂料中混有水分。

2. 墙面涂料产生桔皮的防治措施

应熟练掌握喷涂施工技术，调好涂料的施工黏度，选好喷嘴口径；调好喷涂施工压力；注意稀释剂中高低沸点适当；施工湿度过高或过低时不宜施工；在涂料的生产、施工和贮存中不应混进水分，一旦混入应除净后再用；若出现桔皮，应用水砂纸将凸起部分磨平，凹陷部分抹补腻子，再涂饰一遍面层涂料。

（七）墙面涂料起泡的原因和防治

1. 墙面涂料起泡的原因

木材、水泥等基层含水率过高；木材本身含有芳香油或松脂，当其自然挥发时；耐水性低的涂料用于浸水物体的涂饰，油腻子未完全干燥或底层涂料未干时涂饰面层；金属表面处理不佳，凹陷处积聚潮气或有铁锈，使涂膜附着不良而产生气泡；喷涂时，压缩空气中有水蒸气，与涂料混在一起；涂料的黏度较大，抹涂时易夹带空气进入涂层；施工环境温度太高，或日光强烈照射使底层涂料未干透，遇雨水后又涂面层涂料，则底层涂料干结时产生气体将面层涂膜顶起；涂料涂刷太厚，涂膜表面已干燥而稀释剂还未完全蒸发，则将涂膜顶起，形成气泡。

2. 墙面涂料起泡的防治措施

应在基层充分干燥后，再进行涂饰施工；除去木材中的芳香油或松脂；在潮湿处选用耐水涂料，应在腻子、底层涂料充分干燥后，再涂面层涂料；金属表面涂饰前，必须将铁锈清除干净；涂料黏度不宜过大，一次涂膜不宜过厚，喷涂前，检查油水分离器，防止水汽混入。

（八）墙面涂料涂膜开裂的原因和防治

1. 墙面涂料涂膜开裂的原因

涂膜干后，硬度过高，柔韧性较差；涂层过厚，表干里不干；催干剂用量过多或各种催干剂搭配不当；受有害气体的侵蚀，如二氧化硫、氨气等；木材的松脂未除净，在高温下易渗出涂膜产生龟裂；彩色涂料在使用前未搅匀；面层涂料中的挥发成分太多，影响成膜的结合力；在软而有弹性的基层上涂刷稠度大的涂料。

2. 墙面涂料涂膜开裂的防治措施

选择正确的涂料品种；面层涂料的硬度不宜过高，应选用柔韧性较好的面层涂料来涂饰；应注意催干剂的用量和搭配；施工中每遍涂膜不能过厚；施工中应避免有害气体的侵蚀；木材中的松脂应除净，并用封底涂料封底后再涂各层涂料；施工前应将涂料搅匀；面层涂料的挥发成分不宜过多。

（九）墙面涂料涂膜网粘的原因和防治

1. 墙面涂料涂膜网粘的原因

在氧化型的底漆、腻子没干之前就涂第二遍涂料；物面处理不洁，有蜡、油、盐等，如木材的脂肪酸和松脂、钢铁表面的油脂等未处理干净；涂膜太厚，施工后又在烈日下曝晒；涂料中混入了半干性油或不干性油，使用了高沸点的溶剂；干料加入量过多或过少，干料的配合比不合适，铅、锰干料偏少；涂料在施工中，遇到冰冻、雨淋和霜打；涂料中含有挥发性很差的溶剂；涂料熬炼不够，催干剂用量不足；涂料贮存太久，催干剂被颜料吸收而失去作用。

2. 墙面涂料涂膜网粘的防治措施

选择优良的施工环境和涂料；应在涂料完全干燥后，再涂第二遍涂料；基体表面的油脂等污染物均应处理干净，木材还应用封底涂料进行割底，每遍涂料不宜太厚，施涂后不能在烈日下曝晒；应注意涂料的成分和溶剂的性质，合理选用涂料和溶剂；应按试验和经验来确定干料的用量和配比；施工时，应采取相应的保护措施，以防止冰冻、雨淋和霜打。

（十）墙面涂料涂膜发汗的原因和防治

1. 墙面涂料涂膜发汗的原因

树脂含有较少的亚麻仁或熟桐油膜，易发汗；施工环境潮湿、阴暗或天气湿热，涂膜表面凝聚水分，通风不良；涂膜氧化未充分，或长油度涂料未能从底部完全干燥；金属表面有油污或旧涂层有石蜡、矿物油等。

2. 墙面涂料涂膜发汗的预防措施

选用优质涂料,改善施工环境,加强通风,促使涂膜氧化和聚合,待底层涂料完全干燥后再涂面层涂料;施涂前,将袖污、旧涂层彻底清除干净后,再施涂;一般应将涂层铲除清理,重新进行基层处理,再进行涂饰施工。

第六章 木结构加固与维修

第一节 木结构损坏检查

在木结构、砖木结构房屋中,木构件的数量较多,而且有不少是承重构件。在正常的使用条件下,木结构是耐久而可靠的。但由于受到设计、施工、使用、维护、材质等因素的影响,会使木结构产生腐朽、虫蛀、裂缝、倾斜、变形过大、缺陷、腐蚀等多种病害而过早破坏。因此,相对于其他结构,木结构更需要正确使用,定期检查,加强预防,适时维修,以保证结构安全,延长其使用寿命。

一、木结构的损坏现象、原因及其危害

木结构在使用过程中,受到自然的、人为的因素影响,会产生各种不同的损坏现象,其中腐朽、虫蛀、火灾是木材最严重的缺点,对木结构正常使用产生的危害也最大。对木结构各种损坏现象、损坏原因及其危害的分析,对做好木结构的维护和修缮工作大有益处。

木结构的损坏现象、原因及其危害　　　　表 6-1-1

损坏现象及损坏原因	危　害
腐朽:木材颜色由黄变深,最后呈黑褐色,其表面干缩、龟裂、木质松软碎裂,木材断面减小,木质细胞逐渐破坏 原因:木材被木腐菌侵蚀,其细胞被逐渐破坏	木结构受力截面减小,木材强度严重降低,或完全失去承载能力,危害最大
虫蛀:木材表面有小孔,偶尔有蚁迹、蚁路,结构截面较大时,被蛀蚀的一侧表面偶尔有隆起现象,木材内部被蛀成许多孔道 原因:木材被白蚁、家天牛等害虫蛀蚀,其中以白蚁的危害最严重	使木构件的截面减小,降低或失去承载能力。虫蛀严重时,危害最大
裂缝:分为干裂、断裂和劈裂 干裂:木材顺木纹,由表及里发展的径向裂缝,其中主裂缝(最早出来的第一条裂缝)最宽最深。见图 6-1-1～图 6-1-3 原因:木构件在干燥过程中,因水分蒸发、干缩不均匀而产生的 劈裂:木构件沿顺木纹受剪面产生裂缝。如木屋架下弦端节点处,木夹板螺栓连结处等 原因:木构件顺纹抗剪强度不足或材质有缺陷 断裂:木构件沿横木纹方向或顺木纹(有斜纹)方向产生裂缝,并逐渐发展而断裂 原因:木构件的抗拉强度不足或材质有缺陷	此缝如处于受剪面或附近,以及处于受拉接头的螺栓孔之间时,可造成接头或受剪面的破坏,危害最大 可使木构件失去承载能力,危害很大 可使木构件失去承载能力,危害很大

续表

损坏现象及损坏原因	危 害
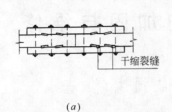 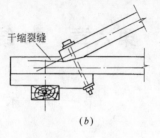 (a) (b) 图 6-1-1 槽口受剪面上的干缩裂缝图 (a) 斜键连结；(b) 齿连结 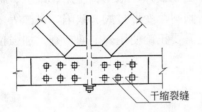 图 6-1-2 受拉接头螺栓连结　　图 6-1-3 受弯构件侧面干裂引起梁上半部 　　　　螺孔间干缩裂缝图　　　　　　　　　　对下半部产生位移示意图	
缺陷：木材缺陷分斜纹、木节与涡纹等 斜纹：受弯、受拉、受压构件中常沿斜纹开裂。见图 6-1-4、图 6-1-5 原因：斜纹降低了构件的抗弯、抗拉、抗压强度 木节与涡纹：受弯、受拉、受压、受剪构件中常沿木节处开裂。见图 6-1-6～图 6-1-8 原因：木节破坏了材质的均匀性，减小了构件的有效截面，降低了木材的力学强度	可使构件断裂破坏，危害较大 可使木构件断裂或剪切破坏，危害较大

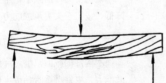 

图 6-1-4 斜纹受弯构件破坏情况图　　图 6-1-5 屋架斜纹木材下弦断裂情况图

图 6-1-6 受拉杆件木节部位断裂情况图　　图 6-1-7 木节使构件截面消弱情况图

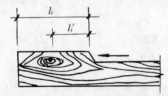

图 6-1-8 木节对剪力面长度影响情况图

续表

损坏现象及损坏原因	危　害
倾斜：木柱偏离竖直方向；木屋架在垂直于结构平面的方向倾斜 原因：木柱间及屋盖缺乏必要的纵向支撑系统，或受到撞击及地震灾害等的影响	严重倾斜时可导致倒塌事故，危害较大
变形过大：受弯、受压木构件产生过大的弯曲变形，或木屋架等构件的整体或局部产生过大的异常变形。见图 6-1-9。 原因：构件抗弯强度不足，或构件整体或局部承载能力不足、超载、受力方向改变	弯曲过大将导致构件断裂，整体或局部变形过大将会产生损坏及倒塌事故，危害较大

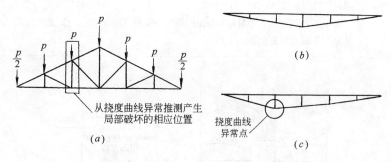

图 6-1-9　木桁架正常和异常挠度曲线示意图
（a）桁架形式及荷载情况；（b）正常的挠度曲线；（c）异常的挠度曲线

腐蚀：木构件颜色逐渐改变，材质酥松、强度降低 原因：构件受到酸、碱、盐等的侵蚀	严重腐蚀时，可使木材强度降低，受力截面减小降低或失去承载能力，危害较大

二、木结构损坏情况的检查方法

为了做好木结构的维修工作，使其处于正常工作状态，必须定期对木结构进行检查，以便及时地发现问题，采取相应的预防措施。损坏严重者，应立即进行修缮处理，以确保房屋的正常、安全住用。

木结构损坏情况的检查方法　　表 6-1-2

检查办法	检　查　内　容
看	1. 看木构件有无过大的变形（弯曲变形、异常变形）、倾斜及材质缺陷； 2. 看木构件有无受潮、腐朽虫蛀及腐蚀的迹象，看室内通风是否良好； 3. 看木构件有无危害性较大的裂缝（干裂、劈裂、断裂）； 4. 看木结构的构造是否符合要求，如木屋架的端节点、上下弦接头、支撑、保险螺栓的根数、直径； 5. 看木结构中各种铁件有无锈蚀及锈蚀程度； 6. 看木结构各受力构件的工作状况及整体稳定性
敲	1. 用小锤轻敲木构件，听声音是否低哑沉闷，以判断是否有腐朽、虫蛀、腐蚀、裂缝等； 2. 用小锤轻敲各种铁件，以检查是否松动及其锈蚀程度
钻	用小木钻在损坏部位钻孔，从木屑的颜色和木材的强度来判别构件内部有无腐朽、虫蛀、腐蚀、以及腐朽、虫蛀、腐蚀的范围、深度和程度等

三、木结构损坏的预防措施

木结构损坏的预防措施　　　　　　　　　表 6-1-3

损害现象	预防措施
腐朽	1. 限制木腐菌的生长繁殖条件。其条件为：木材含水率＞20%，温度 2～35℃，适当的空气。三个条件中只要不具备其中一个，木腐菌就不能或很难生存； 2. 采用构造防腐措施。(1) 防止雨雪等天然水浸湿木材；(2) 使用中防止凝结水、渗漏水使木材受潮；(3) 尽可能采用干燥木材制作构件；(4) 加强通风构造，防止构件受潮。其通风构造图见图 6-1-10～图 6-1-18； 3. 化学防腐措施。木材防腐防虫药剂特性及适用范围，木材防腐防虫药剂配方及处理方法见本章第三节及有关专门手册

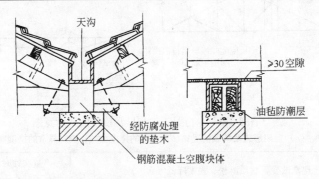

图 6-1-10　内排水屋盖中间支座木屋架通风防腐构造图

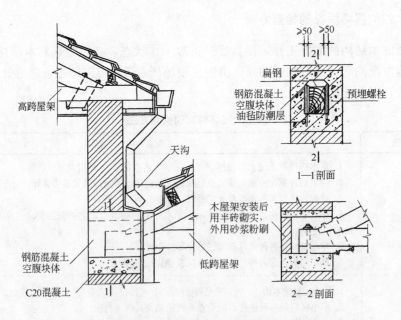

图 6-1-11　高低跨中间砖柱上木屋架支座通风防腐构造图

续表

损害现象	预 防 措 施

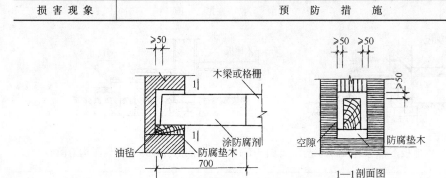

图 6-1-12　木梁、搁栅端部通风防腐构造图

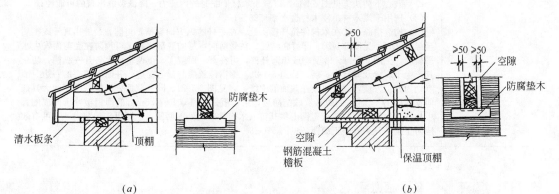

图 6-1-13　外排水屋盖端节点通风防腐构造图

图 6-1-14　外墙构筑物上设置地板通风口构造图　　图 6-1-15　紧靠湿度较大房间的木构件防腐构造图

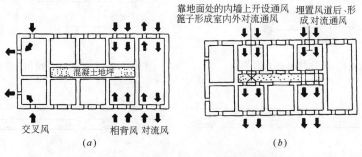

图 6-1-16　木地板通风洞通风情况示意图
(a) 三种通风情况示意图；(b) 通风改善示意图

续表

损害现象	预防措施
	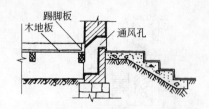 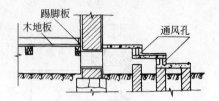 图 6-1-17 木地板下转弯通风洞构造图　图 6-1-18 台阶侧面开设地板通风洞构造图
虫蛀	其预防措施见本章第三节
裂缝	(1) 破心下料法。见图 6-1-19，以减小木材干缩时的内应力，降低裂缝出现的可能性； (2) 选用干燥木材。使木材含水率<20%； (3) 构造措施：①在木构件拉杆接头处，在主杆的纵方向锯槽，可防止裂缝出现于或扩展至螺栓孔间，见图 6-1-20。②齿联结处，在受剪面木材的底部锯槽，以预防在受剪面发生水平裂缝，见图 6-1-21。③受弯或压弯杆件，可在其一面或上、下两个面各开一纵槽，防止其产生干裂缝及其自由扩展，见图 6-1-22。锯槽位置应与髓心对应，并贴近髓心的一边。节点处为施工方便，锯槽可设在截面的中线上，见图 6-1-21。同一截面处锯槽总深度约为其截面宽度的 1/3。④"组钉板"联结防裂，组钉板是将厚 0.9~1.5mm 的薄钢板冲压而成的钉板扣件，可用液压法或人工锤击将其钉入木构件联结处的两侧，它既可传递剪力，又可有效地防止构件开裂且施工简便，见图 6-1-23

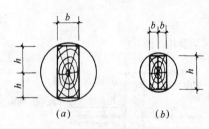

图 6-1-19 木材破心下料做法

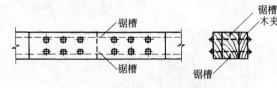

图 6-1-20 拉杆螺栓连接接头处锯槽防裂

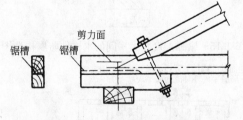

图 6-1-21 齿连接处锯槽防裂

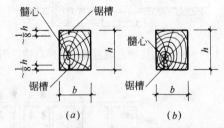

图 6-1-22 受弯或压弯杆件上锯纵槽防裂举例

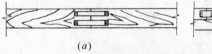 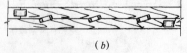

图 6-1-23 木结构的"组钉板"联结图
(a) 对接连接梁；(b) 尾压连接梁

续表

损害现象	预防措施
缺　陷	严格选料、合理用材，尽可能使木结构的重要部位或受力较大的部位避开斜纹、木节与涡纹，以及髓心等材质缺陷。
倾　斜	加强木结构的纵向支撑系统，防止人为的碰撞及使用中局部超载。在抗震设防地区，还应做好木结构的抗震加固工作。
变形过大	1. 设计、施工时，应保证木结构的整体强度、刚度及稳定性； 2. 定期检查、及时拧紧松动的螺栓和钢拉杆，尤其在木结构完工后的 1～2 年内，这项工作更为重要

第二节　木结构加固与维修

木结构在制作和使用过程中，产生病害和缺陷的因素较多，病害的发展亦较快。在使用阶段，木材的受拉和剪切又都是脆性破坏。因此，木结构应该得到经常的、定期的和特殊情况下的维护与修缮。维护与修缮，应该做到"预防为主、防修结合、随坏随修"。即对木结构，更应认真重视经常的、定期的维护和缺陷的消除，尤其是木材的防潮、防腐维护，保证木结构处于正常的条件之下工作，防止、减缓结构的损坏和缺陷的扩大，是完全必要的。

木结构的维护与修缮，应当在满足实用的前提下，力求采用经济简便的手段，因地制宜，消除危害，达到安全使用的目的。选定的维护与修缮方案，还应力求避免造成对日后室内外装修的影响。

一、木结构的日常维护

木结构的日常维护要点及维护内容　　　　　　　　　　　表 6-2-1

维护要点	维护内容
维护结构安全使用	1. 防止木结构任意人为超载。如改变房屋用途增加荷载；更换或增设较大较重的设备；增加屋面盖材、吊顶、保温层；增设阁楼；在木屋架、木梁等结构上悬挂重物等； 2. 防止任意削弱构件截面及联结点。如不得在承重结构上钻孔、打眼、砍削；以及随意拆改构件节点及联结点； 3. 防止错误使用。禁止将一般木结构房屋改为高温、高湿的生产车间，以及改作有强侵蚀性介质（如酸、碱、盐、酸雾）的生产用房，不得任意增设具有强烈振动的机械设备； 4. 防火防虫措施。严格控制火源（取暖炉、火盆、炊事照明用火、烟火、电线短路起火、大功率灯泡等），防止其与木构件靠近或采取防火构造措施。防止白蚁等害虫对木构件的蛀蚀； 5. 及时处理危险症害。当发现木结构的危险症害时，应及时采取处理措施，如临时支撑、减荷、加固等。

续表

维护要点	维护内容
维护结构正常工作	1. 定期检查、拧紧松动的钢拉杆及螺栓。这样可防止构件变形过大，保证木结构的整体性和正常工作，延长使用年限； 2. 及时处理节点承压面出现的离缝现象。恢复压杆的正常工作。处理方法：缝隙较小时。可拧紧松动的钢拉杆，使缝隙弥合。缝隙较大时，先将松动的钢拉杆适当拧紧，另外在节点处增设双面铁（木）夹板，以传递压力； 3. 固定松脱的支撑系统杆件，补设带天窗的主屋架的脊檩
维护结构防潮防腐	1. 及时修补屋面局部渗漏，防止屋面木结构及木基层受潮； 2. 采取通风干燥和隔离的构造措施。如涂刷油漆或防腐剂，木结构与地面、砖墙等接触部位设置防潮层；木地板下和屋面与吊顶间设通风洞、通风窗，以便对流通风； 3. 采取隔汽或保温措施。以防水汽或结露对木结构的影响； 4. 及时削换或处理已腐朽的木构件。对严重腐朽者，可进行削补加固；对轻微腐朽者，可涂刷防腐剂，以防腐朽的扩大蔓延； 5. 钢拉杆及所有钢铁联结件应定期除锈并刷油漆

二、木结构的一般修缮方法

木结构的修缮，应在对结构进行检查鉴定的基础上进行。对整个结构基本完好，仅在局部范围或个别部位有病害、破损的结构，应尽量在原有位置上，对原结构进行局部的修缮与加固，对破损的杆件进行更换。只有在结构普遍严重损坏，或整体性的承载能力不足的情况下，并经多种方案综合比较后，才采取整个结构翻修或换新的方法。

对木结构进行修缮施工时，要尽量减少或避免对原有结构的影响。加固工作往往是在荷载作用下进行的，首先应设置牢固可靠的临时支撑，同时要避免较大的振动或撞击，以防产生不利影响。新增设的杆件、铁杆、夹板等应选材合理、构造符合要求，主要部位应经结构计算，以确定增设杆件、铁件等的截面尺寸及配置数量。

（一）木梁和檩条的修缮

1. 端部劈裂或腐朽及其他缺陷的加固

（1）用木夹板和螺栓加固。见图 6-2-1。加固木夹板的厚度应大于或等于原梁截面宽度的一半，宽度与梁高相同；螺栓数量、直径及垫板规格由计算确定。加固后，夹板及梁端均刷防腐剂。

（2）用短槽钢和螺栓加固。见图 6-2-2。螺栓的数量、直径、垫板规格、槽钢的型号均由计算确定。加固前，木梁端部刷防腐剂，加固后，铁件除锈、刷油漆。

（3）用短木和螺栓加固。见图 6-2-3。短木和螺栓的截面、直径、数量均由计算确定。在短木和原木梁间应增设一个硬木键，以承担接触面处的剪力。加固后，短木及木梁端刷防腐剂，铁件除锈、刷油漆。

2. 刚度不足或跨中强度不够的加固

（1）采用"八"字斜撑加固（如图 6-2-4 及图 6-2-5）。此方法增加了梁的支点，减小了梁的计算跨度。斜撑对屋架、柱产生水平推力，为平衡此水平力，可在屋架和柱的两侧加设对撑，或采用其他平衡措施。

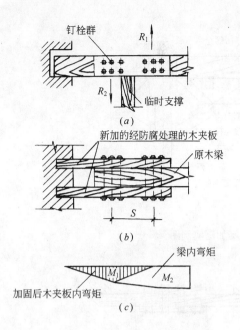

图 6-2-1 梁端用木夹板替换加固图
(a) 立面图；(b) 平面图；(c) 弯矩图

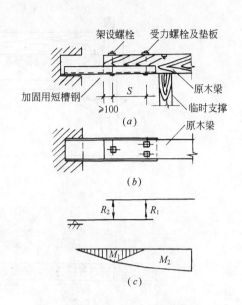

图 6-2-2 梁端底部用短槽钢替换加固图
(a) 立面图；(b) 平面图；(c) 弯矩图

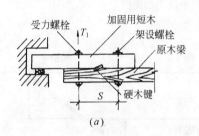 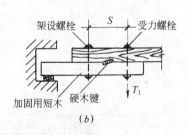

图 6-2-3 梁端用短木连接加固图
(a) 连接于梁顶；(b) 连接于梁底

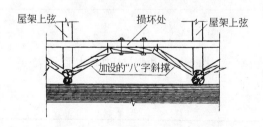

图 6-2-4 "八"字斜撑加固檩条图

(2) 用木（钢）夹板和螺栓加固（图 6-2-6）。用于加固木梁因裂缝、折断或木质缺陷等产生的损坏。木（钢）夹板和螺栓、垫板应经计算确定。

(3) 用钢拉杆加固（图 6-2-7，图 6-2-8）。用于加固木梁、木檩条的弯曲变形过大，或需提高承载能力的情况。

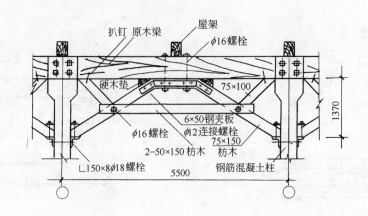

图 6-2-5 车库屋面木大梁加固实例图

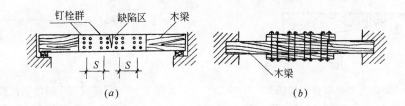

图 6-2-6 木梁跨中缺陷加固图
(a) 立面图；(b) 平面图

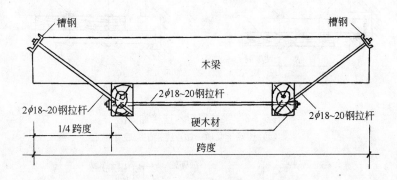

图 6-2-7 用钢拉杆加固木梁

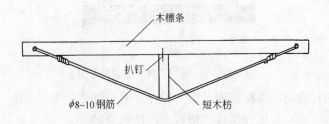

图 6-2-8 用钢拉杆加固木檩条

(4) 增设支点加固（图 6-2-9）。适用于木梁弯曲过大，跨中强度不够的情况。

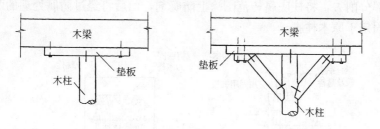

图 6-2-9　增设支点加固木梁

（二）木柱的修缮

1. 侧向弯曲的矫直与加固

(1) 柱侧增设枋木和螺栓加固。适合于侧向弯曲不太严重的单柱、组合柱（图 6-2-10）。

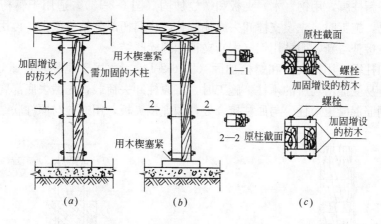

图 6-2-10　木柱侧向弯曲的矫正和加固图
(a) 矫正前情况；(b) 加固矫直后情况；(c) 组合柱加固截面图

对单柱，可在柱的一侧增设刚度较大的枋木，借拧紧螺栓时产生的侧向力来矫正原柱的弯曲。对组合柱，可在原柱间嵌填枋木，也可在原柱外侧增设枋木进行加固。

(2) 用千斤顶矫直后，柱侧增设枋木和螺栓加固。适合于侧向弯曲严重，拧紧螺栓不易矫直的木柱（图 6-2-11）。在部分卸荷的情况下，先用千斤顶和大枋木将原柱矫直，而后增设枋木和螺栓加固。

2. 木柱脚腐朽的加固

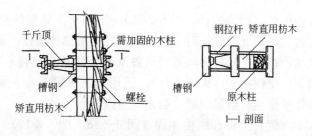

图 6-2-11　用千斤顶矫直木柱的弯曲示意图

（1）用木夹板和螺栓加固（图 6-2-12）。适用于柱脚轻度腐朽的情况。施工时，先将腐朽的外表部分削去，将柱底腐朽范围涂上防腐剂，而后将经过防腐处理的两块或四块木夹板用螺栓固定于原木柱脚。

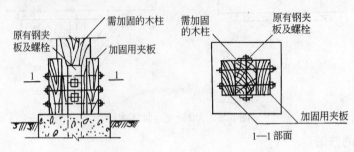

图 6-2-12 轻度腐朽的木柱脚加固图

（2）接补新柱脚，用钢（木）夹板和螺栓加固（图 6-2-13）。适用于腐朽较重且腐朽段较长的情况。施工时，先设支撑卸去原柱荷载，将腐朽部分整段截去，再用相同截面及强度的新短柱接补，新、旧柱用钢（木）夹板和螺栓联结。

（3）新加柱墩，用钢夹板和螺栓加固（图 6-2-14）。适用于腐朽较严重，位于防潮、通风条件差、易受撞击场所的木柱。施工时，将原柱卸去荷载，先截去底部腐朽部分，换以混凝土或钢筋混凝土短柱。与原柱接合处，预埋钢夹板，用螺栓与原柱联结。

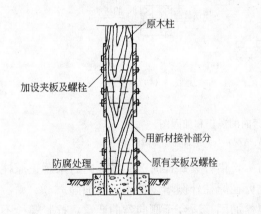 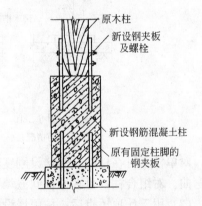

图 6-2-13 木柱脚整段接补图　　图 6-2-14 钢筋混凝土短柱加固木柱脚图

（三）木屋架的修缮

1. 下弦受拉杆件的加固

（1）用钢拉杆加固下弦（图 6-2-15，图 6-2-16）。适用于下弦整体存在缺陷、损坏或承载能力不足、挠度过大的情况。施工时，在原下弦杆的两侧各增设一根钢拉杆、拉杆两端用双螺帽与槽钢联结，在原下弦杆中间适当位置设 U 形钢夹板或硬木枋。

（2）用钢箍加固下弦受拉接头（图 6-2-17）。适用于下弦接头处个别裂缝贯穿螺栓孔的情况。即用角钢和螺栓作箍，箍紧裂缝，防止其继续发展。

（3）用钢拉杆、木（钢）夹板和螺栓加固（图 6-2-18，图 6-2-19）。适用于下弦受拉接头裂缝或断裂，或下弦杆因木材缺陷（木节、斜纹等）而局部断裂的情况。

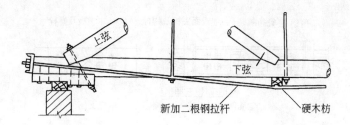

图 6-2-15　用钢拉杆加固木屋架下弦

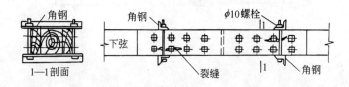

图 6-2-16　屋架下弦加固钢拉杆端部锚固构造图

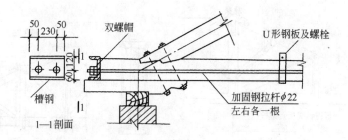

图 6-2-17　下弦接头用箍加固图

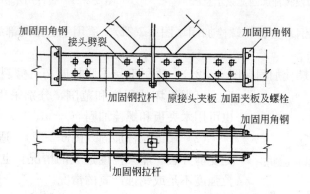

图 6-2-18　下弦受拉接头用钢拉杆加固图

2. 上弦受压（或压弯）杆件的加固

（1）上弦侧增设枋木和螺栓矫正加固。适用于上弦杆在桁架平面内的弯曲或侧向弯曲的情况。具体可参照木柱矫正的加固方法。

（2）增设腹杆加固（图 6-2-20）。适用于上弦受压、弯而强度不足的情况。此法施工简便，加固效果好。

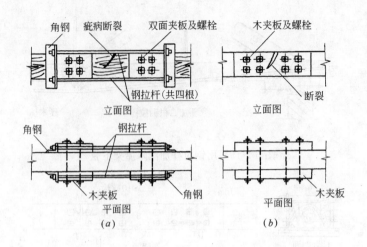

图 6-2-19 下弦局部断裂加固图
(a) 钢拉杆加固；(b) 夹板（木或钢）及螺栓加固

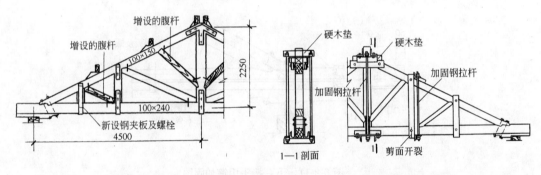

图 6-2-20 增设腹杆加固上弦示意图　　图 6-2-21 腹杆用木枋（木夹板）加固图

(3) 增设木（钢）夹板和螺栓加固（图 6-2-21）。适用于上弦局部裂缝、缺陷等情况。

3. 腹杆的加固

(1) 用枋木和螺栓加固（图 6-2-21）。适用于受压腹杆腐朽、劈裂、损坏或弯曲的情况。可视损坏的程度和范围，分别采用局部或通长加固，也可用木夹板和螺栓加固。

(2) 用钢拉杆加固（图 6-2-22）。适用于木拉杆在螺栓处受剪开裂、屋架挠度过大的情况。也可用于原钢拉杆抗拉强度不足或锈蚀严重的情况。

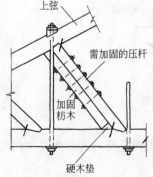

图 6-2-22 木拉杆用圆钢拉杆替代加固图

4. 节点加固

(1) 用 U 形钢板和螺栓加固（图 6-2-23 (a)）。适用于端节点处下弦轻度腐朽或其他损坏的情况。

(2) 换接端部杆件，用钢（木）夹板和螺栓加固（图 6-2-23 (b)、(c)）。适用于端节点处上弦、下弦或上下弦均腐朽或损坏严重的情况。

(3) 用钢夹板加固（图 6-2-23 (d)）。适用于端节点处

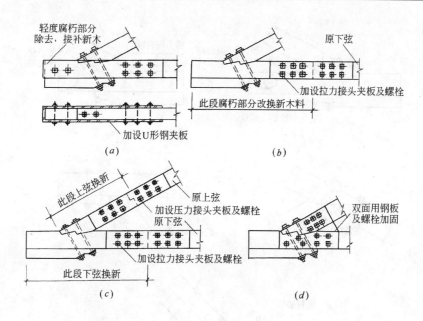

图 6-2-23 屋架端节点加固图
(a) 端部轻度腐朽用 U 形钢板加固图；(b) 下弦端部腐朽较重，整段换新加固图；
(c) 端部腐朽较重，整段上下弦加固图；(d) 受剪面太短或损坏加固图

受剪面太短或其他损坏的情况。

（4）用角钢、螺栓或增设保险螺栓加固（图 6-2-24 (a)、(b)）。适用于屋架端节点受剪面不足或有其他缺陷时的情况。

（5）增大承压面加固（图 6-2-24 (c)、(d)、(e)）。适用于屋架节点承压面不足或承压面挤压变形过大的情况。

（6）钢夹板和螺栓加固（图 6-2-25）。适用于屋架节点松动或原有木夹板腐朽、钢夹板锈蚀严重的情况。

5. 承载能力不足的整体加固

（1）屋架下增设支点（柱）加固（图 6-2-26）。适用于整榀木屋架或其大部分杆件承载能力不足，下垂过大的情况。注意增设支点后，将原二支点屋架变成三或四支点屋架，各杆件内力发生了变化，支点处的竖向腹杆（钢或木）由拉杆变成压杆，如原来是钢腹杆，则必须用枋木或型钢（角钢或槽钢）加固。

（2）屋架整体加固。适用于对屋架中强度刚度不足的所有杆件、节点的加固。

在检查中，对未按规定设置支撑结构的木结构屋面，在修缮中应增设支撑系统，以加强屋盖的纵向刚度和横向刚度。

1）纵向支撑加固

①增设上弦横向水平支撑加固。其构造要求是：上弦横向水平支撑应设于温度区段两端第二开间及每隔约 20m 距离处，其用料截面为（40～60）mm×（100～150）mm 的枋木，以长 100mm 左右的铁钉直接钉在檩条与上弦相交处，并尽可能靠近上弦节点。支撑点应用铁钉或扒钉与上弦钉牢。

②增设下弦横向水平支撑加固。

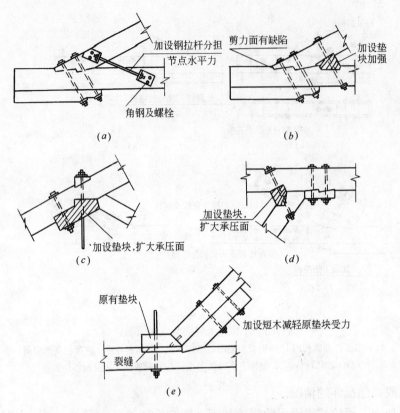

图 6-2-24 节点承压面加固图
(a) 剪刀面缺陷加固方法之一；(b) 剪刀面缺陷加固方法之二；
(c) 腹杆承压面不足加固方法之一；(d) 腹杆承压面不足加固方法之二；
(e) 承压面挤压变形较大加固方法

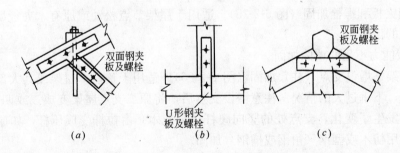

图 6-2-25 节点松动用钢夹板加固图
(a) 受压腹杆节点；(b) 受拉腹杆节点；(c) 上弦屋脊节点

2）横向斜撑加固

对桁架平面内刚度不足，通常是木柱与木屋架联结的结构，可在屋架两端与木（砖）柱或砖墙联结处，分别设置木（型钢）斜撑进行加固（图 6-2-27）。

3）其他支撑加固

对某些重要建筑或屋架的跨度、间距均较大的建筑，还应视具体情况，分别在屋架间增设垂直支撑、纵向水平系杆等加固措施，以全面增强屋盖的整体刚度，保证住用安全。

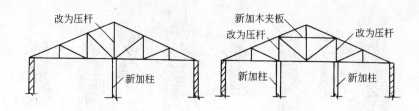

图 6-2-26 增设支点加固木屋架

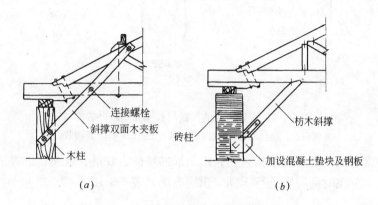

图 6-2-27 木屋架增设横向斜撑加固图
(a) 木柱与木屋架；(b) 砖柱与木屋架

第三节 木结构虫害的防治

白蚁是一种世界性的害虫。它分布普遍，危害严重，全世界已知有二千种左右。我国白蚁分布也很广，目前已发现的白蚁种类达 150 余种。

被白蚁蛀蚀过的房屋木构件，表面看不到明显痕迹，但内部已是百孔千疮，往往引起房屋倒塌。例如，1976 年 5 月，成都市的省农机供应公司楼房和顺城街民房倒塌；1979 年青城山风景区圆明宫倒塌房屋 200m² 等，都是因蚁害造成的。

一、蚁种识别

根据生活习性及筑巢位置，白蚁一般分为木栖性白蚁、土栖性白蚁和土木栖性白蚁等三大类。按照它的生殖机能，又可分为生殖类和非生殖类。生殖类是指白蚁群体中的有翅成虫，或称长翅繁殖蚁，分飞脱翅后成为蚁王（雄性）或蚁后（雌性）。非生殖类有工蚁和兵蚁。

白蚁的种类很多，但常见的有家白蚁、黄胸散白蚁、黑胸散白蚁和黑翅土白蚁等（图 6-3-1）。其中又以家白蚁最为常见，危害最严重。

不同种类的白蚁，其形态、生活习性和防治方法等是有所不同的。为了有效地防治白蚁，必须正确地识别白蚁的种类，通常把兵蚁的形态特征作为识别白蚁种类的主要依据。

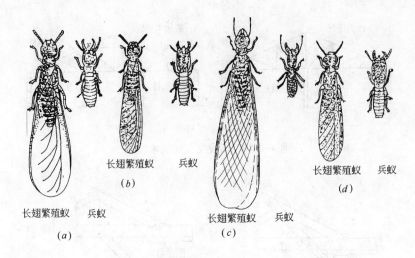

图 6-3-1　常见白蚁的兵蚁与长翅繁殖蚁外貌图
(a)家白蚁；(b)黄胸散白蚁；(c)黑翅土白蚁；(d)黑胸散白蚁

对于以上几种常见的白蚁，可根据它们兵蚁头部的特征、蚁巢、蚁路、危害情况以及长翅繁殖蚁的颜色和分飞时间等来进行识别，识别方法见表 6-3-1。

几种常见白蚁的识别方法　　　　　　　表 6-3-1

识别内容 \ 白蚁种类	兵蚁头部的特征	长翅繁殖蚁的颜色和分飞时间	蚁　巢	蚁　路	危害情况
家白蚁	头部为浅黄鱼卵圆形；上腭为褐色镰刀形；头部背面有泌乳孔，触动后能分泌乳白色液体	身体为黄褐色，稍微带淡黄色 在每年 4～7 月，大雨前后闷热的傍晚分飞	巢大而复杂，并常有主巢和副巢	蚁路粗大，比较直	危害性大，高层楼房它也能危害，主要蛀蚀房屋中的木材等
黄胸散白蚁	头部为淡黄色长方形，四角略圆；从头部侧面观察，额部凸起，无泌乳孔，不能分泌乳白色液体	身体为棕褐色，翅为淡褐色，前胸背面为橙黄色 在每年 2～4 月，闷热的中午前后分飞	巢小而简单，不分主巢和副巢	蚁路细而弯曲	危害部位一般接近地面，主要蛀蚀树根、房屋的木地板格栅和木柱架等
黑胸散白蚁	头部为黄色或黄褐色长方形，四角略圆；从头部侧面观察，额部不凸起，头部无泌乳孔，不能分泌乳白色液体	胸部为黑色，腹部颜色稍淡，翅为黑褐色 在每年 4～6 月，闷热的中午前后分飞	巢小而简单，不分主巢和副巢	蚁路较细	危害部位一般接近地面，但有时也能蛀蚀房屋的木楼板格栅和木屋架等
黑翅土白蚁	头部为深黄色卵圆形；无泌乳孔，但在口中能分泌乳白色液体	胸、腹的背面为黑褐色，在前脚背面的中央有一淡色的十字纹，翅为黑褐色 在每年 4～7 月，闷热的傍晚，大雨时或前后分飞	巢在地下泥土中、大而复杂，有主巢和副巢	蚁路很宽阔	危害高度一般在 2m 以下，主要危害农林作物和堤坝等

二、蚁害的预防措施

防治白蚁，必须贯彻"以防为主，防治结合"的方针，克服轻防重治的思想。预防，是指在白蚁侵害之前，采取措施，使之不能为害。预防的方法有两种：一是生态预防，如改革房屋设计，改变环境条件，使白蚁失去生存的条件；二是用药物处理木材，使之能抵抗白蚁的侵害，从而避免蚁患发生。

（一）及时消灭出飞白蚁

当发现有翅成虫出飞时，应及时关闭门窗，防止繁殖蚁飞入室内，或从室内飞到室外。以缩小白蚁飞翔范围。对飞出白蚁可用灯火诱杀和药物灭杀，也可用开水浇、拍打、脚踩。还可以用"克蚁威"等杀虫药剂喷洒室内的墙角、门脚、木柱脚及阴暗的角落等，将其杀灭，防止它们定居繁殖。

（二）改善环境

房屋周围的木桩、木柴、杂物等应及时清理，保持清洁。白蚁危害严重的地区，对房屋附近的枯树、树根和坟墓等，也应进行清理和检查，以防白蚁孳生。

（三）注意通风，保持干燥

要及时维修屋面和上下水管道，防止渗漏。房屋顶棚内和木地板下等处注意通风，保持干燥，消除白蚁生长条件。

（四）施药预防

在白蚁危害严重的地区，对房屋外露的墙缝和木材裂缝要用砂浆或腻子嵌填，以防白蚁进入繁殖。并在白蚁分飞季节之前，对房屋易受白蚁蛀蚀的部位，如木地板下、木楼梯下、木柱脚、木门框脚、木梁和木格栅的端部以及木屋架端节点等处，喷洒或涂刷防白蚁的药剂进行预防。

房屋大修时，必须注意检查，消灭白蚁。对被白蚁蛀蚀过的木材和物品，必须经过检查和施药后，才能堆放和利用。

（五）新建房屋预防

设计时首先应考虑防蚁措施，避免白蚁栖居。因此设计方案尽量做到通风良好，光线充足，防潮、防漏、防止给排水管道渗透，保持木质干燥等。在施工中也应考虑适当的防蚁措施，以弥补设计之不足。

1．基地内如有枯树头、旧木桩、木块，一切含有木质纤维的废物，必须清除干净。
2．木构件及预埋件，需先用防蚁防腐药剂处理。
3．在底层和较潮湿的地方不宜采用板条墙，木构件落地处要用砌体或混凝土垫高。
4．木屋架端部宜与砖墙留有一定空隙，木格栅不宜埋入墙体内。
5．板条墙内不要安装给排水管和恒温设备。
6．沉降缝必须防止水分渗入，缝内必须清除木块木片，并填以沥青。
7．白蚁危害严重的地区，房屋修建时可作毒土处理。

（1）毒土预防：在房屋周围做好毒土防蚁层。回填土分层夯实时，每层喷洒"4301"或"50%氯丹乳剂"。用量每立方米喷"4301"水剂（1∶100）10kg，50%氯丹乳剂用量见表6-3-2。如用可湿性"克蚁威"粉每立方米250g，但需先与土拌匀再夯实。也可用0.5%艾氏剂，或1%~2%五氯酚钠水溶液。

50％氯丹乳剂用量表　　　　　表 6-3-2

项 目 名 称	用 药 量（g）	药、水配比
墙外毒土	沿墙每米 40~50	1：50~1：100
电缆周围毒土	每处 40~70	1：50~1：100
室内地面毒土	每平方米 25	1：50~1：100
沉降缝毒土	每米 20~30	1：50~1：100
门框、窗框涂刷	每档 10~20	1：10
门框、窗框浸渍	每档 10~20	1：20
门框、窗框喷雾	每档 20~30	1：20
木楼地板	沿墙每米 20~30	1：20
木吊顶等框架	贴墙框架湿透	1：20
大型花坛毒土	每立方米土 25~50	1：500~1：1000
残留木模板	适量	1：30

注：本表摘自国家建设部建房 [1993] 166 号文件。

（2）材料涂刷和浸渍防蚁药物。主要有：

防蚁油：杂酚油、蒽油、页岩原油，对保护野外使用的木材有良好效果。

水溶性防蚁合剂：硼酚合剂、铜铬砷合剂，防蚁效果较好。

油溶性防蚁合剂：如五氯酚、林丹合剂、氟砷沥青浆膏、强化防白蚁油剂（煤焦油75％，亚砷酸20％，水杨酸5％）等。

三、寻找蚁巢的方法

（一）白蚁筑巢的一般部位

白蚁一般选择适宜其生活习性的环境筑巢，常见部位如下：

1. 木梁、木格栅的端部，木梁与木柱的交接处，以及木屋架端节点等处。
2. 木柱脚、木电杆脚、木门框脚、木楼地板、楼梯、台阶、地面和炉灶的下部。
3. 房屋中某些架空部位，如屋顶顶棚内，水箱底部的空间部位和墙角处，厨房水池的下部，长久不用的烟囱内和壁炉内；夹墙和灰板条墙内等处。
4. 古坟内、竹林根部，以及树的根部附近或离地面 2~3m 高的树杈等处。
5. 不易积水、半干半潮、背风而向阳的山岗和堤坝有杂草的地下泥土中。

（二）白蚁活动的外露迹象

白蚁的活动虽然很隐蔽，但它向外活动时，有不少外露迹象，这些迹象是我们寻找蚁巢的线索。它的活动外露迹象有：

1. 蚁路：蚁路是白蚁的通道，在主副巢之间有蚁路连接，取食与吸水也经由蚁路。外露的蚁路是在物体的表面，呈黄褐色。蚁路越粗，越接近蚁巢。有白蚁活动的蚁路，泥质湿润、坚实无破裂现象。蚁路扩大成片称泥被。

2. 分飞孔：分飞孔又叫分群孔、移殖孔、羽化孔，是长翅繁殖蚁分飞的孔道。离巢很近，很少超过 10m，有的毗连蚁巢，一般在蚁巢上方。只要发现分飞孔，便可以断定附近一定有蚁巢。

3. 通气孔：通气孔又叫透气孔，用以调节蚁巢的温度、湿度，大小如芝麻，形如针点，数量不等也不规则。贴近蚁巢找到通气孔，便可以肯定蚁巢必在其中。

4. 吸水线：吸水线自蚁巢通到水源，是白蚁吸取水分的通路，特点是泥层较厚而湿，粘性大，越近水源处越宽，一般在蚁巢的下方。

（三）寻找蚁巢的步骤

1. 询问和观察：在寻找蚁巢时，首先弄清房屋结构，周围环境情况，向群众了解白蚁的危害情况和出飞时间等，据以初步判断是哪一种白蚁，巢的大致方向等。然后根据白蚁的生活习性，在白蚁可能筑巢的一般部位作仔细观察，当发现有白蚁的外露迹象时，再作进一步检查。检查次序是先室内，后室外；先下后上；先重点，后全面。

2. 敲击、钻孔检查。蚁巢的外露特征，有时不太明显，还需要采用其他方法，如在可疑部位可用小手锤敲击或钻孔检查，听有无空洞之声，如果敲击的位置在蚁巢或主蚁路附近，可听到白蚁骚动的嚷嚷声。当发现较粗的蚁路后，可用螺丝刀将蚁路钻一小孔，观察白蚁的动向，凡是工蚁撤退和有大量兵蚁前来的方向，通常就是蚁巢的方向。工蚁撤退后、停一会即衔泥前来修补蚁路，则说明蚁路已靠近蚁巢。当蚁巢初步确定后，可用钻孔方法检查，如果发现有蚁巢碎片和大量兵蚁活动时，这就说明蚁巢已经找到。

黑翅土白蚁的蚁巢在土内，应先从地面环境观察寻找蚁路，当发现有白蚁活动的蚁路后，用铁丝或小竹片等插入蚁路内，作为标记，然后沿着白蚁最多的蚁路挖掘，即可找到蚁巢。

3. 利用声频探测。白蚁相互联系活动时，都会发出极微弱的声信号。在白蚁数量多的群体中，是连续不断地发出声音。利用白蚁微音进行选频放大，比较其强弱及连续程度，从而达到帮助找巢的目的。如武汉 BS-1 型的白蚁声频探测仪。

利用微音测蚁仪探巢，不仅可以提高找巢的效率和准确性，易于判断隐蔽的蚁巢部位，而且没有中毒和污染的问题，安全方便，不受地域的限制。

在某种自然环境下，嘈杂声的频谱是很宽的，会在仪器的使用上受到很大影响。因此操作人员应积累在辨别白蚁活动声音与外界干扰声方面的经验。

四、灭治白蚁的方法

灭治白蚁的常用方法，有药物灭治、烟熏灭治、诱杀灭治（包括灯光诱杀）和挖巢四种。此外还有尚待进一步探索的，如微生物法、激素分化、中草药灭治法等。应根据各种白蚁的特性和危害的具体情况，选用适当的灭治方法。

（一）药物灭治

灭治白蚁的药物有粉剂、液剂和烟雾剂等。

1. 家白蚁的药物灭治法。目前防治家白蚁最广泛的是药物灭治。主要使用的药物有"灭蚁灵"和亚砒酸混合等粉剂，也有用水剂灌注的。"灭蚁灵"粉剂由 7 份"灭蚁灵"原粉（$C_{10}Cl_{12}$，白色或棕色粉末）和 3 份滑石粉拌合、研磨配成；亚砒酸混合粉剂由亚砒酸

(As_2O_3，又称白砒、砒霜）80%、水杨酸3%、升汞2%（或不用升汞而用水杨酸5%)、氧化铁红5%、滑石粉10%配制而成。喷药的部位和方法是否正确对灭蚁的效果有很大的影响。因此对不同部位应采取不同的喷药方法。

(1) 蚁巢喷药：蚁巢是消灭家白蚁效果最好的喷药地方。蚁巢找到后宜迅速喷药，防止白蚁受惊后逃散迁移。一般在蚁巢上部三分之一处的四周钻4～6个小孔，孔不宜太大，以喷粉器的喷嘴能插入即可，然后进行喷药，使药粉均匀下落。喷药后，用棉花、泥土、或纸等将喷药孔封闭。

(2) 蚁路喷药：当找到蚁路时，可隔适当距离，在蚁路上挑开洞口约2cm（蚁路的汇集点施药最好）见有白蚁时，顺着蚁路两个方向喷药，药量要适宜，以免堵塞蚁路，要尽量把药粉喷在白蚁身上。喷完药后，把洞口封闭。

(3) 分飞孔喷药：分飞孔施药时，最好在繁殖蚁临飞出孔之前10天左右，这时不但杀死大批繁殖蚁，防止蔓延危害，而且能使药物迅速传到巢内，能使全巢覆灭。施药前，先在其集中部位挑开3～4个洞口观察有兵蚁出现即可喷药。施药后，将洞口复原，或用棉花等堵塞洞口。

(4) 蛀部位喷药：被蛀屋架、梁、柱、门窗框、挑檐木等，应先检查空音较重的部位，然后撬开木材或开两个小洞，对准蚁路向梁的左右两端或柱的下方施药后，应将撬开的部位复原，不能堵塞蚁路。在低矮地板下发现家白蚁时，也可用氯丹水剂（由氯丹原油5kg、松节油2kg、轻柴油或煤油2kg、0203宁乳1kg配成氯丹乳油，使用时加水25～50倍稀释为氯丹水剂、亦称氯丹乳剂）和亚砒酸钠水剂（由亚砒酸20%、烧碱10%、水70%配制而成，使用时加水4～5倍稀释为水剂）进行全面喷洒灭治。

2. 散白蚁的药物灭治。散白蚁的群体分散，蚁巢小，巢位则更多。单用粉剂灭治工作量大，不易做到彻底消灭，因此采用粉剂和水剂药物相结合进行处理，效果较好。在距地面1m以上处喷粉剂灭蚁药物；在1m以下处对木材表面喷洒或涂抹5%～10%亚砒酸钠水剂、1%～2%氯丹乳剂（即氯丹水剂）或3%～5%五氯酚钠等。如地面、灰板条墙等可在适当位置撬开或钻洞口，然后进行全面喷洒。每平方米地板的喷药量需稀释后的药水1～2kg。油剂药物可用氯丹原油3%～5%、柴油（煤油）97%～95%混合后喷洒。白蚁危害严重时，其用药量可以适当增加。

3. 黑翅土白蚁的药物灭治。黑翅土白蚁营巢于山岗、堤坝、水库有杂草的地下，目前常用烟熏、喷药、水剂灌注和灌浆等方法灭治。

(1) 烟熏法：将可湿性"克蚁威"粉70%（毒剂）、氯酸钾20%（燃烧剂）、香粉7%（助燃烧）、氯化铵3%（降温剂）等烟雾剂配制好，装入烟雾发生器，燃烧后，将喷嘴插入主蚁路内，勿使漏烟。熏一巢一般用药量是1～1.5kg，时间约20～30min。

(2) 气熏法：将5～10片（每片重2g）的磷化铝片，放入玻璃管内（内装湿棉球），或放入一端有竹节的竹筒内，立即把玻璃管或竹筒开口一端插入主蚁路内，并迅速用泥封住。磷化铝吸收空气中水分后，放出极毒的气体，从蚁路进入蚁巢，使黑翅土白蚁中毒死亡。通常7d左右即可气熏完毕。磷化铝有剧毒，施药人员应戴口罩手套等，注意防毒。

(3) "灭蚁灵"毒杀：在蚁路内喷射"灭蚁灵"10～15g，随即塞进白蚁喜食饵料，再用土密闭好，隔2至3个月，白蚁群体可以灭亡。

(4) 水剂灌注：将水剂药物灌入蚁路。常用药物有 0.2% 五氯酚钠水溶液、可湿性"克蚁威"粉、1.5%"1605"、锌硫磷等。

(5) 灌浆：从泥被、泥线在地面暴露严重的地方，找出蚁路，由上而下压灌大量无杂质细土泥浆，灌饱为止。在泥浆中掺进一些灭蚁药物（"克蚁威"粉或氯丹、乐果等均可，用量是 0.3%～0.5%）使泥浆流进蚁路、蚁巢，毒死白蚁，封堵蚁穴。压浆要注意：行动要快，防止蚁路被白蚁封塞；浆土要选择细质黏土；泥浆要淡薄，泥与水的比例是 1∶2 为宜，压力要大，以防泥浆干固阻塞。

4. 木白蚁的药物灭治法。木白蚁穿蛀干硬的木材，由于穿蛀隧道的形式不定，蚁道曲折，孔口极小，群体数量不多，而且从不外出活动，施用粉剂药物一般效果不好，一般采用注入水剂药物。根据广东省北海市白蚁防治所 1983 年工作总结，采用水浸法、光热法灭治木白蚁，简单、方便效果好。

(1) 注入药水法：在木材表面每隔 0.5～1m 钻孔沟通隧道，灌入药水杀死白蚁，药物可参照散白蚁液剂配方。为了杀死木材表面的白蚁及繁殖蚁，可在木材表面涂刷 5% 五氯酚石油液剂或 2% 氯丹乳剂。

(2) 熏蒸法：常用药剂是溴甲烷 35～40g/m^3，氯化苦 40g/m^3，硫酸氟 20～35g/m^3；磷化铝 8～12g/m^3 等。对受堆砂白蚁蛀蚀的木质器具，可放在熏蒸箱或密闭良好的房间进行熏蒸，也可用塑料薄膜封起进行熏蒸。

(3) 水浸法：对于楼板、楼梯等被堆砂白蚁危害的部位，可用多层废布料将被害物铺上或包扎，然后定时间向废布料淋清水，使整个受害木料经常保持湿润（3 天）。能使 2～3cm 厚的木料内白蚁死亡。

(4) 光热法：采用 200～300W 灯炮，对准危害处照射 5～10min，能使 2～3cm 厚的木料内白蚁全部死亡。

5. 药物灭治效果的检查

施药以后药效的检查，也要根据药物的性质而决定检查时间。灭蚁灵药效缓慢，需在施药后一个月左右进行检查。在夏季施药的一般药物，施药后一周内进行检查。

从蚁巢外看白蚁排泄物干枯，蚁路裂了不补；挑开施药口发现有蚁尸，主巢内堆积大量成团的白蚁体；发生霉菌，有臭味；副巢内蚁尸较少，甚至成为一空巢，稍有发霉或无发霉现象，说明施药效果好。如果发现仍有白蚁活动，再进行施药使白蚁全部死亡。

(二) 挖巢灭治法

挖巢方法在我国民间沿用已久，其优点是方法简便，不用药剂，没有污染。采用挖巢法要求能准确判定巢位（找巢可根据白蚁外露特征和同位素示踪）。既要把整个蚁巢挖出进行消灭，又要尽量减少对建筑物的破坏，避免乱挖，一般散白蚁不宜采用挖巢灭治法。

为了取得较好的灭蚁效果，可在白蚁活动频繁的季节寻找蚁巢，然后到冬季当白蚁密集巢内活动时，把主、副巢都挖掉。挖巢时要注意安全，防止意外倒塌事故。挖出蚁巢之后。对其空穴中洒一些"克蚁威"等一般的杀虫剂，然后将其封闭。家白蚁的蚁巢和黑翅土白蚁的菌圃（蚁巢）分别见图 6-3-2 和图 6-3-3。

 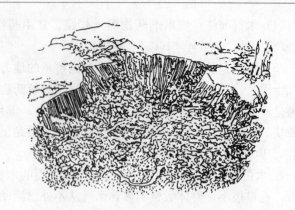

图 6-3-2　家白蚁的蚁巢　　　　　　图 6-3-3　黑翅土白蚁的菌圃（蚁巢）

（三）诱杀灭治法

诱杀法常用在蚁巢不易寻找，或挖巢比较困难的地方。此法具有较方便、成本低、污染少，容易修复等优点。其方法是用白蚁喜爱吃的食物，如松木、松花粉、甘蔗、芦苇、竹片等作为诱饵，把白蚁诱到一定地点，然后进行消灭。当白蚁活动面广时，此法与药物灭治法结合使用，灭蚁效果更好。常用诱杀方法有以下几种：

1. 挖诱杀坑：在白蚁活动频繁的地方，挖一土坑，深 30～40cm，长宽视地形而定。坑四周砌砖或其他措施，防止雨水冲刷，坑内不能积水。坑内放置松木条、甘蔗或其他诱饵，然后加盖并覆泥土。设置后不要时常翻动惊扰，一般约 10～15d 左右进行观察，如诱集大量白蚁，然后施药灭杀，也可用开水烫和火烧。

2. 设置诱杀箱：在白蚁活动和蚁路附近放置预制好的 40cm×25cm×30cm 的木制诱杀箱，箱有盖无底，使白蚁容易从箱底钻入箱内，内装新鲜的松杉木条，在箱外用湿草垫或其他覆盖物覆盖，保持箱内温、湿度。也可以做外套箱，内箱与外箱之间填以湿土，约 10～15d 左右大量白蚁诱集来后，即可进行消灭。

还有一种形式是设置诱杀堆，将湿松木迭架成堆，上面遮盖，然后诱杀。

3. 灯光诱杀：在分飞季节，诱杀有翅成虫。安装黑光灯，灯下放一装水的盆子，在水中加入适量柴油，灯高 1.5～2.5m 左右，每日傍晚开灯，次日晨关灯。这种方法可减少繁殖蚁配对营巢。

第四节　古建筑加固与维修

古建筑之可贵，除了它们是用金钱和血汗堆成的之外，更重要的是它们是历史的遗存，有历史、艺术、科学三方面的主要价值。对古建筑进行抗震加固与维修，就是以科学的方法防止其损坏、延长其寿命，更必须最大限度地保存其历史、艺术、科学的价值，保存现状和恢复原状。

一、古建筑抗震加固与维修概述

（一）古建筑抗震加固与维修的原则

与普通木结构相比,木结构古建筑在抗震加固与维修方面还必须保存四个方面的内容:

1. 保存原来的建筑形制。古建筑的形制包括原来的平面布局、原来的造型、原来的艺术风格等。

2. 保持原来的建筑结构。古建筑的结构主要反映了科学技术的发展。随着社会的发展,对各种古建筑的要求不断提高。各个时期和各种古建筑的结构方式都有所不同,它们是建筑科学发展进程的标志。砖石结构、铜铁结构等都有其不同的时代、地区、民族的特点,在修缮中不要随意改变。

3. 保存原来的建筑材料。古建筑中的建筑材料种类很多,有木材、砖、石、铜、铁等。水泥是修缮工作中的大敌,尽量少用。

4. 保存原先的工艺技术。复古复得越彻底越好,继承传统工艺技术,充分利用现代化工具与设备,使之为维修古建筑服务。

5. 保护建筑,采用原建筑之同样材料。采用原建筑之同样工艺施工,恢复原建筑几何尺寸及式样,尽可能保留原建筑之旧构件。

(二)古建筑抗震加固与维修材料要求

1. 修复或更换承重构件的木材,其材质要求应与原件相同。

2. 用作承重构件或小木作工程的木材,使用前应经干燥处理,含水率应符合下列规定:

(1) 原木或方木构件,包括梁枋、柱、檩、椽等,不应大于20%;

(2) 板材、斗栱及各种小木作,不应大于当地的木材平衡含水率。

3. 修复木结构古建筑构件使用的胶粘剂,应保证胶缝强度不低于被胶合木材的顺纹抗剪和横纹抗拉强度。胶粘剂的耐水性及耐久性,应与木结构的用途和使用年限相适应。

(三)古建筑的构造不符合抗震鉴定要求时,除应按所发现的问题逐项进行加固外,尚应遵守下列规定:

1. 对体型高大、内部空旷或结构特殊的古建筑,均应采取整体加固措施。

2. 对截面抗震验算不合格的结构构件,应采取有效的减载、加固和必要的防震措施。

3. 对抗震变形验算不合格的部位,应加设支顶等提高其刚度。

(四)木结构古建筑在维修、加固中,如有下列情况之一应进行结构验算:

1. 有过度变形或产生局部破坏现象的构件和节点;

2. 维修、加固后荷载、受力条件有改变的结构和节点;

3. 重要承重结构的加固方案;

4. 需由构架本身承受水平荷载的无墙木构架建筑。

(五)梁、柱构件验算承载能力时,应遵守下列规定:

1. 当梁过度弯曲时,梁的有效跨度应按支座与梁的实际接触情况确定,并应考虑支座传力偏心对支承构件受力的影响;

2. 柱应按两端铰接计算,计算长度取侧向支承间的距离,对截面尺寸有变化的柱可按中间截面尺寸验算确定。

3. 原有构件部分缺损或腐朽的,应按剩余的截面进行验算。

二、大木作工程病害与加固维修

大木作是指古建筑中的结构性构件。宋《营造法式·看详·诸作异名》中，材、栱、飞昂、爵头、斗、平座、梁、柱、阳马、侏儒柱、斜柱、栋、搏风、椽、檐、举折等属"大木作"。大木作是古建筑的主要承重构件，对古建筑的结构安全具有重要作用。

（一）柱子的病害与加固维修

1. 柱子的常见病害及原因

柱子是大木结构的一个重要构件，主要功能是用来支承梁架。由于年久，古建筑的柱子容易受干湿影响往往会出现劈裂、糟朽现象。

古建筑的柱子，有些是露明的，有些是包砌在墙体里面的。露明的柱子由于通风比较好，不太容易糟朽，包砌在墙里面的柱子情况就不同了。由于古代建筑工程缺乏有效的防潮措施，加上土坯、砖这些墙体砌筑材料自身又有吸附空气中或地表水分的特点，所以，墙体往往是潮湿的，包砌在墙体内的木柱，长期处在潮湿的环境中，很容易糟朽。

木柱糟朽，一般是从柱根和外表开始，然后逐渐由外向内、由下而上，由轻而重，逐步发展。当柱子糟朽还不严重的时候，不会对建筑整体造成什么影响；当柱子糟朽很严重时，就会对整体构架带来严重影响。木柱糟朽还往往受朝向的影响，经常受雨水侵蚀的墙体（如东墙、南墙）潮湿比较厉害，墙内的柱子更容易糟朽，这些柱子糟朽会引起一侧的柱子下沉，从而导致古建筑倾斜。建筑的西、北两面又易受西北风的影响，强大的风力作用，会加剧古建筑的倾斜，如果年久失修，最终会造成房屋倒塌。

2. 柱子的加固维修

（1）墩接柱根、包镶柱根

墩接柱根（或刎攒包镶）是木柱修缮中常见的一种做法。木柱腐朽多发生在根部，在这种情况下就需要对糟朽部分做局部修缮处理。处理的手段有两种，一种是柱根包镶，一种是墩接，需根据柱根糟朽的情况而定。

一般说来，柱根圆周的一半或一半以上表面糟朽，糟朽深度不超过柱径的1/5时，可采取包镶的方法。包镶即用锯、扁铲等工具将糟朽的部分剔除干净，然后按剔凿深度、长度及柱子弧度，制备出包镶料，包在柱心外围，使之与柱子外径一样，平整浑圆，然后用铁箍将包镶部分缠箍结实。

当柱根糟朽严重（糟朽面积占柱截面1/2以上，或有柱心糟朽现象，糟朽高度在柱高的1/5～1/3）时，一般应采用墩接的方法。墩接是将柱子糟朽部分截掉，换上新料。常见的做法是做刻半榫墩接，方法是：将接在一起的柱料各刻去直径的1/2作为搭接部分，搭接长度一般为柱径的1.5～2倍，端头做半榫，以防搭接部分移位。另一种方法是用抄手榫墩接，方法是将柱子截面按十字线锯作四瓣，各剔去对角两瓣，然后对角插在一起。

柱子的墩接高度，四面无墙的露明柱应不超过柱子的1/5，包砌在山墙或槛墙内的柱子应不超过柱高的1/3。接茬部分要用铁箍2～3道箍牢，以增强其整体性。

墩接露明的柱子要支顶相关的梁、枋，确保构架安全和施工安全。墩接墙内的柱子要拆掉影响操作的墙体，俗称"掏柱门子"，会对墙体产生扰动。

（2）抽换柱子及辅柱

当木柱严重糟朽或高位腐朽，或发生折断，不能用墩接方法进行修缮时，可以采取抽换或加辅柱的方法来解决。所谓"抽换"即通常所说的"偷梁换柱",是在不拆除与柱有关的构件和构造部分的前提下,用千斤顶或戗杆将梁枋支顶起来,将原有柱子撤下来,换上新柱。木柱抽换还会对局部屋面产生扰动,造成屋面、灰背裂缝、松动等,要做善后处理。

（3）化学材料浇铸加固法。用化学材料浇铸加固是古建筑维修采用现代科学的一种新方法。柱子由于生物性破坏,如白蚁蛀蚀等,或者由于原建时选料不慎,也有外皮完好柱心糟空的现象。这种情况宜采用不饱和聚酯树脂浇铸加固。

（4）劈裂的处理。对于细小轻微的裂缝（在5mm以内,包括天然小裂缝）,可用环氧树脂腻子堵磨严实;裂缝宽度超过5mm,可用木条粘牢补严。如果裂缝不规则,可用凿铲制作成规则槽缝,以便容易嵌补。裂缝宽度在3厘米以上深达柱心的、粘补木条后,还要根据裂缝的长度加铁箍1道。

（二）大木构架的病害与加固维修

大木构架受各种外来因素的影响,容易发生变形、下沉、破损、榫卯结合处松弛,出现劈裂、歪闪、脱榫、滚动现象,从而使承载能力发生明显减弱,对此都需经过认真检查和鉴定,根据残缺度定出各种加固措施和修缮的处理方法。

1. 对木构架进行整体加固,应符合下列要求：

（1）加固方案不得改变原来的受力体系；

（2）对原来结构和构造的固有缺陷,应采取有效措施予以消除,对所增设的连接件应设法加以隐蔽；

（3）对本应拆换的梁枋、柱,当其文物价值较高而必须保留时,可另加支柱,但另加的支柱应易于识别；

（4）对任何整体加固措施,木构架中原有的连接件,包括椽、檩和构架间的连接件,应全部保留；有短缺时,应重新补齐。

2. 大木构架的加固维修方法通常有：

（1）大木归安、拆安

当大木构架部分构件拔榫、弯曲、腐朽、劈裂或折断比较严重,必须使榫卯归位或更换构件重新组装时,常采用归安和拆安的办法来解决。

所谓归安,是将拔榫的构件重新归位,并进行铁件加固。归安可不拆下构件,只需归回原位,并重新塞好涨眼、卡口。如果需要拆下构件进行整修更换,则称为"拆安"。归安与拆安在一项大修工程中往往是交错进行的,很少截然分开。

拆安是拆开原有构件,使构件落地,经整修添配以后再重新组装。大木拆安,第一步工作是将所有构件打上号,然后拆下对构件进行仔细检查,损坏轻微的进行整修,损坏严重的进行更换。在这项工作中,标写位置号是十分关键的,大木整修后重新安装时原则上必须按原位安装,构件原来在什么位置,还要安装在什么位置,这就必须将位置号标写的十分清楚明确,编号方法可参照大木位置号标写的方法。如原有构件上的大木位置号标写的十分明确清晰,也可利用原有位置号。但在一般情况下都要重新标注。

木构件拆卸整修添配以后,即可进行组装。在组装阶段,应按一般大木安装的程序进行,先内后外,先下后上,下架构件装齐后要认真检核尺寸、支顶戗杆、吊直拨正、然后再进行上架大木的安装。大木拆安工程除基础不动外,建筑的墙体、屋面均要拆掉重新砌筑，属于"重点修复"的范畴。

（2）打牮拨正

打牮拨正是在古建筑歪闪严重，但大木构件尚完好，不需换件或只需个别换件的情况下采取的修缮措施。当古建筑出现大木构架歪闪的情况时，可采取打牮拨正的方法进行维修。

打牮拨正即通过打牮杆支顶的方法，使木构架重新归正。大致的工序是：

①先将歪闪严重的建筑支保上戗杆，防止继续歪闪倾坍；

②揭去瓦面，铲掉泥背、灰背，拆去山墙、槛墙等支顶物，拆掉望板、椽子，露出大木构架；

③将木构架榫卯处的涨眼料（木楔）、卡口等去掉，有铁件的，将铁件松开；

④在柱子外皮，复上中线、升线（如旧线清晰可辨时，也可用旧线）；

⑤向构架歪闪的反方向支顶牮杆，同时吊直拨正使歪闪的构架归正；

⑥稳住戗杆并重新掩上卡口，堵塞涨眼，加上铁活，垫上柱根，然后掐砌槛墙、砌山墙、钉椽望、苫背瓦瓦。全部工作完成后撤去牮杆和戗杆。

（3）裂缝的处理：对于轻微的裂缝，可直接用铁箍加固；如果裂缝较宽，可用木条嵌补严密，用胶粘牢；如果裂缝较长、糟朽不甚严重的，可在裂缝内浇铸加固。

（4）包镶梁头：梁头位置在漏雨处，或在天沟下表层有时会腐朽，可采用包镶法处理。

（5）角梁的加固：加固修补时可将翘起或下窜耷拉头的角梁随整个梁架拨正，重新归位安好，在老角梁端部底皮加一根柱子来支撑，用圆柱或方柱均可，但柱子要作外观处理。

（三）斗栱的病害与维修

斗栱构件的件数最多，而且是小构件，结构复杂，富于变化，各构件相互搭接，锯凿榫卯，一般剩余的有效截面都较小，处于檐下，起承重作用，容易发生位移、扭闪、变形、卯口挤裂、榫头折断、头耳断落、小斗滑脱现象。

常见的斗栱损坏类型大致有这样几种情况：由于桁檩额枋弯曲下垂，造成斗栱随之下垂变形；斗栱构件被压弯或压断；坐斗劈裂变形；升耳或升斗残缺丢失；昂嘴等伸出构件断裂缺失；正心枋、拽枋等弯曲变形；垫栱板、盖斗板等残坏缺失。

对于修整一般轻微破坏的构件，可根据"保持现状"原则进行，如"斗"、"栱"、"昂"、"正心枋、外拽枋、挑檐枋"、"斗栱构件的更换"可依据其破损的程度不同采取不同的修整办法。

1. 斗劈裂为两半，断纹能对齐的，粘牢后可继续使用；断裂不能对齐的或严重糟朽的应更换；斗耳断落的，按原尺寸式样补配，粘牢钉固；斗"平"被压扁的超过3mm的可在斗口内用硬木薄板补齐，要求补板的木纹与原构件木纹一致。不超过3mm的斗劈裂可不修补。

2. 栱劈裂未断的可灌缝粘牢，左右扭曲不超过3mm的可以继续使用，超过的应更换。

3. 昂嘴断裂，甚至脱落，裂缝粘接与栱相同，昂嘴脱落时，照原样用干燥硬杂木补配，与旧构件相接、平接或榫接。

4. 对于更换斗栱构件，其细部处理尤应特别慎重。必须经过仔细研究，寻求其变化规律，定出更换构件的标准式样和尺寸，并做出样板。更换构件的材料最好用相同树种的干燥材料或接近树种的材料依照样板进行复制；对于细部纹样进行描绘，将画稿翻印在实物上，进行精心雕刻以保持它原来的式样和风格。

三、小木作病害与维修

在古建筑中，非建筑本身的结构性构件如家具与装修等，包括各种门窗、格扇、天花、藻井等统称为小木作。《营造法式·看详·诸作异名》中，乌头门、平棊、斗八藻井、钩阑、拒马叉子、屏风、露篱等，入"小木作制度"。其构造形式十分精美复杂，制作精细，种类繁多，没有统一规则。

小木作损坏的情况主要有：大门门板散落，攒边门外框松散，隔扇边抹榫卯松动、开散、断榫，风门、槛窗边框松动、裙板开裂缺损，装修仔屉、边抹、棂条残破缺损等。

对小木作进行维修时，要特别按修缮质量控制的原则来办，保持原有古建筑的特色及其在墙面、窗户和空间布局等各个方面的表现，保存原来的建筑材料和原有的工艺技术效果。针对不同的损坏情况，小木作维修可采取剔补、添配门板、换隔扇边抹、重新组装边框、裙板或门心板嵌缝、裙板绦环板配换、仔屉添配棂条、仔屉隔心配换、添配槛子、转轴、栓杆、添配面叶、大门包叶及其他铜铁饰件、添配门钉、花罩雕饰修补等方法。

装修修配应要求与原有构件、花纹、断面尺寸求得一致，保持原有风格。所用木材也应尽量与原有木材一致。特别是内檐装修的修配，要求更加严格，不能敷衍马虎。

对于小木作的更换，应优先选用相同树种的干燥材料或接近树种的材料依照样板进行复制；对于细部纹样进行描绘，将画稿翻印在实物上，进行精心雕刻以保持它原来的式样和风格。

四、瓦作的加固除害

古建筑的屋面是由琉璃瓦或陶瓦凭灰泥结而成。这种屋面有几个特点：一是缝隙多，施工稍有疏忽就会渗水；因屋面热胀冷缩，灰皮松动，出现缝隙也会渗水。二是容易长草，植物种子（草籽、树籽）随风飘落在屋面缝隙处很容易萌发生长，屋面长草甚至长树都是常见的现象。另外，由木件变形及其他原因造成的瓦件碎裂、灰剥落也会造成漏雨。

瓦作常见的维修方法有：

1. 除草清陇。拔草时应"斩草除根"，即应连根拔掉。要用小铲将苔藓和瓦陇中的积土、树叶等一概铲除掉．并用水冲净。在拔草过程中，如造成和发现瓦件掀揭、松动或裂缝，应及时整修。

2. 局部挖补：先将瓦面处理干净。然后将需挖补部分的底盖瓦全部拆卸下来，并清除底、盖瓦泥（灰）。然后盖瓦。要注意新旧槎子处应用灰塞严接牢，新、旧瓦搭接要严密，新旧瓦陇要上下直顺，囊要与整个屋面囊一致。

3. 脊的修复：出现屋脊漏雨，角梁糟朽或脊饰、兽件缺失，都需要对兽件、脊饰进行更换添配。更换兽件脊饰要保证与原有灰背、构件结合严实，接缝勾抹到位，避免雨水渗漏。如果脊毁坏的不甚严重。可以用灰勾抹严实。对于破碎的瓦件一般不要轻易更换或扔掉。如果脊的大部分瓦件已残缺应将脊拆除后重新调脊。

4. 揭宽檐头

揭宽檐头是针对檐头望板、连檐、瓦口、飞椽等构件糟朽严重，需进行更换时采取的技术措施。更换檐头的木构件必然波及檐头的瓦面，需首先拆开瓦面，铲除灰背，更换木构件之后再行恢复瓦面。揭宠檐头对檐部扰动很大，恢复时要注意未被扰动部分的灰背、瓦面与新做灰背、瓦面的搭接处理，灰背、泥背要分层压茬，必要时在新旧接茬处再附加一层灰背，要尽最大努力减少接茬部分漏雨的概率。接瓦时也要处理好新旧瓦面的缝隙，做到不漏雨，不渗水。

第七章 钢筋混凝土结构加固与维修

第一节 钢筋混凝土结构损坏检查

一、一般规定

本章主要适用于不超过 10 层的现浇及装配整体式钢筋混凝土框架（包括填充墙框架）和框架-抗震墙结构的抗震加固与维修。

钢筋混凝土结构房屋的抗震加固应符合下列要求：

一是加固后楼层综合抗震能力指数不应小于 1.0 且不宜超过下一楼层综合抗震能力指数的 20%；超过时应同时增强下一楼层的抗震能力。

二是抗震加固时可根据房屋的实际情况，分别采用主要提高框架抗震承载力、主要增强框架变形能力或改变结构体系而不加固框架的方案。

三是加固后的框架应避免形成短柱、短梁或强梁弱柱。

二、钢筋混凝土结构损坏检查方法

为了做好钢筋混凝土结构构件的维修工作，必须对使用中的构件进行定期或不定期的检查，以便及时掌握结构的实际工作状态以及损坏的部位、种类、危害程度及发展变化，据以判断损坏对结构强度和耐久性的影响，并采取相应的维修加固措施。

钢筋混凝土结构损坏的检查方法　　　　　　　　　　　　　　　表 7-1-1

检查内容	检 查 方 法
问	首先向住用人员了解钢筋混凝土结构的损坏部位、损坏程度及对正常住用的影响，进而了解对结构的使用情况，如是否超载堆放物品、改变房屋用途、是否受过碰撞及侵蚀性介质的腐蚀等，都应调查清楚。
看	根据上述调查情况，到现场对构件作进一步的检查，如看结构构件的损坏部位、损坏范围、程度，初步确定属于何种损坏（如混凝土表面酥松剥落是由钢筋锈蚀引起，还是因受到腐蚀或撞击引起）。如怀疑构件承载能力不足而引起损坏时可查看施工图及有关设计资料，检查构件的配筋及构造（如梁、板的截面尺寸）、混凝土强度等级等，经复核验算，看是否符合要求。
测	对构件混凝土强度的检测，分为破损性检测和非破损性检测两类。破损检测是从构件实物上挖取试块，试压到破坏，从而测定其抗压强度。非破损检测分为机械检测和物理检测两种。机械检测有敲击法、撞击法、枪击法、回弹法等。物理检测有共振法、超声法、射线探测法等。目前一般房屋工程上应用简便的是敲击法、撞击法、回弹法等。对精度要求较高，且具备测试条件时，可采用取芯法。 在检测构件混凝土强度前，可先用小铁锤轻敲构件表面，以初步检查梁、板等构件的混凝土起壳、剥落、腐蚀、缺陷等的范围和程度，并检查钢筋的锈蚀程度。 一、手锤敲击法 先在被测构件的混凝土表面上，选定有代表性的部位，清理和铲出一定大小的平面，将钳工凿子的刃部垂直地安置在混凝土的表平面上（注意躲开石子），然后用重约 0.3～0.4kg 的手锤，以中等力量敲击凿子顶部，也可用手锤直接敲击混凝土表面。同样的敲击做 10 处，取平均数。根据敲击的痕迹，对照下表查得混凝土的近似抗压强度。

续表

检查内容	检查方法		
	敲击法测定的混凝土强度		
	以中等力量用0.3～0.4kg手锤敲击的结果		凝土强度级
	手锤直接打击混凝土表面	凿刃安置在混凝土表面	
	在混凝土表面上留下不明显的痕迹。锤击梁肋时,无薄片脱落	不深的痕迹。无薄片脱落	>C30
测	在混凝土表面上留下明显的痕迹。环绕着痕迹周围,可能有些薄片脱落	较深的痕迹。混凝土表面脱落	C15～C30
	混凝土被击碎而散撒脱片。当锤击梁肋时,混凝土成块脱落	凿子没入混凝土内深约5mm。混凝土被击碎	>C10,≤C15
	留下较深的痕迹	凿子被打入混凝土内	C7.5～C10

二、仪器检测

1. 混凝土抗压强度,可用回弹法、超声法、超声-回弹法综合检测。

(1) 回弹法:即用回弹仪在混凝土表面直接得出各个回弹值,经数据整理、强度评定而得出的被测区混凝土现有强度。用此法测得的混凝土强度随着混凝土龄期的增加、含水率的提高而分别偏高、偏低。回弹仪可采用天津建筑仪器厂生产的 HT225 回弹仪。

(2) 超声法:即用超声仪在混凝土表面直接测得各个声值时,经数据整理、计算声速,再查强度—声速测强曲线确定出混凝土(被测区)现有强度。用此法测试时,测得的混凝土强度随混凝土龄期的增加、含水率的提高而分别偏低、偏高。超声仪可采用汕头超声波仪器厂生产的 CT5-25 非金属超声波检测仪。

(3) 超声—回弹综合法:采用此法可以补偿单一法的局限性,有效地提高测试精度。方法为分别用回弹法和超声法测得构件同一测区的回弹值 N 和声速 v,尔后查本地区的回弹—超声综合测强曲线,即可得到被测区混凝土的抗压强度。

以上三种方法统称非破损检测。混凝土强度的其他检测方法还有:取芯法、拔出试验法等。

回弹法、超声法、超声—回弹综合法、取芯法、拔出试验法的检测原理及操作见有关专门资料或手册。

2. 裂缝检测

(1) 裂缝宽度检测:可采用10～20倍刻度放大镜、应变计等来直接量测肉眼可见裂缝的宽度(图 7-1-1)。

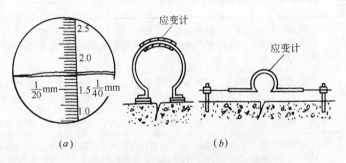

图 7-1-1 混凝土裂缝宽度测定量具图
(a) 用刻度放大镜测定;(b) 用应变计测定

(2) 裂缝深度检测:可沿裂缝深度方向取芯测定;也可用极薄的薄片插入裂缝粗略的量取深度。精确测量裂缝深度时,可用换能器来进行。

a. 超声法检测垂直裂缝深度

当混凝土出现裂缝时,裂缝空间充满空气。由于固体与气体界面对声波构成反射面,通过的声能很小,声波绕裂缝顶端通过(图 7-1-2),以此可测出裂缝深度。

续表

检查内容	检查方法
测	先在混凝土的无缝处测定该混凝土平测时的声波速度，把发、收换能器平置于裂缝附近有代表性的、质量均匀的混凝土表面，以换能器边缘间距离 l' 为准，取 $l'=100$、150、200、250 和 300mm，改变两换能器之间的距离，分别测读超声波穿过的时间 t'。以距离 l' 为横坐标，时间 t' 为纵坐标，将数据点绘在坐标纸上（图 7-1-3）。如被测处的混凝土质量均匀、无缺陷，则各点应大致在一条直线上。按图形计算出这条直线的斜率，即为超声波在该处混凝土中的传播速度 v。 根据传播速度和测得的传播时间可求出超声波传的实际距离 $l_i = t'_i v + a$（l_i 略大于 l'_i）。 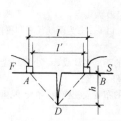 图 7-1-2 超声法检测混凝土垂直裂缝　　图 7-1-3 平测的时-距图 将发、收换能器置于混凝土表面裂缝的各一侧（图 7-1-2），并以裂缝为轴线相对称，即换能器中心的联线垂直于裂缝的走向。取 $l'=100$、150、200、250、300mm……等，改变换能器之间的距离，在不同 l'_i 时测读超声波的传播时间 t_i。并计算出超声波传播的实际距离 l_i。 按下式计算垂直裂缝深度： $$h_i = \frac{l_i}{2}\sqrt{\left(\frac{t_i}{t'_i}\right)^2 - 1}$$ 式中　h_i——垂直裂缝深度（mm）； 　　　l_i——无缝平测换能器之间第 i 点的超声波实际传播距离（mm）； 　　　t_i——过缝平测时第 i 点的声时值（μs）； 　　　t'_i——无缝平测时第 i 点的声时值（μs）。 按上式可计算出一系列 h 值。若计算的 h 值大于相应的 l_i 值时，则舍去该数据，可余下 h 值的平均值作为裂缝深度的判定值。如余下的 h 值少于 2 个时，需增加测试的次数。 声波在混凝土中通过，会受到钢筋的干扰。当有钢筋穿过裂缝时，发、收换能器的布置应使换能器的连线离开钢筋轴线，离开的最短距离粗略估计约为计算裂缝深度的 1.5 倍。若钢筋太密无法避开时，则不能采用超声法量出裂缝深度。 这种方法适用于裂缝深度在 600mm 以内的混凝土结构裂缝的检测。 b. 超声法检测倾斜裂缝深度 先在无缝处固定混凝土平测时的超声传播声速，然后判断裂缝的倾斜方向。图 7-1-4 所示，把一只换能器置于 A 处，另一只换能器置于靠近裂缝的 B 处，测出传播时间。而后把 B 处的换能器向外稍许动至 B' 处，如传播时间减少，则说明确规定裂缝向换能器移动的方向倾斜。测试应进行两次，即分别固定 A 点移动 B 点和固定 B 点移动 A 点。 检测倾斜裂缝的深度。先将发、收换能器分别布置在对称于裂缝的 A、B 两个位置，读出传播时时间 t_1。然后固定一只换能器，将另一只换能器移至 C 处，测读出另一传播时间 t_2。t_1、t_2 组成一组测量数据。改变 AB 和 AC 的距离即可得到各组数据。 裂缝深度的计算以作图法为简便，图 7-1-5 所示。在坐标纸上按比例标出换能器及裂缝顶端的位置。

续表

检查内容	检查方法
测	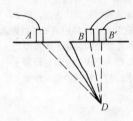 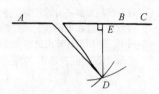 图 7-1-4 探测裂缝倾斜方向　　图 7-1-5 作图确定裂缝顶点 以第一次测量时的两只换能器位置 A、B 为焦点，以 $t_2 \cdot v$ 为两动径之和作一椭圆；再以第二次测量时两只换能器的位置 A、C 为焦点，以 $t_2 \cdot v$ 为两动径之和再作一椭圆。两椭圆的交点 D 即为裂缝末端，DE 即为裂缝深度 h。 各组测试数据中，凡是两换能器之间的距离 AB 或 AC 小于裂缝深度 h，则舍弃该组 h 值，取余下（不小于 2 个）h 值的平均值作为裂缝的深度。 当有钢筋穿过裂缝时，发、收换能器的布置应使换能器的连线离开钢筋轴线，离开的最短距离用粗略估计约为计算裂缝深度的 1.5 倍。 这种方法适用于裂缝深度在 600mm 以内的混凝土结构裂缝的检测。 c. 超声法检测深裂缝深度 在大体积结构混凝土中，当裂缝深度在 600mm 以上，可采用钻孔放入径向振动式换能器进行探测。 先在裂缝两侧对称地钻两个垂直于混凝土表面的钻孔，两孔口的连线应与裂缝走向垂直。孔径大小应以能自由地放入换能器为度。钻孔冲洗干净后再注满清水。将发、收径向振动式换能器分别置于两钻孔中，两换能器沿钻孔徐徐下落的过程中要使其与混凝土表面保持相同距离，用超声波幅的衰减情况判断裂缝深度（图 7-1-6）。换能器在孔中上下移动进行测量，当发现换能器达到某一深度，其波幅达到最大值，再向下测量，波幅不大时，换能器在孔中的深度即为裂缝的深度。为便于判断，可绘制孔深与波幅的曲线图（图 7-1-7）。 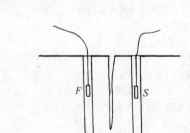 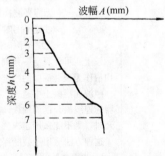 图 7-1-6 超声法检测混凝土深裂缝　　图 7-1-7 裂缝深度-波幅坐标图 若两换能器因在两孔中以不等高度进行交叉斜测，根据波幅发生突变的两次测试连线的交点，可判定倾斜深裂缝末端的所在位置和深度。 （3）裂缝扩展的检测： 贴石膏标板法检测：即将厚 10mm、宽 50～70mm、长约 20mm 的石膏板垂直于裂缝粘贴在构件表面用 1∶2 水泥砂浆贴牢，当裂缝稍有开展，标板就脆性断裂。观察标板上裂缝的变化，即可了解到构件裂缝的开展情况（图 7-1-8）。

续表

检查内容	检查方法
测	粘贴（钉）白铁片检测：即在裂缝两侧各粘（钉）一块白铁片，并相互搭接紧贴，在铁片表面涂刷油漆。当裂缝开展时，两块铁片被逐渐拉开，中间露出的未油漆部分铁片的宽度，即为构件裂缝的开展增况（图7-1-9）。 以上两种裂缝扩展的检测方法比较粗略，但简便易行，适于采用。 裂缝扩展的精确测量可采用应变或千分表进行（图7-1-10）。 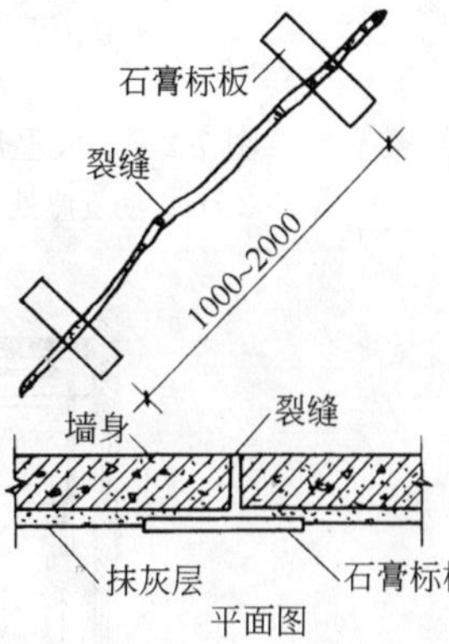 图7-1-8 贴石膏标板观测裂缝扩展 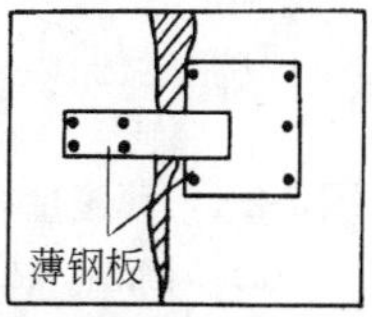 图7-1-9 粘贴（钉）白铁片观测裂缝扩展 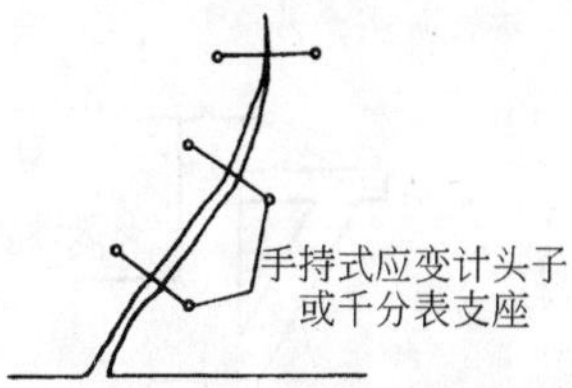 图7-1-10 用应变计或千分表测量裂缝的扩展

第二节　钢筋混凝土结构裂缝维修

钢筋混凝土结构具有良好的耐久性、耐火性和整体性等优点，在正常情况下，一般是不容易损坏的。但是，如果设计、施工不当，使用维护不好，以及受地震、火灾等各种因素影响时，也会产生不同的损坏。常见的有裂缝、钢筋腐蚀、混凝土腐蚀、缺陷、混凝土渗漏。

钢筋混凝土结构上产生的裂缝，常见于非预应力受弯、受拉等构件中，以及预应力构件的某些部位。对于各类裂缝，必须先查明其性质和产生的原因，进而确定具体的修缮方法。

一、钢筋混凝土结构裂缝的损坏现象和原因（表7-2-1）

钢筋混凝土结构裂缝的损坏现象和原因　　　　表7-2-1

损坏现象：结构裂缝。分为荷载裂缝、温度裂缝、干缩裂缝、腐蚀裂缝、张拉裂缝、施工裂缝、沉降裂缝、振动裂缝等。

损坏原因：

1. 荷载裂缝。系结构在荷载作用下变形过大而产生的裂缝。一般多出现在构件的受拉区域、受剪区域或振动严重等部位。其产生的主要原因是结构设计、施工错误、承载能力不足、地基不均匀沉降等，荷载裂缝可见图7-2-1～图7-2-8。

续表

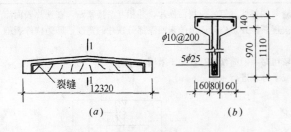

图 7-2-1 薄腹量梁裂缝示意图
(a) 侧面图;(b) 1-1 剖面

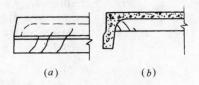

图 7-2-2 大型屋面板板肋裂缝示意图
(a) 主肋支座处;(b) 主肋和小肋交接处

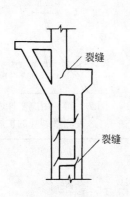

图 7-2-3 双肢柱节点裂缝示意图

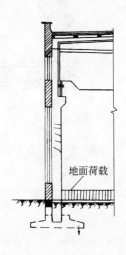

图 7-2-4 矩形柱裂缝示意图

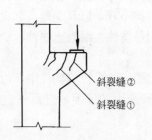

图 7-2-5 牛腿试压裂缝示意图

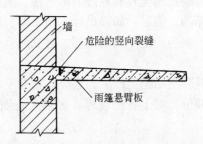

图 7-2-6 雨篷(悬臂板)裂缝示意图

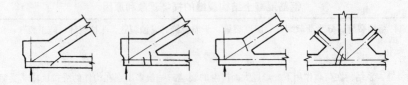

图 7-2-7 屋架裂缝示意图

2. 温度裂缝。系由大气温度变化、周围环境高温影响和大块体混凝土施工时产生的水化热等因素造成；钢筋混凝土构件因温度影响而产生的裂缝见图 7-2-9～图 7-2-12。

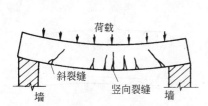

图 7-2-8 简支梁裂缝示意图

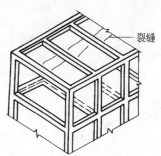

图 7-2-9 梁板结构裂缝示意图

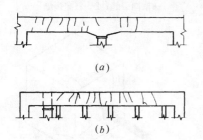

图 7-2-10 高温车间大梁裂缝示意图

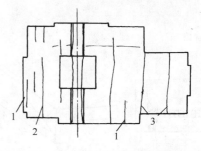

图 7-2-11 大体积混凝土温度裂缝示意图

3. 干缩裂缝。系由湿度收缩和自收缩两部分组成，即混凝土温度降低体积减小为湿收缩，占总收缩量的 80%～90%，水泥水化作用引起的体积减小为自收缩，占前者的 1/5～1/10。干缩产生的主要原因是：混凝土浇捣后，养护不及时，表面水分散失太快，体积收缩大；而内部混凝土湿度变化小，收缩也小，表面变形受约束后出现拉应力而导致表面开裂；其次是与所采用水泥品种、水灰比大小、骨料含泥量、水泥含量、气候环境、有无配筋及外加剂、振捣时间过长等因素有关。混凝土构件的干缩裂缝见图 7-2-13～图 7-2-16。

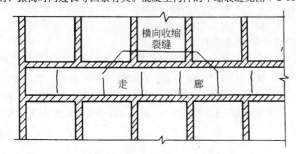

图 7-2-12 内走廊板收缩裂缝示意图

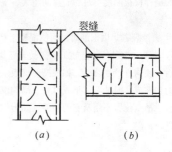

图 7-2-13 梁、柱干缩裂缝示意图

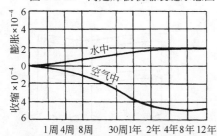

图 7-2-14 混凝土在水中和空中的典型变形曲线图

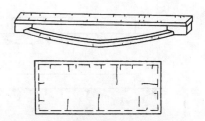

图 7-2-15 梁、板干缩裂缝示意图

4. 张拉裂缝。即预应力构件内由于张拉应力而引起的裂缝。其产生的主要原因是：预应力筋放张后，构件表面及端头局部受力不均或受到附加力时，而产生的横向、斜向、端头等裂缝。张拉裂缝可见图 7-2-17～图 7-2-19。

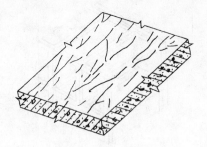

图 7-2-16　板面干缩裂缝示意图

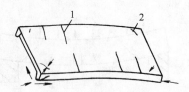

图 7-2-17　放张引起的板面横向及斜向裂缝
1—横向裂缝；2—斜向裂缝

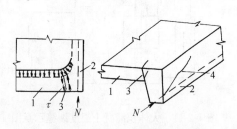

图 7-2-18　预应力大型屋面板端头裂缝
1—横肋；2—纵肋；3—裂缝；4—斜裂缝

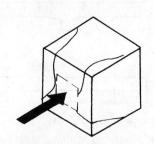

图 7-2-19　后张法预应力构件
端部锚固区裂缝

5. 沉降裂缝。现浇构件地基或砌体过大不均匀沉降；平卧法生产的预制构件因其侧向刚度差，在其侧面产生沉降裂缝；模板刚度不足、支撑间距大、支撑松动、过早拆模等，均可产生沉降裂缝。沉降裂缝见图 7-2-20、图 7-2-21。

6. 腐蚀裂缝。因钢筋腐蚀而使混凝土产生的裂缝，见本章第三节。

7. 施工、振动裂缝。施工、振动裂缝是现浇或预制构件在制作、运输、吊装等过程中未按设计要求或施工程序进行，使构件产生裂缝。如浇捣前模板未浇水湿透、模板隔离剂失效、地面不平及翻转脱模时振动过大、预制或预应力构件成孔时抽芯过早或过晚、吊钩位置设置不当、运输及堆放时支承木未放在一条直线上、运输中构件受剧烈振动、吊点位置不当及有的构件（如桁架等侧向刚度差）侧向未临时加固等。施工、振动荷载裂缝见图 7-2-22、图 7-2-23。

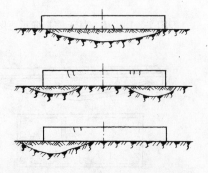

图 7-2-20　不均匀沉降引起的裂缝

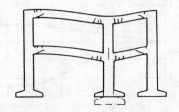

图 7-2-21　全框架的整体向下弯曲

续表

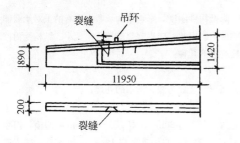
图 7-2-22 预制屋面大梁裂缝示意图

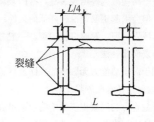
图 7-2-23 施工缝处理不好形成的裂缝

二、钢筋混凝土结构裂缝的预防措施（表 7-2-2）

钢筋混凝土结构裂缝的预防措施　　　　　表 7-2-2

1. 荷载裂缝。防止因设计、施工错误而导致构件承载能力不足，以及产生过大变形。如因地基过大不均匀沉降则应尽早处理。

2. 温度裂缝。防止因混凝土本身与外界气温相差悬殊；处于高温环境的构件，应采取隔热措施；加强养护，尤其在气温高、风大且干燥的气候条件下更应及早喷水；对大体积混凝土应分段浇筑、养护。

3. 干缩裂缝。严格控制混凝土中的水泥用量、水灰比和砂率，防止过大；控制骨料含砂量，不要使用过量粉砂；混凝土应浇捣密实，并在初凝后终凝前进行二次抹压板面，以减少收缩量；加强早期养护并延长养护时间；长期在外堆放的构件应覆盖以免曝晒；混凝土振捣时间不要过长，防止其表面产生过多水泥浆，加大收缩量。

4. 张拉裂缝。严格控制混凝土的配合比；保证振捣质量，以提高混凝土的密实性和强度；预应力筋张拉或放松时，混凝土必须达到规定的强度，且应力控制应准确，缓慢放松预应力筋；在板面施加一定的预应力减小反拱，提高板面抗裂度；在大型构件的端节点处，增配箍筋或钢筋网片并保证预应力筋外围混凝土有一定的厚度；在胎模端部加弹性垫层（木或橡皮），或减缓胎模端头角度，刷离剂，防止或减少卡模现象。

5. 沉降裂缝。对软土地基进行必要的夯压和加固处理；预制场地应夯打密实方可使用；现浇和预制构件模板应支撑牢固，保证其强度和刚度，并应按规定时间拆模；防止雨水及施工用水（养护水等）浸泡地基。

6. 腐蚀裂缝。其预防措施见本章第三节。

7. 施工、振动裂缝。现浇及预制构件要按设计及施工程序进行支模、制作、运输、堆放及吊装，尽量减少或避免产生裂缝。如浇捣前木模板应浇水湿透；钢、木模板应涂刷隔离剂；预制场地应坚实、平整、翻转脱模应平稳；预制成孔钢管应平直、抽管不宜过早或过晚；构件重叠堆放时，垫块应在一条竖直线上，并防止将构件方向反放；构件运输时应垫好绑牢，防止剧烈晃动及撞击；屋架、柱、大梁等大型构件吊装时，应按规定设吊点，对屋架等侧向刚度差的构件，应设侧向临时加固措施，设牵引绳，以防吊装过程中振动、碰撞。

三、钢筋混凝土结构裂缝的修缮方法（表 7-2-3）

钢筋混凝土结构裂缝的修缮方法　　　　　表 7-2-3

1. 裂缝治理原则
（1）必须充分了解设计意图和技术要求，严格遵循设计和施工规范的有关规定。
（2）应认真分析裂缝产生的原因和性质。根据不同受力情况和使用要求，分别采取不同的治理方法。
（3）裂缝处理后应能保证结构原有的承载能力、整体性以及防水、抗渗性能。处理时要考虑温度、收缩应力较长时间的影响，以免处理后再出现新的裂缝。
（4）防止进一步人为的损伤结构和构件，尽量避免大动大补，并尽可能保持原结构的外观。
（5）处理方法应从实际出发，在安全可靠的基础上，要考虑技术上的可能性，力求施工简单易行，以符合经济合理的原则。

续表

2. 裂缝治理方法

混凝土结构或构件出现裂缝,有的破坏结构整体性,降低构件刚度,影响结构承载力;有的虽对承载能力无多大影响,但会引起钢筋锈蚀、降低耐久性或发生渗漏影响使用。因此,应根据裂缝性质、大小、结构受力情况和使用要求,区别情况,及时进行治理。一般常用的治理方法有以下几种:

(1) 表面修补法

适用于对承载能力无影响的表面及深进裂缝,以及大面积细裂缝防渗、漏水的处理;

1) 表面涂抹水泥砂浆

将裂缝附近的混凝土表面凿毛,或沿裂缝(深进的)凿成深 15～20mm、宽 150～200mm 的凹槽,扫净并洒水湿润,先刷水泥净浆一度,然后用 1∶1～2 水泥砂浆分 2～3 层涂抹,总厚控制在 10～20mm 左右,并用铁抹压实抹光。有防水要求时,应用水泥净浆(厚 2mm)和 1∶2.5 水泥砂浆(厚 4～5mm)交替抹压 4～5 层刚性防水层,涂抹 3～4h 后进行覆盖,洒水养护。在水泥砂浆中掺入水泥重量 1‰～3‰的氯化铁防水剂,可以起到促凝和提高防水性能的效果。为使砂浆与混凝土表面结合良好,抹光后的砂浆面应覆盖塑料薄膜,并用支撑模板顶紧加压。

2) 表面涂抹环氧胶泥或用环氧粘贴玻璃布

涂抹环氧胶泥前,先将裂缝附近 80～100mm 宽度范围内的灰尘、浮渣用压缩空气吹净,或用钢丝刷、砂纸、毛刷清除干净并洗净,油污可用二甲苯或丙酮擦洗一遍。如表面潮湿应用喷灯烘烤干燥、预热,以保证环氧胶泥与混凝土粘结良好;如基层难以干燥时,则用环氧煤焦油胶泥(涂料)涂抹。较宽的裂缝应先用刮刀填塞环氧胶泥。涂抹时,用毛刷或刮板均匀蘸取胶泥,并涂刮在裂缝表面。

采用环氧粘贴玻璃布方法时,玻璃布使用前应在水中煮沸 30～60min,再用清水漂净并晾干,以除去油蜡,保证粘接。一般贴 1～2 层玻璃布。第二层布的周围应比下面一层宽 10～15mm,以便压边。

环氧胶泥、环氧煤焦油胶泥的技术性能、配合比以及原材料性能,见附表 7-2-1、附表 7-2-2。

3) 表面凿槽嵌补

沿混凝土裂缝凿一条深槽,形状与尺寸如图 7-2-24 所示。其中 V 型槽用于一般裂缝的治理,V 型槽用于渗水裂缝的治理。槽内嵌水泥砂浆或环氧胶泥、聚氯乙烯胶泥、沥青油膏等,表面作砂浆保护层,具体构造处理见图 7-2-25。

槽内混凝土面应修理平整并清洗干净,不平处用水泥砂浆填补。保持槽内干燥否则应先导渗、烘干,待槽内干燥后再行嵌补。环氧煤焦油胶泥,可在潮湿情况下填补,但不能有淌水现象。嵌补前,先用素水泥浆或稀胶泥在基层刷一度,再用抹子或刮刀将砂浆(或环氧胶泥、聚氯乙烯胶泥)嵌入槽内压实,最后用 1∶2.5 水泥砂浆抹平压光。在侧面或顶面嵌填时,应使用封槽托板(做成凸字形,表面钉铁皮)逐段嵌托并压紧,待凝固后再将托板去掉。

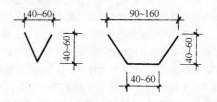

图 7-2-24 凿槽形状及尺寸

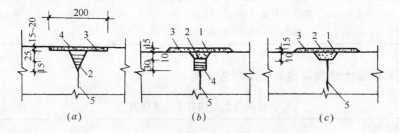

图 7-2-25 表面凿槽嵌补裂缝的构造处理

(a) 一般裂缝处理;(b)、(c) 渗水裂缝处理

1—水泥净浆(厚 2mm);2—1∶2 水泥砂浆或环氧胶浆;

3—1∶2.5 水泥砂浆或刚性防水五层做法;

4—聚氯乙烯胶泥或沥青油膏;5—裂缝

续表

(2) 内部修补法

内部修补系用压浆泵将胶结料压入裂缝中，由于其凝结、硬化而起到补缝作用，以恢复结构的整体性。此种方法适用于对结构整体性有影响，或有防水、防渗要求的裂缝修补。常用灌浆材料有水泥和化学材料，可按裂缝的性质、宽度以及施工条件等具体情况选用。一般对宽度大于 0.5mm 的裂缝，可采用水泥灌浆；宽度小于 0.5mm 的裂缝，或较大的温度收缩裂缝，宜采用化学灌浆：

1) 水泥灌浆

一般用于大体积构筑物裂缝的修补，主要施工程序包括以下各项：

a. 钻孔 采用风钻或打眼机钻孔，孔距 1~1.5m，除浅孔采用骑缝孔外，一般钻孔轴线与裂缝呈 30°~45°斜角（图 7-2-26）。孔深应穿过裂缝面 0.5m 以上，当有两排或两排以上的孔时，宜交错或呈梅花形布置，但应注意防止沿裂缝钻孔；

b. 冲洗 每条裂缝钻孔完毕后，应进行冲洗，其顺序按竖向排列自上而下逐孔进行；

c. 止浆及堵漏 缝面冲洗干净后，在裂缝表面用 1:1~1:2 水泥砂浆，或用环氧胶泥涂抹；

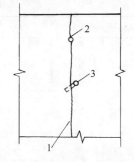

图 7-2-26 钻孔示意图
1—裂缝；2—骑缝孔；3—斜孔

d. 埋管 一般用直径 19~38mm、长 1.5m 的钢管作灌浆管（钢管上部加工丝扣）。安装前应在外壁裹上旧棉絮并用麻丝缠紧，然后旋入孔中。孔口管壁周围的孔隙可用旧棉絮或其他材料塞紧，并用水泥砂浆或硫磺砂浆封堵，以防冒浆或灌浆管从孔口脱出；

e. 试水 用 0.1~0.2MPa 压力水作渗水试验。采取灌浆孔压水、排气孔排水的方法检查裂缝和管路畅通情况。然后关闭排气孔，检查止浆堵漏效果，并湿润缝面，以利粘结；

f. 灌浆 应采用 425 号以上普通水泥，细度要求经 6400 孔/cm² 筛孔，筛余量在 2% 以下。可使用 2:1、1:1 或 0.5:1 等几种水灰比的水泥净浆或 1:0.54:0.3（水泥:粉煤灰:水）水泥粉煤灰浆。灌浆压力一般为 0.3~0.5MPa。压完浆孔内应充满净灰浆，并填入湿净砂用棒捣实。每条裂缝应按压浆顺序依次进行。当出现大量渗漏情况时，应立即停泵堵漏，然后再继续压浆。

2) 化学灌浆

化学灌浆与水泥灌浆相比，具有可灌性好，能控制凝结时间，以及有较高的粘结强度和一定的弹性等优点，故恢复结构整体性的效果较好，适用于各种情况下的裂缝修补及堵漏、防渗处理。

灌浆材料应根据裂缝的性质、缝宽和干燥情况选用。常用的灌浆材料有环氧树脂浆液（能修补缝宽 0.2mm 以下的干燥裂缝）、甲凝（能灌 0.03~0.1mm 的干燥细微裂缝）、丙凝（用于渗水裂缝的修补、堵水和止漏，能灌 0.1mm 以下的细裂缝）等。环氧树脂浆液具有化学材料较单一，易于购买，施工操作方便，粘结强度高，成本低等优点，故应用最广，也是当前国内修补裂缝的主要材料。甲凝、丙凝由于材料较复杂，货源困难，且价格昂贵，因此使用较少，其灌浆工艺与环氧树脂浆液基本相同。

环氧树脂浆液系由环氧树脂（胶结剂）、邻苯二甲酸二丁酯（增塑剂）、二甲苯（稀释剂）、乙二胺（固化剂）及粉料（填充料）等配制而成。配制时，先将环氧树脂、邻苯二甲酸二丁酯、二甲苯按比例称量，放置在容器内，于 20~40℃条件下混合均匀，然后加入乙二胺搅拌均匀即可使用。环氧浆液、环氧胶泥等的技术性能及配合比以及原材料的技术性能如附表 7-2-1、附表 7-2-2。环氧浆液灌浆工艺流程及设备如附图 7-2-1。

原材料技术性能表　　　　　　　　　　　　　　　　　　附表 7-2-1

材料名称	规　格　性　能
环氧树脂	E-44（6101 号），淡黄至棕黄色粘稠透明液体，比重 1.1，环氧值 0.41~0.47，软化点 14~22℃
邻苯二甲酸二丁酯	无色液体，比重 1.05，沸点 335℃，酯含量 99.5%
二甲苯	无色，比重 0.86，沸点 138.5℃
乙二胺	无色，比重 0.9，沸点 117℃
煤焦油	含水量不大于 0.4%
粉料（滑石粉成水泥）	细度 200 目

环氧浆液、腻子、胶泥的配合比及技术性能　　　附表 7-2-2

材料名称	重量配合比						技术性能		备注
	环氧树脂（g）	煤焦油（g）	邻苯二甲酸二丁酯（mL）	二甲苯（mL）	乙二胺（mL）	粉料（g）	与混凝土粘结强度（MPa）	抗拉强度（MPa）	
环氧浆液	100		10	40～50	8～12		2.7～3.0	5.0	注浆用
环氧腻子	100		10		10～12	50～100	2.7～5.0	5.0	固定灌浆嘴、封闭裂缝用
环氧胶泥	100		10	30～40	8～12	25～45			涂面和粘贴玻璃布用
环氧煤焦油胶泥	100/100	100/50	5/5	50/25	12/12	100/100			潮湿基层涂面和粘贴玻璃布用

注：1. 二甲苯、乙二胺、粉料的掺量，可视气温和施工操作具体情况适当调整；
　　2. 环氧煤焦油胶泥配合比，分子用于底层，分母用于面层。

灌浆操作主要工序如下：

a. 表面处理。同环氧胶泥表面涂抹。

b. 布置灌浆嘴和试气。一般采取骑缝直接用灌浆嘴施灌，而不另钻孔。灌浆嘴用 $\phi 12$ 薄钢管制成，一端带有钢丝扣以连接活接头，应选择在裂缝较宽处，纵横裂缝交错处以及裂缝端部设置，间距为 40～50cm，灌浆嘴骑在裂缝中间。贯通裂缝应在两面交错设置。灌浆嘴用环氧腻子贴在裂缝压浆部位。腻子厚 1～2mm，操作时要注意防止堵塞裂缝。裂缝表面可用环氧腻子（或胶泥）或早强砂浆进行封闭。待环氧腻子硬化后，即可进行试气，了解缝面通顺情况。试气时，气压保持 0.2～0.4MPa，垂直缝从下往上，水平缝从一端向另一端。在封闭带上及灌浆嘴四周涂肥皂水检查，如发现泡沫，表示漏气，应再次封闭（可用石膏快硬腻子）。

c. 灌浆及封孔。将配好的浆液注入压浆罐内，旋紧罐口，先将活头接在第一个灌

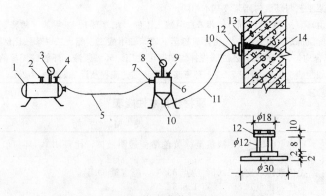

附图 7-2-1　环氧浆液灌浆工艺流程及设备

1—空气压缩机或手压泵；2—调压阀；3—压力表；4—送气阀；5—高压风管（氧气带）；6—压浆罐；7—进气嘴；8—进浆罐口；9—出气阀；10—铜活接头；11—高压塑料透明管；12—灌浆嘴；13—环氧封闭带；14—裂缝

浆嘴上，随后开动空压机（气压一般为 0.3～0.5MPa）进行送气，即将环氧浆液压入裂缝中。经 3～5min，待浆液顺次从邻近灌浆嘴喷出后，即用小木塞将第一个灌浆孔封闭。然后按同样方法依次灌注其他嘴孔。为保持连续灌浆，应预备适量的未加硬化剂的浆液，以便随时加入乙二胺随时使用。灌浆完毕，应及时用压缩空气将压浆罐和注浆管中残留的浆液吹净，并用丙酮冲洗管路及工具。环氧浆液一般在 20～25℃下，经 16～24h 即可硬化。在浆液硬化 12～24h 后，可将灌浆嘴取下重复使用。灌浆时，操作人员要带防毒口罩，以防中毒。配制环氧浆液时，应根据气温控制材料温度和浆液的初凝时间（1h 左右），以免浪费材料。在缺乏灌浆泵时，较宽的平、立面裂缝亦可用手压泵或兽医用注射器进行。

第三节　钢筋腐蚀维护与维修

钢筋混凝土内钢筋的腐蚀，一般分为两种情况：一种是钢筋保护层先遭受破坏，从而导致钢筋的锈蚀；另一种是钢筋先发生锈蚀从而使保护层开裂。前者钢筋的锈蚀往往先发生在个别部位，而后再逐步扩大影响范围；后者钢筋锈蚀的范围往往较大，且常与所处环境、侵蚀性介质及混凝土的密实性等因素有关。混凝土内钢筋锈蚀，一方面会使其截面逐渐减小，与混凝土之间的粘结力降低，影响构件的使用安全；另一方面钢筋锈蚀体积膨胀（约增大 2 倍以上），使混凝土保护层开裂甚至脱落，降低了构件的受力和耐久性能。尤其对预应力混凝土构件内的高强钢丝，其危害性更大。

通过大量的工程调查和试验研究，近年钢筋锈蚀检测法有了进一步的发展，即从裂缝宽度、保护层厚度和钢筋直径等数据来推断钢筋的锈蚀量。中国建筑科学研究院结构所的调研和试验数据表明，裂缝宽度与钢筋截面损失率的关系为：

$$\lambda = 507 l^{0.0007a} \cdot f_{cu}^{-0.09} \cdot d^{-1.76} \quad (0 \leqslant \delta < 0.2mm)$$

$$\lambda = 332 l^{0.008a} \cdot f_{cu}^{-0.567} \cdot d^{-1.108} \quad (0.2 \leqslant \delta < 0.4mm)$$

式中　λ——钢筋截面损失率（%）；
　　　a——混凝土保护层厚度（mm）；
　　　f_{cu}——混凝土立方体强度（MPa）；
　　　d——钢筋直径（mm）；
　　　δ——锈蚀裂缝宽度（mm）。

在实际检测中，可以通过观测混凝土表面的裂缝宽度、实测保护层厚度和钢筋公称直径，根据上式计算并推断钢筋的截面损失率。

当裂缝发展较严重且保护层剥落时，可根据表 7-3-1 推断钢筋锈蚀的情况。

构件破损状态与钢筋截面损失率　　　　表 7-3-1

裂缝剥离状态	截面损失率	裂缝剥离状态	截面损失率
无顺筋裂缝	0～1	保护层局部剥落	5～20
有顺筋裂缝	0.5～10	保护层全部脱落	15～20

钢筋混凝土内钢筋腐蚀的损坏现象、原因、预防措施及修缮方法　　　表 7-3-2

损坏现象：钢筋严重锈蚀；混凝土保护层开裂、剥落；钢筋裸露；轻者则构件表面出现微小裂缝，表面有深浅不等的锈迹；露天构件（如电杆、灯柱等）向阳一侧及室内向高温一侧，其钢筋锈蚀、保护层开裂剥落更为严重。

损坏原因：
1. 混凝土不密实或有裂缝存在。
2. 混凝土碳化和侵蚀性气体、介质的侵入。混凝土碳化与钢筋锈蚀的关系见图 7-3-1、图 7-3-2。

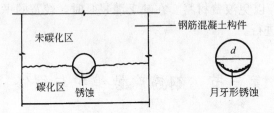

图 7-3-1　混凝土碳化钢筋锈蚀（碳化区未超过钢筋）

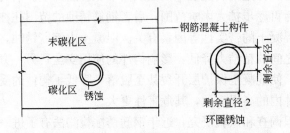

图 7-3-2　混凝土碳化钢筋锈蚀（碳化区超过钢筋）

3. 施工时混凝土中掺入较多的氯盐。
4. 杂散电流导致钢筋腐蚀，如直流电解工厂、地下火车、电气化铁路等的电流泄漏，导致结构中的钢筋腐蚀。
5. 高强钢筋中的应力腐蚀，这种损坏多发生在环境恶劣的户外大型结构，如大桥、管道、贮罐等，破坏（断裂、倒塌）突然发生，事先无任何征兆。在民用建筑中也有发生，应引起重视。

预防措施：
1. 保证混凝土的密实度，以阻止侵蚀介质和水、氧等的侵入。
2. 在构件表面加涂层防护，如涂刷沥青漆、过氯乙烯漆、环氧树脂涂料等。
3. 严格控制氯盐用量，对禁用氯盐的预应力、薄壁、露天结构则不能使用氯盐。
4. 防止杂散电流腐蚀。
5. 加强通风措施，及时排走室内的侵蚀性气体、粉尘，同时降低室内的温度。
6. 防止高强钢丝的应力腐蚀和脆性断裂，可在钢丝表面涂刷环氧树脂等有机层，或在钢丝表面镀锌后再浇筑混凝土。

修缮方法：
1. 封闭或修补裂缝，方法见本章第二节。适用于轻微锈蚀，混凝土表面仅有细小裂缝或浅黄色锈迹。
2. 补强锈蚀钢筋后用高强度等级细石混凝土修补破损处。适用于严重锈蚀。施工方法：凿去混凝土酥松起壳部分；用钢丝刷彻底清除钢筋上的铁锈；将需修补的混凝土表面凿毛，用压力水冲洗，有油污处可用丙酮清洗；增焊补强钢筋；在钢筋表面涂刷复合水泥浆或环氧树脂胶；用高一级的细石混凝土修补凿开的部分。锈蚀钢筋的补强见图 7-3-3、图 7-3-4。

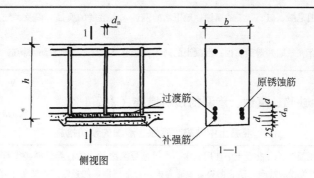

图 7-3-3 锈蚀钢筋补强示意图一

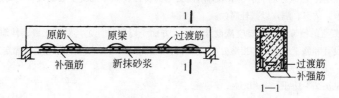

图 7-3-4 锈蚀钢筋补强示意图二

第四节 混凝土缺陷、腐蚀加固与维修

混凝土因其材质、浇筑、使用条件及环境等多方面的因素影响，会形成各种缺陷，并产生腐蚀、渗漏等损坏现象。混凝土的缺陷会不同程度地造成钢筋锈蚀、渗漏并进而影响到结构强度、刚度、稳定性、耐久性等。因此必须及时查明其损坏原因，针对不同情况提出合理的修缮方案予以修复。

一、混凝土中缺陷、腐蚀、渗漏的损坏现象和原因（表 7-4-1）

混凝土中缺陷、腐蚀、渗漏的损坏现象和原因　　　　表 7-4-1

损坏现象：

1. 缺陷：外表缺陷为蜂窝、麻面、露筋、掉角、开裂、局部或大部表面酥松；内部缺陷为空洞、蜂窝、保护层不足、混凝土质量（强度等级、密实度、抗渗性、耐蚀性）达不到设计要求。

2. 腐蚀：因混凝土存在缺陷，当遇到侵蚀性介质的化学腐蚀时，其损坏现象为：混凝土体积膨胀、开裂，表面酥松、剥落、钢筋裸露，严重时表面被腐蚀成白色粉末状，混凝土强度大为降低。

3. 渗漏：因混凝土存在缺陷，加之遇到腐蚀，使地下防水及抗渗工程中的混凝土产生不同程度的渗漏水。如混凝土墙体、水塔（池）壁底、变形缝、管道穿墙孔、施工缝等处渗漏水，影响正常使用，加速钢筋的锈蚀，进而影响到结构的强度、刚度、耐久性等，混凝土的渗漏主要分为孔洞渗漏和裂缝渗漏。

损坏原因：

1. 缺陷：主要原因是施工、使用、维护不当。如施工方面有水质差、水泥强度等级低、用量不足、砂石含泥量大。水灰比选择不当、漏振捣、钢筋位置偏差、模板移位、养护不及时等；使用、维护方面有超载、环境高温、有害介质侵蚀、碰撞、未及时修补破损处、在构件上任意开洞挖槽、增大使用荷载（如悬挂重物）等。

续表

2. 腐蚀：主要原因是酸、碱、盐类的腐蚀，地下水的侵蚀，水溶解的腐蚀，以及大气及周围环境有害气体的腐蚀。

3. 渗漏：混凝土存在缺陷并遇到腐蚀；混凝土的防水构造节点设计不合理或防水构造年久失效

二、混凝土中缺陷、腐蚀、渗漏的预防措施（表7-4-2）

混凝土中缺陷、腐蚀、渗漏的预防措施　　　　表7-4-2

1. 缺陷：严把施工质量关，混凝土中使用的水、水泥标号及用量、砂石等材料必须符合设计要求，选择合适的水灰比，钢筋、模板位置应准确，防止漏捣，及时养护。合理使用，加强维护，如防止超载、防止碰撞、防止侵蚀性介质（气、液）等与构件直接接触，不任意损伤构件，及时修补破损处等。

2. 腐蚀：防止酸、碱、盐类，地下水、水溶解对混凝土的腐蚀。如在混凝土表面设置防腐层；还应尽可能减少侵蚀性介质（气、液）的渗、漏，以减轻腐蚀。

3. 渗漏：提高混凝土的抗渗性，主要应从设计、施工方面予以解决。尤其对施工缝、伸缩缝、沉降缝等处，更应注意其防水构造设计和施工质量。如接缝处应清扫干净，做好止水带、预埋件的除锈、固定工作，混凝土振捣密实等。

混凝土防水构造见图7-4-1～图7-4-10。

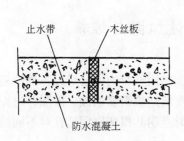

图7-4-1　埋入式止水带变形缝构造图

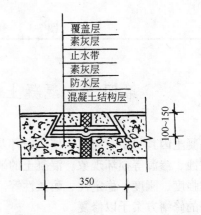

图7-4-2　后埋式止水带（片）变形缝构造图

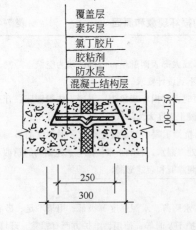

图7-4-3　粘贴式氯丁胶片止水带变形缝构造图

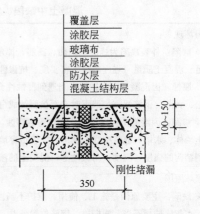

图7-4-4　涂刷式氯丁胶片止水带变形缝构造图

续表

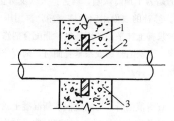

图 7-4-5 管道穿墙的刚性连接构造图
1—止水板；2—穿墙管；3—混凝土墙

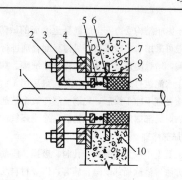

图 7-4-6 管道穿墙的柔性接头构造图
1—穿墙管；2—压紧螺栓；3—压紧支撑环；
4—垫板；5—橡胶圈或沥青麻丝；6—填料隔
板；7—止水；8—沥青麻丝；9—预埋套管；
10—混凝土墙

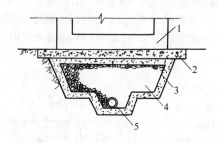

图 7-4-7 水平渗排水层构造图
1—上部构筑物；2—垫层；3—砂框（滤水层）；
4—砾石渗水层；5—渗排水

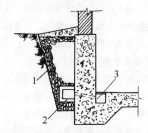

图 7-4-8 垂直渗排水构造图
1—砾石和砂的渗水层；
2—盲沟；3—室内排水沟

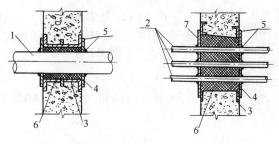

图 7-4-9 一般管道穿墙孔的处理方法
1—管子；2—管群；3—埋设件；4—封口钢板；5—焊缝；
6—填缝材料；7—填缝材料灌注口

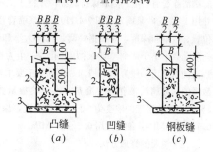

图 7-4-10 防水混凝土的施工缝
1—施工缝；2—构筑物；3—垫层；4—防水钢板

三、混凝土中缺陷、腐蚀、渗漏的修缮方法（表 7-4-3）

混凝土中缺陷、腐蚀、渗漏的修缮方法　　　　表 7-4-3

一、缺陷和腐蚀的修补方法
混凝土缺陷、腐蚀的修补工作，应在分析原因、弄清范围、性质和危害性的基础上进行，常用的方法如下： 1. 表面缺陷、病害的修补

对不影响结构受力安全的混凝土表面的缺陷、病害。如数量不多的麻面、蜂窝、露筋、小块脱落或轻微腐蚀等。一般可采用水泥砂浆或环氧树脂配合剂进行修补,修补的目的是为了预防缺陷、病害扩大以及防止钢筋锈蚀,防止渗漏,增强美观。修补时,先清除缺陷、病害处的松动部分。修补的表面用钢丝刷刷净,再用压力水冲洗润湿,抹上水泥浆打底(约 2mm 厚),最后用 1∶2 或 1∶2.5 水泥砂浆补上抹平。如用环氧树脂配合剂修补,将修补部分表面处理干净干燥后,先刷一层环氧粘结剂,再涂抹环氧胶泥。当缺陷较深或系垂直面时,则应分层涂抹,以免挂淌。对局部露筋部分,除锈后,涂刷环氧粘结剂,再用环氧胶泥修补。

2. 局部修理

对混凝土中较大的蜂窝、孔洞、破损、露筋或较深的腐蚀等,查清范围后,可通过嵌填新混凝土或环氧树脂配合剂的方法,消除局部缺陷、病害、恢复材料功能。如缺陷对构件的承载能力有影响,修理时应采取临时局部卸荷措施或临时支撑加固措施:

(1)修补区基层和结合面处理。先将修补范围内软弱、松散的混凝土薄弱层和松动的石子凿除。再将结合面凿毛,对缺陷区内钢筋进行检查,如已锈蚀或发生面层剥落、损伤现象的,应作好除锈、或局部焊补补强,结合面上的尘土须清除干净。

(2)嵌填新混凝土。用压力水将结合面冲洗干净,在润湿状态下,先抹上水泥浆一层,再嵌填入比原混凝土高一级的细石混凝土,边嵌边分层捣实。为了减少收缩变形,尽量采用干硬性混凝土,水灰比控制在 0.5 以内。为了加强新、老混凝土的粘结,必要时,可在细石混凝土内掺入水泥用量万分之一的铝粉。修补区嵌填满实后,最后表面利用原浆抹平或另用水泥砂浆抹平。

3. 水泥压浆法修补

对影响结构强度安全的大蜂窝或空洞,可采取不清除其薄弱层而用水泥压浆的方法进行补强,以防止结构遭到较大的削弱。首先对混凝土的缺陷、病害进行仔细的检查,对较薄构件,可用小锤敲击,从声音中判断其缺陷范围;对较厚构件,可灌水或用压力水检查;有条件的,可采用超声波仪器探测;对大体积混凝土,可采用钻孔检查的方法。通过检查后,用水或压缩空气冲洗缝隙,或用钢丝刷清除粉屑石渣,然后保持润湿,并将压浆嘴埋入混凝土压浆孔并用 1∶2.5 砂浆固定(图 7-4-11)。压浆嘴管径为 $\phi25mm$,压浆孔位置、数量和深度,应根据蜂窝、孔洞大小和浆液扩散范围确定,一般孔数不小于两个,即一个压浆孔,一个为排水(气)孔。水泥浆液的水灰比一般为 0.7~1.1。根据施工要求,必要时可掺入一定数量的水玻璃溶液作为促凝剂,水玻璃掺量为水泥重量的 1%~

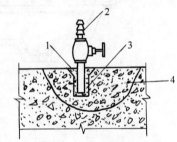

图 7-4-11 压浆嘴的埋设
1—水泥砂浆;2—压浆嘴 3—快凝胶浆;
4—蜂窝孔洞

3%,水玻璃溶液的浓度为 30~40 波美度,徐徐加入到配好的水泥浆中,搅拌均匀后使用。灌浆压力粗缝宜用 0.15~0.3MPa,细缝宜用 0.2~0.5MPa。

二、渗漏的修理方法

混凝土的渗漏,大体可分为孔洞漏水和裂缝漏水两种情况。修漏前必须查明渗漏的确切位置,准备好修漏材料,然后根据不同情况,采用不同的堵修方法。堵修原则是:先变大漏为小漏,变线漏为点漏,变片漏为孔漏,使漏水集中于一点或数点,最后将集中点处的渗漏彻底堵住。

1. 墙体渗漏位置的检查方法

当渗漏量较大时,可以直接观察到漏水部位。渗漏量较小时,可将漏水部位擦干后,立即在漏水处薄薄撒上一层干水泥,表面出现的湿线或湿点处,就是漏水缝隙或微孔。如上法仍不能查清漏水位置时,则用快凝水泥胶浆(水泥:促凝剂为 1∶1)在漏水处均匀涂一薄层,并立即在表面上再均匀撒上干水泥薄层,干水泥表面出现的湿线或湿点处,即为渗漏水缝或微孔。

2. 堵漏剂的配制

(1)促凝剂:有水玻璃促凝剂和快燥精促凝剂等,常用水玻璃促凝剂配合比见下表。

续表

水玻璃促凝剂配合比（重量比）

材料名称	配合比	色泽	规格	备注
硫酸铜（胆矾）	1	水蓝色	三级化学试剂	
重铬酸钾（红矾钾）	1	橙红色	三级化学试剂	配制好的促凝剂密度在1.5左右
硅酸钠	400	无色	密度	
水	60	无色	自来水或饮用水	

水玻璃促凝剂的配制：先将水加热到100℃，将硫酸铜和重铬酸钾按上表重量比放入水中，继续加热搅拌，直至全部溶解，然后将此溶液倒入称量好的水玻璃中，半小时后即可使用。重铬酸钾有毒，操作人员应站在上风，并带口罩手套，以确保施工安全。

（2）堵漏灰浆：常用促凝水泥浆，在水灰比0.55～0.60的水泥浆中，掺入水泥重量1%的促凝剂，拌匀即可使用。

（3）快凝水泥砂浆：将水泥：砂=1：1干拌均匀后，用促凝剂：水=1：1的混合液代替拌合水，以水灰比为0.45～0.5调制成快凝水泥砂浆，须随拌随用。

（4）快凝水泥胶浆（简称胶浆）：用水泥和促凝剂直接拌合而成。配合比为水泥：促凝剂=1：0.5～0.6或1：0.8～0.9，可根据不同条件，事前进行试配，一般在1～2分钟内使用完毕，在水中亦能凝固。

3. 孔洞渗漏堵修方法

由软小毛细孔渗水到较大蜂窝孔洞漏水，都属于孔洞渗漏。孔洞漏水应按漏水水压大小和孔洞大小，采用不同的堵修方法：

（1）直接堵塞法：一般在水压不大（水头在2m以下），孔洞较小的情况下采用。根据渗漏水量大小，以漏水点为圆心剔成凹槽（直径1～3cm，深2～5cm），凹槽壁必须与基层面垂直，不要剔成上大下小的楔形槽，用水将凹槽冲洗干净。随即配制水泥胶浆（水泥：促凝剂=1：0.6），捻成与槽直径相接近的锥形，待胶浆开始凝固时，迅速以拇指将胶浆用力在槽内四周挤压密实，使胶浆与槽壁紧密粘合，堵塞持续半分钟即可。随即按上述查漏水方法进行检查，若无渗漏，即可抹防水面层。若仍有渗水，应将堵塞胶浆全部剔除，并彻底清洗后，用上法重堵。

（2）下管堵漏法：当水压较大（水头在2～4m左右），孔洞较大时，宜采用下管堵漏法（图7-4-12）。将漏水处空鼓的面层，剔成空洞，其深度视漏水情况而定。在孔洞底部铺碎石一层，上面盖一层与孔洞面积相同的油毡（或铁皮），中部穿孔用一胶管穿入油毡（或铁皮）直至碎石底层以引渗漏水。如系地面孔洞漏水，则在漏水处四周砌筑挡水墙，用胶皮管将水引出墙外。用水泥胶浆把孔洞一次灌满，待胶浆开始凝固时，立即用力在孔洞四周压实，并使胶浆表面略低于基层1～2cm。然后擦干表面，进行检查，若无渗漏，抹上防水层第一、二层，待防水层有一定强度后，拔出胶皮管，按直接堵漏法将孔洞堵塞，最后抹防水层第三、四层，拆除挡水墙等。

（3）木楔堵漏法：在孔洞漏水水压很大（水头在5m以上），而漏水孔洞并不大的情况下，可将漏水处剔成一孔洞，孔洞四周松散石子剔除干净，根据漏水量大小选择铁管直径（图7-4-13）。管端剔成扁形，用水泥胶浆将铁管埋设在孔洞中心，铁管顶端比基层面低约3～4m。按铁管内径制作木楔一个，木楔表面应平整，并涂刷冷底子油一道，待水泥胶浆凝固一段时间后（约24h），将木楔打入铁管内，楔顶距铁管上端3cm，楔顶上部空隙用1：1水泥砂浆（水灰比约0.3）填实，随在整个表面抹素灰一层，素灰系由水泥和水拌合而成，水灰比为0.37～0.40左右；再抹砂浆一层，灰砂比一般为1：2.5，水灰比0.7左右，砂浆表面刷出毛纹，经检查无渗漏后，随同其他部位一起做防水层。

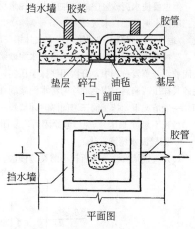

图7-4-12 下管堵漏法示意图

(4) 预制套盒堵漏法：当孔洞和水压均较大，漏水严重时，可采用预制套盒堵漏（图7-4-14）。将漏水处剔成圆形孔洞，孔洞上部四周筑挡水墙。按孔洞半径小3cm制作混凝土套盒，套盒壁上留有数个进水孔和出水孔如图示，底部根据漏水量大小，亦可留有数个出水孔，套盒外壁做好麻面防水层，孔洞底部铺碎石和芦席，将套盒反扣在孔洞内，使套盒比原地表面低2cm，在套盒和孔洞壁间的孔隙内，下部填碎石至垫层平、上填胶浆，并用力挤压密实，用胶浆把胶皮管或软管稳于套盒底部孔眼内，将水引出挡墙外，在孔洞上部抹好一层素水泥浆，一层砂浆（除设有胶皮管位置外），并将表面凿毛，待砂浆凝固后，拔出胶管，即按直接堵塞法将孔眼堵塞，然后和其他部位一起做防水层。

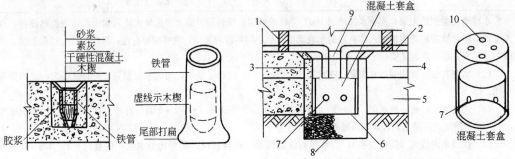

图7-4-13 木楔堵漏法示意图

图7-4-14 预制套盒堵漏法示意图
1—挡水墙；2—胶管；3—胶浆；4—地面；5—垫层；6—芦席；
7—进水孔；8—碎石；9—砂浆；10—出水孔

(5) 混凝土墙面与顶板的防水层做法：即用水泥砂浆抹面防水。用水泥浆、水泥砂浆交替抹压密实，构成四层或五层刚性防水层。地下建筑物内抹防水层，一般采用4层，即水泥浆、水泥砂浆、水泥浆、水泥砂浆四层。如水池、水塔内抹防水层时，则加抹水泥浆一层，成为五层。具体操作方法为：第一层为水泥浆层，厚2mm，即先抹一道1mm厚水泥浆（水灰比0.6左右），用铁抹子往返用力刮抹，使水泥浆填实基层表面的孔隙，然后再抹一道1mm的水泥浆找平层。用湿毛刷在水泥浆表面按顺序轻轻地以水平方向徐刷一遍。第二层为水泥砂浆（用1:2.5水泥砂浆，水灰比0.4～0.5），厚4～5mm。在水泥浆初凝时抹第二层水泥砂浆层，要轻轻压抹，以免破坏水泥浆层，但也要使水泥砂浆中的砂粒压入水泥浆层，厚约1/4左右。在砂浆初凝前用扫帚按顺序向一个方向扫出条纹。第三层抹水泥浆层（水灰比为0.37～0.40）2mm厚。在第二层水泥砂浆凝固并具有一定强度时（常温下间隔一昼夜），适当浇水润湿，按照第一层方法抹第三层，上下往复刮抹4～5次。如表面有析出游离氢氧化钙形成白色薄膜时，要冲水刷净始可操作，第四层抹水泥砂浆层（水泥砂浆1:2.5）4～5mm厚，按第二层作法。抹后在水泥砂浆凝固前水分蒸发过程中，分次用铁抹子压实，一般抹压3～4次为宜，最后再压光。若有第五层时，是在第四层水泥砂浆抹压两遍后，用毛刷均匀将水泥浆刷在第四层表面，随即将第四层抹实压光。前二层连续操作。抹压间隔时间，一般情况下，抹压前三遍间隔时间要短一些，每隔1～2h抹压一次，最后抹压到压光。通常夏季约10～12h，冬季最长不超过14h，以免砂浆凝固后反复压抹产生起砂现象。

4. 裂缝漏水堵漏方法

(1) 直接堵塞法：水压较小的裂缝慢渗、快渗或急流渗水，都可来用这种方法处理，见图7-4-15。

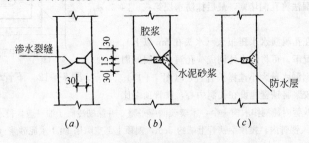

图7-4-15 裂缝漏水直接堵漏法示意图
(a) 剔沟槽；(b) 胶浆堵漏；(c) 做好防水层

续表

先沿裂缝剔八字形边坡沟槽,深度约30mm,宽度约15mm,用清水冲刷干净,然后将水泥胶浆捻成条形,待胶浆快要凝固时,迅速将胶浆堵塞裂缝沟槽,并用两拇指向槽内及其四周边缘挤压密实(须戴橡皮手套或橡皮手指套)。若裂缝过长,可分段堵塞,但胶浆间的接槎要成反八字形相接,并用力挤压密实。堵完后经检查无漏水时,用水泥浆和水泥砂浆将槽沟抹平以保护胶浆,面层扫毛,待砂浆凝固后;再与其他部位一起做防水层。

(2)下线堵漏法:当水压较大的快渗漏水,可用此法堵漏。先按裂缝漏水直接堵漏法,剔挖槽沟,在槽底部沿裂缝放小绳一根,绳直径视漏水量大小而定。绳长20~30cm,将快要凝固的胶浆,填压在放绳的沟槽内,并迅速将边缘压实,立即将绳子抽出,使水顺绳孔流出,对较长的裂缝,要分段逐次堵塞,每段长约10~15cm,每段间留2cm宽孔隙,如图7-4-16所示。根据水量大小,在2cm孔隙内,用下钉法或下管法使孔洞缩小,下钉法是将胶浆包在钉杆中部,待胶浆快要凝固时,将钉插于2cm的空隙中,迅速将胶浆往空隙四周压实,同时转动铁钉立即拔出,使水顺钉孔流出,然后沿槽抹水泥浆,水泥砂浆各一层水泥砂浆表面打毛,待凝固后,用胶浆按孔洞漏水直接堵塞法堵住钉眼,最后进行防水层施工。

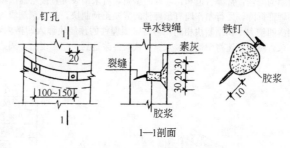

图7-4-16 下线堵漏法示意图

(3)下半圆铁片堵漏法:当水压较大的急流漏水,可采用本法堵漏。先把漏水处剔成八字形边坡沟槽,尺寸视漏水量大小决定,一般为深3~5cm,宽2~3cm,将铁皮做成半圆形,如图7-4-17所示。长约10~15cm,弯曲后宽度与槽宽相等,将半圆铁片(无孔)连续排放槽内,卡于槽底,每隔50~10cm放一带有圆孔的半圆铁片,将胶管或塑料管插入铁片孔中,并用胶浆把管稳住,然后用胶浆分段堵塞,使水顺管孔流出。经检查无渗漏水现象时,然后抹水泥浆和水泥砂浆各一遍保护,面层扫毛。待砂浆凝固后,拔出胶管,按孔洞漏水直接堵漏法堵塞管孔,最后和其他部位一起做好防水层。

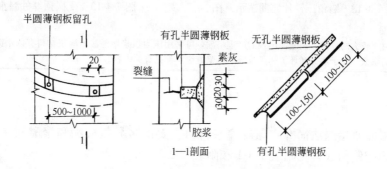

图7-4-17 下半圆铁片堵漏法示意图

(4)墙角压铁片堵漏法。墙根阴角漏水可根据水压大小,按上述三种方法处理。如混凝土结构较薄或工作面较小时,可采用本法。将墙角漏水处,用钢丝刷刷净,将长约30~100cm、宽约4~5cm的铁片斜放在墙角,用胶浆逐段将铁片稳牢、胶浆表面做成圆弧形,粘结密实。在裂缝尽头,再用胶皮管插入铁片下部空隙,并用胶浆稳牢,见图7-4-18。然后在胶浆上做好防水层,并抹一层水泥浆,经养护达到强度后,将胶管拔出,按孔洞漏水直接堵塞法将管孔堵塞,并和地面墙面一起做防水层。

续表

5. 其他漏水情况的修理方法

(1) 地面普遍漏水的修理：当地面混凝土质量较差，地面发现普遍渗漏水时；先对工程结构进行检查鉴定，若混凝土强度仍能满足要求时，就可进行渗漏的修补工作。条件许可时，先将水位降至建筑物的地面以下，然后修补。如无法降低地下水，应先将水集中于临时集水坑中排出，再把地面上漏水明显的孔眼、裂缝分别按孔洞漏水和裂缝漏水的方法进行处理；余下较少的毛细孔渗水，可将混凝土表面清洗干净，抹上厚为1.5cm的水泥砂浆（水灰比为1：1.5）一层，待凝固后，按渗漏水检查方法，找出渗漏水准确位置，采用孔洞漏水直接堵漏法，逐个堵好，然后做好整个地面防水层；

(2) 蜂窝麻面漏水的修理：先将漏水部位清理干净，在混凝土表面涂抹厚2mm左右的均匀的胶浆一层，随即在胶浆上撒干水泥薄薄一层，如干水泥面上出现湿点（即为漏水点），立即用拇指在漏水点上挤压，直到胶浆凝固；按此法堵完各漏水点，随即抹水泥浆一层，按要求做防水层。此法适合于漏水量较小和水压不大的处所；

(3) 变形缝渗漏的修理：一般先将变形缝内嵌填物质全部剔除，再按上述方法将渗漏水堵住，然后在表面粘贴或涂刷氯丁胶片作为第二道防水措施，或重新埋设后埋式止水带；

(4) 管道和预埋件渗漏的处理：常温管道和预埋件的渗漏，可采用裂缝直接堵漏法堵修。当预埋件因受振动而使周边出现渗漏，可将预埋件拆除，另行制作埋有预埋件的混凝土预制块，并在预制块的表面抹上防水层。同时在原预埋件的混凝土基层剔凿凹槽大小和预制块相同，再将带预埋件的预制块埋入凹槽内，见图7-4-19。在埋设前，凹槽内先嵌入快凝水泥砂浆，然后迅速将预制块嵌入。待快凝砂浆达到一定强度后，周边用胶浆堵塞，再用水泥浆嵌实，最后面层做防水层。

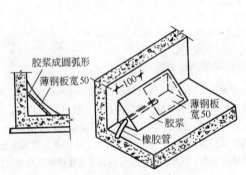

图7-4-18 墙角压铁片堵漏法示意图

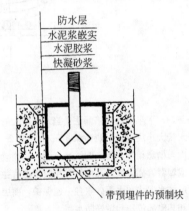

图7-4-19 受振预埋件漏水修补示意图

6. 压浆堵漏

混凝土内由于较大的蜂窝、裂缝而出现的严重渗漏，可采用压力灌浆堵漏法；灌浆材料有以水泥、环氧树脂、氰凝等为主剂的浆液。关于水泥和环氧树脂浆液的压浆方法，参见有关内容。

附：氰凝灌浆堵漏法简介：氰凝灌浆材料主要由多异氰酸酯和聚醚树脂（预聚剂），与一些添加剂配制而成，见附表7-4-1和附表7-4-2。

氰凝主剂性能表　　　　　　　　　　附表7-4-1

产地	名称	外观	比重	粘度（CP）	混凝土堵漏抗渗性能（MPa）
上海	TD-330（聚醚型）	褐色液体	1.100	282	0.8
	T-830（聚硫型）	棕黄色	1.125	24	0.4
天津	TT1	浅黄色透明液体	1.057～1.125	6～30	≥0.9
	TT2	浅黄色透明液体	1.036～1.086	12～70	≥0.9
	TT3	棕黑色半透明液体	1.008～1.125	100～800	≥0.9

氰凝灌浆材料的特性：浆液不遇水不反应，稳定性好。当灌入漏水部位时，即与水发生反应，放出二氧化碳气体，并使浆液体积膨胀和扩散，形成体积大，强度高的固结体。使用时加入少量的催化剂以调节凝结时间，增强堵水能力，抗渗能力可达 0.5MPa 以上；一般凝结时间可由几秒到几十分钟，可根据具体情况配制。

氰凝浆液的配制数量，在现场随配随用，按定量主剂内顺序掺入定量添加剂如附表 7-4-2。搅拌均匀后即可倒入灌浆机具内进行灌浆。灌浆机具可采取单液灌浆形式，有风压灌浆和手压泵两种，施工方法参见水泥灌浆内容。

氰凝浆液配方、重量比、加料顺序和作用表　　附表 7-4-2

类别		主剂	添加剂						
名称（作用）		预聚体	硅油	吐温	邻苯二甲酸二丁酯	丙酮	二甲苯	三乙胺	有机锡
加料顺序		1	2	3	4	5	6	7	8
配合比	天津产品	100	1	1	10	5～20	—	1～3	—
	上海产品	100	—	—	1～5	—	1～5	0.3～1	0.15～0.5
添加剂作用			表面活性剂	乳化剂（吐温—80号）	增塑剂	溶剂	溶剂	催化剂	催化剂

第八章 基础墙柱加固与维修

第一节 基础损坏的检查与加固维修

一、基础损坏的原因及现象

（一）基础的腐蚀与修理

由于酸、碱、盐及溶剂等介质的作用，使建筑物的材料产生物理性的或化学性的破坏现象，称之为腐蚀。

基础腐蚀的种类　　　　　　　　　　　　　　　　　　　　　　表 8-1-1

分　类		概　　述
侵蚀性介质的腐蚀		由于侵蚀性介质的跑、冒、滴、漏或正常的排放和贮存，建筑物、贮槽、塔体等构筑物的地基或基础与侵蚀性介质经常接触，在外在因素的影响下产生的腐蚀。
大气腐蚀		大气中的蒸汽及氮、氧、二氧化碳等，工厂散发的污染气体中含有的侵蚀性气体或粉尘，沿海地区含氧化物的大气，对地基或基础的腐蚀。
水腐蚀	地下水	天然地下水中含有对混凝土具有侵蚀性的成份产生的分解性、酸性、碳酸性、硫酸盐及镁化物的侵蚀；化工生产废水渗透到地下，污染了地下水并使水位上升，造成对地基、基础的腐蚀。
	工业冷却水	循环冷却水中的侵蚀性介质，对构筑物基础的腐蚀。
	海水	海水中含有很多盐类及许多无机物和有机物的悬浮物，由于海水的强电解性质，并溶解了空气中的氧，对基础产生腐蚀。
土壤腐蚀		土壤是一种具有特殊性质的电解质，土壤中的氯化物，有的遭受工业废水或酸类介质渗入污染，使土壤酸化或大气有害介质随降雨渗入地下等，对地基基础的腐蚀

维 修 前 的 准 备　　　　　　　　　　　　　　　　　　　　　表 8-1-2

内　　容	说　　明
腐蚀程度的检查	外观检查与腐蚀破坏部位的实测、记录；构件或材料的材质受侵蚀性介质腐蚀后的变化；包括：形态、粘结力等。
腐蚀原因的分析	介质性质及外部影响因素与构件，材料的腐蚀机理。
原始资料的复核	土壤、地下水的检验；构件的荷载、稳定性复核。
修复前的表面处理	腐蚀物的清除和修复表面的修理是修复工作质量的关键。
修复前临时安全措施	修复部位和构件的卸荷，支撑及险情的排除

表面修复的方法   表 8-1-3

方 法	内 容 说 明
腐蚀物的清除	基础、楼地面、墙身、天棚及钢筋混凝土或钢木结构、表面腐蚀物和深入内部的残留物必须彻底清除，这是修复工作保证质量的重要关键；根据侵蚀性介质的不同，可分别采用人工铲除、热烘烤、水力冲洗、压缩空气喷吹等方法将腐蚀物、残留物清除干净，露出新基底。
表面中和处理	凡酸性介质腐蚀的表面通常用碱液、石灰水、氨水或氨气等碱性介质处理，使之中和，再以清水冲洗；凡碱性介质腐蚀的表面一般不需中和处理，可用清水冲洗。
清洗和干燥	经表面处理后的构件，修复前必须以钢丝刷清除干净浮灰、油污、尘土；用压力水冲洗干净后经 pH 试纸检查须呈微碱性，并经干燥处理达到要求后开始修复

1. 腐蚀的种类：房屋建筑的地基与基础的腐蚀分为侵蚀性介质的腐蚀、大气腐蚀、水腐蚀和土壤腐蚀等四种类型，见表 8-1-1。

2. 防腐蚀处理：为了防止基础的腐蚀，除了在设计基础时应考虑防护措施外，还必须在构造上采取相应的防护措施，分别见表 8-1-2 和表 8-1-3。

3. 地基基础腐蚀后的加固修复

地基腐蚀后的加固修复主要从构造处理上进行，详见图 8-1-1 所示。

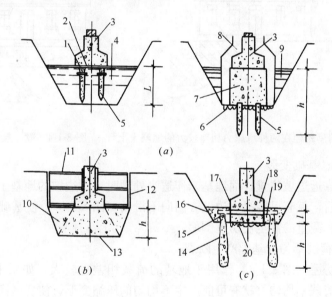

图 8-1-1 地基被腐蚀后的加固修复
(a) 带形基础地基局部压桩加固；(b) 局部换土填砂；(c) 灌注桩加固
1—千斤顶；2—嵌实垫层；3—带形基础；4—加固基坑；5—短桩；6—碎石灌沥青；7—新浇筑的混凝土或砌体；8—抗渗较好的粘土；9—基坑；10—夯实的砂垫层；11—支撑；12—撑板；13—未污染的老土层；14—混凝土灌注桩；15—桩顶梁；16—沥青层；17—工字钢托梁；18—细石混凝土；19—横梁；20—新浇筑的混凝土或砌体；h—按设计要求确定；L—污染深度；l—污染区

基础的加固修复详见图 8-1-2 所示。

(二) 影响基础沉降断裂的因素

1. 地基土质不匀，基础发生滑移

当房屋的基础跨建在两种承载力相差较大的地基土上（图 8-1-3）或地基软土层厚度分布

第八章 基础墙柱加固与维修

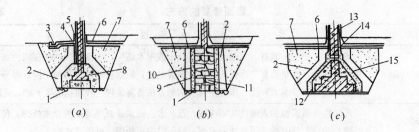

图 8-1-2 基础被腐蚀后的加固修复

(a) 砖墙基础加固;(b) 块石基础加固;(c) 钢筋混凝土柱基础加固

1—碎石灌沥青;2—抗渗好的粘土;3—排水明沟及护坡;4—热沥青灌缝;5—混凝土;6—地坪面层修补;7—回填土夯实;8—现浇混凝土加固基础;9—钢丝外包混凝土;10—钢丝网;11—块石带形基础;12—垫层;13—钢筋混凝土柱;14—细石混凝土;15—钢筋混凝土加固

不均匀(图 8-1-4)以及地基中有洞穴、旧井和局部软土时,如果没有做适当的处理,则地基承受荷载后,就可能产生不均匀的压缩变形,而使基础也跟着产生不均匀沉降和裂缝。

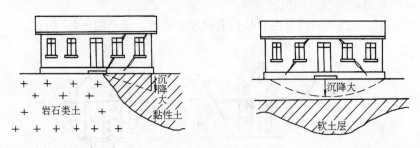

图 8-1-3 房屋跨建在两种承载力相差较大的地基土上　　图 8-1-4 软土层厚度不同

2. 地基滑动、基础变形

当房屋建在靠近边坡位置,而地基未作适当处理时,则边坡的地基土受到水的冲刷和上部荷载的作用后,就有可能沿着边坡方向向下滑动(图 8-1-5)。使基础出现过大的不均匀沉降、裂缝等,严重的甚至使房屋倒塌。

3. 地基承受荷载不匀,基础产生断裂

高差较大的房屋(图 8-1-6)作用于地基的荷载相差也较大,如果未做适当的处理,则地基由于承受荷载不均匀,就有可能产生不均匀的压缩变形,使房屋高低部分相接处的

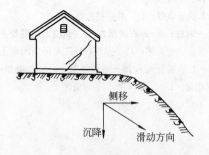

图 8-1-5 边坡地基土的滑动

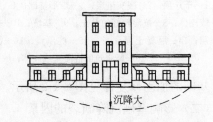

图 8-1-6 高差较大的房屋

基础也跟着产生不均匀沉降、裂缝。

另外任意改变房屋部分房间的用途，如将办公室改为仓库，或局部堆放物品太多、太重等，也都有可能引起地基的不均匀压缩变形和基础的不均匀沉降。

4. 地基受水的影响，基础易失稳

当房屋的地基受地面水、上下水管道渗漏的水等较长期的浸泡，或地基土中的含水量增减较大时，就有可能使有些地基土（如膨胀土、湿陷性黄土等）的结构产生显著的变化，而使房屋的基础产生不均匀沉降和裂缝。有时基础会失去稳定、丧失受荷功能。

二、基础的维修与加固

（一）带壁柱刚性基础的扩大加固

对墙增设扶壁砖柱或钢筋混凝土柱下刚性基础承载能力不足的扩大加固方法可参见图8-1-7。在这种情况下，其设计和施工的要点如下：

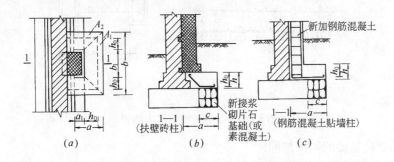

图 8-1-7 墙体增设扶壁时的基础加固

1. 根据上部荷载 N，计算扶壁下老基础需要扩大的面积 F，据此选定扩大部分尺寸 $b \times c$。

2. 以扶壁桩为中心在老基础一侧，用浆砌片石或素混凝土接出 $c \times b$（长×宽）的新基础，其底和顶面均与老基础平齐。

3. 在新老基础顶面浇捣钢筋混凝土连接基座，亦即增设扶壁柱的基座，钢筋混凝土连接基座按混凝土结构设计规范（GB 50010—2002）要求进行设计。

为使连接基座具有足够的强度以保证新、老基础连成一体，共同工作，通常底部的配筋应不少于双向 $\phi 8@200$。

（二）墙下条形基础扩大加固

墙体保持原样，其下条形基础从两侧扩大加固的方法见图 8-1-8。在这种情况下其加固修缮设计和施工的要点如下：

1. 根据墙身传来荷载大小，计算决定原基础两侧各需加宽的尺寸 B。

2. 加宽部分混凝土新基础的顶面可与墙身大放脚齐平。

3. 在地面以下新基础的顶部，沿墙身在加宽长度范围内按一定间距 L 加建横穿墙身的钢筋混凝土挑梁，使墙身荷载通过挑梁传递至加宽部分基础上，从而保证新、老部分共同工作。间距 L 一般取 1.2～1.5m。如基础埋深不大，施工无特殊困难，挑梁可置放于老基础顶面，横穿大放脚，挑梁可与加宽部分混凝土基础一并浇捣。

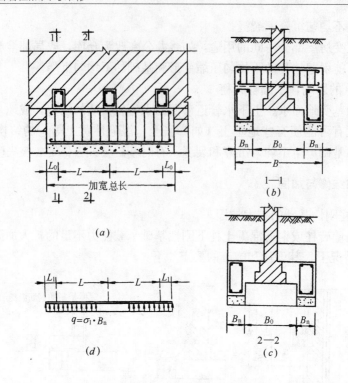

图 8-1-8 条形基础的扩大加固

(三) 独立柱基础的扩大加固

钢筋混凝土柱下独立基础的扩大加固方法详见图 8-1-9。其设计和施工的要点如下：

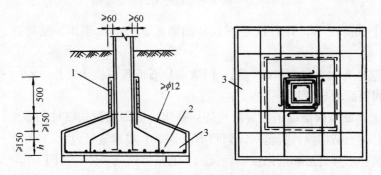

图 8-1-9 钢筋混凝土柱下独立基础
1—新加 4>φ16、5φ6 箍；2—焊至底钢筋上；3—加宽加厚部分混凝土

1. 根据柱传来的总荷载，基础扩大后基底的净地反力 f_k 及基础内原有配筋量，按满足抗冲切和抗弯矩的要求，计算决定基础扩大后需要的总厚度（先假设总厚度，再验算是否满足抗冲切，抗弯矩的强度要求），计算用公式与要求同新基础，但为了保证连接牢固度和施工质量要求，增加的厚度不宜少于 150mm。

2. 将地面以下、靠近基础顶面处的柱段四边的混凝土保护层凿除，露出柱内主筋，同时亦将老基础四侧边的混凝土凿除，露出基底的钢筋端部，并将基顶凿毛。

3. 扩大部分钢筋按构造要求架设，将部分架立筋与基底原主筋端部焊接固定，为保证柱荷载很好地传递至新基础，老基础顶面上约 650mm 长的柱段四边各加宽至少 50mm，并加插 4 根 $>\phi16$ 钢筋，用 $\phi6@100$ 箍筋固定，柱加宽部分与基础扩大和加厚部分的混凝土一次浇捣完成。

（四）基础工程常见局部问题的处理方法见表 8-1-4。

（五）基础常见破坏形式及修缮方法见表 8-1-5。

基础局部的处理方法 表 8-1-4

基底情况	处 理 方 法
地基下陷，松土坑较深	槽底按常规方法处理完毕后，常用加筋处理，一般方法是在基础以上 1～2 皮砖（或混凝土基础内）、防潮层下 1～2 皮砖处，各配置 3～4 根 $\phi8～12$ 钢筋
在建筑物内有枯井或室外有枯井	先用素土分层夯实，回填到室外地坪下 1.5m 处，再按上法进行回填加固
枯井在基础下，在条形基础 3B 或柱基 2B 范围内	先用素土分层夯实，回填到室外地坪下 2m 处，再按上法进行回填加固
枯井在房屋转角处，且基础压在井上	按上述方法回填后，将基础沿墙长方向延长，落在天然土上的基础总面积应不小于井圈范围内原有基础的面积，并在墙内配筋或用钢筋混凝土梁来加强；若基础压在井上部分不多时，除按上述方法回填土外，可采用基础挑梁的方法解决

基础常见破坏形式及修缮方法 表 8-1-5

破坏现象	原 因	维修方法	注意事项
不均匀下沉	1. 同一建筑物地基承载力及建筑荷载差异过大	1. 加宽基础（用砖或钢筋混凝土）防止继续下沉； 2. 打生石灰梅花桩，靠近基础布成梅花形，桩跨 50cm	基槽分段开挖每段不超过 1.5m。老基础上剔槽，使新、老基础结合紧密，生石灰块粒径 2～5cm，桩径 15cm，深 4m，距孔口 50cm 处用湿黏土或三七灰土封顶
	2. 半山建筑物地基土滑移或埋深未入老土	修挡土墙（护坡）或打排桩，加深基础至老土下 20cm。	1. 挡土墙要留排水孔； 2. 木排桩距 50cm，打入稳定土层下 50cm。
	3. 粘性膨胀土	伐掉邻墙（5m 内）树木，加宽散水 5～8m，厚 20cm，防止墙基地下水分被吸走或蒸发掉，使内外墙地基含水量趋于平衡	取得有关技术部门支援，取土样，做膨胀试验
	4. 基础埋深过浅，高于冰冻线发生冻胀	分段拆砌，加深基础至冰冻线下	

续表

破坏现象	原　因	维修方法	注意事项
局部断裂	1. 地基中有孔洞坑穴未被发现，或未处理好或局部荷载过大	局部挖补，分段拆除旧基础，如地基中有小洞穴，可用粗砂、碎石分层夯实回填；如为大洞穴，可做弧形悬拱或混凝土梁跨过	1. 支撑牢固； 2. 重新回填时，必须将原来填土掏挖干净
	2. 墙基附近开挖坑槽	局部挖补后填死、迁走坑槽	
基础腐蚀	地下水位高、水中含酸碱成分高	1. 基础灌浆：将腐蚀后的松散部分刮除，用手工或用手压泵、电动泵将灰浆压入砖缝并抹面，也可用铅丝网垫底，上压灰浆； 2. 严重腐蚀可分段挖补，改成毛石基础	

第二节　墙柱损坏的检查与加固维修

一、砖墙柱裂缝特征及其防治

由于地基不均匀下沉和温度变化的影响，使砖砌墙体表面产生一些不同性质的裂缝。砖混结构一般性裂缝（除严重开裂外）不危及结构安全和使用，往往容易被人们忽视，致使这类裂缝屡有发生，形成隐患。在地震及其他荷载作用下，容易引起提前破坏。故对此应引起有关人员的重视，采取措施，减少和防止裂缝的产生。

（一）地基不均匀下沉引起的墙体裂缝

1. 工程裂缝现象

（1）斜裂缝一般发生在纵墙的两端，多数裂缝通过窗口的两个对角，裂缝向沉降较大的方向倾斜，并由下向上发展（图8-2-1）。由于横墙刚度较大，一般不会产生较大的相对变形，故很少出现这类裂缝。裂缝多在墙体下部，向上逐渐减少，裂缝宽度下大上小，常常在房屋建成后不久就出现，其数量及宽度随时间而逐渐发展。

（2）窗间墙水平裂缝。一般在窗间墙的上下对角处成对出现，沉降大的一边裂缝在下，沉降小的一边裂缝在上（图8-2-2）。

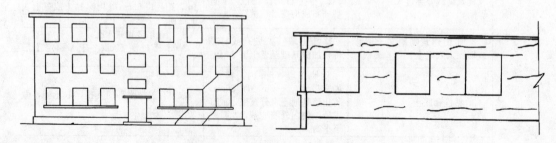

图 8-2-1　斜裂缝情况　　　　　　　　图 8-2-2　窗间墙水平裂缝

(3) 竖向裂缝发生在纵墙中央的顶部和底层窗台处，裂缝上宽下窄，当纵墙顶层有钢筋混凝土圈梁时，顶层中央顶部竖直裂缝则较少。

2. 原因分析

(1) 斜裂缝主要发生在软土地基上，由于地基不均匀下沉使墙体承受较大的剪切力，当结构刚度较差，施工质量和材料强度不能满足要求时，导致墙体开裂。

(2) 窗间墙水平裂缝产生的原因是，由于沉降单元上部受到阻力，使窗间墙受到较大的水平剪力，而发生上下位置的水平裂缝。

(3) 房屋低层窗台下竖直裂缝，是由于窗间墙承受荷载后，窗台墙起反梁作用，特别是较宽大的窗口或窗间墙承受较大的集中荷载情况下（如礼堂、库房等工程），窗台墙因反向变形过大而开裂，严重时还会挤坏窗口，影响窗扇开启，另外，地基如建在冻土层上，由于冻胀作用而在窗台处发生裂缝。

3. 预防措施

(1) 加强地基探查工作。对于较复杂的地基，应定时观测记录，如遇软弱部分需进行加固处理。

(2) 合理设置沉降缝。凡不同荷载（高差悬殊的房屋）、长度过大、平面形状较为复杂，同一建筑物地基处理方法不同和有部分地下室的房屋，都应从基础开始分成若干部分，设置沉降缝，使其各自沉降，以减少或防止裂缝产生。沉降缝应有足够的宽度，应防止浇筑圈梁时将断开处浇在一起，或砖头、砂浆等杂物落入缝内，以免房屋不能自由沉降而发生墙体拉裂现象。

(3) 加强上部结构的刚度，提高墙体抗剪强度，由于上部结构刚度较强，可以适当减少地基的不均匀下沉。故应在基础顶面（±0.000）处及各楼层门窗口上部设置圈梁，减少建筑物端部门窗数量。操作中严格执行规范规定，如砖浇水润湿，改善砂浆和易性，提高砂浆饱满度和砖层间的粘结（提高灰缝的砂浆饱满度，可以大大提高墙体的抗剪强度）。在施工临时间断处应尽量留置斜槎。当留置直槎时，也应加拉结筋。

(4) 宽大窗口下部应考虑设混凝土梁或砌反砖碹（图8-2-3）以适应窗台反梁作用的变形，防止窗台处产生竖直裂缝。为避免多层房屋底层窗台下出现裂缝，除了加强基础整体性外，也可采取通长配筋的方法来加强。

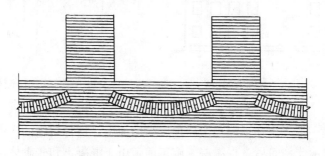

图 8-2-3 砌反砖碹

4. 治理方法

对于墙体产生裂缝首先应做好观察工作，注意裂缝发展规律。对于非地震区一般性裂缝，如若干年后不再发展，则可认为不影响结构安全使用，局部宽缝处，用砂浆堵抹即可,对于影响安全使用的结构裂缝,应进行加固处理。对于因墙体原材料强度不够而发生的裂缝,墙面可敷贴钢筋网片,并配置穿墙拉筋加以固定,然后灌细石混凝土或分层抹水泥砂浆进行加固。墙体裂缝的加固方法,应结合裂缝性质和严重程度,由技术人员提出。

由地基基础沉降引起的墙体结构裂缝及防治方法可见表8-2-1。

墙体裂缝及防治方法　　　　　　　　　　表 8-2-1

裂缝及部位	产生原因	防治方法
斜裂缝:常发生在窗间墙、窗台墙、内墙或外墙上;大部分裂缝是通过窗口的两对角,在紧靠窗口处缝宽较大,向两边和上下逐渐缩小	主要由于地基不均匀沉陷,墙身受较大的剪力,砌体受拉应力而破坏;裂缝往往是由沉降小的一边向沉降较大的一边逐渐向上发展	处理好地基,对高低差较大、建筑物过长、平面形状复杂、地基处理方法不同(如部分桩基、部分天然基础)、分期建设的建筑物,应根据不同的条件,设适当的沉降缝;沉降缝应有一定的宽度,施工时一般应先建重单元,后建轻单元;根据地质和钎探资料,加强上层结构的刚度和调整好基础设计
水平裂缝:一般在窗间墙两对角处,成对出现	主要是由于地基不均匀沉陷或沉降缝处理不当,沉降单元被顶住后,最容易发生此类裂缝	
竖向裂缝:一般发生在纵墙的顶部或底层窗台墙上	主要是由于墙的两端沉降值较大,中间沉降值小,使墙的上端或底层窗台中间受拉所产生	

(二) 温度变化引起的墙体裂缝

1. 工程现象

(1) 八字裂缝出现在顶层纵墙的两端(一般在1~2开间的范围内),严重时可发展至房屋1/3长度内(图8-2-4)。有时在横墙上也可能发生。裂缝宽度一般中间大、两端小。当外纵墙两端有窗时,裂缝沿窗口对角方向裂开。

(2) 水平裂缝。一般发生在平屋顶屋檐下或顶层圈梁2~3皮砖的灰缝位置,裂缝一般沿外墙顶部断续分布,两端较中间严重,在转角处,纵、横墙水平裂缝相交而形成包角裂缝(图8-2-5)。

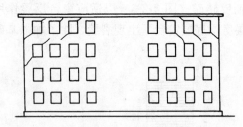

图 8-2-4　八字裂缝情况

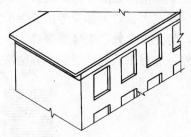

图 8-2-5　水平裂缝情况

2. 原因分析

(1) 八字裂缝一般发生在平屋顶房屋顶层纵墙面上,这种裂缝的产生,往往是在夏季屋顶圈梁、挑檐混凝土浇筑后,保温层未施工前,由于混凝土和砖砌体两种材料线胀系数不同(后者比前者约大一倍),在较大温差情况下,纵墙因不能自由缩短而在两端产生八字裂缝。无保温屋盖的房屋,经过冬、夏气温变化也容易产生八字裂缝。

(2) 檐口下水平裂缝、包角裂缝以及在较长的多层房屋楼梯间处楼梯休息平台与楼板邻接部位发生的竖直裂缝(图8-2-6),产生的原因与上述原因相同。

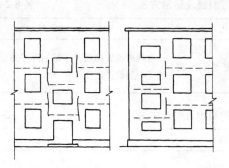 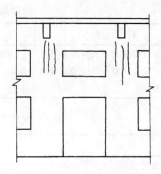

图 8-2-6　竖直裂缝　　　　　　　　图 8-2-7　局部竖直裂缝

3. 预防措施

(1) 合理安排屋面保温层施工。由于屋面结构层施工完毕直至做好保温层，中间有一段时间间隔，因此屋面施工应尽量避开高温季节。

(2) 屋面挑檐可采取分块预制或者顶层圈梁与墙体之间设置滑动层。

(3) 按规定留置伸缩缝，以减少温度变化对墙体产生的影响。

4. 治理办法

同前述"地基不均匀下沉引起的墙体裂缝"的治理方法。

(三) 大梁下的墙体裂缝

1. 工程现象

大梁底部的墙体（窗间墙），产生局部竖直裂缝（图 8-2-7）。

2. 原因分析

(1) 大梁下面墙体局部竖直裂缝，主要由于未设梁垫或梁垫面积不足，砖墙局部承受荷载过大所引起。

(2) 该部位墙体砖和砂浆强度偏低、施工质量较差。

3. 预防措施

(1) 有大梁集中荷载作用的窗间墙，应有一定的宽度（或加垛）。

(2) 梁下应设置足够面积的现浇混凝土梁垫，当大梁荷载较大时，墙体尚应考虑横向配筋。

(3) 对宽度较小的窗间墙，施工中应避免留脚手眼。

4. 治理方法

应由房屋管理设计与施工部门，结合结构形式、施工方法等，进行综合调查分析，然后采取措施，加以解决。通常可增设梁垫或加壁柱解决。

过梁及窗台口处的裂缝现象及防治方法可见表 8-2-2～表 8-2-4，砖砌体质量见表 8-2-5。

平拱砖过梁的裂缝及防治方法　　　　　表 8-2-2

特　点	产　生　原　因	防　治　方　法
一般是沿竖向灰壁开裂，有时在拱上裂缝沿缝向上斜向发展，也有砖块裂缝	主要是施工质量问题，砂浆稠度过大，吸水后干缩，或砂浆不饱满，或砂浆稠度不够，使砌体失去拱的作用	提高施工质量，砂浆必须达到设计强度，砌筑时砂浆必须饱满，不得采用灌浆；拆拱模时砂浆必须达到强度50%；必要时（当荷载较大时）可改用钢筋混凝土过梁或钢筋砖过梁；裂缝过大时，也可拆除重砌

沿窗边或楼梯间的竖直裂缝及防治方法　　　　　表 8-2-3

特　点	产 生 原 因	防 治 方 法
一般多发生在窗口或楼梯等薄弱部位，往往将整个房屋的墙身和楼盖切断	房屋长度较大，或原来按照采暖设计，而施工或使用中越冬未能采暖	合理地设置伸缩缝，特别要注意使用和施工中的维护工作

钢筋混凝土过梁端部的裂缝及防治方法　　　　　表 8-2-4

特　点	产 生 原 因	防 治 方 法
一般由梁端部形成弧形向洞口发展，直到洞口边缘，缝口一般上大下小；另一种是沿梁端附近墙面上下竖向发展，缝宽上大下小，有的还通到上层窗口下角附近；裂缝大小与过梁断面有关	①钢筋混凝土过梁收缩引起；②过梁的搁置长度不够，砌体局部压力过大而引起；③寒冷地区用冻结法施工，在砂浆融化阶段也最易发生	尽量采用龄期长、经过收缩的过梁；如搁置长度不够，可在端头加混凝土梁垫或加钢筋网片垫；冬施解冻时，应作临时支撑，待砌体具有一定强度时再拆除

砖砌体质量标准及检验方法　　　　　表 8-2-5

项次	项　　目		允许偏差（mm）	检 验 方 法
1	轴线位置偏移		10	用经纬仪或拉线和尺量检查
2	基础和墙砌体顶面标高		±15	用水准仪或尺量检查
3	垂直度	每层	5	用 2m 托线板检查
		全高 <10m	10	用经纬仪或吊线和尺量检查
		>10m	20	
4	表面平整度	清水墙、柱	5	用 2m 靠尺和楔型塞尺检查
		混水墙、柱	8	
5	水平灰缝平直度	清水墙	7	拉 10m 线和尺量检查
		混水墙	10	
6	水平灰缝厚度（10 皮砖累计数）		±8	与皮数杆比较尺量检查
7	清水墙面游丁走缝		20	吊线和尺量检查，以底层第一皮砖为准
8	门窗洞口（后塞口）	宽度 门口高度	±5、±15、（-5）	尺量检查
9	预留构造柱截面（宽度、深度）		±10	尺量检查
10	外墙上下窗口偏移		±20	用经纬仪或吊线检查，经底层窗口为准

注：每层垂直度偏差大于 15mm 者，应进行处理。

二、墙柱的修理与加固

（一）独立砖柱的加固

1. 用套层加固独立砖柱

当独立砖柱的承载能力不足时，可用钢筋网砂浆套层或钢筋混凝土套层来进行加固（图 8-2-8）。

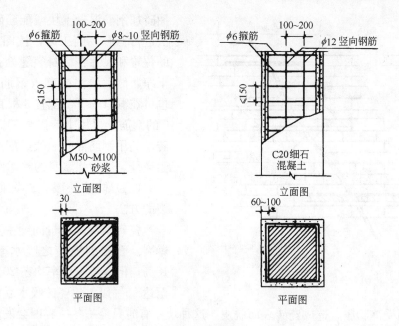

图 8-2-8 用套层加固独立砖柱

钢筋网砂浆套层是在砖柱的外侧围扎一层钢筋网,竖向钢筋的直径常用 $\phi 8\sim\phi 10$,间距为 $100\sim 200 mm$;箍筋的直径常用 $\phi 6$,间距小于或等于 $150 mm$,外面抹 $30 mm$ 厚 $M5\sim M10$ 的砂浆。

钢筋混凝土套层的厚度通常为 $60\sim 100 mm$,混凝土为 C15 细石混凝土。竖向钢筋的直径常用 $\phi 8\sim\phi 12$,间距为 $100\sim 200 mm$;箍筋的直径常用 $\phi 6$,间距小于或等于 $150 mm$。

用套层加固砖柱的强度验算,可参阅《砌体结构设计规范》GB 50003—2001。

2. 独立砖柱的拆除重砌

当独立砖柱损坏较严重时,可拆除重砌,用加大砖柱的截面或提高材料强度等级等方法来提高砖柱的承载能力。当砖柱的截面增大时,其基础必要时也要相应的增大。砖柱在拆除重砌前,应先把柱上部的梁、屋架等构件支撑起来。

(二)墙身受潮受腐的处理

1. 墙身受腐蚀和墙面抹灰脱落的修补

当砖墙身受腐蚀不太严重时,可将起粉脱皮的部分除去,用 1∶2～1∶3 水泥砂浆抹面,以保护墙身。

当砖墙身受腐蚀比较严重时,可将受腐蚀的部分拆除,用水泥砂浆重新镶砌新砖,再用 1∶2～1∶3 水泥砂浆抹面,以免墙身发生危险。

当墙面抹灰损坏脱落时,可将松脱的抹灰层铲除,接槎处凿毛,清扫干净,洒水湿润,然后重做抹灰层。

2. 墙身裂缝的修补

对墙身裂缝的修补,首先要找出引起裂缝的原因,然后进行修补。例如由于地基和基础的损坏而引起的墙身裂缝,首先要从处理地基和基础着手。在处理了引起墙身裂缝的根源后,对于细小的、对墙身强度影响不太大的裂缝,可用高强度等级砂浆嵌缝的方法进行修补。对于较长、较宽、对墙身强度有一定影响的裂缝,为了加强墙身的整体性,可采用

第八章 基础墙柱加固与维修

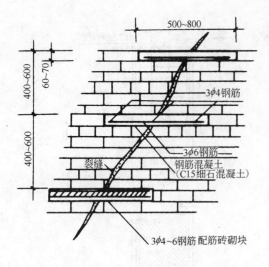

图 8-2-9 裂缝的嵌补

抽砖加钢筋混凝土块或配筋砖砌块的方法进行修补。施工时，按图 8-2-9 所示的位置和尺寸在墙身裂缝处打洞，清洗干净，然后灌注或砌入钢筋混凝土块。也可在洞口的下部配置 3 根直径为 $\phi 4\sim 6$ 的钢筋，再用 M5 以上的砂浆砌入新砖。利用钢筋混凝土块或配筋砖砌块嵌固裂缝，以增强墙身的整体性。

（三）防治外墙瓷砖饰面脱皮和爆裂的方法

瓷砖本身的质量问题主要是脱皮和爆裂。合格的瓷砖之吸水率应不大于 18%，但一般吸水率均在 20% 以上，甚至达 25% 以上。瓷砖吸水后膨胀，若再受冻，即为受冻膨胀，造成瓷砖表面脱皮，这种现象有时只经一冬一春即会发生。即开箱时未见瓷砖有裂纹，但经水浸，粘贴到砖上后，便可看见瓷砖釉面有指纹形的微细裂纹，甚至还能听到"叭、叭"的轻微响声，这种现象称为爆裂，几年后可发展为粉皮、脱皮。出现此类情况的主要原因是瓷砖制作工艺存在有问题。防治瓷砖饰面脱皮和爆裂的措施是：

1. 进行瓷砖饰面施工时，瓷砖应分类挑选使用。用于内墙的瓷砖不能用于外墙，主要原因是相对厚度小，粘贴时不能用力按动、敲击，致使粘贴不牢；块大、吸水率较高，吸水膨胀和热胀后易空臌、脱落。用于檐口、窗台、阳台栏板等具有上平面和水平阳角部位的瓷砖易发生问题，主要原因是角部对接不良、上平面易积存雨雪水，侵入缝隙及砖坯，经气温温差而胀缩，瓷砖便脱皮、脱落，一旦饰面边缘开始脱落便向大面积发展。

2. 确保底层砂浆必备的强度。为此，不能采用失效或基本失效的过期水泥，砂子的含泥量不能过大，水泥用量不能过少，抹灰前应对砖墙墙面浇水，使之润湿。否则，砂浆层强度过低，无法承受瓷砖的下附力而导致大片脱落。不宜用素水泥浆来粘贴瓷砖。素水泥浆无骨料，干缩性和脆性均大，粘结力小，是造成瓷砖脱落的原因之一。用素水泥浆粘贴瓷砖，经检查，三个月后空臌率可达 45%，而用 1:2 水泥砂浆粘贴瓷砖，三个月后空臌率仅为 11%。经验表明：采用 1:(1.5～2) 的水泥砂浆（砂子应过孔径 3mm 的细筛），或采用掺 107 胶（掺量控制在 3%～5%）的素水泥浆来粘贴瓷砖，效果最好，空臌率最低。

3. 砌筑砖墙时，砖不能浇水过度。砌完的墙体应避免雨水直接淋湿。

4. 应逐块挑选瓷砖，除了应将裂纹、翘曲、尺寸偏差大、颜色不一致的瓷砖挑出之外，尚应将薄砖和质软、釉薄的砖挑出。

5. 粘贴前，应将瓷砖放在水中浸泡 2h 左右，然后取出晾至"外干内湿"，对打好底灰的墙面应先量好尺寸，确定排砖方案和砖缝宽度，在墙上弹出瓷砖排列位置线（包括砖缝）。瓷饰面的砖缝宽度可与面砖灰缝宽度相同（粘贴波纹瓷砖时可不设垂直缝）。

6. 施工时要控制粘结砂浆的厚度（一般以 6～10mm 为宜）及稠度。

7. 对于立面贴瓷砖来说，在上平面抹水泥砂浆时，应做出一道小檐将瓷砖锁住。阳台、窗台的上面抹灰层可刷涂料或涂蜡溶液；檐口、女儿墙上平面可涂一层热沥青，以防雨水浸入。

8. 拆除脚手架时应严防碰伤瓷砖饰面，一经碰损必须及时更换。

9. 注意避免污染瓷砖墙面，每贴完一面墙后，应由上到下用水冲洗一遍。

10. 在材料品种、规格改进及生产与施工技术提高的可能条件下，可考虑采用先进的干式做法，即使用一些专制铁件来固定瓷砖，而不使用砂浆粘贴（即不采用湿式做法）。这样，瓷砖与墙面固着紧密，既有利于耐震，又可避免墙上段瓷砖脱落时下段瓷砖受载而产生连锁反应。

（四）房屋墙面析白露霜现象的防治

1. 房屋墙面析白现象

析白俗称起霜，它是房屋墙面（无论砖墙或混凝土墙）经常会发生的现象。当空气中的酸性氧化物 SO_2、CO_2 溶于雨水后浸渍房屋墙面时，就会生成 $CaCO_3$ 而产生析白。析白发生的条件是低温、阴凉、较大湿度及适度的风，以冬季较低温度时在房屋背阴面最为常见。

2. 造成析白现象的主要原因

（1）墙体所用之砖，烧制温度较低（小于950℃），吸水率较高，易吸收砂浆中的水分及雨水。

（2）混凝土或砂浆的水灰比偏高，颗粒级配不良，水泥用量过少，和易性差。

（3）水泥含可溶性组分过多，含碱量高，细度低。

（4）骨料含大量可溶性成分，吸水率较高。

（5）采用可溶性无盐类外加剂（如各种钠盐、K_2CO_3、$CaCl_2$、漂白粉等）。

3. 防治房屋墙面析白的主要措施

（1）选择适宜的原材料。对于砖砌体，宜选择烧制温度在1200℃以上、吸水率在5%以下的砖；对于混凝土，应选择可溶性成分少、结构致密、吸水率低、级配良好的砂石骨料，选择可溶性成分含量少的搅拌、养护用水，尽量避免采用可溶性无机盐类外加剂。

（2）尽可能降低混凝土的水灰比。

（3）通过实验选用有效的析白抑制剂（如减水剂、防水剂、松香脂、碳酸锂、妥尔油、酪素等复合外加剂）。

（4）表面做封闭处理。对硬化体表面用2%的盐酸溶液清洗后，再用有效憎水材料涂敷。

（5）从设计、施工上采取措施，防止雨水、地下水等对房屋墙面浸渍。

（6）已产生析白现象时，若析白为可溶性盐类，可采用水冲洗法除去；若析白为难溶性盐类，可采用刷磨法除去，或用3%的溴酸和盐酸溶液清洗。

总之，宜采取多种措施进行综合治理。

（五）损坏房屋的常规修缮方法

已损坏的房屋，修缮后应符合有足够强度及对水平位移有一定柔性的整体要求。

1. 砖混结构房屋修缮的主要方法

（1）毁坏砖墙的处理。所有严重开裂的或砖已被破坏的墙，都需采用优质砂浆重新砌筑。中等程度损坏或轻微损坏的砖墙，其砖缝要采用灌注或喷射水泥砂浆修补。

（2）用钢筋混凝土柱加固。在外墙四角和主墙交叉处，从底层到顶层，都需要加设钢筋混凝土柱。柱子可与钢筋混凝土圈梁和楼板相联结。因此，要谨慎地拆除这部分原有的砖墙。圈梁与柱子相交处的混凝土也需凿掉，保留钢筋。加固柱的钢筋要贯通在修缮的各层中。

2. 砖墙承重并有部分钢筋混凝土梁柱结构的房屋修缮方法

（1）柱子倾斜不大时，柱间加抗剪墙。

（2）柱子倾斜很大时，除了加抗剪墙以外，还要在柱子周围浇筑一层钢筋混凝土。

（3）上部毁坏的砖墙，按砖混结构建筑物修缮方法处理。

3. 钢筋混凝土框架结构建筑物的修缮方法

（1）框架轻微损坏时，由弯矩引起的梁和柱的拉裂裂缝，或宽度超过 0.2mm 的裂缝，可用水泥砂浆和环氧树脂等加以封闭。由轴向力和弯矩造成的柱的压毁部分，应全部凿掉后重新浇注混凝土。

（2）框架严重破坏时，框架的压毁部分要全部凿掉。在毁坏的梁、柱周围浇筑一层钢筋混凝土。

（3）填充墙破坏时，可按砖墙的修缮方法处理。

（六）增强房屋整体性当房屋的整体性较差时，可在墙上增设现浇钢筋混凝土圈梁来增强。增设的钢筋混凝土圈梁有单面和双面的。外墙上增设的钢筋混凝土圈梁采用单面的较多，它设置在外墙的外侧（图 8-2-10）；内墙上增设的钢筋混凝土圈梁宜用双面的（图 8-2-11）。增设的钢筋混凝土圈梁应闭合，其混凝土的强度等级为 C15 或 C20。

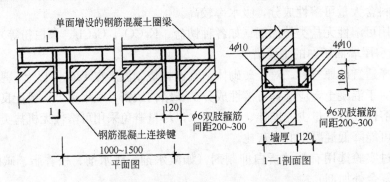

图 8-2-10　单面增设的钢筋混凝土圈梁

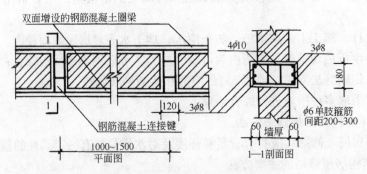

图 8-2-11　双面增设的钢筋混凝土圈梁

单面增设的钢筋混凝土圈梁的截面宽度一般为120mm或180mm，其截面高度一般为180mm。圈梁内一般配置不少于4根直径为ϕ10的纵向钢筋，箍筋采用直径为ϕ6的双肢封闭式箍筋，其间距为200～300mm。为了使增设的钢筋混凝土圈梁能与墙体共同工作，在墙上沿圈梁的长度方向每隔1～1.5m打一墙洞，在墙洞内灌注钢筋混凝土连接键，使墙体与增设的钢筋混凝土圈梁牢固的连接在一起，钢筋混凝土连接键的截面高度与圈梁同高，其截面宽度小于120mm，其长度等于墙的厚度。钢筋混凝土连接键内的配筋与增设的钢筋混凝土圈梁相同。

双面增设的钢筋混凝土圈梁通常每边凸出墙面60mm，其截面高度一般为180mm。圈梁内一般每侧配置不少于3根直径为ϕ8的纵向钢筋，箍筋采用直径为ϕ6的单肢箍筋，间距为200～300mm，其钢筋混凝土连接键的构造与单面的基本相同。

（七）墙的防倒加固

为了防止倾斜和鼓闪的墙倾倒，在处理了引起墙身倾斜和鼓闪等危害的根源之后，可以用砌斜壁柱（又叫墙垛）和加铁件等方法进行加固的应急措施。

1. 砌斜壁柱加固墙身

斜壁柱一般用砖、石等材料砌成，其间距通常为2～4m，高度一般为墙身高度的三分之二以上，要根据墙的损坏情况而定。顶部的宽度以不小于370mm为宜，斜边可砌成1∶0.2的坡度，斜壁柱的基础应建造在稳定密实的地基上。为了使壁柱与原有墙身结合牢固，可每隔500mm左右，在墙身上挖洞，砌入砖、石或在适当距离处灌注钢筋混凝土拉结。斜壁柱的顶部要用砂浆抹成斜面，以防雨水渗入墙身。

2. 用铁件加固墙身

（1）用钢拉杆加固墙身

如图8-2-12所示，在横隔墙的两侧各用一根直径为ϕ16～20的钢拉杆穿过外墙，两端用垫板、螺帽拧紧，中间用花篮螺丝收紧，便可把横隔墙两端的外墙拉结在一起。

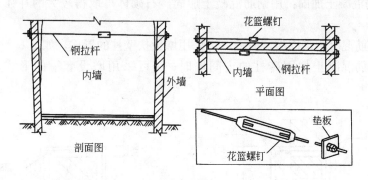

图8-2-12 用钢拉杆加固墙身

（2）用双锚栓加固墙身

当一侧墙身有轻微的倾斜或鼓闪时，可用双锚栓加固（图8-2-13）。锚栓的直径常用ϕ12～14，其长度一般为2m左右，根据具体情况确定。锚栓的一端车成螺纹，穿过倾斜或鼓闪的墙身；另一端弯成直角弯钩，置入预先打好的120mm×120mm的墙洞内，并用细石混凝土把墙洞灌填密实，待混凝土具有一定的强度后，在锚栓的螺纹处，用垫板或角钢和螺帽拧紧。

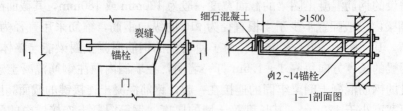

图 8-2-13 用双锚栓加固墙身

（八）砖砌过梁开裂后的加固方法

砖砌过梁开裂的处理原则是：裂缝较小并已趋稳定时，一般作勾缝维护处理；裂缝较大、发展较快或超载很大时，应采取加固措施。

砖砌过梁开裂后的加固措施

1. 过梁跨度小于 1m、裂缝较细时，可用水泥砂浆或水玻璃砂浆灌缝填塞，或用 M10 水泥砂浆捻缝，或用木制过梁替代。

2. 裂缝较宽、破坏为中等程度时，可在墙两侧凿槽，每侧增设钢筋。放置钢筋后，填以 M10 水泥砂浆。

3. 过梁跨度大于 1m、已出现较严重裂缝、并明显下垂时，应将砖砌过梁拆换成预制钢筋混凝土过梁或型钢过梁。拆换时应增设临时支撑，确保施工安全。

4. 过梁跨度过大、窗上及窗下墙体均有较严重的裂缝时，可用钢筋混凝土框予以加固。

（九）砖墙柱强度不足的加固措施

砖墙、砖柱强度不足的加固，应进行强度计算，确定补加承载力的数值，从而确定加固的断面。其主要加固方法有下列五种：

1. 用钢筋混凝土加固：用钢筋混凝土加固砖石砌体可取得较大的补强效果，新旧结构结合可靠。

（1）用钢筋混凝土加固砖墙时——可采用增设扶壁柱的形式，如图 8-2-14 所示。

（2）用钢筋混凝土加固砖柱的窗间墙时——可采用增设套箍的形式，如图 8-2-15 所示。

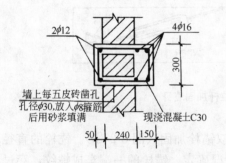

图 8-2-14 增设扶壁柱加固砖墙

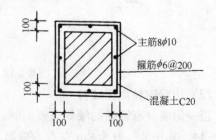

图 8-2-15 用钢筋混凝土套箍加固砖柱

（3）用钢筋混凝土加固扶壁柱时——可采用三面增大的形式，如图 8-2-16 所示。此时应在新旧结构中安设钢筋加强联系，联系钢筋在原结构上可用抹灰或浇筑混凝土的方法取得锚固，亦可用螺栓在角钢上锚固，如图 8-2-17 所示。

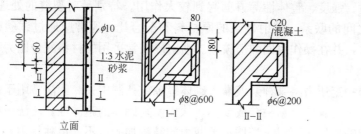

图 8-2-16 扶壁柱加固示意图

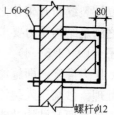

图 8-2-17 钢筋混凝土加固扶壁柱

2. 用砌体增大墙、柱断面：增大断面的形式有：在砖石墙上增设扶壁柱；在独立柱和扶壁柱上外包砌砖等。后增砌体的断面应满足补强的要求，符合砌筑施工的构造要求，并保证新旧砌体的结合而共同工作。为了保证新旧砌体的结合，常需在新旧砌体之间埋设钢筋，加强相互拉结。原有墙、柱断面增大后，若基础不能满足传力构造要求，亦需相应扩大基础。后增砌体每侧的断面厚度应为 1/2 砖的倍数。

3. 用配筋喷浆层或配筋抹灰套箍加固：工序是：将砖墙病弱层清理干净→绑扎钢筋→提前浇水润湿砖墙→进行喷浆或抹灰。

4. 用型钢加固：适用于加固独立砖柱、窗间墙等。具体做法是用角钢包住柱的四角（或墙的四角），角钢之间焊以水平扁钢，组成钢套箍，如图 8-2-18 所示。当窗间墙较宽（如宽度大于厚度 2.5 倍）时，

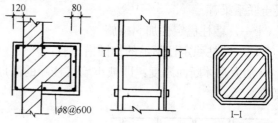

图 8-2-18 用型钢加固砖柱

宜在墙中部加设螺栓拉结及加设竖向扁钢。有美观要求者，可在墙上抹灰，将加固所用型钢覆盖。这种加固方法用钢量较大，施工速度快，补强效果可靠，改变结构几何尺寸最小，可用于紧急情况下和使用空间很紧凑的结构的加固。

5. 增设替代受力支柱的加固：即在集中荷载作用处（如大梁、屋架的端支承构造处等）增设新的支柱，用来承受部分或全部荷载，从而减少砌体承受的荷载。此法在临时性加固和永久性加固中均可采用。在临时性加固中，增设的支柱可采用木柱、钢柱等，柱肢应设置在具有一定承载能力的基础上，地基较软弱时可加块石或垫木，以扩大支撑面。在永久性加固中可采用钢柱或钢筋混凝土柱，柱下基础应具有足够的强度和刚度。

（十）砖石砌体的常见修缮方法

1. 构造处理法

（1）填缝：操作方法是将裂缝缝隙清理干净，根据裂缝宽度的不同，分别采用勾缝刀、抹子、刮刀等工具进行。填缝材料可采用 1∶3 水泥砂浆或强度比砌筑砂浆高一级的水泥砂浆。填缝处理后可在美观、使用、耐久等方面起到一定作用，而对砌体的整体性、强度等方面所起的作用甚微。

（2）抹灰：可用作裂缝处理、砌体表面缺陷处理、防水、防渗、耐久性维护等。抹灰

处理后，对砌体整体性、强度和稳定性能起到一定的作用。

（3）喷浆：可在抗渗性、强度、整体性等方面起到较大作用。特别是对裂缝的处理，它可恢复被裂缝断开砌体之间的联系。喷射砂浆的原材料和配合比，通常应通过试验确定，使之满足结构受力要求，并在操作时回弹值较小。喷射砂浆常采用的材料配合比为水泥∶砂子＝1∶(2.5～4)。

（4）压力灌浆：即施加一定压力将某种浆液灌入砌体缝隙或孔洞中去。此法常用于砌体裂缝处理。砂浆压入裂缝后将砌体重新粘结成整体，从而恢复砌体的整体性。此法一般只能起到恢复原有结构功能的作用，而对于需增加承载力的结构加固，不宜单独使用。

（5）局部拆除重砌：这是对已严重损坏的砌体经常采用的一种恢复性措施。

2. 拆除旧砌体时应注意下列几点：

（1）在拆除旧砌体的过程中，要注意不使保留的结构工作条件恶化。

（2）恰当地确定拆除范围，既要使砌体消除缺陷和隐患，又要避免不必要的拆换。

（3）拆除承重结构前，应认真分析结构拆除期间的安全，必要时应采用临时支撑加固，分期分段施工等安全措施。

（4）结合砌体的部分拆除，消除原结构的其他缺陷。例如：梁下局部承压面不足时加设梁垫；强度和稳定性不足时增大砌体断面；整体性不足时在新旧砌体中增设钢筋、钢筋混凝土联系梁等。

（十一）墙柱稳定性加固措施

砖墙、砖柱稳定性不足的加固措施有：

1. 加大砌体断面厚度：即减小墙（柱）的高厚比。增大砌体断面后需满足高厚比计算要求。

2. 加强锚固：即砖墙锚固不足及锚固发生异常现象时，应根据具体情况补做锚固。例如，山墙与屋面板（或檩条）锚固不良，墙顶应按自由端考虑，验算砖墙的高厚比，高厚比不足时则应补做锚固。又如，高大的填充墙与承重框架之间已发生分离变形现象，则应补作填充墙与承重墙之间的锚固联系。补作锚固的具体方法有增设螺栓连接、增加预埋件焊接、销键连接等（如图8-2-19）。

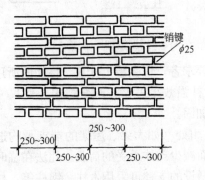

图8-2-19 销键连接

3. 补加支撑：墙、柱开裂、歪斜、稳定性不足时，可加设斜向支撑进行临时加固，亦可结合房屋的具体情况增设房间墙或支撑等作为永久性加固。

（十二）砖墙裂缝常用的加固补强方法

1. 对于已开裂的砖墙，常采用下列方法补强加固：

（1）若用纯水泥浆，其灰水比宜为3∶7或2∶8，施工工序是：

① 清理裂缝，使之成为一通缝；

② 用1∶2水泥砂浆（内加促凝剂）嵌缝，造成一个可以灌缝的空间；

③ 在灌浆入口处凿去一块砖，临时做一个灌浆嘴（灌缝后敲掉、补实）；

④灌入灰水比为 1∶10 的纯水泥浆将裂缝冲洗一遍，检查通道流通情况，并将裂缝附近砌体洇透；

⑤灌入灰水比为 3∶7 或 2∶8 的纯水泥浆将裂缝灌满；

⑥对补强进行局部养护。

(2) 若用水玻璃砂浆，其配合比宜为水玻璃∶矿渣粉∶砂＝(1.15～1.5)∶1∶2；加 15％的硅酸钠（纯度为 90％），施工工序是：

①清理裂缝，形成通道；

②嵌缝，做灌浆嘴；

③用压缩空气（约 0.1961～0.2452MPa 压力）检查通道封闭程度，并进行补灌；

④采用压力灌浆法将水玻璃砂浆灌入，至灌满为止；

⑤进行局部养护。

(3) 对于通长水平裂缝，可沿裂缝钻孔，做成销键，加强裂缝两边砌体的共同工作。销直径 25mm，间距 250～300mm，深度比墙厚约小 20～25mm（见图 8-2-19），灌浆方法同上述。

2. 裂缝较宽、裂缝数量不多时，可在与裂缝相交的灰缝中，用高强度砂浆及细钢筋填缝（图 8-2-20）；亦可在裂缝两端及裂缝中部，用钢筋混凝土楔子、扒锔、拐梁予以加固。楔子或扒锔可与墙等厚，亦可为墙厚的 1/2 或 2/3（如图 8-2-21、图 8-2-22 所示）。

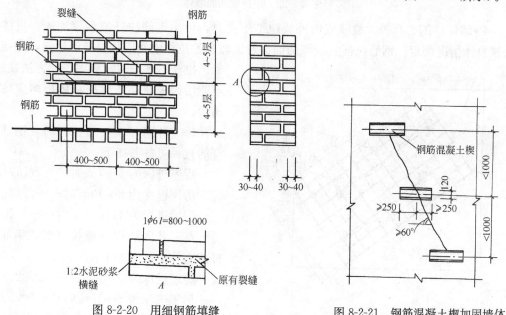

图 8-2-20　用细钢筋填缝　　　　图 8-2-21　钢筋混凝土楔加固墙体

3. 裂缝较多时，用局部钢筋网、外抹水泥砂浆加固。宜双面抹水泥砂浆，每面厚度为 30～50mm，分层抹之，砂浆强度宜为 M10；钢筋网宜用 $\phi 4$ 或 $\phi 6$、$\phi 8$，间距 100～300mm，两上面层间打混凝土楔子，间距为 500mm 左右，梅花形布置（图 8-2-21）。楔子中间 S 型钢筋钩子或 8 号铅丝，两端垫水泥垫块，将两面的钢筋网连接起来。施工前先将开裂墙面的抹灰层刮干净，把裂缝暴露出来，抹水泥砂浆前对墙面洇水，抹水泥砂浆后浇水养护至少 7 天。当伸缩缝处的墙面开裂，不能做双面钢筋网水泥砂浆，只能做单面钢丝网水泥砂浆时,可先在墙面凿孔,做倒刺钩,浇注混凝土,待混凝土凝固后,再在墙上挂钢筋网,抹高强度水泥砂浆(如图8-2-23)。

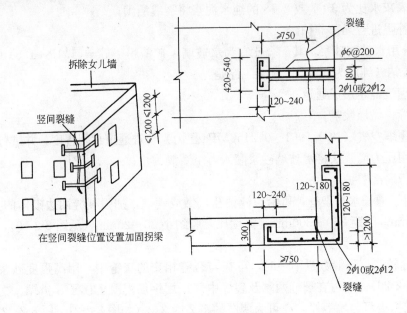

图 8-2-22　用拐梁加固墙体

4. 墙体外闪、有较大裂缝或内外墙拉结不良时,可用钢筋拉杆或型钢加固,具体做法视具体情况而定。钢筋拉杆宜沿墙两面设置。较长的拉杆中间应加设花篮螺丝,以便拧紧。拉杆不够长时,应用焊接方法联结,不能用钩子联结。拉杆和垫板均应涂防锈漆。

每一开间加设一道拉杆时,钢筋拉杆的直径可参考如下:

房屋进深为5～7m时——$2\phi16$;
房屋进深为8～10m时——$2\phi18$;
房屋进深为11～14m时——$2\phi20$;

每三开间加设一道拉杆时,钢筋拉杆的直径可参考如下:

房屋进深为5～7m时——$2\phi22$;
房屋进深为8～10m时——$2\phi25$;
房屋进深为11～14m时——$2\phi28$。

图 8-2-23　钢丝网片加固墙体图

外墙质量较差并有裂缝时,可考虑用型钢或钢筋焊成桁架,垫在墙外,再用拉杆拉结。当墙体局部裂缝严重,或向外闪出尺寸较大时,应局部拆除重砌,砌时应在墙体内设置拉筋,并注意新旧墙的咬槎,或设置现浇钢筋混凝土拐梁。

(十三) 房屋墙面结露的简易处理方法

房屋墙面结露的简易维修方法:

朝向不好的房间在冬季时墙面常易结露。结露是空气中湿度较高时墙体因外冷、内热达到露点温度而产生的现象。

对于房屋墙面结露，可采用珍珠岩混合砂浆进行简易维修。

珍珠岩混合砂浆的材料配合比有以下三种，可酌情选用：

水泥		石灰膏		珍珠岩
1	:	1	:	12
1	:	1	:	10
1	:	1	:	6

使用时宜略加一点松香皂。

施工程序是：先配置砂浆，将墙面原有腻子与喷浆浸湿后刮掉，抹素水泥浆一道，再用珍珠岩混合砂浆分两次抹平即可。底层厚度约 1.2cm，面层约 0.3～0.5cm。墙角及易碰部位，可略多加一些水泥和石灰膏，以提高抗压强度。配制此种砂浆时应注意两点：

（1）珍珠岩宜碎，机械搅拌时间不宜过长；

（2）砂浆稠度以手捏成团稍见水为宜。

第三节　现有房屋加层改建技术

一、现有房屋加层、扩建、改建技术

（一）现有房屋加层的可行性论证

现有房屋更新改造规划不能就房论房，改造必须打破拆除重建的单一模式，采取拆除、拆建、改建、保留和新建相结合的措施，以及对各类用地的调整，进行综合治理。

1. 拆除：由于现有房屋本身质量低劣，或者由于规划的因素，现有房屋拆除后的土地调整作为非居住用地。

2. 拆建：将一些不值得保留的，质量低劣的房屋拆除，根据规划要求重新建造。

3. 改建：将一些结构尚好，缺乏设施的房屋，或有传统特色，或有建筑艺术特点的现有房屋采取调整平面、加层、增设设施等方法，达到或接近目前新建房屋的标准和一定的环境质量。

4. 保留：加强对有历史传统特色，或有建筑艺术特点的现有房屋建筑群进行修复、维护和管理。

5. 扩建：利用现在的空地，或根据现有建筑的扩展余地和规划扩建房屋。

6. 房屋的调整和改造与市政公用设施、道路交通、公共建筑、园林绿化等的补齐配套，在现有房屋改造的同时完成。

7. 现有房屋更新改造是一个复杂的系统工程，涉及到生产、生活、规划、设计、管理、供应、交通、工程、政策、组织等许多环节。因此，必须建立一个强有力的统一的组织机构进行协调，完成建筑的改建、扩建、加层等工作。

（二）现有房屋加层的基本工序及方法

1. 基本工序

建筑结构的加层和加固是基本建设的继续,但并不是基本建设的简单重复。建筑结构的修理,特别是大修理(包括加固、改造、拆除重建等),与基本建设有相似之处,然而也有自己的一些特点:

(1) 由于既有建筑的存在及未来使用年限要求的不同,结构加固或修复的标准不可能与设计规程完全相同,而应在满足安全使用的前提下,根据使用要求和耐久性要求的具体情况,正确地掌握加固或修复的有关标准尺度。

(2) 建筑结构修理,应充分调查掌握既有建筑物在生产工艺、使用效果等方面的优点和缺点,建筑结构在力学性能、耐久性等方面的优点和缺点,从而在加固、改建、拆除重建过程中,尽量保护优点、消除缺点。

(3) 施工组织方法应充分考虑加固、加层、改造、局部拆除的施工对生活和使用的影响,必要时应从设计上和施工组织上采取有效措施,减少停工、停产,以免影响办公生产。

(4) 对于局部拆除修理和改造的工程,应在对原结构作周密、细致检查评定的基础上,尽量保留利用有价值的结构,避免不必要的拆除,同时又必须保证保留部分的安全可靠和耐久,做到"拆除有理、保留有据"。此外,尚应充分考虑对拆除之材料加以回收及重新利用的可能。

(5) 建筑结构修理的施工,一般是在荷载存在情况下进行的,必须强调保证施工每一阶段结构的安全。特别是拆换受力构件和支撑、混凝土的清理、凿毛和破坏作业,在建筑结构上施加新的施工荷载等,都使结构受力条件发生变化,均应作出分析评定,必要时要采取有效安全措施,包括加层加固设计上采取措施,从施工组织上采取措施等。

2. 现有房屋加层时的事故预防

在现有房屋或原设计房屋上加层,是解决用房紧张的一种方法,但是绝对不能盲目行事,否则会出事故,甚至造成倒塌。有的房屋因加层而倒塌,其原因在于:

(1) 未经可行性调查研究和论证。加层必须在调查研究的基础上,弄清楚现有房屋是否具有潜力,施工质量是否有严重缺陷和隐患,使用中有无异常现象,如果条件具备方可考虑加层。

(2) 未经结构承载力验算。加层必须详细核算原有地基基础、墙、柱、梁、板的承载能力。加层增加的全部重量,最后都要传到基础上,原地基基础是否能承受。墙、柱不仅要承担直接加在其上的上层墙、柱重量,还要承受大梁、楼板传来的荷载。加层后,屋面大梁变成了楼面大梁,不仅增加楼面荷重,大多数情况下还要增加横墙和纵墙的重量。原屋面板也变成了楼板,其所受荷载也将大大增加,这些都应进行认真核算,才能决定能否加层。1977年蚌埠烟厂主厂房在二层上加了一层,在施工中二层梁、柱首先破坏,造成瞬时全部倒塌。事后核算,钢筋混凝土柱的安全系数仅为1.06,小于规范要求的1.55;梁的安全系数仅为0.8,小于规范要求的1.40。广东省乐昌县某医院,1983年在刚竣工的车库上盲目增加一层宿舍,在正浇注第二层屋面混凝土时,突然底层砖柱出现掉渣及开裂情况,不一会儿即整体倒塌。上述实例说明不经核算是不可取的。

(三) 现有房屋改建时混凝土的新旧结合方法

在钢筋混凝土结构的修补、加固或改建过程中,往往需要在旧有混凝土上增加一层新的混凝土或钢筋混凝土。实践和试验表明,新、旧混凝土结合面往往是一个薄弱环节。

新、旧混凝土结合面与整体混凝土相比，可能存在以下弱点：结合面上抗拉、抗剪、抗弯强度降低；新混凝土的凝缩、弹性变形、塑性变形等与旧有混凝土存在差异，甚至出现裂缝；结合面上抗渗、抗冻性能降低。为了确保新、旧结构共同受力的可靠性及耐久性，需要从施工工艺上采取适当措施，以提高新、旧混凝土的粘结强度，减少新混凝土的收缩，必要时还应在修补、加固或改建的设计中采取适当构造措施，如钢套箍加固（图 8-3-1）、预应力拉杆加固（图 8-3-2）。

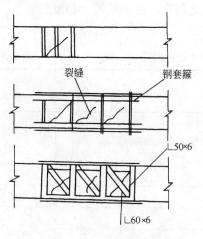

图 8-3-1　钢套箍加固

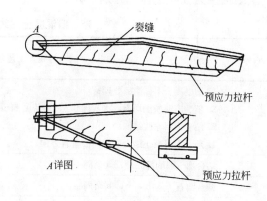

图 8-3-2　预应力拉杆加固

在施工工艺方面，影响新、旧混凝土结合的因素有：新、旧混凝土接头形式（平缝、斜缝、阶梯形缝、齿形缝等）和结合面方向（水平向上、水平向下、倾斜、垂直等）；旧混凝土结合面的加糙处理；结合面上涂抹的胶结剂；新浇混凝土的配合比及坍落度；新旧混凝土养护等。表 8-3-1 为新、旧混凝土粘结强度试验的结果，可供分析时参考。

要保证新、旧混凝土结合，施工方面应注意以下几个问题。

1. 新、旧混凝土结合面的形式与方向：采用斜缝、齿形缝代替平缝结合，从而增大新、旧混凝土的接触面，是提高粘结力的有效措施。采用新浇混凝土在上、旧混凝土在下的水平方向及斜向的结合面，粘结效果较好，而新浇混凝土在下的水平方向结合面的粘结效果最差，必要时需配合以灌浆、使用膨胀水泥等措施。

2. 旧混凝土结合面处理：旧混凝土表面的抹灰层一般均应铲去。旧混凝土质量较好时，应根据对粘结强度的需要将结合面凿糙处理（以露出石子颗粒的一半为度），或作一般刷糙处理。旧混凝土结构层已软化、风化、变质、严重破坏时，一般情况下应尽量清除彻底，直至坚实层为止，若不可能清除彻底，则应在设计中采取相应措施。

3. 结合面上涂抹胶结剂：在旧混凝土结合面上涂抹水泥净浆、高强度水泥砂浆、掺有铝粉（含量为水泥重量的 0.5/10000～2/1000）的水泥净浆或砂浆、环氧树脂等，都能大大提高新、旧混凝土的粘结强度，并增强结合缝处的抗渗能力。

4. 新浇混凝土的配合比及坍落度：新浇混凝土的强度等级越大、水灰比及坍落度越小，则结合面粘结强度越大。所以现浇混凝土宜采用低流动性、高强度等级的混凝土，如果新浇混凝土厚度较大，可考虑在结合缝附近浇一层这种低流动性、高强度等级的混凝土作为过渡层。

5. 结合体混凝土的养护：新、旧混凝土结合体的养护影响到粘结强度和凝缩裂缝的产生。如其早期脱水、过早地经受震动、温度应力等因素影响，除了降低粘结强度外，甚至会造成结合缝的开裂。

当旧有混凝土为坚实混凝土时，只要采取适当的施工措施，可以保证新、旧混凝土结合的质量，在修补或加固的设计计算中，可将新、旧混凝土视为整体混凝土加以考虑。反之，在应有的施工措施没有得到保证时，或在旧有混凝土为软弱混凝土时，则应在修补或加固的设计中采取相应措施，如加配新、旧混凝土之间联系的钢筋等，必要时将新、旧混凝土结构视为独立工作，分别计算。

新、旧混凝土粘结强度试验结果　　　　　表 8-3-1

编号	试验时施工工艺条件	粘结强度与整体混凝土相比
一	1. 旧混凝土不做凿糙处理； 2. 新、旧混凝土均为：水灰比 0.6，坍落度 6cm，养护室养护，震动台震动； 3. 结合面不涂胶结剂； 4. 新、旧混凝土结合面方向沿垂直方向	<30%
二	结合面一般刷糙处理，其余同一。	30%～40%
三	结合面石子露出一半，其余同一。	40%～50%
	结合面平缝，涂抹 1:3 水泥砂浆或 1:3 铝粉水泥砂浆，其余同一。	
四	结合面石子露出一半，新、旧混凝土结合面沿水平方向（新混凝土在上），其余同一。	50%～60%
	结合面平缝，涂抹 1:2、1:2.5 水泥砂浆或 1:0.4 水泥净浆，其余同一。	
五	结合面一般刷糙，涂抹 1:2、1:3 水泥砂浆，其余同一。	60%～70%
	结合面涂抹 1:1 铝粉水泥砂浆，其余同一。	
六	结合面一般刷糙，涂抹 1:2.5 水泥砂浆，1:0.35 水泥浆，1:0.5 水泥浆，1:3 铝粉水泥砂浆，其余同一。	70%～80%
	结合面一般刷糙，新混凝土水灰比 0.55 或 0.6，坍落度 3cm，其余同一。	
七	结合面一般刷糙，涂抹 1:0.4 水泥浆，1:1 铝粉水泥浆，1:0.4 铝粉水泥浆，其余同一。	80%～90%
	结合面一般刷糙，新混凝土水灰比 0.4，其余同一。	
	结合面涂环氧树脂，其余同一。	
八	结合面刷糙，涂抹环氧树脂，其余同一。	90%～100%
	结合面一般刷糙，涂抹 1:2.5 水泥砂浆，新混凝土水灰比 0.4，坍落度 2cm，水中养护，其余同一。	
	结合面一般刷糙，涂抹 1:0.4 水泥浆，1:2.5 铝粉水泥砂浆，新混凝土水灰比 0.4，坍落度 6cm，其余同一。	
九	结合面一般刷糙，涂抹 1:0.4 水泥浆，新混凝土水灰比 0.4，坍落度 2cm，水中养护，其余同一。	>100%
	结合面一般刷糙，涂抹环氧树脂，新混凝土水灰比 0.4，坍落度 6cm，其余同一	

二、现有房屋加层改建中的技术设计

（一）平房加层时地基基础的加固处理

一般民用平房多作住宅使用，绝大多数都是沿墙连续设置条形基础，基础多系中心受压刚性基础。这类混和结构房屋重量较轻，除了软弱地基以外，基础底面面积往往是按构造尺寸选定。这类房屋需要加层时，必须进行验算，必要时尚需加固地基基础。其验算和加固方法如下：

1. 按加一层后的整个房屋大小情况选取受力最大的、长度 1m 的墙体作为计算根据，算出上部结构传到基础顶面的垂直荷载（墙重＋楼盖自重＋楼面活载＋屋盖自重＋屋面活载与雪载中二者的大值），然后根据确定的地基容许承载力及基础埋置深度，按下式确定基础底面宽度：

$$B > F/f - \gamma H$$

式中　B——基础底面宽度（m）；

　　　F——上部结构传至基础顶面的垂直荷载（kN）；

　　　f——地基容许承载能力（kPa）；

　　　γ——基础及其上覆土的平均容重，可近似地按 $2kN/m^3$ 计算。对于地下水位以下部分，需考虑水浮力作用，此时应采取平均重度 $\gamma = (\gamma - 1) = 1(kN/m^3)$；

　　　H——从设计地面算起的基础埋置深度（m）。

只有计算出的 B 小于或等于原有基础宽度时，加砌一层才是可行的，否则必须再行考虑。

2. 计算不能满足以上公式时，可参照下法处理：

（1）对于多年完好的现有房屋，若计算宽度 B 与实际基础宽度相差值在 10% 以内，可用加强上部结构整体刚度的方法来适应地基基础的变形，如底层加设圈梁（抵抗房屋沉降产生的两端大、中间小的下弯曲变形）、加设顶层圈梁（抵抗房屋反弯曲变形）等。

（2）若计算宽度 B 与实际基础宽度相差值大于 10%，可设法降低上层的结构自重和适当改变使用要求，如采用轻质材料屋面或选用轻质保温层，或在墙体强度和稳定不成问题的条件下，适当减少新砌墙体的断面面积，或改用空斗墙。可改非承重墙为板条墙，亦可设法减少楼面使用荷载，使之符合强度的要求。

（3）加大基础，使地基土附近压力仍小于或等于容许承载力（如图 8-3-3 所示）。

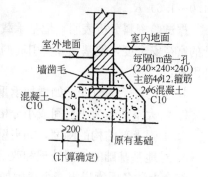

图 8-3-3　加大基础面积

（二）房屋加层必须详细地进行工程地质勘察和土性测定

大量工程实践和研究证明，对于需要增加层数的现有房屋，应首先对地基基础进行详细地勘察，对现有房屋加层的可行性进行调查分析。为此应做好如下几个方面工作：

1. 现有房屋加层应服从所在城市总体规划设计，也符合小区规划和综合治理要求。并得到主管部门的批准。

2. 对加层现有房屋应进行现场踏勘，取得地形、地貌、相邻建筑物等有关资料。

3. 查阅现有房屋的档案，索取原始建房资料、设计图纸、结构计算书、工程地质报告、地基土的有关参数及基础资料等。

4. 在没有原始资料的情况下，应进行调查、实测获得设计所需的一切资料。

5. 鉴定需要加层现有房屋的结构体系的强度及稳定性，对易损薄弱部位的构造也要检查鉴定。特别对砖墙、砖柱等砌体构件，要进行外观观察和验算。

6. 对地基土比较软弱的或有明显不均匀的地基，应进行详细钻探，绘制沿房屋长度方向和宽度方向的地质剖面图，并取有代表性的原状土样，测定土的物理力学参数，作为加层改建设计计算的依据。

（三）现有房屋加层层数的确定

现有房屋加层层数的最大值，是指在地基基础没有改变或基本上没有改变的条件下讨论的。当房屋修建完成后，随着时间的推移和使用年限的增加，地基基础的沉降也随之趋于稳定。地基土的孔隙比 e 也随着时间的改变而改变。由原始状态 e_0 改变为任意状态的 e_x。由于孔隙比的改变，土的主要指标也相应地改变。从施工现场钻探获取的资料和对拆去上部结构现有房屋基础地基的实钻及资料分析，得出图示 e-B 曲线图（图 8-3-4）（B 为基础宽度）。

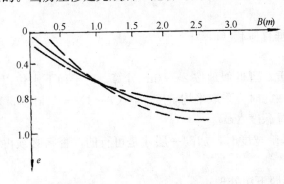

图 8-3-4 e-B 曲线图

由 e-B 图知建筑物基础下土层随着深度的增加，孔隙比 e_x 改变增大到 e_0 状态。上部结构荷载对土层影响较大的是在 $(0.5\sim1.85)B$ 之上。这部分土层的地基承载力由原来的 R_s 提高为 R'_s。幅度为 $R'_s = (1.0\sim1.6)R_s$。

据试验资料分析表明，地基承载力的提高是现有房屋加层的主要有利因素之一。除设计的富裕安全度，地基土分类引起的取值安全储备等前期因素外，还应同时考虑下列各有利因素：

1. 受力体系的改变，如增加承重墙；
2. 将大空间改为小房间或小分格，房屋的结构刚度增强；
3. 加强上部结构的刚度，如夹壁式圈梁，外墙腰箍，内部增加支撑或锚拉结构等；
4. 对地基基础的加固处理和改造。

综合上述各因素提出一个房屋加层层数 n 的计算公式（8-3-1）。

$$n = \frac{R'_s}{R_s} K_1 K_2 K_3 K_4 \frac{R'_s}{R_s} K_x \tag{8-3-1}$$

式中　n——房屋允许增加的层数；

　　　$\dfrac{R'_s}{R_s}$——现有房屋加层层数的基数值；

　　　K_x——提高系数；

R_s——原始地基承载力（kPa）；

R'_s——房屋加层时地基承载力（kPa）；

K_1——地基承载力系数，黏性土地基可按表 8-3-2 采用；

地基承载力系数 K_1 值　　　　　　　　　　表 8-3-2

使用年限	5	10	15	20	25	30
K_1	1.1	1.2	1.3	1.4	1.5	1.6

K_2——房屋砌体强度提高系数，按表 8-3-3 采用；

房屋砌体强度提高系数 K_2 值　　　　　　　　　　表 8-3-3

K_2 层数 \ 使用年限	5	10	15	20	25	30	40	>50
<5	1.5	1.4	1.3	1.2	1.1	1.0	0.9	0.8
>5	1.3	1.2	1.1	1.0	0.9	0.8	0.7	

K_3——基础宽度修正系数，见公式（8-3-2）

$$K_3 = \frac{F'_B}{F_{B0}} \tag{8-3-2}$$

其中　F_{B0}——加层前的基础总宽度（m）；F'_B——加层后的基础总宽度（m）。

K_4——地基不均匀修正系数见表 8-3-4。

地基不均匀修正系数 K_4 值　　　　　　　　　　表 8-3-4

地基分类	匀质地基	中等地基	复杂地基
K_4	1.3～1.1	1.0～0.8	0.7～0.6

房屋加层层数计算式是综合各种因素后引入各修正值系数 K_x，一般来说小于五层的既有建筑物通常可加 2～5 层，经工程实践验证是可行的。

（四）现有房屋加层时地基基础的利用和处理

现有房屋加层时，由于使用上的要求，房屋内部布置和结构可能要进行某些局部的调整，因此对基础的布置也需做一定的调整或加固。通常有如下三种情况：

1. 利用原有的基础加层

原有基础有两种情况，一是地基好，如部分房屋是建在砂岩或黏土岩上，一般情况下承载力大；二是原始基础宽度偏大，安全储备大，加层后地基仍能承受。前述两个特点经过现场详细勘察和验算后可利用原有基础加层。

2. 改变原有基础布置后加层

当建筑物基础不能完全承受加层后的荷载时，可以改变原有基础的布置，改变结构传力方式以便分散压力。如某单位将纵墙承重改为横墙承重，并增加部分横墙基础，扩大受力面积，虽然持力层为不等厚的软弱土层（压缩模量 3.5MPa），增加二层后都获得了满意的效果。

3. 加固地基基础后再加层

对于需要加层的房屋，如果原有基础宽度不足，地基软弱且结构布置不便调整，可以局部加固基础和增加整体刚度，具体方法有：

（1）混凝土墩加固法：即在墙下条基两侧隔一定距离设一混凝土墩以扩大基底强度，进行加固；

（2）圈梁加固法：即在条基侧面或柱基之间增设地圈梁；

（3）构造柱基法：即在基础受力集中的地方加设扶壁构造柱和柱基。

通过对加层现有房屋的观测，统计结果分析表明大约在 2 年后基本趋于稳定。对于试验房的均匀地基观察，基岩部分下沉 13mm，淤泥质土部分下沉 37mm，预估沉降量 49mm，相对沉降量为 22mm，倾斜沉降量 8mm，资料表明只要按建房顺序施工加层是安全可行的。为了观测加层房屋产生不均匀沉降的大小或房屋裂缝情况，可预设沉降观测点进行定期观测，如墙体因过大的不均匀沉降而出现裂缝可在加层房屋墙体上安装观察点，观察其变化。

（五）现有房屋加层的经济效益分析

现有房屋加层改建其优势就在于能少花钱多盖房。在现有房屋上增加层数，没有征地问题，环境综合治理问题，因建筑材料少，占用场地阻碍市政及交通等项少，附属工程费用少，造价就低，经济效益是明显的。

从资料统计中的数字可以看出，现有房屋加层的单方造价比同期新建房屋造价低 38%～59.5%，另外，在城市建设中的附属设备配套费也很可观，综合各种有利因素，加层房屋的单方造价低于同期新建的 40% 以上，故其经济效益和社会效益都是很明显的，在有技术保障的条件下应该尽量提倡。

现有房屋加层改建其技术要求高，难度大，且涉及的技术面也宽，其技术方案应由专业的设计部门负责实施。

第九章 地基处理与加固

据统计建筑工程事故的 70% 是由地基基础引起的，在地基基础的事故中，地基发生事故的比例高达 80% 以上。换句话讲，在建筑工程中发生的事故 50% 以上是由地基引起的。我国幅员辽阔，南北气候差异大，对建筑物具有较大影响，引起建筑破坏的因素较为复杂；东、西海拔高度变化较大，东低西高，环境因素极度差别，对建筑工程破坏机理也不同。上述因素的变化与影响，严重地侵蚀建筑物的地基，地基是建筑物的托盘，地基的好坏，设计的因素直接关系到建筑工程的质量与寿命。在建好的房屋工程中，由于各种外界因素的变化和影响，建筑工程可能发生侵蚀、腐蚀、滑动、滑移、隆起与沉陷、断裂与扭曲，无一不与地基有关，所以本章全面阐述了地基的处理与加固。文中结合我国的地域特点，将不同地基土分类阐述，介绍针对该地基土处理的技术和方法，在进行地基修缮与加固时较为方便，针对性更强。

第一节 砂土、软土、山区地基

承受建筑物全部荷载的土层称为地基。从土力学的观点出发，岩石、碎石、砂土、粉土、粘性土和人工填土等都统称为地基土。

地基根据其土的成分不同可分为岩石地基、碎石土地基、沙土地基、粉土地基、粘性土地基、红粘土地基、软土地基、膨胀土地基、黄土地基等类型。

由于地基土中骨料成分不同，在外荷载作用下，可能会发生一些非正常的变形，引发一些工程事故。本节就地基工程中常见的工程问题及发生的一般原因进行阐述。通过分析，找出规律，可供在制定房屋维修方案时对症下药。设计符合客观规律的地基加固方案，从而保障房屋的完好和正常工作。

一、砂土地基

（一）砂土地基及其分类

砂土地基中土粒的大小与含量是决定其名称的关键指标，通常大于 2mm 的颗粒含量不超过全部土重的 50%，同时塑性指数 I_P 不大于 3 的土属于砂土。这类土基本没有粘性和塑性（当细颗粒含量较多时稍有一点粘性或塑性）。影响这类土工程性质的主要因素是土的组成和密度。按组成，即粒径级配可以进一步分成几类，如表 9-1-1。

砂 土 分 类　　　　表 9-1-1

土的名称	颗 粒 级 配
砾 砂	粒径大于 2mm 的颗粒占全重 25%~50%
粗 砂	粒径大于 0.5mm 的颗粒超过全重 50%

续表

土的名称	颗 粒 级 配
中　砂	粒径大于 0.25mm 的颗粒超过全重 50%
细　砂	粒径大于 0.075mm 的颗粒超过全重 85%
粉　砂	粒径大于 0.075mm 的颗粒不超过全重 50%

注：定名时应根据粒径分组由大到小以最先符合者确定。

这类土如果处在密实状态，具有很好的力学性能，即有较高的强度和较低的压缩性，透水能力也较强。在这类土中要注意疏松的粉砂和细砂；当它们在饱和状态时，受外力作用或受振动很容易发生结构破坏，其结果是土的强度可能大幅度下降，压缩量大为增加，甚至造成地基或建筑物的破坏，工程上称之为砂的液化。

（二）砂土地基的液化

在人们生产实践活动中，液化现象是很多的。山崩引起的泥石流，开挖基坑遇见的流砂，以及采用水利输送泥砂等都可属于土垢液化范围。不过，引起液化的因素不同，如泥石流主要由于重力作用，流砂是由挖坑后，水向基坑流动形成动水压力而引起。但实质上都是受动力作用的影响。

地震时，在地震力反复作用下，当地震加速度超过某一限值时，可能引起砂土的液化，其过程是复杂的，因素也是很多的。一般来说，浅层饱和松散粉细砂容易液化，密实的粉细砂、粘性土很少可能液化。

粉细砂在松散状态下（指孔隙比大于 0.85，黏粒含量小于 5%），一遇振动，颗粒之间的摩擦力随即减小，如果孔隙中充满水，则摩擦力更小，所以随着振动时间增长，粉砂颗粒在自重作用下随孔隙水不断排除而趋于密实，通常用这个原理加密松砂，效果很好。但是，当砂层在地基中突然受到地震加速度的作用，孔隙水来不及排出，孔隙水压急剧增加，直到外部压力全部由孔隙水承担时，粉砂颗粒处于悬浮状态，便发生了人们所谓的砂土液化。这种情况还可以用公式（9-1-1）反映出来：

$$\tau = (\sigma - \mu)\mathrm{tg}\varphi \tag{9-1-1}$$

式中　σ——破坏面上的总法向压应力；

　　　μ——孔隙水压力；

　　　φ——内摩擦角。

上式可以说明：当孔隙水压力 μ 等于总法向压应力 σ 时，τ 将等于零，即构成了砂的液化条件。

砂土地基场地的液化等级详见表 9-1-2。

砂土地基场地的液化等级　　　　　　　　　　表 9-1-2

液化等级	液化指数（P_L）	场地的喷水冒砂特点	液化引起的建筑物震害
Ⅰ（轻微）	<4	场地不喷冒或仅有零星的喷冒点	一般不引起建筑物的不均匀沉降，液化危害小
Ⅱ（中等）	4~10	场地不喷冒的可能性小，从轻微喷冒到严重喷冒均有，多数属中等喷冒	常常导致建筑物的不均匀沉降，在不利的土层条件和结构条件下，不均匀沉降值可达到 20cm，农村建筑物不均匀沉降值可能更大
Ⅲ（严重）	>10	常常发生严重的喷水冒砂	液化引起的不均匀沉降值常常达 30~40cm，高重心结构可产生严重倾斜

(三) 砂土地基液化的防治

研究地震作用下砂土液化的重要目的是预防砂土液化，减少由之造成的损害。减轻地震液化造成损害的措施可分为两类：

1. 砂土改良措施——通过改良砂土的性质，加强土的抗液化能力，积极预防砂土液化的产生和发展。

饱和砂土液化现象是在排水条件不利的情况下松散的砂土骨架由于振动作用造成松弛，粒间应力逐渐传给孔隙水，使孔隙压力不断升高而带来的后果。因此，要防止砂土产生液化，根本途径是消除液化产生的条件，最重要的措施是提高砂土的密度、改变砂土的应力-应变条件和尽量消除发展的孔隙水压力。砂土的改良方法详见表9-1-3。

砂土改良的原理和方法 表9-1-3

原理和目的		改良方法
改良砂土性质	土粒改良或硬化	土层置换
	加密	搅拌处理
	降低饱和度	压实
改善应力-应变条件	提高有效应力	填土或降低地下水位
	消散孔隙水压力	排渗法及其他
	阻止孔压的发展	地下墙
	抑制剪切变形	

2. 结构改良措施——对没有进行地基处理（或未达到预定效果）的液化地基，通过加强结构的抗液化能力，预防结构破坏。

砂土地基的抗液化措施及方法详见表9-1-4。

增强砂土地基抗液化措施及方法 表9-1-4

原理	措施方法	有效深度	效果	污染评价	注释
加密	振冲法	20m 以内	N 值提高到 15～20	水平振动带来较小的麻烦	有时渗透性提高
	挤密砂桩	35m 以内	N 值提高到 25～30	垂直振动带来较小的麻烦	有时渗透性提高
	爆破	20m 以内	D-1 提高到 70%～80%	巨大冲击	施工管理困难
	捣实法	20m 以内	N 值提高到 15～20	垂直振动引起一些麻烦	常用现场砂土
	强夯	10m 以内	易于实施	巨大冲击	浅层压实
	振动夯实法	3m 以内	易于实施	问题不大	浅部压实
	辗压	在地下水位之上，0.2～0.3m 以内	D-1 提高到 95%	问题不大	可与其他方法联用
	预制桩	10～12m 以内	易于实施	桩锤的振动和噪音	地下水位以下要采取防水措施
	化学桩	20m 以内	易于实施	问题不大	

续表

原理	措施方法	有效深度	效果	污染评价	注释
土粒改良或硬化	换土 灌浆加固 表面搅拌 深层搅拌	一般在5m以内 钻孔深度以内 5m以内 30m以内	用砾石围填有效 易于施工管理 易于搅拌 易于搅拌	问题不大 对邻近建筑有影响 问题不大 问题不大	水泥灌浆时 施工管理困难
降低饱和度	中点降水 深层降水	降低水位 5～6m 降低水位 15～20m	因渗透性不同而不确定 因渗透性不同而不确定	邻近场地下水位也降低 邻近场地下水位也降低	需长期进行 需长期进行
消散孔隙水压力	排渗法	20m以内		问题不大	
抑制剪切应变	板桩	10m以内	抑制的影响不好评价	打板桩有振动	可用地下连续墙代替板桩

二、软弱土地基

软弱土一般是指抗剪强度较低、压缩性较高、渗透性较小的淤泥、某些冲填土和杂填土以及其它高压缩性土层。主要受力层由软弱土组成的地基称为软弱土地基。

淤泥和淤泥质土是第四纪后期形成的滨海相、泻湖相、三角洲相、溺谷相和湖沼相等粘性土沉积。这种土大部分是饱和的，且含有机质，其天然含水量大于液限，孔隙比大于1。当天然孔隙比大于1.5时称为淤泥；天然孔隙比大于1而小于1.5的粘土和亚粘土分别称为淤泥质粘土及淤泥质亚粘土。这些土广泛分布在我国东南沿海及内陆地区，例如上海、天津、连云港、宁波、温州、福州、广州和湛江等城市，昆明和武汉等内陆地区的许多建筑工程均有兴建在软弱土地基上。在工程上常把淤泥和淤泥质土简称为软土。

冲填土是在整治和疏通江河航道时，用挖泥船或泥浆泵把江河和港口底部的泥砂用水力冲填（吹填）形成的沉积土。冲填土的物质成分是比较复杂的，如以粘土为主，则属于强度较低和压缩性较高的欠固结土层，而主要以砂或其他粗颗粒土所组成的冲填土就不属软弱土了。

杂填土是覆盖在城市地表面的一层人工杂物层，包括建筑垃圾、工业废料和生活垃圾等。

（一）软土的成因

软土系指在静水或缓慢流水环境中沉积的软塑到流塑状态的饱和粘性土。天然含水量大、压缩性高、承载能力低是其主要特征。

我国沿海地区、内陆平原以及山区都广泛分布着各种软土。沿海软土主要位于各河流的入海口处，例如上海、广州等地为三角州相沉积；天津塘沽、浙江温州、宁波、江苏的连云港等地为滨海相沉积；闽江口颇为溺谷相沉积，内陆软土主要分布在洞庭湖、洪泽湖、太湖流域以及昆明滇池地区的沼泽沉积。山区软土则分布在多雨地区的山间谷地、冲沟、河滩阶地和各种洼地。

按沉积环境和形成特征，软土的成因类型如表9-1-5所示。

（二）软土的特性

1. 含水量高，孔隙比大：天然含水量大于液限，孔隙比大于1.0，一般属于淤泥或淤泥质土。山区软土的含水量有时高达200％，孔隙比大至6.0。

2. 压缩性高：软土的压缩性随液限的增加而增大，其压缩系数 a 一般大于 0.5MPa-1，最大可达 2MPa-1。

软土的成因类型和形成特征　　　　　　　　　　　　　　　　表 9-1-5

类型	成因	主要分布地区	形成和特征
滨海沉积	滨海相、三角洲相、泻湖相、溺谷相	东海、黄海、渤海等沿岸地区。	在较弱的海浪岸流及湖汐的作用下，逐渐停积淤成。表层硬壳厚0～3m，下部为淤泥质粉、细砂透镜体，淤泥厚5～60m，局部有薄层泥炭透镜体。滨海相淤泥常与砂粒相混杂，极疏松，透水性强。易于压缩固结；三角州相多薄层交错砂层，水平渗透性较好；泻湖相，溺谷相淤积一般更深，松软。
湖泊沉积	湖相，三角洲相	洞庭、太湖、鄱阳、洪泽湖周边，古云梦泽边缘地区。	淡水湖盆沉积物，在稳定的湖水期逐渐沉积，沉积相带有季节性，粉土颗粒占重要成分，表层硬壳厚0～5m，淤积厚度一般5～25m，泥炭层多呈透明体，但分布不多。
河滩沉积	河床相、河漫滩相、牛轭湖相	长江中下游、珠江下游、韩江下游及河口、淮河平原、松辽平原、闽江下游平原。	平原河流流速减小，水中携带的粘土颗粒缓慢沉积而成，成层不匀，以淤泥及软粘土为主，含砂与泥炭夹层，厚度一般 <20m。
谷地沉积或残积土		西南、南方山区或丘陵地区。	在山区或丘陵地表水带有大量含有机质的粘性土，汇积于平缓谷地之后，流速减低，淤积而成软土，山区谷地也有残积的软土，其成分和性质差异性很大，上覆硬壳厚度不一，软土底坡度较大，极易造成建筑物变形

3. 抗剪强度低：与加荷速度及排水条件有关。在不排水时，内摩擦角等于零，黏聚力值一般小于 0.02Pa。

软土地基确定抗剪强度时，正确选择剪切试验方法很重要。应根据地基应力状态、荷速率和排水条件等来选择。对排水条件较差，加荷速率较快的地基，宜采用不排水剪。当地基在荷载作用下有可能达到一定程度的固结时，可采用固结不排水剪。当有条件计算出地基中的孔隙水压力分布时，则可用有效应力法以确定有效抗剪强度指标。

4. 透水性小：多数软土层中夹有带状夹砂层，因此，水平方向的渗透系数较垂直方向大，垂直方向的渗透系数一般在 $10^{-6} \sim 10^{-8}$ cm/sec 之间，因此，饱和软土的固结时间相当长，同时，在加荷初期，地基中常出现较高的孔隙水压力，影响地基的强度。

5. 具有触变性和流变性：当软土的结构未被破坏时，具有一定的结构强度，但一经扰动，土的结构强度便被破坏。软土的这种流变性常用灵敏度表示，灵敏度一般在3～4，个别情况可达8～9。软土的流变性则反应剪应力作用下，土体发生缓慢而长期的剪切变形，土体的长期强度小于瞬时强度。

我国主要软土地区土的物理力学性质指标见表9-1-6。

（三）软土地基计算

1. 软土地基的承载力

(1) 由天然含水量 ω，从《地基规范》查得容许承载力 $[f_0]$ 值：我国沿海地区淤泥和淤泥质土，大多为饱和的，其含水量基本上反映了土的孔隙比大小，一般当孔隙比为1

时，相应的含水量为 36%；孔隙比为 1.5 时，相应的含水量为 55%。

对于内陆山区的软土，由于其生成条件的特殊性，土的物理力学性质与沿海软土有差别，可参照使用时，需予注意。

(2) 极限荷载公式：

饱和软粘土的极限承载能力 P_u 可按式 (9-1-2)～式 (9-1-5) 计算：

条形基础 $\quad\quad\quad\quad P_u = 5.14c + \gamma D \quad\quad\quad\quad$ (9-1-2)

方形基础 $\quad\quad\quad\quad P_u = 5.71c + \gamma D \quad\quad\quad\quad$ (9-1-3)

当 $\dfrac{B}{A} < 0.53$ 时，$\quad P_u = \left(5.14 + 0.66 \dfrac{B}{A}\right)c + \gamma D \quad$ (9-1-4)

当 $\dfrac{B}{A} \geq 0.53$ 时，$\quad P_u = \left(5.14 + 0.47 \dfrac{B}{A}\right)c + \gamma D \quad$ (9-1-5)

式中 c——土的粘聚力，由不排水剪切试验求得 (kPa)；

γ——基础底面以上土的重度 (kN/m³)；

D——基础埋置深度 (m)；

A、B——基础底面长度和宽度 (m)。

软土的物理力学性质指标　　　　表 9-1-6

地区	指标 土层厚度或范围 (m)	含水量 ω (%)	重度 γ (kN/m³)	孔隙比 e	液限 ω_L (%)	塑限 ω_P (%)	塑性指数 I_P	渗透系数 K_V (cm/sec)	压缩系数 a_{1-2} (MPa⁻¹)	无侧限抗压强度 Q_U (MPa)	内摩擦角 ϕ (°)	粘聚力 c (kPa)
天津	7～14	34	18.2	0.97	36	19	17	1×10⁻⁷	0.51	0.03～0.04		
塘沽	8～17, 0～8, 17～24	47, 39	17.8, 18.1	1.31, 1.07	42, 34	20, 19	22, 15	2×10⁻⁷	0.97, 0.65		4	17
上海	6～7, 1.5～6, >20	50, 37	17.2, 17.9	1.37, 1.85	43, 34	23, 21	20, 13	6×10⁻⁷, 2×10⁻⁶	1.24, 0.72	0.02～0.04	15, 18	5, 6
杭州	3～9, 9～19	47, 35	17.3, 18.4	1.34, 1.02	41, 33	22, 18	19, 15		1.3, 1.17		14	6
宁波	2～12, 12～28	50, 38	17.0, 18.6	1.42, 1.08	39, 36	22, 15	17, 15	3×18⁻⁸, 7×10⁻⁸	0.95, 0.72	0.06～0.048	1	10
舟山	2～14, 17～32	45, 36	17.5, 18.0	1.32, 1.03	37, 34	19, 20	18, 14	7×10⁻⁵, 3×10⁻⁷	1.18, 0.63			
温州	1～35	63	16.2	1.79	53	23	30		1.93		12	5
福州	3～19, 1～3, 19～25	68, 42	15.0, 17.1	1.87, 1.17	54, 41	25, 20	29, 21	3×10⁻⁸, 5×10⁻⁷	2.03, 0.70	0.005～0.13	11, 16	25, 10
龙溪	0～6	89	14.5	2.45	65	34	31		2.33			
广州	0.5～10	73	16	1.82	46	27	19	3×10⁻⁸	1.18			
昆明 淤泥		41～270	12～18	1.1～5.8			>7	1×10⁻⁴	1.2～4.2	0.002～0.035		
昆明 泥炭		68～299	11～15	1.9～7.0			27～62	1×10⁻⁸				
贵州 淤泥		54～127	13～17	1.7～2.8			15～34	1×10⁻⁴	1.2～4.2	0.001～0.018		
贵州 泥炭		140～264	12～15	1.6～5.9			26～73	1×10⁻⁸	1.7～7.3			

将极限承载力 P_u 除以安全系数 K，即为软土地基的容许承载力 f_0（见表 9-1-7）。安全系数 K，根据软土的灵敏度和建筑的重要程度，一般取 2～3。

沿海地区淤泥质土承载能力基本值　　　　表 9-1-7

天然含水量 ω（%）	36	40	45	50	55	65	75
f_0（kPa）	100	90	80	70	60	50	40

2. 软土地基变形

软土地基设计常以地基变形作为控制条件。因此，对软土地基的变形计算就必不可少。由于软土的压缩性很高，在荷载作用下应考虑压力和孔隙比之间的非线性变化关系。

《上海地基规范》中计算软土地基最终沉降量的分层总和法如式（9-1-6）所示：

$$S = mBp_0 \sum_{i=1}^{n} \frac{\delta_i - \delta_{i-1}}{E_{1-2i}} \tag{9-1-6}$$

式中　S——地基最终沉降量（cm）；

m——经验系数，当 $P_0 < 60 \text{kN/m}^2$ 时，$m=1.2$；当 $P_0 > 100 \text{kN/m}^2$ 时，$m=1.3$，中间值可内插；

B——基础宽度（圆形基础时为直径）（cm）；

p_0——基础底面附加压力，（kPa）；

δ——沉降系数，可查《上海地基规范》附录一附表；

E_{1-2i}——地基土在 100～200kPa 压力作用时的压缩模量（kPa）；

n、i——自基础底面起向下的土层数和土层序数。

地基压缩层厚度，自基础底面算起，到附加压力等于自重压力的 10% 处。附加压力应考虑相邻基础的影响。

（四）软土地基加固

软弱土地基处理可参考下列方法进行：

1. 对于表层有密实的粘性土（称硬壳层，其承载能力高于下卧软土层）时，应充分利用作为天然地基的持力层，并采用浅埋基础，该层可起到应力扩散作用。此时基础埋深一般仅为 30～80cm。

2. 尽量减小建筑物作用在地基上的压力，如可采用轻型结构、轻质墙体、扩大基础面积以及设置地下室或半地下室等。加强上下结构的连接加固的整体作用。

3. 选用适当的基础修缮与加固方案，如加强条型基础的刚度或选用十字交叉条形、片筏、箱型基础；当条件允许时，新旧基础宜采用相同的形式和埋置深度；当建筑物各基础荷载相差较大时，可按照变形控制的原则，调整基础的形式、大小和埋置深度；对于重要建筑物，可采取桩基或其他深基础方案。

4. 控制荷载分布和加荷速率，如合理布置建筑平面的荷载分布；对于活荷载占总荷载百分比很大的建筑物或构筑物，如储料仓、仓库等，在使用初期，活荷载应有控制地分期均匀施加；对于大面积地面堆载应划定范围，避免荷载局部集中，并不宜直接压在基础上。

5. 施工时应注意以下问题：对于深的基坑，应考虑挖土卸载所引起的坑底回弹和边坡稳定问题，防止建筑物或构筑物产生有害的附加沉降量；大面积填土宜在建筑物或构筑物施工前完成；应考虑在基坑和边坡附近推土，进行井点降水或打桩等情况可能产生的影响，并采取相应的措施。

（五）暗浜、杂填土和冲填土的处理

暗浜、杂填土和冲填土地基的处理，应根据上部结构情况和技术经济的比较，可选用下列方法：

1. 不挖土，打短桩。短桩的断面一般为20cm×20cm，长度为7m左右，每根桩可承受50～70kN的荷载，暗浜下有轻亚粘土、粉砂时效果较为显著。桩基设计可假定桩台底面下的土与桩起共同支承作用，一般按桩承受荷载的70%计算，但地基土承受的荷载不宜超过30kN/m²。

2. 暗浜不深时，挖除填土，将基础落深，或用毛石混凝土等加厚垫层，或用砂等性能较稳定、无侵蚀性的散体材料处理加固。

3. 暗浜宽度不大时，设置基础梁跨越暗浜进行加固处理。

4. 对于一般低层民用建筑物可适当降低地基土的容许承载力，直接利用填土地基方便施工。

三、山区地基

（一）概述

山区地基与平原相比其工程地质条件较复杂，主要表现在地基的不均匀性和场地的稳定性两方面。

山区基岩埋藏较浅，有的出露在地表。如把基岩作为建筑物的地基，一般来说是较好的。但由于基岩表面起伏变化大，有的石芽密布，覆盖土层厚薄不均，同一建筑物的基础可能部分落在基岩上，而另一部分却落在土层上；同时，山区地表高差悬殊，平整场地后，常使基础部分落在挖方区，另一部分落在填方区；此外，在山区地基中常遇到大块孤石、沟谷淤泥及软粘土等不同成因的土层，这些因素都会导致基础产生不均匀沉降。

在山区常会遇到滑坡、崩塌和泥石流等不良地质现象，给建筑物造成直接的或潜在的威胁。有时，在自然条件下，斜坡是稳定的，但由于开挖土方、地表水下渗或其他因素的影响，破坏了斜坡的平衡条件，导致产生滑坡或崩塌。如果山区是岩溶地带，往往石芽林立，溶洞、溶槽密布，其间充填着性质不同和厚薄不均的土层，在此土层中常有土洞产生。此外，山区汇水面积广，地表水迳流大，并且地下水地下埋藏深度变化大，地表水和地下水常是造成滑坡和崩塌的重要因素之一，直接影响房屋的安全使用。

（二）岩石和岩土地基

1. 岩石地基

岩石地基常具有强度高和压缩性低的特点。对一般房屋建筑来说，其强度和变形均能满足上部结构的要求。因此，在山区建设时，应广泛采用岩石作为地基的持力层。但由于岩石受风化的影响，其强度会降低而压缩性则会增高，在风化严重、破碎剧烈的地段，应认真处理。

一般认为，对于工业与民用建筑来说，岩石地基的容许承载力与基础埋深和底面尺寸无关，其大小可按式（9-1-7）确定：

$$R = K \cdot R_c \tag{9-1-7}$$

式中　R——地基容许承载能力，(kPa)；

　　　R_c——岩石的单轴抗压极限强度，(kPa)；

　　　K——岩石地基的均质系数，一般可取 $1/8\sim1/6$。

关于 K 值的选用问题，由于岩石小试件的抗压强度不能很好地反映整个岩石地基的状态，天然状态下岩石地基的不均匀性和节理、裂隙等将大大降低岩石地基的承载力，岩石愈是坚硬，这种影响也就愈大。因此岩石地基的承载力不但与岩石的成因条件有关，而且与岩性、节理、裂隙、风化程度和遇水后的软化程度等因素有关。根据我国有关单位研究结果，建议 K 值结合岩石的类型及风化裂隙情况按表 9-1-8 选用。

均质系数 K 值　　　　　　　　　　　表 9-1-8

岩石类型	风化程度		
	岩石完整，稍有裂缝	裂缝中等发育、闭合，呈块石状	裂缝极为发育、破碎，呈碎石状
硬质岩石	0.17～0.10	0.10～0.06	0.06～0.05
软质岩石	0.20～0.14	0.14～0.10	0.10～0.09

如岩石风化破碎，可根据载荷试验确定其容许承载力。

当无试验资料时，可按表 9-1-9 确定岩石的容许承载力。

岩石容许承载力 R（kPa）　　　　　　表 9-1-9

岩石类型	风化程度		
	强风化	中等风化	微风化
硬质岩石	500～1000	1500～2500	＞4000
软质岩石	200～500	700～1200	1500～2000

一般来说，岩石地基的压缩性很小，甚至认为是不可压缩的，然而岩石随风化程度的加深压缩性将会有所增高，例如四川绵阳地区的风化泥岩、贵州凯里地区的白云岩和四川石棉地区的强风化花岗岩，其压缩性较高，根据现有的泥岩试验资料，当加荷到 60～70kPa 时，其沉降可达 2～3cm。

岩石地基上的基础，可根据岩石的强度、风化程度以及上部结构的特点，采用下面形式进行维修加固方案的选定，详见图 9-1-1。

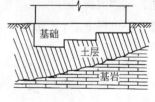

图 9-1-1　岩土地基处理

2. 岩土地基

在建筑物地基的主要受力层范围内，一般如遇下列情形之一，则可认为是岩土地基：(1) 下卧基岩表面坡度大于 10%；(2) 石芽密布并有出露；(3) 大块孤石或个别石芽出露等情况。在这些地区，突出的问题是地基的不均匀性。其主要矛盾是建筑物的不均匀沉降引起的房屋破损严重。下面就岩土地基的利用与处理分别简介：

若地基的下卧基岩表面坡度较大，土层厚薄不均，可能引起建筑物的倾斜或上覆土层沿着基岩表面产生滑动而丧失稳定。

当下卧基岩单向倾斜较大时，可调整基础的深度、宽度或采用桩基和深基础等处理措施。例如，可将条形基础沿基岩的倾斜方向分段加深，作成阶梯型基底，使地基变形趋于一致（图 9-1-2）。基岩的允许坡度值与上覆土层的强度、厚度及建筑类型等因素有关。根据《地基基础设计规范》有关规定：处于稳定的单向倾斜的岩层，当岩层表面至基底的距离不小于 30cm，且上部结构类型和地质条件符合表 9-1-10 要求时，可不作变形计算和地基处理。

下卧基岩表面容许坡度值　　　　　表 9-1-10

上覆土层的容许承载力（f_k）(kPa)	四层和四层以下的砖石承重结构，三层和三层以下的框架结构	具有 15t 和 15t 以下吊车的一般单层排架结构	
		带墙的边柱和山墙	无墙的中柱
>150	<15%	<15%	<30%
>200	<25%	<30%	<50%
>300	<40%	<50%	<70%

如建筑物位于沟谷部位，下卧基岩表面往往呈 V 字型倾斜，如基岩表面建筑物开裂。

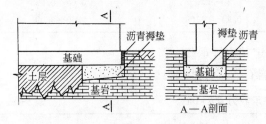

图 9-1-2　褥垫构造图

对于大块孤石和石芽周围土层的容许承载力大于 150kPa、房屋为单层排架结构或一、二层砖石承重结构时，宜在基础与岩石接触的部位，将大块孤石或石芽顶部削低，做厚度不小于 0.5m 的褥垫（图 9-1-2）。

（三）滑坡

岩质或土质边坡在一定的地表地貌、地质构造、岩土性质、水文地质等自然条件下，由于地表水及地下水的作用或受地震、爆破、切坡、堆载等因素的影响，斜坡土石体在重力的作用下，失去其原有的稳定状态，沿着斜坡方向向下作长期而缓慢的整体移动，这种现象称为滑坡。有的滑坡开始表现为蠕动变形，但在滑动过程中，如果滑面的抗剪强度降低到一定程度时，滑坡速度会突然增加，可能以每秒几米甚至几十米的速度急剧滑落，将给工程建设和房屋带来很大损失。滑坡分类见图 9-1-3 所示。

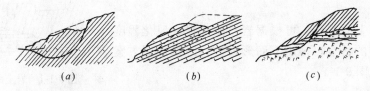

图 9-1-3　滑坡按滑面通过各岩层情况分类
(a) 均质滑坡；(b) 顺层滑坡；(c) 切层滑坡

1. 滑坡的预防

滑坡会危及建筑的安全，斜坡滑落物可能堵塞交通。因此，对滑坡必须采取预防为主的方针。在勘查、设计、施工和使用各个阶段，都应注意预防滑坡的发生。一旦滑坡产生，由于土石体的结构遭到破坏，无论采取何种整治措施，同预防相比，费用都会增加很多。因此，要认真地对山坡的稳定性进行分析和评价，可采取下列预防措施防止滑坡的产生。

（1）应避免大挖大填，不使其破坏场地及边坡的稳定性，一般应尽量利用原有地形条件。

（2）为了预防滑坡的产生，必须认真做好建筑场地的排水工作；应尽可能保持场地的自然排水系统，并随时注意维修和加固，防止地表水下渗；山坡植被应尽可能加以保护和培育。

（3）在山坡整体稳定情况下开挖边坡时，如发现有滑动迹象，应避免继续滑坡，并尽快采取恢复原边坡平衡的措施。为了预防滑坡，当在地质条件良好、岩土性质比较均匀的地段开挖时，对高度在15m以下的岩石边坡或高度在10m以下的土质边坡，其最大容许坡度值如表9-1-11所示。

岩石边坡容许坡度值　　　　　　表9-1-11

岩石分类	风化程度	容许坡度值（高宽比）	
		坡高在8m以内	坡高8~15m
硬质岩石	微风化	1∶0.10~1∶0.20	1∶0.20~1∶0.35
	中等风化	1∶0.20~1∶0.35	1∶0.35~1∶0.50
	强风化	1∶0.35~1∶0.50	1∶0.50~1∶0.75
软质岩石	微风化	1∶0.35~1∶0.50	1∶0.50~1∶0.75
	中等风化	1∶0.50~1∶0.75	1∶0.75~1∶1.00
	强风化	1∶0.75~1∶1.00	1∶1.00~1∶1.25

2. 滑坡的整治和处理

滑坡如已产生，就应通过工程地质勘察，以判明滑坡的原因、类别和稳定程度。然后分别轻重缓急，因地制宜的采取各种相应的措施。滑坡产生是有一个发展过程的，一般是由小到大，由浅入深，由简单到复杂。在活动初期，整治比较容易，否则由于情况的不断恶化，就会增加整治工作的困难。由此可见，整治滑坡，贵在及时，并力求根治，以防后患。

目前整治滑坡常用排水、支挡、减重与反压、护坡等项措施。个别情况也可采用通风疏干、电渗排水和化学加固等方法来改善岩土的性质，以达到稳定边坡的目的。由切割坡脚所引起的滑坡，则应以支挡为主，辅以排水、减重等措施；由于水的影响所引起的滑坡，则应以治水为主，辅以适当的支挡措施。现将各种整治措施介绍如下。

（1）排水

排除滑坡体内、外的地表水和地下水是整治各类滑坡的首要措施。治理时就根据不同的情况，采取不同的排水方法。

1）地表排水

地表水下渗与滑坡的发生和发展密切相关。地表排水工程费用较省、措施简单，因此应该首先做好。

对滑坡体范围以外的地表水应以拦截旁引为主，在滑坡周界5m以外可用片石浆砌一条或多条环形截水明沟，以便把水迅速排走。

对滑坡体以内的地表水，应采取防渗引出的措施。首先应将滑坡体上的各种裂缝用粘土回填夯实，必要时需用水泥砂浆封口，以防地表水下渗；其次应尽量利用滑坡范围内的自然排水系统，或新设排水沟，使地表水迅速汇集排出滑坡体外。

2) 地下排水

当地下水丰富时，应做好地下排水工程，这是治理滑坡的一种有效措施。

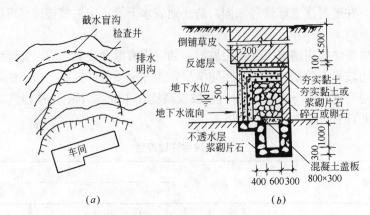

图 9-1-4　截水盲沟（单位：cm）

(a) 平面图；(b) 断面图

为了拦截地下水流入滑坡体内，可在滑坡范围以外约 5m 的稳定土层中修筑截水盲沟（图 9-1-4），盲沟的深度应埋入最深含水层以下的不透水层内，沟底纵向坡度不小于 4‰～5‰。为了维修和清淤的需要，在直线地段每隔 30～50m 和盲沟转折处，均须设置检查井（图 9-1-5）。

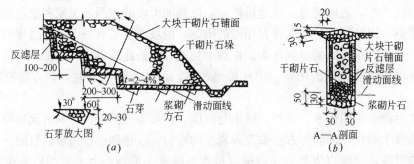

图 9-1-5　支撑盲沟构造图（单位：cm）

(a) 纵剖图；(b) A—A 剖面放大图

(2) 支挡

对于由于失去支撑而引起的滑坡，修建支挡构筑物，对迅速恢复其稳定具有积极的意义。目前常用的支挡构筑物有抗滑挡墙和抗滑桩等。

1) 抗滑挡墙

抗滑挡墙常用片石、混凝土修筑成重力式的，现在也有采用锚杆式挡墙。

抗滑挡墙与一般挡土墙不同，前者承受滑坡推力，而后者只考虑墙体前移时墙后土体的主动土压力。

重力式抗滑挡墙的体型具有矮胖、胸坡平缓（常用 1∶0.3～1∶0.5）等特点。为了增加抗滑挡墙的稳定性和抗滑力，常在墙后设卸荷平台或将基底做成倒坡或锯齿状（图

9-1-6）。抗滑挡墙除墙身结构的强度和稳定性必须得到保证外，还要考虑墙后滑动土体是否有从墙顶滑出或连同墙身一起滑走的可能性。因此，抗滑挡墙基础的埋深，在完整稳定的岩石中不应小于 0.5m，在稳定的土层中不能小于 2m。当基础埋置太深时，也可采用沉井作为挡墙的基础。

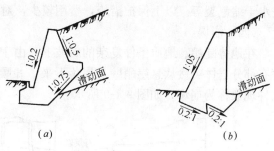

图 9-1-6 抗滑挡墙示例
(a) 卸荷平台式；(b) 底面锯齿状

锚杆挡墙是一种新型的结构形式，它是由钢筋混凝土的挡板、肋柱和锚杆三部分组成（图 9-1-7）。

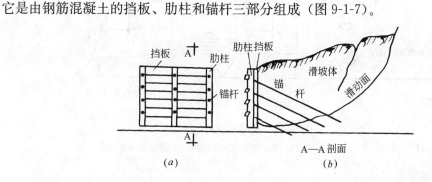

图 9-1-7 锚杆挡墙

2）抗滑桩

当滑坡推力较大时，使用抗滑挡墙，往往由于墙体过大、场地不足而受到限制。此时，可采用抗滑桩。由于抗滑桩可以分散布置，分级支挡，不受坡脚场地的限制，且具有对滑坡体的破坏少、施工快速、方便等优点，因此，在国内外已被广泛采用。

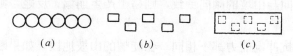

抗滑桩的平面布置有桩排互相连接、互相间隔和下部间隔而顶部连接等几种形式，如图 9-1-8 所示。

图 9-1-8 抗滑桩的平面布置
(a) 互相连接的；(b) 互相间隔的；
(c) 下部间隔而顶部连接的

（3）减重与反压

滑坡体如处于头重脚轻的状态，并且在坡脚有一抗滑地段，采取在滑坡体上部减重（刷方）、在坡脚回填反压的办法，可使滑坡体的稳定性从根本上得到改善。如果一个滑坡没有可靠的抗滑地段，采取减重措施只能减小滑坡的下滑力，而不能增加被动土压力达到稳定滑坡的目的，所以，这时常采取减重与支挡相结合的措施。

对所有的滑坡，采用减重措施未必都能奏效，例如，对牵引式滑坡或滑面（带）具有卸荷膨胀的滑坡就不宜采用。此法常用于滑坡面位置不深且有上陡下缓、滑坡后壁及两侧有岩石外露或者滑坡体不可能向上发展的滑坡。用它治理推动式的滑坡，其效果更为明显。

（4）护坡措施

当边坡为土质、碎石土、破碎带或软弱岩层所组成的，就应尽快地对坡面进行加固和防护，通常采用的方法有：机械压实，铺设草皮，三合土抹面，喷水泥砂浆，用混凝土或浆砌片石护坡等。采取这些措施后，可减少地表水下渗、防止坡面被冲刷避免坡面风化或失水干缩龟裂等。以上保护措施，费用较少，对维护边坡的稳定有显著的效果。

（四）崩塌

在地势陡峭、地质条件复杂的斜坡上，由于岩石风化、地震和水等其他因素的影响，常有部分岩体突然从悬崖峭壁上崩落下来，并顺着山坡猛烈跳跃、互相撞击而落在坡脚，这种现象称为崩塌，如图9-1-9所示。

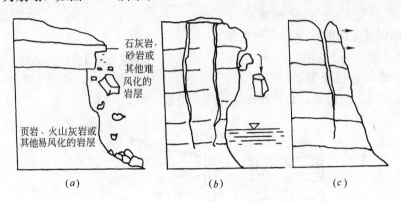

图 9-1-9 崩塌示例
(a) 下面岩层先风化所引起；(b) 水冲刷坡脚所引起；(c) 浆胀楔入所引起

影响崩塌的因素有：

1. 地形条件

地形陡峻是形成崩塌的主要条件，高峻陡立的山地容易发生崩塌；坡度大于70°的，是最易发生崩塌的危险地段；山坡表面凹凸不平，也易于发生崩塌现象。

2. 地质构造和岩性

崩塌一般常沿着岩层界面、节理、裂隙或断层面发生。因此这些层面的倾向和倾角对崩塌有直接的影响，如果这些层面的倾向与山坡的倾向一致，则易于产生崩塌；反之，则较稳定。

岩性不同，岩石的强度、抗风化、抗冲刷能力都不相同。在陡峭的山坡地段，如果断裂发育的石灰岩和砂岩等硬脆性岩层覆盖在页岩、火山灰沉积或其他易风化岩层上时，由于下面岩层先风化而使上覆岩层悬空，则在重力或其他因素作用下，就会产生崩塌现象（图9-1-9(a)）。

3. 水和冻胀的作用

雨季是产生崩塌最频繁的季节，由于水渗入岩石的裂隙中后，使某些岩石软化、润滑，并使岩石的自重增加、强度降低，同时，裂隙中的地下水还会产生动水压力和静水压力，这些因素都会引起崩塌；此外，河水的冲刷，湖浪的淘蚀，同样也为崩塌的形成提供了条件（图9-1-9(b)）。

由于岩石裂缝中的地下水冻结，体积膨胀，这种冻胀的楔入作用，可使裂缝发育的岩石发生崩塌现象（图9-1-9(c)）。

4. 其他因素

地震、爆破、风暴、人工切割坡脚等都会导致岩体失去平衡而引起崩塌。

崩塌会直接危害建筑物的安全、破坏道路、堵塞交通和河流。例如，1933年四川迭溪河地震引起的崩塌，将岷江堵塞，形成三个堰塞湖，其中一个长达12公里，同年北湖决口，给下游带来巨大的危害。

在有崩塌危险的地区从事工程修缮时，应首先查明山谷的地形地貌、地质构造和岩土性质；此外，还要调查地下水和地表水对山坡有无影响，在地震区，要查明地震对斜坡稳定性的影响。对于小型局部的崩塌，可采用下列防治措施：（1）爆破削坡、清除悬崖峭壁上可能附落的岩块，并加强山麓底部的稳定性；（2）用水泥灌浆堵塞裂隙和空洞，以增强岩石表面的联结力；（3）砌石护面，以防岩石风化；（4）用锚栓将可能崩落的岩块固定在稳定的岩层上，或者在危石下设柱墩支撑；（5）修筑排水沟，防止地表水渗入岩体内；（6）明峒（图9-1-10）或御塌棚（图9-1-11）。

图9-1-10 明峒

图9-1-11 御塌棚

（五）泥石流

在陡峻的山区，由于暴雨或大量积雪骤融，突然形成急剧的迳流，它夹杂着大量泥砂和石块，迅速地沿着山坡沟谷向下流动，形成一股能量极大的特殊洪流，这种现象称为泥石流。

泥石流具有重度大（13kN/m³以上），流速快（可达5～7m/s），历时短暂，来势凶猛，破坏力大等特点。泥石流所经之处，道路、桥梁破坏，房屋、农田被淹埋，河流、水库被淤塞。

形成泥石流的必要条件是：（1）需要有一个面积大的汇水区，在汇水区内有大量的各种成因类型的松散物质（如泥土和碎石等）；（2）山坡沟谷较陡（一般在30℃以上）；（3）有暴雨或大量积雪骤融，使短期内水流具有很大的冲刷力。

在我国西南、西北和华北的半干旱或冰川分布的山区，由于物理风化强烈、疏松物质多，暴雨和融雪时，常发生泥石流现象。例如，1958年在新疆天山南坡发生的一次灾害性的泥石流冲进库车域城，1964年在兰州的洪水沟暴发的一次规模较大的泥石流冲进居民区，都带来了较大的损失。

第二节　冻　土　地　基

一、冻土的分布及分类

1. 冻土分布

我国冻土分布极为广阔，若包括冻结深度大于0.5m的季节冻土在内，其面积约占全国总面积的68.6%（表9-2-1、图9-2-1）。

我国一些地区最大季节冻结深度

表 9-2-1

地　点	最大冻结深度(cm)	地　点	最大冻结深度(cm)	地　点	最大冻结深度(cm)	地　点	最大冻结深度(cm)
黑龙江		**内蒙古**		库　尔	120	临　夏	86
呼　玛	281	根　河	295	啊哈奇	111	通渭华家岭	122
嫩　江	252	满州里	389	尉犁铁干里克	82	平　凉	62
克　山	282	海拉尔	241	巴　楚	61	临　洮	82
伊　春	290	博克图	>250	乌　恰	>150	陇　西	94
齐齐哈尔	208	阿拉坦额英勒	>250	哈　什	90	甘南夏河	142
富　锦	228	通榆（开通）	178	若　羌	96	天　水	61
安　达	207	开　鲁	151	麦益提	56	岷　县	75
通　河	193	通　辽	179	莎　东	98	武　都	11
哈尔滨	198	林　东	149	且　未	85	**宁　夏**	
鸡　西	255	林　西	200	和　田	67	石嘴山	104
尚　志	179	乌　丹	147	于　田	67	银　川	103
牡丹江	291	赤　峰	201	**青　海**		永　宁	105
富　裕	225	锡林浩特	289	冷　湖	174	同　心	137
吉　林		新浩特	>300	大柴坦	172	固原县	114
扶余（三岔河）	209	二连浩特	337	乌兰德令哈	204	环　县	109
长　岭	171	朱日和	227	互助却藏滩	129	**陕　西**	
吉　林	177	多　伦	199	西　宁	134	神　木	146
长　春	169	固　阳	>203	都　兰	201	榆　林	148
敦　化	177	集　尔	191	共　和	133	横　山	129
四　平	148	呼和浩特	143	同　仁	131	绥　德	119
延　吉	200	新街镇	>150	都兰诺木洪	119	子　长	103
临　江	136	乌兰镇	150	达日吉迈	>200	吴　旗	94
通　化	131	**新　疆**		玉　树	94	延　安	79
辽　宁		哈巴河	154	**甘　肃**		洛　川	76
彰　武	148	阿勒泰	>164	安　西	99	铜　川	54
阜　新	140	和布克塞尔	171	金塔鼎新	218	彬　县	50
沈　阳	148	塔　城	146	玉　门	>150	大　荔	28
建　平	178	奇台，北塔山	243	敦　煌	144	宝　鸡	29
本　溪	149	奇　台	141	酒　泉	132	武　功	24
辽　阳	111	精　河	196	张　掖	123	西　安	45
桓　阳	114	伊　尔	62	山　丹	143	商　县	23
锦　州	113	巴里坤	>253	民　勒	115	留　坝	15
鞍　山	118	乌鲁木齐	141	乌鞘岭	149	**四　川**	
宽　甸	93	七角井	115	靖　远	93	阿　坝	91
营　口	111	新　源	69	合水太白镇	87	松　潘	50
兴　城	102	吐鲁番	83	兰　州	103	甘　孜	95
岫　岩	102	克拉玛依	197	榆　中	118	理　塘	48
盖县（熊岳）	105	鄯　善	111	庆阳西峰	82	临　清	>50
丹　东	88	哈　密	126	会　宁	94	淄博张店	46
西　藏		介　休	103	蔚　县	72	济　南	48
班戈湖	296	隰　县	43	昌　黎	73	昌　邑	44
那　昌	278	晋　城	43	唐　山	150	滩　坊	50
昌　都	81	运　城		涞　源	55	泰　安	47
日喀则	67	**北　京**		保　定	59	莘县朝城	46
拉　萨	26	北　京	85	定　县	62	新　泰	39
山　西		密　云	65	沧　县	54	兖　州	38
大　同	179	**天　津**		石家庄	44	日　照	38
右　玉	169	天　津	69	邢　台	41	菏泽县	48
山　阴	127	塘　沽	59	**山　东**		临　沂	32
河　曲	141	**河　北**		黄县龙口	>50	滕　县	35
原　平	110	围　场	124	惠　民	48		30
兴　县	117	丰　宁	142	德　州	45		32
阳　泉	68	承　德	126	寿光羊角沟	52		
太　原	77	张家口	136	文　登	52		
离　石	96	怀　来	99	禹　县	45		
和　顺	92	遵　化	106	莱　阳			

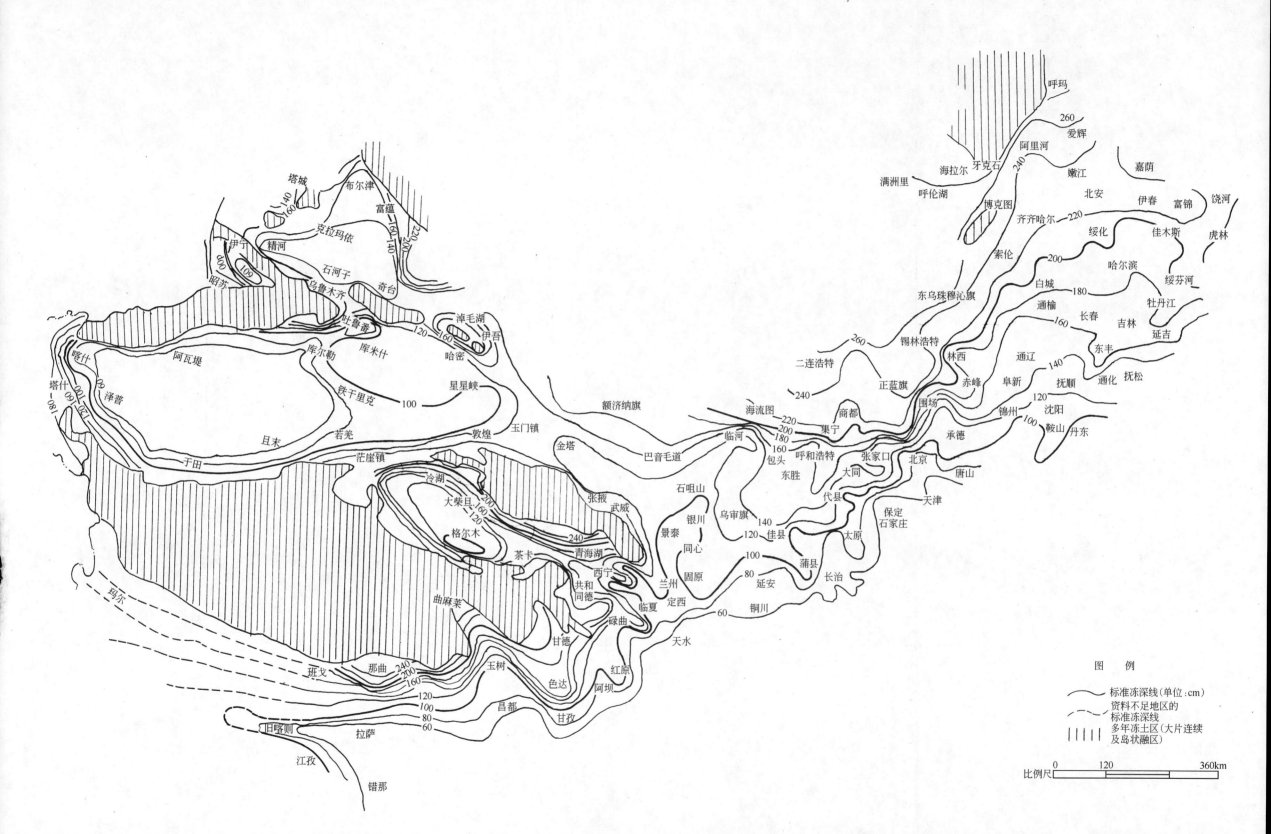

图 9-2-1 中国季节性冻土标准冻深线图

多年冻土主要分布于东北大小兴安岭、青藏高原以及西部高山区——天山、阿尔泰及祁连山、喀喇昆仑山、昆仑山、阿尔金山、帕米尔高原、喜马拉雅山和西藏高原等地区，其总面积约为300万平方公里，占全国领土面积的31.3％。

东北多年冻土区位于我国最高纬度，以丘陵山地为主。虽然海拔不高，因受西伯利亚高压影响，成为我国最寒冷的自然区。冻土的平面分布及其厚度明显地受到纬度地带性控制，自西北向东南，由大片连续分布变为岛状分布。多年冻土厚度也由厚变薄（表9-2-2），冻土层的年平均地温自北而南升高，大约纬度每降低一度，气温升高1℃，年平均地温升高0.5℃。整区都属于欧亚大陆高纬度多年冻土分布区的南部地带，是多年冻土与非多年冻土之间的过渡带。

东北大、小兴安岭多年冻土的主要特征表 表9-2-2

地 区	年平均气温（℃）	年平均地温（℃）	最大季节融化深度（m）	多年冻土厚度（m）	多年冻土分布状况
古莲-呼中-根河等大兴安岭西坡	<－5.0	－3.5～－1.0	3.0	5～120	70％～80％为大片连续分布
三河-拉布达林-乌尔其汗等大兴安岭北部山地	0.5～－3.0	－1.5～－0.5		20～50	50％～60％为岛状融区
阿尔山-绰尔河源头等大兴安岭阿尔山山地	－4～－3			20～30	60％为冻土
海拉尔-满洲里-新巴尔虎丘旗等呼伦贝尔丘陵区	－2.5～0.5	－1.0～0	2.5	5～15	岛状冻土
安达图-牙克石-洪河尔村等大兴安岭西坡丘陵区	－3.5～－2.5	－1.0～0	2.0～2.5	10～20	冻土面积约占20％～25％
呼玛-爱辉等大兴安岭东坡丘岭区	－2.5～－0.4	－1.0～0	2.8	5～20	冻土面积约占10％～30％
孙吴-乌伊岭-伊春等小兴安岭低山丘岭	－1.0～－1.0	－1.0～0	2.9	5～15	冻土面积小于20％
松嫩平原北部边缘地带	－1.0～0	－0.5～0		<10	冻土零星分布，面积小于5％

西北地区多年冻土的主要特征 表9-2-3

地 区		海拔（m）	年平均地温（℃）	最大季节融化深度（m）	温年变化深度（m）	多年冻土厚度（m）
阿尔泰山		2800以上	最低－4.0～－5.0			最厚100～200
天山	奎先达板	2700 3000～3200	－1.0～－0.2 －2.0～－2.5	4.0 1.4～2.7		16 110～150
	莫托沙拉	3200～3400	－2.6	－1.2		120～170

续表

地区		海拔 (m)	年平均地温 (℃)	最大季节融化深度 (m)	温年变化深度 (m)	多年冻土厚度 (m)
祁连山	木里	4000～4300	−0.6～−2.3	1.0～1.5 及 4～6	13～17 有时为9	30～95
	洪水坝	3829,4032				79.3,139.3
	热水	3480～4050	−0.1～−1.5 和更低	0.9～4.7 最大季节冻深 3.5～4.5	10～14 有时 6～7	0.6～11.0 20～90
	海晏、门源	3500～3600				5～35 一般 10～20
青藏高原	青藏公路沿线：连续冻土区-高平原及河谷地带 高山（昆仑山、唐古拉山）及丘陵地带	4500～4650 4700～4900 4900以上	0～0.5 −0.5～−1.5 −1.5～−3.5 低于−3.5 −4～−5	3.5～4.0 1～2.5 1.3～2.0 2.0	9～10 12～16	0～25 25～60 60～120 大于120 实测 128.1 140～175
	岛状冻土区-西大滩,安多黑河	4200 4500～4780	0～−0.5 0～−0.5	7.0		小于20 小于25

2. 冻土分类

根据冻土存在的时间可分为三类：

多年冻土——冻结状态持续三年以上；

季节冻土——每年冬季冻结，夏季全部融化；

瞬时冻土——冬季冻结状态仅持续几个小时至数日。

地基土按其冻胀分类详见表9-2-4。

地基土的冻胀性分类　　　　表 9-2-4

土的名称	天然含水量 ω (%)	冻结期间地下水位低于冻深的最小距离 (m)	冻胀性类别
岩石、碎石土、砾石、粗砂、中砂、细砂	不考虑	不考虑	不冻胀
粉砂	$\omega<14$	>1.5	不冻胀
		≤1.5	弱冻胀
	$14\leq\omega<19$	>1.5	
		≤1.5	冻胀
	$\omega\geq19$	>1.5	
		≤1.5	强冻胀

续表

土的名称	天然含水量 ω (%)	冻结期间地下水位低于冻深的最小距离 (m)	冻胀性类别
粉土	$\omega \leqslant 19$	$\geqslant 2.0$	不冻胀
		$\leqslant 2.0$	弱冻胀
	$19 < \omega \leqslant 22$	$\geqslant 2.0$	
		$\leqslant 2.0$	冻胀
	$22 < \omega \leqslant 26$	$\geqslant 2.0$	
		$\leqslant 2.0$	强冻胀
	$\omega > 26$	不考虑	
粘性土	$\omega \leqslant \omega_p + 2$	$\geqslant 2.0$	不冻胀
		$\leqslant 2.0$	弱冻胀
	$\omega_p + 2 < \omega \leqslant \omega_p + 5$	$\geqslant 2.0$	
		$\leqslant 2.0$	冻胀
	$\omega_p + 5 < \omega \leqslant \omega_p + 9$	$\geqslant 2.0$	
		$\leqslant 2.0$	强冻胀
	$\omega > \omega_p + 9$	不考虑	

注：1. 碎石土仅指充填物为砂土或硬塑、坚硬状态的粘性土，如充填物为粉土或其他状态的粘性土时，其冻胀性均按粉土或粘性土确定；
2. 表中细砂仅指粒径大于 0.075mm 的颗粒超过全重 90% 的细砂，其他细砂的冻胀性应按粉砂确定；
3. ω_p 为土的塑限。

二、冻土地基上条形基础、桩墩基础的破坏特征

（一）条形基础房屋的冻害破坏特征

在寒冷地区，条形基础房屋各种冻害事例中，因不均匀冻胀和融沉引起的裂缝极其普遍。裂缝的形状主要可分斜裂缝、水平裂缝等。

1. 斜裂缝　在斜裂缝中，经常可见到对称八字形裂缝和局部斜裂缝。对称八字形裂缝又分为正八字和倒八字两种（图 9-2-2，图 9-2-4）。

房屋局部斜裂缝常由以下两种原因造成。

其一，房屋一侧积水或靠近房屋有排水沟通过，使房屋靠近积水或排水沟一端冻胀量增大而产生斜裂缝，见图 9-2-3。

其二，房屋其一部分的斜裂缝也可能由局部基础砌筑质量不佳造成。

2. 水平裂缝　水平裂缝的部位多在门窗口的上或下横断面上。产生裂缝的

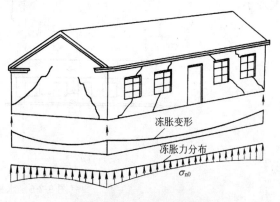

图 9-2-2　正八字形裂缝

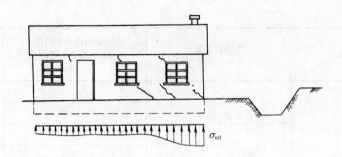

图 9-2-3 房端靠近排水沟

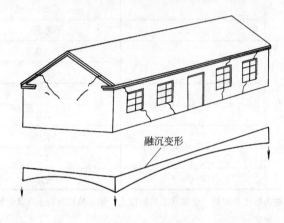

图 9-2-4 倒八字形裂缝

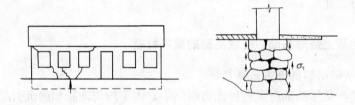

图 9-2-5 局部冻胀上抬裂缝

主要原因是由于基础两侧冻胀或融陷不均造成（图 9-2-5，图 9-2-6）。裂缝宽度一般是内大外小。

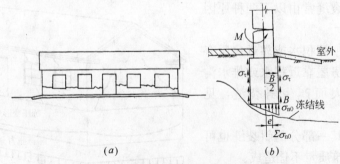

图 9-2-6 水平裂缝
(a) 水平裂缝；(b) 冻胀力对基础的作用

（二）爆扩桩基础房屋的冻害破坏特征：

在多年和季节冻土地区，工业与民用房屋建筑的基础有时采用爆扩桩基础。这些爆扩桩基础常因设计不当或施工中出现"瞎炮"等原因，使各桩产生不均匀冻胀上抬和融化下沉，当这种不均匀上抬或融沉过大时，常导致房屋产生裂缝（图 9-2-7）。

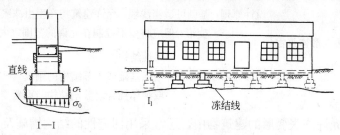

图 9-2-7 布墩式基础房屋冻胀示意图

三、板型基础及管道的冻害特征

1. 大面积薄板的冻胀裂缝

不规则冻胀裂缝，当板型基础面积较大、四周约束较小时，其冻胀裂缝分布和走向无一定规律。随着逐年冻胀和融沉的反复作用，这些不规则的裂缝逐渐增多，宽度逐渐加大，严重时使大片板型基础呈破碎状。

在约束条件下的规则冻胀裂缝，当基础板的冻胀变形受到约束时，其冻胀裂缝明显表现出规则形状，有规律的裂缝，在冻融反复作用下，裂缝越来越宽，影响房屋功能或丧失使用条件。

2. 板形基础整体上抬及上部结构产生裂缝

板形基础刚度较大时，在底部法向冻胀力作用下，往往产生整体不均匀上抬，而板形基础本身并不产生强度破坏。当板形基础的不均匀变形超过某一限度时，便会引起上部结构产生裂缝或因某一部分过大变形而失去稳定。

四、防治建筑物冻害的方法及措施

（一）防治方法

地基土冻胀产生的基本条件是土质、水分（土中水分及外界补给水分）及土中负温值。如能消除或削弱上述三个基本因素中的一个，原则上可以消除或削弱土体的冻胀。消除或削弱冻胀因素可采用以下方法：

$$消除或削弱冻胀因素方法\begin{cases}换填法\\物理化学法\\保温法\\排水隔水法\end{cases}$$

季节冻土地区的建筑物，应根据其重要程度、运用年限、运用条件及结构特点等分成允许产生冻胀变形和不允许产生冻胀变形两大类。对于这两类不同的建筑物，应采用不同的设计原则和防冻害结构措施。

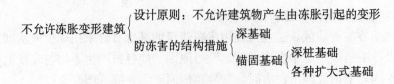

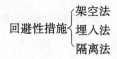

在不允许或允许冻胀变形的建筑物中，还常采用回避性的结构措施及方法。

$$回避性措施\begin{cases}架空法\\埋入法\\隔离法\end{cases}$$

（二）防冻害措施

1. 处理冻害地基时，在冻深和土冻胀性均较大的地基上，宜采用独立基础、桩基础、自锚式基础（冻层下有扩大板或扩底短桩）。当采用条基时，宜设置非冻胀性垫层，其底面深度应满足基础最小埋深的要求；

2. 对标准冻深大于 2m、基底以上为强冻胀土的采暖建筑及标准冻深大于 1.5m、基底以上为冻胀土和强冻胀土的非采暖建筑，为防止冻胀力对基础侧面的作用，可在基础侧面回填粗砂、中砂、炉渣等非冻胀性散粒材料或采取其他有效措施；

3. 在冻胀和强冻胀性地基上，宜设置混凝土圈梁和基础联系梁，增强房屋整体刚度；

4. 当基础联系梁下有冻胀性土时，应在梁下填以炉渣等松散材料，根据土的冻胀性大小可预留 50mm～150mm 空隙，以防止因土冻胀将基础联系梁拱裂；

5. 外门斗、室外台阶和散水坡等宜与主体结构断开。散水坡分段不宜过长，坡度不宜过小，其下宜填非冻胀性材料。

五、换填法

在建筑物的各种防冻害措施中，换填法是采用最广泛的一种。换填法是指用粗砂、砾石等非（弱）冻胀性材料置换天然地基的冻胀性土，以削弱或基本消除地基土的冻胀。

用换填法防冻害的效果与换填的深度、换填料粉粘粒含量、换填料的排水条件、地基土质、地下水位及建筑物适应不均匀冻胀变形能力等多种因素有关。在采用换填法时，应根据建筑物的运用条件、结构特点、地基土质及地下水位情况，确定合理的换填深度和控制粉粘粒含量，应做好换填层的排水。

（一）换填深度的确定

采用换填法消除地基土的冻胀或将冻胀变形控制到建筑物允许的范围之内时，而在全部冻结深度或部分冻结深度内进行换填。换填深度直接关系工程的造价和防冻害的效果。在修缮与加固工程中，应根据建筑物的类型、结构允许变形程度、土体冻结深度、土质及地下水位等条件加以具体确定。

目前多按经验确定地基土的换填率，在确定换填率时主要应考虑以下两点：

1. 当地基土冻结深度较大时，若换到最大冻结深度，工程费用必将增加很多，一般换填率可随冻结深度增大而减小。但经换填后地基的冻胀变形应控制在建筑物允许的变形范围之内；

2. 在融解期，换填料及其下部融化层的承载能力将下降。在确定换填率时，应考虑在地基承载能力下降期所引起的融沉变形仍能满足建筑物允许变形的要求。

上述两种换填断面上部每侧都应大于基础宽度，一般采用15cm～20cm。为削减作用于墙基外侧的切向冻胀力，可采用外侧面换填，侧向换填厚度一般采用10cm～15cm，见图9-2-8。

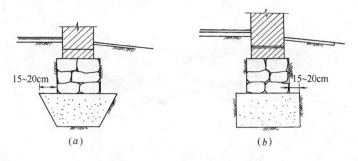

图9-2-8 房屋条形基础下换填

（二）换填法施工

建筑物适应不均匀冻融变形的能力，取决于本身基础及上部的结构形式。对于适应不均匀冻胀变形能力强的结构，其换填深度可以减小，这时采用换填法既经济效果又好。对那些不均匀冻胀敏感的结构，往往需在整个冻层深度内换填，对粉粘粒含量控制的要求也高，在这种情况下采用换填法时，其排水作法见图9-2-9所示。

六、物理化学法

物理化学法是指根据阳离子及盐分对冻胀影响的规律采用人工材料处理地基，以改变土粒子与水之间的相互作用，使土体中的水分迁移强度及其冻点发生变化，从而达到削弱冻胀的目的。

物理化学法有多种，本书主要介绍人工盐渍化改良土、用憎水物质改良土和使土颗粒聚集或分散改良土三种方法。不同盐渍度土的冻结温度见表9-2-5。

不同盐渍度土的冻结温度 t_f（℃）（$w=25$）　　　　表9-2-5

土　　质	盐　渍　度　（%）			
	0.4	0.55	0.85	1.2
亚粘土	−1.2	−1.5	−2.6	−3.0
亚砂土	−1.3	−1.7	−2.5	−3.4
细　砂	−1.3	−1.6	−2.5	−3.5

（一）人工盐渍化法改良地基土

人工盐渍化法是指向土体中加入一定量的可溶性无机盐类，如氯化钠（NaCl）、氯化

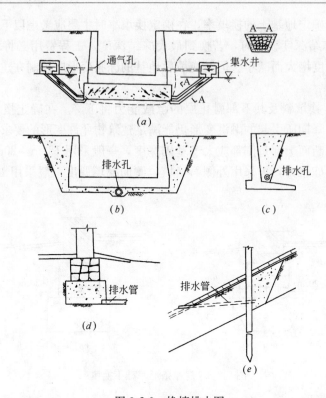

图 9-2-9 换填排水图
(a) 板形基础换填排水；(b) U 槽边墙和底板换填排水；(c) 挡土墙换填排水；
(d) 房屋基础换填排水；(e) 斜坡桩换填排水

钙（$CaCl_2$）、氯化钾（KCl）等使之成为人工盐渍土。根据不同交换性阳离子对土冻胀性的影响程度，加入钾、钠等离子就可以大大地抑制土体的冻胀性（图 9-2-10）。

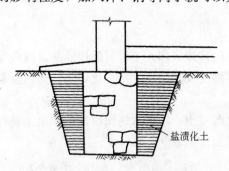

图 9-2-10 先挖基坑后填盐渍化土

在人工盐渍化抗冻胀措施中，较多地采用氯化钠做为掺入的盐分。掺入量应以土的种类和施工方法等条件而定。一般情况，在砂质亚粘土中，可按重量比加入 2%～4%的氯化钠、氯化钙；对含少量粉土和粘土的砂质土，应添加 1%～2%的氯化钠或氯化钾。人工盐渍化的施工工艺主要可分以下两种：

1. 直接将盐铺设在地基或其他需防止冻胀的地面上，然后经过雨淋渗入土中，根据有关试验，每平方米铺上 9.75kg 的 NaCl 晶体，其四周影响长度可达 15.25m。

2. 先将回填土盐渍化后再填入基坑。先按要求挖好基坑，然后将土盐渍化后填入。为防止条形基础冻胀上抬，可在基础侧面回填盐渍化土。填入基坑的盐渍化土需经仔细夯实，并要求将其表面用防水层保护起来，以减少淋漓作用。

（二）用憎水性物质改良土

用憎水性物质使地基土改良方法，是指在土中掺少量憎水性物质，使土颗粒表面具有良好憎水性，减弱或消除地面水下渗和阻止地下水上升，使土体的含水量减少，进而削弱土体冻胀及地基土与建筑物间的冻结强度。

通常用石油产品或副产品和其他化学表面活性剂掺到土中制作憎水土。

石油产品有重油、柴油、液态石油沥青、液态煤焦油等。化学表面活性剂有：

NN′—双十八烷基—NN—四甲基乙二胺溴化物
$(C_{18}H_{37}N+(CH_3)_2CH_2CH_2(CH_3)_2N+C_{18}H_{37}2 \cdot B'r)$；

NN′—双十二烷基—NN—四甲基乙二胺氯化物
$(C_{12}H_{25}N+(CH_3)_2CH_2CH_2(CH_3)_2N+C_{12}H_{25}2Cl)$；

NN′—双十八烷基乙二胺 $(C_{18}H_{37}NHC_2H_4NHC_{18}H_{37})$；

三甲基十八烷基氯化胺 $(C_{18}H_{37}-N(CH_3)_3Cl)$；

三甲基十二烷基氯化胺 $(C_{12}H_{25}N(CH_3)_3Cl)$；等。

表面活性剂可以使憎水的油类物质被土颗粒牢固吸附，从而削弱土与水的相互作用（图 9-2-11、图 9-2-12）。

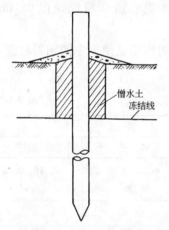

图 9-2-11 桩基憎水衬砌

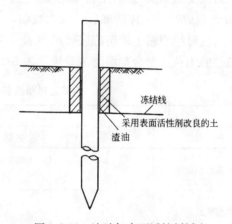

图 9-2-12 渣油加表面活性剂衬砌

铁道部科学研究院金属化学科学研究所、西北铁路科学研究所及天津师范学院共同研制成一种新型表面活性剂，NN—22 十八烷基乙二胺。用这种表面活性剂配成水溶液，与柴油、土拌合成憎水土，其各种材料的配比，见表 9-2-6。

憎水土材料配比　　表 9-2-6

材料名称	占土重的百分比（%）
表面活剂	0.1
水和柴油	6

憎水土的制作可按下述步骤进行：

1. 将土弄松，晒干（风干状态），然后再进行粉碎，一般要求大于 5mm 的团粒数量不得高于总土体积的 10%；

2. 将土加热到指定温度（120～150℃）；

3. 倒入已经加热的憎水性材料溶液，然后进行搅拌，直到均匀为止。

为防止桩、墩或条形基础在侧表面切向冻胀力作用下上抬，可在其基础侧表面铺设一定厚度的憎水土。憎水土厚度通常为 15～25cm，其施工可按下述步骤进行：

1. 在憎水土填筑之前，先将基础侧表面用液态憎水性材料涂两遍；

2. 按设计憎水土厚度立好模板，然后分层填筑并夯实。其作法见图 9-2-13、图 9-2-14 所示。

第九章 地基处理与加固

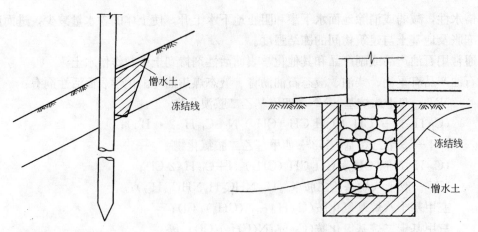

图 9-2-13 斜坡桩憎水土衬砌　　图 9-2-14 房屋条形基础憎水土衬砌

（三）改变土粒结构方法改良地基土的冻胀性

土的粒度组成是影响土冻胀性的主要因素，当土体主要由颗粒粒径在 0.1mm～0.002mm 组成时，土体的冻胀可大大减弱。

磷酸盐对粉质粘土的防冻胀效果见表 9-2-7。聚合剂的作用是使土中的细颗粒凝聚成较大粒径的团粒。聚合剂的防冻效果见表 9-2-8。

磷酸盐对粉质黏土的防冻胀效果　　　　　　　　　　表 9-2-7

分散剂		冻胀土		
种　类	用量（%）	黏　土	粉　土	砂质粘土
四偏磷酸钠	0.5	0.49，0.21	0.31，0.36	0.18，0.22
	1.0	0.40	0.36	0.06
六偏磷酸钠	0.5	0.37	0.58	0.42
	1.0	0.25	0.29	0.06
三聚磷酸钠	0.5	0.42	0.48	0.09
	1.0	0.32	0.46	0.00

聚合剂防冻胀效果　　　　　　　　　　表 9-2-8

聚集剂		冻胀土		
种　类	用量（%）	黏　土	粉　土	粉质粘土
CKD-197	0.5	2.27	2.31	0.50，0.74
土壤改良剂	1.0	1.87	2.91	0.07
Krilium 6	0.5	1.79	0.96	0.54
土壤改良剂	1.0	1.07	0.11	0.39
苯乙烯与硫酸	0.5	1.43	0.14	1.42
甲脂共聚物	1.0	1.79	0.30	0.87
聚乙烯醣醇	0.5	1.17	1.76	0.57
(DVA)	1.0		0.78	0.50
$FeCl_3$		0.20，1.49	0.48	0.29

七、保温法

保温法是指在建筑物基础底部或四周设置隔热层,增大热阻,以推迟地基土的冻结,提高土中温度,减少冻结深度,进而起到防止冻胀的一种方法。

保温法最早应用于公路和铁路的冻胀防治。近些年来,随着各种新型人造材料的出现,它的应用范围也在不断扩大,如聚苯乙烯泡沫及以这种材料作为骨料的混凝土等隔热材料也已应用到房屋建筑工程中。

(一) 保温隔热材料

可用来做为隔热的材料是相当多的,如草皮、树皮、炉渣、陶块、泡沫混凝土、玻璃纤维、聚苯乙烯泡沫等等。在某些条件下,甚至像土、冰、雪、柴草等亦可做为隔热材料。

作为永久性的隔热材料,要求具有耐久性,小的吸水性及不易变质特性。当隔热材承受荷载作用时,还要求隔热材不产生大的变形并具有足够的抗压强度。

(二) 保温法应用

保温法在建筑中也逐渐地得到了应用。黑龙江某建筑安装工程公司在 1990 年建成一栋办公楼,四周采用蜡渣做为隔热材料。在冻结深度达 1.9m 的条件下,基础埋深只有 90cm(毛石 30cm,砂子 60cm),经多年运用未发现冻害。为研究不同隔热材料的隔热效果及其合理的铺设方式,又进一步做了试验研究,试验结果见表 9-2-9。

隔热层的防冻胀效果比较 表 9-2-9

基础深度 (cm)	隔热材料铺设形式甲 冻胀量 (cm)			隔热材料铺设形式乙 冻胀量 (cm)		
	炉渣	蜡渣	火山灰	炉渣	蜡渣	火山灰
50	6.81	5.49	1.55	12.62	12.25	3.27
70	9.79	1.87	1.40	12.03	10.24	1.57
100	9.79	1.44	1.34	12.82	6.89	1.44

注:试验场地、冻前地下水位接近地表,冻深 1.9m。

(三) 保温土层的施工

从表 9-2-9 图例结果中可看出以下两点:

1. 处于饱水中的炉渣隔热和减少冻胀效果不好,火山灰隔热和减小冻深或冻胀效果均较好;

2. 甲种铺设方式的隔热效果比乙种好。黑龙江省低温建筑科学研究院,在上述研究的基础上提出图 9-2-15 中的隔热层铺设方式,并建议采用蜡渣或火山灰做为隔热材料效果好。

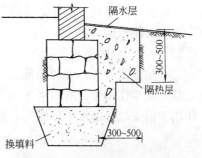

图 9-2-15 侧壁保温示意图

第九章 地基处理与加固

八、排水隔水法

由土的冻胀及冻胀力变化规律可知，产生冻胀的三个基本要素中，水分条件是决定性因素。只要能控制水分条件，就可达到削减或消除地基土冻胀的目的。排水隔水法的具体措施可归结为降低地下水位及季节冻层范围内土体的含水量，隔断外水补给来源和排除地表水防止地基土浸湿后变形下沉。在工程实践中，应依据不同建筑物的地形、地质和运行条件采取相应的排水或隔水措施，以保证房屋建筑的正常使用。

（一）房屋建筑中的排水隔水法

在建筑物附近应避免有积水坑，同时应设置能及时排除地表水的排水沟。为防止雨水从房檐流下后渗入基础，应在房屋周围地表设置散水或水沟。

为降低地下水位和排除基础周围水分，可在基础两侧（或底部）填砂砾石料（图9-2-16(a)）并用排水管与基础外的排水沟相连（图9-2-16(b)）当基础底部深处有不承压的透水层时，应设排水孔与之连通（图9-2-16(c)）。

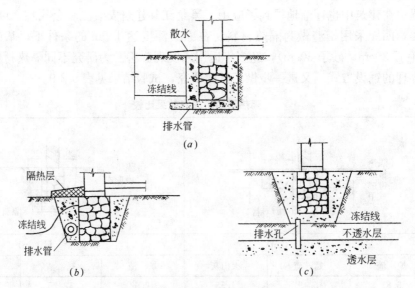

图 9-2-16 基础排水结构图
(a) 埋在季节冻层下的排水；(b) 外层侧设有保温层的排水；
(c) 与透水层连通的排水孔

基础排水管应与基础外的排水沟槽相连接，基础外的排水沟槽可布置成开敞式的，也可布置成封闭式的。

（二）挡土墙的排水

回填粘土或砂砾石等弱冻胀土的挡土墙，设置排水设施后均会降低回填土体的含水量，从而减少作用于墙后的水平冻胀力。在满足建筑物侧向绕渗长度要求的前提下，为减少作用于挡土墙后的水平冻胀力，应尽量布置排水设施。图9-2-17是常采用的简易形式排水。

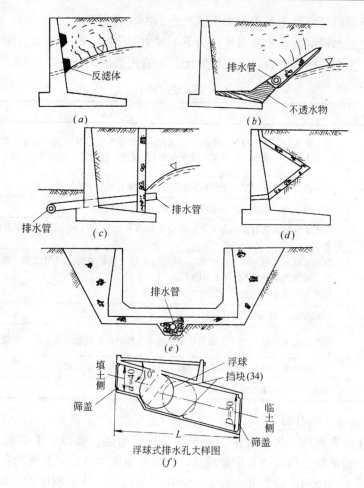

图 9-2-17 挡土墙排水形式

第三节 湿陷性黄土地基

一、湿陷性黄土的成因、分类及其工程性质

(一) 黄土的成因

黄土是地质学上的广义概念,是指在干燥气候条件下形成的一种具灰黄或黄褐等颜色,并有针状大孔且垂直发育的特殊性质的土。

黄土具有以下特征:

1. 以粉土为主,粉粒含量一般占 60% 以上。
2. 孔隙比较大,通常大于 1,具有肉眼可见的竖向根状圆孔。
3. 富含碳酸钙盐类。

(二) 湿陷性黄土的分类

黄土按其工程性质分为湿陷性黄土和非湿陷性黄土。黄土在一定压力作用下受水浸湿，土体结构迅速破坏而发生显著附加下沉的土称为湿陷性黄土。

湿陷性黄土受水浸湿后，土在自重压力下不发生湿陷的，称为非湿陷性黄土；土在自重压力作用下产生湿陷的称为自重湿陷性黄土。对常用名词统释见表 9-3-1。

名 词 统 释　　　　　　　　表 9-3-1

名　词	解　　释
湿陷性黄土	在一定压力下受水浸湿，土结构迅速破坏，并发生显著附加下沉的黄土 湿陷性黄土主要为马兰黄土和黄土状土。前者属于晚更新世 Q_3 黄土；后者属于全新世 Q_4 黄土
非湿陷性黄土	在一压力下受水浸湿，土结构不破坏，并无显著附加下沉的黄土
自重湿陷性黄土	在上覆土的自重压力下受水浸湿发生湿陷的湿陷性黄土
非自重湿陷性黄土	在大于上覆土的自重压力下（包括附加压力和土自重压力）受水浸湿发生湿陷的湿陷性黄土
新近堆积黄土（Q_4^2）	沉积年代短（近 500 年内形成）、具高压缩性、承载力低、均匀性差，在 50～150kP 压力下变形敏感的全新世 Q_4^2 黄土层的上部 新近堆积黄土一般位于全新世 Q_4^1 黄土层的上部
饱和黄土	饱和度大于 80% 和湿陷性退化的黄土
总湿陷量 （或全部湿陷量）	湿陷性黄土地基，在一定压力和充分浸水条件下，下沉稳定为止的变形量
剩余湿陷量	将湿陷性黄土地基的总湿陷量，减去基底下被处理土层的湿陷量
防护距离	防止建筑地基受管道、水池等渗漏影响的最小距离

（三）湿陷性黄土的分布

世界上黄土分布很广，其中在中纬度干旱半干旱地区、德国的中部和北部、罗马尼亚、保加利亚、前苏联的乌克兰及中亚地区，以及美洲密西西比河上流均有分布。我国黄土主要分布于甘肃、陇西秦岭以北、青海、河南、山西等省，堆积厚度一般在 10～40m，而济河和泾河流域的中下游地区，厚度达 200m。

浸水产生湿陷的黄土只是黄土中的一小部分，从工程角度出发称为湿陷性黄土。湿陷性黄土较薄，陕西地区最厚也不过 20m，它是我国湿陷性最大的黄土地区。

湿陷性黄土作为特殊土主要在于它的天然强度很高，但浸水后发生大量下沉。由于雨水下渗，管道漏水，水库蓄水等因素，容易造成建筑物的大量下沉和边坡滑动，对建筑物的破坏几乎是具有突然性，而且往往发生在难以预料下沉的部位。为了全面了解我国黄土、湿陷性黄土的分布区域及范围。现将黄土分布概况列于图 9-3-1 及表 9-3-4，湿陷性黄土的分布列表 9-3-2 中，湿陷性黄土中的力学参数列表 9-3-3 中，各地区湿陷性黄土层的厚度列于表 9-3-5 中，黄土的地层划分列表 9-3-6 中，可供查阅。

根据中国科学院地质研究所调查，我国黄土的厚度以黄河中游的黄土塬为最大，其厚度中心在洛河和泾河流域的中、下游地区，最大厚度达 180～200m。由此向东、西两个方向，黄土厚度逐渐减薄，如西部柴达木和河西走廊一带厚度一般为 10～20m，最厚不超过 50m。东部太行山东麓和燕山南麓一带厚度约为 10～40m。

我国湿陷性黄土的分布面积约占我国黄土分布总面积的 60%，大部分分布在黄河中游地区。这一地区位于北纬 34°～41°、东经 102°～114°之间，北起长城附近，南达秦岭，西自乌鞘岭，东至太行山，除河流沟谷切割地段和突出的高山外，均是湿陷性黄土。

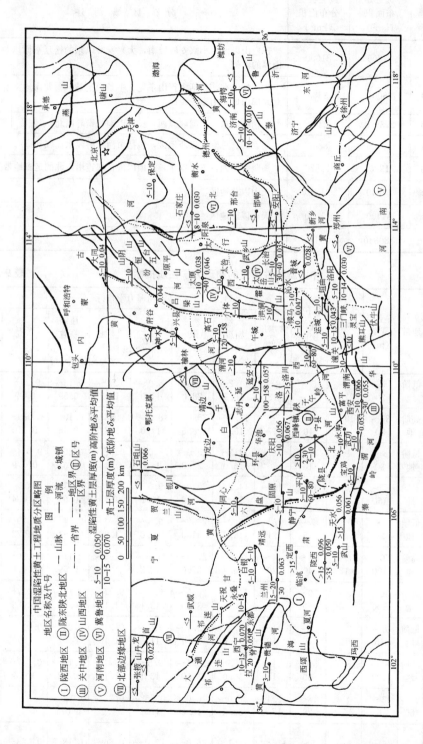

图 9-3-1 中国湿陷性黄土工程地质分区略图

我国黄土和黄土状土的分布

表 9-3-2

分布区域		黄土分布面积（km²）	黄土状土分布面积（km²）	分 布 区 域 简 述
松辽平原		11800	81000	长白山以西，小兴安岭以南，大兴安岭以东的松辽平原以及其周围山界的内侧
黄河流域	黄河下游	26000	3880	三门峡以东，包括太行山东麓、中条山南麓、冀北山地南麓以及河北北部山地和山东丘陵区
	黄河中游	275600	2400	乌鞘岭以东，三门峡以西，长城以南，秦岭以北
	青海高原	16000	8800	刘家峡、享堂峡以西地区，包括黄河上游湟水流域和青海湖附近
甘肃河西走廊		1200	15520	乌鞘岭以西，玉门以东，北山以南，祁连山以北的走廊地带
新疆	准噶尔盆地	15840	91840	天山以北地区
	塔里木盆地	34400	51000	天山以南地区
总 计		380840	25440	

中国湿陷性黄土的物理力学性质指标

表 9-3-3

分区	区	地带	黄土层厚度 (m)	湿陷黄土层厚度 (m)	地下水埋藏深度 (m)	含水量 ω (%)	天然密度 ρ (kN/m³)	液限 ω_L (%)	塑性指数 I_p	孔隙比 e	压缩系数 a (MPa⁻¹)	湿陷系数 δ_S	自重湿陷系数 δ_{ZS}
陕西地区 I		低阶地	5~20	4~12	5~15	9~18	14.2~16.9	23.9~28.0	8.0~11.0	0.9~1.15	0.13~0.59	0.27~0.09	0.005~0.052
		高阶地	30~30	10~20	20~40	7~17	13.3~15.5	25.0~28.5	8.0~11.0	0.98~1.24	0.10~0.46	0.039~0.110	0.007~0.052
陇东陕北地区 II		低阶地	5~30	4~8	4~10	12~20	14.3~16.0	25.0~28.0	8.0~11.0	0.97~1.09	0.26~0.61	0.034~0.079	0.005~0.035
		高阶地	5~150	10~15	40~60	12~18	14.3~16.2	26.4~31.0	9.0~12.2	0.8~1.15	0.17~0.55	0.03~0.084	0.006~0.043
关中地区 III		低阶地	5~20	4~8	7~15	15~21	15.0~16.7	26.2~31.0	9.5~12.0	0.94~1.09	0.24~0.61	0.029~0.072	0.003~0.024
		高阶地	50~100	6~12	20~40	14~20	14.7~16.4	27.3~31.0	10.2~12.2	0.95~1.12	0.17~0.59	0.030~0.078	0.005~0.034
		高阶地	30~100	5~16	50~60	11~18	14.5~16.0	26.5~31.0	9.5~13.1	0.97~1.18	0.17~0.62	0.027~0.089	0.007~0.040
山西地区 IV	汾河流域区 IV2	低阶地	8~15	2~10	7~19	11~19	14.7~16.4	25.4~29.4	7.7~11.8	0.94~1.10	0.24~0.87	0.030~0.070	—
		高阶地	30~100	5~16	50~60	11~18	14.5~16.0	26.5~31.0	9.5~13.1	0.97~1.18	0.17~0.62	0.027~0.089	0.007~0.040
	晋东南区 VI2		30~50	2~6	4~7	18~23	15.4~17.2	27.0~32.5	10.0~13.0	0.85~1.02	0.29~1.0	0.030~0.071	—
河南地区 V			6~25	4~8	5~25	16~21	16.1~18.1	26.0~32.0	10.0~12.0	0.86~1.07	0.18~0.33	0.023~0.045	—

续表

分区	区	地带	黄土层厚度(m)	湿陷黄土层厚度(m)	地下水埋藏深度(m)	物理力学指标							
						含水量 ω (%)	天然密度 ρ (kN/m³)	液限 ω_L (%)	塑性指数 I_p	孔隙比 e	压缩系数 a (MPa^{-1})	湿陷系数 δ_S	自重湿陷系数 δ_{ZS}
冀鲁地区 Ⅵ		河北区 Ⅵ₂	8~30	2~6	5~12	14~18	15.5~17.0	25.0~28.7	9.0~13.0	0.85~1.00	0.18~0.60	0.024~0.048	—
		山东区 Ⅵ₂	3~20	2~6	5~8	15~23	16.4~17.4	27.7~31.0	9.6~13.0	0.85~0.90	0.19~0.51	0.020~0.041	—
北部边缘地区 Ⅶ		晋陕宁区 Ⅶ₂	5~30	1~4	5~10	7~10	13.9~16.0	21.7~27.2	7.1~9.7	1.02~1.14	0.23~0.57	0.032~0.059	—
		河西走廊区 Ⅶ₂	5~10	2~5	5~10	14~18	15.5~16.7	22.6~32.0	6.7~12.0	—	0.17~0.36	0.029~0.050	—

中国湿陷性黄土工程地质分区略图特征简述 表 9-3-4

分区	区	特征简述
陕西地区 Ⅰ		自重湿陷性黄土分布很广，湿陷性黄土层厚度通常大于10m，地基湿陷等级多为Ⅲ、Ⅳ级，湿陷性敏感，对工程建设的危害性大
陇东陕北地区 Ⅱ		自重湿陷性黄土分布广泛，湿陷性黄土层厚度通常大于10m，地基湿陷等级一般为Ⅲ、Ⅳ级，湿陷性较敏感，对工程建设的危害性较大
关中地区 Ⅲ		低阶地多属非自重湿陷性黄土，高阶地和黄土塬多属自重湿陷性黄土。湿陷性黄土层厚度；在渭北高原一般大于10m，在渭河流域两岸多为5~10m，秦岭北麓地带有的小于5m，地基湿陷等级一般为Ⅱ、Ⅲ级。自重湿陷性黄土层一般埋藏较深，湿陷发生较迟缓。在自重湿陷性黄土分布地区，对工程建设有一定的危害性；在非自重湿陷性黄土分布地区，对工程建设的危害性小
山西地区 Ⅳ	汾河流域 Ⅳ₂	低阶地多属非自重湿陷性黄土，高阶地（包括山麓堆积）多属自重湿陷性黄土。湿陷性黄土层厚度多为5~10m，个别地段小于5m或大于10m，地基湿陷等级一般为Ⅱ、Ⅲ级，在低阶地新近堆积黄土分布较普遍，土的结构松散，压缩性较高，在自重湿陷性黄土分布地区，对工程建设有一定的危害性；在非自重湿陷性黄土分布地区，对工程建设的危害性较小
	晋东南区 Ⅳ₂	
河南地区 Ⅴ		一般为非自重湿陷性黄土，湿陷性黄土层厚度一般约5m，土的结构较密实，压缩性较低，对工程建设危害性不大
冀鲁地区 Ⅵ	河北区 Ⅵ₂	一般为非自重湿陷性黄土，湿陷性黄土层厚度一般小于5m，局部地段为5~10m，地基湿陷等级一般为Ⅰ级。土的结构密实，压缩性低，在黄土边缘地带及鲁山北麓的局部地段，湿陷性黄土层薄，含水最高，湿陷系数小，地基湿陷系数等级为Ⅰ级或不具湿陷性
	山东区 Ⅵ₂	
北部边缘地区 Ⅶ	晋陕宁区 Ⅶ₂	为非自重湿陷性黄土，湿陷性黄土层厚度一般小于5m，地基湿陷等级为Ⅰ、Ⅱ级，土的压缩性低，土中含砂量较多，湿陷性黄土分布不连续

各地区湿陷性黄土层的厚度（m） 表 9-3-5

区 域	地 点	一级阶地	二级阶地	三、四级阶地
陇西地区	西 宁	0~4.5	4~15	
	兰 州	0~5	5~16	27
	天 水	0~3	3~7	

续表

区域	地点	一级阶地	二级阶地	三、四级阶地
陇东-陕北地区	固原	0～5	15	
	延安	0～4.5		
	平凉		6	
关中地区	宝鸡	6～11	6～11	
	虢镇	6～9	6～9	5
	西安	0～3	5～10	
	乾县			5～14
	蒲城			6～13
河南地区	三门峡	8	8	8～12
	洛阳	0～3	5～8	<8
山西地区	太原		2～10	17
	临汾		8～9	
	侯马		6	10

黄土的地层划分　　　　　　　　　　　　　　　　　　表 9-3-6

时代	地层划分	试验压力（kPa）200～300	时代	地层划分	试验压力（kPa）200～300
全新世 Q_4	黄土状土	具湿陷性	中更新世 Q_2	离石黄土	
晚更新世 Q_3	马兰黄土		早更新世 Q_1	午城黄土	不具湿陷性

注：1. 全更新世 Q_4 包括失陷性黄土 Q_4^1 和新近堆积黄土 Q_4^2；
　　2. 中更新世 Q_2 离石黄土层顶面以下的土层有无湿陷性，应根据建筑物基底的实际压力或上覆土的饱和自重压力进行浸水试验确定。

黄土的野外特征见表 9-3-7。

黄土的野外特征　　　　　　　　　　　　　　　　　　表 9-3-7

时代	地层	颜色	土层特征及包含物	古土壤层
全新世 Q_4^2	新近堆积黄土	浅褐至深褐色或黄至黄褐色	多虫孔，最大直径 0.5～2cm，孔壁分布较多虫屎，有植物根孔，有时有白色粉末状碳酸盐结晶，含少量小砾石及砂粒，礓结石等，有人类活动遗物，结构松软，似蜂窝状	无
Q_4^1	新黄土	褐黄至黄褐色	具有大孔，有虫孔及植物根孔，含少量小礓结石及砾石，有时有人类活动遗物，土质较均匀，稍密至中密	有埋藏土，呈浅灰色，或没有
晚更新世 Q_3（马兰黄土）		浅黄至灰黄及黄褐色	土质均匀，大孔发育，具垂直节理，有虫孔及植物根孔，易产生天生桥和陷穴，有少量小礓结石呈零星分布，稍密至中密	浅部有埋藏土，一般为浅灰色
中更新世 Q_2（离石黄土）	老黄土	深黄、棕黄及微红	有少量大孔或无孔，土质紧密，具柱状节理，抗侵蚀力强，土质较均匀，不见层理，上部礓石少而小，古土壤层下礓结石粒径 5～20m，且成层分布，或成钙质胶结层，下部有砂砾及小石子分布	有数层至十余层古土壤，上部间距 2～4m，下部 1～2m，每层厚约 1m
早更新世 Q_1（午城黄土）		微红及棕红等	不具大孔，土质紧密至坚硬，颗粒均匀，柱状节理发育，不见层理，礓结石含量较 Q_2 的少，成层或零星分布于土层内，粒径 1～3cm，有时夹砂及砾石等粗粒夹层	古土壤层不多，呈棕红及褐色

(四) 湿陷性黄土的湿陷原因和机理

1. 黄土微结构的影响

黄土结构是由许多单粒结构形成的。而粘粒、粉粒腐植质易溶盐与水形成溶液，与沉积在该处的碳酸钙、硫酸钙一起形成胶结构，以其集聚的形式出现，随地区的不同差异很大，因此以薄膜状镶嵌状为主的黄土湿陷性就强，以团聚状为主的状态的黄土湿陷性就弱。

2. 黄土物质成分的影响

主要与下述几个原因有直接影响：

(1) 颗粒组的影响

有较大影响的主要是 0.001mm 颗粒含量有影响。

(2) 化学成分的影响

对黄土湿陷性有明显影响的化学成分主要是碳酸钙和石膏的含量多少及易溶盐和酸碱浓度等。有机质浸水后，虽然体膨胀，使湿陷性减弱，但因含量不大，对湿陷性也有影响但不大。

3. 黄土物理性质的影响

黄土的湿陷性或物理性质对湿陷性的影响主要取决于孔隙比和含水量及干容量这些指标。

(1) 黄土的湿陷与孔隙比的关系

据资料统计可以划出一个大概分界数值，西安地区的孔隙比 $e \leqslant 0.9$，就不具备湿陷问题，对于兰州地区黄土孔隙比 $e \leqslant 0.86$ 也不具备湿陷问题。

(2) 天然含水量的影响

黄土湿陷必须在一定的压力作用下才能会发生湿陷，在浸水饱和条件下，使黄土发生湿陷时的最小压力，叫做湿陷起始压力，随着外荷载的增大，湿陷量也增大。

4. 黄土湿陷的机理

根据研究结果表明，具有下列因素：

(1) 黄土浸水后湿陷过度扰乱了土中的毛细管作用。

(2) 黄土中存在大量的可溶盐，受水浸湿后，易溶盐溶解，强度丧失，而产生湿陷。

(3) 黄土在形成过程中缺少胶体部分，由于缺少了胶体，当受水浸湿后膨胀变形小，不能补缺，因而造成土体压密下陷。

(4) 低含水量黄土在细颗粒表面上包着结合水膜，当水入侵后结合水膜变厚，使土粒表面产生膨胀，体积增大，引力减弱，凝聚力降低，因而产生沉降。

黄土湿陷的过程是一个复杂的物理化学变化的过程。黄土湿陷的原因和机理是多因素的，有时是单一因素，有时是几个因素的结合。它不但与客观土性有关，也与微观结构有关。黄土的湿陷性给工程建设提出一些更具体和较高的技术要求。只有加深对黄土湿陷机理的掌握，才能有针对性地处理加固黄土地区的房屋。黄土地区房屋建筑分类已列于表 9-3-8 中。

湿陷性黄土地区建筑分类举例　　　　　表 9-3-8

类别	典型建筑举例
甲	高度大于 40m 的高层建筑或高度大于 50m 的筒仓；高度大于 100m 的电视塔；大型展览、博物馆；一级火车站主楼；6000 人以上的体育馆；跨度不小于 36m，吊车额定起重量不小于 100t 的机加工车间；不小于 10000t 的水压机车间；大型热处理车间；大型电镀车间；大型炼钢车间；大型轧钢压延车间；大型电解车间、大型煤气发生站；60 万 kW 以上的火力发电站；大型选矿、选车间；煤矿主井多绳提升井塔；大型漂、染车间；大型屠宰车间 10000t 以上的冷库；净化工房；有剧毒或有放射污染的建筑

续表

类　别	典　型　建　筑　举　例
乙	高度24～40m的高层建筑；高度30～50m的筒仓；高度50～100m的烟囱；省（市）级影剧院、民航机场指挥及候机楼、铁路信号及通讯楼、铁路机务洗修库、高校试验楼；跨度大于或等于24m，小于36m和吊车额定起重量大于或等于30t，小于100t的机加工车间；小于10000t的水压机车间；中型轧钢车间、中；中型选矿车间、中型漂、染车间、中型屠宰车间；单台不小于10t的锅炉房和大、中型浴室
丙	多层住宅楼、办公楼、教学楼，高度不超过30m的筒仓、高度不超过50m的烟囱；跨度小于24m和吊车额定起重量小于30t的机加工车间，单台小于10t的锅炉；食堂、县、区影剧院、理化实验室；一般的工具、机修、木工车间、成品库
丁	1～2层的简易住宅，简易办公室；小型机加工车间；小型工具、机修车间；简易辅助库房、小型库房；简易原料棚、自行车棚

二、湿陷性黄土地基上房屋的损坏现象及原因

（一）损坏现象

1. 基础产生不均匀沉降和断裂

在湿陷性黄土地区，由于对地基土认识的局限性或处理不完善，会使房屋产生下沉，基础产生不均匀沉降，由于基础的不均匀沉降引起的基础倾斜的实例是很多的。基础不均匀沉降引起的沉降差，能使房屋基础断裂，上部结构破坏，甚至丧失基本功能而不能使用。

2. 地基土受荷不均匀房屋产生严重裂缝变形

在湿陷性黄土地区，由于外荷载的不均匀性会直接引起地基的变形。而地基又没有设防不均匀变形的构造措施。没有设置必要的沉降缝、伸缩缝，使建筑物产生裂缝。当外荷载差别较大时会引起严重的裂缝，甚至会出现较大的变形、倾斜等现象。

3. 地基受水的扰动和影响

湿陷性黄土，是对水较为敏感的土体，无论是生活服务设施中的废水，还是雨水、洪水等，都会直接影响黄土的性质，改变黄土的内部结构，将产生不均匀的沉降或局部倾斜，也会影响上部结构的正常使用。墙体生产裂缝、臌闪等变形特征是外部表现。

（二）房屋的损坏等级分类

房屋的损坏情况分类：

1. 轻微的：当地基浸水范围不大，湿陷量不超过5cm～7cm，有少量不均匀下沉产生，局部倾斜小于4‰。砌体局部开裂，但裂缝未贯通墙面，只在底层出现，缝宽小于1mm，沉降缝处张开或产生挤压，但砌体未被挤压破坏。吊车轨顶出现少量高差，但不影响吊车的正常运行。具有上述损坏情况，可以认为是轻微损坏。

2. 中等的：当地基浸水范围较大，或浸水范围较小但水量较充足，地基湿陷量达10cm～25cm，不均匀下沉较大，局部倾斜达到4‰～8‰。砌体裂缝较宽，多为1mm～3mm，最大达1cm；砖柱或混凝土柱出现水平裂缝；地梁或圈梁出现少量裂缝；沉降缝处砌体被挤压破碎。具有上述损坏情况的，可以认为是中等损坏。

3. 严重的：地基浸水后湿陷量相当大，达25cm～40cm，不均匀下沉严重，局部倾斜超过8‰。裂缝宽度多数超过1cm，最大可达3cm～5cm。多层混合结构房屋裂缝从底层发展到顶层，裂缝两侧砌体多处被压碎；地基梁或圈梁中钢筋屈服。底层窗台成波浪形，门窗变形，玻璃被挤碎。工业厂房支撑歪扭变形，柱子断裂；吊车轨道成波浪起伏，大车

卡轨，小车滑轨；混凝土地坪严重开裂。具有上述损坏情况的。可认为是严重损坏。

4. 极严重的：地基浸水后产生的湿陷量超过 40cm，下沉差超过 30cm，局部倾斜超过 12‰。砌体最大裂缝宽度超过 5cm，砖柱或混凝土柱不仅断裂且产生水平错动，生产无法进行，建筑物整体已完全破坏，并有倒塌危险。具有上述损坏情况的，可认为是极严重损坏。

（三）地基湿陷的原因

1. 由浸水水源引起的

湿陷事故都是由于水浸入建筑物地基所造成的。浸水水源来自两个方面：一是自下而上的浸水，如地下水位上升至地基压缩层范围内所造成的湿陷；另一是自上而下的浸水，主要因建筑物周围场地排水不畅，雨水或山洪渗入地下，或建筑物本身的给排水管道，蒸汽管道渗漏或断裂，或系湿润性生产车间大量生产用水和生产废水沿地面漫流，或输送化学溶液管道因腐蚀而造成的长期渗漏等。自上而下的浸水是造成大部分建筑物湿陷事故的主要原因。

产生湿陷事故的原因大多是由于经验不足，对黄土的湿陷性缺乏正确的认识所造成，但也有些是由于无视国家有关部门的规范条文规定，凭主观意志办事所造成。

2. 设计方面的原因

（1）不按规范规定采取相应措施

如某库区一库房地基为Ⅱ～Ⅲ级自重湿陷性黄土，设计却采用天然地基，并且没有防水措施，湿陷后导致柱基最大差异下沉达 74cm。

（2）地基处理深度不够，防水措施标准偏低

如兰州东站定检库，地基为Ⅲ级自重湿陷性黄土，基槽仅用重锤表面压实，管沟防水措施也较简陋，局部下水管道直接埋地，浸水后地基湿陷量达 49cm。

（3）防水措施不周

防水措施不周方面的问题主要有：

① 建筑物平面形状复杂，不利于排水。如天水某房屋地基为Ⅱ级自重湿陷性黄土，地基采用整片土垫层处理，厚度 1.5m，室内防漏管沟系用混凝土一次浇成，防水措施较好，但由于建筑物为 H 形布置，内角排水不畅，长期渗水，造成湿陷事故。

② 竖向设计和总图布置不符合规定。如兰州东站轮轴库地基为Ⅲ级自重湿陷性黄土，采用 1.5m 厚的土垫层，室内无上下水管道。但由于距离定检库仅 3m，间距太小，室外雨水难以顺利排出，加之受定检库漏水的影响，湿陷后下沉达 28.5cm，建筑物严重开裂。

③ 室内防水措施不周。兰州某住宅地基为Ⅱ级自重湿陷性黄土，地基未作处理，本应采取严格防水措施。但室内暖气沟壁为砖砌，灰土垫层，上下水管道直接埋地。管道漏水后形成半径为 16m 的湿陷范围，最大下沉差达 27.9cm，建筑物破坏严重。

④ 防护距离内管道漏水。如某单位食堂地基为Ⅲ级自重湿陷性黄土，在下水出口处有一砖砌检查口漏水，使墙基下沉，导致管道断裂，下沉超过 70cm，山墙严重开裂。

3. 施工造成的

（1）地基处理质量不符合要求

如兰州某钢厂第三轧钢车间附跨，地基为Ⅲ级自重湿陷性黄土，基底下虽设置了 1.5m 厚的土垫层，但施工质量差，填土密实度未达到设计要求，土质虚松，浸水后湿陷了 18.2cm。

(2) 防水措施的施工质量差

防水措施不按图施工而造成湿陷事故的例子很多，其中以场地不整平或未能按设计要求的地面坡度施工的居多，散水和室外地坪坡度太小而形成积水、漏水的也很常见。此外，砖砌管沟的砂浆不饱满，管道接口不严密，防漏管沟通过外墙处未连续施工，连接部位处理不善也造成漏水。

(3) 散水和地坪填土质量差

由于散水和地坪下面的填土质量差，导致散水和地坪不均匀沉降而开裂，从而形成了雨水和地面水的下渗通道。雨水和地面水的下渗使土湿陷又促使散水和地坪进一步下沉，严重时散水往往形成倒坡，不但不起排水作用，反而起聚水作用，致使地基湿陷。

(4) 临时用水设施处理不当

施工用水设施漏水或竣工后未拆除临时用水管线，造成湿陷。如兰州市新桥一号楼，由于施工管理不善，墙外 4m～5m 处的临时上水管被压断，漏水延续半月之久，在交工前一天，建筑物突然产生严重开裂和倾斜。

4. 维护管理方面的原因

(1) 使用不当

① 上下水管未通即先行使用。如陕西潼关某矿单身宿舍楼，在主体基本建成而上下水管未通的情况下，即大量住人，生活用水往室外随意倾倒，使外纵墙因地基湿陷而开裂。后虽采取措施将生活污水通过架空管道排入室外下水检查井中，但检查井内壁尚未进行防水砂浆抹面，污水仍通过砖缝集中下渗，使地基进一步湿陷，纵墙下沉差达 20 余厘米，使墙身产生多道裂缝。

② 大便器存水弯捣坏后漏水。由于随意用棒通捣大便器存水弯，使弯头捣坏，而引起湿陷事故。

③ 建筑物周围堆放物品妨碍排水，产生湿陷事故。

④ 在建筑物周围 3m～6m 范围内大量浇水，苗圃浇水而引起地基湿陷。

⑤ 任意排放高温水和腐蚀性介质，腐蚀或熔化管道接口。如太原某化工厂随意向下水管道中排放酸性废水，使管道全部被腐蚀；又将蒸汽回水的高温水排入一般管道，将管道接口中的沥青熔化，致使地基湿陷。

⑥ 新增加的用水设施未采取防漏措施。有些单位由于对地基湿陷危害认识不足，在增设某些用水设施时未按有关规范规定采取防水措施，导致湿陷事故。如增设的临时锅炉房和增设的浴室产生的事故较多。

(2) 检查与维护管理不及时

这方面事故基本都是由于使用部门有关人员对黄土地基湿陷危害性认识不足，或完全缺乏这方面知识所造成。如：

① 地下管道、检漏井和检漏管沟长期不进行检修，或因地基不均匀下沉使上述设施遭到破坏，或因堵塞而形成积水，造成地基湿陷。

② 雨水或污水下水管道堵塞，使下水倒灌，流入管沟穿墙处地梁底部的净空内，长期浸泡地基，引起湿陷。

③ 不重视季节性的防水措施，在雨季、冬季来临前以及暖气管道通水前，对防洪、防冻、防漏等有关设施不进行系统检修，以致洪水泛滥，管道冻裂，腐蚀穿孔漏水等，造

成湿陷事故。

④ 对局部破坏的防水设施不及时修复。如地基局部湿陷或新近堆积黄土因压缩性高而使地基产生较大沉降时,往往形成散水倒坡或防水地面开裂,如不及时修复,这些地方将形成渗水通道,扩大湿陷事故的发展。

⑤ 使用人员随意破坏防水措施,如灌县某研究所宿舍楼住户,在楼后距散水仅 1m 远处挖萝卜窖多个,用后也未将窖填平,屋面雨水集中下渗,使砖墙多处开裂。

三、湿陷性黄土地基危害的防治

(一) 湿陷性黄土地基上房屋损坏的主要因素

在黄土地基上,屡屡发生建筑物湿陷的工程事故,这除了土本身的湿陷内因外,外来水渗入土中的多少也是一个极为重要的外在因素。水的渗透过程和黄土地基湿陷沉降过程都是极为复杂的。据试验资料统计表明,由于湿水的程度不同,对建筑物影响也不同,对建筑物损坏程度也不同。据调查表明黄土地基上房屋损坏的主要因素大致与下面几种类型的水有关:

1. 建筑物周围场地积水

如在小区总平面布置中,地表的排水系统设计不好,散水质量不佳,维护管理不善,以及场地未及时平整,都会出现场地积水。但地表水浸湿地下,一般不超过 3m,如能及时排除,不致造成严重危害。

2. 给水及暖气管道漏水

给水及暖气管道都属于压力管道,因而它的漏水是造成房屋损坏最严重的因素。当主干道距离建筑物 5m～8m 时,一般不形成对房屋的威胁。当有较大用水管道进入室内、管道锈蚀、接头漏水时,这些都是造成黄土局部湿陷的因素。

3. 排水管道漏水

排水管道多数为混凝土管道、陶土管,有的为砖砌临时排水沟。在检查井及管口处易于渗漏,排水渗漏不易被人察觉,因此引起的事故多于给水管道。表 9-3-9 中给出了各种管道距离建筑之间的防护距离,可供参考。

埋地管道、排水沟、雨水明沟和水池等与建筑物之间的防护距离 (m)　　　表 9-3-9

各类建筑	地基湿陷等级			
	Ⅰ	Ⅱ	Ⅲ	Ⅳ
甲	—	—	8～9	11～12
乙	5	6～7	8～9	10～12
丙	4	5	6～7	8～9
丁	—	5	6	7

注:1. 陇西地区和陇东、陕北地区,当湿陷性土层的厚度大于 12m 时,压力管道与各类建筑之间的防护距离,宜按湿陷性土层的厚度值采用;
　　2. 当湿陷性土层内有碎石土、砂土夹层时,防护距离可大于表中数值;
　　3. 采用基本防水措施的建筑,其防护距离不得小于一般地区的规定。

4. 渠塘水池渗漏

一般情况下,渠塘水池与建筑物有一定距离,对建筑物影响较小,但水池、水渠会引起自身的沉陷损坏。

5. 地下水位上升

地下水位的上升，对建筑物地基的影响与管道渗漏的影响不同。一般沉降比较均匀，湿陷面积也较大。凡建筑物刚度大、外荷载均匀、建筑体型简单的房屋，虽然下沉量大，但比较均匀，所以不会引起较大的建筑物损坏和变形。地下水对湿陷有影响，但不大。

（二）湿陷性黄土地基危害的防治

1. 防水措施的重要性

防水措施是保证湿陷性黄土地基上建筑物安全和正常使用的重要措施。对各种防水措施，必须经常维护管理，使其发挥正常的应有的作用。减少或制止湿陷性黄土的湿陷问题，将建筑物的损坏程度降到最低限度，对节省投资，合理利用已建房屋，有极为重要的经济价值和明显的社会效益。

2. 及时切断浸水水源

湿陷事故的发生和发展有快有慢，有的事故是在日积月累的基础上才产生，而有些事故则发展很快。当地基土具有强烈湿陷性或在其主要受力层范围内存在有空洞、墓穴或浸水水量较充分时（如上水管被切断情况），事故的发生就很突然，而且发展迅速，如不立即采取措施，切断浸水水源，则有可能使房屋完全毁坏，甚至倒塌。

湿陷是在短时间内迅速产生，事故来得突然而且严重，一般对引起湿陷的水源较易发现，也便于立即采取切断浸水水源的措施。但有的事故经延续了较长时间后才逐渐趋于严重。这时要查清浸水水源可以从以下几方面入手：

（1）了解施工中有无地面水或临时供水管网渗漏水浸入地基；

（2）查明室内上下水管线和用水设施有无漏水现象；

（3）调查建筑物周围有无大量用水浇地或排水不良现象，检查各种管、渠道、水池、化粪池、检查井等有无漏水情况；

（4）查明地下水位有无上升情况。

3. 做好屋面排水

屋面排水的方式分为有组织和无组织排水两种。通常屋面应采用无组织排水。这种雨水分散排出，可减少排水管道，避免水量集中，容易处理。必须要求室外地面的坡度排水良好，散水外有沟能迅速排走雨水，避免因建筑物排水问题给房屋本身冲成坑、洞而直接影响地基土，引起湿陷事故。

4. 管道的布置应简明

管道包括所有的上、下水管道、暖气管道。若条件允许，应尽量架空明设，以便及时发现漏水，漏气和及时检修。有关地下管道材料的选用，接口方式和地基处理措施详见下列表 9-3-10～表 9-3-12 中所列。

地下管道材料选用表　　　　表 9-3-10

类别		给水管	排水管	
			无耐强要求	有耐强要求
室内	埋地	铸铁管、镀锌钢管、非镀锌钢管	铸铁管	
	有管沟	铸铁管、镀锌钢管、非镀锌钢管	铸铁管、钢管	耐强陶土管或其他耐强管（在非自重湿陷性黄土地区还可用内外上釉陶土管）

续表

类别		给 水 管	排 水 管	
			无耐强要求	有耐强要求
室外	埋地	同上，当有成熟经验时，还可采用预应力混凝土管	铸铁管、离心成型钢筋混凝土或混凝土管	
	有管沟	同上，当有成熟经验时，还可采用预应力混凝土管	同上，还可用内外上釉陶土管	同室内

注：钢管的强度和接口严密性能虽优于其他管材，但耐蚀性能差，因此，对于无压力和温度要求的排水管道，一般不宜采用钢管。用作埋地下水管道的钢管，外壁必须做加强防腐层。铸铁给水管道的零件，不宜采用钢制零件代用。

地下管道接口方式   表 9-3-11

管 道 种 类		接 口 方 式
铸铁管	给水排水	胶圈接口或石棉水泥接口，抢修时可用青铅接口，承插连接，石棉水泥接口
镀锌钢管		螺纹连接
非镀锌钢管		螺纹连接或焊接连接
预应力混凝土管		承插连接，胶圈接口
离心成型混凝土管		套管连接，石棉水泥接口，不宜采用砂浆抹带接口承插连接
离心成型混凝土管		石棉水泥接口，不宜采用水泥砂浆接口
内外上釉陶土管		承插连接，石棉水泥接口，不宜采用水泥砂浆接口
耐酸陶土管		承插连接，沥青玛蹄脂接口，当管内水温度高时，采用耐酸水泥砂浆接口

注：各种接口材料的要求、配合比和接口操作方法等也可参照有关要求规定执行。

给排水管道地基处理措施   表 9-3-12

管道类别	情况说明	基础类别	非自重和Ⅰ级自重湿陷性黄土地基	Ⅱ、Ⅲ级自重湿陷性黄土地基
给水管道和金属排水管道	一般	接口下做枕基	图 9-3-2(a)	图 9-3-2(b)
	重要或直径较大时	沿管道纵向作条基	图 9-3-2(b)	图 9-3-2(c)
非金属排水管道	一般	沿管道纵向作条基	图 9-3-2(b)	图 9-3-2(b) 土垫层较厚
	穿越道路，埋设很深，覆土较薄，但地面有荷载	沿管道纵向作条基	图 9-3-2(b) 土垫层较厚	图 9-3-2(d)

注：垫层质量要求与建筑物基础下垫层的质量要求相同。

5. 检漏防水措施要得当

检漏防水措施系指在基本防水措施（即前述防水措施）的基础上，对防护范围内的地下管道增设检漏管沟和检漏井，以便在管道使用期间及时检修地下管道漏水，提高防水效果防止建筑物地基直接受水浸湿。检漏管沟必须与检漏井配合使用。检漏管沟底一般应具有与管道相同的坡度、坡向检漏井。这样，如管道一旦漏水，水即可沿沟底流入检查井内的集水坑内。

特别强调，不得利用建筑物和设备的基础作为沟壁或井壁。管沟的最小净截面尺寸可参考表 9-3-13 采用。

第九章 地基处理与加固

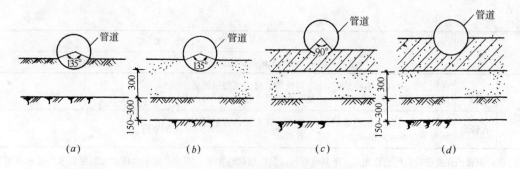

图 9-3-2 给排水管道地基的处理

管沟最小净截面尺寸　　　　　表 9-3-13

类　别	高　度（mm）	宽　度（mm）
通行管沟	1400	不小于 $b+400$ 及 900
半通行管沟	1000	
小管沟	$h+270$	

注：h 和 b 分别为管道安装在管沟中所占的空间高度和宽度。

6. 常用检漏管沟的做法

(1) 砖壁砖底或砖壁灰土底。

(2) 砖壁混凝土平底。

(3) 砖壁混凝土槽形底。

(4) 混凝土或钢筋混凝土管沟，一次浇成。

(5) 双层混凝土或混凝土管沟，中间夹油毡防水层，各层混凝土都一次浇成。

(1)、(2) 两类发生湿陷事故的各占调查总数 90%，(3) 类发生湿陷事故的占 35%，(4) 类很少出现问题，(5) 类未发生漏水现象。因此，在自重湿陷性黄土场地设置选取检漏防水措施时，检漏管沟与检漏井宜协调选用（表 9-3-14）。

自重湿陷性黄土地基上，采用检漏防水措施时检漏管沟和检漏井选用表　　　　　表 9-3-14

建筑物类别	湿　陷　等　级		
	Ⅰ	Ⅱ	Ⅲ
甲、乙$_1$类建筑物		砖壁混凝土槽形底	
乙$_2$、丙$_1$类建筑物	砖壁混凝土槽形底		砖壁混凝土槽形底
丙$_2$类建筑物		砖壁混凝土槽形底	

四、湿陷性黄土地基的处理与加固

（一）地基加固原则与要求

地基加固处理包括有两个方面：一方面是确定加固的方法，以达到改善地基土的物理、力学性质，消除土的湿陷性，提高地基土的承载能力和稳定性或抗渗性等；另一方面是确定地基加固范围，包括平面上的加固范围和加固深度。有的事故处理工程中只重视加固方法本身，而忽略了加固范围的合理确定，往往功亏一篑。例如，硅化加固是一种比较成熟的化学加固方法，它加固的土体强度高，能完全消除土的湿陷性，且加固体强度也较均匀。但它只能消除加固范围内土的湿陷性,当加固深度不足时,仍无法阻止基础的继续下沉。

(二) 地基加固范围确定

地基加固范围要结合地基的湿陷类型、湿陷性黄土层的厚度、建筑物的重要程度、基础尺寸、基底压力等因素综合考虑确定。

1. 加固深度

现场载荷试验表明,当浸水压力为 20kPa 时,方形基础自基底到其下 $(1.0\sim1.5)B$ (B 为基础宽度,下同)深度范围内地基土的外荷湿陷占总外荷湿陷值的 60%～90% 左右。而我国湿陷性黄土地基上建筑物的实际基底压力一般都不超过 20kPa,多数为 1.2 kPa～1.5kPa;因此,对于非自重湿陷性黄土地基上的单独基础,加固基底下 $(1.0\sim1.5)B$ 深度即可消除大部分湿陷量。对于条形基础考虑到基底下土的附加压力扩散较慢,可以将加固深度适当加大到 $(2\sim3)B$。对于自重湿陷性黄土地基,加固深度的合理确定则较为复杂。

自重湿陷性黄土地基的加固深度要考虑地基的自重湿陷敏感性。当自重湿陷很敏感时,宜考虑消除全部黄土层的湿陷性,比较可靠的方法是通过灰土井混凝土灌注桩将基础荷载直接传到下部密实的非湿陷性土层上。如自重湿陷不敏感,则可按非自重湿陷性黄土地基处理。只需加固基底下的主要受力层,即 $(1.0\sim1.5)B$(单独基础)或 $(2\sim3)B$(条形基础)。如自重湿陷是中等敏感程度的,则可以考虑将压缩层范围内的土体予以全部加固,这样可以消除全部外荷湿陷。至于深层自重湿陷,反应到基础底部的差异下沉比较浅层自重湿陷为小。因而其危害性也相对较小。但是,如果湿陷性黄土层的厚度不大或建筑物较重要,也可考虑消除地基的全部湿陷性,或将荷载通过灌注桩等传到下部密实的非湿陷性土层上。

当地基虽经加固而湿陷性未全部消除时,一定要同时加强防水措施,尤其是只在局部范围内加固地基的情况下,更应重视。

2. 平面加固范围

大多数情况下,地基湿陷只在局部范围内发生,例如室内上下水管漏水,建筑物裂缝通常出现在盥洗室、厨房或厕所附近的墙面上;室外下水管漏水或地面积水,则在外纵墙或山墙上出现裂缝。因此,在进行加固设计时,就有只加固事故出现部位的地基还是加固全部建筑物地基的问题,这时,可根据以下几种情况加以考虑:

(1) 如系一般湿陷性黄土,湿陷是由于上下水管道或检查井、管沟漏水所引起,而建筑物其他部位又无受水浸湿的可能时,可只加固墙体产生裂缝部位的地基,以控制差异下沉的发展。

(2) 如引起湿陷的水源来自室外,可加固外墙下地基。

(3) 如地基系由压缩高的新近堆积黄土构成,建筑物各部位普遍有下沉趋势,则宜加固全部地基。由于非承重墙体开裂对建筑物安全的威胁较小,为了节约加固费用,可以考虑只加固承重结构部分的地基。

(4) 由于黄土地基湿陷事故处理费用一般较高,本着节约的原则,应尽量将加固范围控制在局部范围内。只在工程重要,或今后无法避免其他部位继续受水浸湿时,才考虑加固全部地基。

加固土地的平面尺寸宜较基础底面的尺寸稍大，以便起到扩散土的附加压力，减少作用在下卧层顶面上压力的作用。

3. 湿陷性黄土地基常用的处理方法详见表 9-3-15。

湿陷性黄土地基常用的处理方法　　　　　　　表 9-3-15

名　称		适　用　范　围	一般可处理（或穿透）基底下的湿陷性土层厚度（m）
垫层法		地下水位以上，局部或整片处理	1～3
夯实法	强夯	$S_r<60\%$的湿陷性黄土局部或整片处理	3～6
	重夯		1～2
挤密法		地下水位以上，局部或整片处理	5～15
桩基础		基础荷载大，有可造的持力层	≤30
预浸水法		Ⅲ、Ⅳ级自重湿陷性黄土场地，6m以上尚应采用垫层等方法处理	可消除地面6m以下全部土层的湿陷性
单液硅化或碱液加固法		一般用于加固地下水位以上的已有建筑物地基	≤10 单液硅化加固的最大深度可达20m

（三）地基加固方法

1. 灰砂桩加固法

（1）加固原理：石灰砂桩与石灰桩不同之处是，孔径较大，用打管法成孔，因而挤密效果较好，填入的生石灰也较多，然后又在原孔位用较小直径的钢管进行复打，使周围土体得到二次挤密，挤出的水分又与内层生石灰进一步反应。钢管拔出后，在孔中填入细砂和小石子混合料，分层夯实，形成石灰砂桩。石灰砂桩既可使周围土的含水量降低，承载能力提高，又将周围土挤密，使土的孔隙比减少。当桩孔的间距较小时，加固土体在基础两侧将起到帷幕作用，从而可以限制地基湿陷时的侧向挤出。前已述及，黄土地基中的侧向挤出变形在总湿陷量中占有较大的比例，因而限制土的侧向挤出，可大大减少地基的湿陷量。此外，基础荷载传到变形模量较高的加固土体上，起到了应力扩散作用，使基底下未加固土体的附加压力减小，从而减少地基的压缩变形量，如图 9-3-3 所示。

为了挤密基础侧土，加固范围必须具有一定的宽度和深度，且要紧贴基础边缘。对于厚度不大的湿陷性黄土层，应该加固整个土层的厚度；当湿陷性黄土层较厚时，可根据建筑物对不均匀下沉的容许值，选用较大的加固厚度。石灰砂桩适用于基础宽度不太大的情况，当基础较宽时，应在取得试验数据后才能采用。

（2）加固方法：以外径 16cm～20cm（根据打、拔桩管的设备能力决定）带有透气活动桩尖的钢管，用落锤打入土中，随后拔出桩管成孔（图 9-3-4）。

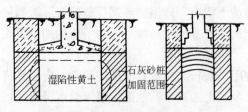
图 9-3-3　石灰砂桩加固作用示意图

图 9-3-4　透气活动桩尖

用生石灰块将桩孔分层填实，过 2~4 昼夜后，生石灰吸湿膨胀，在石灰桩内再打入直径较小的钢管（外径为 12cm），并将挤成的孔穴用细砂和小石小子混合料分层捣实。桩距一般采用 2.5 倍钢管直径。

2. 灌注桩和灰土井

(1) 灌注桩加固原理

近年来，在自重湿陷性黄土地基的湿陷事故处理中，广泛采用了混凝土灌注桩。该法适用于地下水埋藏较深，且在地表下一定深度处存在有密实的非湿陷性土层的情况，施工较为简便，加固效果良好。

加固方法：在基础两侧需要加固部位用大洛阳铲掏孔或人工挖孔，然后在孔内填入 C10、C15 混凝土即成灌注桩。在桩帽上加设混凝土横梁托住基础，或将原基础加宽与桩帽连成整体，使上部荷载通过加大了的基础传到灌注桩上。灌注桩的截面、间距和数量根据上部荷载的持力层上的承载能力确定，其计算方法与一般灌注桩相同。采用大洛阳铲或其他钻机成孔时，孔径一般为 25cm~40cm；如系人工挖孔，孔径则由工人操作条件控制，一般不宜小于 80cm。如荷载较大，桩下端可以扩大成喇叭形，以增大持力层的受力面积。当桩顶外采用横梁支托基础时，应分段间隔施工，以免由于基底土掏空使基础产生附加下沉。横梁浇捣时应保证与原基础紧密接合，不得留有缝隙。

(2) 灰土井

灰土井加固方法与灌注桩加固方法相似，只是用灰土代替了混凝土。灰土井一般采用人工挖井，直径 0.8m~1.0m；如用钻机成孔或大洛阳铲掏孔，孔径为 40cm~50cm，则成为灰土桩。井（孔）挖好后，在其中分层填入 2：8 灰土并夯实，顶部做 30cm 厚混凝土顶板。在需要加固的基础底部设混凝土横梁，横梁两端支承在混凝土顶板上，通过灰土井将荷载传到下部密实的非湿陷性土层中。与混凝土灌注桩相比，节省水泥，造价较低。

灌注桩或灰土井加固如用人工成孔，需注意操作人员和已有建筑物的安全，尤其当地基浸水量较大时，要防止孔壁坍塌，造成事故。打管成孔需要打、拔管设备，如采用简易打桩机架，则孔深常受到限制；采用一般打桩机具，则室内作业困难，这些在选择加固方法时都应予以考虑。

设计灌注桩或灰土井时，一定要使桩身穿透全部湿陷性黄土层，并深入密实的非湿性土层中，否则受水浸湿后仍会有再次产生湿陷的可能。

3. 化学加固

化学加固法是利用灌浆设备将化学溶液注入土中，达到消除土的湿陷性、降低压缩性和提高承载能力的目的。由于其费用较高，一般只用于局部范围的地基事故处理中。

目前在湿陷性黄土地基事故处理中采用的化学加固法主要是单液或双液硅化法、碱液加固法和水泥浆和水玻璃混合加固法、旋喷法等几种。

(四) 黄土的承载力

1. 黄土地基承载力基本值 f_0，可根据土的物理、力学指标的平均值或建议值，按表 9-3-16~表 9-3-18 确定。

晚更新期（Q_3）、全新世（Q_4^1）失陷黄土承载力 f_0（kPa）　　表 9-3-16

w_L/e \ f_0 \ W（%）	<13	16	19	22	25
22	180	170	150	130	110
25	190	180	160	140	120
28	210	190	170	150	130
31	230	210	190	170	150
34	250	230	210	190	170
37		250	230	210	190

注：对小于塑限含量的土，宜按塑限含水量确定土的承载力。

饱和黄土承载力 f_0（kPa）　　表 9-3-17

a_{1-2}（MPa^{-1}） \ f_0 \ w/w_L	0.8	0.9	1.0	1.1	1.2
0.1	186	180	—	—	—
0.2	175	170	165	—	—
0.3	160	155	150	145	—
0.4	145	140	135	130	125
0.5	130	125	120	115	110
0.6	118	115	110	105	100
0.7	106	100	95	90	85
0.8	—	90	85	80	75
0.9	—	—	75	70	65
1.0	—	—	—	—	55

注：当土的饱和度 $S_r=70\%\sim80\%$ 时，可按此表查取承载力。

新近堆积黄土（Q_4^2）承载力 f_0（kPa）　　表 9-3-18

a（MPa^{-1}） \ f_0 \ w/w_L	0.4	0.5	1.6	0.7	0.8	0.9
0.2	148	143	138	133	128	123
0.4	136	132	126	122	116	112
0.6	125	120	115	110	105	100
0.8	115	110	105	100	95	90
1.0	—	100	95	90	85	80
1.2	—	—	85	80	75	70
1.4	—	—	—	70	65	60

注：压缩系数 a 值，可取 50~150kPa 或 100~200kPa 压力下的较大值。

2. 利用静力触深比贯入阻力 P_s，确定河谷低阶地的新近堆积黄土（Q_4^2）的承载力，可按表 9-3-19 查得。

新近堆积黄土（Q_4^2）承载力 f_0（kPa） 表 9-3-19

P_s（MPa）	0.3	0.7	1.1	1.5	1.9	2.3	2.8	3.3
f_0	55	75	92	108	124	140	161	182

3. 根据轻便触探捶击数确定新近堆积黄土（Q_4^2）承载力基本值时，可按表 9-3-20 查得。

新近堆积黄土（Q_4^2）承载力 f_0（kPa） 表 9-3-20

N（捶击数）	7	11	15	19	23	27
f_0	80	90	100	110	120	135

五、水池类构筑物的维修措施

1. 水池类构筑物应根据其重要性、容量大小、地基湿陷等级，并结合当地建筑经验，采取合理维修措施。

埋地管道与水池之间或水池相互之间的防护距离：在自重湿陷性黄土场地内，应与建筑物之间的防护距离的规定相同，当不能满足要求时，必须加强池体的防渗漏处理；在非自重湿陷性黄土场地内，可按一般地区的规定执行。

2. 建筑物防护范围内的水池类构筑物，当技术经济合理时，应改为架空明设于地面（包括地下室地面）以上。

3. 水池类构筑物应做成不漏水，一般采用现浇钢筋混凝土结构。预埋件和穿过池壁套管，应在浇灌混凝土前埋设，不得事后钻孔、凿洞，不宜将爬梯嵌入水位以下的池壁中。

4. 水池类构筑物的处理，宜采用整片垫层。在非自重湿陷性黄土场地内，灰土垫层的厚度不宜小于 30cm，土垫层的厚度不宜小于 50cm；在自重湿陷性黄土场地内，对一般水池，宜设 1.0～2.5m 厚的土或灰土垫层，对特别重要的水池，宜消除地基的全部湿陷量。

土或灰土垫层的压实系数不得小于 0.93。

六、判别新近堆积黄土（Q_4^2）的规定

1. 现鉴定新近堆积黄土（Q_4^2）应符合下列要求：

（1）堆积环境：黄土塬、梁、峁的坡脚和斜坡后缘，冲沟两侧及迎口处的洪积扇和山前坡积地带，河道拐弯处的内侧，河漫滩及低价地，山间凹地的表部，平原上被淹埋的池沼洼地。

（2）颜色：灰黄、黄褐、棕褐，常相杂或相间。

（3）结构：土质不均、松散、大孔排列杂乱。常混有岩性不一的土块，多虫孔和植物根孔。锹挖容易。

（4）包含物：常含有机质，斑状或条状氧化铁；有的混砂、砾或岩石碎屑；有的混砖

瓦陶瓷碎片或朽木片等人类活动的遗物。在大孔壁上常有白色钙质粉末。在深色土中，白色物呈菌丝状或条纹状分布，在浅色土中白色物呈星点状分布，有时混钙质结核，呈零星分布。

2. 当现场鉴别尚不明确时，可按下列试验指标判定：

(1) 在 50~150kPa 压力段变形敏感，$e\text{-}p$ 曲线呈前陡后缓，小压力下具高压缩性。

(2) 利用判别式判定

$$R = -68.45e + 10.98a - 7.16\gamma + 1.18\omega$$
$$R_0 = -154.80$$

当 $R > R_0$ 时，可将该土判为新近堆积黄土（Q_4^2）。

第四节 膨 胀 土 地 基

一、膨胀土及其分布

膨胀土是一种吸水膨胀、失水收缩，具有较大胀缩变形能力，且变形反复的高塑性粘土。

即使在一定荷载作用下，膨胀土仍可具有上述胀缩性质。膨胀土在我国分布比较广泛（详见图 9-4-1），已成为建筑工程不可忽视的一种特殊地基土。

我国部分地区膨胀土的分布成因、类型、地质年代及地貌特征列于表 9-4-1。

膨胀土的分布及其类型　　　表 9-4-1

地　区		成 因 类 型	地质年代	地 貌 特 征
陕西	康平、汉中	残、坡洪积土 冲击土	Q Q_2	斜坡 二级以上阶地
四川	成都、南充	冰水沉积土	$Q_3 \sim Q_2$	二级以上阶地
安徽	合肥	冲洪积土 冲击土	Q_3 Q_4	二级以上阶地及垄岗 一级阶地
云南	鸡西、蒙自、 文山	冲击土 第三纪泥岩残坡积土	Q_3 Q	二级以上阶地 斜坡
贵州	贵阳、安顺	石灰岩残坡积土	$Q_3 \sim Q_1$	低丘、缓坡
山东	泗水	坡洪积土 坡残积土	$Q_3 \sim Q_2$ $Q_3 \sim Q_2$	斜坡、低丘
河北	邯郸	残坡积土	Q	山前缓坡
河南	平顶山	湖湘沉积	Q_1	山前缓坡
湖北	郧县 襄樊、荆门 枝江	冲洪积土 湖湘沉积土 坡残积土	$Q_3 \sim Q_2$ $Q_2 \sim Q_1$ Q	二级以上阶地 二级以上阶地 山前丘陵
广西	宁明、南宁 贵县	冲洪积土 石灰岩及第三纪 泥岩残坡积土	$Q_4 \sim Q_3$ Q	一、二级阶地（南宁） 波状残丘 （宁明）

第四节 膨胀土地基

膨胀土分布在云南、贵州、四川、陕西、广西、湖北、河南、安徽、江苏、山东、山西、河北等省区，此外，吉林、黑龙江、新疆、湖南、江西、北京、辽宁、甘肃及宁夏等地，近年来也陆续发现有膨胀土的分布。详细分布情况，见图9-4-1。

注：南海诸岛等沿海岛屿未示出

图 9-4-1　中国膨胀土分布图

我国膨胀土主要分布在从西南云贵高原到华北平原之间各流域形成的平原、盆地、河谷阶地，以及河间地块和丘陵等地。其中，尤以珠江流域的东江、桂江、郁江和南盘江水系，长江流域的长江、汉水、嘉陵江、岷江、乌江水系，淮河流域、黄河流域以及海河流域的各干支流水系等地区，膨胀土分布最为集中。

膨胀土一般强度较高，压缩性较低，易被误认为是建筑性能较好的粘土，但由于它具有膨胀、收缩的特性，作为建筑物的地基，能使基础位移，建筑物和地坪开裂、变形、甚至遭到严重破坏。近年来的统计资料，反应了这一事实。例如，某地区自1980年以来，建有96幢建筑物，其中82幢因膨胀土胀缩性质的影响，出现不同程度的变形，占全部建筑物的85.4%；又如某地200多幢建筑物，几乎无一不开裂，其中损坏十分严重而被迫拆除的有十多幢，损坏严重不能使用的40多幢。从这两个例子说明，如果对膨胀土地基认识不足，处理不当，将对建筑物的使用和安全造成危害。因此，在膨胀土地基上进行建筑修缮时，应切实注意工程地质勘察和采取相应的技术处理措施。

二、膨胀土的特征

(一) 野外特征

1. 地貌特征

膨胀土一般分布在Ⅱ级以上的河谷阶地、丘陵区及山前缓坡,就其微地貌来说则显示有如下的共同特征:

(1) 多呈微起伏的低丘缓坡及垄岗式地形,一般坡度平缓。

(2) 一般在沟谷头部,库岸和路堑边坡上有很多滑塌或浅层滑坡。地裂长度一般达10~80m;裂缝两壁粗糙,上大下小,宽度一般为1~5cm,深度一般在3.5~8.5m之间。

(3) 旱季地表常出现地面裂隙,雨季闭合。据广西、湖北等两地调查,地裂长度一般达10~80m;裂缝两壁粗糙,上大下小,宽度一般为1~5cm,深度一般在3.5~8.5m之间。

2. 工程地质年代

(1) 地质年代:我国膨胀土形成的地质年代大多为第四纪晚更新世(Q_3)及其以前,少量为全新世(Q_4),有些地区为新第三纪泥灰岩与粘土岩的残积层(Q)。

(2) 岩性

① 颜色:黄、黄褐、红褐、灰白或花斑(染色)等色。

② 土的类别:据不同地区1557个膨胀土样的试验资料统计,粘土占总数的98%。

③ 状态:结构致密,呈坚硬或硬塑状态,其液性指数 I_L 大多数小于或接近于零,最大值也小于0.25。

④ 裂隙:有竖向、斜交和水平三种。距地表1~2m内,常见竖向张开裂隙,向下逐渐尖灭。由膨胀变形产生的斜交剪切裂隙,裂隙面呈油脂或蜡状光泽,时有擦痕或水渍,以及铁锰氧化物薄膜,裂隙中常填充灰绿、灰白色粘土。在大气影响深度或不透水界面附近常有水平裂隙存在,裂隙中亦充填灰绿、灰白色粘土。在邻近边坡处,裂隙常构成滑坡的滑动面。

⑤ 包含物:常含铁锰结核和钙质结核,有的富集成层或呈透镜体。

3. 水文地质特征

膨胀土地区的地下水多为上层滞水或裂隙水,随着季节水位变化较大,因此引起的地基不均匀胀缩变形,对建筑物危害很大,应予注意。

(二) 膨胀土的分类方法

1. 按工程地质进行分类

我国膨胀土的粘粒含量一般很高,其中粒径小于0.002mm的胶体颗粒含量超过20%。其液限 w_L 大于40%,塑性指数 I_p 大于17,且多数在22~35之间。自由膨胀率一般超过40%(红粘土除外)。膨胀土的天然含水量接近或略小于塑限,液性指数常小于零,土的压缩性小,多属于低压缩性土。我国膨胀土的工程地质分类及其特征详见表9-4-2。

2. 依膨胀土的胀缩程度进行分类

(1) 按膨胀土特性指标分类

① 直接指标

主要根据膨胀土室内试验测得的膨胀与收缩性质指标,直接划分膨胀土类别,其主要分类指标与参考临界值,综合国内资料归纳如表9-4-3。

膨胀土工程地质分类 表 9-4-2

类别	地貌	地层	岩性	矿物成分	物理性指标 w (%)	e	W_L (%)	I_P	分布的典型地区
一类	分布在盆地的边缘与丘陵地	第三纪晚期至第四纪的湖相沉积层及第四纪风化层	以灰白、灰绿等杂色粘土为主（包括半成岩的岩石）裂隙特别发育，常有光滑面或擦痕	以蒙脱石为主	20~37	0.6~1.1	45~90	21~48	云南蒙自、鸡街、广西、宁明、河北邯郸、河南平顶山、湖北襄樊
二类	分布在河流的阶地	第四纪冲积，冲洪积、坡洪积层（包括少量冰水沉积）	以灰褐、揭黄、红、黄色粘土为主，裂隙很发育，有光滑面与擦痕	以伊利石为主	18~23	0.5~0.8	36~54	18~30	安徽合肥、四川成都、湖北枝江、郧县、山东临沂
三类	分布在岩溶地区淮平原谷地	碳酸盐类岩石的残积、坡积及其洪积物	以红棕、棕黄色高塑性粘土为主，裂隙发育，有光滑面与擦痕		27~38	0.9~1.4	50~110	20~45	广西贵县、来宾、武宜

膨胀土按胀缩指标分类 表 9-4-3

胀缩性指标 膨胀土类别	无荷载下体总胀缩率（%）	无荷载下线总胀缩率（%）	线总胀缩率（%）	由胀限含水量状态的体缩率（%）	自由膨胀率（%）
强膨胀土	>18	>8	>4	>23	>80
中等膨胀土	12~18	6~8	2~4	16~23	50~80
弱膨胀土	8~12	4~6	0.7~2	8~16	30~50

② 间接指标

主要依据决定或表征膨胀土胀缩特性的试验指标，可以大致预测膨胀土可能产生的膨胀与收缩程度，间接划分膨胀土类别，其主要分类指标及其参考临界值如表 9-4-4。

膨胀土按间接指标分类 表 9-4-4

分类指标 膨胀土类别	粘粒含量（%）	粉粒含量（%）	液限（%）	塑性指标（%）	比表面积（%）
强膨胀土	>50	<40	>48	>25	>300
中等膨胀土	35~50	40~50	40~48	18~25	150~300
弱膨胀土	<35	>50	<40	<18	<150

③ 交换阳离子成分与交换容量

膨胀土的胀缩程度，可以根据土中所含交换阳离子成分与阳离子交换（容）量来衡量。一般定性规律是，含低价交换阳离子 Na^+、K^+、H^+ 等为主的，膨胀性强；含高价交换阳离子 Al^{3+}、Fe^{3+} 等为主时，膨胀性弱；含两价交换阳离子 Ca^{2+}、Mg^{2+} 等，则膨胀性中等。

依土中阳离子交换（容）量，划分膨胀土类别的参考指标为：

强膨胀土：>40me/100g 土

中等膨胀土：30~40me/100g 土

弱膨胀土：<30me/100g 土

(2) 按膨胀土地质特征分类

按膨胀土的野外地质特征分类，实际上是一种带有经验性的定性分类方法，根据多年来对膨胀土研究的实践证明，这确实是一种比较直观，而且可以大致预测其膨胀势的简便方法，对工程地质勘察人员具有重要的指导意义。现仅以膨胀土的工程地质分类为基础，综合一般规律提出如下膨胀土分类方案：

① 强膨胀土：以灰白色、灰绿色等浅色为基调，粘土质纯，网状裂隙极发育且有灰白粘土富集，易风化呈鳞片状，一般不含或含有很少碳酸盐及结核；

② 中等膨胀土：多为棕、黄、红等色，粘土中含有少量砂质成分，裂隙发育且充填灰白粘土较少，风化物呈碎片状，含一定量的碳酸盐结核或铁锰结核；

③ 弱膨胀土：常为褐、黄等色，粘土中含较多砂质成分，裂隙较发育，风化物呈碎粒状，富含碳酸钙，有较多钙质结核或钙质硬盘。

(3) 按膨胀土的粘土矿物成分分类

① 强膨胀土：蒙脱石型，或蒙脱石-伊利石型；

② 中等膨胀土：蒙脱石-伊利石型，或伊利石-蒙脱石型；

③ 弱膨胀土：伊利石-蒙脱石-高岭石型。

(三) 矿物成分

膨胀土的矿物成分主要是次生粘土矿物——蒙脱土（微晶高岭土）和伊利土（水云母）。蒙脱土亲水性强，浸湿时能强烈地膨胀。伊利土亲水性比蒙脱土弱。但也具有较高的亲水性。若土中含有上述成分的粘土矿物较多，当失水时土体即收缩下沉，甚至出现干裂；遇水时土体即膨胀隆起。尤其当地基土由于胀缩的不均匀性引起的差异变形较大时对建筑物的危害就很大。我国各地膨胀土的矿物成分详见表 9-4-5。

我国各地膨胀土的矿物成分　　　　　表 9-4-5

地　区		矿 物 成 分	鉴 定 方 法
云南	个旧	伊利石、蒙脱石	X 射线，差热
	曲靖、茨营	水云母为主，多水高岭石次之，含少量绿泥石	
贵州	贵阳、安顺、铜仁、遵义	主要为绿泥石、伊利石和高岭石，有些含少量蒙脱石	X 射线，差热，电镜
		伊利石、蒙脱石，或高岭石、伊利石	X 射线，电镜
四川	成都	主要为伊利石，次为蒙脱石，含少量高龄石和石英	X 射线，差热，偏光镜，染色
	广汉、邛崃、什邡	伊利石、蒙脱石和高岭石及少量石英	
广西	南宁	伊利石 74%~96%，多水高岭石 14%，石英 1%~7%	偏光镜
	宁明	伊利石 58%~96%，高岭石十绿泥石 29%~33%，蒙脱石 7%~13%	X 射线，差热，电镜，红外光谱
	贵县	高岭石，蒙脱石或蒙脱石—伊利石混合层，伊利石为主，含绿泥石	X 射线，电镜
陕西	安康	蒙脱石为主，伊利石次之；蒙脱石—伊利石—多水高岭石（或高岭石）	X 射线，差热，电镜，染色
	汉中，西乡	伊利石为主，含少量或极少量高龄石、蒙脱石	X 射线，差热

续表

地区		矿物成分	鉴定方法
湖北	郧县、十堰、宜城	伊利石为主，合少量蒙脱或一定量蛭石与多水高岭石	X射线，差热
	当阳	蒙脱石—多水高岭石，少量铁矿	X射线，差热
	荆门	伊利石22%～55%，高岭石32%～57%，蒙脱石8%～16%；以伊利石为主，含蒙脱石	X射线，差热，电镜，化学分析
河南	平顶山	蒙脱石为主，含伊利石、高岭石	
	南阳、宝丰、鲁山	伊利石为主，次为蒙脱石和含蒙脱石晶层的有序层间矿物	X射线，差热，化学分析
安徽	合肥	伊利石为主、含蛭石、石英、褐铁矿；蒙脱石、伊利石为主，含石英、水铝英石	X射线、差热、偏光镜、染色
	淮南	蒙脱石、伊利石和多水高岭石	
山东	泰安	蛭石、伊利石、蒙脱石和高岭石	X射线，差热
	临沂	伊利石为主，含少量蒙脱石、高岭石	X射线，差热，红外光谱
山西	榆次、红崖	伊利石为主，含少量高岭石	
河北	邯郸	蒙脱石为主，含少量伊利石	X射线，差热

（四）膨胀土的物理力学特性指标

膨胀土的物理力学特性指标是判定膨胀土的重要依据之一。这里将我国几个地区的大量土样试验资料整理如表9-4-6。

膨胀土的物理力学特性指标 表9-4-6

项目	天然含水量 w (%)	天然孔隙比 e	液限 w_L (%)	塑限 w_P (%)	塑性指数 I_P	粘土含量 (%)	液性指数 I_L
数值（中值）	20～30	0.50～0.85	38～55	20～35	18～35	24～40	−0.14～0

项目	自由膨胀率 δ_{ef} (%)	膨胀率利 δ_{ep} (%)	膨胀压力 P_P (kPa)	减缩率 e_{sc} (%)	收缩率 λ_s	缩限 w_s
数值（中值）	40～58	1～4	10～110	2～8	0.2～0.6	11～18

三、膨胀土地基对房屋的危害

（一）膨胀土地基上房屋的变形

膨胀土地基上房屋建筑发生的变形破坏，其严重性和普遍性是众所周知的。根据全国建筑系统大面积调查表明，一般高大建筑物，由于基础荷载较大而发生变形破坏的较少。但三层以下建筑物，尤其是一般平房，变形破坏十分严重，且分布面积广泛，小则一幢房屋，大则一片房屋，甚至一个小区。膨胀土含水量的变化直接影响膨胀土的风化深度。其相互关系和影响深度详见表9-4-7。

我国典型膨胀土地区风化作用影响深度   表 9-4-7

地区	判定标志临界深度（m）				大气风化作用深度（m）
	温度标志	地温标志	深度标志	地裂标志	
云南鸡街	3				3～4
云南江水地	5				3～5
四川成都	1.5	1.8			1.5
广西南宁	2～3		3	2～2.5	2.5～3
广西宁明			3.5	2.5～3.5	3
陕西安康	3			2～3	3
湖北荆门	1.5～2	2	1.5	1.2～1.5	1.5～2
湖北郧县	2	2		<2	2
湖北宜昌		2.1			2.1
河南南阳		3.2			3.2
河南平顶山	2.5	2.1			2.5
安徽合肥	2	2			2
河北邯郸	2				2

由于各种房屋结构与基础形式的不同，对于地基膨胀土变形的适应性也不一样，因此，上部建筑物产生变形的性质和破坏程度是有差别的。然而，由于地基膨胀土的共同特性，各种房屋的变形也具有共同的相似规律。现将其中主要变形类型及其特征分析如下：

1. 墙体变形

房屋墙体变形，主要是因为地基膨胀土不均匀胀缩变形而引起，一般表现为墙体开裂，普通出现裂缝，主要包括垂直裂缝、水平裂缝、倾斜裂缝和 X 型交叉裂缝几种。

从裂缝形态看，多为张开状，具台阶式。在端墙和纵墙上都普遍分布有上窄下宽，呈倒八字形的裂缝，这是膨胀土地基房屋变形的显著特征。裂缝宽窄不等，一般由数毫米至数厘米，被破坏程度各异。从墙体变形性质看，有墙体裂缝、纵墙外倾和墙角拉裂等。

2. 地坪变形

房屋内的地坪大多为混凝土或三合土材料，整体面积较大，对地基膨胀土的不均匀胀缩变形的适应性一般较差，因此，大多产生开裂、局部隆起与沉陷等变形现象。地坪裂缝普遍呈不规则网状或树枝状分布，在墙体变形严重处，地坪裂缝与墙体裂缝常常连通形成圆形的封闭裂缝。

3. 基础变形

膨胀土地基上的房屋基础变形，主要表现为基础位移和基础转动。

基础位移的一般形式有基础不均匀下沉、裂缝、错位和基础悬空等。由于地基膨胀土的不均匀胀缩变形，异致基础不均匀升降运动而产生位移。

基础转动是膨胀土地基上建筑物变形的显著特点。产生基础转动的原因。根据现场膨胀试验与基础变形观测表明，基础转动与地基土的胀缩变形没有明显的直接关系，而是侧向差异膨胀压力作用于基础内外两侧的结果。基础在实际工作过程，由于内外两侧所受膨胀压力的不相同，而发生基础转动。当基础内侧的侧向膨胀压力增大，基础向内转动；若基础外侧的侧向膨胀压力增大，则基础向外转动。

（二）建筑物的变形特征

膨胀土具有较大的吸水膨胀和失水收缩的变形特征。建造在膨胀土地基上的建筑物，随季节、气候的变化会反复不断产生不均匀升降，而使房屋破坏。根据多年来一些地区对膨胀土地基上百多栋不同类型有代表性的建筑物的初步调查，可以看出建筑物的变形有以下特征：

1. 在膨胀土地基上建筑物的开裂破坏一般具有地区性成群出现的特点。遇到干旱年份裂缝发展更为严重。

2. 发生变形破坏的建筑物，多数是一、二层砖木结构房屋。因为这类建筑物重量轻，整体性差，基础埋置较浅，地基易受外界因素的影响而产生胀缩变形，故极易裂损。

3. 裂缝特征：具有其特殊性，如角端裂缝常表现为山墙上的对称或不对称的倒八字形（图9-4-2a）。有时在山墙上出现上大下小、分枝或不分枝的竖向裂缝。

纵墙上有水平裂缝（图9-4-2b）同时伴有墙体外倾，基础向外转动，常见内外墙脱开现象。内横墙上有倒八字裂缝或竖向裂缝。

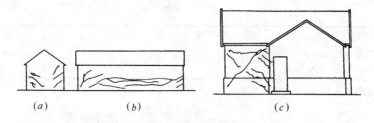

图9-4-2　膨胀土地基上房屋墙面的裂缝
(a)山墙上的对称倒八字缝；(b)外纵墙的水平裂缝；(c)墙面的交叉裂缝

纵墙和其他墙体上的斜向裂缝，往往方向不同，有时交叉出现，它反映了基础和土的不均匀往复运动的结果。

地坪隆起，多出现纵长裂缝，在地裂缝通过建筑物的地方，相应地出现建筑物墙口上小下大的竖向裂缝。

房屋内独立砖柱可能发生水平断裂，并伴有水平位移和转动。

四、膨胀土危害的防治

（一）构造处理

1. 应采取恒温恒湿防干裂的技术措施，稳定房屋的砌体结构，将其对水的敏感度降低。

2. 散水宽度比非膨胀土地区要宽，当以散水作为主要措施时，其宽度可采用1.5m～3m，在其下可做砂或炉碴垫层，也可考虑将人行道与散水连接增加覆盖面积。具体做法详见图9-4-3。

3. 室内地坪宜采用混凝土预制块，下做砂、碎石或炉碴垫层。有特殊要求的工业地坪可采用架空楼板的措施，减小室内地坪标高与室外地面标高的差值，回填地坪下的土宜用非膨胀土。

第九章 地基处理与加固

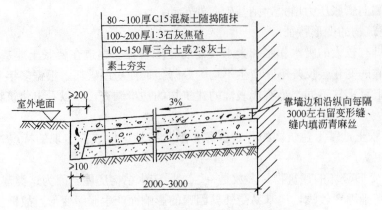

图 9-4-3 防水保湿、保湿隔热的混凝土宽散水

对使用上有特殊要求的地面做法可参考图 9-4-4 和表 9-4-8。

混凝土地面构造　　　　　　　　表 9-4-8

修缮设计要求 \ δ_{ep0} (%)	$2<\delta_{ep0}<4$	$\delta_{ep0}>4$
混凝土垫层厚度 (mm)	100	120
换土层总厚度 (mm)		$300+(\delta_{ep0}-4)\times100$
变形缓冲层材料最小粒径 (mm)	>150	>200

注：表中 δ_{ep0} 取膨胀试验卸荷到零时的膨胀量。

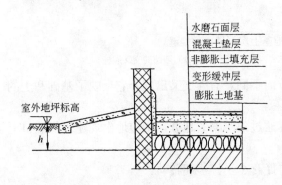

图 9-4-4 混凝土地面构造示意图

（二）地基处理

1. 在制定房屋修缮与加固方案时，应考虑地基的胀缩交替变形对轻型建筑物的损坏作用，采取排水，基底隔水，防渗散水，防止上下水管道漏水。

2. 增大基底压力对防止膨胀土地基上建筑物的破坏是有利的，但由于膨胀土存在着裂隙，尤其是水文地质条件复杂时，如果基底压力过大也会引起地基剪切破坏，因此，应选择一个合适的地基强度来减少地基土的胀缩变形。建筑物地基容许变形值详见表 9-4-9。

建筑物的地基容许变形值　　　　　　　　表 9-4-9

结构类型	相对变形 种类	相对变形 数值	变形量 (mm)
混合结构	局部倾斜	0.001	15
房屋长度三到开间及四角有构造柱或配筋砖混承重结构	局部倾斜	0.0150	30
工业与民用建筑相邻柱基 (1) 框架结构无填充墙时 (2) 框架结构有填充墙时 (3) 当基础不均匀升降时不产生附加应力的结构	变形差 变形差 变形差	$0.001l$ $0.0005l$ $0.003l$	30 20 4

注：l 为相邻柱基的中心距离(mm)。

3. 将膨胀土全部挖除，作非膨胀土的素土垫层，砂砾垫层和块石垫层等。据国内外的经验，在膨胀土中掺入 5%～9% 消石灰作灰土垫层效果较好。

4. 如采用深基础时，宜选择支墩式基础或桩基。对于坚硬、硬塑状态的膨胀土，桩基多采用灌注桩。

(三)小区环境综合治理

1. 位于坡地上的小区，应设置截水沟，要用混凝土或浆砌片石做成，以保证山坡的雨水能顺利排出营区。

2. 完善整个小区的排水系统，房屋周围不能积水。当上、下水管道等有渗漏时，要及时修好。暖气管道必须做保温隔热层。

3. 离房屋 5m 以内的高大乔木应有计划地分批改种小灌木，房屋四周的空地宜多种植草坪。

4. 临坡的损坏房屋，应先治坡，后修缮房屋。治坡可在房屋周围坡脚稳定密实的地基上，砌保湿挡土墙(即在挡土墙内沿全部纵截面设置二毡三油保湿层)。

五、膨胀土胀缩变形量计算例题

(一)某单层住宅位于某平坦场地，基础形式为墩基加地梁，基础底面积为 800mm×800mm，基础埋置深度 $d=1$m，基础底面处的平均附加压力 $P_0=100$kPa。基底下各层土的室内试验指标见表 9-4-10。

土的室内试验指标　　　　表 9-4-10

土号	取土深度 (m)	天然含水量 $w(\%)$	塑限 $w_p(\%)$	不用压力下的膨胀率 δ_{epi}				收缩系数 λ_s
				0 (kPa)	25 (kPa)	50 (kPa)	100 (kPa)	
1#	0.85～1.00	0.205	0.219	0.0592	0.0158	0.0084	0.0008	0.28
2#	1.85～2.00	0.204	0.225	0.0718	0.0357	0.0290	0.0187	0.48
3#	2.65～2.80	0.213	0.232	0.0232	0.0205	0.0156	0.0083	0.31
4#	3.25～3.40	0.211	0.242	0.0597	0.0303	0.0249	0.0157	0.37

根据该地区 10 年以上有关气象资料统计并按《膨胀土地区建筑技术规范》(GBJ 112—87)规范公式(3.2.4)计算结果，地表下 1m 处膨胀土的温度系数 $\psi_w=0.8$，查《膨胀土地区建筑技术规范》表 3.2.5，该地区的大气影响深度 $d_a=3.50$m。因而取地基胀缩变形的计算深度 $z_n=3.50$m。

(二)将基础埋置深度 d 至计算深度 z_n 范围的土按 0.4 倍基础宽度分成 n 层，并分别计算出各分层顶面处的自重压力 P_{ci} 和附加压力 P_{oi}(见图 9-4-5)。

(三)求出各分层的平均总压力 P_i，在各相应的 δ_{cp}-P 曲线上查出 δ_{epi}，并计算(见表 9-4-11)。

$$S_{ei} = \sum_{i=1}^{n} \delta_{epi} h_i = 43.3 \text{mm}$$

(四)按《膨胀土地区建筑技术规范》GBJ 112—87 表 3.2.6-1 查出地表下 1m 处的天然含水量：$w_1=0.205$，塑限 $w_p=0.219$，则 $\Delta w_1 = w_1 - \psi_w w_p = 0.205 - 0.8 \times 0.219 = 0.0298$

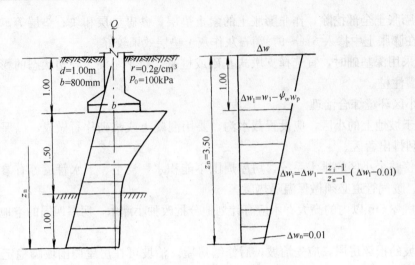

图 9-4-5 地基胀缩变形量计算分层示意图

按《膨胀土地区建筑技术规范》(GBJ 112—87)中公式(3.2.3-2)

$$\Delta_i = \Delta w_i \frac{z_i - 1}{z_n - 1}$$

$(\Delta w_1 - 0.01)$分别计算出各分层土的含水量变化值,并计算:

$$\sum_{i=1}^{n} \lambda_{si} \Delta w_i h'$$

$$S_{ei} = \sum_{i=1}^{n} \lambda_{si} w_i h_i = 19.4 \text{mm}$$

(五)由《膨胀土地区建筑技术规范》(GBJ 112—87)中公式(3.2.6)求得地基胀缩变形总量为:$S = \psi(S_{ei} + S_{si}) = 0.7 \times (43.3 + 19.4) = 0.7 \times 62.7 = 43.9 \text{mm}$。计算过程已列于表 9-4-11、表 9-4-12 中。

膨胀变形量计算表　　　　　　　　　　　　　表 9-4-11

点号	深度 z_i (m)	分层厚度 h_i (mm)	自重压力 P_{ci} (kPa)	$\frac{l}{b}$	$\frac{z_i-d}{b}$	附加压力系数 a	附加压力 P_{0i} (kPa)	平均值 自重压力 (kPa)	平均值 附加压力 (kPa)	平均值 总压力 P_i (kPa)	膨胀率 δ_{epi}	膨胀量 $\delta_{epi} \cdot h_i$ (mm)	累计膨胀量 $\sum \delta_{epi} \cdot h_i$ (mm)
0	1.00		20.0		0	1.000	100.00						
		320						23.20	90.00	113.2	0	0	0
1	1.32		26.4	0.400	0.800	80.00							
									62.45	92.05			
		320						29660		0.0015	0.5	0.5	
2	1.64		22.8	0.800	0.449	44.90							
									35.35	71.30			
		320						36.00		0.0240	7.7	8.2	
3	1.96		39.2	1.200	0.257	25.70							
									20.85	63.25			
		320						42.40		0.0250	8.00	16.2	

续表

点号	深度 z_i (m)	分层厚度 h_i (mm)	自重压力 P_{ci} (kPa)	$\dfrac{l}{b}$	$\dfrac{z_i-d}{b}$	附加压力系数 a	附加压力 P_{0i} (kPa)	平均值 自重压力 (kPa)	平均值 附加压力 (kPa)	平均值 总压力 P_i (kPa)	膨胀率 δ_{epi}	膨胀量 $\delta_{epi} \cdot h_i$ (mm)	累计膨胀量 $\sum \delta_{epi} \cdot h_i$ (mm)
4	2.28		45.6	1.0	1.600	0.160	16.00						
		320						47.80	14.05	61.85	0.0260	8.3	24.5
5	2.50		50.0		1.857	0.121	12.10						
		320						53.20	10.30	63.50	0.0130	4.2	28.7
6	2.82		56.4		2.275	0.085	8.50						
		320						59.60	7.50	67.10	0.0220	7.0	35.7
7	3.14		62.8		2.675	0.065	6.50						
		360						66.40	5.65	72.05	0.0210	7.6	43.3
8	3.50		70.0		3.125	0.048	4.80						

注：基础长度为 l（mm），基础宽度为 b（mm）。

收缩变形量计算表　　　　　　　　　　　　　　　　表 9-4-12

点号	深度 z_i (m)	分层厚度 h_i (mm)	计算深度 z_n (m)	$\Delta w_1 = w_1 - \psi_w w_p$	$\dfrac{z_i - 1.00}{z_n - 1.00}$	Δw_1	平均值 Δw_1	收缩系数 λ_{si}	收缩量 $\lambda_{si} \cdot \Delta w_1 \cdot h_i$ (mm)	累计膨胀量 (mm)
0	1.00				0.00	0.0298	0.0285	0.28		
		320								2.6
1	1.32				0.13	0.0272	0.0260	0.28		
		320							2.6	4.9
2	1.64				0.26	0.0247	0.0235	0.48		
		320							2.3	8.5
3	1.96				0.38	0.0223	0.0210	0.48		
		320							3.6	11.7
4	2.28		3.50	0.0298	0.51	0.0197	0.0188	0.48		
		320							3.2	14.6
5	2.50				0.60	0.0179	0.0166	0.31		
		320							2.9	16.2
6	2.82				0.73	0.0153	0.0141	0.37		
									1.6	

续表

点号	深度 z_i (m)	分层厚度 h_i (mm)	计算深度 z_n (m)	$\Delta w_1 = w_1 - \psi_w w_p$	$\dfrac{z_i - 1.00}{z_n - 1.00}$	Δw_1	平均值 Δw_1	收缩系数 λ_{si}	收缩量 $\lambda_{si} \cdot \Delta w_1 \cdot h_i$ (mm)	累计膨胀量 (mm)
7	3.14	320			0.86	0.0128	0.0114	0.37	1.7	17.9
8	3.50	360			1.00	0.0100			1.5	19.4

六、中国部分地区膨胀土的蒸发力及降水量，如表 9-4-13 所示。

中国部分地区膨胀土的蒸发力及降水量表　　　　表 9-4-13

站　名	月份　项别	1	2	3	4	5	6	7	8	9	10	11	12
吐鲁番	蒸发力(mm)	5.6	6.7	59.2	102.8	167.0	191.2	196.4	173.8	93.9	43.8	42.7	3.5
	降水量(mm)	1.0	0.1	1.8	0.4	0.7	3.8	2.0	3.5	0.9	0.4	1.7	1.1
汉　中	蒸发力(mm)	14.2	20.6	43.6	60.3	94.1	114.8	121.5	118.1	57.4	39.0	17.6	11.9
	降水量(mm)	7.5	10.7	32.2	68.1	86.6	110.2	158.0	141.7	146.9	80.3	38.0	9.3
安　康	蒸发力(mm)	18.5	27.0	51.0	67.3	98.3	122.8	132.6	131.9	67.2	43.9	20.6	16.3
	降水量(mm)	4.4	11.1	33.2	80.8	88.5	78.6	120.7	118.7	133.7	70.2	32.8	7.0
通　县	蒸发力(mm)	15.6	21.5	51.0	87.3	136.9	144.0	130.5	111.2	74.4	44.6	20.1	12.3
	降水量(mm)	2.7	7.7	9.2	22.7	35.6	70.6	197.2	243.5	64.0	21.0	7.8	1.6
唐　山	蒸发力(mm)	14.3	20.3	49.8	83.0	138.8	140.8	126.2	112.4	75.5	45.5	20.4	19.1
	降水量(mm)	2.1	6.2	6.5	27.2	24.3	64.4	224.8	196.5	46.2	22.5	6.9	4.0
衡　水	蒸发力(mm)	14.2	21.9	56.0	96.7	155.2	168.5	143.1	124.6	81.4	52.3	21.2	12.2
	降水量(mm)	3.3	5.3	7.8	39.7	17.1	45.5	164.6	118.7	37.4	24.1	17.6	3.3
泰　安	蒸发力(mm)	16.8	24.9	56.8	85.6	132.5	148.1	133.8	123.6	78.5	54.6	23.8	14.2
	降水量(mm)	5.5	8.7	16.5	36.8	42.4	87.4	228.8	163.2	70.7	32.2	26.4	8.1
兖　州	蒸发力(mm)	16.0	24.9	58.2	87.7	137.0	158.8	140.3	129.5	81.0	56.6	24.8	14.7
	降水量(mm)	8.2	11.2	20.4	42.1	40.0	90.4	237.1	156.7	60.8	30.0	27.0	11.3
临　沂	蒸发力(mm)	17.2	24.3	53.1	78.9	123.7	137.2	123.3	123.7	77.5	56.2	25.6	15.5
	降水量(mm)	11.5	15.1	24.4	52.1	48.2	111.1	284.8	183.1	160.4	33.3	32.3	13.3
文　登	蒸发力(mm)	13.2	20.2	47.7	71.5	120.4	121.1	110.4	112.3	73.4	48.0	21.4	12.0
	降水量(mm)	15.7	12.5	22.4	44.3	43.3	82.4	234.1	194.3	107.9	36.0	35.3	16.3
南　京	蒸发力(mm)	19.5	24.9	50.1	70.5	103.5	120.0	140.0	139.1	60.7	59.0	27.3	17.8
	降水量(mm)	31.8	53.0	78.7	98.7	97.3	139.9	182.0	121.0	100.9	44.3	53.2	21.2
蚌　埠	蒸发力(mm)	19.0	25.9	52.0	74.4	114.3	136.9	137.2	136.0	79.1	57.8	28.2	18.5
	降水量(mm)	26.6	32.6	60.8	62.5	74.3	100.8	205.8	153.7	87.0	38.2	40.3	22.0
合　肥	蒸发力(mm)	19.0	25.9	51.3	71.1	111.5	131.9	150.0	146.3	80.8	59.2	27.9	18.5
	降水量(mm)	33.6	50.2	75.4	106.1	105.9	96.3	181.5	114.1	80.0	43.2	52.5	31.5
巢　湖	蒸发力(mm)	22.8	27.6	54.2	72.6	111.3	134.3	159.7	149.9	84.2	64.7	31.2	21.6
	降水量(mm)	27.4	45.5	73.7	111.1	110.2	89.0	158.7	98.9	76.6	40.1	59.6	26.1
许　昌	蒸发力(mm)	20.6	26.1	33.0	75.7	122.3	153.0	140.7	125.2	76.8	54.6	27.5	19.0
	降水量(mm)	13.0	15.0	19.8	53.0	53.8	70.4	185.7	156.4	72.2	39.9	37.9	10.7

续表

站名	项别\月份	1	2	3	4	5	6	7	8	9	10	11	12
南阳	蒸发力(mm)	19.2	29.9	53.3	74.4	113.8	144.8	137.6	132.6	78.8	55.6	26.5	18.6
	降水量(mm)	14.2	16.1	36.2	69.9	66.0	84.0	196.8	163.1	93.8	47.3	31.5	10.2
郧阳	蒸发力(mm)	17.5	23.3	46.5	65.7	105.3	131.0	135.7	127.0	69.4	49.0	23.3	16.2
	降水量(mm)	14.5	20.3	43.7	84.1	74.8	74.7	145.2	134.6	109.7	61.7	38.9	12.3
钟祥	蒸发力(mm)	23.4	29.1	52.2	70.5	108.6	131.2	151.3	146.2	89.9	62.5	31.9	21.7
	降水量(mm)	26.4	30.3	55.9	99.4	119.5	136.5	184.6	114.0	73.7	53.1	47.2	22.8
江陵荆州	蒸发力(mm)	20.1	24.8	45.6	61.7	96.5	120.2	146.8	136.9	82.3	54.4	27.0	18.8
	降水量(mm)	30.0	40.7	77.1	132.7	160.2	165.9	177.6	124.6	70.0	74.0	53.5	31.2
全州	蒸发力(mm)	29.1	27.9	47.1	59.4	90.6	105.8	151.5	137.5	98.6	68.5	35.7	27.5
	释水量(mm)	55.0	89.0	131.9	250.1	231.0	198.9	110.6	130.8	48.3	69.9	86.0	58.6
桂林	蒸发力(mm)	32.5	31.2	47.7	61.6	91.5	106.7	138.4	133.5	106.9	78.5	42.9	33.5
	降水量(mm)	55.6	76.1	134.0	279.7	318.4	315.8	224.2	166.9	65.2	97.3	83.2	56.6
百色	蒸发力(mm)	31.6	36.9	67.6	90.5	123.1	117.9	134.1	128.8	96.8	68.3	40.0	26.4
	降水量(mm)	19.9	17.3	31.1	66.1	168.7	195.7	170.3	189.3	109.4	81.3	39.6	17.7
田东	蒸发力(mm)	37.1	41.2	70.1	68.0	125.5	122.0	138.5	132.8	101.1	73.9	42.7	35.5
	降水量(mm)	17.4	22.3	37.2	66.0	159.4	213.5	153.7	211.2	134.5	67.3	37.2	22.4
贵县	蒸发力(mm)	41.6	36.7	52.7	67.6	110.5	109.2	135.0	133.1	111.4	91.2	52.1	42.1
	降水量(mm)	33.3	48.4	63.2	144.0	183.6	302.5	221.4	244.9	101.4	66.6	38.0	27.4
南宁	蒸发力(mm)	25.1	33.4	51.2	71.3	116.0	115.7	136.3	130.5	101.9	81.7	46.1	35.3
	降水量(mm)	40.2	41.8	63.0	84.1	183.3	241.8	179.9	203.6	110.1	67.0	43.3	.25.1
上思	蒸发力(mm)	45.0	34.7	54.9	74.3	123.0	108.5	127.2	119.0	91.4	73.4	42.5	34.6
	降水量(mm)	23.4	26.0	23.1	62.4	126.7	144.3	201.0	235.6	141.7	74.1	40.4	18.0
来宾	蒸发力(mm)	36.0	34.2	51.3	76.4	107.5	112.6	140.9	135.7	107.0	79.9	43.4	34.2
	降水量(mm)	28.8	52.7	67.2	116.9	182.8	296.1	195.9	209.0	68.5	78.3	57.3	36.3
韶关（曲江）	蒸发力(mm)	32.2	31.8	51.4	65.0	103.4	111.4	155.6	141.2	109.9	79.5	44.4	32.2
	降水量(mm)	52.4	83.2	149.7	226.2	239.9	264.1	127.6	138.4	90.8	57.3	49.3	43.5
广州	蒸发力(mm)	40.1	35.9	53.1	66.2	105.4	109.2	137.5	131.1	99.5	88.4	54.5	41.8
	降水量(mm)	39.3	62.5	91.3	158.2	266.7	299.2	220.0	225.5	204.0	52.2	42.0	19.7
湛江	蒸发力(mm)	43.0	37.1	55.9	26.9	123.8	122.3	144.9	132.0	105.1	87.8	58.9	46.2
	降水量(mm)	25.2	38.7	63.5	40.6	163.3	209.2	163.5	251.2	254.4	90.4	44.7	19.5
绵阳	蒸发力(mm)	16.8	21.4	43.8	61.2	92.3	97.0	109.4	104.0	56.7	38.2	21.9	15.2
	降水量(mm)	6.1	10.9	20.2	54.5	83.5	162.0	244.0	224.6	143.5	43.9	19.7	6.1
成都	蒸发力(mm)	17.5	21.4	43.6	59.7	91.0	94.3	107.7	102.1	56.0	37.5	21.7	15.7
	降水量(mm)	5.1	11.3	21.8	51.3	88.3	119.8	229.4	365.5	113.7	48.0	16.5	6.4
昭通	蒸发力(mm)	23.4	31.4	66.1	83.0	97.7	81.9	101.9	92.8	61.7	40.1	27.2	21.2
	降水量(mm)	5.1	6.6	12.6	26.6	74.3	144.1	162.0	124.4	101.2	62.2	15.2	7.0
元谋	蒸发力(mm)	57.1	70.5	122.3	144.7	171.5	130.7	127.1	120.0	94.4	74.7	52.6	45.8
	降水量(mm)	3.4	4.9	2.5	10.1	39.5	113.7	146.2	122.4	76.5	75.5	12.6	6.9
昆明	蒸发力(mm)	35.6	47.2	85.1	103.4	122.6	91.9	90.2	90.3	67.6	53.0	36.9	30.1
	降水量(mm)	10.0	9.9	13.6	19.7	78.5	182.0	216.5	195.1	123.0	94.9	33.6	16.0
开远	蒸发力(mm)	44.4	56.9	99.6	116.7	140.2	105.4	107.5	100.8	81.6	66.5	44.2	39.2
	降水量(mm)	14.2	14.2	25.9	40.9	75.7	131.8	1661	135.1	83.2	55.5	33.2	20.0
元江	蒸发力(mm)	54.2	69.4	114.3	123.3	148.7	118.8	121.2	116.9	95.3	76.4	52.2	44.8
	降水量(mm)	12.5	11.1	17.2	41.9	80.3	142.6	132.1	133.9	72.4	74.1	37.1	26.9
文山	蒸发力(mm)	36.1	45.8	84.3	104.4	120.8	94.5	99.3	93.6	70.5	59.5	40.4	34.3
	降水量(mm)	13.7	12.4	24.5	61.6	103.9	154.0	194.6	175.0	103.6	64.9	31.1	23.0

续表

站 名	月份 项别	1	2	3	4	5	6	7	8	9	10	11	12
蒙自	蒸发力(mm)	40.4	58.4	100.8	117.6	134.5	102.2	102.6	97.7	78.7	66.0	47.8	41.3
	降水量(mm)	12.9	16.4	26.2	45.9	90.1	131.8	150.8	150.5	81.1	52.8	27.7	19.8
贵阳	蒸发力(mm)	21.0	25.0	51.8	70.3	90.9	92.7	116.9	110.1	74.4	46.7	28.1	21.1
	降水量(mm)	19.7	21.8	33.2	108.3	191.8	213.2	178.9	142.0	82.6	89.2	55.9	25.7

第五节 土 工 织 物

一、地基处理方法分类

（一）地基处理方法分类（表 9-5-1）。

地基处理方法分类　　　　　　表 9-5-1

地基处理方法分类	工程处理分类	施工方法	实施要求及做法	
物理处理	换土处理	挖除换土法	全部挖除换土法	
			部分挖除换土法	
		强制换土法	挤压换土法	
			强夯挤淤法	
		爆破换土法	爆破挤淤法	
	密实处理	浅层密实处理	碾压法	
			重锤夯实法	
			振动压实法	
			冲击密实法（爆破挤密法、强夯法）	
		深层密实处理	振冲法	
			挤密法（砂桩、砂土、石灰）	
	排水处理	力学排水	加压（砂井、袋装砂井、塑料带）	
			抽水排水	水井（浅井、深井）
				井点（普通、真空）
			负压排水（真空排水）	
		电学排水	电渗排水	
		其它排水	砂（碎石）垫层法	
			土工织物法	
	加筋处理	土工织物		
		加筋土		
		树根桩		

续表

地基处理方法分类	工程处理分类	施工方法	实施要求及做法
化学处理	灌浆法	硅化法	
		塑料灌浆法	
		氢凝法	
		碱液加固法	
	搅拌法	石灰系搅拌法	
		水泥系搅拌法	高压喷射注浆法
			深层搅拌法

（二）地基处理的目的

地基处理的目的是采取适当的措施以改善地基土的强度、压缩性、透水性、动力特性、湿陷性和胀缩性等。

地基处理方法的分类有很多种：按时间可分为临时处理和永久处理；按处理深度可分为浅层处理和深层处理；按土性对象可分为砂性土处理和粘性土处理，饱和土处理和非饱和土处理；也可按处理的作用机理分为物理处理和化学处理。

二、土工织物

土工织物是由上世纪60年代末兴起的一种化学纤维品用于土工的新型材料，它的用途极为广泛，可用于排水、隔离、反滤和加筋等方面作用。早在1958年，美国首选使用土工织物于护岸工程。1970年法国开创了土石坝工程中使用土工织物的先例。最近二十年土工织物发展迅速，尤以北美、西欧和日本发展最快。美国顾问工程师 J. P. Giroud 于1984年在维也纳召开的第三届国际土工织物会议上发表的论文标题是"从土工织物到土工合成材料——岩土工程领域的一场革命"。由此可见，土工织物在国际上被引起重视的程度。我国对土工织物的研究于20世纪70年代末才开始，目前已在铁路、公路、水利、海港和码头等土建工程中进行了应用，并取得了一定的成果。

（一）土工织物的分类

1. 有纺型。这种土工织物是由相互正交的纤维织成，与通常的棉毛织品相似，其特点是孔径均匀、沿经纬线方向强度大、拉断的延伸率较低。

2. 编织型。这种土工织物是用一根单一的纤维按照一定的方式编织而成，与通常编织毛衣相似。

3. 无纺型。这种土工织物中纤维（连续长丝）的排列是无规则的。与通常的毛毯相似，制造时，首先将无规则排列的纤维铺成薄层状，然后采用化学处理法、热处理法或针刺机械处理法使之成形，是当前世界上应用最广的一种土工纤维。

4. 组合型土工纤维。由前三类组合成的土工织物。

以上1～4种，在供应时均以卷材形式出售。

5. 土工膜。在各种塑料、橡胶或土工纤维上喷涂防水材料而制成的各种不透水膜。

6. 土工垫。由粗硬的纤维丝粘接而成。

7. 土工格栅。由聚乙烯或聚丙烯板通过单向或双向拉伸扩孔制成孔格尺寸为1cm～

10cm 的圆形、椭圆形、方形或长方形格栅。

8. 土工网。由挤出的 1mm～5mm 塑料股线制成。

9. 土工塑料排水带。由挤压或压制而成，作为堆载顶压加固时竖向排水之用。

10. 复合土工织物。由上述二类以上组合而成的材料。

（二）土工织物的性能及优缺点

土工织物产品性能的指标包括：

① 产品形态。材质及制造方法、宽度、每卷的直径及重量。

② 物理性质。单位面积质量、厚度、开孔尺寸及均匀性等。

③ 力学性质。抗拉强度、断裂时延伸率、撕裂强度、冲穿强度、顶破强度、蠕变性与土体间磨擦系数等。

④ 水理性质。垂直向或水平向透水性。

⑤ 抗老化和耐腐蚀性。对紫外线和温度敏感性，抗化学和生物腐蚀性等。

以上有关产品性能的指标，必须通过产品检测，提供作为材料性能规格说明的资料。目前土工织物的试验方法和标准尚不统一。

土工织物产品因制造方法和用途不一，选用时宽度和重量的规格变化甚大。土工织物的宽度为 2m～18m；开孔尺寸（等效孔径）无纺型土工纤维为 0.05mm～0.5mm，编织型土工纤维为 0.1m～1.0m，土工垫为 5mm～10mm；土工网及土工格栅为 5mm～100mm，导水性不论垂直向或水平向，其渗透系数 $k>10-2cm/s$（相当于中、细砂的渗透系数）；抗拉强度：无纺型土工纤维 10kN/m～30kN/m（高强度的 30kN/m～100kN/m），编织型土工纤维 20kN/m～50kN/m（高强度的 50kN/m～100kN/m），土工格栅 30kN/m～200kN/m（高强度的 200kN/m～400kN/m）。

总之，土工织物的优点是：质地柔软而重量轻、整体连续性好、施工方便、抗拉强度高、耐腐蚀性和抗微生物侵蚀性好、无纺型的当量直径小和反滤性好。其缺点是：同其原材料一样，未经特殊处理则抗紫外线能力低，但在其上覆盖粘性土或砂石等物，其强度的降低是不大的。另外，聚合物中以聚脂纤维和聚丙烯腈纤维耐紫外线辐射能力和耐自然老化性能最好，所以目前世界各国的土工织物都使用这两种原材料居多。

（三）土工织物施工

土工织物是按一定规格的面积和长度在工厂进行定型生产的，因此这些材料运到现场后必须进行连接（图 9-5-1）。

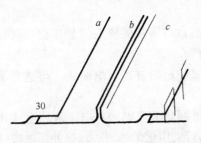

图 9-5-1 土工织物连接

1. 搭接法

搭接长度一般在 0.3m～1.0m 间，在坚固和水平的路基一般为 0.3m；在软的和不平的地面则需 1m。在搭接处应尽量避免受力，以防土工织物移动，搭接法施工简便，但用量较多。

2. 缝合法

用移动式缝合机将尼龙或涤纶线面对机缝合，缝合处的强度一般可达纤维强度的 80%，缝合法节省材料，但施工费时。

3. 钉接法

用U形钉连接时，其强度低于缝合法和胶结法。

4. 胶合法

采用合适的胶粘剂将二块土工织物胶结在一起，最少的搭接长度为10cm，其缝合处的强度与土工织物的原强度相同。

铺设土工织物时，应注意均匀和平整，在斜坡上施工应保持一定的楹紧度。用于反滤层时，要求保证连续性，不使出现扭曲褶皱和重叠。在存放和铺设过程中，应尽量避免长时间曝晒，以免材质劣化。第一层铺垫厚度应在50cm以下，避免推土机的括土板损坏所铺填的土工织物，如若损坏，应予立即补修。图9-5-2为道路及护坡工程中使用土工织物的施工示意图。

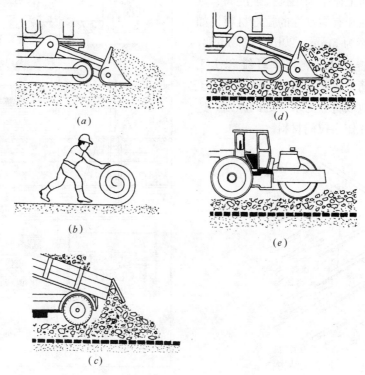

图 9-5-2　土工织物的施工示意图

(a) 挖除表土和平整场地；(b) 铺开土工织物卷材；(c) 在土工织物上卸砂石料；
(d) 铺设和平整筑路材料；(e) 压实路基

三、加筋土

加筋土是由填土、在填土中布置一定量的带状拉筋、以及由直立的墙面板三部分组成的一个整体的复合结构（图9-5-3）。这种结构内部存在着墙面土压力、拉筋的拉力及填土与拉筋间的摩擦力等相互作用的内力，这些内力互相平衡，保证了这个复合体的稳定性。

加筋土是1966年由法国工程师 Henri Vidal 所发明，现已成为一项当前地基处理的新技术。其优点是：(1) 它比传统的重力式挡墙轻，所以对地基土的要求低些，其体积相当于重力挡墙结构的3‰～5‰；(2) 加筋土是柔性结构，它所容许的沉降量比传统的挡墙大，因此适宜在较软弱的地基上进行构筑；(3) 由于拉筋和墙面板是由工厂预制的，因而安装快速，运输方便，造价低廉；（4）加筋土本身与地基土及墙后填土可紧密结合，整体性能较好，与其他类型的结构相比，其抗震性能明显提高；（5）加筋土挡墙可节省占地面积，减少土方量，为此也就降低了造价。在处理边坡的滑坡方面也可广泛应用。

加筋土结构物适用于：（1）山区公路和城市道路的挡墙；（2）桥台；（3）铁路和公路的路堤；（4）水工结构物；（5）工业结构物，见图9-5-4。

（一）加筋土的设计

1. 加筋土的材料和构造

通常在加筋土体中采用抗拉强度高、延伸率小、耐腐蚀和有柔韧性的拉筋材料。如镀锌钢带（截面为5mm×20mm或5mm×60mm）、钢条、尼龙绳、玻璃纤维和土工织物等进行加筋。我国首批试验性的加筋土工程，本着就地取材和力求节约的原则，选用了多孔废钢片作为拉筋材料。

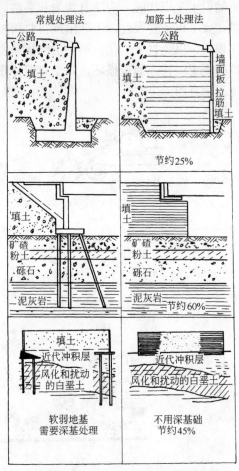

图9-5-4 预制混凝土板作面板

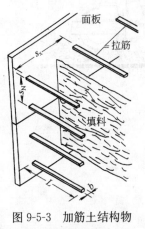

图9-5-3 加筋土结构物的剖面示意图

面板的尺寸和型式应根据施工条件而定：有用半圆形油桶、半边椭圆形钢管（图9-5-5）或预制混凝土板作为面板的挡墙结构（图9-5-6）。

面板的设计则要求能承受与加筋一定距离部位内的土引起的局部集中应力；面板与拉筋的连接处必须能承受施工设备和面板附近回填土压密时所产生的应力。

拉筋的锚固长度L_0一般应由计算确定，但是根据不同的结构形式，还需满足构造的要求。

2. 加筋土体的内部稳定性设计

（1）拉筋拉力

当土体的主动土压力充分作用时，每根拉筋除了通过摩擦阻止部分填土水平位移外，还能拉紧一定范围内的面板，使得在土中的拉筋和主动土压力保持平衡，因此，每根拉筋所受到的拉力随深度的增加而增大，最下面的一根拉筋拉力T_1最大：

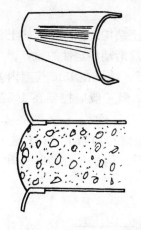
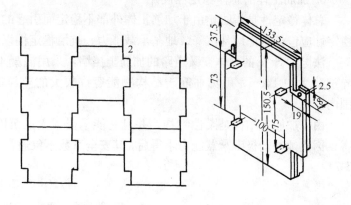

图 9-5-5　半圆形油桶做面板　　　　图 9-5-6　预制钢筋混凝土板作面板

$$T_l = \gamma(H+h_c)K_a S_x S_y \tag{9-5-1}$$

式中　H——挡土墙高度（m）；

　　　h_c——地面超载换算成土层厚度（m）；

　　　γ——填土的重度（kN/m³）；

　　　K_a——主动土压力系数，$K_a = \tan^2(45°-\dfrac{\varphi}{2})$；

　　　φ——填土的内摩擦角（度）；

　S_x, S_y——拉筋的水平和垂直间距（m）。

所需要的拉筋断面面积 F 为：

$$F = \dfrac{T_l}{[R_g]} \tag{9-5-2}$$

式中　$[R_g]$——拉筋的设计拉应力（kPa）。

（2）拉筋总长度

在锚固区内由于摩擦作用拉筋产生的抗拉力 T_b 为：

$$T_b = 2L_0 b\gamma(H+h_c)f \tag{9-5-3}$$

在同一深度处抗拉拔的安全系数 K_b 为：

$$K_b = \dfrac{T_b}{T_l} = \dfrac{2L_0 bf}{K_a s_x s_y} \tag{9-5-4}$$

从上式可见抗拉拔安全系数只与锚固长度 L_0 有关，而与深度无关。K_b 一般常取1.5～2.0。由此，拉筋的锚固长度可由上式得到：

$$L_0 = \dfrac{K_b K_a s_x s_y}{2bf} \tag{9-5-5}$$

所以拉筋的总长度 L 可按照下式求得：

$$L = \dfrac{H}{\tan\left(45°+\dfrac{\varphi}{2}\right)} + \dfrac{K_b K_a s_x s_y}{2bf} \tag{9-5-6}$$

式中　b——拉筋的宽度（mm）；

　　　f——拉筋与土之间的摩擦系数，由试验确定。

3. 加筋土体的总体稳定性设计

总体稳定性是指防止由于加筋土体外部不稳定而引起的加筋土结构的破坏。加筋土总稳定性应包括考虑地基沉降、地基承载能力、抗滑稳定性以及深层滑动稳定性的验算。

法国的 Sete 的立体交叉道路的加筋土挡墙，采用混凝土面板，结果在 15m 长度内差异沉降大约 14cm，可见加筋土结构物能容许较大的差异沉降，但一般应控制在 1‰ 范围内。

由于加筋土结构是柔性结构，并且它能承受很大的沉降而不致对加筋土结构产生危害，因此地基的极限承载能力求得后，其安全系数不象通常的刚性结构取 3 而取 2。（图 9-5-7）

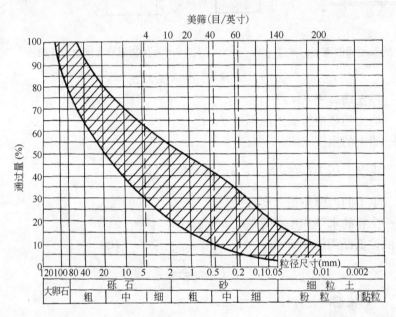

图 9-5-7 加筋土填料的粒径分布范围

（二）加筋土的施工

加筋土结构物的施工都在挡墙内侧进行，施工时的现场工作主要是安装预制构件和填土，其施工顺序如下：

1. 基础施工

按设计要求进行基础开挖，开挖后用人工或机械设备将地基夯实。如遇局部地段的土质软弱则要进行处理。夯实后，在地基上浇筑或放置预制基础，基础一定要做得平整，使得面板能够直立。

2. 面板施工

为了防止面板在安装时互相错位而不能形成一个统一的平面，在每块面板上都布置了便于安装的榫口。在拼装最低一层面板时，必须把半尺寸和全尺寸的面板相间地、平衡地安装在基础上。为了防止填土时面板向内外倾斜而不成一垂直面，因此在面板外侧用一斜撑撑住，以保持面板的垂直度，并且在拼装和接高时要注意观察，直到面板稳定以后才可把斜撑拆除。

3. 填土的压密和拉筋的安装

填土的压密和拉筋的安装可同时进行施工,在同一水平层内,前面在铺设和铆接拉筋,后面就可开始填土并且把它压密。

填土时为了防止面板受到土压力向外倾斜,所以应该从远离面板的拉筋端开始逐步向面板方向填土。当拉筋的垂直间距较大时,填土可分层进行,并把它压实到最佳密实度。

安装拉筋时,应把拉筋垂直墙面平放在已经压密的填土上。采用钢条作拉筋时,要用螺栓把它和面板连接。螺栓要用同拉筋一样的材料制作。与面板连接时,应用扳手把螺帽轻轻拧紧,因为这两个部件间不应该过分紧地连在一起,螺栓上也不应该出现过大的应力。

为了防止因运土机械工作时产生的压力,促使还未完全稳定的面板构件发生移动,一般规定卡车、压路机及其他运输设备在工作时必须平行墙面移动,并且离开墙面的距离不得小于2m。在近墙面区域内应使用轻型的压密机械,如平板式振动器或手推式振动压路机等。当使用履带车时,履带不能直接压在拉筋上,这种车辆需在已覆盖土层的区域内行驶。

4. 地面设施施工

如需铺设电力或煤气等设施时,必须将它们放在加筋土结构物的上面。对于管渠更应铺设得便于修缮与加固,这样可避免以后沟槽开挖时损坏拉筋。输水管道不宜靠近加筋土结构物,特别对有毒、有腐蚀性水的管道,以免水管破裂时,水渗入加筋土体内,腐蚀拉筋后造成结构物的破坏。

第十章 门窗维修

第一节 木门窗维修

一、木门窗框（扇）变形的原因和防治

（一）木门窗框（扇）变形的原因

1. 木材含水率超过了规定的数值。木材干燥后，引起不均匀收缩，径向、弦向干缩的差异使木材改变原来的形状，引起翘曲、扭曲等变形。
2. 选材不适当。制作门窗的木材中有迎风背，这部分木材易发生边弯、弓形翘曲等。
3. 当成品重叠堆放时，底部没有垫平。露天堆放时，表面没有遮盖，门窗框受到日晒、雨淋、风吹，发生膨胀干缩变形。
4. 门窗扇过高、过宽，而选用的木材断面尺寸太小，承受不了经常开关门窗的扭力，日久变形。
5. 制作时门窗的质量低劣，如榫眼不正、开榫不平整、榫肩不方等。
6. 受墙体压力或使用时悬挂重物等影响，造成门窗扇翘曲。
7. 在使用时，门窗的油漆粉化、脱落后，没有及时养护，使木材含水量经常变化，湿胀干缩，引起变形。
8. 五金规格偏小，安装不当，造成门窗扇下垂和变形。

（二）木门窗框（扇）变形的防治

1. 将木材干燥到规范规定的含水率，即：原木或方木结构应不大于25％；板材结构及受拉构件的连接板应不大于18％；通风条件较差的木构件应不大于20％。
2. 对要求变形小的门窗框，应选用红白松及杉木等制作。
3. 掌握木材的变形规律，合理下锯，多出径向板。遇到偏心原木，要将年轮疏密部分分别锯割，在截配料时，要把易变形的阴面部分木材挑出不用。
4. 门窗框重叠堆放时，应使底面支承点在一个平面内，并在表面覆盖防雨布，防止翘曲变形。
5. 门窗框在立框前应在靠墙一侧涂上底子油；立框后及时涂刷油漆，防止其干缩变形。
6. 提高门窗扇的制作质量。打眼要方正。两侧要平整；开榫要平整，榫槽方正；手工拼装时，要拼一扇检查一扇，掌握其扭歪情况，在加楔子时适当纠正。
7. 对较高、较宽的门窗扇，应适当加大断面，以防止木材干缩或使用时用力扭曲等。
8. 使用时，不要在门窗扇上悬挂重物，有脱落油漆的要及时涂刷，以防止门窗扇受力或含水量变化产生变形。
9. 选择五金规格要合适，安装要准确，以防门窗扇安装后翘曲、下垂变形。

10. 门框的边梃、上槛较宽时，在靠墙面开 5mm 深、10mm 宽的槽沟，以减少门柜料呈瓦型反翘。

11. 门窗框在立框前变形的，对弓形反翘或边弯的木材可通过烘烤使其平直；立框后，可通过在弯面锯口加楔子的方法，使其平直。具体的修理方法可参考后面两点。

12. 门窗扇翘曲的修理可采用以下方法：

（1）烘烤法

将门窗扇卸下用水湿润弯曲部位，然后用火烘烤。使一端顶住不动，在另一端向下压，中间垫一个木块，看翘曲程度改变垫木和烘烤的位置，反复进行直至完全矫正为止。

（2）阳光照射法

在门窗扇变形的四周部位洒水，使之湿润，并使凸面朝上，放在太阳光下直接照晒。四面的木材纤维吸收水分后膨胀。凸面的木材纤维受到阳光照晒，水分蒸发收缩，使木材得到调直，恢复门窗扇的平整状态。

（3）重力压直法

选择一块平整场地，在门窗扇弯曲的四周洒水湿润，使凸面朝上，压以重物（石头或砖块）。在重力作用下，变形的门窗扇会逐渐恢复平直状态。

13. 门窗扇下垂的修理方法：

门窗扇下垂时，可先将下垂一侧抬高，消除下垂量，使之恢复平直。然后分别在四角原有榫槽的上口和下口，压入硬木楔，挤紧即可。下垂严重的，应卸下门窗扇，经修整恢复平直后再加楔挤紧。

二、木门窗框（扇）腐朽、虫蛀的原因和防治

（一）木门窗扇腐朽、虫蛀的原因

1. 门窗框（扇）没有经过适当的防腐处理，使引起腐朽的木腐菌在木材中具备了生存条件。

2. 采用易受白蚁、家天牛等虫蛀的马尾松、木麻黄、桦木、杨木等木材做门窗框（扇），没有经过适当的防虫处理。

3. 房屋设计和施工时，没有周全地考虑它的细部构造，如窗台、雨篷、阳台、压顶等没有作适当的流水坡度或未做滴水槽，使门窗框（扇）长期潮湿。

4. 浴室、厨房等经常受潮气和积水影响的地方，没有及时采取措施。

5. 门窗框（扇）的油漆老化脱落，没有及时涂刷养护。

（二）木门窗框（扇）腐朽、虫蛀的防治

1. 在紧靠墙面和接触地面的门窗框脚等易潮湿部位和使用易受白蚁、家天牛等虫蛀的木材时，宜进行适当的防腐、防虫处理。如果用五氯酚、林丹合剂处理，其配方为五氯酚∶林丹（或氯丹）∶柴油＝4∶1∶95。

2. 房屋设计和施工时，注意做好窗台、雨篷、阳台、压顶等处的流水坡度和滴水槽。

3. 在使用过程中，对老化脱落油漆的要及时涂刷，一般以 3～5 年为油漆的保养周期。

4. 门窗脚腐朽、虫蛀时，可锯去腐朽和虫蛀部分。用小榫头对接换上新材，再用钉加固钉牢。新材靠墙面的部分必须涂刷防腐剂，搭接长度不小于 20cm。

5. 门窗梃端部腐朽，一般予以换新，如冒头榫头断裂，但不腐朽，则可用安装铁片

曲尺加固，开槽窝实时应稍低于表面 1mm。

6. 门窗冒头腐朽，可以局部接换修理。

第二节 钢门窗维修

一、钢门窗变形的原因和防治

（一）钢门窗变形的原因

1. 框立梃中间的铁脚没有抓牢，立梃向扇的方向产生变形。
2. 地基基础产生不均匀沉降，引起房屋倾斜等，导致钢门窗变形。
3. 钢门窗制作和安装质量低劣，使钢门窗开关不灵活，日久产生变形。
4. 钢门窗面积过大，因温度升降没有胀缩余地，造成钢门窗变形。
5. 钢门窗上的过梁刚度或强度不足，使钢门窗承受过大的压力而变形。
6. 在运输过程中，由于摔压、磕碰使钢门窗产生变形。

（二）钢门窗变形的防治

1. 门窗框立梃时，先用楔子将框固定好后，将铁脚孔洞清理干净，用水浇透，安上铁脚，然后用高强度等级的水泥砂浆将洞填满、填实，待凝固后再去掉楔子。
2. 提高钢门窗的制作和安装质量；门窗面积过大的，应考虑其胀缩余地。
3. 当外框弯曲时，先凿去粉刷装饰部分，将外框敲正。敲正时，应垫以硬木，用手锤轻轻敲打，并注意不可将门窗扇敲弯。
4. 内框成脱角变形，顶至正确位置后，重新焊牢。
5. 凡焊接接头在刷防锈漆前须将焊渣铲清。要求较高时，应用手提砂轮机把焊缝磨平，接换的新料必须涂防锈漆二度。
6. 内框直料弯曲用衬铁回直。

二、钢门窗锈蚀和断裂的原因和防治

（一）钢门窗锈蚀和断裂的原因

1. 没有适时对钢门窗涂刷油漆。
2. 外框下槛无出水口或内开窗腰头窗无排水板。
3. 厨房、浴室等易潮湿的部位通风不良。
4. 钢门窗上油灰脱落、钢门窗直接暴露于大气中。
5. 钢窗合页卷轴因潮湿、缺油而破损。

（二）钢门窗锈蚀和断裂的防治

1. 对钢门窗要定时涂刷油漆、对脱落油漆的要及时涂油漆修补。
2. 对厨房、浴室等易潮湿的地方，设计时应考虑改善通风条件。
3. 外窗框料锈蚀严重时，应锯去锈蚀部分，用相同窗料接换，焊接牢固。外框直料下部与上槛同时锈蚀时，应先接脚，再锯断下槛料重新焊接。
4. 内框局部锈蚀严重时，换接相同规格的新料。

5. 钢窗合页卷轴破损时，可按以下步骤进行修理。
（1）用喷灯对卷轴处进行烧烤，烤红后拿开喷灯。
（2）向烤红后的合页浇水冷却，用手锤轻轻击打卷轴处。
（3）用喷灯对卷轴处再进行烧烤，烤红后，用大号鱼嘴钳夹住轴处向外展平。
（4）用喷灯对卷轴处再进行烧烤，烤红后，将专用小平锤（或用一块宽×厚×长 20mm×10mm×100mm 的钢块和直径 $\phi 8$ 的铁棍做一把小平锤，即用电焊将铁棍焊在钢块长度中部一侧造成的铁锤）放置在卷轴合页与窗扇相接处，用手锤击打平锤，用力要适当。将卷轴合页调平、浇水冷却，点上几滴油，将窗扇来回开关几次，开关灵活即可。
6. 钢窗玻璃油灰脱落时，先将旧油灰清理干净，然后用油灰重新嵌填。

第三节　铝合金、塑料门窗维修

一、铝合金、塑料门窗常见问题及其防治

（一）铝合金门窗开启不灵的原因和防治
1. 铝合金、塑料门窗开启不灵的原因
（1）轨道弯曲。两个滑轮不同心、互相偏移及几何尺寸误差较大。
（2）框扇搭接量小于 80%，且未作密封处理或密封条组装错误。
（3）门扇的尺寸过大，门扇下坠，使门扇与地面的间隙小于规定量 2mm。
（4）对开门的开启角度小于 90°±3°，关闭时间＞3～15s，自动定位不准确。
（5）平开窗窗铰链松动，滑块脱落，外窗台超高等。
2. 铝合金、塑料门窗开启不灵的防治
（1）门窗扇在组装前按规定检查质量，并校正正面、侧面的垂直度、水平度和对角线；调整好轨道，两个滑轮要同心，并正确固定。
（2）安装推拉式门窗扇时，扇与框的搭接量不小于 80%。
（3）开启门窗时，方法要正确。用力要均匀，不能用过大的力来开启。
（4）窗框、窗扇及轨道变形，一般应进行更换。
（5）窗铰链变形，滑块脱落等，可找配件进行修复。
（二）铝合金门窗渗水的原因和防治
1. 铝合金门窗渗水的原因及防治
（1）密封处理不好，构造处理不当。
（2）外层推拉门窗下框的轨道根部没有设置排水孔。
（3）外窗台没有设排水坡或外窗台泛水的坡度反坡。
（4）窗框四周与结构有间隙，没有用防水嵌缝材料嵌缝。
2. 铝合金门窗渗水的防治
（1）横竖框的相交部位，先将框表面清理干净，再注上防水密封胶封严。防水密封胶多用硅酮密封胶。
（2）在封边和轨道的根部钻直径 2mm 的小孔。使框内积水通过小孔尽快排向室外。

(3) 外窗台泛水坡反坡时，应重做泛水，使泛水外低内高，形成顺水坡，以利于排水。

(4) 窗框四周与结构的间隙，可先用水泥砂浆嵌实，再注上一层防水胶。

二、塑料门窗常见问题及其防治

(一) 塑料门窗松动的原因分析和防治

1. 塑料门窗松动的原因

固定铁片间距过大，螺钉钉在砖缝内或砖及轻质砌块上，组合窗拼樘料固定不规范或连接螺钉直接捶入门窗框内。

2. 塑料门窗松动的防治

固定铁片间距不大于 600mm，墙内固定点应埋木砖或混凝土块，在组合窗拼樘料固定端焊于预埋件上或深入结构内之后灌注 C20 混凝土；连接螺钉严禁直接锤入门窗框内，应先钻孔，然后旋进螺钉并和两道内腔肋紧固。

(二) 塑料门窗安装后变形的原因分析和防治

1. 塑料门窗安装后变形的原因

固定铁片位置不当，填充发泡剂时填得太紧或门窗框受到外力的作用。

2. 塑料门窗安装后变形的防治

调整固定铁片位置，填充发泡剂应适度，门窗框安装前应检查是否已有变形，安装后防止脚手板搁于门窗框上或在框上悬挂重物等。

(三) 组合窗拼樘料处渗水的原因分析和防治

1. 组合窗拼樘料处渗水的原因分析

节点无防渗措施；接缝盖缝条不严密；扣槽有损伤。

2. 组合窗拼樘料处渗水的防治

先在拼樘料与门窗框间填以密封胶，拼装后对接缝处外口也灌以密封胶或调整盖缝条，扣槽损伤处也填密封胶。

(四) 门窗框四周有渗水点的原因分析和防治

1. 门窗框四周有渗水点的原因

固定铁件与墙体间无密封胶，水泥砂浆抹灰没有填实，抹灰面粗糙，高低不平，有干裂或密封胶嵌缝不足。

2. 门窗框四周有渗水点的防治

在固定铁件与墙体相连处灌以密封胶，用砂浆填实，表面做到平整细腻，密封胶嵌缝位置正确、严密，表面用密封胶封堵砂浆裂纹。

(五) 门窗扇开启不灵活，关闭不密封的原因分析和防治

1. 门窗扇开启不灵活，关闭不严的原因分析

框与扇的几何尺寸不符，门窗平整与垂直度不符。密封条扣缝位置不当，合页安装不正确，产品不精密。

2. 门窗扇开启不灵活，关闭不严的防治

检查框与扇的几何尺寸是否协调，检查它们的平整度和垂直度；检查五金件质量，不合格的应调换。

(六) 固定窗或推拉（平开）窗窗扇下槛渗水的原因分析和防治

1. 固定窗或推拉（平开）窗窗扇下槛渗水的原因分析

下槛泄水孔太小或泄水孔下皮偏高，泄水不畅或有异物堵塞。安装玻璃时，密封条不密实。

2. 固定窗或推拉（平开）窗窗扇下槛渗水的防治

加大泄水孔，并剔除下皮高出部分；更换密封条；清除堵塞物。

第四节 门窗油漆

一、油漆前的底层处理

（一）金属面的底层处理

1. 化学处理法

(1) 配制硫酸溶液。用工业硫酸（15%～20%）和清水（85%～80%）混合配成稀硫酸溶液。配制时只能将硫酸倒入水中，不能把水倒入硫酸中，以免引起爆溅。

(2) 将被涂件浸泡 2h 左右，使其表面氧化层（铁锈）被彻底浸蚀掉。

(3) 取出被浸物件用清水把酸液和锈污冲洗干净，再用 90℃ 的热水冲洗或浸泡 3min 后取出（必要时，可在每 1L 水中加 50g 纯碱配成的溶液中浸泡 3～5min），15min 后即可干燥，并立即进行涂刷底漆。

2. 机械处理法

一般用喷砂机的压缩空气和石英砂粒，或用风动刷、除锈枪、电动刷、电动砂轮等把铁锈清除干净，以增强底漆膜的附着力。

3. 手工处理法

先用砂布、铲刀、钢丝刷或砂轮等打磨涂面的氧化层，再用有机溶剂（汽油、松香水等）将浮锈和油污洗净，即可进行刷涂底漆。

（二）木材面的底层处理

对木材面的底层处理可以采取以下步骤：

1. 清理

用铲刀和干刷清除木材表面的粘附的砂浆和灰尘。如果木材面上粘污了沥清，先用铲刀刮走再刷点虫胶清漆，以防涂刷的油漆被咬透漆膜而变色不干。如果木材面有油污，先用碱水、皂液清洗表面，再用清水洗刷一次，干燥后顺木纹用砂纸打磨光滑即可。如果木材面的节疤处渗出树脂，先用汽油、乙醇、丙酮、甲苯等将油脂洗刮干净，再用 $1\frac{1}{2}$ 号木砂纸顺木纹打磨平滑，最后用虫胶漆以点刷方法在节疤处涂刷，以防树脂渗出而影响涂漆干燥。

2. 打磨

清理后的木材表面要用 $1\frac{1}{2}$ 号木砂纸打磨，使其表面干净、平整。对于门窗框（扇），因安装时间有前有后，框与扇的干净程度不一样，所以还要用1号砂纸磨去框上的污斑，使木材尽量恢复其原来的色泽。如果木材表面有硬刺、木丝、绒毛等不易打磨时，先用排笔刷上酒精，点火燃烧，使硬刺等烧掉留下的残余变硬，再用木砂纸打磨光滑即可。

（三）旧漆膜的处理

当用铲刀刮不掉旧漆膜，用砂纸打磨时，声音发脆，有轻爽感觉的，说明旧漆膜附着力很好，只需用肥皂水或稀碱水溶液洗干净即可。当旧漆膜局部脱落时，首先用肥皂水或稀碱水溶液清洗干净旧漆膜，再经过涂刷底漆、刮腻子、打磨、修补等工序，做到与旧漆膜平整一致、颜色相同，然后再上漆罩光。当旧漆膜的附着力不好，大面积出现脱落现象时，应将旧漆膜全部清除干净，重刷油漆。清除旧漆膜主要有以下几种方法：

1. 碱水清洗法

用少量火碱（4%）溶解于温水（90%）中，再加入少量石灰（6%），配成火碱水。火碱水的浓度以能使旧漆疏松起膜为准。清洗时，先把火碱水刷于旧漆膜上，略干后再刷3～4遍，然后用铲刀把旧漆膜全部刮去，或用硬短毛刷或揩布蘸水擦洗，再用清水把残存碱水洗净。此法常用于处理门窗、家具和形状较复杂而面积较小的物件。

2. 磨擦法

用长方形块状浮石或粗油磨石，蘸水打磨旧漆膜，直至将旧漆膜全部磨去为止。此法多用于清除天然漆的旧漆膜。

3. 火喷法

用喷灯火焰烧旧漆膜，将旧漆膜烧化发热后，立即用铲刀刮掉，烧与刮要密切配合，因涂件冷却后漆膜即不易刮掉，此法多用于金属涂件如钢门窗等。

4. 用脱漆剂法

用T—1脱漆剂清除旧漆膜时，只需将脱漆剂刷在旧漆膜上，约半个小时后，旧漆膜就出现膨胀起皱，把旧漆膜刮去，用汽油清洗污物即可，脱漆剂不能和其他溶剂混合使用。脱漆剂使用时味浓易燃，须注意通风防火。

二、门窗的油漆

对门窗涂刷油漆时，一般采用以下涂刷顺序：先上后下，先左后右，门窗向里开启的要先里后外，向外开启的要先外后里，根据门窗的材质不同，其油漆的操作程序也有所不同。

（一）木门窗的油漆

1. 木门窗的清理

木门窗的清理方法见"木材面底层处理"部分。

2. 刷清油

刷清油又称抄清油，清油的配合比是熟桐油：松香水＝1：2.5，刷清油后，既能防止木材受潮变形，增强防腐作用，又能增加油漆的附着力。

3. 嵌、批腻子

清油干后即可嵌批腻子，所有洞眼、榫头处以及门芯板边上的缝隙都要嵌批整齐。

4. 打磨

先用铲刀削去木刺及残余腻子，再用 1 号或 $1\frac{1}{2}$ 号木砂纸打磨光滑并刷净灰尘。

5. 刷铅油

刷铅油又称抄铅油，可使用刷过清油的油刷操作，要顺木纹刷。不能横刷乱涂。对小面积狭长木条可用油刷侧面上油，刷到最后再用油刷正面（大面）理顺。在大面积木材面上刷铅油时可采用"开油—横油—斜油—理油"的操作方法。即：刷子蘸漆后，顺着木纤维方向直刷几个长条，每条间距 5～6cm。这就是开油；开油后刷子不再蘸油，要将开好的直条漆向横向、斜向刷涂均匀，这就是横油、斜油；最后，将刷上的漆在漆桶边擦干净，再在木门窗上顺着木纹方向直刷均匀，刷掉流坠与刷痕，这就是理油。

6. 二次打磨

铅油干后（需 24h）用 1 号或 $1\frac{1}{2}$ 号砂纸或旧砂纸轻轻打磨至表面光洁，并清扫干净。

7. 刷调和漆

刷调和漆可使用刷过铅油的油刷操作，用新油刷反而不好，易留刷痕。刷调和漆的方法与刷铅油的相同。

（二）钢门窗的油漆

1. 钢门窗清理

钢门窗清理的方法见"金属面底层处理"部分，一般采用手工方法。

2. 刷防锈漆

钢门窗表面干燥后，用 $1\frac{1}{2}$ 或 2 寸油刷蘸漆涂刷，一定要刷满刷匀。

3. 嵌、批腻子并打磨

防锈漆干后，用石膏油腻子嵌补拼接不平之处。嵌补面积较大时，可在腻子中加入适量厚漆或红丹粉，以增加腻子的干硬性。腻子干后再打磨清扫干净。

4. 刷磷化底漆

为延长油漆的使用年限和避免钢门窗生锈，用底漆：磷化液＝4：1 的重量比，配制成磷化底漆刷钢门窗。配制磷化底漆时，首先将底漆彻底搅和均匀，倒入非金属容器内，再一边搅底漆、一边逐渐加入磷化液（此溶液按以下比例调配成：工业磷酸：一级氧化锌：丁醇：乙醇：清水＝25：1：1：2：2），加完搅匀后放置 30min 即可使用。调好的磷化底漆须在 12h 内用完，涂刷时以薄为宜。涂刷 24h 就可用清水冲洗或用毛板刷除去表面的磷化剩余物。如果钢门窗上不涂刷磷化底漆，也可在配好的磷化液中加入 50% 的清水，搅拌均匀后即可使用。

5. 刷铅油

刷铅油的要求与刷防锈漆的要求相同。

6. 刷调和漆

将钢门窗的表面打磨平整，清扫干净后即可刷调和漆。

第十一章 抗震加固维修常用材料

第一节 砖、瓦、灰、砂、石

一、砖

（一）常用砖的种类及规格（表 11-1-1）

（二）常用砖的技术指标（表 11-1-2）及外观质量指标（表 11-1-3）

常用砖的种类及规格　　　　　　　　表 11-1-1

名称		说明	标准规格或主要规格（mm）（长×宽×厚）
黏土砖	普通黏土砖	系以黏土为主要原料，经成型、干燥、焙烧而成。	240×115×53
	承重空心砖	系以黏土为主要原料，经成型、干燥、焙烧而成的有竖孔的，空洞率在 15% 以上的空心砖。	KM_{12}　190×190×190 KP_{11}　240×115×90 KP_{22}　240×180×115
	拱壳空心砖	系以黏土为主要原料，经成型、干燥、焙烧而成的专门用于砌筑拱形屋盖的异型空心砖。	孔数　　　规格 4　　　220×90×95 5　　　190×190×140 6　　　240×90×120 　　　240×140×90 8　　　240×140×90 9　　　190×190×120 　　　240×119×90 13　　　240×119×90
	防潮砖（红地砖）	系以黏土烧制的红色砖，具有质坚体轻、防潮耐磨等特点。	150×150×（10～13） 100×100×（8～10）
	铺地缸砖	系以组织紧密的黏土胶泥压制成型，经干燥、焙烧而成。	250×250×（40,50） 230×230×40 200×200×40
煤渣砖（炉渣砖）		系以工业废料煤渣为主要原料，加入适量石灰、石膏等材料混合成型，经常压蒸养而成。	240×250×53
粉煤灰砖		系以工业废料煤渣为主要原料，加入适量石灰、石膏等加水搅拌，经压制成型、常压蒸养而成。	240×115×53
煤矸石半内燃砖		系以煤矸石掺入黏土为主要原料，利用煤矸石本身的发热量作为内燃料，经焙烧而成。	240×115×（53,90,115）
蒸压灰砂砖		系以石灰、砂子为主要原料（亦可加入着色剂或掺合料），经坯料制备，压制成型、再经饱和蒸汽压蒸养护而成。	240×115×53
碳化灰砂砖		系以石灰、砂子、石膏为主要原料，经坯料制备、压制成型，再用石灰窑废气二氧化碳进行碳化、加工而成。	240×115×53

续表

名 称	说 明	标准规格或主要规格（mm）（长×宽×厚）
页岩砖	系以碳质及泥质页岩石经粉碎、成型、焙烧加工而成。	240×115×53
水泥花阶砖	系以普通水泥或白水泥掺以各种矿物颜料，经机械拌合、机压成型、充分养护而成。	200×200×（15，16，18，20）
水泥铺地砖	系以干硬性混凝土压制而成	250×250×（30，50，80）

常用砖的技术指标　　　　　　　　　　　　　　　　　　　　表 11-1-2

技术指标	名称 强度 等级	烧结普通砖			烧结多孔砖			蒸压灰砂砖			
		MU20	MU15	MU10	MU20	MU15	MU10	MU25	MU20	MU15	MU10
抗压强度	5块平均值不小于	20	15	10	20	15	10				
	10块平均值不小于							25	20	15	10
	单块最小值不小于	14	10	6	14	10	6	20	16	12	8
抗折强度	5块平均值不小于	4	3.1	2.3							
	10块平均值不小于							5	4.0	3.3	2.5
	单块最小值不小于	2.6	2.0	1.3				4	3.2	2.6	2.0
抗折荷重	5块平均值不小于				945	735	530				
	单块最小值不小于				615	475	310				
抗冻性能		抗冻性能由冻融试验鉴定，试验后任何一次试件均符合下列条件者为合格：1）单块试件干重损失≥2%；2）被冻裂的裂纹长度不大于表11-1-3中二等砖的规定			抗冻性能由冻融试验鉴定，试验后任何一次试件均符合下列条件者为合格：1）不得出现明显的分层、剥落等冻坏现象；2）冻后强度不低于设计要求强度等级的相应指标			砖样经15次冻融符合下列条件者即为合格：1）抗压强度降低不超过25%；2）单块砖样的干重损失不超过2%			

常用砖的外观质量指标　　　　　　　　　　　　　　　　　　　　表 11-1-3

砖的名称	项 目	指标（mm）		项 目	指标（mm）	
		一等	二等		一等	二等
普通黏土砖	尺寸允许偏差不大于 　长度 　宽度 　厚度	±5 ±4 ±3	±7 ±5 ±3	裂纹的长度不大于 1）大面上宽度方向及其延伸到条面上的长度 2）大面上长度方向及其延伸到顶面上的长度和条顶面上的水平裂纹的长度	70 100	110 150
	二个条面的厚度差不大于	3	5			
	弯曲不大于	3	5			
	完整面不得少于	一条面和一顶面	一条面或一顶面	杂质在砖面上造成凸出高度不大于	5	5
	缺棱、掉角的三个破坏尺寸不得同时大于	20	30	混等率（指本等级中混入该等级以下的产品的百分数）不得超过	10%	15%

303

续表

砖的名称	项 目	指标（mm） 一等	指标（mm） 二等	项 目	指标（mm） 一等	指标（mm） 二等
承重黏土空心砖	尺寸允许偏差不大于 尺寸为240、190、180mm者 尺寸为115mm者 尺寸为90mm者	±5 ±4 ±3	±7 ±5 ±3	缺棱、掉角的三个破坏尺寸不得同时大于	30	40
	完整面不得少于 凡有下列缺陷之一者，不得称为完整面： 1）缺棱、掉角在条顶面上造成的破坏面同时大于20×30mm； 2）裂缝宽度超过1mm，长度超过70mm； 3）有严重的焦化粘底。	一条面和一顶面	一条面或一顶面	裂纹的长度不大于 1）大面上深入孔壁15mm以上宽度方向的裂纹； 2）大面上深入孔壁15mm以上长度方向的裂纹； 3）条顶面上的水平裂纹。	100 120 120	140 160 160
				杂质在砖面上造成的凸出高度不大于。	5	5
				混等率（指本等几种混入该等级以下产品的百分数）不得超过。	10%	15%
蒸压灰砂砖	尺寸允许偏差： 长度、宽度、厚度	±2	±3	裂纹的长度不大于 1）大面上宽度方向（包括延伸到条面）， 2）大面上长度方向（包括延伸到条面）以及条顶面上水平方向	50 90	90 120
	对应厚度差不大于	2	3			
	缺棱、掉角的最大破坏尺寸不大于	20	30			
	完整面不少于	一条面和一顶面	一条面或一顶面	混等率不大于	10%	15%

注：1. 普通黏土砖及蒸压灰砂砖的大面、条面、顶面分别是：240m×115m、240m×53m、115mm×53mm的面。
2. 普通黏土砖凡有下列缺陷之一者，不能称为完整面：（1）缺棱、掉角在条面上造成的破坏面同时大于10mm×20mm者；（2）裂缝宽度超过1mm；（3）有黑头、雨淋及严重粘底者。
3. 承重黏土空心砖有孔洞的一面称为大面，较长的侧面或平行于抓孔方向的侧面称为条面，较短的侧面或垂直于抓孔方向的侧面称为顶面。
4. 蒸压灰砂砖凡有下列缺陷之一者，不能称为完整面：（1）缺棱尺寸或掉角的最大尺寸大于8mm者；（2）灰球、黏土团、草根等杂物造成破坏面的两个尺寸同时大于10mm×20mm者；（3）有气泡、麻面、龟裂等缺陷者。
5. 凡混等率大于15%的普通黏土砖、承重黏土空心砖、蒸压灰砂砖均为等外砖。强度等级低于MU10的蒸压灰砂砖也是等外砖。

二、瓦

（一）瓦的种类及规格（表11-1-4）

瓦的种类及规格 表11-1-4

名 称	说 明	一 般 规 格(mm)
黏土平瓦（机瓦）	系以黏土为主要原料，经模压或挤出成型、焙烧、加工而成。有灰(青)、红色两种。	(220×360)～(240×400)×(10-17)

续表

名 称	说 明	一 般 规 格(mm)
黏土脊瓦	原料、加工方式、颜色同黏土平瓦，呈人字形。	(200～250)×(310～400)
小青瓦	系以黏土为主要原料，经成型、焙烧、加工而成的青色弧形小瓦。	长170～230，大头宽170～230，小头宽150～210，厚8～12
混凝土平瓦	系以水泥为主要原料，经加工、养护而成。	(235～240)×(385～400)厚13～15
混凝土脊瓦	呈人字形，其他同混凝土平瓦。	(180～240)×(385～400)
石棉水泥瓦（石棉瓦）	系以石棉纤维与水泥为原料、经制板、压制而成。分大波、中波、小波三种瓦型。	大波 2800×994×8 中波(1800～2400)×745×(6～6.5) 小波 1800×720×(5～6)
石棉水泥脊瓦	呈人字形，其他同石棉水泥瓦。	780×(360～460)×6 搭接长70
聚氯乙烯塑料瓦（塑料瓦）	系以聚氯乙烯为主要原料，加入配合剂，经塑化、挤出或压延、压波成型而成。有绿、蓝、白等各种颜色。	2000×(950～1300)×(1.5～2) 波高12～15，波距60～65
玻璃钢瓦	系以不饱和聚酯树脂和玻璃纤维，用手糊法加工而成。分大波、中波、小波三种瓦型	(1800～2000)×(720～800)×(0.8～2.0)

(二)黏土平瓦的技术指标(表11-1-5)及外观质量指标(表11-1-6)

黏土平瓦的技术指标表　　　　　　　　　　表11-1-5

技 术 标 准	质 量 要 求
1. 瓦背面有四个瓦爪。前爪的爪形与大小须保证挂瓦后爪与槽搭接合适，后爪的有效高度不小于5mm。 2. 瓦槽深度不得小于10mm，边筋高度不得小于3mm。 3. 瓦的头尾搭接长度应在50～70mm之间，内外槽搭接宽度应为25～40mm。	1. 单片瓦的最小抗折荷重不得低于600N（60kg）； 2. 覆盖1m²屋面的瓦吸水后的重量，不得超过550N（55kg）； 3. 成品中不允许混杂欠火瓦； 4. 任何一片瓦不得发生冻坏（分层、开裂等）现象，由冻融试验鉴定。

第十一章 抗震加固维修常用材料

黏土平瓦，脊瓦的外观质量指标   表 11-1-6

黏土平瓦			黏土脊瓦		
项目	指标（mm）		项目	指标（mm）	
	一等	二等		一等	二等
有效尺寸的允许偏差不超过： 长度 宽度	±7 ±5	±7 ±5	平整度 翘曲不得超过	10	15
翘曲不得超过	4	4	裂纹 实用面上的贯穿裂纹	不允许	不允许
裂纹 实用面上的贯穿裂纹	不允许	不允许	搭接处上的贯穿裂纹	不允许	不得伸入搭接处的1/2
实用面上的非贯穿裂纹的长度不得超过	30	50	瓦边上的贯穿裂纹长度不得超过	20	30
搭接处上的贯穿裂纹	不允许	不得延伸入搭接部分的1/2	非贯穿裂纹的长度不得超过	30	50
边筋	不允许裂断	不允许裂断	缺棱掉角 损坏部分的最大深度大于4mm者，其长度不得超过	30	50
瓦正面的缺棱掉角（损坏部分的最大深度小于4mm者不计）的长度不得超过	30	45			
边筋和瓦爪的残缺边筋的残留高度不低于	2	2			
后爪残缺	不允许	允许一爪有缺，但不得大于爪高的1/3	混等率（指本等级中混入该等以下各等级产品的百分数）不得超过	2%	2%
前爪残缺	允许一爪有缺，但不得大于爪高的1/3	允许二爪有缺，但均不得大于爪高的1/3			
混等率（指本等级中混入该等以下各等级产品的百分数）不得超过	5%	5%			

（三）石棉瓦水泥瓦、脊瓦的技术指标（表 11-1-7）及外观质量指标（表 11-1-8）

石棉瓦水泥瓦、脊瓦的技术指标   表 11-1-7

物理力学性能指标	大波瓦	中波瓦		加筋中波瓦		小波瓦	脊瓦
		220号	190号	200号	150号	170号	
抗折力不得低于： 横向（N） 纵向（N）	3000 380	2200 400	1900 370	2000 450	1500 400	1700 700	— —
破坏荷重不低于（N）	—	—	—	—	—	—	600
吸水率不大于（%）	28.0	28.0	28.0	24.0	24.0	26.0	
抗冻性（次）	经25次冻融循环，不得有起层等破坏现象						

注：1. 在瓦的边缘上，贯穿瓦的裂纹称为断裂。
    2. 在瓦的断面上的分层现象称为起层。

石棉瓦水泥瓦、脊瓦的外观质量指标　　　　　　　　　表 11-1-8

	瓦的种类			大波瓦	中波瓦	加筋中波瓦	小波瓦	脊瓦
	外观质量要求			边缘整齐，表面平整，不得有起层、断裂等缺陷，杂物不得贯穿瓦的整个厚度；加筋中波瓦不得露筋，大波瓦不得起泡。				
外观缺陷允许范围	掉角(mm)	沿瓦边长不得超过		150	100	100	100	20
		宽度方向不得超过		70	45	45	30	20
		允许折损角数		一张瓦不得折损二个角				
	掉边(mm)	宽不得超过		20	15	15	15	不允许
	裂纹成型造成裂纹(mm)	正表面	宽度不得超过	1.5	1.5		1.5	
			长度不得超过	100	100		100	
		背面	宽度不得超过	2	2		2	
			长度不得超过	300	300		300	

三、石灰

（一）生石灰

1. 生石灰的分类及技术指标（表 11-1-9）

生石灰的分类及技术指标　　　　　　　　　表 11-1-9

名称	说明	按化学成分分类			技术指标						
		名称	钙质石灰	镁质石灰	项目	钙质生石灰			镁质生石灰		
			氧化镁含量(%)			一等	二等	三等	一等	二等	三等
生石灰（块）	由含碳酸钙较多的石灰石经高温锻烧而成的气硬性胶凝材料。其主要成分为氧化钙及氧化镁。前者含量≥75%，后者在10%～25%之间。生石灰一般为白色或黄灰色块状。单位体积重量约在800～1000kg/m³之间。	生石灰	≤5	>5	有效氧化钙加氧化镁含量不小于(%)	85	80	70	80	75	65
		消石灰粉	≤4	>4	未消化残渣含量(5mm圆孔筛的筛余)不大于(%)	7	11	17	10	14	20

注：1. 硅、铝、铁氧化物含量之和大于5%的生石灰，有效钙加氧化镁含量指标为一等≥75%；二等≥70%；三等≥60%。未消化残渣含量指标与镁质生石灰指标相同。
2. 将块状生石灰碾碎磨细所得的成品，称为生石灰粉。

2. 石灰体积和重量的换算表（表 11-1-10）

石灰体积和重量的换算表　　　　　　　　　表 11-1-10

石灰组成（块∶末）	在密实状态下每立方米石灰重量（kg）	每立方米熟石灰用生石灰数量（kg）	每 1000kg 生石灰消解后的体积（m³）	每立方米石灰膏用生石灰数量（kg）
10∶0	1470	355.4	2.814	—
9∶1	1453	369.6	2.706	—
8∶2	1439	382.7	2.613	571
7∶3	1426	399.2	2.505	602
6∶4	1412	417.3	2.396	636
5∶5	1395	434	2.304	674
4∶6	1379	455.6	2.195	716

续表

石灰组成（块：末）	在密实状态下每立方米石灰重量（kg）	每立方米熟石灰用生石灰数量（kg）	每1000kg生石灰消解后的体积（m³）	每立方米石灰膏用生石灰数量（kg）
3：7	1367	475.5	2.103	736
2：8	1354	501.5	1.994	820
1：9	1335	526.0	1.902	—
0：10	1320	557.7	1.793	—

（二）熟石灰（水化石灰或消石灰）

熟石灰粉的技术指标如表11-1-11所示。

熟石灰粉的技术指标　　　　表11-1-11

项　目		钙质熟石灰粉			镁质熟石灰粉		
		一等	二等	三等	一等	二等	三等
有效钙加氢化镁含量不小于（%）		65	60	55	60	55	50
含水率不小于（%）		4	4	4	4	4	4
细度	0.71mm方孔筛的筛余不大于（%）	0	1	1	0	1	1
	0.25mm方孔筛的累计筛余不大于（%）	13	20	—	13	20	—

四、砂

砂是混凝土或砂浆中的细骨料。砂可分为人工砂与天然砂。人工砂是用坚硬的大块岩石经人工或机械粉碎、筛选而成的。天然砂是由自然条件作用而形成的，它又分为海砂、河砂和山砂。其中河砂和山砂应用较多，通常称之为普通砂。砂的分类及质量要求如表11-1-12所示。

砂的分类及质量要求　　　　表11-1-12

种　类	质量要求	体积密度（kg/m³）
（1）按形成条件及环境区分：河砂、海砂、山砂 （2）按细度模数区分： 粗砂—M_x为3.7～3.1； 中砂—M_x为3.0～2.3； 细砂—M_x为2.2～1.6； 特细砂—M_x为1.5～0.7	（1）颗粒坚硬洁净 （2）黏土、泥灰、粉末等不得超过砂的3%；煤屑、云母等不得超过砂的0.5% （3）三氧化硫（SO_3）不得超过砂的1%（均以重量计）	（1）干燥状态：平均1500～1600 （2）堆积震动下紧密状态：1600～1700

注：M_x为砂的细度模数，详情参见国家标准《建筑用砂》（GB/T 14684—2001）中的有关规定。

五、石

（一）天然石材

凡自天然岩石中开采而得的毛料，或经加工制成块状或板状的石材，统称天然石材。

1. 常用天然石材的主要性质（表11-1-13）

常用天然石材的主要性质 表 11-1-13

名　称		花岗岩	石灰岩	砂岩	大理岩
体积密度(kg/m³)		2500～2700	1000～2600	2200～2500	2600～2700
强　度 (MPa)	抗压	120～250	22～140	47～140	70～110
	抗折	8.5～15	1.8～20	3.5～14	6～16
	抗剪	13～19	7～14	8.5～18	7～12
吸水率(%)		<1	2～6	<10	<1
膨胀系数(10^{-6}/℃)		5.6～7.34	6.75～6.77	9.02～11.2	6.5～10.12
平均重量磨耗率(%)		11	8	12	
耐用年限(年)		75～200	20～40	20～200	40～100

2. 天然石材的加工种类和应用（表 11-1-14）

天然石材的加工种类和应用 表 11-1-14

品　种		说　明	应　用
毛石	乱毛石	系由爆破直接获得的石块，形状不规则。	砌筑基础、墙身、挡土墙、堤坝，灌筑毛石混凝土。
	平毛石	将乱毛石略经加工，其形状基本上有六个面。	砌筑基础、勒脚、墙身、桥墩、涵洞等。
料石	毛料石	系由人工或机械开采的较规则的六面体石块，经人工凿琢加工而成。表面稍加修整。	用于墙身、踏步、地坪、砌拱等。
	粗料石	表面凹凸深度不大于 2cm。	
	半细料石	表面凹凸深度不大于 1cm。	
	细料石	表面凹凸深度不大于 0.2cm。	
花岗石板材		系由花岗石荒料加工制成的板材。	主要用于建筑工程的室内、外饰面。
大理石板材		系由大理石荒料经锯切、研磨、抛光、切割而成的板材	主要用于室内装饰

（二）人造石材

1. 建筑水磨石及其制品

建筑水磨石系以水泥和大理石米为主要原料，经成型、养护、研磨、抛光而成。具有美观、适用、强度高、施工方便等特点。预制制品有平板（饰面板）、窗台板、台面板、踢脚板、隔断板、踏步板等及水池、浴盆等制品。

2. 人造大理石或花岗石板

人造大理石或花岗石板系以石粉及石米（粒径小于 3mm）为主要填料，以树脂为粘合剂，在一定规格的模具上一次成型加工而成。仿天然大理石板的色泽、花纹者，称为"人造大理石板"，仿天然花岗石板的色泽、花纹者，称为"人造花岗石板"。

第二节　水泥、木材、钢材

一、水泥

（一）常用水泥的品种、强度等级与定义（表 11-2-1）

常用水泥的品种、定义与强度等级　　　　　表 11-2-1

品　种	水泥强度等级	定　义
硅酸盐水泥	42.5 42.5R 52.5 52.5R 62.5R	凡以适当成分的生料，烧至部分熔融，所得以硅酸钙为主要成分的硅酸盐水泥熟料，加入适量的石膏，磨细制成的水硬性胶凝材料，称为硅酸盐水泥。R 代表快硬型水泥（下同）。
普通硅酸盐水泥	32.5 32.5R 42.5 42.5R 52.5 52.5R	凡硅酸盐水泥熟料、少量混合材料、适量石膏磨细制成的水硬性胶凝材料，称为普通硅酸盐水泥。水泥中混合材料掺加量按重量百分比计算：掺活性混合材料时，不得超过 15%，其中允许用不超过 5% 的窑灰或不超过 10% 的非活性混合材料来代替。
矿渣水泥	32.5 32.5R 42.5 42.5R 52.5 52.5R	凡以硅酸盐水泥熟料和粒化高炉矿渣、适量石膏磨细制成的水硬性胶凝材料称为矿渣硅酸盐水泥。水泥中粒化高炉矿渣掺加量按重量百分比计为 20%～70% 允许用不超过混合材料总掺量 1/3 的火山灰质混合材料（包括粉煤灰）、石灰石、窑灰来代替部分粒化高炉矿渣（若为火山灰质混合材料不得超过 15%，若为石灰石不得超过 10%，若为窑灰不得超过 8%）。允许用火山灰质混合材料与石灰石，或与窑灰共同来代替矿渣，但代替的总量最多不得超过水泥重量的 15%，其中石灰石仍不得超过 10%，窑灰仍不得超过 8%，替代后水泥中的粒化高炉矿渣不得少于 20%。
火山灰水泥	32.5 32.5R 42.5 42.5R 52.5 52.5R	凡以硅酸盐水泥熟料和火山灰质混合材料、适量石膏磨细制成的水硬性胶凝材料，称为火山灰质硅酸盐水泥。水泥中火山灰质混合材料掺加量按重量百分比计为 20%～50%，允许掺加不超过混合材料总掺量 1H 的粒化高炉矿渣代替部分火山灰质混合材料，代替后水泥中的火山灰质混合材料不得少于 20%。
粉煤灰水泥	32.5 32.5R 42.5 42.5R 52.5 52.5R	凡以硅酸盐水泥熟料和粉煤灰、适量石膏磨细制成的水硬性胶凝材料称为粉煤灰硅酸盐水泥。水泥中粉煤灰掺加量按重量百分比计为 20%～40%，允许掺加不超过混合材料总掺量 1/3 的粒化高炉矿渣。此时混合材料总掺量可达 50%，但粉煤灰掺加量仍不得少于 20% 或超过 40%

（二）常用水泥的特性及适用范围（表 11-2-2）

常用水泥的特性及适用范围　　　　　表 11-2-2

水泥品种	特　性		使用范围	
	优　点	缺　点	适用于	不适用于
硅酸盐水泥、普通硅酸盐水泥	1. 早期强度高； 2. 凝结硬化快； 3. 抗冻性好； 4. 硅酸盐水泥和普通水泥在相同强度等级下，前者 3～7d 的强度高于后者 3%～7%。	1. 水化热较高； 2. 抗水性差； 3. 耐酸碱和硫酸盐类的化学侵蚀差。	1. 一般地上工程和不受侵蚀性作用的地下工程以及不受水压作用的工程； 2. 无腐蚀性水中的受冻工程； 3. 早期强度要求较高的工程； 4. 在低温条件下需要强度发展较快的工程。但每日平均气温在 4℃ 以下或最低气温在 -3℃ 以下时，应按冬季施工规定办理。	1. 水利工程的水中部分； 2. 大体积混凝土工程； 3. 受化学侵蚀的工程。

续表

水泥品种	特性		使用范围	
	优 点	缺 点	适用于	不适用于
火山灰水泥、粉煤灰水泥	1. 对硫酸盐类侵蚀的抵抗能力强； 2. 抗水性好； 3. 水化热较低； 4. 在湿润环境中后期强度的增进率较大； 5. 在蒸汽养护中强度发展较快。	1. 早期强度低，凝结较慢，在低温环境中尤甚； 2. 耐冻性差； 3. 吸水性大； 4. 干缩性较大。	1. 地下、水中工程及经常受较高水压的工程； 2. 受海水及含硫酸盐类溶液侵蚀的工程； 3. 大体积混凝土工程； 4. 蒸汽养护的工程； 5. 远距离运输的砂浆和混凝土。	1. 气候干热地区或难于维持20～30d内经常湿润的工程； 2. 早期强度要求高的工程； 3. 受冻工程。
矿渣水泥	1. 对硫酸盐类侵蚀的抵抗能力及抗水性较好； 2. 耐热性好； 3. 水化热低； 4. 在蒸汽养护中强度发展较快； 5. 在潮湿环境中后期强度增进率较大	1. 早期强度低，凝结较慢。在低温环境中尤甚； 2. 耐冻性较差； 3. 干缩性大，有泌水现象	1. 地下、水中及海水中的工程以及经常受高水压的工程； 2. 大体积混凝土工程； 3. 蒸汽养护的工程； 4. 受热工程； 5. 代替普通硅酸盐水泥用于地上工程，但应加强养护。亦可用于不常受冻融交替作用的受冻工程	1. 对早期强度要求高的工程； 2. 低温环境中施工，而无保温措施的工程

（三）常用水泥的选用（表11-2-3）

常用水泥的选用　　　　　　　　表11-2-3

工程特点及所处环境条件	优先选用	可以使用	不得使用
一般地上土建工程	硅酸盐水泥 普通水泥	矿渣水泥 火山灰水泥 粉煤灰水泥	
气候干热地区施工的工程	硅酸盐水泥 普通水泥	矿渣水泥	火山灰水泥 粉煤灰水泥
严寒地区施工的工程	硅酸盐水泥 普通水泥 快硬水泥	矿渣水泥	火山灰水泥 粉煤灰水泥
严寒地区水位升降范围内的混凝土工程	硅酸盐水泥 普通水泥 快硬水泥 抗硫酸盐水泥		矿渣水泥 火山灰水泥 粉煤灰水泥
大体积混凝土工程	硅酸盐大坝水泥 矿渣大坝水泥	矿渣水泥 火山灰水泥 粉煤灰水泥	
受蒸气养护的工程	矿渣水泥 火山灰水泥 粉煤灰水泥	硅酸盐水泥 普通水泥	

续表

工程特点及所处环境条件	优先选用	可以使用	不得使用
有耐磨性要求的混凝土	硅酸盐水泥	普通水泥 矿渣水泥	火山灰水泥 粉煤灰水泥
地下、水中的混凝土工程	矿渣水泥 火山灰水泥 粉煤灰水泥 抗硫酸盐水泥	硅酸盐水泥 普通水泥	
受海水及含硫酸盐类溶液侵蚀的工程	抗硫酸盐水泥 火山灰水泥 粉煤灰水泥	硅酸盐大坝水泥 矿渣大坝水泥 矿渣水泥	
早期强度要求较高的工程	硅酸盐水泥 块硬水泥 特快硬水泥	高级水泥 高强度等级普通水泥 高铝水泥	矿渣水泥 火山灰水泥 粉煤灰水泥
大于 C50 的高强度等级混凝土工程	高级水泥 高强度等级硅酸盐水泥 浇筑水泥	快硬水泥 特快硬水泥 高强度等级普通水泥	矿渣水泥 火山灰水泥 粉煤灰水泥
耐酸防腐蚀工程 耐铵防腐蚀工程	水玻璃型耐酸水泥 耐铵聚合物胶凝材料	硫磺耐酸胶凝材料	耐铵聚合物胶凝材料 水玻璃型耐酸水泥 硫磺耐酸胶凝材料
耐火混凝土工程	低钙铝酸盐耐火水泥 铝酸盐耐火水泥	矿渣水泥 高铝水泥	硅酸盐水泥 普通水泥
防水、抗渗工程	硅酸盐膨胀水泥 石膏矾土膨胀水泥	自应力水泥 硅酸盐水泥 普通水泥 火山灰水泥	矿渣水泥
防潮工程	防潮水泥	硅酸盐水泥 普通水泥	
油（气）井固井工程	油井水泥		
紧急抢修和加固工程	高级水泥 浇筑水泥 快硬水泥 特快硬水泥	高铝水泥 硅酸盐水泥 硅酸盐膨胀水泥 石膏矾土膨胀水泥	矿渣水泥 火山灰水泥 粉煤灰水泥
混凝土预制构件拼装锚固工程	高级水泥 浇筑水泥 快硬水泥 特快硬水泥	硅酸盐膨胀水泥 石膏矾土膨胀水泥 硅酸盐水泥	
自应力混凝土构件及制品	自应力水泥	硅酸盐水泥或普通水泥与高铝水泥配制	

续表

工程特点及所处环境条件	优先选用	可以使用	不得使用
保温、隔热工程	矿渣水泥 硅酸盐水泥 普通水泥	低钙铝酸盐耐火水泥 铝酸盐耐火水泥	
装饰工程	白水泥 彩色水泥	普通水泥 火山灰水泥	
特殊小机件、精密接缝工程	磷酸锌胶凝材料		

注：本表仅供参考。

（四）其他品种水泥

1. 快硬高强水泥

快硬高强水泥可分为高级水泥、快硬硅酸盐水泥、特快硬硅酸盐水泥、高铝水泥、浇筑水泥、硫铝酸盐超早强水泥。

2. 膨胀水泥

水泥在硬化过程中能够产生体积膨胀的水泥称为膨胀水泥。膨胀水泥可分为硅酸盐膨胀水泥、石膏矾土膨胀水泥和自应力水泥等。

3. 白色硅酸盐水泥

凡以适当成分的生料烧至部分熔融，所得以硅酸钙为主要成分，铁质含量少的熟料，加入适量石膏，磨细制成的白色水硬性胶凝材料，称为白色硅酸盐水泥（简称白水泥）。白水泥可分为32.5、42.5、52.5强度等级。它主要用于建筑物的内外装修，可配成白色和彩色灰浆、白色和彩色混凝土，制造各种颜色的水刷石、假大理石及水磨石等制品，也是配制彩色水泥的原料。

（五）水泥的保管

1. 不同生产厂、不同品种、不同强度等级和不同出厂日期的水泥，应分别堆放，不得混杂。

2. 水泥是怕潮物资，水泥受潮后凝结迟缓、强度降低。必须注意防潮。

3. 存放袋装水泥和带有集装盘、笼的袋装水泥的仓库，必须注意干燥，屋顶、墙壁、门窗都不得有漏雨渗水等情况，以免潮气侵入，导致水泥变质。

临时存放水泥，必须选择地势较高、干燥的场地或料棚，并做好上盖下垫工作。下垫要求在水泥或石头条墩或垫块上铺设木板，不要使用垫木代替水泥条墩或垫块，以免水分顺着垫木升至垛底，引起底部水泥受潮。

存放袋装水泥堆垛不宜太高，一般以10袋为宜，太高会使底层水泥受压过重，造成纸袋破裂或水泥结块。如果储存期较短，堆垛可适当加高，但最多不得超过15袋。

4. 散装水泥应储存在密封的中转库、接收站或钢板罐中，并须有严格的防潮、防漏措施，顶部仓口或罐口须特别注意，勿使雨水漏入。临时性储存可用各种简易储库，储库的地面应高于周围地面30cm以上，并铺以垫木板和油毡隔潮。

5. 水泥的储存，要合理安排库内出入通道和堆存位置，使到货的水泥能依次排列，实行先进先出的发放原则，亦可采用双堆法，将水泥分成甲乙两堆，甲堆进货时，乙堆发贷，乙堆发完货，再发甲堆货，以保证先进先出，合理周转，并可避免部分水泥因长期积压在不易运出的角落内，造成受潮变质。

6. 水泥储存期不宜过长，以免受潮变质或降低强度。储存期按出厂日期起，一般水泥为三个月，高铝水泥为两个月，高级水泥为一个半月，快硬水泥为一个月。水泥超过储存期必须重新化验，根据化验的指标情况，决定是否继续使用或降低强度等级使用或在次要工程部位使用。

7. 水泥与石灰、石膏、白垩、黏土、农药、化肥等粉状物料不能混存在同一库内，以免互相混杂，造成工程事故和损失。

8. 水泥受潮后不能简单地报废，也不能按原强度等级使用，应区别受潮的轻重程度作不同的处理。

二、木材

（一）木材的分类（表11-2-4）

木材的分类　　　　　　　　表11-2-4

分类标准	分类名称	说　　明	主要用途
按树种分类	针叶树	树叶细长如针，多为常绿树。材质一般较软，有的含树脂，故又称软材。如：红松、落叶松、云杉、冷杉、杉木、柏木等，都属此类。	建筑工程，桥梁，家具，造船，电杆，坑木，枕木，桩木等。
	阔叶树	树叶宽大，叶脉成网状；大都为落叶树，材质较坚硬，故称硬材。如：樟木、榉木、水曲柳、青冈、柚木、山毛榉、色木等，都属此类。也有少数质地较软的，如桦木、椴木、山杨、青杨等，属于此类。	建筑工程，桥梁，枕木，家具，坑木及胶合板等。
按材种分类	原条	系指已经除去皮、根、树梢的木料，但尚未按一定尺寸加工成规定的材类。	建筑工程的脚手架，建筑用材，家具等。
	原木	系指已经除去皮、根、树梢的木料，并按一定尺寸加工成规定直径和长度的材料。	1. 直接使用的原木：用于建筑工程（如屋架、檩、椽等）、桩木、电杆、坑木等； 2. 加工原木：用于胶合板及一般加工用材等。
	板枋材	系指已经加工锯解成材的木料。凡宽度为厚度三倍或三倍以上的，称为板材，不足三倍的称为枋材。	建筑工程，桥梁，家具，包装箱板等。
	枕木	系指按枕木断面和长度加工而成的成材	铁道工程，工厂专用线

注：目前原木、原条、有的去上皮。但不去皮者，其皮不计在木材体积以内。

(二) 板、枋材的分类 (表 11-2-5)

板、枋材的分类　　　　　表 11-2-5

分	按宽、厚尺寸比例分类	按板材厚度；枋材宽、厚乘积分类			
		名称	薄板	中板	厚板	特厚板
板材	宽≥3×厚	厚度(mm)	≤18	19～35	36～65	≥66
		名称	小枋	中枋	大枋	特大枋
枋材	宽<3×厚	宽×厚(cm²)	≤54	55～100	101～225	≥226

(三) 常用木材的主要特性 (表 11-2-6)

常用木材的主要特性　　　　　表 11-2-6

树　种	主　要　特　征
落叶松	干燥较慢，易开裂，早晚材硬度及收缩差异均大，在干燥过程中易轮裂，耐腐性强。
陆均松(泪松)	干燥较慢，干燥不当易翘曲，耐腐性强，心材耐白蚁。
云杉类木材	干燥快，干后不易变形，收缩较大，耐腐性中等。
软木松	系五针松类，如红松、华山松、广东松、台湾五针松、新疆红松等。干燥快，不易开裂或变形，收缩小，耐腐性中等，边材易呈蓝变色。
硬木松	系二针或三针松类，如马尾松、云南松、赤松、高山松、黄山松、樟子松、油松等。干燥时易翘裂，不耐腐，最易受白蚁危害，边材蓝变色最常见。
铁杉	干燥较易，耐腐性中等。
青冈(槠木)	干燥困难，较易开裂，可能劈裂，收缩颇大，质重且硬，耐腐性强。
栎木(柞木)桐木	干燥困难，易开裂，收缩甚大，强度高，质量且硬，耐腐性强。
水曲柳	干燥困难，易翘裂，耐腐性较强。
桦木	干燥较易，不翘裂，但不耐腐

(四) 木材的选用 (表 11-2-7)

建筑工程常用木材树种的选用和材质要求　　　　　表 11-2-7

使用部位	材质要求	建议选用的树种
屋架(包括：木梁、格栅、桁条、柱)	要求纹理直、有适当的强度、耐久性好、钉着力强、干缩小的木材。	黄杉、铁杉、云南铁杉、云杉、红皮云杉、细叶云杉、鱼鳞云杉、紫果云杉、冷杉、杉松冷杉、吴冷杉、油杉、云南油杉、兴安落叶松、四川红杉、红杉、长白落叶松、金钱松、华山松、白皮松、红松、广东松、黄山松、马尾松、樟子松、油松、云杉、水杉、柳杉、杉木、福建柏、侧柏、柏木、桧木、响叶杨、青杨、辽杨、小叶杨、毛白杨、山杨、樟木、红楠、楠木、木荷、西南木荷、大叶桉等。
墙板、镶板、天花板	要求具有一定强度、质较轻和有装饰价值花纹的木材。	除以上树种外，还有异叶罗汉松、红豆杉、野核桃、核桃楸、胡桃、山核桃、长柄山毛榉、栗、珍珠栗、木槠、红椎、拷树、苦槠、包栎树、铁槠、面槠、槲栎、白栎、柞栎、麻栎、小叶栎、白克木、悬铃木、皂角、香椿、刺槐、蚬木、金丝李、水曲柳、枷楸树、红楠、楠木等。

续表

使用部位	材质要求	建议选用的树种
门窗	要求木材容易干燥、干燥后不变形、材质较轻、易加工、油漆、胶粘性质良好，并具有一定花纹和材色的木材。	异叶罗汉松、黄杉、铁杉、云南铁杉、云杉、红皮云杉、细叶云杉、鱼鳞云杉、紫果云杉、冷杉、杉松冷杉、臭冷杉、油杉、云南油杉、杉木、楠木、华山松、白皮松、红松、广东松、七裂槭、色木槭、青榨槭、满州槭、紫锻、椴木、大叶桉、水曲柳、野核桃、核桃楸、胡桃、山核桃、枫杨、枫桦、红桦、黑桦、亮叶桦、香桦、白桦、长柄山毛榉、栗、珍珠栗、红楠、楠木等。
地板	要求耐腐、耐磨、质硬和具有装饰花纹的木材。	黄杉、铁杉、云南铁杉、油杉、云南油杉、兴安落叶松、四川红杉、长白落叶松、红杉、黄山松、马尾松、樟子松、油松、云南松、柏木、山核桃、枫桦、红桦、黑桦、亮叶桦、香桦、白桦、长柄山毛榉、栗、珍珠栗、米槠、红槠、栲树、苦槠、包栎树、铁槠、槲栎、白栎、柞栎、麻栎、小叶栎、蚬木、花桐木、红豆木、槭、水曲柳、大叶桉、七裂槭、色木槭、青榨槭、满州槭、金丝李、红松、红楠、楠木等。
缘子、挂瓦条、平顶筋、灰板条、墙筋等	要求纹理直、无翘曲、钉钉时不劈裂的木材。	通常利用制材中的废材，以松、杉树种为主。
电杆横担木	要求纹理直、强度大、耐久、不劈裂的木材。	红椎、包栎树、铁槠、面槠、槲栎、白栎、柞栎、麻栎、小叶栎、栓皮栎、槐、刺槐、水曲柳等。
电杆	要求树干长而直、具有适当的强度、耐久性好的木材。	杉木、红豆杉、云杉、红皮云杉、细叶云杉、鱼鳞云杉、紫果云杉、冷杉、杉松冷杉、臭冷杉、兴安落叶松、四川红杉、长白落叶松、红杉、马尾松、樟子松、油松、云南松、铁杉、云南铁杉、柳杉、桧木、侧柏、栗、珍珠栗、大叶桉等。
桩木、坑木	要求抗剪、抗劈、抗压。抗冲击力好、耐久、纹理直，并具有高度天然抗害性能的木材。	红豆杉、云杉、红皮云杉、细叶云杉、鱼鳞云杉、紫果云杉、冷杉、杉松冷杉、臭冷杉、铁杉、云南铁杉、黄杉、油杉、云南油杉、兴安落叶松、四川红杉、长白落叶松、红杉、华山松、白皮松、红松、广东松、黄山松、马尾松、樟子松、油松、云南松、杉木、桧木、柏木、包栎树、铁槠、面槠、槲栎、白栎、柞栎、麻栎、小叶栎、栓皮栎、栗、珍珠栗、春榆、大叶榆、大果榆、椰榆、白榆、光叶榉、金丝李、樟子、檫木、山合欢、大叶合欢、皂角、槐、刺槐、大叶桉等。
枕木	要求抗冲击、耐磨、具有适当强度、耐腐蚀性能好的木材。	红豆杉、黄杉、铁杉、云南铁杉、油杉、云南油杉、兴安落叶松、四川红杉、长白落叶松、红杉、油松、马尾松、红松、云南松、华山松、云杉、冷杉、杉木、桧木、柏木、侧柏、枫桦、红桦、黑桦、亮叶桦、香桦、白桦、栗、珍珠栗、长柄山毛榉、包栎树、铁槠、谢栎、白栎、柞栎、麻栎、小叶栎、白克木、枫香、槐、刺槐、黄菠萝、大叶榆、春榆、大果榆椰榆、白榆、大叶桉、梓树、楸树、七裂槭、色木槭、青榨槭、满州槭等。
装饰材	要求材色悦目、具有美丽的花纹、加工性质良好切面光滑、油漆和胶粘性质均好、不劈裂的木材。	银杏、红豆杉、异叶罗汉松、云杉、红皮云杉、细叶云杉、鱼鳞云杉、紫果云杉、红松、桧木、福建柏、侧柏、柏木、响叶杨、青杨、大叶杨、辽杨、小叶杨、毛白杨、山杨、旱柳、胡桃、野核桃、核桃楸、山核桃、枫杨、枫桦、红桦、黑桦、亮叶桦、香桦、白桦、长柄山毛榉、栗、珍珠栗、包栎树、铁槠、槲栎、白栎、柞栎、麻栎、小叶栎、春榆、大叶榆、大果榆、椰榆、白榆、光叶榉、樟木、红楠、楠木、擦木、白克木、枫香、悬铃木、金丝李、大叶合欢、皂角、花桐李、红豆木、黄檀、黄菠萝、香椿、七裂槭、色木槭、青榨槭、满洲槭、蚬木、紫锻、大叶枝、水曲柳、楸树等。

三、建筑钢材

（一）钢的分类

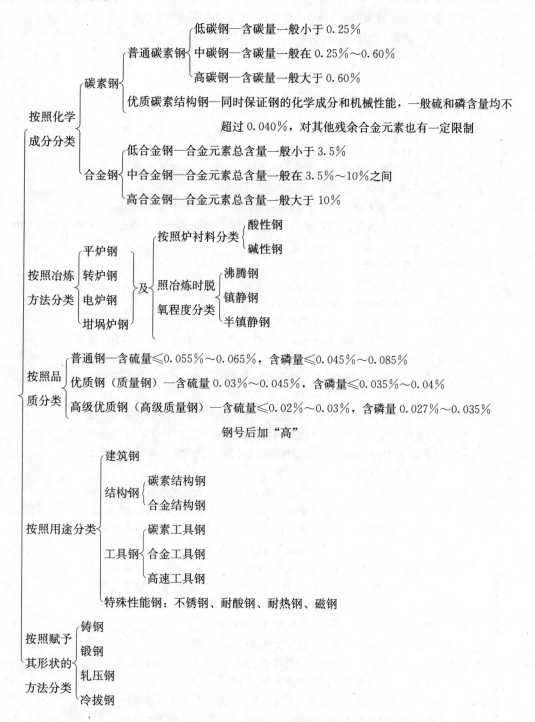

(二) 钢材的分类

- 钢材
  - 钢轨
    - 重轨—每米重量＞24kg 的钢轨
    - 轻轨—每米重量≤24kg 的钢轨
    - 重轨配件—包括重轨用的鱼尾板及垫板，不包括道钉等配件及轻轨配件
  - 型钢
    - 大型型钢
      - 圆钢、方钢、六角钢、八角钢—直径或对边距离≥81mm
      - 扁钢—宽度≥101 mm
      - 工字钢、槽钢（包括 I、U、T、Z 字钢）—高度≥180mm
      - 等边角钢—边宽≥150mm
      - 不等边角钢—边宽≥100mm×150mm
    - 中型型钢
      - 圆钢、方钢、螺纹钢、六角钢、八角钢—直径或对边距离为 38～80mm
      - 扁钢—宽度为 60～100mm
      - 工字钢、槽钢（包括 I、U、T、Z 字钢）—高度＜180mm
      - 等边角钢—边宽为 50～149mm
      - 不等边角钢—边宽为（40mm×60mm）～（99mm×149mm）
    - 小行型钢
      - 圆钢、方钢、螺纹钢、六角钢、八角钢等边角钢—直径或对边距离为 10～37mm
      - 扁钢—宽度≤59mm
      - 等边角钢—边宽为 20～49m
      - 不等边角钢—边宽（20mm×30mm）～（39mm×59mm）
      - 异形断面钢—钢窗料包括在此类
  - 线材—指直径 5～9mm 的盘条及直条线材（由轧钢机热轧的）。包括普通线材和优质线材。各种钢丝（由拉丝机 81mm 冷拉的）不论直径大小，均不包括在内
  - 带钢（钢带）—包括冷轧和热轧的。分为普通碳素带钢、优质带钢及镀锡带钢三种
  - 中厚钢板—指厚度大于 4mm 的钢板。包括普通厚钢板（如普通碳素钢钢板、低合金钢钢板、桥梁钢板、花纹钢板及锅炉钢板等）和优质钢厚钢板（如碳素结构钢钢板、合金结构钢钢板、不锈钢钢板、弹簧钢钢板及各种工具钢钢板等）
  - 薄钢板—指厚度小于或等于 4mm 的钢板。包括普通薄钢板（如普通碳素钢薄钢板、花纹薄钢板及酸洗薄钢板等）、优质薄钢板（如碳素结构钢薄钢板、合金结构钢薄钢板、不锈钢薄钢板及各种工具钢薄钢板等）和镀层薄钢板（如镀锌薄钢板、镀锡薄钢板及镀铅薄钢板等）
  - 优质型材—指用优质钢热轧、锻压和冷拉而成的各种型钢（圆、方、扁及六角钢）。包括碳素结构型钢（包括易切结构钢、冷镦钢等）、碳素工具型钢、合金结构型钢、合金工具型钢、高速工具钢、滚珠轴承钢、弹簧钢、特殊用途钢、低合金结构钢及工业纯铁
  - 无缝钢管—指热轧和冷轧、冷拔的无缝钢管和镀锌无缝钢管
  - 接缝钢管—包括焊接钢管（如电焊管、气焊管、炉焊管及其他焊接钢管等）、冷拔焊接管、优质钢焊接管和镀锌焊接管等
  - 其他钢材—指不属于上述各项的钢材，如轻轨配件、轧制车轮等其他钢材。但不包括由钢锭直接锻成的锻钢件及钢丝、钢丝绳、铁丝等金属

(三)钢筋的分类

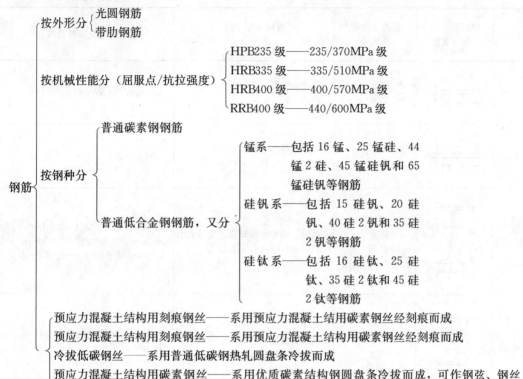

(四)钢材的规格表示及理论重量换算公式(表 11-2-8)

钢材的规格表示及理论重量换算公式　　　　表 11-2-8

名称	横断面形状及标注方法	各部分称呼及代号	规格表示方法（mm）	理论重量换算公式
圆钢、钢丝		d—直径	直径 例：$\phi 25$	$w=0.00617 \times d^2$
方钢		a—边宽	边长 例：50^2 或 50×50	$w=0.00785 \times a^2$
六角钢		a—对边距离	对边距离 例：25	$w=0.0068 \times a^2$
六角中空钢		d—芯孔直径 D—内切圆直径	内切圆直径 例：25	$w=0.0068 \times D^2 - 0.00617 \times d^2$

续表

名　称	横断面形状及标注方法	各部分称呼及代号	规格表示方法（mm）	理论重量换算公式
扁钢		δ—厚度 b—宽度	厚度×宽度 例：6×20	$w=0.00785\times b\times\delta$
钢板		δ—厚度 b—宽度	厚度或厚度×宽度×长度 例：9 或 9×1400×1800	$w=7.85\times\delta$
工字钢		h—高度 b—腿宽 d—腰厚 N—型号	高度×腿宽×腰厚或以型号表示 例：100×68×4.5 或 10 号	a. $w=0.00785\times d[h+3.34(b-d)]$ b. $w=0.00785\times d[h+2.65(b-d)]$ c. $w=0.00785\times d[h+2.26(b-d)]$
槽钢		h—高度 b—腿宽 d—腰宽 N—型号	高度×腿宽×腰厚或型号表示 例：100×48×5.3 或 10 号	a. $w=0.00785\times d[h+3.26(b-d)]$ b. $w=0.00785\times d[h+2.44(b-d)]$ c. $w=0.00785\times d[h+2.24(b-d)]$
等边角钢		b—边宽 d—边厚	边宽^2×边厚 例：75^2×10 或 75×75×10	$w=0.00795\times d(2b-d)$
不等边角钢		B—长边宽度 b—短边宽度 d—边厚	长边宽度×短边宽度×边厚 例：100×75×10	$w=0.00795\times d(B+b-d)$
无缝钢管或电焊钢管		D—外径 t—壁厚	外径×壁厚×长度—型号或外径×壁厚 例：102×4×700—20 号或 102×4	$w=0.02466\times t\times(D-t)$

注：1. 钢的比重为 7.85。
2. w 为每米长度（钢板公式中指每平方米）的理论重量（kg）。
3. 螺纹钢筋的规格以计算直径表示，预应力混凝土用钢绞线以公称直径表示，水、煤气输送钢管及电线套管以公称口径或英寸表示。

(五)钢筋的计算截面面积及公称质量(表 11-2-9)

钢筋的计算截面面积及公称质量　　表 11-2-9

直径 d (mm)	不同根数钢筋的计算截面面积 (mm²)									单根钢筋公称质量 (kg/m)
	1	2	3	4	5	6	7	8	9	
3	7.1	14.1	21.2	28.3	35.3	42.4	49.5	56.5	63.6	0.055
4	12.6	25.1	37.7	50.2	62.8	75.4	87.9	100.5	113	0.099
5	19.6	39	59	79	98	118	138	157	177	0.154
6	28.3	57	85	113	142	170	198	226	255	0.222
6.5	33.2	66	100	133	166	199	232	265	299	0.260
8	50.3	101	151	201	252	302	352	402	453	0.395
8.2	52.8	106	158	211	264	317	370	423	475	0.432
10	78.5	157	236	314	393	471	550	628	707	0.617
12	113.1	226	339	452	565	678	791	904	1017	0.888
14	153.9	308	461	615	769	923	1077	1230	1387	1.21
16	261.1	402	603	804	1005	1206	1407	1608	1809	1.58
18	254.5	509	763	1017	1272	1526	1780	2036	2290	2.00
20	314.2	628	941	1256	1570	1884	2200	2513	2827	2.47
22	380.1	760	1140	1520	1900	2281	2661	3041	3421	2.98
25	490.9	982	1473	1964	2454	2945	3436	3927	4418	3.85
28	615.3	1232	1847	2463	3079	3695	4310	4926	5542	4.83
30	706.9	1413	2121	2827	3534	4241	4948	5655	6362	5.55
32	804.3	1609	2418	3217	4021	4826	5630	6434	7238	6.31
36	1017.9	2026	3054	4072	5089	6107	7125	8143	9161	7.99
40	1256.1	2513	3770	5027	6283	7540	8796	10053	11310	9.87
50	1964	3928	5892	7856	9820	11784	13748	15712	17676	15.42

注：表中直径 $d=8.2$mm 的计算截面面积及公称质量仅适用于有纵肋的热处理钢筋。

(六)钢材的验收及保管

1. 严格验收

通过严格验收确定钢材在入库时的数量和质量状态，是保证该材料在保管期间数量准确、质量完好的先决条件。严格验收，首先应认真核对资料与实物标志，应将随货凭证及有关技术资料与实物标志严加核对。其次应检查材料包装有无异状，检查材料外观有无质量变化，并须注意检查材料有无受潮、雨淋等现象。只有这样严格验收，才能保证钢材的保管质量。

2. 合理选择保管条件

大型钢材因轻度锈蚀对实际使用影响不大或无影响，因此可以放在露天保管；中型钢材、钢筋可放在料棚保管；小型钢材、薄钢板则必须放在库房内保管。

3. 妥善码垛

妥善码垛对库存钢材的保管质量影响甚大，一般应采用下列措施：

(1) 有序堆码：将不同品种、规格、型号、牌号、等级、批次、炉号的钢材分别堆垛，以免混淆。

(2) 定量堆码：将钢材按垛、行、层等定量堆放，以利清点及日常发料。

(3) 稳固垛形：在保持钢材有良好的通风条件下，尽管使料垛与地面、材料与材料之间有较大的接触面积，以保证料垛稳固，不致倒塌。

(4) 垛高适当：一般来说，增加钢材的码垛高度是提高仓库容量利用率的有效办法之一。但必须注意，码垛高度应当适当，不应超过地面和材料本身的载重能力，以免造成事故。另外，码垛过高，势必造成搬运、取料不便。

4. 坚持日常维护保养

维护保养，贵在坚持，一般包括下列几项内容：

(1) 库房内应保持清洁，地面如系土地，应随时注意铲除杂草。
(2) 各种钢材应随时以适当苫盖。
(3) 经常检查排水沟是否畅通，遇有堵塞，应随时疏通。

第三节　混凝土、建筑砂浆

一、混凝土

(一) 混凝土的分类 (表11-3-1)

混凝土的分类　　　　　表11-3-1

总称	不同分类	各分类混凝土
混凝土	按胶凝材料分类	水泥混凝土，沥青混凝土，水玻璃混凝土。
	按密度分类	重混凝土密度＞2500kg/m³，如重晶石混凝土、钢屑混凝土；普通混凝土密度1900～2500 kg/m³，简称混凝土；轻混凝土密度＜1900 kg/m³，如轻骨料混凝土、大孔混凝土、泡沫混凝土等。
	按强度分类	普强混凝土强度等级≤C45；高强混凝土 C50＜强度等级≤C70；超高强混凝土强度等级≥C80。
	按用途分类	结构混凝土、道路混凝土、隧道混凝土、大坝混凝土、耐热混凝土、耐酸混凝土、防水混凝土、防辐射混凝土。
	按流动性分类	干硬性混凝土、低流动性混凝土、塑性混凝土、流态混凝土。
	按施工方式分类	现浇混凝土、预制混凝土、大体积混凝土、喷射混凝土、泵送混凝土、坝工混凝土

(二) 各龄期混凝土强度的增长值 (表11-3-2)

混凝土强度随龄期增长值　　　　　表11-3-2

龄期	7d	28d	3个月	6个月	1年	2年	4～5年	20年
混凝土强度	0.6～0.75	1	1.25	1.5	1.75	2	2.25	3.00

(三) 混凝土施工参考用表

1. 碎石混凝土水灰比选择表 (表11-3-3)

碎石混凝土水灰比选择表

表 11-3-3

水灰比 \ 28d(MPa)	硅酸盐和普通水泥			矿渣、火山灰质水泥	
	32.5	42.5	52.5	32.5	42.5
0.40	43.1	53.2	63.4	41.0	50.7
0.41	41.7	51.5	61.4	39.7	49.1
0.42	40.4	49.9	59.5	38.5	47.5
0.43	39.2	48.4	57.6	37.3	46.1
0.44	38.0	47.0	55.9	36.2	44.7
0.45	36.9	45.6	54.3	35.1	43.3
0.46	35.8	44.2	52.7	34.1	42.1
0.47	34.8	43.0	51.1	33.1	40.8
0.48	33.8	41.7	49.7	32.1	39.7
0.49	32.8	40.6	48.3	31.2	38.6
0.50	31.9	39.4	47.0	30.3	37.5
0.51	31.1	38.4	45.7	29.5	36.4
0.52	30.2	37.3	44.4	28.7	35.4
0.53	29.4	36.3	43.2	27.9	34.5
0.54	28.6	35.4	42.1	27.2	33.6
0.55	27.9	34.4	41.0	26.4	32.7
0.56	27.2	33.5	39.9	25.8	31.8
0.57	26.5	32.7	38.9	25.1	31.0
0.58	25.8	31.8	37.9	24.4	30.2
0.59	25.1	31.0	36.9	23.8	29.4
0.60	24.5	30.3	36.0	23.2	28.7
0.61	23.9	29.5	35.1	22.6	27.9
0.62	23.3	28.8	34.3	22.1	27.2
0.63	22.7	28.1	33.4	21.5	26.6
0.64	22.2	27.4	32.6	21.0	25.9
0.65	21.6	26.7	31.8	20.5	25.3
0.66	21.1	26.1	31.0	20.0	24.7
0.67	20.6	25.5	30.3	19.5	24.1
0.68	20.1	24.9	29.6	19.0	23.5
0.69	19.6	24.3	28.9	18.6	22.9
0.70	19.2	23.7	28.2	18.1	22.4
0.71	18.7	23.1	27.5	17.7	21.9
0.72	18.3	22.6	26.9	17.3	21.3
0.74	17.5	21.6	25.7	注:粉煤灰水泥同	

2. 卵石混凝土水灰比选择表（表 11-3-4）

卵石混凝土水灰比选择表　　　　　表 11-3-4

水灰比 \ 28d(MPa)	硅酸盐和普通水泥			矿渣、火山灰质水泥	
	32.5	42.5	52.5	32.5	42.5
0.40	38.5	47.6	56.6	39.1	48.2
0.41	37.4	46.2	54.9	37.8	46.6
0.42	36.3	44.8	53.3	36.5	45.1
0.43	35.2	43.5	51.8	35.3	43.7
0.44	34.2	42.3	50.3	34.2	42.3
0.45	33.3	41	43.9	33.1	40.9
0.46	32.4	40.0	47.6	32.1	39.7
0.47	31.5	38.9	46.3	31.1	38.4
0.48	30.7	37.9	45.1	30.2	37.3
0.49	29.8	36.9	43.9	29.3	36.2
0.50	29.1	35.9	42.8	28.4	35.1
0.51	28.3	35.0	41.7	27.6	34.1
0.52	27.6	34.1	40.6	26.8	33.1
0.53	26.9	33.3	39.6	26.0	32.1
0.54	26.3	32.5	38.7	25.2	31.2
0.55	25.6	31.7	37.7	24.5	30.3
0.56	25.0	30.9	36.8	23.8	29.5
0.57	24.4	30.2	35.9	23.2	28.6
0.58	23.9	29.5	35.1	22.5	27.8
0.59	23.3	28.8	34.3	21.9	27.1
0.60	22.8	28.3	33.5	21.3	26.3
0.61	22.3	27.5	32.8	20.7	25.6
0.62	21.8	26.9	32.0	20.2	24.9
0.63	21.3	26.3	31.3	19.6	24.2
0.64	20.8	25.7	30.6	19.1	23.6
0.65	20.4	25.2	30.0	18.6	22.9
0.66	19.9	24.6	29.3	18.1	22.3
0.67	19.5	24.1	28.7	17.6	21.7
0.68	19.1	23.6	28.1	17.1	21.2
0.69	18.7	23.1	27.5	16.7	20.6
0.70	18.3	22.6	26.9	16.2	20.1
0.71	17.9	22.1	26.3	15.8	19.5
0.74	16.8	20.8	24.8	注:粉煤灰水泥同	

3. 零星碎石混凝土配合比参考表（表 11-3-5）

零星碎石混凝土配合比参考表　　　　表 11-3-5

混凝土强度等级	水泥强度等级	石子规格（mm）	水灰比	重量配合比 水泥：砂：石	水泥用量（kg/m³）	含砂率（%）
C20	32.5	13～40	0.60	1：2.07：4.25	300	33.5
C20	32.5	6～13	0.60	1：2.04：3.60	325	37
C25	32.5	13～40	0.52	1：1.70：3.66	346	32.5
C25	32.5	13～25	0.52	1：1.74：3.41	356	34.5
C30	32.5	13～40	0.46	1：1.41：3.25	391	31
C30	32.5	6～25	0.46	1：1.44：3.03	402	33
C30	42.5	13～40	0.53	1：1.74：3.74	340	32.5
C30	42.5	6～25	0.53	1：1.78：3.49	349	34.5
C40	42.5	6～25	0.43	1：1.25：2.88	430	34

4. 零星卵石混凝土配合比参考表（表 11-3-6）

零星卵石混凝土配合比参考表　　　　表 11-3-6

混凝土强度等级	水泥强度等级	石子规格（rnm）	水灰比	重量配合比 水泥：砂：石	水泥用量（kg/m³）	含砂率（%）
C20	32.5	13～40	0.57	1：1.89：4.57	298	30
C20	32.5	6～25	0.57	1：1.91：4.29	307	31.5
C25	32.5	13～40	0.49	1：1.49：3.88	347	28.5
C25	32.5	6～25	0.49	1：1.53：3.69	357	30
C30	32.5	6～25	0 43	1：1.24：3.23	407	28.5
C30	42.5	6～25	0.50	1：1.59：3.75	350	30.5

注：以中砂比重 2.56。石子比重 2.65 编制，设计混凝土强度等级提高 116%，坍落度 1～3cm。石子可用两种规格搭配使用（小 30%，大 70%）。

5. 水泥用量换算参考表（表 11-3-7）

水泥用量换算参考表　　　　表 11-3-7

水泥强度等级	换算增减系数	
	32.5	42.5
32.5	1.00	0.88
42.5	1.13	1.00

【例题】 原计划用 32.5 级水泥 100t，现供应 42.5 级水泥需用多少吨？

【解】 从纵坐标 32.5 级和横坐标 42.5 级的交点中查到系数为 0.88，故所需 42.5 级水泥 88t。

（四）混凝土配合比设计

1. 几个参数的确定（表 11-3-8，表 11-3-9）

混凝土灌筑时的坍落度　　　　表 11-3-8

项次	结构种类	坍落度
1	基础或地面等的垫层；无配筋的厚大结构（挡土墙、基础）或厚大的块体等）或面筋稀疏的结构	10～30
2	板、梁和大型及中型截面的柱子等	30～50
3	配筋密列的结构（薄壁、斗仓、筒仓、细柱等）	50～70
4	配筋特密的结构	70～90

普通混凝土最大水灰比、最小水泥用量的一般规定　　　　表 11-3-9

混凝土所处的环境条件		结构物类别	最大水灰比			最小水泥用量（kg/m³）		
			素混凝土	钢筋混凝土	预应力混凝土	素混凝土	钢筋混凝土	预应力混凝土
1. 干燥环境		正常的居住或办公用房室内环境	不作规定	0.65	0.60	200	260	300
2. 潮湿环境	无冻害	高湿度的室内部件，室外部件，在非侵蚀性土和（或）水中的部件	0.70	0.60	0.60	225	280	300
	有冻害	经受冻害的室外部件在非侵蚀性土和（或）水中且经受冻害的部件，高湿度且经受冻害的室内部件	0.55	0.55	0.55	250	280	300
3. 有冻害和除冰剂的潮湿环境		经受冻害和除冰剂作用的室内和室外部件	0.50	0.50	0.50	300	300	300

注：1. 本表所列水灰比，系指水与水泥（包括外掺混合材料）用量之比；
2. 表中最小水泥用量（包括外掺混合材料），当用人工捣实时应增加 25kg/m³，当掺用外加剂且能有效地改善混凝土的和易性时，水泥用量可减少 25kg/m³；
3. 强度等级≤C10 的混凝土，其最大水灰比和最小水泥用量可不受本表的限制。

2. 混凝土配合比设计举例

【例题】　某房屋的现浇钢筋混凝土梁，混凝土设计强度等级为 C20，施工要求坍落度 30～50mm，所用原材料：

水泥：普通水泥，水泥强度等级为 32.5 级，水泥密度 $\rho_c = 3100 \text{kg/m}^3$；

砂子：中砂，级配合格，表观密度 $\rho_s = 2650 \text{kg/m}^3$，在工地含水率为 4%；

石子：碎石，连续级配合格，最大粒径为 20mm，表观密度 $\rho_g = 2730 \text{kg/m}^3$，在工地含水率为 2%；

水：自来水。

试设计混凝土的配合比。

【解】

1. 计算初步配合比

(1) 确定混凝土配制强度（$f_{cu,0}$）

$$f_{cu,0} \geqslant f_{cu,k} + 1.645\sigma \approx 28\text{MPa}$$

式中 $f_{cu,0}$——混凝土配制强度（MPa）；

$f_{cu,k}$——混凝土立方体抗压强度标准值（MPa）；

σ——混凝土强度标准差（MPa）。

如施工单位无历史统计资料时，混凝土强度标准差 σ 值可按表 11-3-10 取值。

σ_0 取值表   表 11-3-10

混凝土设计强度等级	低于 C20	C20～C35	高于 C35
标准差 σ（MPa）	4.0	5.0	6.0

注：上表摘自现行国家标准 GB 50204。

(2) 计算水灰比（W/C）

干硬性混凝土的用水量（kg/m³）   表 11-3-11

拌合物稠度		卵石最大粒径（mm）			碎石最大粒径（mm）		
项目	指标	10	20	40	16	20	40
维勃稠度（s）	16～20	175	160	145	180	170	155
	11～15	180	165	150	185	175	160
	5～10	185	170	155	190	180	165

注：1. 上表中的用水量系采用中砂时的平均值。如采用细砂（粗砂）时，每立方米混凝土用水量可增加（减少）5～10kg。当掺用各种外加剂或掺合料时，用水量应相应调整。

2. 水灰比小于 0.40 的混凝土以及采用特殊成型工艺（如碾压混凝土等）的混凝土用水量应通过试验确定。

塑性混凝土的用水量（kg/m³）   表 11-3-12

拌合物稠度		卵石最大粒径（mm）				碎石最大粒径（mm）			
项目	指标	10	20	31.5	40	16	20	31.5	40
坍落度（mm）	10～30	190	170	150	200	185	175	165	
	35～50	200	180	160	210	195	185	175	
	55～70	210	190	170	220	205	195	185	
	75～90	215	195	175	230	215	205	195	

注：同表 11-3-11。

1) 按强度要求计算水灰比

当设计混凝土强度等级＜C50 时，可按下式计算：

$$f_{ce} = \gamma_c \cdot f_{ce,g} = 1.13 \times 32.5 = 36.7\text{MPa}$$

式中 f_{ce}——水泥 28d 抗压强度实测值（MPa）；

γ_c——水泥强度等级标准值的富余系数，可按实际统计资料确定，无统计资料时可取全国平均值 1.13；

$f_{ce,g}$——水泥强度等级的标准值（MPa）。

$$\frac{W}{C} = \frac{A \cdot f_{ce}}{f_{cu,0} + A \cdot B \cdot f_{ce}} = \frac{0.46 \times 48.0}{30 + 0.46 \times 0.07 \times 48.0} = \frac{22.08}{31.5456} = 0.70$$

式中 A、B——回归系数

碎石混凝土：$A=0.46$，$B=0.07$

卵石混凝土：$A=0.48$，$B=0.33$

2) 按耐久性要求复核水灰比

查表 1-5-9，不受雨雪影响的混凝土，最大水灰比为 0.65，故取 $W/C=0.65$。

(3) 确定用水量（m_{w0}）

由碎石最大粒径为 20mm，混凝土坍落度为 30～50mm，查表 11-3-13，得 $m_{w0}=195$kg

混凝土用水量选用表（kg/m³）　　　　　　　表 11-3-13

所需坍落度 (mm)	卵石最大粒径（mm）			碎石最大粒径（mm）		
	10	20	40	15	20	40
10～30	190	170	150	200	185	165
30～50	200	180	160	210	195	175
50～70	210	190	170	220	205	185
70～90	215	195	175	230	215	195

注：1. 本表用水量系采用中砂时的平均取值。如采用细砂，每立方米混凝土用水量可增加 5～10kg，采用粗砂则可减少 5～10kg；

2. 掺用各种外加剂或掺合材料时，可相应增减用水量；

3. 混凝土的坍落度小于 10mm 时，用水量按各地现有经验或经试验取用；

4. 本表不适用于水灰比小于 0.4 或大于 0.8 的混凝土。

(4) 计算水泥用量（m_{c0}）

1) 先按下式计算

$$m_{c0} = \frac{m_{w0}}{W/C} = \frac{195}{0.62} = 300\text{kg}$$

2) 按耐久性要求复核水泥用量

查表 11-3-9，不受雨雪影响的混凝土，最小水泥用量为 260kg，故取 $m_{c0}=300$kg。

(5) 确定合理砂率（β_s）

由碎石 $D_m=20$mm，$W/C=0.65$，查表 11-3-14，得砂率为 35%～40%，取

$$\beta_s = 36\%$$

混凝土砂率选用表（%）　　　　　　　表 11-3-14

水灰比 (W/C)	碎石最大粒径 D_m（mm）			卵石最大粒径 D_m（mm）		
	16	20	40	10	20	40
0.4	30～35	29～34	27～32	26～32	25～31	24～30
0.5	33～38	32～37	30～35	30～35	29～34	28～33
0.6	36～41	35～40	33～38	33～38	32～37	31～36
0.7	39～44	38～43	36～41	36～41	35～40	34～39

注：1. 表中数值系中砂的选用砂率。对细砂或粗砂，可相应地减少或增加砂率；

2. 本砂率适用于坍落度为 10～60mm 的混凝土，坍落度如大于 60mm 或小于 10mm 时，应相应地增加或减少砂率；

3. 只用一个单粒级粗骨料配制混凝土时，砂率应适当增加；

4. 掺用各种外加剂或掺合料时，其合理砂率应经试验或参照其他相关规定选用。

(6) 计算砂、石用量 (m_{s0}、m_{g0})

按体积法的计算,求解联立方程:

$$\begin{cases} \dfrac{m_{c0}}{\rho_c} + \dfrac{m_{s0}}{\rho_s} + \dfrac{m_{g0}}{\rho_g} + \dfrac{m_{w0}}{\rho_w} + 0.01\alpha = 1 \\ \dfrac{m_{s0}}{m_{s0}+m_{g0}} \times 100\% = \beta_s \end{cases}$$

式中 α——混凝土含气量百分数(%),在不使用含气型外加剂时,取 $\alpha=1$。

将有关数据代入式中,得联立方程如下:

$$\begin{cases} \dfrac{315}{3100} + \dfrac{m_{s0}}{2650} + \dfrac{m_{g0}}{2730} + \dfrac{195}{1000} + 0.01 \times 1 = 1 \\ \dfrac{m_{s0}}{m_{s0}+m_{g0}} = 36\% \end{cases}$$

解联立方程得:$m_{s0}=674$kg,$m_{g0}=1198$kg。

(7) 计算初步配合比

$$m_{c0} : m_0 : m_{g0} : m_{g0} = 315 : 674 : 1198 : 195 = 1 : 2 : 3.80 : 0.62$$

2. 确定基准配合比

按初步配合比试拌 15L(即 0.015m^3),各材料称量为:

水泥$=315\times0.015=4.73$kg

砂子$=674\times0.015=10.11$ kg

石子$=1198\times0.015=17.97$ kg

水$=195\times0.015=2.92$ kg

如测得此拌合物的坍落度为 70mm(大于设计要求的 30~50mm),保持 β_s 不变,同时增加砂、石各自重量的 5%(即增加砂子 $10.11\times0.05=0.51$kg,石子 $17.97\times0.05=0.90$kg),拌匀后测得坍落度为 45mm,观察黏聚性、保水性良好,符合设计要求。这时各材料的实际用量为

$m_{c拌}=4.73$kg,$m_{s拌}=10.11+0.51=10.62$kg,$m_{g拌}=17.97+0.90=18.87$kg,$m_{w拌}=2.92$kg。

测出实际表观密度 $\rho_{c,t}=2420\text{kg/m}^3$。由下式计算基准配合比:

$$m_{c1} = \dfrac{4.73}{4.73+10.62+18.87+2.92} \times 2420 = 308\text{kg}$$

$$m_{s1} = \dfrac{10.62}{4.73+10.62+18.87+2.92} \times 2420 = 692\text{kg}$$

$$m_{g1} = \dfrac{18.87}{4.73+10.62+18.87+2.92} \times 2420 = 1230\text{kg}$$

$$m_{w1} = \dfrac{2.92}{4.73+10.62+18.87+2.92} \times 2420 = 190\text{kg}$$

故基准配合比为:$m_{c1} : m_{s1} : m_{g1} : m_{w1} = 308 : 692 : 1230 : 190 = 1 : 2.25 : 4.00 : 0.62$

3. 确定试验室配合比

第十一章 抗震加固维修常用材料

试验室配合比表　　　　表 11-3-15

材料及用量 \ 配合比	配合比一	配合比二	配合比三
水泥用量（kg/m³）	333	308	284
砂子用量（kg/m³）	636	692	726
石子用量（kg/m³）	1235	1230	1185
水用量（kg/m³）	190	190	190
实测坍落度（mm）	35	45	40
实测表观密度（kg/m³）	2400	2420	2385
实测强度 f_{28}（MPa）	29.6	26.0	24.5

取三个配合比，一个为基准配合比，另外两个的用水量与基准配合比相同（即取 190kg），水灰比分别取为 0.57 和 0.67，参照表 1-5-12，砂率分别取 0.34 和 0.38，按初步配合比的计算方法，可分别求出砂、石用量。按这三个配合比分别计算 15L 拌合物的称量，测其和易性和 28d 的立方强度 f_{28}（见表 11-3-15）。因此，配合比三是比较合理的，可在此基础上计算试验室配合比。

(1) 算出混凝土的计算表观密度（$\rho_{c,t}$）

$$\rho_{c,c} = 284 + 726 + 1185 + 190$$

(2) 求出配合比校正系数（δ）

$$\delta = \frac{\rho_{c,t}}{\rho_{c,c}} = \frac{2420}{2385} = 1.015$$

(3) 计算各种材料用量

$$m_{c2} = \delta C' = 1.015 \times 284 = 288\text{kg}$$
$$m_{s2} = \delta s' = 1.015 \times 726 = 737\text{kg}$$
$$m_{g2} = \delta G' = 1.015 \times 1185 = 1203\text{kg}$$
$$m_{w2} = \delta W' = 1.015 \times 190 = 193\text{kg}$$

(4) 试验室配合比

$$m_{c2} : m_{s2} : m_{g2} : m_{w2} = 288 : 737 : 1203 : 193$$
$$= 1 : 2.56 : 4.18 : 0.67$$

4. 计算施工配合比

$$m_{c3} = m_{c2} = 288\text{kg}$$
$$m_{s3} = m_{s2} \times (1 + 4\%) = 737 \times 1.04 = 766\text{kg}$$
$$m_{g3} = m_{g2} \times (1 + 2\%) = 1203 \times 1.02 = 1227\text{kg}$$
$$m_{w3} = m_{w2} - m_{s2} \times 4\% - m_{g2} \times 2\%$$
$$= 193 - 737 \times 0.04 - 1203 \times 0.02$$
$$= 140\text{kg}$$

（五）混凝土外加剂

在混凝土拌合物中，掺入不超过水泥重量 5%，且能使混凝土按要求改性的物质，称为外加剂。外加剂的掺入，对改善拌合物的和易性，调节凝结硬化时间，控制强度发展，改善孔隙构造和提高耐久性等方面起着显著作用。

常用外加剂的种类、性能及掺量   表 11-3-16

种类	名称	性能	掺量（水泥重量的%）
速凝剂	711型（固）	初凝<5min 终凝<10 min	3.5
	红星—I型（粉末）	初凝<5min 终凝<10min	2.5~4
缓凝剂	糖密（粉末）	除减水等作用外，初凝可延长4h	0.2~0.3
	DH-3 D-H-H-34（粉末）	除减水等作用外，还有缓凝作用	0.5
	M型减水剂（固）	减水、缓凝、节约水泥	0.2~0.3
	MY型减水剂（固）	除减水等作用外，缓凝3~10h	0.3~0.5
减水剂	MN型减水剂（固）	减水、缓凝、节约水泥	0.2~0.3
	NNO（固）	减水、早强、增强、引气、节约水泥	0.5~1
	MF（固）	减水、早强、增强	0.5~0.7
	NF（固）	非引气高效减水剂，用于高强混凝土	0.5
	SM（液）	减水、早强、增强	0.5~2
早强剂	NC混凝土早强剂（固）	缩短混凝土养护期1/2~3/4，在-20℃低温下防止混凝土受冻，提高强度等级20%以上，不锈蚀钢筋	2~4
	硫酸钠复合早强剂（甲型）（固）	缩短混凝土养护期1/2~2/3，可用于-1~-3℃下施工和常温、蒸养下施工	2~4
	硫酸钠复合早强剂（乙型）（固）	缩短混凝土养护期1/2~2/3，可用于-1~-3℃下施工	2~4
加气剂	松香热聚物加气剂（固）	适用于北方港口工程和水下工程，制作泡沫混凝土	0.005~0.02
	松香皂泡沫剂（膏）	适用于抗渗、抗冻工程，制作泡沫混凝土	0.007~0.01

外加剂按作用效果不同，分为速凝剂、缓凝剂、减水剂、早强剂、加气剂等。

速凝剂是一种使水泥混凝土迅速凝结硬化的外加剂。加入后可使水泥在加水拌合时立即反应，使水泥中的石膏失去缓凝作用，促成铝酸三钙迅速水化，并在溶液中形成水化物，导致水泥浆在几分钟内就凝结。

缓凝剂是一种延缓水泥混凝土凝结的外加剂。加入后由于它在水泥及其水化物表面上的吸附作用以及它与水泥反应生成不溶层的作用而使水泥混凝土达到缓凝效果。

减水剂是一种能保持混凝土工作性能不变而显著减少其拌合水量的外加剂，多为表面活性物质。加入后能对水泥颗粒起分散作用，从而把水泥凝聚体中所含的水释放出来，以使水泥充分水化。

早强剂是一种加速水泥混凝土早期强度发展的外加剂，又称快硬剂，多用于冬季施工。

加气剂包括引气剂和发气剂两种。引气剂加入砂浆或混凝土中后，可使砂浆或混凝土产生许多微细的、均匀分布的封闭气泡，以阻塞有害的毛细孔通道，从而改善砂浆或混凝土的和易性，提高砂浆或混凝土的抗渗性、抗冻性和耐久性。发气剂加入混凝土料浆后，会与水泥中的碱反应产生气体，使之体积膨胀成多孔结构的物质。

常用外加剂的种类、性能及掺量见表11-3-16。

（六）混凝土养护液

混凝土养护液是一种涂膜材料，将它喷洒在混凝土表面上，待干固后形成一层薄膜，使混凝土表面与空气隔绝，封闭混凝土中的水分不再蒸发，使水泥依靠混凝土中自身的配合水分来完成水化作用，实现混凝土的凝结和硬化。一般适用于表面不作粉刷处理的混凝土工程。常用的混凝土养护液有：

1. 塑料薄膜养护液（表 11-3-17）
2. 乳化石蜡养护液（表 11-3-18）

塑料薄膜养护液的配合比　　表 11-3-17

材料名称	重量比（%）	
	粗苯作溶剂	溶剂油作溶剂
粗苯	86	
过氧乙烯树脂	9.5	10
苯二甲酸二丁酯	4	25
丙酮	0.5	
溶剂油		87.5

乳化石蜡养护液的配合比　　表 11-3-18

材料名称	重量比（%）		
	Ⅰ	Ⅱ	Ⅲ
石蜡	100	100	100
硬脂酸	25	25	18
氨水	9	8	8
聚乙烯醇		5	2
三乙醇胺		1	
水	866	861	872

3. LP-37 混凝土薄膜养护液（表 11-3-19）

LP-37 混凝土薄膜养护液的配合比　　表 11-3-19

材料名称	重量比（%）	材料名称	重量比（%）
LP-37 养护液	100	水	100~300
磷酸三钠溶液（10%）	3~5（pH=7~8）	磷酸三丁酯	适量

（七）其他品种混凝土（表 11-3-20）

其他品种混凝土　　表 11-3-20

类别名称		定　义	特　点	用　途
轻骨料混凝土		用轻粗骨料、轻细骨料（或普通砂）和水泥配制而成的混凝土，其干密度不大于 1900kg/m³，称为轻骨料混凝土。	1. 密度小，导热系数低； 2. 变形量大，刚度差，弹性模量小，但极限应变大； 3. 收缩和徐变大，温度变形系数低。	1. 用于围护结构或热工构筑物的保温、绝热； 2. 用于不配筋或配筋的围护结构； 3. 用于承重的配筋构件、预应力构件或构筑物。
大孔混凝土		用粗骨料、水泥和水配制而成的一种轻混凝土，又称无砂混凝土。	1. 导热系数小，保温性好，吸湿率小； 2. 收缩率小； 3. 抗冻性可达 15~25 次。	1. 用于承重的保温外墙体； 2. 用于自承重的保温外墙体。
多孔混凝土	加气混凝土	由硅质材料（砂、粉煤灰等）和石灰或水泥，掺入发气剂，加入拌匀，经蒸压或蒸养而成。	1. 强度低； 2. 孔隙率大，容重小，导热系数低； 3. 制品便于锯、刨加工。	1. 用作屋面、墙体构件和楼板； 2. 制成砌块，保温管套等。
	泡沫混凝土	由水泥浆和泡沫剂拌匀后硬化而成。		用作楼板或墙板的保温绝热层。

续表

类别名称	定 义	特 点	用 途
防水混凝土	在普通混凝土的基础上，通过改善骨料颗粒级配，或适当增加水泥用量，或掺入适量的外加剂（密实剂、防水剂、减水剂、引气剂等），使混凝土密实或杜绝内部毛细管通路，达到防水目的的混凝土。	抗渗性高。	用于环境潮湿的地下结构防水工程，兼作承重、围护和防水结构。
防辐射混凝土	能屏蔽x、γ射线和中子辐射的重混凝土，称为防辐射混凝土，一般由水泥、重骨料和水拌制而成。	1. 密度大； 2. 导热性好，收缩率小； 3. 弹性模量小。	用于防护来自医院或试验室内的X光室、同位素治疗室和原子能装置的原子核辐射的混凝土工程。
纤维混凝土	以混凝土、水泥砂浆或水泥浆为基体，掺入各种纤维（如钢纤维、玻璃纤维、石棉纤维等）制成的混凝土，称为纤维混凝土。	1. 抗拉和抗弯强度高； 2. 韧性好、耐冲击性能良好。	1. 用于飞机跑道、桥梁板面； 2. 用于防爆、防震工程； 3. 用于薄壁轻型结构； 4. 用于压力管道。
耐酸混凝土	以水玻璃作胶凝材料，氟硅酸钠作凝促剂，与耐酸粉料和耐酸骨料等配制而成的混凝土，称为耐酸混凝土。	1. 能抵抗大部分酸和腐蚀性气体的侵蚀； 2. 强度低； 3. 须在干燥环境中硬化。	用于贮油器、输油管、储酸槽、耐酸地坪及耐酸器材等。
聚合物浸渍混凝土	将成型普通烘干或作真空处理后，用有机浸渍液浸渍，使浸渍液在混凝土内部聚合而成的混凝土，称为聚合物浸渍混凝土	1. 强度高（比普通混凝土提高约2~4倍）； 2. 抗渗性好； 3. 耐腐蚀，抗冻融，耐磨	1. 用于制作高强防爆管、桩、板等； 2. 用于制作高强防渗混凝土防渗墙面、隧道衬壁等； 3. 用于制作耐腐蚀框架、地坪、管、桩等物件

二、建筑砂浆

（一）建筑砂浆的分类（表11-3-21）

建筑砂浆的分类　　表11-3-21

总 称	不同分类	各分类砂浆	
建筑砂浆	按胶凝材料分类	水泥砂浆、石灰砂浆、石膏砂浆、混合砂浆	
	按用途分类	砌筑砂浆	
		抹灰砂浆	一般抹灰砂浆、防水砂浆、装饰砂浆
		专用砂浆	吸声砂浆、保温砂浆

（二）砌筑砂浆施工参考用表（表11-3-22～表11-3-25）

混合砂浆参考配合比　　表11-3-22

水泥强度等级	砂浆强度等级	配合比（重量）水泥：石灰膏：砂	每1m³砂浆材料用量（kg）		
			水 泥	石灰膏	砂
32.5级矿渣水泥	M1	1：3.70：20.90	70	260	1450
	M2.5	1：1.73：13.18	110	190	1450
	M5	1：0.94：8.53	170	160	1450
	M7.5	1：0.50：6.59	220	110	1450
	M10	1：0.27：5.58	260	70	1450
32.5级普通水泥	M2.5	1：1.95：14.5	100	195	1450
	M5	1：1.35：11.15	130	176	1450
	M7.5	1：0.73：8.79	165	120	1450
	M10	1：0.56：7.25	200	112	1450

注：1. 以上配合比所用砂均为中砂。
　　2. 本表选自北京市第六建筑公司试验室。

微沫砂浆参考配合表　　　　　　　　　　表 11-3-23

砂浆强度等级	配合比（重量）水泥：石灰膏：砂	微沫剂掺量	每1m³砂浆材料用量（kg）		
			水泥	石灰膏	砂
M2.5	1：0.87：1.30	3	110	96	1430
M5	1：0.42：7.95	2	180	76	1430
M7.5	1：0.28：6.65	1	215	60	1430
M10	1：0.17：5.28	1	270	46	1430

注：1. 以上配合比中水泥为32.5号矿渣水泥；砂为中砂。
　　2. 本表选自北京市第六建筑公司试验室。

水泥粉煤灰混合砂浆参考配合比表　　　　　　　　　　表 11-3-24

水泥品种	水泥强度等级	砂浆强度等级	配合比（重量）水泥：石灰膏：粉煤灰：砂	每1m³砂浆材料用量（kg）			
				水泥	石灰膏	磨细粉煤灰	砂
矿渣水泥	32.5	M2.5	1：1.54：1.54：16.20	90	135	135	1460
	32.5	M5	1：0.66：0.66：9.12	160	105	105	1460
	32.5	M7.5	1：049：0.49：7.48	195	95	95	1460
	32.5	M10	1：0.23：0.23：6.10	240	55	55	1460

注：本表选自北京某建筑公司试验室。

水泥用量、水泥强度等级与砂浆强度等级关系　　　　　　　　　　表 11-3-25

水泥用量 (Q_c)	砂浆的强度等级（当水泥强度等级为下列数值时）									
	27.5	30.0	32.5	34.0	36.0	38.0	40.0	42.5	44.5	46.5	48.0
100	1.5	1.6	1.7	1.8	1.8	2.0	2.1	2.2	2.3	2.4	2.5
110	1.7	1.8	2.0	2.1	2.2	2.3	2.4	2.5	2.6	27	2.9
120	1.9	2.1	2.2	2.3	2.5	2.6	2.7	2.8	3.0	3.1	3.2
130	2.2	2.3	2.5	2.6	2.8	2.9	3.1	3.2	3.3	3.5	3.6
140	24	2.6	2.8	2.9	3.1	3.3	3.4	3.6	3.7	3.9	4.1
150	2.7	2.9	3.1	3.2	3.4	3.6	3.8	4.0	4.1	4.3	45
160	3.0	3.2	3.4	3.6	3.8	4.0	4.2	4.4	4.6	4.8	5.0
170	3.3	3.5	3.7	3.9	4*	4.4	4.6	4.8	5.0	5.2	5.5
180	3.6	3.8	4.0	4.3	4.5	4.8	5.0	5.2	5.5	5.7	6.0
190	3.9	4.1	4.4	4.7	4.9	5.2	5.4	5.7	5.9	6.2	6.5
200	4.2	4.5	4.8	5.0	5.3	5.6	5.9	6.2	6.4	6.7	7.0
210	4.5	4.8	5.1	5.4	5.7	6.0	6.3	6.6	6.9	7.2	7.5
220	4.9	5.2	5.5	5.8	6.2	6.4	6.8	7.2	7.5	7.8	8.1
230	5.3	5.6	5.9	6.3	6.6	7.0	7.3	7.7	8.1	8.4	8.7
240	5.6	6.0	6.4	6.7	7.1	7.5	7.9	8.2	8.6	9.0	9.4
250	6.0	6.4	6.8	7.2	7.6	8.0	8.4	8.8	9.2	9.6	10.0
260	6.4	6.8	7.2	7.7	8.1	8.5	9.0	9.4	9.8	10.2	10.6
270	6.8	7.3	7.7	8.2	8.6	9.1	9.5	10.0	10.5	10.9	11.3
280	7.2	7.7	8.2	8.7	9.1	9.6	10.1	10.6	11.0	11.5	12.0
290	7.6	8.2	8.7	9.2	9.7	10.2	10.7	11.2	11.7	12.2	12.8
300	8.1	8.6	9.2	9.7	10.2	10.8	11.3	11.9	12.4	13.0	13.5

注：1. 本表所列的数据是根据实践经验推导出来的；
　　2. 本表引自中国建筑工业出版社出版的《材料试验》；
　　3. 本表强度单位为 N/mm²，Q_c 为每立方米砌筑砂浆中水泥用量（kg）。

（三）砌筑砂浆配合比设计举例

【例题】 某工程采用 32.5 级普通水泥，含水率为 2% 的中砂（密度 1500kg/m³），配制 M2.5 的水泥石灰混合砂浆，试初步计算其重量配合比。

【解】

1. 计算试配强度（$f_{配}$）

$$f_{配} = 1.15 f_{28} = 1.15 \times 2.5 \approx 2.9 \text{MPa}$$

式中　f_{28}——砂浆的设计强度（MPa）。

2. 计算水泥用量（Q_c）

$$Q_C = \frac{f_{配}}{K \times f_{灰}^k} \times 1000 = \frac{2.9}{0.643 \times 32.5} \times 1000 = 139 \text{kg}$$

式中　K——经验系数，由试验确定，或参照表 11-3-26 选用。

经验系数 K 值　　　表 11-3-26

经验系数 K 换算后水泥强度等级	砂浆强度等级				
	M1	M2.5	M5	M7.5	M10
42.5	0.427	0.608	0.758	0.855	0.931
32.5	0.450	0.643	0.806	0.915	0.999
27.5	0.466	0.667	0.839	0.957	1.048
22.5	0.486	0.698	0.884	1.012	1.113

3. 计算石灰膏用量（Q_d）

$$Q_d = 350 - Q_c = 350 - 139 = 211 \text{kg}$$

式中　350——经验数，在保证砂浆和易性条件下可在 250~350 范围内调整。

4. 确定砂的用量（Q_s）

砂浆中砂的用量与砂的含水率有关。对于含水率为 2% 左右的中砂，每立方米砂浆用 1m³ 砂子；含水率为零的过筛净砂，每 1m³ 砂浆用 0.9m³ 砂子；含水率大于 2% 时，则每 1m³ 砂浆用 1.1~1.25m³ 砂子。

$$Q_s = \gamma_s \cdot V_s = 1500 \times 1 = 1500 \text{kg}$$

式中　γ_s——砂的密度（kg/m³）；

　　　V_s——砂的体积（m³）。

5. 计算砂浆的初步配合比

$$Q_c : Q_d : Q_s = 139 : 211 : 1500 = 1 : 1.52 : 10.79$$

（四）抹灰砂浆施工参考用表（表 11-3-27）

各种抹灰砂浆施工参考用表　　　　表 11-3-27

材　料	配合比（体积比）	应 用 范 围
石灰∶砂	1∶2～1∶4	用在砖石墙表面（檐口、勒脚、女儿墙及潮湿房间的墙除外）
石灰∶黏土∶砂	1∶1∶4～1∶1∶8	干燥环境墙的表面
石灰∶石膏∶砂	1∶0.4∶2～1∶1∶3	用于潮湿房间木质表面
石灰∶石膏∶砂	1∶0.6∶2～1∶1.5∶3	用于不潮湿房间的墙和天花板
石灰∶石膏∶砂	1∶2.2～1∶2.4	用于不潮湿房间的勒脚及其他维修工程
石灰∶水泥∶砂	1∶0.5∶4.5～1∶1∶6	用于檐口、勒脚、女儿墙及较潮湿的部位
水泥∶砂	1∶3～1∶2.5	用于浴室、潮湿车间等墙裙、勒脚、地面基层
水泥∶砂	1∶2～1∶1.5	用于地面、天棚、或墙面面层
水泥∶砂	1∶0.5～1∶1	用于混凝土面随时压光
水泥∶石膏∶砂∶锯末	1∶1∶3∶5	用于吸音粉刷
白灰∶麻刀	100∶2.5（重量比）	用于木板条天棚底层
白灰膏∶麻刀	100∶13（重量比）	用于木板条天棚表面（或 100kg 灰膏加 3.8kg 纸筋）
纸筋∶白灰浆	灰膏 0.1m³ 纸筋（0.36kg）	较高级墙面、天棚

注：本表选自中等专业学校试用教材《建筑材料》。

第四节　建筑防水材料

一、沥青

（一）沥青的分类

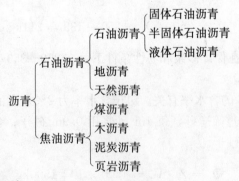

（二）石油沥青和煤沥青

1. 石油沥青的种类、标号、技术标准和主要用途（表 11-4-1）
2. 煤沥青的技术标准（表 11-4-2）

第四节 建筑防水材料

表 11-4-1 石油沥青的种类、标号、技术标准和主要用途

种类	新标号	旧标号	针入度 (25℃,100g) (1/10mm) 不小于	延度 (25℃)(cm) 不小于	软化点 (环球法) (℃) 不低于	溶解度 (三氯甲烷,四氯化碳或苯)(%) 不小于	闪点 (开口) (℃) 不低于	水分 (%) 不大于	灰分 (%) 不大于	蒸发损失 (160℃ 5小时) (%) 不大于	蒸发后针入度比 (%) 不小于	主要用途
道路石油沥青 (SYB 661—77)	200	0	201～300		25	99	180	0.2		1		1.作为道路工程及屋面工程的粘结剂用 2.制造防水纸及绝缘材料用
	180	Ⅰ甲	161～200	100	25	99	200	0.2		1	60	
	140	Ⅰ乙	121～160	100	40	99	200	0.2		1	60	
	100甲	Ⅱ甲	81～120	80	40	99	200	0.2		1	60	
	100乙	Ⅱ乙	81～120	60	45	98	230	痕迹		1	60	
	60甲	Ⅲ甲	41～80	60	45	98	230	痕迹		1	60	
	60乙	Ⅲ乙	41～80	40							60	
建筑石油沥青 (GB 494—75)	30甲	Ⅳ甲	21～40	3	70	99	230	痕迹		1	60	1.作为其他工程及建筑工程的防水、防潮防腐蚀材料、胶结材料和涂料用 2.制造油毡油纸和绝缘材料用
	30乙	Ⅳ乙	21～40	3	60	99	230	痕迹		1	60	
	10	Ⅴ	5～20	1	95	99	230	痕迹		1	60	
专用石油沥青 (SYB 1663—59)	1		5～10	1.0	115～130	(CCl$_4$)95	250	痕迹		1	60	1号适用于电缆防潮防腐,或包于电缆外部以节省钢管 2号适用于电绝缘充材料 3号适用于配制油漆
	2		1～7	1.0	135±5	(CS$_2$)99	230	痕迹			60	
	3		7～10	1.0	125～140	(苯)99	260	痕迹				
普通石油沥青 (SYB 1665—77)	73		75	2.0	60	98	230	痕迹				适于道路、建筑工程及制造油毡、油纸等防水材料之用
	65		65	1.5	80	98	230	痕迹				
	55		55	1.0	100	98	230	痕迹				

注：道路石油沥青和建筑石油沥青的标号是按其针入度划分的，专用石油沥青的标号是按其用途划分的，普通石油沥青的强度等级是按其性质及用途划分的。

煤沥青的技术条件（GB 2290—80）　　　　　表 11-4-2

种类		软化点（℃）	甲苯不溶物含量（%）	灰分（%）不大于	水分（%）不大于	挥发分（%）
低温煤沥青	一类	30.0～45.0				
	二类	>45.0～75.0				
中温煤沥青	电极用	>75.0～90.0	>14.0	0.3	5.0	60.0～70.0
	一般用	>75.0～95.0	<13.9	0.5	5.0	55.0～75.0
高温煤沥青		>95.0～120.0				

3. 石油沥青和煤沥青的鉴别方法（表 11-4-3）

石油沥青和煤沥青的鉴别方法　　　　　表 11-4-3

鉴别方法	石油沥青	煤沥青
锤击法 用锤轻击	韧性较好，有弹性感觉，声发哑	韧性差（性脆）。无弹性感觉，发声清脆。
变形率法	受较小的荷重不变形。	受较小荷重易变形。
溶液颜色鉴别法 将沥青置于盛有酒精的透明瓶中观察溶液颜色	无颜色。	呈黄色，并带有绿蓝色荧光。
气味嗅别法 将沥青材料加热燃烧	仅有少量油味或松香味，烟无色。	有刺激性触鼻臭味，烟呈黄色。
比重法 配制标准比重液（用比重计测定），将沥青样品投入标准液，观察沉浮可定比重的大小。比重大于1时，比重液用氯化锌或氯化钙与水配制；比重小于1时，用酒精与水配制。	液　体　小于1 半固体　接近1 固　体　接近1	液　体　1.1 左右 半固体　1.2 左右 固　体　大于 1.2
溶解度法 将样品一小块（约1g）投入 30～50 倍的煤油或汽油中，用玻璃棒搅动，充分溶解后观察。	样品基本溶解，溶液呈棕黑色。	样品基本不溶解，溶液稍呈黄绿色。
斑点法 取样品一小块（约1g），溶于 30～50 倍的有机溶剂（苯、二硫化碳、氯仿）中，用玻璃—搅动，充分溶解后，用玻璃棒蘸溶液，滴一滴于滤纸上，就形成斑点	斑痕完全化开，呈均匀的棕色。	斑痕分内外两圈，内圈呈黑色斑点，碳粒较多；外圈呈棕色（或黄色）。
发光法 取样品一小块（约1g）溶于 10mL 氯仿内。完全溶解后，取 2mL 此液于试管中，将滤纸条（先在氯仿中浸润一天以上）一端插入试管的溶液内，静置两天，然后取出滤纸条，置于 Q-9 型或 PL376 型手提式荧光灯下照射，观察发光颜色	纸带上颜色依次为浅蓝色、白色、亮黄色。黄橙色、橙色至橙褐色或黑褐色（上述各色仅供参考）	纸带上发光颜色仅为一种，褐黑色或红褐色，有时上部有一条橙褐色带

二、煤焦油和木材防腐油

1. 煤焦油的技术指标（表 11-4-4）

煤焦油的技术指标　　　　　表 11-4-4

指标名称	指　　标		生产单位
	一级	二级	
比重（d_4^{20}）	1.12～1.20	1.13～1.22	上海建筑材料厂
水分（%）不大于	4.0	4.0	
灰分（%）不大于	0.15	0.15	
游离碳（%）不大于	6.0	6.0	上海第二建筑材料工业公司
黏度（E_{80}）不大于	5.0	5.0	浙江省遂昌县林化厂

注：1. 本标准适用于高温炼焦时，从煤气中冷凝所得的黑色黏稠状液体；
2. d_4^{20} 为温度 20℃时煤焦油的比重；
3. E_{80} 为 80℃时煤焦油的恩氏黏度。

2. 木材防腐油的技术指标（表 11-4-5）

木材防腐油的技术指标　　　　　　　表 11-4-5

指　标　名　称		指　　　标	
		一级	二级
比重（d_4^{20}）	不小于	1.06	1.06
苯不溶物（%）	不大于	0.30	0.30
馏　程			
210℃前馏出量%（容）	不大于	5	5
235℃前馏出量%（容）	不大于	10	10
360℃前馏出量%（容）	不小于	75	65
水　分（%）	不大于	1.5	1.5
黏　度（E_{50}）	不大于	1.7	1.7
40℃时结晶物		应符合"YB 296—64"第 11 条规定	

注：1. 本标准适用于分馏高温煤焦油所得的分馏物，在 40℃以下温度脱晶后的木材防腐油；
　　2. d_4^{20} 为温度 20℃时防腐油的比重；
　　3. E_{50} 为 50℃时防腐油的恩氏黏度。

三、防水卷材

（一）常用油毡

1. 常用油毡的品种、定义及用途（表 11-4-6）

常用油毡的品种、定义及用途　　　　　　　表 11-4-6

名　称	标　号		定　义	用　途
	按原纸重（g/m²）分	按表面撒布材料分		
石油沥青油毡（GB 326—89）	200 号	粉状撒布材料面油毡。	石油沥青油毡系用低软化点石油沥青浸渍原纸，然后用高软化点石油沥青涂盖油纸两面，再撒以撒布材料所制成的一种纸胎防水卷材。	200 号各种撒布材料油毡适用于简易建筑防水、临时性建筑防水。建筑防潮及包装等。
	350 号			350 号和 500 号粉状撒布材料面油毡适用于多层防水层的各层或面层。片状撒布材料面油毡适用于单层防水。
	500 号	片状撒布材料面油毡。		
石油沥青油纸（GB 326—89）	200 号		石油沥青油纸系用低软化点石油沥青浸渍原纸所制成的一种无涂盖层的纸胎防水卷材。	适用于建筑防潮及包装，也可以作多层防水层的下层。
	350 号			
煤沥青油毡（JC 505—92）	350 号	粉状撒布材料面油毡。	煤沥青油毡系用低软化点煤青浸渍原纸，然后用高软化点煤沥青涂盖油纸的两面所制成的一种纸胎防水卷材。	适用于地下防水、建筑防潮及包装等
		片状撒布材料面油毡。		

注：油纸允许双卷包装。

2. 常用油毡的技术指标（表 11-4-7）

常用油毡的技术指标　　　　表 11-4-7

指标名称	石油沥青油毡 (GB 326—89)						石油沥青油纸 (GB 326—89)		煤沥青油毡 (JC 505—92)	
	粉毡 200号	片毡 200号	粉毡 350号	片毡 350号	粉毡 500号	片毡 500号	石纸 200号	石纸 350号	煤粉毡 350号	煤片毡 350号
每卷重量（t）不小于	17.5	20.5	28.5	31.5	39.5	42.5	7.5	13.0	23.0	25.5
幅宽（mm）	915 或 1000								915	
每卷总面积（m²）	20±0.3		20±0.3		20±0.3		20±0.3		20±0.3	
原纸重量（g/m²）不小于	200		350		500		200	250	350～5%	
浸涂材料总量（g/m²）不小于	600		1000		1400					
浸渍材料占干原纸重量百分比（%）不小于							100	100	120	
单位面积涂盖材料重量（g/m²）不小于									250	
不透水性 动水压法保持 15min (MPa) 不小于	0.05		0.1		0.15				0.1	
不透水性 动水压法保持 30min (MPa) 不小于			0.1		0.15					
吸水性（油毡浸水 24h、油纸浸水 6h 后的吸水率）（%）不大于	1.0	3.0	1.0	3.0	1.5	3.0	25.0	25.0	3.0	5.0
抗拉强度（N）（在 25±2℃时，纵向）不小于	240		340		440		110	240	350	
柔度 18±2℃油毡围绕 φ10mm 棒上	—		—		—		无裂纹		—	
柔度 18±2℃油毡围绕 φ20mm 棒上	无裂纹		无裂纹		—		—		无裂纹	
柔度 18±2℃油毡围绕 φ25mm 棒上	—		—		无裂纹		—		—	
耐热度	在 85±2℃温度下受热 5h 涂盖层应无滑动和集中性气泡								在 70℃温度下加热 5h，挥发损耗应不大于 20%。涂盖层应无流淌、膨胀、起泡和撒布材料流动等现象	

(二) 特种油毡（表 11-4-8）

特种油毡的品种及用途　　　　　　　　　　　　　　　　　　表 11-4-8

名　称	定　义	特　点	用　途
再生胶油毡	再生胶油毡是一种不用原纸作基层的无胎油毡，它是由废橡胶粉掺入石油沥青，经高温脱硫为再生胶，再掺入填料经炼胶机混炼，以压延机压延而成的一种质地均匀的防水卷材。	延伸性大，低温柔性好，耐腐蚀性强，耐水性及耐热稳定性良好。	适用于屋面或地下作接缝和满堂铺设的防水层，尤其适用于基层沉降较大或沉降不均匀的建筑物变形缝处的防水。
沥青玻璃布油毡	沥青玻璃布油毡系用石油沥青涂盖材料浸涂玻璃纤维织布的两面，并撒以粉状撒布材料所制成的一种以无机纤维为基料的沥青防水卷材。	抗拉强度高于 500 号纸胎油毡，柔韧性好，耐腐蚀性强，耐久性比普通油毡高一倍以上。	适用于地下防水层、防腐层、屋面防水层及金属管道（热管道除外）防腐保护层等。
沥青玻璃纤维油毡	沥青玻璃纤维油毡系用石油沥青涂盖材料浸涂玻璃纤维毡片的两面，并撒以粉状撒布材料所制成的一种无机纤维为基料的沥青防水卷材。	除抗拉强度略低于纸胎350号油毡外，其他性能都高于纸胎油毡，价格比纸胎油毡低，重量比纸胎油毡轻。	适用于地下防水层、防腐层、屋面防水层及金属管道（热管道除外）防腐保护层等。
石油沥青麻布油毡	石油沥青麻布油毡系用麻织品为底胎，先浸渍低软化点石油沥青，然后涂以含有矿质填充料的高软化点石油沥青，再撒上一层矿质石粉所制成的一种防水卷材。	抗拉强度高，抗酸碱性强，柔性好，耐热度较低。	适用于要求比较严格的防水层及地下防水工程，尤其适用于要求具有高强度的多层防水层及基层结构有变形和结构外形复杂的防水工程和工业管道的包扎等。
玻璃纤维毡片	玻璃纤维毡片是用中级定长玻璃纤维铺制成的毡状薄片。它可与乳化沥青或石油沥青等涂料相配合用于建筑防水工程，是一种新型的防水材料	成本低、重量轻、防水性较好、使用简便	适用于屋面及地下防水工程

(三) 新型防水卷材

新型防水卷材种类很多，诸如：聚氯乙烯（PVC）防水卷材、硫化型橡胶油毡、氯化聚乙烯防水卷材、氯化聚乙烯-橡胶共混防水卷材、水貂 YX-603 防水卷材、三元乙丙橡胶防水卷材、冷贴型彩色三元乙丙复合防水卷材等。

1. 三元乙丙橡胶防水卷材（表 11-4-9～表 11-4-14）

三元乙丙橡胶防水卷材的特点及适用范围　　　　　　　　表 11-4-9

说　明	特　点	适用范围
系以三元丙橡胶掺入适量的丁基橡胶、硫化剂、促进剂、软化剂和补强剂等，经密炼、拉片过滤、挤出成型等工序加工而成	由于三元乙丙橡胶分子结构中的主链上没有双键，因此，当其受到臭氧、紫外线、湿热的作用时，主链上不易发生断裂，所以它有优异的耐气候性、耐老化性，而且抗拉强度高、延伸率大、对基层伸缩或开裂的适应性强，加之，重量轻、使用温度范围宽（在−40～+80℃范围内可以长期使用），是一种高效防水材料。它还可冷施工，操作简便，减少了环境污染，改善了工人的劳动条件。	用于屋面、楼房地下室、地下铁道、地下停车站的防水，桥梁、隧道工程防水，排灌渠道、水库、蓄水池、污水处理池等方面的防水隔水以及厨房卫生间的室内防水等。

三元乙丙橡胶防水卷材的外观质量标准　　　　表 11-4-10

产品类型	基本尺寸		允许误差	不允许存在范围	允许存在范围
A 型	厚度 (mm)	0.8 1.0 1.2 1.5	+15% −10%	卷材外观应平直，可带有均匀的木纹，不应有破损、断裂、刻痕、砂眼、异状粘结及明显的皱皮、气泡、弯曲、异状起伏等	折痕：每块不超过2处，总长度不超过200mm。 杂质：不大于0.5mm。 胶块：每块不超过6处，每处面积不大于4mm²。 缺胶：每块不超过6处，每处不大于7mm，深度不超过规定厚度的30%
	宽度 (m)	1.0 或 1.2	不允许出现负值		
	长度 (m)	20.0			
B 型	厚度 (mm)	2.0	+15% −10%		
	宽度 (m)	1.0 或 1.2	不允许出现负值		
	长度 (m)	1.0			

三元乙丙橡胶防水卷材的产品名称、规格及生产单位　　　　表 11-4-11

产品名称或牌号	规格（mm）			生产单位
	长	宽	厚	
碧水牌三元乙丙橡胶防水卷材	20m	1200	1.0 1.2 1.4 1.6 1.8 2.0	辽阳第一橡胶厂
海狮牌三元乙丙-丁基橡胶防水卷材	20m	1200	1.0 1.2 1.5 1.8 2.0	保定市第一橡胶厂
BX703 片材	20m	1000	1.4	北京化工集团公司橡胶制品厂
HBF-E-1 HBF-E-2 型 （三元乙丙、丁基橡胶）防水卷材	20m	1200	0.8 1.0 1.2	包头市橡胶制品二厂
HBF-GE 型 （三元乙丙、丁基橡胶、氯化聚乙烯）防水卷材			1.5 2.0	
飞马牌三元乙丙橡胶防水卷材			1.2 1.3	广州第六橡胶厂
三元乙丙橡胶防水卷材			1.0 1.2	郑州第二橡胶厂

三元乙丙橡胶防水卷材外露单层防水构造　　　表11-4-12

序号	构造	使用材料	用途	说明
1	基层	混凝土或水泥砂浆层		
2	基层处理剂	聚氨酯底胶	主要用来隔绝底层渗来的水分,提高水泥砂浆或混凝土基层与卷材之间的粘结性能,相当于传统施工使用的冷底子油。	系聚氨酯-煤焦油系的二甲苯稀释溶液,由甲、乙两组分组成,用时按要求配制。或采用聚氨酯涂膜防水材料。
3	基层胶粘剂	CX-404胶粘剂	主要用于防水卷材与混凝土基层之间的粘结。	系以氯丁橡胶和丁基酚醛树脂为主要成分制成的单组分胶
4	防水主体	三元乙丙橡胶防水卷材	用作主体防水层。	防水卷材的外观质量指标见表11-4-10
5	卷材接缝胶粘剂	双组分常温硫化型胶粘剂	专门用于卷材与卷材接缝的粘结。	系以丁基橡胶和硫化剂等组成,A液和B液按1:1的比例配合使用。其粘结剥离强度应大于50N/25mm。
6	复杂部位增强和卷材末端处理	自粘性密封胶带或聚氨酯涂膜防水材料、建筑胶水泥砂浆	自粘性密封胶带或聚氨酯涂膜防水材料主要用于复杂部位的增强,卷材末端收头时,用其先封闭,然后再用107胶水泥砂浆压缝处理。	自粘性密封胶带系以丁基橡胶和适量的增黏剂、硫化剂及软化剂等制成。
7	表面着色剂	银色涂料	为防水卷材表面的保护性涂料,能与卷材粘结成一个整体,以起到反射阳光和降低卷材表面温度的作用	系以乙丙橡胶的甲苯溶液和铝粉等材料配制而成

注:表中序号参见图11-4-1及图11-4-2所示。

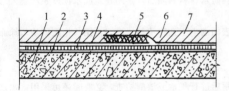

图11-4-1

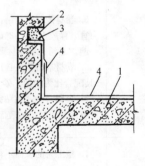

图11-4-2

三元乙丙橡胶卷材单层屋面防水层的用料估算　　　表11-4-13

材料名称	用量(kg/m³)	说　　明
三元乙丙橡胶防水卷材(1.5mm厚)	1.2m²/m²	
聚氨酯底胶	0.2	见表11-4-12,用作基层处理剂
CX-404胶粘剂	0.4	见表11-4-12,用于防水卷材与基层的粘结
丁基胶粘剂	0.1	见表11-4-12,用于卷材之间接缝的粘结
着色剂	0.2	见表11-4-12
聚氨酯涂膜防水材料	0.1	为双组分型,两组分的配合比为甲:乙=1:1.5,用于复杂而薄弱部位的增强处理
聚氨酯嵌缝膏	0.1	系一种双组分密封材料
二甲苯(乙苯)	0.05	用来浸洗刷子、机具等
乙酸乙酯	0.05	用来浸洗刷子、机具等

注:表列数据系保定市第一橡胶厂资料,仅供参考。

三元乙丙橡胶防水卷材的施工操作及注意事项　　　　　表 11-4-14

操作项目	施工操作内容
施工作业准备	1. 铺贴卷材的基底面应抹平、压光、不得有膙包、凹坑、浮砂、掉灰，尘土杂物应彻底清扫干净。其含水率应少于 9%。 2. 基面的冷水坡度应大于 2%，不允许有局部积水的缺陷存在。 3. 基面与如女儿墙、变形缝、烟囱等突起物相连接的阴角及与檐口、排水口等相连接的转角应抹成光滑的圆角或圆弧形。
施工操作要点	1. 涂布基层处理剂：将聚氨酯底胶按组分甲：乙＝1：3 的比例（重量比）或将聚氨酯涂膜防水材料按甲：乙：甲苯＝1：1.5：2 的比例配合搅拌均匀，用长把刷蘸满均匀地涂刷在基层上。涂布量一般以 0.15～0.2kg/m² 为宜，并且一般在涂刷底胶后要干燥 4h 以上才能进行下一道工序的施工。 2. 复杂部位的增强处理：对于像阴阳角、排水口、管子根部周围这些最容易发生渗漏的薄弱部位，在铺贴防水卷材之前，应用聚氨酯涂膜防水材料或自粘性密封胶带作增强处理。采用聚氨酯涂膜防水材料时，将该材料按甲：乙＝1：1.5 的比例配合搅拌均匀，然后涂刷在上述的复杂部位。涂刷宽度应距中心 200mm 以上，厚度 2mm 左右，涂刷量以 2kg/m² 左右为宜，一般涂刷后要经过 24h 以上的固化，才能进行下一工序的施工。如采用密封带时，用 CX-404 胶粘剂粘贴。 3. 涂布基层胶粘剂：将 CX-404 胶粘剂搅拌均匀后即进行涂布施工。在卷材表面（接头部位的 100mm 除外）和基层表面均用滚刷蘸满胶粘剂在其上均匀涂布，涂胶后经过 10～20min，手感基本干燥即可进行卷材的铺贴。不得在一处反覆多次地涂刷，以免"咬"起底胶，形成"凝胶"毛病。 4. 铺贴卷材：一般可根据卷材配置的方案，从流水坡度的下坡开始，用粉线弹出基准线，并使卷材的长向与流水坡度垂直。平面与立面相连的卷材，应由下开始向上铺贴，并使卷材紧贴阴角，铺完一张卷材后，立即用干净的长把滚刷从卷材一端朝卷材横向用力地滚压一遍，以排除粘结层间的空气，使其粘结牢固。 5. 卷材接缝的粘结：一般搭接宽度为 100mm，用油漆刷在两个粘结面上均匀涂胶，涂胶量以 1kg/m² 为宜，涂胶后 10～30min 以手感基本干燥即可用手边粘结边驱赶空气，粘合后再手持铁辊顺序地滚压一遍。遇到三层卷材重叠的接头部位，必须填充密封材料封闭。 6. 卷材末端收头：用自粘性密封胶带或聚氨酯涂膜防水材料封闭后，再用建筑胶水泥砂浆压缝处理（其配合比为水泥：砂：建筑胶＝1：3：0.15）。 7. 表面着色：铺贴完卷材并检查合格后，将卷材表面的尘土杂物清扫干净，再用长把滚刷均匀涂布银色或其他颜色的表面保护涂料。
施工质量要求	1. 施工完的屋面不得有积水或渗漏现象。一般在雨后进行积水或渗漏检查，必要时还可采用蓄水法检查。 2. 卷材与基层之间。卷材与卷材的接缝部位应粘结牢固，不允许有皱折、空膙、翘边、气泡、脱层或滑动等缺陷。着色涂料与卷材之间应粘结牢固，覆盖严密，颜色均一，不得有漏底和脱皮现象涂胶时应厚薄均匀，不能在一处反复多次地涂刷。 3. 排水口周围和卷材收头处应密封牢靠严实。 4. 对有刚性保护层的屋面，保护层应粘结牢固，不允许有空膙、脱落等缺陷。
注意事项	1. 施工人员应认真保护做好的防水层，涂完着色涂料后，一般不要在卷材防水层上走动，严防施工机具或尖硬物品戳坏防水层。 2. 施工用的材料和辅助材料多属易燃品，因此，存放材料仓库和施工现场内都要严禁烟火。 3. 每次用完的机具都应用二甲苯等有机溶剂清洗干净。 4. 屋面施工时不允许穿带钉的鞋进入现场

2. **氯化聚乙烯防水卷材**（表 11-4-15～ 表 11-4-17）

氯化聚乙烯防水卷材的产品规格、价格及生产单位　　　　表11-4-15

产品名称及牌号	产品规格（mm）	颜色	参考价格（元/m²）	生产单位
〈汇丽牌〉氯化聚乙烯防水卷材	长：20m 宽：900 厚：0.8，1.0，1.2	红、黄、蓝、灰等	面议	上海汇丽化学建材总厂
BX706氯化聚乙烯-丁苯橡胶卷材	长：20m 宽：1000 厚：1.4	按用户要求	面议	北京化工集团橡塑制品厂
氯化聚乙烯弹性体防水卷材	长：20m 宽：800 厚：1.0，1.2，1.5，2.0，2.5，3.0		1.0mm厚 17.50 1.2mm 19.80 1.5mm 24.75 配套胶粘剂氯丁橡胶胶粘剂14元/kg 氯化丁基橡胶胶粘剂16元/kg	郑州市第二橡胶厂
氯化聚乙烯防水卷材	长：20m 宽：1200 厚：0.8，1.0，1.2，1.5，2.0		HBF-G-1型 HBF-G-2型面议 HBF-G-3型 16	包头市橡胶制品二厂
〈火炬牌〉红泥氯化聚乙烯防水卷材	长：20m 宽：1000 厚：1.0，1.2，1.5		面议	中美合资凯利新型建筑防水材料有限公司

氯化聚乙烯防水卷材外露单层防水构造及材料用量　　　　表11-4-16

序号	构造	材料名称及用途	每1m²用量	备注
1	基层	钢筋混凝土		
2	找平层	1∶2水泥砂浆	20mm厚	
3	基层处理剂	作用同普通油毡用的冷底子油	0.2kg	选用卷材生产厂要求的产品
4	胶粘剂	用以粘贴防水卷材	0.6kg	选用卷材生产厂要求的产品
5	防水层	防水主体，氯化聚乙烯防水卷材(1.5mm厚)	1.15～1.20m²	
6	保护层	保护防水层		不上人屋面一般涂刷保护涂料，上人屋面为30mm厚细石混凝土

氯化聚乙烯防水卷材的施工要点　　　　表11-4-17

操作项目	使用操作说明
对基层要求	要求基层表面坚实、平整，不得有凹凸不平及砂粒、灰尘，并认真清洗干净。
卷材铺贴	1. 铺贴时，卷材和基层分别刷胶，涂胶必须涂刷均匀，约30min待溶剂挥发后始得进行铺贴。卷材搭接时，必须顺水流方向自上而下进行搭接，搭接处胶粘剂必须满涂。 2. 铺贴卷材时，要注意它的颜色和光度，一个房间或一个墙面，其颜色必须一致。
注意事项	1. 现场严禁动用明火。 2. 施工温度要求在5℃以上，遇雨、雪、大风天气应停止施工。

3. 氯化聚乙烯-橡胶共混防水卷材（表11-4-18～表11-4-22）

氯化聚乙烯-橡胶共混防水卷材的特点及用途   表 11-4-18

说　明	特　点	用　途
系用高分子材料氯化聚乙烯（CPE）与合成橡胶共混而制成。卷材铺贴采用冷施工，操作方便，没有环境污染	该卷材的主体材料氯化聚乙烯的大分子结构中没有双键，因此有优良的耐候性和耐老化性，并具有耐油性和耐化学性能。又因与橡胶共混，又表现出橡胶的高弹性、高延伸率，以及良好的耐低温性能，并对地基沉降、混凝土收缩的适应性强等	用于新建和维修各种建筑屋面、墙体、地下建筑、卫生间及水池、水库等工程的防潮、防渗、防漏

氯化聚乙烯-橡胶共混防水卷材的产品规格和价格   表 11-4-19

产品名称及牌号	产品规格（mm）	颜　色	参考价格（元/m²）	生产单位
海狮牌氯化聚乙烯-橡胶共混防水卷材	长：20m 宽：1200 厚：1.0，1.2，1.5，1.8，2.0	彩色、黑色	1.0mm 厚　17.40 1.2　　　　20.70 1.5　　　　23.90 1.8　　　　29.10 2.0　　　　33.60	保定市第一橡胶厂
氯化聚乙烯-橡胶共混防水卷材	长：20m 宽：1000 厚：1.2，1.5，2.0	彩色、黑色	面议	温州市橡胶三厂
三球牌氯化聚乙烯-橡胶共混防水卷材	长：20m 宽：1000，1200 厚：1.2，1.5		1.2 厚　15.90 1.5 厚　18.20	北京市橡胶十厂
水獭牌 LYX-605 氯化聚乙烯-橡胶共混防水卷材	长：20m 宽：≥925 厚：1.2		13.8 配套胶粘剂： 2 号胶 12.0 元/kg 3 号胶 9.5 元/kg	浙江省绍兴市橡胶厂
独秀山牌 CSA 彩色聚合物防水卷材	长：20m 宽：1000 厚：1.0，1.2	浅蓝、紫红、银灰、草绿、浅黄，还可按用户要求加工各种颜色	18.0	浙江省嵊州塑料一厂
青蛙牌彩色氯化聚乙烯橡塑防水卷材		彩色	20	浙江省永康市科委建筑材料厂

氯化聚乙烯-橡胶共混防水卷材防水层的防水构造   表 11-4-20

类　别	序号	名　称	防水构造示意图
一般防水构造	1	基层	
	2	基层处理剂	
	3	基层胶粘剂	
	4	防水卷材	
	5	表面防护涂料	图 11-4-3
带刚性保护层的防水构造	1	基层	
	2	基层处理剂	
	3	基层胶粘剂	
	4	防水卷材	
	5	刚性保护层	图 11-4-4

氯化聚乙烯-橡胶共混防水卷材防水层的用料　　　　表 11-4-21

材料名称	用途	颜色	备注
氯化聚乙烯-橡胶共混防水卷材	防水主体	彩色、黑色	
基层处理剂	基层处理	淡黄色	含固量 40%，PH 值为 4，黏度 10Pa·S
BX-14 胶粘剂	卷材与基层粘结	淡黄色混浊胶体	含固量 25%
BX-14 乙组份	卷材与卷材粘结	淡黄色混浊胶体	
表面保护涂料	表面着色、保护卷材	银白色	系以橡胶的甲苯溶液为成膜物，加入适量的助剂和铝粉混合而成
二甲苯	浸洗滚刷等		
胶乳水泥砂浆	末端收头处理		

注：表列资料选自保定市第一橡胶厂资料。

氯化聚乙烯-橡胶共混防水卷材的施工要点　　　　表 11-4-22

操作项目	施工操作说明
对施工基层的要求及处理	1. 屋面基层应用 1∶3（水泥、砂子体积比）水泥砂浆抹平压光（水泥强度等级不应低于 32.5 号）找平层厚度为： 　10～15mm（基层为整体混凝土）； 　20～30mm（基层为松散材料保温层）； 　15～20mm（装配式混凝土板、整体或板状材）。 2. 基层应牢固，表面应平整光滑、均匀一致，不得有臌包、凹坑、起砂和掉灰等缺陷。如系预制构件接头部位高低参差不齐或凹坑较大时，可用胶乳水泥砂浆抹平。 3. 基层与突起屋面的部位（女儿墙、天窗、变形缝、烟管道等）相连接的阴阳角应为直角，均匀一致，平整光滑。基层与檐口、天沟、排水口、沟管等相连接的转角处应做成光滑的圆弧形，其半径一般在 100～200mm 之间，女儿墙与排水口中心距离应在 300mm 以上。 4. 平屋顶基层的坡度应符合设计要求，一般坡度以 1/100～1/50 为宜。 5. 天沟的纵向坡度不宜小于 5‰，天沟内排水口周围应做成略低洼坑。自由排水的檐口在 200～500mm 范围内，其坡度不宜小于 15‰。
防水层施工	1. 涂刷基层处理剂：涂刷要厚薄均匀，一般涂刷后干燥 12h，才能进行下道工序的施工，阴阳角、排水口、管子根部等薄弱部位更要精心处理。 2. 铺贴卷材：在卷材上和基层表面分别涂刷 BX-14 胶粘剂（卷材接头部位的 100mm 不能涂胶），一般以手感基本干燥后才能进行卷材铺贴铺贴卷材时，卷材应按长方向配置，尽量减少接头，从流水坡度的上坡开始，由两边向屋脊，按顺序铺贴，顺水搭接，最后用一条卷材封闭。每铺完一张卷材后，立即用长把滚刷从卷材的一端沿卷材横向顺序地用力滚压一遍，以便排除卷材与基层的空气。卷材铺贴完后，再用油漆刷在卷材的接缝部分的表面涂刷卷材与卷材粘结的胶粘剂，待基本干燥后，即可进行粘结，随后用手持压滚按顺序认真滚压一遍。 3. 末端收头处理：末端收头必须用密封材料封闭，当密封材料固化后，再用掺有胶乳的水泥砂浆压缝封闭。 4. 涂刷表面涂料：卷材铺贴完毕，经过认真检查，确认完全合格后，在其表面均匀涂刷表面涂料（带刚性保护层者不涂刷表面涂料）。
卷材防水层的质量要求	1. 屋面不得有积水和渗漏现象，检查积水或修漏一般可在雨后进行，必要时也可以选用蓄水法检查。 2. 卷材与基层之间，卷材与卷材的接缝部位应粘结牢固，表面应平整，不允许有皱折、孔洞、翘边和直径大于 20mm 的鼓泡存在。保护涂料应粘结牢固，覆盖严密，颜色均匀一致，不得有漏底和脱皮现象。 3. 排水口周围和屋面与突出屋面结构的连接部位，均应封固严实。卷材端部收头必须封闭牢固。 4. 刚性保护层应粘结牢固，不允许有空臌、脱落等缺陷存在。
施工注意事项	1. 基层无明水，温度在 5℃以上，可以施工，下雨或预计要下雨，以及大风天气等均不得施工。 2. 铺贴卷材时，不允许打折和拉伸卷材。 3. 卷材铺好后，不要再在卷材表面走动，以免损坏防水卷材。

4. 复合增强 PVC 屋面防水卷材

复合增强 PVC 屋面防水卷材系以聚氯乙烯防水卷材为面层、无纺纤维毡作底层通过粘结加工而成。卷材为一种复合增强型结构，强度高、延伸率大、收缩率小、能适应房屋结构较大的变形，卷材本身为银灰色，吸热系数小，可有效地降低屋面温度，采用先进的改性配方，抗老化性能好，卷材搭接、拼缝、异形部位及边部均有专用胶牢固粘结和密封，可保证施工质量。

该卷材主要用于建筑屋面防水。

复合增强 PVC 屋面防水卷材的产品规格、价格及生产单位　　　　表 11-4-23

规格(mm)	重量(g/m²)	颜 色	参考价格(元/m)	生 产 单 位
长：25m 宽：1250 厚：1.2±0.2	1000±100	银 灰	12	江苏省仪征增强塑料厂

复合增强 PVC 屋面防水卷材的使用施工简介　　　　表 11-4-24

项目	施 工 操 作 说 明
基层要求	1. 基层必须牢固，无松动现象。 2. 基层表面应抹压平整，其平整度为用 2m 长的直尺检查，基层与直尺间的最大空隙不应超过 5mm，空隙仅允许平缓变化。在基层平整度不符合要求时，应用聚合物水泥浆进行修补。 3. 平屋面及檐口、檐沟、天沟的基层坡度，必须符合设计要求，水落口周围应做成略低的凹坑。 4. 基层与突出屋面结构（女儿墙、天窗壁、变形缝、管道等）的连接处，以及在基层的转角处（檐口、天沟、斜沟、屋脊等）均应做成半径为 100～150mm 的圆弧或钝角。 5. 找平层应用 1:2.5～3.0 水泥砂浆，表面应压光、水养护、无起砂现象，其厚度为： 整体混凝土 15～20mm； 整体或板状材料保温层 20～25mm； 装配式混凝土板、松散材料保温层 20～30mm。 6. 找平层宜留设分格缝，其纵横向的最大间距不宜大于 6m，分格缝宽一般为 20mm。 7. 基层必须干燥。铺设卷材以前必须将基层清扫干净。 8. 设有保温层的屋面基层必须留设分格缝，兼作排气道，缝宽可适当加宽（即＞20mm），并使其与保温层连通，排气道应纵横贯通，不得堵塞，相交处应设排气孔。 排气孔以不大于 36m² 设置一个为宜，并应设置避雨罩。 9. 当屋面保温层和找平层自然干燥有困难时，应在基层表面喷刷封闭剂，以隔绝基层中水分渗透出来，提高卷材与基层间的粘结性。
卷材铺贴的一般要求	1. 卷材的铺贴方向应根据屋面坡度确定、屋面坡度小于 15%时，宜平行于屋脊铺贴；屋面坡度大于 15%时，宜垂直于屋脊铺贴。 2. 凡节点构造部位（分格缝处、屋面转折处等）应加铺一层卷材作附加层，附加层可单边粘结。 3. 粘结方法有搭接法、对接法、增强接头法。 4. 搭接宽度长边不小于 80mm，短边应不小于 100mm。
卷材铺贴	1. 卷材采用冷粘贴工艺施工铺贴卷材时，应先处理好特殊部位，并由屋面最低标高处向上施工。 2. 需铺设附加层的部位，先铺设宽度为 150～200mm 的高分子卷材。 3. 根据卷材铺贴方案，弹出铺贴的标准线。 4. 涂刮卷材与基层间的胶粘剂。使用溶剂型胶粘剂时，应在卷材表面和基层表面分别均匀涂刮胶粘剂；使用水乳型胶粘剂时，可仅在卷材表面或基层表面均匀涂刮胶粘剂；在卷材与卷材搭接部位，每隔 1m 左右点涂作临时粘结。 5. 使用水乳型胶粘剂时，一般是随涂刮随铺贴卷材；使用溶剂型胶粘剂时，当胶粘剂胶膜基本干燥，即手指触感不粘手时，再将卷材沿标准线铺贴。铺贴卷材时，不得用力拉伸，铺贴后，应立即用干净松软的长把滚刷从卷材的一端开始沿横向顺序用力滚压，以排除卷材与基层间的空气。 6. 卷材的搭接粘结：在搭接部位的点涂胶膜基本干燥时，将上面的卷材翻开，在高分子卷材两个粘结面涂刮胶粘剂，一边压合一边驱除空气。卷材粘合后，用手持压棍或其他工具顺序认真滚压。 7. 卷材搭接处封口：当卷材有三层重叠部位的空隙时，应用胶粘剂等材料加以密封；卷材与卷材搭接的外露边缘，应用胶粘剂或其他材料进行封口。

续表

项目	施工操作说明
卷材收头处理	1. 在垂直面和檐口处宜留凹槽,将卷材端部固定在凹槽内,并用水泥砂浆嵌填,表面用防水涂料或其他材料封严。 2. 屋面与突出屋面墙体的连接处,贴在垂直面上的卷材高度不宜小于 250mm。
注意事项	1. 施工温度不宜低于 5℃,如必须在负温下施工时,应采取确保铺贴质量的措施。 2. 有雾天气不得施工。 3. 穿过屋面防水层的管道、设备或预埋件,应在卷材施工前安装完好,屋面防水层施工后,严禁再在其上凿北打洞。 4. 施工中不允许穿带铁钉、铁掌的鞋进入防水层施工现场,铺好的卷材面上不要乱丢杂物,防止刺伤卷材造成漏水。 5. 施工现场严禁抽烟,以免火星烫坏卷材,或引起溶剂性胶粘剂着火。 6. 卷材存放时不得外立。平卧堆放时,堆放层数不宜过多,一般不超过四层,以免卷边或变形而影响使用

注：1. 卷材与基层粘结应用 GY-88 型乙烯共聚物改性胶（由中国林业科学院林产化学研究所生产、供应，亦可由仪征增强塑料厂代为联系供应）。

2. 卷材与卷材之间的粘结用 PAZ 型胶粘剂（由南京化学试剂厂生产、供应，亦可由仪征增强塑料厂代为联系供应）。

5. APP 改性沥青防水卷材（表 11-4-25～表 11-4-29）

APP 改性沥青防水卷材的特点及适用范围　　　　表 11-4-25

说　明	特　点	适用范围
系以无规聚丙烯（APP）改性沥青为涂盖材料,以优质聚酯毡或玻纤毡做基胎儿表西撒布细砂或绿页岩片,下表面撒布细砂)制成。由于 APP 使沥青改性,将沥青包在网状结构中,并形成弹性键,从而提高了软化温度、硬度和低温柔性。这种新的混合物具有良好的橡胶质感,加上用优质基胎,使卷材的抗拉强度,延伸率等其他性能也大大提高	该卷材抗拉强度大,延伸率高、具有良好的弹塑性、耐高、低温性和抗老化性、-50℃ 不龟裂、120℃ 不变形,150℃ 不流淌,老化期可达 20 年以上,而且使用方便,易于修补聚酯胎卷材具有很高的拉力、延伸率及抗穿刺和抗撕裂能力。无纺玻纤毡卷材的特点是成本低,耐细菌腐蚀性和尺寸稳定性好,但拉力和延伸率较低	APP 改性沥青防水卷材集防水、密封、粘结于一体,不仅适用于各种屋面、墙体、楼地面、地下室、水池、桥梁、公路、机场跑道和水坝等防水、防护工程,也适用于各种金属容器、管道的防腐保护,为防水、防潮、防腐的理想材料

APP 改性沥青防水卷材的铺贴施工可采用喷灯法、热沥青法（浇滚法和热涂法）、冷胶粘剂法以及热空气法。

APP 改性沥青防水卷材的外观质量标准　　　　表 11-4-26

序号	项目	质量标准
1	成卷卷材规整度	成卷卷材应卷紧、卷齐,两端里进外出不超过 10mm,在相应的柔性温度至 45℃ 时应易于展开,不得有巨卷芯 100cm 外长度在 10mm 以上的裂纹。
2	基胎	基胎必须浸透,不应有未被浸渍的浅色斑点。
3	卷材表面	卷材的表面必须均匀平滑,不允许有折纹、折皱、20mm 以上的疙瘩,涂盖层与基胎必须粘结牢固。可热熔施工的卷材,其基胎应位于卷材厚度的中间的三分一处。
4	卷材接头	每卷卷材的接头不超过一个,较短的一般不应小于 250cm,接头处应的切整齐,并加长 15cm 备作搭接。
5	表面材料	表面材料必须均匀、粘牢。

APP改性沥青防水卷材的规格、价格及生产单位 表 11-4-27

产品牌号	规格(mm)	卷重(kg)	参考价格(元/m²) 聚酯胎	参考价格(元/m²) 玻纤胎	生产单位
(长空牌)	长:10m 宽:1000 厚:2.0,3.0,4.0,5.0	20.0 30.0 40.0 50.0	18.5~25.50	15.50~25.50	沈阳蓝光新型防水材料有限公司
(秦岭牌)	长:10m 宽:1000 厚:20,30,40,50		3mm:17.50 4mm:19.50	3mm 14.50 4mm 16.50	陕西省宝鸡市原纸油毡厂
(海豹牌)	长:5.0,7.5,10m 宽:1000 厚:直到6.5		35号:15 45号:17 55号:18	25号 10 35号 13 45号 14	武汉市油毡厂
(金鸡牌)	长:5.0,7.5m 宽:1000 厚:4		30.6	20.0 26.0 (热反射型)	北京一奥克兰建筑防水材料有限公司
(长白山牌)	长:10m 宽:1000 厚:2~4	30~45	4mm: 22.8~28.5 4mm(聚酯复合胎): 25.6~31.35	3mm: 17.1~20.0	长春市防水材料厂
(娄宫牌)	长:10m 宽:1000 厚:4			12.0~15.0	浙江绍兴化建防水涂料厂
(基建牌)	长:10m 宽:1000 厚:4	45	23.0		天津市油毡厂
(风行牌)	宽:1000 厚:2~6		面议 (黄麻布胎)	面议 (无纺布胎)	昆明建筑防水材料厂

APP改性沥青防水卷材设计与选材建议 表 11-4-28

使用条件	选用原则
地 域	炎热地区的高级建筑物应优先选用该系列产品。
防水层构造 (单层或多层)	低强度等级(35号以下)的品种应用作多层防水;高强度等级(35号以上)的品种中,以复合胎、黄麻布、加纺玻纤毡,无纺聚酯毡为胎基的品种可用作单层防水和(或)高级建筑物多层防水的面层。如选用该系列产品做多层防水时,下层可用成本较低的优质氧化沥青油毡。
防水层 直接暴露	防水层直接暴露时,应选用粗颗粒矿物材料覆面的品种作为面层,并可由建筑甲方挑选颜色。
防水层上有架空隔热层或其他结构层	可考虑选用以聚酯毡覆面的品种作为防水层的面层,以利于加快施工速度和减轻荷重。
基层的坡度	推荐的最小坡度是20%,(该系列产品可用于高达170%的坡度上,遇到此种情况,需与卷材生产厂联系,以免出现问题)

APP改性沥青防水卷材的使用操作说明   表11-4-29

施工方法	使 用 说 明
冷粘结法	冷粘贴施工方法与一般采用冷粘施工的其他卷材大致相同。由于该卷材表面带有石粒或砂粒,可起保护层作用,上面再不需涂其他保护涂料,如为了美观和改变屋顶单一的颜色,可喷一遍带颜色的苯丙乳液,其配比为苯丙乳液:水:颜料=1:2:0.3。
喷灯法 (热熔法)	1. 操作要点:首先将卷材开卷摆齐对正(薄膜面向下),然后卷起一端,用喷火器烘烤卷材底面。当烘烤到薄膜熔化,卷材底有光泽、发黑,有一层薄的熔融层时,用脚推卷踏压卷材,使底层粘住。定位后,再将另一端卷起,按上述方法继续进行。在卷与卷的接口和结合部,搭接宽度5~10cm,用喷火器烘烤熔融后压紧,上下牢固地结合在一起。 2. 施工注意事项: (1)贴卷材的基面必须清洁、干燥、平整; (2)烤时,应均匀加热,当被加热面变成流态而产生一个小波浪时,则证明加热已经足够,应特别小心,烘烤时间不宜过长,以免烧损胎基; (3)热铺贴用脚踏压时,以卷材边缘溢出少量混合物为宜。 3. 配套的施工机具:专用喷火器(卷材生产厂生产)或汽油喷灯;液化石油气或乙炔气;压板及切刀。
浇滚法	首先在铺设卷材的地方展开卷材,对齐后,平稳地倒去一半,然后将热沥青胶粘剂浇注到基层上,再将卷材滚出,用脚压粘贴。选择胶粘剂的型号要考虑卷材品种、屋面坡度及气候。 满粘法施工时,胶粘剂用量约为10~15kg/m²,半粘法施工时,用量约为0.5kg/m²。 环境温度较低时,要保证沥青胶粘剂的使用温度不能低于240℃,否则,将不能达到充分的粘接。 为了保证防水层的质量,在施工时应将沥青胶粘剂加热到足够的程度,防止出现虚假粘贴。要特别注意重叠部位和接缝的施工,在这些部位必须有足够的沥青,以使每一个周边都得到密封。
热涂法	除了热沥青胶粘剂是用拖把涂敷到卷材前方外,其他与浇滚法相似。
热空气粘结法	用连续的热气熔化卷材边缘的沥青而达到粘结的目的。施工时用滚子挤压熔化的边缘表面便可使卷材粘结在一起。卷材两边粘结后,溢出熔化的液体,说明粘结质量良好。 铺贴时,卷材侧边搭接5~10cm,端部搭接部分不得少于10m,而且所有搭接口都应朝向排水口,所有的搭接边缘都应用喷火器(喷灯)烘烤一遍,再用抹子将熔化的沥青按一按,以使其粘结牢固

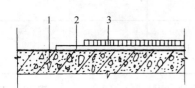

图11-4-5 单层外露防水构造
1—基层;2—胶结剂;3—APP卷材

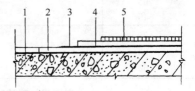

图11-4-6 双层外露防水构造
1—基层;2—胶结剂;3—APP卷材;
4—胶粘剂;5—APP卷材

四、沥青胶(玛琦脂)及冷底子油

(一)玛琦脂

沥青胶俗称玛琦脂,玛琦脂的主要用途为粘贴卷材、嵌缝补漏及作防水层、防腐蚀层等。

玛琦脂分为石油沥青玛琦脂和煤沥青玛琦脂两种,前者只能粘贴石油沥青油毡,后者只能粘贴焦油沥青油毡(见表11-4-30~表11-4-34)。

玛琋脂的配置及使用温度 表 11-4-30

名称	配制方法	使用温度	备注
热玛琋脂	在石油沥青或煤沥青中掺入一定数量的粉状或纤维状填充料及少量添加剂等配制而成。	须在熔化状态下（约180℃）使用。	热玛琋脂的强度等级主要以耐热度来划分。其用料配合比见表11-4-31及表11-4-32。
冷玛琋脂	系以石油沥青或焦油沥青熔化冷却至130~140℃后加入稀释剂（如绿油、轻柴油等），进一步冷却至70~80℃后再加入填料搅拌而成。	使用时不必加热。但在低温时（低于5℃）则须加热至50~60℃，始可使用。加热时须注意不能直接用火加热，以免引起冷玛琋脂内溶剂中挥发气体燃烧，发生事故。	冷玛琋脂亦可将填料先与溶剂拌和，然后再将熔好之沥青加入和物中搅拌而成。

油沥青热玛琋脂的用料参考配合比（重量%） 表 11-4-31

耐热度 (℃)	石油沥青		填充料			
	30号或180~60号与30号混合	60号	六级石棉	泥炭渣或木粉	混合石棉或七级石棉	粉状物（如滑石粉、白云石粉等）
65	—	85	15	—	—	—
	—	87	—	13	—	—
	—	70	—	—	30	—
	—	55	—	—	—	45
75	—	82	—	18	—	—
	—	78	22	—	—	—
	—	65	—	—	35	—
	90	—	—	10	—	—
	87	—	13	—	—	—
	80	—	—	—	20	—
	70	—	—	—	—	30
85	85	—	—	15	—	—
	82	—	18	—	—	—
	65	—	—	—	35	—
	45	—	—	—	—	55
90	78	—	22	—	—	—
	82	—	—	18	—	—
	60	—	—	—	40	—

煤沥青热玛琋脂的用料参考配合比（重量%） 表 11-4-32

耐热度 (℃)	煤焦沥青	煤焦油	填充料		添加剂		
			矿粉	石棉粉	硬脂酸	蒽油	桐油
50	50	45	—	—	—	—	5
	38	20	38	—	4	—	—
	40	20	—	35	—	—	5
60	47	15	—	35	—	3	—
	40	20	36	—	—	—	4
	50	20	—	24	6	—	—
70	45	15	35	—	—	—	5
	55	15	—	25	—	5	—
	60	20	12	—	4	4	—

注：如无桐油可用蒽油代替。

石油沥青冷玛琋脂的用料参考配合比（重量％） 表 11-4-33

用料	10号石油沥青	轻柴油	油酸	熟石灰粉	6～7级石棉
配合比	50	25～27	1	14～15	7～10

玛琋脂强度等级的选用表 表 11-4-34

沥青胶结材料类别	屋面坡度	历年室外极端最高气温	沥青胶结材料强度等级
石油沥青胶结材料	1％～3％	小于38℃ 38～41℃ 41～45℃	S-60 S-65 S-70
	3％～15％	小于38℃ 38～41℃ 41～45℃	S-65 S-70 S-75
	15％以上～25％	小于38℃ 38～41℃ 41～45℃	S-75 S-80 S-85
焦油沥青胶结材料	1％～3％	小于38℃ 38～41℃ 41～45℃	J-55 J-60 J-65
	3％以上～10％	小于38℃ 38～41℃	J-60 J-55

注：1. 卷材层上有板块保护层或整体保护层时，沥青胶结材料强度等级可按本表降低5号；
   2. 屋面受其他热源影响（如高温车间等），或屋面坡度超过25％时，应考虑将沥青胶结材料的强度等级适当提高；
   3. 表中 S 代表石油沥青，J 代表焦油沥青。

（二）冷底子油

冷底子油用于涂刷在水泥砂浆或混凝土基层及金属表面上作打底之用。它可使基层表面与玛琋脂、油膏、涂料等中间具有一层胶质薄膜，提高胶结性能。（表 11-4-35）

冷底子油配合成分参考表 表 11-4-35

用途	沥青			溶剂	
	10号 30号石油沥青	60号石油沥青	软化点为50～70t之煤沥青	轻柴油	苯
涂刷在终凝前的水泥基层上	40	55	50	60 45 50	
涂刷在终凝后的水泥基层上	50	60	55	50	40 45
涂刷在金属构配件表面上	30 35 45 45		40 45	70 65 60	55 55 55

注：如无轻柴油时，可用煤油代替。当用挥发性快的溶剂汽油时，其配合成分应为汽油70％，30号石油沥青30％。

五、防水涂料

（一）石灰膏乳化沥青（表 11-4-36，表 11-4-37）

抹压乳化沥青的配置工艺、用料配比及施工注意事项　　　　表 11-4-36

配制工艺	施工注意事项	用料配合比			
		材料名称	配比(重量%)		
			1号	2号	3号
1. 石灰一般须提前 2 星期进行熟化。在熟化过程中禁止搅拌。待熟化成乳白色膏状物时，始可加入少量清水搅成白浆。然后以 0.5mm 孔径的筛子过筛后，储于池中备用。 2. 沥青使用前必须脱水，脱水过程应慢慢升温，并经常搅动。温度应控制在 150℃以下。 3. 搅拌第 1 罐①前，应先向搅拌机水套内注水，并将水加热至 60℃。搅拌头三罐时，每罐可增加 3 号石油沥青 3～5kg，减少石棉绒 3～4kg。第 4 罐以后即可恢复正常配合比。 4. 配制时按重量比先加入石灰膏和所需总水量的一半(水温 70～80℃)，搅拌约 3～5min，然后加入 150℃的热沥青，搅拌 5min 后(此时可将搅拌机出口稍散打开，检验乳化的情况如何)再加入石棉绒和其余的一半水。继续搅拌约 5min 即成为均匀的黑色膏体的乳化沥青。该乳化沥青可储于容器内降至常温(30～10℃)备用。如须贮存较长时间再用时，应在乳化沥青上面加适量清水，以防其中水分蒸发，引起面层沥青还原	1. 板面清扫干净后先涂冷底子油一度。其配比为：3 号石油沥青：汽油＝1：3。板面局部缺陷处可先用乳化沥青抹压找平。 2. 冷底子油干燥后，即以铁抹子抹压乳化沥青。厚度控制在 4～6mm 范围以内(干缩后厚 3～4mm)。抹压好的乳化沥青不得有裂缝。起泡或凹凸不平之处。 3. 施工时室外气温不应低于 10℃，不宜高于 30℃。气温过高时应采取早晚班进行施工。 4. 施工时应注意在乳化沥青未还原凝固前，严忌雨水冲刷。 5. 施工缝应做成斜坡形。斜面意大愈好。接缝前应先将接头表面析出的碳酸钙薄膜和尘土用小刀刮掉刷净，再行施工。新抹压的乳化沥青应比旧抹压者表面高出 2～4mm。 6. 天沟、女儿墙、伸缩缝等处采用油毡防水者，油毡应在抹压乳化沥青以前铺设完毕。易受振动部位(板缝)应用聚氯乙烯胶泥或建筑油膏嵌实。刚性部位应用乳化沥青抹压。施工时应先施工板面部分，完后再做板缝(但板缝下部的填缝砂浆可以早做)。 7. 板缝嵌填的防水接缝材料(包括纵横缝)，应高于抹压乳化沥青面层 2mm，并在缝的两边各 2～5mm 宽范围内，满抹乳化沥青一层	60号石油沥青	40	30	30
		石灰膏	28	25	30
		石棉绒	10	20	4～5
		滑石粉	—	—	13～15
		水	22	25	20～23
		备注： 1. 石灰须采用一般锻烧好的低镁石灰。氧化钙含量应＞65％；酸不溶物＜2％。 2. 石棉绒须采用质软、细粉含量少，纤维长度为 0.5～15cm 者。 3. 水用一般自来水、河水或井水均可。 4. 石灰膏细度＜0.5mm，含水量为 45％～50％ 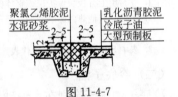 图 11-4-7			

① 搅拌机系卧式桨叶搅拌机。搅拌罐有效容积 100L。搅拌机转速约为 400 转/min 左右，桨叶线速度约 3m/s，电动机为 30 马力。

石灰乳化沥青的配置工艺、用料配合比及施工注意事项　　　　表 11-4-37

配制工艺	施工注意事项	用料配合比(重量比)		
		材料名称	质量要求	配合比
将经过熟化的石灰膏和规定用水量的 1/2 加入搅拌机中搅拌 2～32min，再按用量加入 180～220℃的热沥青及剩余的水，继续搅拌 3～5min，直至成为均匀的深灰色乳化沥青为止。乳化沥青可存于池中备用，但为了防止沥青还原，乳化沥青上部须经常保持 10cm 厚的积水层	1. 涂刷乳化沥青的板面须打扫清洗干净。板缝应用油膏嵌填(马牌油膏或嵌缝沥青防水油膏均可)，油膏表面应高出板面 1cm 以上。 2. 涂料施工有两种方法： (1) 涂刷乳化沥青三度，湿时总厚度为 2～3mm，上撒 3mm 粒径砂砾保护层一层。 (2) 涂刷沥青漆一度，石灰乳化沥青两度，上撒 3mm 粒径砂砾保护层一层(此种作法效果较好)。 3. 涂层厚度与施工方法有关： 采用一次抹压法施工时，涂层厚度以 1.5～2mm 为宜。采用分层抹压法施工时，以每层湿厚为 2～3mm，干后涂层总厚为 2～3mm 为宜。用扫帚涂刷法施工时，由于涂层厚薄不均，均易起皮脱落。故不宜采用。 4. 夏季施工应尽量安排在早晚间，不宜在太阳曝晒情况下施工	石灰膏	生石灰中氧化钙(CaO)含量须大于 70％，氧化镁(MgO)含量须小于 3％。用前须经水淋 7d 以上，淋制的石灰膏颗粒应小于 0.5mm，使用时其含水量应控制在 40％～50％之间。	1
		石油沥青	软化点应为 45～60℃(国产道路石油沥青 60 号甲或乙均可)并须加热至 100～220℃，脱水备用。	1
		水	普通自来水，使用时须加热至 100℃	1

（二）再生橡胶-沥青防水涂料（表11-4-38）

再生橡胶-沥青防水涂料的用途、性能及生产单位　　　表11-4-38

说明及用途	性能		牌号或名称	生产单位
	项目	指标		
再生橡胶—沥青防水涂料系由胎面再生橡胶、沥青和汽油配制而成，可用于各种屋面的防水涂层及防腐防潮等工程。根据其性能创定及试点工程调查来看，该涂料的防水性、抗裂性、柔韧性、耐寒性、抗老化性均好。除粘结性能略低于氯丁橡胶沥青外，其他性能基本接近（见右栏）	耐热性	在80±2℃下，恒温5h无皱皮、起泡等现象。	JL-3 基层涂料 JL-4 面层涂料	昆明市建材化工厂
	耐碱性	20±2℃下，在饱和氢氧化钙水溶液中浸泡15d，无剥落、起泡。分层、起皱皮等现象。	水乳型防水涂料	昆明市建筑防水涂料厂
			溶剂型防水涂料	
	粘结性	20±2℃下，用8字模法测抗拉强度大于0.2MPa。	566型涂料	云南宜良县防水材料厂
	不透水性	20±2℃下，动水压0.1MPa，30min内不透水。	橡胶沥青防水涂料 底层 面层	武汉市油膏厂
	低温柔韧性	−10℃下，通过Φ10mm轴棒，无网纹、裂缝、剥落等现象。	水乳型涂料	成都市橡胶厂
			再生胶屋面涂料	上海市南汇防水涂料厂
	耐裂性	20±2℃下，涂膜厚0.3～0.4mm，基层裂缝宽不大于0.2mm时，涂膜不开裂	虎牌防水涂料	湖南省洞口县防水材料厂

注：表内性能指标系湖南省洞口县防水材料厂的产品指标。

（三）乳化沥青与玻璃纤维毡片（表11-4-39，表11-4-40）

乳化沥青的说明、用途及特点　　　表11-4-39

说　明	用　途	用　量	产品名称	生产单位
乳化沥青是以熔化的沥青与热的乳化剂水溶液经机械强力搅拌，使沥青分散成细微颗粒（1～6pm）悬浮于水中，以致水与沥青形成稳定的乳化液体而成。外观呈棕黑色，均匀一致，具有粘结性高、防水性能好、干燥快和具有较好热稳定性等特征。乳化沥青不宜在冬季或低温条件下施工	配合玻璃纤维毡片或玻璃布及油膏用于屋面防水及地下工程防渗、防漏	每1m²屋面涂料用量：1.2～1.5kg（以涂刷四道计算）	皂液乳化沥青	北京油毡厂
			膨润土乳化沥青	
			石棉乳化沥青	
			乳化沥青防水涂料	昆明建筑防水材料厂
			乳化沥青	南京防水材料厂
			乳化橡胶沥青涂料	上海南汇防水涂料厂

玻璃纤维毡片的规格及技术条件　　　表11-4-40

规格				技术条件			生产单位
厚度(mm)	幅度(mm)	每卷重量(kg)	每卷面积(m²)	定量(g/m²)	拉力(kg)	水分(%)	
0.3～0.4	915	>22	300	50～80	>10	≯1	天津市油毡厂

(四) JG-2 型防水冷胶料 (表 11-4-41~表 11-4-44)

JG-2 型防水冷胶料 (简称冷胶料) 是以橡胶为基础材料，通过水乳制成的新型建筑防水材料。它分别由 A 液 (胶乳) 和 B 液 (乳化沥青) 组成，使用时按设计要求进行配比与混合均匀即可。该材料具有良好的耐热、粘结、弹塑、耐寒、防水及抗老化等性能，并且无毒、不燃、冷施工方便。具有改善劳动条件、减少环境污染等优点。

冷胶结料加衬玻璃布，适用于保温和非保温的屋面、墙身、楼地面防水层，也适用于一般地下室、冷库及设备管道等防水层。

JG-2 防水冷胶料混合液的技术性能　　　　表 11-4-41

项　目		测 试 条 件	指　标
技术性能	含固量		≥43%
	低温柔性	−10±1℃，绕ϕ10mm 轴棒	无裂纹
	不透水性	水压 0.1MPa，301min	不透水
	耐热性	80±2℃ 试件 45°倾斜，5h	无起泡、流淌现象
	粘结性		≥0.2MPa
	抗冻性	循环 20 次	无开裂
	延伸率	无处理	≥4.5rnm
		处理后	≥3.5rnm
参考价格 (元/t)		1650~2200	
生产单位		北京延庆橡胶厂、温州市新型防水材料厂、徐州防水材料厂	

JG-2 防水冷胶料的外观质量标准　　　　表 11-4-42

两组份配合比	外　观　指　标
1:1	1. 呈黑色无光泽黏稠液体，略有橡胶味，无毒。 2. 用玻璃棒将混合液薄而均匀地涂刷在玻璃板或石棉板上，肉眼观察其颗粒度，要求均匀细腻，不得有明显的颗粒或块状物。 3. 表面无结膜或凝固物，无沉淀或离析现象。若表面有结膜物，而且是有弹性的软膜，可取少许放入水中，如能分散于水中则为合格。

JG-2 防水冷胶料的施工要点　　　　表 11-4-43

项　目	使 用 施 工 说 明
基层要求及处理	基层表面须平整、结实、干燥、不得有蜂窝状、浮发杂物，有裂缝时 (深宽超过 2mm 以上者) 应用嵌缝密封材料嵌填。基层的突出部位和阴阳角，均应做成八字坡。若要求涂刷冷底子油，可用 JG-2 的 B 溶液作冷底子油。
特殊部位的预处理	天沟、土墙、烟窗口、雨水口阴阳角等特殊部位须先贴玻璃丝布附加层。
防水层施工	1. 施工中衬玻璃丝布时，将配制好的冷胶料倒在基层上，用长柄刷子涂刷均匀，然后将玻璃丝布一端贴牢，用力向前推压起铺。随刷随铺，并在已铺贴完的玻璃丝布上用刷子赶走气泡、压实。搭接宽度长边不小于 70mm，短边不小于 100mm。待第一道涂层基本干后，再继续涂第 2 遍。 2. 涂刷第二道冷胶料时。若防水层为一布二胶构造，则第二道冷胶料涂层厚度应不小于 1.5mm；若是二布三胶构造，则第二道涂刷厚度应为 0.3~0.5mm，并粘贴第二层玻璃丝布。表干后涂刷第三道冷胶料，其厚度应不小于 1.5mm。 3. 刷完最后一道涂料时，随即撒上粗砂或云母粉，要使其均匀地与防水层牢固粘结。
注意事项	1. 冷胶料施工温度为 0℃ 以上，不宜在大风、雨天、冰冻时施工。 2. 冷胶料系水乳型，使用时必须搅拌均匀，保持浓度一致。 3. 涂刷冷胶料时，涂层要均匀，不得漏刷，不得外漏玻璃丝布。 4. 玻璃丝布应与基层粘牢，不得有皱纹、翘边白茬、腻泡等现象。 5. A 液贮存期 6 个月 B 液贮存期 3 个月，混合液贮存期三个月，且应生于阴凉处密封，避免日晒雨淋，严防冰冻，禁止在负温下存放

JG-2防水冷胶料防水层的材料用料及涂料配合比   表11-4-44

防水层构造	每1m² 防水层的材料参考用量		冷胶料两组份配合比（重量比）	
	冷胶料（kg）	玻璃丝布（m²）	第一遍底层涂料	其他各层涂料
一布二胶	1.5～2.0	1.2	A：B液＝1：2	A：B液＝1：1
二布三胶	2.2～3.0	2.4		

（五）其他防水涂料（表11-4-45）

其他防水涂料的产品名称、说明及用途   表11-4-45

名称	简介	用途	特点	用料配合比			配制方法	用量（kg/m²）
马牌建筑胶油涂料	采用不干性的蓖麻油经热聚合等加工而成，一般与马牌油膏配合使用	屋面防水	粘结力强，无色，施工方便，但供应困难，供应困难，价格较贵	材料名称	重量比		马牌胶油系成品供应，使用时可用汽油、松节油或松香水稀释	0.2
					底漆	面漆		
				马牌胶油	30	70		
				汽油	70	30		
				云母粉	—	20		
苯乙烯焦油防水涂料	苯乙烯焦油涂料系以生产苯乙烯工厂的下脚料—苯乙烯焦油加入增韧剂、填料、颜料、溶剂等配制而成的涂料。苯乙烯焦油性能不稳定，各地可根据材料供应来源、工程性质及其要求等情况，合理使用	屋面防水、补漏、墙面防水	抗裂和耐老化性较差，耐热、耐碱、耐水及粘结性较好。一般使用年限为2～3年	材料名称	苯乙烯焦油清漆（重量比）	苯乙烯焦油涂料（重量比）	1. 将焦油加热至60～70℃，在搅拌下加入蓖麻油。 2. 升温至140～150t保持1～5h，冷却至100℃，加入溶剂，稀释过滤即成焦油清漆。 3. 将填料、颜料加溶剂调成浆状，加入清漆，用机械搅拌均匀，以80～120目筛过滤即成	按三度计0.6～0.9
				苯乙烯焦油清漆		100		
				苯乙烯焦油	50～65			
				蓖麻油（或蓖麻油脚）	3～5			
				溶剂（双戊烯、松节油）	35～50	10～20		
				滑石粉	—	10		
				颜料（氧化铁红、黄）		2-5		
				重晶石粉		40		

名称	说明及用途	生产单位
缩丁醛屋面涂料	适于屋面防水抗渗之用。但屋面板板缝处不得使用，应改用油膏。	上海南汇防水涂料厂
802屋面涂料	系以石油沥青为基料，加入耐老化、耐挥发等改性材料配制而成。适于刚性屋面防水层用。	
30号防锈涂料	由有机高分子聚合物、防锈颜料、填充料等配制而成。适于钢、铁防锈之用。	湖南长沙建筑涂料厂
801堵漏剂	系快凝高强堵漏材料。适于各种土建工程防水堵漏之用。	
30号防锈涂料。	系快凝高强堵漏材料。适于各种土建工程防水堵漏之用。	
802屋面涂料	系快凝高强堵漏材料。适于各种土建工程防水堵漏之用。	湖南湘潭市混凝土制品厂
812屋面防水涂料	系改性苯乙烯焦油涂料。适于各种土建工程防水堵漏之用。	

名　　称	说　明　及　用　途	生产单位
803带锈涂料	系由合成树脂、化锈剂等配制而成。适于钢铁表面涂刷防锈之用。	湖南洞口县防水材料厂
GY-2号防水涂料	以桐油、沥青为基料配制而成，为黑色浓乳体。适于各种屋面防水、防渗之用。如铺以玻璃纤维布，再涂此涂料，则可作油毡之用。	贵阳市防水材料厂
氯丁-1防水涂料	系由氯丁橡胶、沥青、添加剂等配制而成的溶剂型弹性防水涂料，为黑色粘稠状液体，耐热性为80℃。适于屋面、地下工程等防水之用。	青岛化工厂
长寿牌氯丁胶乳沥青涂料	系以氯丁乳胶和石油沥青经乳化配制而成。为水乳型涂料，耐热度为80℃。	四川长寿化工厂

六、防水油膏（表11-4-46～表11-4-52）

聚氯乙烯胶泥的用料配合比及配制工艺　　　　表11-4-46

材料名称	用料配合比 重量比		配　制　工　艺
	配方1	配方2	
煤焦油	100	100	聚氯乙烯胶泥系热塑性材料，适用于现场配制，趁热浇注，配制工艺为：
聚氯乙烯树脂	10 10	15 15	1. 煤焦油在120～140℃下脱水，然后降温至40～60℃备用。 2. 按配合比称取聚氯乙烯树脂及硬脂酸钙，混合后搅拌均匀，再加入定量的二丁酯搅成糊状，即得聚氯乙烯糊液。
苯二甲酸二丁酯	1 10	1 15	3. 把上述糊液缓慢加入温度为40～60℃定量的脱水煤焦油中，搅拌均匀，再徐徐加入填充料。此时，应边加热，边搅拌，温度控制在130～140℃之间，保持10min后，即成胶泥。
硬脂酸钙填充料			4. 每次停工后粘结在熬制锅上的胶泥残料，应刮除干净，以免影响下次配制胶泥的质量

注：1. 填充料数量可随浇灌时胶泥稠度的需要而适当增减；
　　2. 本胶泥适用坡度：配方1适用于平屋面及≤1/10坡度的屋面；配方2适用于大于1/10坡度的屋面；
　　3. 本胶泥适用于-25～80℃条件下各种坡度的工业与民用建筑屋面工程，也适用于有硫酸、盐酸、硝酸、氢氧化钠气体腐蚀的屋面工程。

嵌缝沥青防水油膏的配合比　　　　表11-4-47

油膏类别	油　　料				填　　料		填料：油料
	茂名石油沥青	松焦油	硫化鱼油	重松节油	石棉绒	滑石粉	
南方用油膏	(70℃软化点) 100	5～15	20	60	87.4 (40%)	131.3 (60%)	1∶1.15
北方用油膏	(60℃软化点) 100	5～15	30	60	66.5 (30%)	155 (70%)	1∶1.08

注：按重量份数计量。

第四节 建筑防水材料

嵌缝沥青防水油膏的配制工艺　　　　表 11-4-48

改性沥青炼制	硫化鱼油的制备	油膏组成的混合搅拌
1. 将 10 号及 60 号石油沥青按预计软化点为 70±3℃ 或 60±3℃ 的配比投入锅内加热溶化脱水，滤去纸屑杂物。 2. 升温至 180～200℃ 时，加入松焦油，边加边搅，连续搅拌 30～60min，待气泡消失后方可使用。 3. 松焦油加入后沥青温度应保持在 170～190℃	1. 硫化鱼油制造时，先将带鱼油在 100～110℃ 温度下脱水后加入 10 号石油沥青溶化脱水，滤去纸屑等杂物。脱水时温度不得超过 200℃。 2. 待气泡完全消失后，立即熄火。降温至 140～150℃ 时慢慢加入硫磺粉，边加边搅，注意防止温度超过 170t 和产生大量的硫化氢气体造成溢油事故，在硫化过程中搅拌不可停止。硫磺粉加完后至少再搅拌 30min，温度保持在 150～170℃。 3. 待硫化鱼油的软化点达到 80±3℃ 时即可冷却到 140～150℃，然后按总重量加入同样重量的重松节油，边加边搅至均匀为止。此稀释液即可泵入贮油池内备用。使用前须加以搅拌	1. 在未搅拌之前，先将混合搅拌筒保温至 80～100℃。 2. 将温度保持在 170～190℃ 的改性沥青按配比投入搅拌筒，再将硫化鱼油稀释液投入，并开始搅拌，同时依次投入重松节油、滑石粉和石棉绒。 3. 投料完毕后，继续搅拌 15min 至混合均匀为止，即可出料

注：配制软化点为 70℃ 或 60℃ 的沥青时，以用茂名 10 号与 60 号石油沥青为最好，其用量如下：
　　1. 70℃ 软化点沥青：用茂名 10 号 47% 加茂名 60 号 53%；
　　2. 软化点为 60℃ 时：用茂名 10 号 30% 加茂名 60 号 70%。

马牌建筑油膏的施工方法、产品规格　　　　表 11-4-49

施工方法及注意事项	产品规格	生产单位
1. 施工缝的基层必须坚硬，不准有疏松的砂土层。 2. 施工缝的缝内须保持干净，不得有尘土、水泥渣、锈等。 3. 施工缝的缝内须保持干燥，不得潮湿，雨天不得施工。 4. 缝内先均匀涂一遍建筑底油，然后将油膏在木板上或用手搓成与缝粗细合适的圆条（表面严禁粘着尘土等粉末）立即嵌入缝内（或用油膏挤压枪将油膏灌入缝内）。 5. 再用木板或钉子或用手指将嵌入缝内的油膏用力压紧、抹平、按实，必须与缝严密粘牢。 6. 用手操作时，为了防止油膏粘手，可在手上或木板上粘少量鱼油、重松节油润滑，但不可用柴油、煤油、滑石粉等，以免影响粘结。 7. 压紧抹平后的油膏应与缝口略平（或鼓出），随即在表面用毛刷再满涂底油一遍。一般涂刷面积最低要超出油膏边缘 4mm 以上，以保证封闭油膏	701、702、703、801、802、803	北京黄土岗化工厂

注：适用于屋面及地下工程防水、防潮、防渗漏。

塑料油膏的用料配合比　　　　表 11-4-50

材料名称	用料配合比（重量比）			备 注
	配方 1	配方 2	配方 3	
煤焦油	100	100	100	配方 1 为现场配制热灌型； 配方 2 为成品回锅热灌型； 配方 3 为冷嵌型
废旧聚氯乙烯塑料	18～20	16～18	18～20	
二辛脂	3～5	3～5	3～5	
滑石粉	20～25	30～40	80	
二甲苯		15～20	30	
糠醛		5	10	

注：塑料油膏是一种新型建筑防水嵌缝材料。它以废旧聚氯乙烯塑料、煤焦油、增塑剂、稀释剂、防老剂及填充料等配制而成。主要适用于各种混凝土屋面板嵌缝防水和大板侧墙、天沟、落水管、桥梁、渡槽、堤坝等混凝土构配件接缝防水以及旧屋面的补漏工程。塑料油膏是一种粘结力强、耐热度高、低温柔性好、抗老性好、耐酸碱、宜热施工兼可冷用的新型弹塑性建筑防水防腐蚀材料。

橡胶沥青嵌缝防水油膏的产品性能 表11-4-51

性　　能		指标	生产单位
指标名称			
耐热度	温度（℃）	80	湖南省洞口县防水材料厂
	下垂值（mm），不大于	4	武汉市油膏厂
粘结性（mm），不小于		15	昆明建筑防水材料厂
保油性	渗油幅度（mm），不大于	5	云南省宜良县防水材料厂
	渗油张数（张），不多于	4	江西南昌市油毡厂
挥发率（%），不大于		2.8	
施工度（mm），不小于		22	
低温柔性	温度（℃）	-20	衡阳市塑料防水油胶厂
	粘结状况	合格	
浸水后粘结性（mm），不小于		15	

注：1. 表内性能指标系江西南昌市油毡厂的产品指标；
　　2. 适合于各种混凝土屋面及地下工程防水、防渗、防漏和大型轻型板块、墙板接缝防水等。

其他防水油膏 表11-4-52

名称	简介	用途	特点	用料配合比	配制方法	供应单位
改性苯乙烯焦油嵌缝油膏	系选用不干性苯乙烯焦油，经熬制除去低沸点溶剂，加入硫化鱼油、滑石粉、石棉绒混合而成的一种冷施工油膏。	用于屋面和地下工程封缝防水。	粘结力强，防水性较好，耐寒性也好，在气温10℃时，仍保持其柔软性。施工配制方便。	材料名称　重量（%） 苯乙烯焦油　42 硫化鱼油　8 滑石粉　35 石棉纺　15 注：1. 不干性油须经熬制处理。 2. 硫化鱼油；鱼油100，硫磺8～10。	将苯乙烯残渣加热至200℃，使水分蒸发完，并清除去杂质。降温至160—180℃时加入滑石粉、石棉绒等填料进行搅拌，拌匀后即成油膏。	上海南汇防水涂料厂
娄山关牌桐油沥青防水油膏	该沥青是以桐油、沥青、机油、松焦油经高温热炼后，掺入粉状和纤维状填充料配制而成的一种防水油膏。	用于屋面、墙体及地下工程的防水嵌缝。	以桐油代替来源困难的鱼油。油膏性能符合要求。可和混凝土、金属、木材、陶瓷等粘结牢固。成本低、防水效果好，施工操作方便，长期保存不变质。	材料名称　重量（%） 10号石油沥青生桐油　19.5 　　6.5 机油　16.0 松焦油　4.8 重松节油（或松节油）　3.2 石棉绒　15.5 滑石粉　34.5 注：施工时，缝内须先刷冷底子油，其配方：沥青：汽油＝30：70。	将沥青加热脱水，升温至200℃时加入生桐油，然后升温至240℃，恒温30即退火降温，加入机油（或废机油）搅拌5min，使其混合均匀。待降温至180℃时，加入松焦油。松节油，搅匀后漫长加入石棉绒（经烘干和预热至100℃以上），搅拌5min，让其充分吸油，最后加入滑石粉（须烘干预热至100℃以上）充分搅拌即成。	贵阳市建材公司贵阳防水材料厂
象牌石棉漆	为油膏状物，分薄质和粘质二种产品	适于嵌填水泥平会。斜沟、钢木窗框缝及修补石棉瓦、水落管等用	修补堵漏效果良好，成本低，有成品供应：分5kg听装和20kg听装二种			上海油毡厂

七、防水剂

(一) 硅酸钠类防水剂 (表11-4-53～表11-4-60)

防水促凝剂的用料配合比及配制方法　　　　　　　　　　表11-4-53

用料配合比（重量比）					配　制　方　法
材料名称	通称	分子式	配合比	色泽	按配合比特定量水加热至100℃。再将硫酸铜及重铬酸钾放人水中继续加热，不断搅拌，待全部溶解后，冷却至30～40℃。然后将此溶液倒入已经称量好的水玻璃中，搅拌均匀，静置半小时后即可使用。配制好的促凝剂比重为1.50左右
硫酸铜	胆矾	$CuSO_4 \cdot 5H_2O$	1	水蓝色	
重铬酸钾	红矾甲	$K_2Cr_2O_7$	1	橙红色	
硅酸钠	水玻璃	$NaSiO_3$	400	无色	
水		H_2O	60		

注：硫酸铜、重铬酸钾均用三级化学试剂；水玻璃比重为1.63。

防水促凝剂的适用范围与使用方法　　　　　　　　　　表11-4-54

适用范围	使用方法	备　　注
在防水工程中，不宜在防水层中掺入这种材料，因掺入后会降低水泥砂浆的抗渗能力及抗压强度。但在修补渗漏水时，则常需用它来做促凝剂。 在渗漏水修补工程中，由于渗漏水情况及操作方法不同，所用的灰浆配合比及促凝剂掺量也随之改变	将此促凝剂按一定的配方掺入水泥或水泥砂浆，配制成促凝水泥浆、快凝水泥砂浆、快凝水泥胶浆等，用来堵塞局部渗漏。由于地下工程或贮水构筑物的渗漏情况比较复杂，处理方法也各不相同	1. 促凝剂水泥浆： 即在水灰比为0.55～0.6的水泥浆中，掺入相当于水泥重量1%的促凝剂，拌和均匀而成。 2. 快凝水泥砂浆： 即在水泥砂浆中掺入定量的促凝剂而成。配制这种砂浆时应先将水泥和砂（比例为1：1）干搅均匀，然后再将比例为1：1的促凝剂和水混合在一起，将稀释后的促凝剂代替水，再和干拌均匀的水泥和砂，按水灰比为0.45～0.5混合，调制成快凝水泥砂浆。这种砂浆凝固较快，应随用随拌，不宜存放。 3. 快凝水泥胶浆（简称水泥胶浆）： 直接用促凝剂和水泥拌和而成。其配合比根据使用条件的不同分别为水泥：促凝剂=1：(0.5～0.6)及1：(0.8～0.9)。这种水泥砂浆用途较广，用量较多，凝固较快，在水中同样可以凝固，必须随拌随用。从开始拌和到操作使用，以1～2min为宜。凝固时间和气温有关，温度高则凝固快。因此，施工前需进行试配，如凝固过快或过慢时，应适当加水或改变配合比来调整

快燥精的使用方法、注意事项　　　　　　　　　　表11-4-55

使　用　方　法	注　意　事　项					生产单位
用时先用力摇动，使上下匀和。 1. 在地下室水泄漏水修理时不论是洞或是裂缝，皆须凿深约5～7cm，洗刷清净，再用鸡牌水泥快燥精调拌纯水泥用铁镘大力塞入约一寸半，待坚硬后再用1：1.5水泥砂浆粉光。 2. 如因混凝土多孔而致漏水者，应将部分凿去寸许，再就其最低处或出水最多处凿一洞，以橡皮管塞入，以导水外出，四周用鸡牌水泥快燥精调拌纯水泥（32.5级普通硅酸盐水泥）粉半寸，三、四小时后拔出导水管照上列第一法塞止之，再以1：1.5水泥砂浆粉光。 3. 急要完成不受力量的小型修补水泥工程，先将原处刷清凿毛用水洗净，估足应用料量，以最快速度调拌，浇捣涂粉（若操作稍慢即不能使用）即可	1. 本品不能与皮肤接触，操作时需戴橡皮手套。 2. 使用时水应先和快燥精充分拌匀。然后再拌调325号新鲜普通硅酸盐水泥，即成防水胶泥。 3. 使用时防水胶泥不要拌得太多，随用随拌，以免凝固造成浪费。 4. 施工时天气温度超过25℃时，快燥精用量须增加。胶泥凝固时间随气温的变化而变化。 5. 凝固时间与配合比例（温度为25℃）。					上海建筑涂料厂
	分级	凝固时间	水泥用量(g)	砂用量(g)	水用量(g)	快燥精用量(g)	
	甲	1min内				50（水泥重量的50%）	
	乙	5min内			20	30（水泥重量的30%）	
	丙	30min内			35	15（水泥重量的15%）	
	丁	1h内	1000	280		70（水泥重量的14%）	

注：丁类为1：2水泥砂浆，水灰比为0.70。

"四矾"防水油的用料配合比及配制方法　　　　　　　　　　　表 11-4-56

用料名称		配制用量	配制方法
化学名称	通称	(g)	
硫酸铜	蓝矾	50	先将水加热至100℃，按左列用量比例把四矾加入水中，继续加热搅拌，使四矾充分溶解不见颗粒时即停止加热，待其慢慢自然冷却到50℃左右，然后再加入水玻璃，搅拌均匀后即成"四矾"防水油（简称防水油）
钾铝矾	白矾，明矾	50	
重铬酸钾	红矾	50	
铬矾	紫矾	50	
硅酸钠	泡化碱，水玻璃	20000	
水		3000	

"四矾"防水油的使用方法及注意事项　　　　　　　　　　　表 11-4-57

防水水泥胶浆的配制	水泥拌入"四矾"防水油后，即成防水水泥胶浆（一般凝固时间为40s左右）。
施工操作方法	1. 将防水水泥胶浆在手心中捏拌使成为胶泥状后，立即往缝洞处堵塞，并沿洞眼处向内紧按（最好又旋又按），使水泥胶浆将洞塞严塞紧。 2. 如堵塞较大漏水洞时，必须先用大块防水水泥胶浆将洞堵塞，然后再照上法将洞补严。
使用防水油注意事项	1. 水玻璃浓度与防水材料凝固时间有关，最好浓度在42～48之间。浓度越小凝固时间越快，但如小于一定范围，凝固时间反而减慢。 2. 凝固时间与气候有关。夏季凝固时间快，施工时应特别注意。一般"四矾"防水水泥胶浆夏季凝固时间约35s，冬季约1min左右。 3. 用"四矾"防水油配制防水材料，宜用 32.5 级普通硅酸盐水泥。矿渣水泥不宜使用。 4. 如墙内含有无补给来源的大量渗漏水，在作防水层时，须先凿洞，把水排走后再作防水层。 5. 生活用水的贮水池能否用"四矾"防水油做防水层，尚待研究（因"四矾"防水油有无毒性，还须进一步研究）。 6. 加入防水油的水泥砂浆，在操作时不能再加水稀释，否则会产生粘结脱离现象

新建牌防水剂的用途、配置及使用方法　　　　　　　　　　　表 11-4-58

主要成分	功能	用途	使用方法及注意事项	防水胶浆的配制	生产单位
硫酸铝钾、硫酸铜、重铬酸钾、硅酸钠、水	速凝防水防渗堵漏	用于建筑物屋面、地下室、水池、水塔、油库、引水沟道等防水补漏	1. 按一定比例掺入水泥内拌合成防水胶浆。 2. 水泥强度等级不低于32.5级，砂子以中黄砂为宜，杂质应清除干净。 3. 施工时要加强安全防护措施，避免皮肤与防水胶浆直接接触。 4. 冬季施工，需急用时，可将防水剂加热（约30℃）	1. 配比：水泥：水：防水剂 $=5:1.5:1$。 2. 配制：先将水泥加水搅拌均匀。然后防水剂分三次加入。第一次加30%，搅拌稍起硬时，再加30%，搅拌至稍起硬时，再加入40%，继续搅拌至均匀。 3. 防水胶浆凝固较快，调合时不宜过多，一次调合以不超过5kg为宜	天津市新建防水剂制造厂

851 防水剂的性能、用途及使用方法 表 11-4-59

性 能	技 术 指 标		用 途	使用注意事项	生产单位
经851防水剂处理后，物质既能透气又能防潮、降低吸水性。改善隔热性与隔声性，还能提高灰浆的强度	固体含量	29%～33%	可作为混凝土、石灰石、砖瓦、石膏制品等的防水剂；灰浆及水溶性漆的添加剂。用硫酸铝或硝酸铝中和后，还可用于木材、纤维板、纸及其加工品等的防水剂。还可作木材防裂、防腐剂。涂刷于建筑物上还可防止冻裂及发花现象。可防污染、防风化，并能提高建筑物饰面的耐久性	1. 可采用喷涂或刷涂。一般用7～10倍水量稀释，使溶液中有机硅含量达2%～3%为适宜。 2. 用量：每公斤防水剂可处理6～10m² 表面积。 3. 处理物表面必须清洁。 4. 涂刷后24h内防止雨淋。 5. 在含有石灰石的表面使用时石灰必须经过充分碳化（要求碳酸化深度达10mm以上）才能使用。 6. 在含有铁质（如大理石等）等面使用851防水剂，易产生斑点。 7. 851防水剂呈碱性，使用时要避免和眼睛及衣服接触	上海树脂厂 北京市房屋修建技术研究所
	甲基聚硅醚含量	20%±1%			
	黏度（25℃）	5～25			
	比重（25℃）	12～13			
	酸值（pH值）	12～14			
	色泽	黄至淡红色			

注：表内技术指标系上海树脂厂的产品指标。

其他硅酸钠类堵漏快硬防水剂的配合比及配制方法 表 11-4-60

资料来源	原材料名称（括号内为通称）										
	硅酸钠	钾铝矾硫酸铝钾	硫酸铜	硫酸亚铁	重铬酸钾	氯化亚铁	铬钠矾	硫酸铬钾	三氧化二铬	三化亚铁	水	备注
广州市第二建筑公司	442		2.87		1.00						221	即二矾
中国电子工程设计院中南队	400	1.66	1.66	166							60	即三矾
解放军总后设计院	400	1.25	1.25	1.25		1.25					60	即四矾
中南水泥纸袋厂	360	2.50	2.50	1.00	0.50						200	即四矾
广州市第二建筑公司	532	1.00	1.00	1.00	1.00		1.00	1.00	1.00		80	即四矾
中国电子工程设计院中南队	400	1.00	1.00	1.00		1.00					60	即五矾
上海市建筑科学研究所	400	1.00	1.00	1.00	1.00						40	即四矾
	400	1.60				1.60					90	

配制方法：先将水烧至沸腾，将化工原料（如胆矾、明矾、硫酸亚铁等）投入水中搅拌均匀，冷却至50℃左右，再加水玻璃搅拌均匀，冷却即可供现场使用。

使用方法：以防水剂作为拌和水，加水泥（或水泥、砂子）拌和即成快硬堵漏水泥浆（砂浆）。配合比可根据使用情况决定。一般水泥：防水剂＝1∶0.5。

说　　明：1. 左栏配方中以四机部十院的"三矾"和上海市建研所的"四矾"较好。
2. 如用硅酸盐水泥，硬化较快。用矿渣水泥，硬化可延长至2～3min。为了防止产生收缩裂缝，最好掺用膨胀水泥。比例一般为1∶1（普通水泥：膨胀水泥）。
3. 堵塞快硬防水砂浆或混凝土后，最好随即在面层再粉一层氯化铁水泥砂浆，以增加防水效果。

（二）氯化物金属盐类防水剂（表 11-4-61，表 11-4-62）

氯化铁防水剂的性能、用途及使用方法　　　　表11-4-61

性 能	用 途	使 用 方 法
呈酸性（对铁容器及衣物等有一定的腐蚀作用，但稀释后将其掺入钢筋混凝土中对钢筋仅有轻微的腐蚀作用），其比重不小于1.30。掺入水泥砂浆或混凝土中能增加密实性，能显著提高抗渗性（抗水和抗汽油），并能提高强度。对水泥有一定的促凝作用，能显著降低其泌水性，改善和易性，提高抗冻性。其他各项性能符合"建标39-61防水剂（试行）"要求	可配制防水砂浆和防水混凝土用于工业与民用建筑地下室、水池、水塔及设备基础等刚性防水，以及其他处于地下和潮湿环境下的砖及砌体、混凝土和钢筋混凝土工程结构物的防水、堵漏。也可用来配制防汽油渗透的砂浆及混凝土	用氯化铁防水剂配制防水砂浆和防水混凝土时，其用量一般为水泥用量的3%（切勿误认为加量越多，防水效果越好）。使用时，首先称取需用量的防水剂倒入80%以上的拌和砂浆或混凝土的用水中，并搅拌均匀，然后用含有氯化铁防水剂的水再拌和砂浆或混凝土，最后加入剩余的水，使用中严格禁止将此防水剂直接倒入水泥砂浆及混凝土拌合物中，也不能在防水面上涂刷纯防水剂

防水浆的配制、用途及施工规定　　　　表11-4-62

材料名称	配制分类 防水砂浆	配制分类 防水净浆	性能	用途	使用数量	施工注意事项及规定	生产单位
防水浆	1	1	具有速凝、早强、耐压、防水、抗渗、抗冻等性能	涂刷防水层，堵塞漏水洞，拌钢筋混凝土及水泥砂浆抹灰层等	每公斤防水浆约可涂刷8m^2面积3度。须随用随调，调好后应在30min内用完	1. 一般工程先刷防水砂浆二度，再刷防水净浆一度，每度刷后至少隔一天，并先浇水然后再刷。 2. 按水泥重量3%～7%掺入拌合水内，拌捣混凝土或水泥砂浆抹灰层。 3. 搅拌混凝土或砂浆时，应先将防水浆加入拌合的水内搅拌均匀。 4. 水泥需32.5级以上的普通硅酸盐水泥。砂、石需清洁、尖锐。 5. 在涂刷防水层前，建筑物表面应先清除浮松物，并浇水冲洗。 6. 夏季施工须防烈日曝晒；冬季施工须加强防冻措施	上海建筑涂料厂、江苏省太仓县城厢长春化工厂、武汉市油膏厂
水	6	6					
水泥	8	8					
砂子	3						
按上列容量比，先用水将防水浆稀释后，再加水泥、砂子调匀，然后涂刷防水层							

（三）金属皂类防水剂（表11-4-63）

避水浆的配置分类及施工规定　　　　表11-4-63

配制分类及用量		施工注意事项及规定	用途	生产单位
防水砂浆	防水混凝土			
所需用水泥重量1.5%～5%的避水浆掺入水泥砂浆内拌匀。（砂浆配比为水泥：中砂=1:2）	按所需水泥重量0.5%～2%的避水浆掺入混凝土内搅拌，掺入量的多少，视建筑物与水接触情况及水压大小而定。一般屋面、墙体等用量比水池、水塔、地下室为少。（混凝土配比为水泥：中砂：细石子=1:2:4）	1. 在拌合防水砂浆或防水混凝土时，须将所需重量的避水浆先倒入桶内，再逐渐加入水（洁净的清水或饮用水），边加边搅拌，直至其总量等于所需的水灰比（水：水泥）为止。必须搅拌均匀一致。 2. 基层如有裂缝或修补部分，应先嵌补、堵塞处理。 3. 施工前基层应先清除浮松物，光滑处先斩毛，充分浇水，以防铺抹后吸收砂浆中的水分。清理后用水泥浆（不加避水浆）薄且均匀地涂刷一度，边刷边铺抹防水砂浆。 4. 防水砂浆的抹面层一般厚度为2～3cm。 5. 防水砂浆在凝结后即应遮盖，并浇水养护7～14d。 6. 水泥需用新鲜32.5级或更高强度等级的普通硅酸盐水泥或矿渣水泥。 7. 避水浆容器应密封存放在阴凉处，切勿曝晒	与硅酸盐水泥或矿渣水泥拌合成防水砂浆或防水混凝土，用于防水、防潮等工程	上海建筑涂料厂

(四) 防水粉 (表 11-4-64)

防水粉的成分、技术指标 表 11-4-64

名 称	化 学 成 分	技 术 指 标			生产单位及产地
		细度 4900 孔/cm² 筛余量（%）	凝结时间①		
			初凝不早于	终凝不迟于	
防水粉	硬脂酸、硫酸亚铁、硫酸铜、氢氧化铝、高强石膏、碳酸钡等。	120目筛余量 0.5%以下	2h 15min	6h 47min	河北省枣强县、四川省蓬溪县鸣风防水粉厂
	硫酸亚铁、硫酸铜、氢氧化铝、硬脂酸钡、氧化钙、植物油等	160目筛余量 0.5%以下	2h 40min	4h	

① 防水粉掺量占水泥重5%时测得。

八、防裂型混凝土防水剂

1. U型混凝土膨胀剂 (表 11-4-65～表 11-4-67)

U型混凝土膨胀剂的特点及适用范围 表 11-4-65

说 明	特 点	适 用 范 围
U型混凝土膨胀剂（United Expansing Agent），简称 UEA，系以硫酸铝、氧化铝、硫酸铝钾、硅酸钙等无机化合物特制而成。产品为灰白色粉末，不含有害物质，其化学成分为 MgO≤50%，含水量≤3.0%	普通混凝土由于收缩开裂往往发生渗漏，因而降低它的使用功能和耐久性。U型混凝土膨胀剂掺入水泥混凝土中，使混凝土产生适度膨胀，配制成补偿收缩混凝土，能在使用现场中建立 0.2～0.7MPa 预应力，可以抵消由于混凝土干缩、徐变等引起的拉应力，从而提高了混凝土的抗裂防渗性能	凡要求抗裂、防渗、接缝、填充用混凝土工程和水泥制品都可以用 UEA，特别适用于地下、水下、水池、贮罐等结构自防水工程、二次灌注工程和补强接缝工程等

U型混凝土膨胀剂的技术性能 表 11-4-66

项 目		性 能 指 标
密 度		2.88g/cm³
细 度	比表面积	≥2500cm²/g
	0.08mm筛筛余	≤10%
	1.25mm筛筛余	≤0.5%
凝结时间		初凝≥45min，终凝≤12h
限制膨胀率	空气中（28d）	≥-0.02%
	水 中（14d）	一级品≥0.04%，合格品≥0.02%
抗压强度	7d	≥30MPa
	28d	>50MPa
抗折强度	7d	≥5.0MPa
	28d	≥7.0MPa

U型混凝土膨胀剂的使用操作、产品价格及生产单位　　　　表 11-4-67

使用操作说明	掺入量	参考价格（元/t）	生产单位
原则上U型混凝土膨胀剂与其他材料一起投入搅拌机。使用过程中要严格控制 UEA 的加入量（加入量要准确）和混凝土硬化后的养护措施。UEA 要存放在干燥场所，严禁受潮	10%～14%（占水泥总量）	450～560	广东省江门市水泥厂，中国建筑材料科学研究院，浙江省荆山水泥厂，山东省日照市新型建材总公司水泥外加剂厂，山东省寿光混凝土外加剂联营厂

2. FS-Ⅱ混凝土防水剂（表 11-4-68～表 11-4-70）

FS-Ⅱ混凝土防水剂为高效型防水剂，外观呈灰黄色粉剂，不含载体。它不含氯盐，对钢筋无锈蚀影响，掺入混凝土或砂浆拌合物中，能提高硬化后混凝土的抗渗性能，可使抗渗等级达 S40 以上，由于该防水剂有补偿收缩之功能，还可提高混凝土的抗裂性。此外，还有提高强度、减水和节约水泥的作用。

该防水剂可用于 42.5 级以上的普通硅酸盐水泥。适用于蓄水池、贮罐、水电站、大坝等对抗渗要求较高且有一定静水压力的工程；地下建筑、屋面工程、房屋底层地面等；公路、立交桥、飞机跑道、码头、货场、停车厂和要求少留收缩缝的大面积工程；也可用于补强及大面积混凝土浇灌后接缝处；用于渗漏维修工程。

FS-Ⅱ防水混凝土及防水砂浆配合比　　　　表 11-4-68

配制材料名称	每 1m³ 混凝土或砂浆的材料用量			
	水泥	防水剂	砂	水灰比
结构用防水混凝土	320kg	水泥用量的 6%～8%	水泥用量的 0.38～0.39	0.45～0.50 最小不得小于 0.4 最大不得大于 0.6
灌缝（填充）用防水混凝土	应采用较小的水灰比，为满足施工要求的塌落度，可适当加大水泥用量，增加砂率。			
防水砂浆	600kg	最小水泥用量的 10%	水泥：砂＝1:(2.0～2.5)	

FS-Ⅱ混凝土防水剂的技术性能　　　　表 11-4-69

项　目	性　能　指　标
减水率 泌水率 含气量 凝结时间	5%～10% 0 32%～38% 初凝：8 h，终凝：12～13h
抗压强度	掺本品的混凝土，其 1d 的抗压强度比不掺本品者可提高 50%，28d 的强度可提高 20%。
收缩（膨胀性能）	当该防水剂掺量为水泥重量的 8% 或更多时，14d 限制膨胀率大于 1.5/10000，在钢筋混凝土中可建立 0.2MPa 或更大的预压应力，有效地防止收缩开裂。
抗渗性能	掺量为 6% 时，抗渗等级 S35 以上； 掺量为 8% 时，抗渗等级 S40 以上。
抗冻性	在 -20～+20℃ 冻融循环超过 150 次

FS-Ⅱ混凝土防水剂的使用、价格及生产单位　　　　表 11-4-70

使 用 操 作 说 明	参考价格（元/t）	生产单位
1. 该防水剂可直接与水泥、砂、石等一起混入混凝土拌合物中。如人工拌合，首先将本品和水泥拌合均匀。 2. 混凝土配合比，每 1m³ 混凝土水泥用量应符合膨胀混凝土的要求。 3. 混凝土搅拌时间应比常规搅拌时间延长 30～60s。 4. 暴露在空气中的混凝土结构在浇灌后养护时间不少于 14d。 5. 混凝土成型后需正温养护不少于 1d，养护温度及长期环境温度不能超过 80℃。 6. 该防水剂保存期一年，如因保管不善受潮结块时，应将结块部分筛除后方可使用	1720（仙蕊牌）	水利部北京利力新技术开发公司，国营陕西咸阳市防水建材厂
	2250（仙楼牌）	山东牟平新型混凝土防裂特制防水剂厂

3. FS-Ⅲ混凝土防水剂（表 11-4-71、表 11-4-72）

FS-Ⅲ混凝土防水剂系一种早强抗冻型防水剂，它除了具有明显的抗渗功能外，还具有早强、抗冻多重效果，并对混凝土的收缩有显著的补偿作用，同时具有提高混凝土耐风化的性能。

加入 FS-Ⅲ后，混凝土构筑物的拆模时间将大大缩短，施工进度明显加快；加入 FS-Ⅲ的混凝土，可在 -10℃ 低温中施工，延长了全年的施工时间，降低了冬季施工的费用；加入 FS-Ⅲ的混凝土，流动性能好，特别适用于大体积混凝土和泵送混凝土的施工。

FS-Ⅲ防水剂可用于各种钢筋混凝土和预应力混凝土结构，适用于泵送混凝土、各种现浇混凝土。

FS-Ⅲ混凝土防水剂的技术性能　　　　表 11-4-71

项　目	性　能　指　标	项　目	性　能　指　标
减水率	18.2%	抗冻融性	抗冻融次数≥200
含气量	2.4%	抗渗强度等级	≥S20
凝结时间	初凝 206min，终凝 269min	抗收缩内应力	0.2MPa 以上
抗压强度比	1d；250%；3d；213%；7d；157%；28d；124%；90d；118%	施工环境允许下限温度	-10℃
其他性能	FS-Ⅲ防水剂内含有高效阻锈剂，不会锈蚀钢筋，FS-Ⅲ防水剂对混凝土徐变、弹性模量等均较不前者有不同程度的提高		

FS-Ⅲ防水剂的使用、价格及生产单位　　　　表 11-4-72

使 用 操 作 说 明	参考价格（元/t）	生产单位
1. FS-Ⅲ为粉末状固体产品，直接掺入混凝土中，混凝土搅拌时间要延长 30～60s，以保证混凝土搅拌均匀。 2. FS-Ⅲ配制早强混凝土掺量为水泥用量的 9%。 3. FS-Ⅲ如配制小坍落度混凝土，可节约水泥 15%～20%。 4. FS-Ⅲ如用于商品混凝土、运距长时可采用后加法。 5. FS-Ⅲ1 受潮结块经粉碎后效果不变	1720	水利部北京利力新技术开发公司，国营陕西咸阳市防水建材厂

九、粉末状防水材料

粉末状防水材料不仅本身为粉剂松散材料,而且使用时,也以其松散体撒铺在欲施工的基层上,不需与其他材料拌合来作成防水层,而完全靠这些松散微粒的憎水性来达到防水效果,这也是该类材料与一般防水材料的明显区别。

粉末状分散性防水材料的防水原理是:具有憎水性能的微小颗粒聚集在一起,其颗粒间的微小孔隙能产生反毛细管压力,从而平衡外界水压,起到防水作用,其抗水原理与一般防水材料依靠自身密实性来防水的原理截然不同。

1. 防水粉的特点及适用范围

防水隔热粉亦称隔热镇水粉、拒水粉、治水粉、避水粉等(以下简称防水粉),系以多种天然矿石为主要原料与高分子化合物经化学反应加工而成,是一种表现密度较小,导热系数小于 $0.083W/m·K$ 的憎水性极强的白色粉剂防水材料。其材料构成见表 11-4-73。用 10mm 厚松散粉末铺设的屋面,可不用隔热板,夏天室内温度仍可下降 5℃,高温 500℃时,防水、隔热、保温性能不变,是一种集防水、隔热、保温功能于一体的新型材料。

该材料化学性能稳定,无毒、无臭、无味、不燃,不污染环境,并能在潮湿基面上迅速施工。耐候性较好,高温可耐 130℃,低温可耐 -50℃。由于是粉末防水,其本身应力分散,所以抗震、抗裂性较好,且有很好的随遇应变性,遇有裂缝会自动填充、闭合。用建筑防水粉作防水层,施工时不需加热或用火,可满足建筑工程的消防要求,其防水层之上设有保护层,所以这样的防水屋面既防水又防火。

防水粉广泛用于屋面、仓库、地下室等防水、隔热、保温工程。

防水粉材料的缺点:

(1) 该材料只适用于平基面或坡度不大于 10% 的坡屋面,大于 10% 的坡面和立面无法使用,因为粉末易下滑,造成厚薄不均,出现薄弱环节。

(2) 粉层铺设采取手工作业,难以保证粉层均匀,从而也会影响防水层质量。

(3) 特殊部位如女儿墙、立墙、压顶、檐口、天沟只采用防水粉,达不到防水要求,还必勿采用其他柔性材料配套使用。

2. 建筑防水粉的材料构成(表 11-4-73)

建筑防水粉的材料构成　　　　　　　　表 11-4-73

材料结构	材 料 名 称	质 量 要 求
分子骨架	天然矿石粉类:硅酸盐(如 $CaSh$)、碳酸盐(如 $CaCO_3$)、硫酸盐(如 $CaSO_4$)等。 人工煅烧产品:$Ca(OH)_2$、SiO_2 等。 生活与工业废料:生活垃圾处理物,粉煤灰等	要求固态温度范围 -70℃～300℃
有机憎水剂	脂肪酸类 石蜡类及州白蜡、蜂蜡等 有机硅酸钠类 偶联剂类 沥青等	能提供甲基的含量在 50% 以上,固态温度范围在 -70℃～300℃ 或更小的有机化合物
添加剂		能够控制或转化由于有机憎水剂随之伴生的双键 $CH=CH$、叁键 $C≡C$ 和羧基 —COOH,氨基 NH_2、羟基 —OH 等这些不稳定因素

3. 建筑防水粉的产品名称、材料用量、生产单位（表11-4-74）

建筑防水粉的产品名称、材料用量、生产单位　　　　表11-4-74

产品名称	材料参考用量	参考价格（元/t）	生产单位
（鱼跃牌）建筑拒水粉	拒水粉：平铺5～7mm厚用量42kg/m； 隔离层用纸：普通纸张1.3m²/m； 保护层：20mm厚水泥砂浆 用量0.021m³/m； 30mm厚细石混凝土 用量0.031m³/m	2000	浙江省余姚市防水材料二厂
（北禹牌）隔热镇水粉	松铺5～6mm厚，用量3.0kg/m² 松铺9～10mm厚，用量5.0kg/m²	3200	河北省廊坊市华鸣防水粉末厂
（神珠牌）隔热镇水粉	松铺5mm厚，用量2.5kg/m²	3500	四川省崇庆县建新防水粉末厂
YSW-0011防水隔热粉	铺厚5mm，用量75kg/m² 铺厚7mm，用量3.05kg/m² 铺厚10mm 用量5.5kg/m²	1型：2100，2型：900	吉林省辽源市化学建筑材料厂
（神珠牌）隔热镇水粉	镇水粉2～3kg/m² 隔离纸1.3m²/m²	3500	四川省仁寿县隔热防水粉末厂
（吉庆牌）防水隔热粉		面议	兰州黄河化工一厂
（鱼跃牌）建筑拒水粉		1519.26	江苏省海门县建筑拒水粉厂
（金鸡牌）防水隔热粉	铺厚10mm，用量0.5kg/m	3000	陕西省千阳县防水隔热材料厂
（三强牌）复合拒水粉		2000	浙江省湖州三联拒水粉厂
（家乐牌）隔热镇水粉	铺厚8～10mm，用量5～6kg/m²	3150	湖南常德市隔热防水建材厂
（铁松牌）高效治水粉		2500	四川省江油市中坝水泥厂
（环角牌）防水隔热粉		3000	陕西电力线路器材厂防水材料分厂
（吉星牌）防水隔热粉	屋面防水：铺厚5～7mm，用量3～4kg/m² 地面防潮：铺厚5～8mm，用量3～5kg/m² 屋面防水隔热：铺厚10～12mm，用量6～7kg/m²	2400	西安市九源控制技术有限公司
（宝塔牌）隔热避水粉	避水粉铺厚5mm，用量2.5～3.0kg/m² 铺厚8mm，用量4～5kg/m² 铺厚10mm，用量5.0～6.5kg/m² 隔离纸12～13m²/m²	2800	陕西省勉县新型建筑材料厂
（大禹牌）防水隔热粉		2800	安徽省怀宁县甘露化工厂
（黄河牌）防水隔热镇水粉	铺厚5～10mm，用量3～5kg/m²	2200～2500	宁夏青铜峡市加气砌块厂

续表

产品名称	材料参考用量	参考价格（元/t）	生产单位
防水隔热粉		面议	湖北鄂州新型轻质材料厂
（山城牌）防水隔热粉		Ⅰ型 1500 Ⅱ型 2000	重庆红旗涂料厂
（恒星牌）隔热保温镇水粉		2500	兰州恒星实业公司
（吉庆牌）防水隔热保温粉		2800	山东牟平县新型防水隔热保温材料厂
（神珠牌）隔热镇水粉	铺厚8mm，用量3kg/m²	2300	株洲台联隔热防水材料厂

4. 防水粉的施工说明（表11-4-75）

防水粉的施工说明　　　　表11-4-75

项　目	构造层次	施　工　要　点
施工操作程序		施工前的准备(清理现场、泛水处的填坡、备料)→铺设防水隔热粉→铺设隔离纸→浇筑保护层→养护
普通防水屋面防水（图11-4-8）	基层（找平层）	找平层构造应根据设计要求而定，通常采用细石混凝土，表面应平整、光洁、无裂缝、无杂物。
	防水层	平铺5~7mm厚的防水隔热粉，要求表面平整，厚薄均匀，在粉层内切忌夹有杂质，在檐口、泛水、管道穿越等容易渗漏水的地方，应适当加厚粉层，以强化防水层。
	隔离层	用普通纸张或塑料布作隔离层。一般选用卷筒式的包装纸或塑料布或将旧报纸粘连作成卷筒。施工时将卷筒纸铺于防水隔热粉上，以起隔离作用，待纸铺平后，随即用物料压上，以防被风吹掀。
	保护层	用以保护防水隔热粉层在使用过程中不受风吹、雨淋或人为的影响，同时对防水粉抗老化也起积极作用，但并不要求它有防水功效。通常采用水泥砂浆或细石混凝土的现浇整筑层，也可用地砖或混凝土小板等的铺贴现浇式保护层：按屋面的使用要求、荷载大小、选择材料及其强度等级和浇筑厚度。如系不上人的普通屋面，选用煤屑水泥或掺有煤屑、炉渣的低强度等级混凝土；如系上人屋面，选用40mm厚的C18细石混凝土。在砂浆或混凝土下料时，应避免有过大的冲击力，以免破坏纸张隔离层或使防水粉粉层位移。待浇筑层抹平后用滚筒压实，并搬上少许干水泥用铁板打光，终凝后应及时洒水养护为了防止砂浆或混凝土保护层因屋面基层的变形以及温度的变化而产生裂缝，故必须设置分仓缝，每仓面积一般为20~25m²（图11-4-9）铺贴式保护层：由水泥砂浆作粘结层，将地砖、缸砖或混凝土小板直接铺贴于隔离层之上。如系上人屋面，可先浇筑一层15~20mm厚1:3水泥砂浆作基层，再铺贴面层，并用水泥砂浆勾缝（图11-4-10）。
屋顶檐口防水	挑檐	屋面挑檐端部在铺防水粉前，应事先在端部防水层的收头处抹出挡头，其高度略高于粉层的厚度（图11-4-11）。
	包檐	根据防水粉粉粒易塌落的特性，应在屋面与垂直面的泛水处，事前做好30°的填坡，以便铺粉至所需的泛水高度，且在填坡上端筑凹口，作强化措施。为提高防水的可靠性，在泛水的上部应砌出60×60mm的挑檐滴水，以排导从墙身流下的雨水（图11-4-12），且在屋面板与墙身的相邻边除细石混凝土灌缝外，还应在预留的10~15mm深的缝道内灌入防水粉，然后再做找平层及泛水处的填坡。
施工注意事项		1. 在防水层施工中，必须了解和考虑防水隔热粉的特性，做到按图施工，精心施工。 2. 施工中，要注意屋面防水的薄弱环节，必须采取防水的强化措施，以提高防水的可靠性。 3. 施工时应注意气象条件，不宜在5级以上的大风天或雨雪天施工

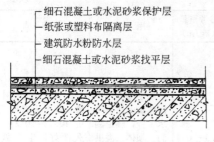
图11-4-8 普通防水屋面构造

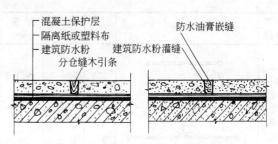
图11-4-9 整浇式保护层设置分仓缝

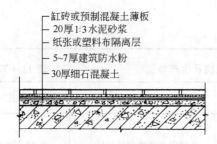
图11-4-10 铺贴式保护层的屋面防水构造

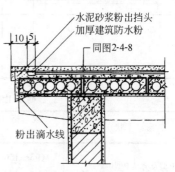
图11-4-11 挑檐防水构造

十、止水带

（一）止水带的分类

止水带 { 按制造材料分类 { 塑料止水带
橡胶止水带
金属止水带 }
按安装方式分类 { 可卸式
预埋式 } }

（二）塑料止水带（表11-4-76）

（三）橡胶止水带（表11-4-77）

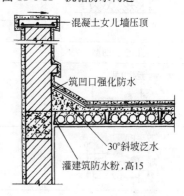
图11-4-12 女儿墙泛水处防水构造

塑料止水带的形状规格、用途及特点   表 11-4-76

生产单位	形 状	型号	宽度 (mm)	厚度 (mm)	参考重量 (kg/m)	用 途	特 点
北京市塑料七厂	内径17 外径27　16 28 28 50 18 280	651	280±10	7±1.5	35±0.3	用于工业与民用建筑的地下防水工程，隧道涵洞、坝体、溢洪道、沟渠等水工构筑物的变形缝防水。	原料充足、成本低廉（仅为天然橡胶品的40%～50%），耐久性好，生产效率高，物理力学性能能满足使用要求，可节约橡胶及紫铜片。
	内径17 外径25　16 26 45 52 280	652	280±10	7±1.5	34±0.3		

续表

生产单位	形状	型号	宽度(mm)	厚度(mm)	参考重量(kg/m)	用途	特 点
北京市塑料七厂		653	230±10	6±1.5	1.7±0.2	用于工业与民用建筑的地下防水工程，隧道涵洞、坝体。溢洪道、沟渠等水工构筑物的变形缝防水	原料充足、成本低廉（仅为天然橡胶品的40%～50%），耐久性好，生产效率高，物理力学性能满足使用要求，可节约橡胶及紫铜片
		654	350±10	6±1.5	4.0±0.4		
青岛塑料二厂			270±10	14±0.2			

橡胶止水带的形状、规格及生产单位　　　　　　　　　表11-4-77

形 状	规格（$L \times b \times R \times \phi$）(mm)	生产单位	备 注
P型及方头P型	(95～150)×(16、20)×(22.5、25、30)×(ϕ10～30)	沈阳市橡胶制品二厂	共36个规格
L型、凹型	—	广州市第六橡胶厂 福州市橡胶制品厂	
无孔P型	140×8×24	沈阳市橡胶制品二厂 南京橡胶厂	共67个规格
双头P型	100×15		
L型	80×12 38×8		
凹型	80×64 80×40		
平型及倒角平型	(50～648)×(5～60)		
	300×9		
	300×14	北京橡胶六厂	

续表

形　状	规　格 ($L \times b \times R \times \phi$) (mm)	生产单位	备　注
	350×20	北京橡胶六厂	
	300×15	北京橡胶六厂	
	300×15×30×20	上海橡胶制品一厂	
	290×10×25×25	上海橡胶制品一厂	
	300×8×18×22	南京橡胶厂	
同北京橡胶六厂（规格：350×20）	280×8×13.5×17	南京橡胶厂	
	230×6	南京橡胶厂	
同北京橡胶六厂（规格：350×15）	250×10×20×20	南京橡胶厂	

（四）金属止水带（表11-4-78）

金属止水带的形状、规格及用料　　　　　　表11-4-78

形状与规格	制　作　材　料
	可卸式止水带：可采用26号镀锌铁皮，2～3mm厚钢板或厚0.2～0.3mm的皱纹铜片。
	预埋式止水带：可采用厚2mm镀锌钢板或紫铜片

注：金属止水带的形状与规格均可根据具体设计要求加工。

十一、建筑防水材料的选用和分档

（一）建筑防水材料的选用原则

近几年来，防水材料发展较快，市场上出现的新型防水材料愈来愈多，不但类型多、品种多，而且每类产品中还有高、中、低档之分，这种局面一方面给建筑设计人员在防水工程中选用材料提供更多的余地，但另一方面因建筑工程受到诸如用途、地点、环境、设计标准等各种条件的限制，面对各种材料，又增加了选择的难度。为了使选用材料的人员，能根据自己应用的对象特点，即什么样的工程结构，什么样的建筑标准，什么样的防水部位等，选择与之匹配的防水材料，除了本节中前面介绍的各种材料的性能特点、适用范围，使读者对各种防水材料的性能有所了解外，这里再介绍一些有关建筑科研施工单位多年研究试用总结的防水材料选用原则供选用人员参考。由于防水工程比较复杂，要达到满意的防水效果，除防水材料本身的质量外，还涉及施工质量、施工环境等多种因素，何况面对的是多种多样的防水材料和各种类型的工程项目，要用简单的一些选用原则来概括是很难的，所以重要的还在于既参考选用原则，又不要拘泥于选用原则。

1. 按防水材料类别选用

卷材类：防水卷材具有施工简便，施工温度范围广，一般可一遍成活等优点，但存在着有接缝，对异形部位（如突起部位）卷材铺贴处理难度大，往往成为渗漏的薄弱环节等缺陷，所以它较适用于大面积基本平直的部位，如屋面、地下室底板和墙面，不宜用于管道较多的部位，如厕所、卫生间等。

从卷材本身的性能来看，高分子防水卷材一般比改性沥青防水卷材的性能、档次要高些，因此具体选用哪种卷材，要根据工程的建筑标准决定。像高级宾馆、国家重点工程等可选用高弹性、耐候性优异的三元乙丙橡胶防水卷材；一般工程可选用中、低档的防水卷材。在屋面上选用耐候性较差的卷材时，应加保护层。

涂料类：防水涂料不仅能在水平面、而且能在立面、阴阳角及各种复杂表面，形成无接缝的完整的防水膜，所以它适用于各种形状复杂的部位，特别适用于管道较多的部位，如厕所、卫生间等。但由于涂料涂层较薄，若将弹性较差的涂料用于屋面，容易因温度变化而产生裂缝，从而导致屋面渗漏，所以必须谨慎。

在选用时，建筑标准高的工程，可选用聚氨酯涂膜防水材料，一般工程可选用氯丁胶乳防水涂料，并要严格注意材料质量，保证涂层厚度不小于2mm。

油膏类：防水油膏是一种弹塑性材料，施工操作比较方便，材料资源丰富，可一遍成活。它主要用于混凝土建筑物、构筑物及配件的接缝嵌缝防水、补缝防漏，不宜用作大面积的涂层防水，可作为涂料涂刷在板面、地面、墙面、起防渗、防潮、防腐蚀作用，而且在作防水层涂料使用时应加玻璃纤维布。

2. 按防水层基层选用

（1）现浇钢筋混凝土基层：宜选用防水卷材或片材；也可选用防水涂料。

（2）混凝土预制板加找平层：宜选用防水卷材或片材，也可选用防水涂料。

（3）大型屋面板：板缝用油膏嵌缝，板面用涂料或用油膏，不宜用卷材。

（4）保温层加水泥砂浆找平层：宜用中档以上防水卷材。

3. 按防水部位选用

屋面防水：由于屋面防水工程是大面积的施工，使用温度范围差异较大，防水材料常常直接暴露于大气之中，受大气侵蚀的影响最大，因此，屋面防水设计的安全度应比较大（仅次于地下室防水），宜选用性能较好的高、中档防水卷材，不宜用防水涂料。但一般工业与民用建筑工程，若受造价限制，也可选用低档防水卷材和冷作防水涂料或热熔油膏满涂加衬玻璃丝布。选用低档防水卷材时，卷材厚度不宜小于 2mm；选用冷作业防水涂料时，要特别注意材料质量，并保证涂层厚度不小于 2mm；选用热熔油膏满涂时，要严格掌握油膏的熔化温度，涂层厚度以 4~5mm 为宜。

厕所、卫生间防水：厕所、卫生间防水工程，防水面积小，并且防水材料上有较厚的保护层，因此，防水设计的安全度比屋面和地下室为小。另外，由于它们的施工面积一般比较窄小，拐角与管道较多，因此最好选用防水涂料，宜采用涂膜防水，不宜使用防水卷材。

地下室防水：地下防水工程工序交叉多，施工期长，因地下水有压力，极易产生渗漏现象，修补也较困难，所以地下室防水设计的安全度应最大，而且要精心施工，认真对待，宜选用中、高档防水材料（卷材、涂料、密封膏）。还可采用"防排结合，刚柔并用，多道设防，因地制宜，综合治理"的原则，同时使用两类以上的防水材料，以取得良好的防水效果。

地下室如设计为卷材防水层，应采用抗菌性能好、耐腐蚀性能强的橡胶、塑料或改性沥青类卷材。

板缝嵌缝防水：宜选用嵌缝密封膏。建筑标准高者采用聚硫、聚氨酯类密封膏，一般工程可用塑料胶泥或塑料油膏等。

防水工程中的重点部位（亦称特殊部位）：对防水效果有直接影响的特殊部位，如屋面的天沟、檐沟、排水口等；地下室的底板与墙身转角处和其他特殊部位；楼面的踢脚、管道的泛水等部位，在做防水层时，均应加做 1~2 层（涂）卷材或涂料，进行"加强"处理，以增强其防水能力。

（二）防水材料的分档

为了实际使用的方便，现根据防水材料的防水性能和造价粗略地将其分为高、中、低三档，以资参考（表 11-4-79）。

防水材料的分档　　　　　　　　　　　　　　表 11-4-79

类别	材 料 名 称	档次	类别	材 料 名 称	档次
防水卷材	三元乙丙橡胶防水卷材	高	防水卷材	APP 改性沥青聚氨酯胎防水卷材	中
	氯磺化聚乙烯防水卷材	高		（禹王牌）聚乙烯膜改性沥青无纺聚酯胎防水卷材	中
	氯化聚乙烯-橡胶共混防水卷材	高		硫化型橡胶防水卷材	中
	SBS 聚合物沥青聚氨酯胎防水卷材	高		SBS 聚合物沥青玻纤胎防水卷材	低
	APP 改性沥青聚氨酯胎防水卷材	高		PVC 防水柔毡	低
	603 防水卷材	中		化纤胎改性沥青油毡	低
	氯化聚乙烯防水卷材	中		焦油沥青耐高、低温防水卷材	低
	聚氯乙烯防水卷材	中		聚氯乙烯-煤焦油砂面防水卷材	低
	丁基橡胶防水卷材	中			
	聚乙烯丙纶双面复合防水卷材	中			
	SBS 聚合物沥青黄麻胎防水卷材	中		（禹王牌）聚乙烯膜氧化沥青防水卷材	低

续表

类别	材料名称	档次	类别	材料名称	档次
防水涂料	聚氨酯涂膜防水材料	高	防水密封材料	聚硫建筑密封膏	高
	851焦油聚氨酯防水胶	高		聚氨酯建筑密封膏	高
	硅橡胶防水涂料	中		有机硅防水密封膏	高
	有机硅防水涂料	中		丙烯酸建筑密封膏	中
	CB型丙烯酸酯弹性防水涂料	中		氯磺化聚乙烯嵌缝密封膏	中
	氯丁橡胶沥青防水涂料	中		塑料油膏	低
	确保时防水涂料	中		橡胶沥青嵌缝油膏	低
	防水室防水涂料	中		聚氯乙烯胶泥	低
	PVC防水冷胶料	低			
	SBS弹性沥青防水冷胶料	低			
	橡胶沥青防水冷胶料	低			

第五节 混凝土密封剂

一、M1500水性水泥密封剂（表11-5-1～表11-5-4）

M1500水性水泥密封剂的特点及适用范围　　　　表11-5-1

说明	优点	局限性	适用范围
M1500水性水泥密封剂系以美国烨音公司的M1500催化剂生产的一种水泥建筑物防水剂，将它喷涂于混凝土表面渗入内部数厘米，与水泥内部的碱类物质反应，形成不溶于水的凝胶体，堵塞空隙和毛细孔通道，形成致密的永久防水层。由于它是无机混合物，不受水、阳光（紫外线）、温度等外界环境的影响，具有永久的防水效果	1. 增加混凝土硬度，防止建筑物表面风化、破裂和生长青苔。2. 能使新混凝土固化均匀、防止局部干燥或产生裂纹。3. 能排出杂质，密封新、旧水泥，防止建筑物中钢筋腐蚀。4. 水泥面经处理后可防止地砖、地毯、油漆等的脱落。5. 防止酸雨对建筑物的侵蚀	M1500只适用于混凝土和砖石，不可密封沥青、金属和木制品；不能渗透有机玻璃或无孔隙橡胶基油漆。不可用于珐琅质砖石；不能在冰点环境中使用。如用于疏松混凝土及砖石，需经特别处理	用于水泥面层、混凝土结构、砖结构的各种建筑物之防水防潮；建筑物外墙、内墙的防水；对地下室或地底的工程防水、修护最能发挥它的功效。一般情况下，M1500能承受地下室5～6层的水压（约30.48m），具体如下：1. 水泥屋面防漏，仓库、地下室、水塔、氨水池、沼气池等储水装置的防渗、防漏。2. 用混凝土浇筑的隧道、管道及其他地下建筑物的防水、防渗、防漏、防潮。3. 用于飞机跑道、飞机库、公路、桥梁、码头。4. 用于水泥船，不仅可以防漏，还可以减轻钢筋被腐蚀

第五节　混凝土密封剂

M1500 水性水泥密封剂的技术性能　　表 11-5-2

项　目	性　能　指　标		
外　观	无色、无毒、无臭、不燃的混合水性溶液		
黏　度	11.0 ± 0.5 Pa·s		
密　度	1.082 ± 0.004 g/cm³		
pH 值	14 ± 1		
凝胶化时间	20 ± 0.5 h		
渗透性	施工后 24h 渗透混凝土内深度约 40mm，以后渐渐渗入混凝土内 150~200mm。		
对混凝土抗压强度影响	7d 后提高混凝土强度约 15%，30d 后提高混凝土强度 23%~25%。		
抗吸水性	按在水中浸泡 24h 后所增加的重量（%）。 未经 M1500 处理：砖 14%，砂石 7%。 经 M1500 表面处理：砖 1.3%，砂石 1.3%。		
抗风化性	在 5% 浓度的硫酸钠溶液中浸泡，经 M1500 处理后的物质，约 30% 出现风化现象。 在 5% 浓度的硫酸钠溶液中浸泡，未经 M1500 处理的物质，100% 出现风化。		
耐酸性	酸　类	浓度（%）	耐酸状况
			第一次外露浸泡表面 / 2~6 次外露浸泡表面
	盐酸	37	表面有浸蚀　/　无反应
	硝酸	70	表面有浸蚀　/　无反应
	磷酸	85	无反应　/　无反应
	硫酸	95	表面有　/　无反应

M1500 水性水泥密封防水剂的产品名称、价格及生产单位　　表 11-5-3

产品名称及牌号	参考价格（元/t）	生产单位
（江桦牌）M1500 水性水泥密封剂	14000~18000	浙江省江山建筑防水材料厂
HM1500 水性水泥密封剂	14000	江苏省太仓县第五化工厂
多功能水泥密封防水剂（M1500）	16000	吉林省辽源市化学建筑材料厂
M1500 新型水泥密封防水剂	12500~13000	湘潭市新型建筑材料厂
M1500 水性水泥密封剂	20000	湖南株洲县建筑材料厂
HM1500 水性水泥密封防水剂	15000	陕西省第一建筑工程公司防水工程处
HM1500 防水剂	面议	浙江省余杭县五联新型化工材料厂

M1500 水性水泥密封剂的使用施工　　表 11-5-4

项　目	施　工　操　作　要　点
施工前准备	1. 对于旧混凝土建筑物，需将表面清理干净，修补破损、龟裂处，并将油污、涂料、橡胶及其他不能被 M1500 密封剂渗透的物质清除干净。 2. 对于新浇混凝土，一般只需将表面清扫干净即可。
施工方法	1. 在待施工的基层表面喷洒足够量的水，过 30min 后，再进行 M1500 防水剂的喷涂。 2. 用低压喷射器（如农药喷射器）喷射整个表面二次（于第一次喷后将干前再喷第二次）房使整个表面达到均匀饱和。小面积，可用刷子刷。 3. 喷涂 M1500 防水剂 3h 后或将干前，需用水湿润表面，特别是在夏季高温季节，更要注意浇水湿润，但浇水量不宜过大，以免冲淡防水剂。施工 24h 后，可见到混凝土表面有白色杂质析出，则需用水冲洗，一直冲洗到混凝土表面不再有白色杂质出现为止每天湿润的次数，夏季一般 6~7 次，其他季节 1~2 次，大的共需保养 3d 左右。

续表

项 目	施 工 操 作 要 点
材料参考用量	每 1m² 防水层面积需防水剂 0.22～0.25kg，若防水层需喷涂二遍，则每 1m² 防水层面积需防水剂 0.44～0.50kg。
注意事项	1. 可在潮湿表面施工，但不得在有流动水状态下施工，应在制止流动水后方可施工。 2. 不能拌在水泥砂浆中使用，否则无效。 3. 密封剂可渗透油基或水基涂料而不影响涂料颜色。 4. 新浇的混凝土，当固模去掉后，即可以用密封剂饱和整个表面。现浇屋面及新抹水泥面层将干前喷刷效果最好

二、SWF 混凝土密封剂（表 11-5-5～表 11-5-7）

SWF 混凝土密封剂的特点及适用范围　　表 11-5-5

说　明	特　点	适用范围
SWF 混凝土密封剂是一种以无机硅酸钠或硅溶胶水基液为主的无机混凝土密封剂。它具有优良的渗透性能，使用于混凝土表面时，能渗入混凝土结构内，并和混凝土内的碱性物质起反应，生成凝胶，填塞混凝土内的毛细管孔隙，从而提高混凝土的抗渗性，密封性、耐蚀性	该密封剂对混凝土构筑物有四大作用。 1. 防水。 2. 密封。可以防止酸雨、大气中二氧化硫、二氧化碳等气体对混凝土构筑物的侵蚀，防止混凝土构筑物的中性化。 3. 增强。可以增强混凝土的强度，特别是混凝土的早期强度。 4. 养护。保护混凝土中的水分不致过快地蒸发，从而达到使水泥充分水化，防止混凝土龟裂	可广泛用于隧道、地铁、人防、管道、机场跑道、道路及工业构筑物等混凝土工程的防渗、防腐，亦可用于各种混凝土构筑物、混凝土构件的养护

SWF 混凝土密封剂的技术性能　　表 11-5-6

项　目	性　能　指　标
外　观	无色透明水基液
pH 值	9
表面张力	35×10^{-5} N/cm
相对密度	1.06
抗渗性	可提高 0.2MPa
对抗压强度影响	抗压强度比未处理试块提高 5%～30%
耐酸碱性	5%氯化钠溶液浸泡，30℃，7d，抗压强度比未处理试块提高 17%。5%硫酸溶液浸泡，7d，抗压强度比未处理试块提高 9%
抗冻性	−25℃到室温，30 次冻融循环，抗压强度比未处理试块提高 15%

SWF 混凝土密封剂使用说明、参考用量　　表 11-5-7

使用操作说明	参考用量（kg/m²）	参考价格（元/t）	生产单位
1. 用一般低压喷雾器喷涂或涂刷。 2. 对厚度较大的混凝土构筑物，可以多次涂刷，以达到彻底渗透之目的。 3. 二次涂刷的间隔时间 24h，如涂刷过程中混凝土表面析出白色物质，须用水冲洗干净	涂刷二道 0.33～0.50	15000	上海市隧道工程公司防水材料厂

第十二章　给排水设施设备维修

第一节　上、下水管道故障检修

一、上、下水管道常见故障

上、下水管道故障常以下面四种形式表现：
1. 管道破裂漏水；
2. 管壁腐蚀漏水；
3. 管道接头处漏水；
4. 管道堵塞。

室外下水管道发生堵塞，污水井产生积水或溢水现象，室内卫生器具产生下水不畅的毛病。

室内下水管道发生堵塞，轻则卫生器具下水不畅；重则卫生器具不下水，甚至产生地漏或卫生器具（如小便器、脸盆等）下部向上反水的现象。

二、故障原因

（一）管道漏水原因

形成水管漏水或爆管的因素较多，一处漏水或爆管经常是几方面因素共同作用的结果。形成水管漏水或爆管的主要影响因素有：

1. 管材及接头附件质量不佳

如管道材质不好，强度低，耐压差，当水压过高、产生水锤、土壤不均匀沉陷、水温过低等等情况出现时，水管即发生爆裂或接头漏水。

2. 管道防腐不佳

金属管道尤其是钢管和白铁管，如果外壁防腐不好，由于土壤和电腐蚀等因素，会使管道腐蚀，管壁减薄，引起局部穿孔漏水，严重的则发生爆裂。

输送pH值偏低的水，管道内壁应认真防腐，否则内壁腐蚀到一定程度也会发生爆裂现象。

3. 施工不良

（1）铺设管道时，未将土壤夯实或使管道两侧回填土的密度不均匀，造成土壤不均匀沉陷，而使管道受力显著增加，从而造成接头损坏或管道爆裂；

（2）埋管过浅，外部重荷载将管道压坏；

（3）接口不严，如石棉水泥接口敲打不密实，橡胶就位不正确或不密实等，造成管道漏水。

4. 温度过低

冬季室外温度在 0℃ 以下，管道内的水冻胀，造成管道被胀裂。

（二）管道堵塞原因

堵塞现象常发生在排水管，堵塞原因主要有四条：

1. 使用卫生器具不当引起。如将硬物、破布、棉纱等杂物掉入管内，在存水弯或管道转弯处堵塞；

2. 管道铺设坡度太小或有倒坡现象引起管内水的流速太慢，水中杂质杂物在管内沉积而将管道堵塞。

3. 雨水管道因屋面天沟杂物随水进入管内，或雨水口附近堆积有的泥、砂等物，在下雨时，即随雨水进入管道内沉积下来，堵塞管道；

4. 管径偏小。

三、管道维修

（一）管道漏水修理

当发现管道或接头处漏水时，应根据水管材料，采取不同的修复方法。

1. 铸铁管损坏严重时，需要更换新管或把损坏管段截去调换新管。如果只是发现裂缝，可在纵向裂缝两端钻以 6~13mm 小洞，防止裂缝继续发展，然后在管外用叠合套管箍住，再用螺栓固定。较小的横向裂缝可直接在管外用叠合套箍牢牢夹紧。

2. 钢管上的较小裂缝可用电焊焊补、再加焊接钢套管、浇注接口或采用钢板夹将裂纹处卡紧进行修复。当管网的压力不高，管壁较薄时，也可采用气焊补焊。如管道裂缝较大，管壁腐蚀严重，管件处裂缝，应将损坏管段或管件更换。

3. 石棉水泥管破裂或折断时，需更换新管。

4. 接头漏水修理。如果是丝扣接头或管件不严而引起漏水时，应将局部管段拆下，重加填料拧紧。铸铁管如用铅接头，可重新敲紧接头，或补冷铅后再敲紧。石棉水泥接头，则需拆除旧填料，重新接头，或改为自应力水泥砂浆接头、石膏水泥接头等。检修时，先将胶圈、油麻辫等填入接头，再将配合比为砂：水泥：水＝1：1：0.28~0.32 的自应力水泥和粒径小于 2.5mm 的细砂拌匀，随拌随用（拌合后超过 1 小时就会失效）。砂浆分三层填入，逐层捣实，外层捣至有稀浆为止。然后抹光表面，用草袋或湿泥封口，浇水养护，3 天后试压。石膏水泥接头是用重量配合比为水泥：石膏：氯化钙：水＝10：1：0.5：0.33~0.35 的原料，先行拌匀，使用时才加水，拌合料须在 10min 内用完，拌匀后用手揉成条状填入接头内，再用工具轻轻捣实，抹平表面。

5. 如因埋管太浅引起管道损坏漏水，在修复后还应采取相应的加固措施，防止管道再被损坏。

（二）管道排堵

1. 排堵工具

过去常用的排堵工具是竹篾、钢丝和胶管。用竹篾疏通时，应将较细的一头插入管内，来回抽拉（见图

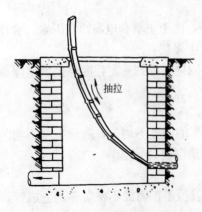

图 12-1-1 用竹篾疏通下水管道

12-1-1)。当用一节竹篾不够长时，可把几节竹篾接起来使用。

用钢丝疏通管道时，一般用1.5mm粗的钢丝。插进管道的一端要弯成小钩，钩的形状应适于钩出管道中的布条、棉纱、菜叶等类的堵塞物（参见图12-1-2），并考虑在管道接口处不被卡住为准。当钢丝在管道中受阻（常为接口处），捅不进去的时候，需不断地转动钢丝才能通入。当感觉到钢丝碰到了软东西（常是堵塞物），应在管中把钢丝转动几下（绞一绞）后，把钢丝拖出，常能钩出堵塞物。按上述方法，把钢丝捅入、拉出地反复几次，就能将管中堵塞物钩出来。

如用竹篾或钢丝疏通不见效时，可用胶皮管疏通。也就是把接有水源的胶皮管捅入下水管中，象使用竹篾子一样在管道中来回抽拉。实践证明，用胶管疏通较细的管道（2″下水管）效果较好。因为从卫生器具中下流的污水，是靠自身的重量流动的，所以压力较小，而接有水源的胶皮管射出来的水冲刷力很大，能将停滞在管道内的污泥、杂物沿管道顺流冲走，或从卫生器具中反冲出来。水源压力越大，胶管捅进管道中越深，效果也就越好。

近年来，许多单位采用管道清理机疏通管道。下面以"GQ"系列管道清理机为例介绍其工作原理。

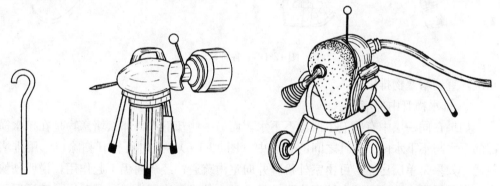

图12-1-2 钢丝钩　图12-1-3　GQ-75管道清理机　　图12-1-4　GQ-200管道清理机

图12-1-3和图12-1-4所示为GQ75型和GQ200型管道清理机，它们可分别清理直径20～75mm和38～200mm的下水管道。

"GQ"系列管道清理机以软轴做疏通器，工作时，先将软轴经主机抽出，再根据管道堵塞的具体情况，在软轴头部选装相应的刀具（见图12-1-5），然后将软轴送入被堵管道。接通电源后，软轴即在电机带动下迅速旋转，或将堵塞物绞住拖出，或将堵塞物削开、捣碎。软轴旋转一段时间后，即可切断电源，用手将软轴继续向管道深处输送，然后再合上电源让软轴重新旋转，这样反复多次，直到将管道疏通为止。管道清理机疏通管道比手工疏通效率高，其软轴比竹篾和钢丝的柔性好，可以顺利通过弯头、三通、四通等连接管件进行疏通，改善了工人的劳动条件，使用更广泛。

2．堵塞管道检修

检修时，首先判断堵塞物的位置，然后决定排除方法。

(1) 室内排水管道堵塞

① 存水弯堵塞

若发现单个卫生器具不下水，则堵塞物可能在卫生器具存水弯里，一般可用抽子抽吸

第十二章 给排水设施设备维修

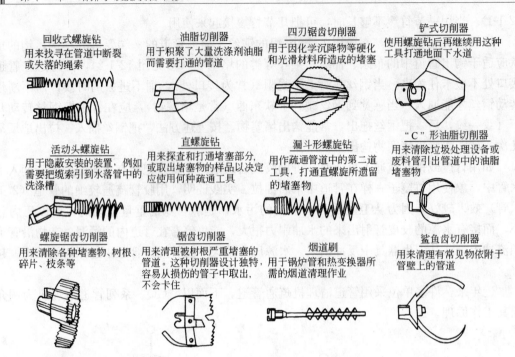

图 12-1-5 各种软轴刀具

几次，直到堵塞物排出。

② 排水横管中部堵塞

如果在同一层中有些卫生器具不下水，而另一些却下水，那么堵塞物是在排水横管中部的下水与不下水两个器具之间的管段中（图 12-1-6）。这时可打开扫除口，用排堵工具疏通。如果是单层房屋，可由室外检查井向室内疏通；经疏通仍不起作用，说明硬块比较大，卡得很严实，这时可在堵塞物附件管件的上部或旁边用尖錾凿洞疏通。疏通后用木塞塞住洞口，或垫上胶皮用卡子卡住。

③ 排水横管末端堵塞

如果同一层中由一根横管所连接的卫生器具全部不下水，而上、下层卫生器具排水通畅，说明堵塞物在横向排水管末端与立管连接处（图 12-1-7），疏通方法与横管中部堵塞的疏通方法相同。

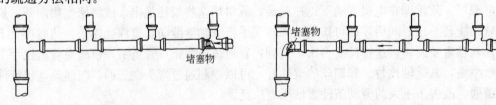

图 12-1-6 堵塞物在排水管的中部　　　　图 12-1-7 堵塞物在排水管末端

④ 立管堵塞（图 12-1-8）

室内立管堵塞时，堵塞物以下的管道排水正常，不会影响污水的下流；但处在堵塞物以上的管道，污水就不能顺着管道下排，常从卫生器具排水口往上返水，堵塞物即在往上返水卫生器具以下的立管段上。判断出堵塞物的大概位置，就可采取相应的疏通措施。

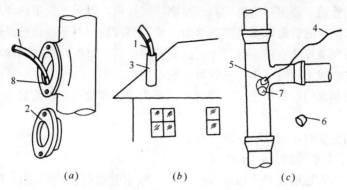

图 12-1-8　下水立管的疏通
(a) 从检查孔疏通；(b) 从透气孔疏通；(c) 从三通（或弯头）疏通
1—竹篾；2—检查孔孔盖；3—透气孔；4—钢丝；
5—凿开的孔；6—木塞；7—堵塞物；8—检查孔

a) 堵塞物靠近检查孔时，可打开检查孔进行疏通；

b) 堵塞物靠近顶层时，可在楼顶的透气孔中进行疏通；

c) 堵塞物位于三通、弯头等处，可以打开与这类配件相应的排水管的扫除口进行疏通；也可以将三通或弯头剔开一个洞，用钢丝绳进行疏通，疏通后再用小木塞塞住。

（2）室外排水管道堵塞

室外排水管道堵塞时，检查井内产生积水或往外溢水，室内卫生器具排水也不通畅。此时，可先沿管线检查排水井内积水情况。当发现邻近两个排水井中一个积水严重，另一个却无积水现象，那么堵塞位置就在这两个排水井之间的管段内。这时，可先用掏勺清除无积水的井内污物，然后对堵塞管道进行疏通；若堵塞物离排水井很远，难于疏通时，可在适当位置挖出管道，在管子上凿洞疏通，待畅通后用水泥砂浆补好洞口。

四、上、下水管道的检查与维护

（一）上、下水管道的检查

修理人员对负责检修的上、下水管道，应有全面的了解，如对各个管线的走向、各控制阀门（包括阀门井和设在地面以上的各个控制阀门）的位置都应该知道得很清楚，以利于进行正常的检修工作。

修理人员对所负责检修的上、下水管道，应经常注意以下几个方面的检查：

1. 各上、下水井口（包括阀门井）封闭是否严实，以防异物落入井中，给修理工作造成麻烦；

2. 雨水井及其附近，有无堆放白灰、砂子、碎砖、碎石等建筑材料，以防雨水将这些东西冲入雨水管，造成管道被堵塞的情况；

3. 楼板、墙壁、地面等处有无滴水、积水等异常现象，如发现确有管道漏水的情况时，应及时进行修理，以防损伤建筑物和有碍环境卫生。

厕所、盥洗室是卫生设施比较集中和管道纵横排列的地方，应作为检查的重点，而且每次检查间隔的时间，以不超过一周为宜。

裸露在外的管道，须定期进行检查和涂刷防腐涂料，以延长管道的使用寿命。

对漆面尚未损坏的管道，可直接向管道上涂防腐涂料；对于漆面已经爆皮的管道，须首先用钢丝刷清理漆皮和铁锈，然后才可涂刷防腐涂料。每次涂刷防腐涂料的时间间隔不宜过长，生铁管一般不超过三年，熟铁管一般不超过二年。

对一般的控制阀门，每年至少应进行一次开关试验和检查，以防启用时开不开或关不动。

当阀门漆面受损时，应涂刷防腐涂料。

（二）上、下水系统的保温防冻

寒冷地区，当管道铺设在土壤冰冻线以上，或水管通过室内温度低于0℃的场所时，因管内水受冻结冰，引起管子胀裂，因此要加强保温以防止水管结冻。

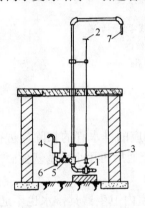

图12-1-9 防冻水栓示意图
1—控水阀门；2—手轮；3—喷嘴；4—存水罐；5—隔断阀门；6—三通堵头；7—放水管

埋地管道可以在管顶加盖适当厚度的炉渣、膨胀珍珠岩粉等保温材料后，再回填土，保温效果较好；裸露在室外的管道、阀门、消火栓等，应选用适当的保温材料进行保温。必要时应在管道的最低点设控制阀和泄水阀，不使用时将管道及设备内的存水排放干净。

寒冷地区的室外冷水龙头，应采用防冻水栓，见图12-1-9。

冬季使用时，打开连接存水罐的阀门5，按逆时针方向旋转井上手轮2，即把井下的控水阀门1打开，地面上的水管7即可见水；按顺时针方向旋转手轮，把井下的控水阀门关闭，放水管的水流即中断；此时，水管中的余水靠重力自动流入存水罐中，当再次开启控水阀门时，存水罐中的水在喷嘴作用下会被吸入水管，与水流一起向上流动；再次关闭控水阀门时，水管中的余水又被存在存水罐中，由于露在井外的管段没有积水的可能，所以水管就不会上冻。

防冻期过后，需关闭连接存水罐的阀门，打开存水罐下部的三通堵头，将罐中积水排掉，内外涂沥青漆防腐。

当室内设有上、下水管道而无取暖设施时，应对管道进行与室外保温方法相同的保温措施，当室内有取暖设施时，应保持室内温度不下降到0℃以下。

（三）对冻裂事故的处理

铸铁管被冻裂后，一般很难用焊接的方法进行补救，多数情况下是需要换管的。水和煤气钢管被冻坏时，多从焊口处胀裂，胀裂口子不长的管子，可以用补焊的方法进行修理。口子过长的管子，可以用补焊的方法，也可以用换管的方法进行修理。阀门和水嘴一般是铸铁制造的，冻裂后，无法修复，须进行更换。

换阀门或水嘴时，如管道里的冰尚未融化，可在不关闭控制阀门的情况下进行，但装卸时，切勿振打管子。如管道里面的冰已经部分融化，也应关闭相应的控制阀门后，再进行更换工作，在没有相应的控制阀门或条件不允许停水时，须用抢换的方法止住管道淌水。

抢换的方法是：更换上去的阀门必须是闸板阀门或球形阀门，并把阀门全部打开，以尽量减少阀门自身的阻力，使管道内的水，能够通过开着的阀门流出。当阀门于管子丝头上认上扣时，方可关住阀门，补缠麻丝，用扳手将阀门装紧。抢换阀门时，不能使用截止阀和龙头等阻力较大的控制件。因为这类控制件只要挨近淌水管头时，立即会受到水的推力，与此同时还会向四周溅水，而且这种推力足以使装换人员不能完成认扣的工作，致使装换工作无法进行。

第二节　水龙头与阀门的维修

一、水龙头故障及维修（表12-2-1）

水龙头故障及维修　　　　　　　表12-2-1

故　障	原　因	维　修
螺盖漏水	由于经常开关，阀杆与填料间摩擦频繁，致使两者间隙加大，产生漏水	将龙头关闭，用扳手松开螺盖，取出填料盒中的旧填料，按顺时针方向重新缠入1～2圈细石棉绳，把螺盖拧紧即可
关不严	1. 皮钱磨损	更换皮钱
	2. 芯子折断	更换芯子
	3. 阀座划伤	更换龙头
关不住	阀杆丝扣被磨损或腐蚀，产生滑扣	关闭相应控制阀门，拆开龙头盖，换上新阀杆；如无备件，更换水龙头

二、阀门故障及维修（表12-2-2）

阀门故障及维修　　　　　　　表12-2-2

故　障	原　因	维　修
盖母漏水格兰漏水	填料磨损或变硬	更换填料
盖母漏水格兰漏水	填料磨损或变硬	更换填料
关不住或关不严	1. 阀杆滑扣	更换阀杆或阀门
	2. 阀芯和阀座被划伤或锈蚀	对阀芯和阀座进行研磨
	3. 阀芯、阀座之间卡有脏东西，关不严	清除阀体内杂物
阀杆扳不动	1. 填料压得过多或过紧	放松压盖
	2. 阀杆或阀盖上螺纹损坏	更换阀门
	3. 阀杆弯曲变形卡住	调直或更换
	4. 阀杆上手轮损伤	检修套扣
	5. 闸板卡死	敲打后除锈
阀体破裂	1. 安装时用力不当	及时更换
	2. 冻坏、碰坏	

第三节 卫生设备的维修

卫生设备的维修任务主要是对大便器、小便器、洗脸盆、洗涤盆、污水池等故障的处理，为便于维修中参考，现用表格形式分述如下。

一、水箱及大便器常见故障及处理方法（表 12-3-1）

大便器分蹲式和坐式两种。蹲式一般配高水箱，坐式一般配低水箱（见图 12-3-1、图 12-3-2、图 12-3-3）。

水箱及大便器常见故障的处理　　　　　　　　　　　表 12-3-1

故　障	原　因	维　修
水箱不稳	固定水箱的木砖或螺丝脱落	把拔出来的木砖用水泥砂浆重新栽好，或打入木楔把木砖固紧，再用螺丝把水箱装好
水箱损坏	硬物撞击	1. 水箱有细微裂纹时，将水箱里的水放掉，然后用胶布粘住，再在胶布外面涂一层环氧树脂，24 小时后，即可放水使用； 2. 水箱损坏严重应更换水箱
水箱浮球阀锁母漏水	1. 水箱不稳，撞击浮球阀	先将水箱固定好，再修锁母漏水
	2. 锁母里的填料使用时间过长、失去弹性	更换填料
	3. 塑料锁母丝扣滑丝	更换锁母
	4. 塑料浮球阀进水口端面不平或有毛疵	打磨端面或在进水口端面缠绕一圈细石棉绳
浮球阀始终向水箱中流水，导致水箱向外溢水或水箱产生自泄	1. 浮球阀出水口处的胶皮受腐蚀或老化变质，致使浮球阀门不严	更换胶皮
	2. 浮球阀门芯上嵌胶皮的凹槽被腐蚀坏，造成浮球阀不严	更换门芯
	3. 销子折断或脱落（图 12-3-3），使浮球阀失灵	将销子修好
	4. 浮球阀杆泡在水中受腐蚀而断开，浮球阀失灵	更换浮球阀杆
	5. 浮球阀杆弯曲不当，使水箱内零件经常相互碰撞，造成浮球与浮球阀杆连接处折断，浮球阀失灵	1. 更换浮球 2. 调整浮球阀杆弯曲情况，避免水箱中零件相碰
	6. 浮球、浮球阀杆和扳手间连接不紧，使浮球阀失灵	1. 如属连接丝扣滑丝，应更换滑丝的零件； 2. 如安装未紧，拧紧即可
	7. 浮球阀杆弯曲形状不合适，或弯脖厚，致使扳手与浮球阀连接处抗劲，造成浮球无法浮起	调整浮球阀杆形状或是将弯脖取下打磨薄些
	8. 水箱水位过高	调整水箱水位

续表

故　障	原　因	维　修
水箱里水量不足或水箱里无水	1. 水箱水位过低	调整水箱位
	2. 浮球阀不出水	1. 如浮球处在最高点，用手一触浮球下落，并且阀门出水，这是扳手与浮球阀连接处抗劲，修理方法同上项7； 2. 如浮球处在最低点，用手能将浮球提起来，门芯能在浮球阀中自由活动，这是浮球阀门进水口被塞住。修理时，取出门芯，用铁丝疏通进水口； 3. 用手触动浮球时，浮球不动或不灵活，是门芯在浮球阀中锈住，修理时取出门芯，用砂布打磨，并清理门芯在浮球阀经常活动的部位
水箱下水管或虹吸管不严，致使便器不断淌水	1. 水箱浮球或皮钱受蚀老化	更换浮球或皮钱
	2. 弹簧弹力减弱或折断	更换弹簧
	3. 密封面有划伤或不平	更换下水口密封面
水箱塑料虹吸管锁母或根母处漏水	1. 安装虹吸管之前，未将水箱出水口处的杂质清理干净，安装时胶皮垫与出水口接触不良，密封性差	清除水箱出水口杂物，重新安装虹吸管
新安装的虹吸管不下水或下水不畅	2. 安装不当，致使锁母或根母滑丝	更换锁母或根母
	3. 虹吸臂出水口端面不平	打磨端面或更换
大便器内污物流不走或流得慢	大便器出水眼或冲洗管堵塞	疏通出水眼或冲洗管
水箱无任何故障但不泄水	虹吸管出厂时弯管中残留未被清理干净的塑料隔膜	将虹吸管拆开取出弯管中隔膜
瓷存水弯损坏，造成便器不下水	大便器堵塞	如果所有便器堵塞，按前述室内下水管道排堵方法修理；如果是个别便器堵塞，可用铁丝之类的工具把堵塞物掏出来，或用揣子抽揣便器的下水口，把堵塞物揣松后冲走
便器与地面相接的地方漏水或楼板有渗水现象	使用不当，硬物将其损坏	更换存水弯

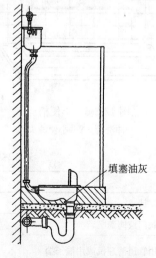

图 12-3-1　大便器与高水箱

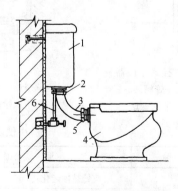

图 12-3-2　大便器与低水箱
1—低水箱；2—水盅；3—弯头；4—坐式便器；
5—锁紧螺母；6—水箱进水管

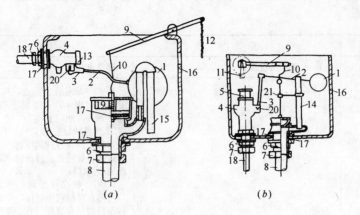

图 12-3-3 水箱
(a) 手拉虹吸冲洗水箱（高水箱）；(b) 手动冲洗水箱（低水箱）
1—浮球；2—浮球杆；3—弯脖；4—浮球门；5—水门闸芯；6—根母；7—锁母；8—冲洗管；9—挑子；10—铜丝；11—扳把；12—拉链；13—闸帽；14—溢水管；15—虹吸管；16—水箱；17—胶皮；18—水管；19—弹簧；20—销子；21—溢水管卡子

二、小便器常见故障及维修

常用的小便器有挂式小便器、立式小便器和小便槽三种（见图 12-3-4、图 12-3-5、图 12-3-6）。挂式小便器和立式小便器多用陶瓷制成，小便槽多用混凝土贴瓷砖砌成。

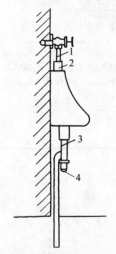

图 12-3-4 挂式小便器
1—小管；2—管帽；3—存水弯；4—存水弯堵

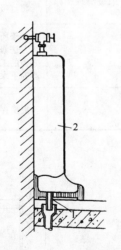

图 12-3-5 立式小便器
1—下水栓；2—便器

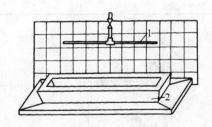

图 12-3-6 小便槽
1—冲洗管；2—小便池头

小便器常见故障及修理　　　　表 12-3-2

故障	原因	维修
阀门不严漏水	1. 皮钱被蚀老化 2. 阀门滑丝	换皮钱 换阀门或阀盖
便器堵塞	1. 屎垢引起 2. 用户使用中倒入异物	使用管道清理机或用揣子揣

续表

故 障	原 因	维 修
存水弯堵塞	尿垢引起	用铁丝或用管道清理机疏通
存水弯漏水	1. 接口不严	在接口处填加填料
	2. 活接头处漏水	将活接头上紧或更换活接头的垫料
下水栓附近漏水	1. 排水管泄水不畅	疏通排水管
	2. 下水栓安装不紧或胶垫老化	装紧下水栓或更换胶垫
	3. 小便器与支立管间的接口不严	将油灰均匀地抹于接口周围，待干燥后方可使用

三、洗脸盆、澡盆、淋浴器常见故障及维修

洗脸盆、澡盆、淋浴器常见故障及维修　　　　表 12-3-3

故 障	原 因	维 修
洗脸盆龙头关不严、关不住、盖母漏水	与本章第二节"水龙头故障"相同	与本章第二节"水龙头故障"相同
锁母漏水	见本章第三节"水箱锁母漏水"	见本章第三节"水箱锁母漏水"
洗脸盆下水口漏水	1. 下水口根母上劲松	将下水口拆下重新安装
	2. 脸盆托架不稳使脸盆在使用时晃动	将脸盆托架固定
洗脸盆和澡盆不下水或底部冒水	下水口或排水管落入了头发、棉纱、肥皂等异物堵塞	1. 可用揣子抽揣； 2. 揣子揣不通，可拆开存水弯下部的丝堵，用铁丝疏通； 3. 可以拆下存水弯，用一定压力的水将异物冲开，或用管道清理机疏通； 4. 如同一根排水管线上的洗脸盆和澡盆均发生堵塞，可按本章第一节"室内排水管的疏通方法"修理
脸盆或澡盆损坏	硬物撞击	1. 损坏轻微可用水泥砂浆或环氧树脂粘结 2. 更换
淋浴器调节阀不严	1. 阀门滑丝	更换阀杆或阀门
	2. 阀芯磨损	更换阀芯
	3. 水垢卡住阀门	清除水垢
淋浴器喷头不下水	水中杂质或水垢堵塞	拆下喷头冲洗
淋浴器的排水地漏堵塞	头发、纸张等杂物堵塞	清除杂物后仍不通，可用揣子揣或用管道清理机疏通
洗涤盆和污水盆下水堵塞	菜叶、骨头、布条等堵塞	同上

第四节　水泵保养及维修

水泵在供热及给排水系统中应用很广。水泵的具体规格及特征见《给水排水设计手册》或生产厂家的产品说明书。下面分别介绍水泵的运行管理和常见故障处理方法。

一、水泵的运行和维护管理

(一) 水泵启动前的检查

为了保证水泵的安全运行,在启动前必须对机组做全面仔细的检查,以便发现问题及时处理。检查的主要内容如下:

1. 检查水泵各处螺栓是否连接完好,有无松动或脱落现象;
2. 用手转动联轴器或皮带轮,检查叶轮旋转是否灵活,泵内是否有不正常的响声和异物;
3. 检查电动机的转动方向是否与水泵的转向一致;
4. 检查轴承润滑情况,润滑油应充足和干净,油量应按规定,达到指示器的规定位置;
5. 检查填料的松紧情况及填料函、水封、冷却水阀是否打开;
6. 清除水泵进水池的杂物和堵塞物,检查进水池水位是否正常;
7. 检查水泵进水管上阀门是否开启,出水管阀门是否关闭;
8. 检查管道及压力表、真空表、闸阀等管路附件安装是否合理。

检查完毕,即可向泵内灌水或启动真空泵。在灌水的同时打开泵体顶部的排气阀。抽真空时,应先打开泵体顶部的抽气阀。当排气管中有大量水涌出时,表示进水管和泵内已充满水,可以启动水泵投入运行。

(二) 水泵的启动

当进水管和泵内全部充满水后,停止灌水或关闭抽气管上阀门,然后启动动力机。离心泵应关闭出水管上阀门进行启动,当机组达到额定转速时,应立即把闸阀打开出水,否则泵内水流就会因不断地在泵内循环流动发热,使介质温度升高,当泵内液体温度达到其饱和温度以上时,液体蒸发,就会造成事故。

(三) 水泵运行中的注意事项

1. 注意水泵机组有无不正常的响声和振动;
2. 检查各种仪表工作是否正常、稳定;
3. 检查机组有无超温现象。一般滑动轴承最大容许温度为85℃;滚动轴承最大容许温度为90℃。无温度计时,以手触摸轴承座,感到烫手不能停留,说明温度过高,应马上停机检查;
4. 注意填料密封性是否良好。过松时,不但漏水过快,还会造成起动困难,过紧时,消耗过多动力,易使轴承烧坏。合适的松紧度以每分钟滴水60滴左右为宜;
5. 注意皮带松紧是否适当。过松过紧均会降低传动效率、缩短使用寿命;
6. 观察压力表和真空表读数。若压力剧烈变化或下降,则可能是吸入侧有堵塞或吸入了空气;压力表读数上升,可能是出水管口被堵塞;真空表读数上升,可能是进水管口被堵塞或水源水位下降。

(四) 停泵时的注意事项

1. 离心泵应在出口阀完全关闭之后停车。若先关闭进口侧阀门,往往会引起汽蚀,造成事故;
2. 没有底阀的机组停止运行时,要注意打开真空阀,使泵内的水返回到吸水池去;
3. 使用冷却水的泵,停车时不要忘记关闭冷却水阀;
4. 在正常运行中因为停电等原因停车时,首先应断开电源,随后关闭出口阀;

5. 在寒冷地区，如水泵停机，长时间不运行，应及时放出泵内的积水，防止水泵及附件冻裂。

（五）水泵的日常保养

为使水泵经常处于良好状态下运行，必须对它定期进行维护。对新泵机来说，一般正常运行100h后应更换机油，以后每工作500h换一次机油。采用固体润滑脂（如牛油）的水泵，应1500h换一次。发现有问题的零部件应及时更换，特别要利用水泵不运行期间（比如非采暖季节等）及时检查保养或更新。对管道系统及各附件阀门应经常除锈上油，使它们始终处于良好状态，以备随时应用。

二、水泵故障分析及处理

水泵的故障通常是由于产品质量较差，动力机和管道不配套，安装不正确，操作维修不当以及机件使用多年磨损老化所引起。由于引起故障的因素比较多，发生故障后应仔细分析研究，判断引起故障的原因，然后采取措施。

（一）离心泵常见故障及处理方法（表12-4-1）

离心泵常见故障及处理方法 表12-4-1

故障	原因	维修
启动后水泵不转，电动机也不转	1. 三相电动机只接触二相或电压不足。	1. 脱开皮带或联轴器，检查电器开关的接触、检查电压。修好电器后再单独开动电机，电动机运转正常后，停机接上皮带或联轴器。启动电机带动水泵。
	2. 叶轮与泵体之间被杂物卡住或堵塞。	2. 拆开泵体，清除杂物。
	3. 因天冷，泵体内余水结冰。	3. 可用开水浇淋化冻，不可用火烤，以免泵体机油及塑胶垫片燃烧损坏。冬季应时放掉泵内余水。
	4. 泵机长期不用，泵轴承、减漏环锈蚀，使轴不能转动。	4. 拆开泵体，用煤油砂布等清洗，去锈后上润滑油。装上后，先用人力扳动，检查转动阻力是否均匀、轻松；否则，应再检查原因，直至正常才可接上动力机开机。
	5. 泵轴严重弯曲，使叶轮与泵壳卡住，无法转动。	5. 拆下泵轴，在压力机上校正，或更换新泵轴。
水泵启动后又停	1. 填料太紧而无冷却水，致使发热膨胀咬住转轴。	1. 放松填料盖。
	2. 进水管吸进异物卡住叶轮。	2. 清除异物，检查进水管道口的滤网是否脱落，工作是否正常。
	3. 叶片断裂、卡住叶轮。	3. 拆开泵体，清除碎片，更换叶轮。
	4. 轴承处缺润滑，磨损发热咬死。	4. 检查轴承处缺润滑原因，添足润滑油，如泵体机油箱中存有杂质，则应及时清洗油池，更换机油。

续表

故　　障	原　　因	维　　修
水泵启动后，一直不出水	1. 在启动前未灌水或未灌满水，泵内存在空气或管道中有积气。	1. 把水灌满，排除泵内及管道中的空气。
	2. 水泵实际安装高度大于水泵允许的最大吸水真空高度。	2. 降低吸水高度。
	3. 吸水管或填料损坏，密封不良，空气进入泵内，破坏了真空度。	3. 检查吸水管及附件，堵住漏气点或更换填料。
	4. 叶轮反转或转速不够。	4. 调整转向，配置适当的电动机。
	5. 叶轮、吸水管、底阀被堵塞。	5. 检查泵体，清除杂物。
	6. 叶轮和轴的连接键脱出，造成轴转叶轮不转。	6. 拆开泵体，用新键联接轴与叶轮，并用截头螺钉定位以防移动。
	7. 水温过高，产生汽化现象。	7. 降低吸水的水温。
	8. 吸水部分淹没深度不够，水面产生漩涡，空气被带入泵内。	8. 加大吸水口的淹没深度或采取防止措施。
	9. 底阀关闭不严。	9. 检查并修理底阀，使其关闭严实。
	10. 水泵选择不当，总扬程超过水泵额定扬程。	10. 降低扬程；无法降低时，可采取多泵的接力压力；或重新选择高扬程的水泵。
水泵运行中出水中断或流量由正常变小	1. 管路或进水口被水中杂物堵塞。	1. 检查管道，排除杂物。
	2. 进水胶管被吸扁，或铁管破裂，使吸水管道无法正常通水	2. 修补或更换管道。
	3. 叶轮打坏或松脱。	3. 拆开泵体，修复或更换叶轮。
	4. 进水水位剧降，使空气随水吸进，进水管吸不到水，产生噪声	4. 放长吸水管，深入水中不小于 0.5m，如高度超过允许真空高度，则只能降低水泵位置或待水源水位上升后再起动水泵
水泵运行中流量不足	1. 水泵的转速低于额定转速。	1. 检查电路，提高电动机转速，清除皮带油污，消除皮带打滑现象，使水泵达到额定转速。
	2. 填料函的填料压得不紧，有空气进入泵内。	2. 检查填料函并压紧。
	3. 吸水管道接头不严密（压力表、真空表剧烈摆动）。	3. 检查吸水管道，消除漏气。
	4. 叶轮缺损或堵塞。	4. 更换或清洗叶轮。
	5. 进、出水管部分堵塞，出水不畅	5. 清除杂物，使管道畅通。
	6. 底阀淹没水中深度不够或进口处被杂物堵塞。	6. 将底阀深入水中并清除杂物。
	7. 口环磨损严重，与叶轮间隙过大。	7. 更换口环。
	8. 出水口闸阀开得不够大。	8. 适当开启闸阀。
	9. 输水管路漏水。	9. 检查修理或更换输水管。

续表

故　　障	原　　因	维　　修
水泵运行中消耗功率过大	1. 皮带过紧，使电动机及水泵轴受到过大径向力，引起负荷增加，轴承发热。	1. 调整皮带张紧度。
	2. 填料压得过紧或填料函体内不进水。	2. 放松填料压盖，检查、清洗水封管。
	3. 泵轴弯曲，使叶轮转动时，碰擦泵壳，发出杂音和消耗功率。	3. 拆开泵体，校正或更换泵轴。
	4. 轴承磨损，消耗功能。	4. 更换轴承。
	5. 水泵转速高于额定值。	5. 检查电路及电动机，降低转速。
	6. 泵内或出水管有泥砂等杂质。	6. 检查并清除杂质。
	7. 进水水位升高，会使离心泵所需实际扬程降低，出水速度和水量增加，功率随之提高。	7. 应使泵在经济运行区运行，适当关小出水管的闸阀。
填料函渗漏水过多	1. 填料压得不紧或填料质量不合要求。	1. 拧紧填料盖或更换填料。
	2. 填料磨损或使用时间过长，失去弹性。	2. 更换填料。
	3. 填料填装的方法不对。	3. 重新填装填料。
	4. 机组轴线偏斜或泵轴弯曲，致使填料函磨损不均匀，封水不严。	4. 校直或更换泵轴。
	5. 通过填料函体内的冷却液含有杂质，使轴磨损。	5. 更换或处理冷却水，使其清洁，修理轴的磨损处。
填料处过热	1. 填料压得过紧。	1. 适当放松填料，使水呈滴状连续渗出。
	2. 水封管堵塞。	2. 疏通水封管。
	3. 填料环安装位置不正。	3. 将填料环位置对准水封管口。
	4. 填料盒与轴不同心。	4. 修理使其同心。
	5. 轴表面有损伤。	5. 修理轴表面的损伤。
水泵轴承过热	1. 轴承损坏或松动	1. 更换修理轴承。
	2. 轴承间隙太小或泵轴弯曲，与固定部分发生碰擦。	2. 修理调整泵轴。
	3. 轴承润滑油不够或油量过多、油不佳。	3. 清洗轴承加入质量合格的润滑油至规定油量。
	4. 滑动轴承的甩油环不起作用。	4. 放正油环位置或更换油环。
	5. 叶轮转动不平衡或平衡孔堵塞，偏心转动。	5. 清除平衡孔上的杂物，检修叶轮和转动部分。
	6. 压力润滑油循环不良。	6. 检查油循环系统是否严密，油压是否正常。
	7. 填料太紧，以致不滴水。	7. 松动填料。
水泵振动并有杂音	1. 泵内叶轮、传动皮带轮等转动件由于制造不良或磨损，整体不平衡，转动时产生振动。	1. 转动件不平衡产生振动的，应拆下转动体，修复平衡后再装上。
	2. 基础不坚固、不平稳或地脚螺栓松动。	2. 加固和平稳基础，拧紧地脚螺栓。
	3. 水泵与电动机联轴器松动，不同心，产生振动。	3. 调准两轴中心线同心。
	4. 轴承严重磨损，与轴强烈摩擦产生噪声。	4. 修复或更换泵轴。
	5. 泵轴弯曲，叶轮擦到泵壳发生噪声。	5. 校正或更换泵轴。

续表

故障	原因	维修
水泵振动并有杂音	6. 杂物进入叶轮产生振动和噪声。	6. 停泵清除杂物。
	7. 水泵连接管路支撑不牢,引起振动。	7. 加固管道及支架。
	8. 皮带接头不良,拍打皮带轮,产生响声和振动。	8. 重新接头。
	9. 吸入侧有空气进入或吸水距离太长,使水泵汽蚀产生噪声	9. 检查吸水管及附件,堵住漏洞;适当降低泵吸水高度,使之小于允许真空高度;降低进水扬程的消耗

(二)蒸汽往复泵的常见故障及排除方法

蒸汽往复泵的常见故障及排除方法　　　　表 12-4-2

故障	原因	排除方法
不出水或出水量不大	1. 吸水高度过大。	1. 适当降低吸水高度。
	2. 进水管或底阀完全堵塞。	2. 消除堵塞物。
	3. 给水温度过高。	3. 降低给水温度。
	4. 水箱缺水、水缸发热。	4. 加水并冷却水缸。
	5. 吸水管、盘根、吸水底阀不严。	5. 相应部位检修严密。
	6. 机械传动部分卡住。	6. 进行检修,使其灵活。
	7. 输送热水的进水压头太小。	7. 增高水位,加大压头。
	8. 汽缸的活塞、汽阀磨损大。	8. 研磨或更换。
运行中汽缸内有撞击声或噪声太大	1. 进水门或出水门上的弹簧失去弹性或已损坏。	1. 更换阀门。
	2. 活塞或活塞拉杆连接螺丝帽的固定销脱落。	2. 重新装上固定销。
	3. 汽缸内有冷凝水。	3. 打开排水阀排水。
	4. 水中有空气。	4. 检查修理漏汽部位。
	5. 往复速度太快。	5. 适当减小蒸汽量,降低速度。
	6. 主轴承、十字头、活塞销、曲轴松动。	6. 检查并紧固。
活塞运行快慢不匀	1. 蒸汽压力不足。	1. 打开进汽阀,提高蒸汽压力。
	2. 滑阀错汽不均。	2. 调整滑阀。
	3. 汽缸活塞漏汽。	3. 检修汽缸活塞胀圈。
水泵突然停止运行	1. 排水管阀门被卡住或关住。	1. 拆装,修理。
	2. 活塞杆上连接件损坏。	2. 更换。
	3. 十字头卡在导槽里。	3. 检修。
传动零件温度上升	1. 填料压盖过紧。	1. 松压盖。
	2. 油路堵塞,润滑油不足	2. 疏通油路,加油

(三)注水器常见故障及排除方法

注水器常见故障及排除方法　　　　　　　表 12-4-3

故　障	原　　因	排　除　方　法
不上水	1. 进水管泄漏，有空气。	1. 检修进水管。
	2. 喷口被水垢堵塞。	2. 消除水垢。
	3. 喷口有裂纹或沟槽有变形，间隙变动。	3. 检查喷口，调整间隙。
	4. 进水温度高，注水器过热。	4. 降低进水温度，冷却注水器。
	5. 溢流阀粘住或漏气。	5. 检查溢流阀。
	6. 吸水高度过高。	6. 适当降低高度。
	7. 汽阀开得过快，注水器过热。	7. 缓慢开启汽阀。
	8. 水箱缺水。	8. 向给水箱适量加水。
	9. 蒸汽压力低。	9. 提高汽压。
水不能注入锅炉或锅炉炉水发生倒流	1. 蒸汽量太大，水量太小。	1. 关小蒸汽阀。
	2. 蒸汽阀开度太小，蒸汽汽压低。	2. 适当开大蒸汽阀。
	3. 止回阀粘着不能开启。	3. 检修止回阀。
	4. 进水管有故障。	4. 检修进水管路。
	5. 给水截止阀未打开。	5. 打开截止阀。
	6. 进水口堵塞。	6. 清理进水口。
	7. 止回阀失效	7. 关闭给水截止阀，检修回阀

第五节　水塔、水池的管理与维修

一、水塔及水池的管理

首先要定期检查水塔及水池（包括附属设备）的使用情况，时间为每年一次或不定期检查，检查项目包括：水塔或水池是否有裂纹现象，避雷针是否有效，浮标尺及指示是否灵活准确，阀门是否生锈、失灵等。如发现问题及时修理。

其次还要进行水质检查，组织卫生部门对水质作定期或不定期检查，以便决定洗池（或洗塔）时间，通常每月一次。洗后用漂白粉消毒。

二、水塔及水池的渗漏处理方法

（一）用丙酮胶液或油膏修补裂缝。

（二）用防水砂浆修补渗漏及裂缝处，一般采用防水剂。做法是：如铁管与混凝土池底接合部渗漏，在铁管四周凿成深宽各 4cm 的槽，用水冲洗干净，并用布擦干，在槽内用 0.5∶1（重量比）的水泥砂浆，反复涂抹，使其与水泥砂浆面紧密结合，待凝固到一定的程度后抹一层防水砂浆；过一段时间后用铁板压实再抹一层防水砂浆，然后用 1∶2.5 水泥砂浆抹面，每层抹面的厚度为 0.8cm 左右，直到抹平为止。防水砂浆按 1∶2.5∶0.6∶0.1（重量比，水泥∶砂∶水∶防水剂）的比例配合，先拌合水泥砂浆，再加水拌合均匀，然后加防水剂充分拌合。

抹面及混凝土裂缝也可按上述方法处理，但槽凿浅一些。

第十三章　供暖系统设施设备维修

第一节　锅炉的保养和维修

一、定期检查

定期检查锅炉，是一项预防锅炉发生事故的重要措施。

对于终年运行的锅炉，每三个月要进行一次清洗检查，每年要进行一次炉内外和附件的彻底检查。对于仅供取暖用的锅炉，一般是在停火后进行清洗检查，每年升火前再做一次认真的检查。

（一）检查重点

对锅炉内外进行检查时，应该按照锅炉型式来确定检查项目和重点。一般检查重点如下：

1. 锅壳、封头、管板和炉胆等的内、外表面有无腐蚀、过热裂纹、鼓包或变形，尤其是在开孔、焊接、铆缝、胀口、板边（特别是炉胆高温区板边处）、拉撑等处和"呼吸地位"附近，应重点检验；
2. 炉钢管有无腐蚀、裂纹、臌包、弯曲或变形，管壁有无磨损减薄；
3. 焊接处是否正常，应特别注意焊缝有无裂纹，焊接结构是否符合标准，焊缝是否焊透，有无浮焊和脱焊现象。
4. 铆接处有无裂纹、渗漏、腐蚀，钉头有无脱落或腐蚀，铆钉有无松动；
5. 炉钢管胀口有无渗漏，管头伸出部分有否裂开或磨薄，受胀部分有无环形裂纹；
6. 各种拉撑件有无腐蚀或断裂，短拉撑件的警报孔有无渗漏痕迹；
7. 集箱有无变形或腐蚀，它的胀管及手孔是否渗漏，内部有无水垢堆积；
8. 与锅炉连接的所有管子（如进水管、蒸汽管、排污管、水位计连通管等）的接口处有无渗漏和腐蚀；
9. 锅筒内进水管的位置、长度和射水方向是否合理；
10. 最高水界是否在安全水位线以下；
11. 炉墙、烟道墙及所有绝热材料是否烧坏、松落或倒塌，损坏处的钢架和应该绝热的部件是否过热变形；
12. 吹灰管嘴的位置是否装错或松动，是否对准两根管子之间的空隙处，且应注意对准管子本体吹灰，是不允许的；
13. 过热器和省煤器有无渗漏、腐蚀、裂纹、变形、过热变质、内部结垢和外部积灰等现象。
14. 各种附件的规格、数量、安装位置等是否符合规定，特别对下列附件，应该重点检验：

（1）安全阀的口径和它与锅筒等相接短管通路的截面面积及排量是否一致；

（2）压力表在锅炉的最高许可工作压力处是否划有红线标记，是否进行定期校验，有无铅封或加锁，连接管是否采用U形管或环形管，有无装接校验压力表用的接口和三通旋塞；

（3）水位表位置高低是否符合规定的要求，最低水位是否高出锅炉的最高火盖，是否标出最高和最低允许水位标志，上下连接的管子有无堵塞现象，所有旋塞是否灵活。低水位计的连接管是否单独接在锅筒上，管径是否符合要求；

（4）排污阀的口径是否足够大，材质及选型是否符合要求，排污管的口径、材质和弯头处的弧度是否符合要求；

（5）进水泵（或注水器）的给水压力和流量是否符合要求，功能是否正常。

（二）检查注意事项

进行锅炉内外部检验时，必须按正常停炉或紧急停炉的程序和要求进行停炉，让锅炉慢慢冷却下来，放尽锅内的水，打开人孔和手孔，再把锅筒内的水垢和锅外的烟灰清除。这样，才可以开始检验。在进入锅炉内部进行检查或在做有关的准备工作之前，必须注意：

1. 锅炉内部的温度必须降至35℃以下；

2. 将所有与锅炉相接的汽、水和排污管道用盲板（例如用法兰连接）或塞头（例如用螺纹连接）隔绝。如果有几台锅炉并联，必须将被检验的锅炉与运行中的其他锅炉相接通的管道上的阀门，用盲板或塞头隔绝，并在该处挂上"锅炉内有人工作"的警告牌；

3. 进入锅筒之前，必须预先让锅筒中的空气流通。进入炉膛、烟道之前，必须把与总烟道接通的有关阀门关紧。如果有几台锅炉合用一个总烟道，这台待检验的锅炉与运行中的其他锅炉接通烟道中有关的阀门必须全部关紧。炉外控制闸门的地方，还应挂上"炉内有人工作"的警告牌。假使闸门漏风，必须在闸门处砌一道临时砖墙或暂用石灰封住；

4. 检查时，锅筒和潮湿烟道内所有照明电源的电压不得超过12V。在比较干燥的烟道内，有妥善安全措施时，照明电源电压可允许不高于36V。但都不得使用明火照明。

对锅炉作内外检查之前，检验人员应该先核查锅炉的有关技术资料，如设计图纸、强度计算书以及有关材质的各项数据。

检查出毛病后，应根据具体情况及时解决和修理，对一时不能修理的，在保证安全运行的情况下，可以缓期修理，但要记入锅炉安全技术登记簿。

二、停运锅炉的防腐保养

（一）干法保养

干法防腐的原理是保持锅筒内无水分。具体做法是：先将锅筒内的水垢、铁锈等清洗干净，用微火将锅炉烘干。立式过热器要专门用压缩空气或热风吹干，然后将盛有干燥剂的无盖容器放进锅筒。放好后，将全部汽门、水门、人孔门和手孔关闭严密，使空气进不去。这样，锅筒内表面就可以保持干燥。

为防止锅筒外表面因水汽凝结而产生外部腐蚀，可每隔一段时间用微火烘干。干燥剂一般采用无水氯化钙或生石灰，每立方米锅筒容积需用1~2kg无水氯化钙或生石灰。干燥剂放入锅筒后,每月应检查数次,及时更换失效的干燥剂。

(二)湿法保养

湿法防腐的原理是使锅炉水中的氧与金属表面不发生作用。锅筒里充满一定浓度的碱性溶液时,就会在金属表面产生碱性水膜保护层,使金属稳定不受腐蚀。湿法防腐的具体作法是:先将锅筒内的水垢、铁锈等清洗干净,然后加入碱性溶液。加入碱性溶液前,应严密关闭各有关阀门,防止碱溶液漏入运行系统;也要防止运行系统的水漏入备用或停运的锅炉,使溶液浓度降低。炉排上生小火,一边保持外部干燥,一边将炉水加热到 80~100℃,溶液由于受热不均和密度不同而流动,这样可使锅筒内各处溶液浓度相等。

锅筒内所加药品的数量为:每吨水加 2kg 氢氧化钠或 5kg 磷酸三钠。炉内用软化水的,每吨水加 10kg 氢氧化钠或 20kg 磷酸三钠。每隔 5 天化验一次炉水,如果碱性小了,再加些碱就可以了。

备用或停运锅炉升火前,应先将碱性溶液放掉,用凝结水清洗干净。立式过热器更应彻底冲洗。冲洗完毕后,就可以点火。

湿法保养适用于短期停炉,譬如锅炉的停用时间在一个月以内;长期停炉或在停炉期间炉水可能冻结时则应该采用干法保养。

三、锅炉检修项目

锅炉检修项目　　　　　　　　　　表 13-1-1

部件名称	大 修 标 准 项 目	小 修 标 准 项 目
锅炉本体	1. 在锅炉工作压力下进行全面外部检查(包括上下锅筒、集箱、连管、铆焊部分、法兰盘连接部分等),并检查炉架、吊架、基础、管道等的状况; 2. 锅炉内部的全面检查(上下锅筒、集箱、受热面及炉墙等); 3. 进行大修前后的水压试验。	1. 在锅炉工作压力下,进行全面外部检查; 2. 清除炉膛内炉墙的结渣。
受热面	1. 检修锅筒内部装置; 2. 检查受热面管子外部磨损情况,测量其外径,根据管子的损坏程度,进行较多数量的修理更换; 3. 检查并修理省煤器、空气预热器的缺陷,检查空气预热器的严密性; 4. 冲洗、检查并修理过热器管; 5. 检查并修理人孔门、手孔盖、过热器及省煤器的支吊架固定装置、烟道挡板及其传动装置; 6. 清洗受热面内部水垢及外部烟灰。	1. 清扫受热面外部; 2. 测量管子磨损程度,更换、修理个别损坏的管子; 3. 人孔、手孔盖换垫; 4. 检查空气预热器的严密性,堵塞尾部受热面烟墙漏风处; 5. 根据情况,清理受热面内表面。
汽水系统附件及管道	1. 检查并修理或更换锅炉范围内的汽水管路系统、法兰盘以及支吊架等; 2. 检查、修理或更换阀门。	研磨阀门,更换填料。
砖工构件	1. 检查修理炉门、拱、看火门、人孔检查门、吹灰孔等; 2. 检修隔烟墙,堵塞短路,检修伸缩缝部分; 3. 整个或部分炉墙的重新砌筑,堵塞漏风; 4. 保温层的修理或重做。	1. 检修炉门、人孔检查门及看火门处炉墙等; 2. 修补炉墙、堵塞漏风。
烟风系统	1. 检查或更换、修理吹灰设备、烟道、风道、挡板及其传动机构; 2. 隔烟墙或隔风墙的修理。	1. 堵塞漏风; 2. 调整及校正挡板及传动机构。

续表

部件名称	大 修 标 准 项 目	小修标准项目
燃料设备	1. 更新炉条或炉排片； 2. 检修或更新炉排梁、托板横梁、炉条、套管辊子，以及挡灰板、老鹰铁等； 3. 检修或更新链轮、轴承，以及框架、支撑等； 4. 检修弹簧或弹簧板； 5. 检修变速箱或变速机构； 6. 检修炉排拉杆及联动机构； 7. 更新抛煤机的磨损及腐蚀部件，检修更新轴承、滚珠，检修给煤机械及煤闸板； 8. 检修润滑部分； 9. 检修炉门及灰门； 10. 检修出灰机构； 11. 检修锅炉上煤、碎煤等设备及计量部分。	1. 检修或补充炉排片（或炉条）； 2. 检修传动机构； 3. 检修挡灰板、老鹰铁； 4. 清洗滚珠轴承或检修滚珠轴承，清洗减速器并换油； 5. 检修炉门，堵塞漏风； 6. 检修炉排拉杆，联动机构（或振动部分），或修理炉条夹板销子以及套筒； 7. 修补除灰门、框，更新部分零件； 8. 检修出灰车及轨道。
送引风设备	1. 检查及检修送风机、引风机、调节板及其转动机构，检修更新导向装置； 2. 检查或更新引风机叶轮（找平衡）及其轴、轴瓦或滚动轴承及其他零件； 3. 更新或补修风机外壳，更新机壳内衬板，检修冷却水管路； 4. 风机试运转。	1. 检修送、引风机，修补叶轮（并找平衡），更换轴瓦或清洗轴承； 2. 修补调风挡板及其传动零件； 3. 试运转。
仪表及自动装置和化学监督部分	1. 检查、清洗、修理、校验或调整锅炉各种仪表； 2. 修理或更新管路及连接系统； 3. 检修、调整、修理自动控制系统； 4. 检修、校验锅炉加药及水汽煤灰取样化验装置。	1. 清洗、检验有关仪表； 2. 调整联动机构。
除尘设备的检修	1. 检修更换旋风子、除尘器外壳或衬板、锁气器等； 2. 检修水膜式除尘器的主管、喷水管、隔水板和挡烟墙，修理给排水管道及阀门。	1. 检修磨损及腐蚀的零件； 2. 清理灰坑中的积灰，检查修补漏风处。
其他工作	1. 配合检修的设备改进； 2. 整个锅炉机组的保温、油漆、防腐工作	保温层的修补

第二节 锅炉常见故障及排除

一、锅炉受压元件的维修

各种形式的锅炉，由于结构不同，工况差异，受压元件发生损坏的部件、程度和原因也不相同。即使同型号锅炉，因运行维修条件不同，造成损坏的情况也不尽一样，因此，对出现故障的锅炉应根据实际情况检查修理。下面以常见的 LSA 型、KZL 型及 SZF 型锅炉（图 13-2-1、图 13-2-2、图 13-2-3）为例，介绍立式锅炉、卧式快装锅炉和水管锅炉受压元件的修理。

（一）立式锅炉受压元件损坏原因及维修

立式锅炉一般蒸发量都在 1t/h 以下、压力在 0.8MPa 以下的小型锅炉（图 13-2-1）。大部分用于生活方面，使用单位的技术力量薄弱，水处理能力和工作条件较差，因此容易损坏。

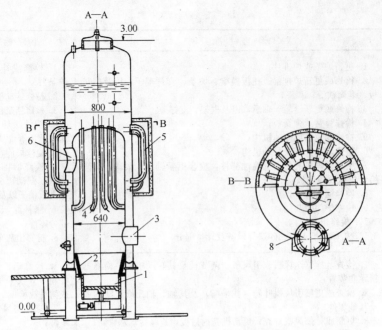

图 13-2-1　LSAO.2-0.8-A 型锅炉

1—抽板顶升给煤机；2—炉排；3—炉门；4—水冷壁管；5—对流管束；6—烟气出口；7—人孔；8—烟囱

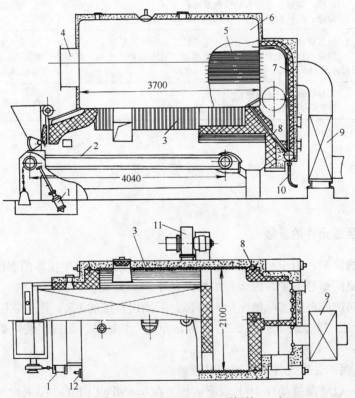

图 13-2-2　KZL4-1.3-A 型锅炉

1—液压传动装置；2—链带式链条炉排；3—水冷壁管；4—前烟箱；5—烟管；6—锅筒；7—后棚管；8—下降管；9—铁省煤器；10—排污管；11—送风机；12—侧集箱

第二节 锅炉常见故障及排除

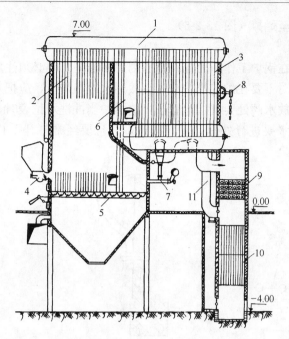

图 13-2-3　SZF6.5-1.3 型锅炉

1—上锅筒；2—水冷壁；3—对流管束；4—机械风力抛煤机；5—手摇翻转炉排；6—燃尽室；7—飞灰回收装置；8—吹灰器；9—省煤器；10—空气预热器；11—旁通烟道

1. 锅壳损坏的修理

(1) 人孔、手孔及排污法兰处的腐蚀

人孔和手孔很容易由于垫圈不平整，垫圈质量差，以及关闭人孔盖、手孔盖时位置没搞好而造成渗漏。排污法兰处也常因焊接质量差出现气孔而渗漏，并且由于石棉层将这部位遮挡起来，又不常检查，时间一久，就会造成大面积腐蚀，有的甚至把锅壳烂穿。

处理方法：

①当腐蚀面积不大，锅壳残余厚度在锅炉工作压力容许的范围内时，可不作修理，但对排污阀法兰的渗漏焊缝要铲去重焊。对不能继续保持严密的人孔或手孔，可将其弧形接触面改为平面接触（见图 13-2-4）。要避免石棉保温层把手孔和排污法兰完全包死，并且要加强检查。

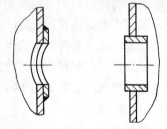

图 13-2-4　改修人孔加强圈

②锅壳剩余厚度大于或等于原厚度的 60% 时，可采用堆焊办法补强。铆接锅炉堆焊时，可将手孔、人孔盖紧，向锅炉内灌水，然后用小电流缓慢进行焊补，防止影响周围铆钉松动。若附近铆钉渗漏，采用捻缝办法无效时，要采取割除办法改为焊接结构进行大修。

③当腐蚀面积较大，锅壳剩余厚度小于原厚度 60% 时，须作局部割补修理（图 13-2-5）。

(2) 锅壳下部的内、外腐蚀

锅壳底部，由于外部积灰和积水使钢板大面积腐蚀；内部由于水垢堆积或炉水盐度高，以及钢材本身化学成分偏析，很易产生电化学腐蚀，严重时可以烂透钢板。铆钉锅炉则常常把铆钉头腐蚀至烂掉（图 13-2-6）。

处理方法：

①腐蚀残余厚度在锅炉工作压力允许范围内可不修理。但必须注意，在操作时，锅炉附近不要堆煤。清炉时不要在炉前堆炉渣和直接用水冷却炉渣，应把灰渣用小车推到屋外再用水冷却。水位表放水阀处要有接地管子，这样，当冲洗水位表时，水、汽不致于喷在锅炉外壳上。锅炉给水要进行处理，搞好排污，并且要经常打开手孔清扫，以防聚积水垢，造成进一步腐蚀。

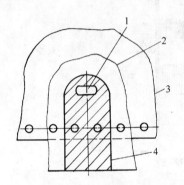
图 13-2-5　腐蚀处局部割补修理
1—手孔；2—锅壳；3—炉胆；4—割补板

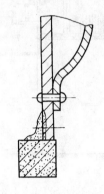
图 13-2-6　锅壳下部内、外腐蚀

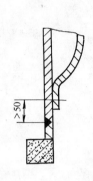
图 13-2-7　底部部分的割补

②若仅仅外壳底部在铆钉（或焊缝）以下，非受压部分严重腐蚀，则可割补这部分钢板，材质可用普通钢。但若为铆钉结构，就要在炉内灌满水，对铆钉处用湿布冷却，防止过热而使铆钉处渗漏，焊缝至铆钉间的距离应大于 50mm（图 13-2-7）。

2. 炉胆损坏的修理

(1) 炉胆下部内、外腐蚀，其腐蚀原因基本与锅壳下部内外腐蚀的相同。但炉胆下部由于经过扳边加工，加工残余应力大，加之钢板伸长后变薄，在盛水一侧钢板面更容易产生电化学腐蚀；对炉火的一侧由于炉坑内有灰，有的还积水，所以腐蚀严重，甚至蚀穿钢板，铆钉头也会因腐蚀烂掉。

处理方法可参考对锅壳下部内、外腐蚀的处理方法。

(2) 炉胆在炉排以上部位臌包。由于炉胆内部积垢太多，超出炉排面相应高度，使炉胆过热而臌包。这在炉门下部更容易发生。此外由于钢板材质不好，有重皮或夹渣时，受热后也会臌包。

处理方法：

①对由于积垢而造成的臌包，要先除垢，测量此处钢板厚度，若臌包高度不超过直径的 2%，最大不超过 15mm 时可暂不修理；

②炉胆臌包高度在 25mm 以内时，可以采用顶压方法复原。校正后的炉胆，其允许变形量不超过炉胆内径的 0.3%，最大不超过 ±6mm；

③上述炉胆臌包高度超过 25mm 时，可考虑进行挖补；

④因重皮、夹渣而造成臌包的炉胆，可局部割补，清除其损坏部分，必要时可更换炉胆。

(3) 炉胆顶部臌包。这是由于水垢集聚和严重缺水所造成的缺陷。

处理方法：可参考第（2）条。

3. 横水管、直水管等腐蚀

由于水垢堵塞使管子过热，造成管子缺水使表面过热而损坏；或者炉水含盐量过高，使管子产生严重电化学腐蚀，在水面管壁上出现许多深坑并最终使管子蚀穿。

出现这样的缺陷，就要换管。为解决根本问题，关键在于锅炉给水和锅炉水一定要符合国家标准。水质问题解决了，炉管的使用寿命就可以大大延长。

4. 冲天管和直火管的损坏

立式冲天管锅炉和立式平头直火管锅炉的冲天管和直火管，在水位线部分最容易腐蚀以至蚀穿。

修理方法：冲天管若仅轻微腐蚀，而锅筒直径较大，人可进入，则可采用堆焊，否则要更换冲天管。更换一段冲天管时，用一段短管开坡口单面焊接在冲天管割换部位。如装配有困难，就需拆除整根冲天管进行更换。对于立式平头直火管锅炉的火管要换管修理，或作报废处理。

5. 封头损坏

（1）封头外侧腐蚀。一般是由于封头上的阀门渗漏引起的。由于包有石棉灰，平时不易发现，一旦发现，已腐蚀严重。对此，可根据腐蚀面积大小和深度，采取堆焊和割补的办法处理，还应修复渗漏的阀门。

（2）冲天管锅炉封头扳边与冲天管连接的圆弧处起槽。一般都是圆弧半径小和加工应力大，以及钢板减薄太多所造成。

处理方法：

轻微起槽的可焊补，在起槽处用扁铲铲到槽根，使呈V形坡口，然后焊补，最后将高出板面的焊肉磨平；严重起槽，已经烂透的，要作挖补（图13-2-8）。

图13-2-8　封头局部挖补

6. 锅炉喉管处裂纹

考克兰锅炉、立式直水锅炉和立式弯水管锅炉，以及简易煤气锅炉，在炉胆至燃烧室部分都有喉管相连，这些部位容易发生裂纹（图13-2-9）。

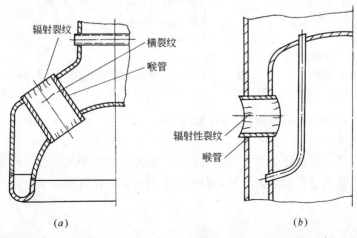

图13-2-9　喉管裂纹

喉管裂纹的主要原因是喉管的伸出端往往比较长，一般均大于 5mm，许多都在 10mm 以上。这些伸出端由于得不到炉水的充分冷却，受高温烟气作用后过热产生裂纹。裂纹发展后，可以延伸至与喉管相连的另一部分受压元件的钢板。

处理方法：

这些裂纹总长度小于喉管长度 50%的可以开剖口焊补（立式弯水管锅炉与锅壳连接处的喉管部分开裂，不宜补焊），超过以上范围时，必须更换喉管。如果发现环向裂纹，最好也更换喉管。喉管的伸出端应保持在 3～4mm。

7. 管板损坏

立式平头火管锅炉、立式横水管锅炉、立式直水管锅炉，以及考克兰锅炉都有管板。

(1) 管板裂纹

由于炉型的不同，造成管板裂纹的原因也不同：

①火管管板，其裂纹常常是由于管端过长，受高温烟气冲刷后过热所致，并延伸到管板部分（图 13-2-10）。譬如考克兰锅炉的后管板，采用焊接结构，管端伸出长，产生裂纹。也有很多是由于积垢过厚而产生裂纹的。

②水管管板，主要由于管板上水垢厚，使管板容易过热而产生裂纹。

③管孔之间的间距过小。有的旧锅炉，几次换管子，胀口和焊口孔径都变大，孔带中孔的间距小，也会产生裂纹。

处理方法：

①火管裂纹未伸入管板，经水压试验合格的暂时可以使用。裂纹伸入管板的，必须割换管头和铲焊管板上的裂纹。更换后，管头伸出部分不应大于 4mm（图 13-2-11）。

图 13-2-10 管板、火管端部裂纹
1—管板；2—火管

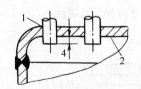

图 13-2-11 火管伸出损坏管板端部
1—火管；2—炉胆顶

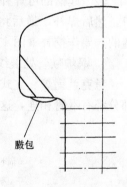

图 13-2-12 考克兰锅炉月形板臌包

②管板裂纹较轻的可以补焊，严重的需割换。

(2) 管板腐蚀

当胀管渗漏后，管板便受炉火和烟灰腐蚀，如考克兰锅炉的后管板或立式平头火管锅炉的上管板，就常见这种损坏。另外，由于水垢的堆积，使管板发生电化学腐蚀，在盛水侧造成腐蚀。

处理方法：

①对于胀接管子的管板，一般不能采用堆焊方法。腐蚀严重时，便需割补或更换；

②对于焊接管子的管板，可根据管板腐蚀情况，采取堆焊或割补方法修理。

（3）考克兰锅炉管板的上月形板臌包

当锅炉缺水时，首先是后管板上的月形板臌包；如果后部月形板上角板拉撑的焊缝断裂，不起拉撑作用，也会使月形板臌包（图13-2-12）。

处理方法可参考对炉胆臌包的修理方法。

8. 炉门圈的损坏

炉门圈伸出端过长，会由于过热而产生裂纹，且裂纹会延伸到炉胆钢板上（图13-2-13）。另外由于经常开启炉门，冷风从炉门灌入，在炉门圈附近的金属，由于受到热胀冷缩的应力作用，也会产生裂纹。

有一些老锅炉，由于清炉时扒子的不断摩擦，使炉门内侧下部钢板磨损。

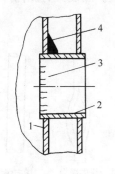
图 13-2-13　炉门圈
1—炉胆；2—磨损；
3—裂纹；4—臌包

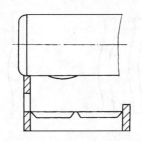
图 13-2-14　辐射受热面处臌包

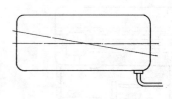
图 13-2-15　安装锅筒倾斜度

炉门圈的损坏可以根据以上提到的处理裂纹和腐蚀的方法酌情处理。

（二）卧式快装锅炉受压元件损坏及维修

卧式烟、水管快装锅炉是在卧式外燃烟管锅炉的基础上，在锅筒两侧加装水冷壁管发展起来的一种炉型。在使用过程中，锅壳、水冷壁管和火管的损坏比较突出。

1. 锅壳损坏

（1）锅壳底部的臌包，大都发生在前部辐射面处、排污管处和有小烟室的锅炉喉管处。

辐射受热面处臌包的主要原因，是水垢堆积，而使局部过热而造成的（图13-2-14）。这除因水质不好的原因外，还有一个常被忽视的原因，就是安装时筒体的位置，被安装成前部低后部高，如同安装兰开夏、康尼许锅炉的筒体那样。由于卧式快装锅炉的排污管在后部，同兰开夏、康尼许锅炉不同，这样安装就会使前部堆积的水垢不易排出去（图13-2-15）。在此处产生臌包是很危险的，一般都需要割补修理。若发现安装位置错了，就应该设法从根本上解决这个问题。一般要求锅壳每一米长，后部就要比前部低6mm，若长5m，就低30mm，倾斜度为6‰。

锅筒有时在排污管处也会产生臌包，这是由于锅炉在修理和清扫完毕后，遗留在锅筒内的一些杂物未清除出去，如抹布、锤子、焊条头等。当锅炉运行时，这些杂物随排污而流到排污孔处，将排污孔堵塞，使水垢水渣大量堆积，造成臌包（图13-2-16）。

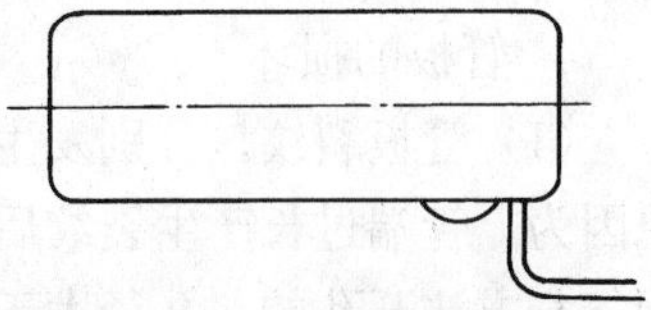

图 13-2-16　排污管处臌包

早期生产的卧式快装锅炉后部有小烟室，小烟室的喉管部分由于水循环差，水垢容易堵塞，也会造成锅壳臌包。这种结构已被淘汰（图 13-2-17）。出现这些缺陷，严重的就要割补锅壳。

（2）锅壳内部腐蚀。主要在下部，由于直接受热，水渣堆积，如果炉水含盐量大，就很容易产生电化学腐蚀，形成大面积斑点腐蚀。这可以用堆焊处理。

有的也因上述原因，腐蚀深度很大，这就需要进行割补。

有的单位因没有除氧设备，特别是改装成热水锅炉后氧腐蚀相当严重，这就需要对锅炉给水采取除氧措施。

2. 水冷壁管损坏

快装锅炉水冷壁管损坏的主要形式，有水冷壁变形、臌包和爆裂。爆裂又有纵向爆裂和横向爆裂两种形式（图 13-2-18）。

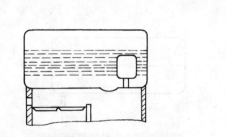

图 13-2-17　小烟室处臌包

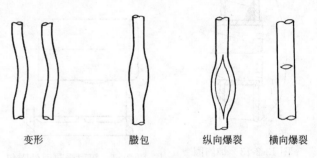

图 13-2-18　水冷壁管损坏形式

造成这些缺陷的主要原因是缺水、水垢堵塞和水循环不良。水冷壁管损坏后，一定要找出损坏原因，作根本性的解决。比如搞好水处理，及时清除水垢等，不能哪根管子破就修哪根管子。这样做的结果是刚投入运行，旁边管子又马上破了，或者使用不长时间，又因同一原因造成同样损坏。

3. 火管损坏

（1）腐蚀。主要原因是由于锅炉水质不良，以及管端泄漏和停炉保养不当，而致使管子损坏和管壁腐蚀的。

由于水质原因造成管子损坏的，首先要解决水质问题。这样造成的管子损坏，比较普遍。腐蚀严重时，一般要大面积更换。

（2）管端裂纹。目前有些卧式快装锅炉的火管和管板连接采用焊接方法，管端伸出一般都在 10mm 以上。由于伸出端太长，管端得不到充分冷却，因过热而产生裂纹，甚至使裂纹延伸到管板上（图 13-2-19）。这种情况在第一烟气入口管束端部最容易发生。在制造时就应注意，管端伸出长度应控制在 4mm 之内。对出现裂纹的管子要予以更换。

4. 管板的损坏

（1）管板裂纹。分别发生在两个部位，一个部位是在管孔带处，此处产生裂纹的主要原因为：管端过长产生裂纹后延伸到管板；水垢太厚、管板过热产生裂纹；也有的管孔是用气割方法开孔的，孔径大于管径很多，孔带中孔的间距比设计要求的小，尤其是修管子后，管孔被进一步扩大，孔带中孔的间距更小，容易裂开。另一个部位是在管板上部圆弧处裂开，其原因常常是由于角板拉撑断开，使管板在扳边处发生交变应力，金属因产生疲劳而出现裂纹（图13-2-20）。

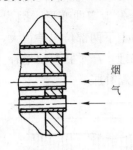

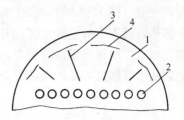

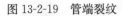

图 13-2-19　管端裂纹

图 13-2-20　扳边圆弧处的裂纹
1—管板；2—烟管；3—角板拉撑；4—裂纹

（2）平板臌包。管板上部常因加工的问题，或角板拉撑断裂，使管板臌包。管板不平度超过表13-2-1范围，应予以校正展平。

管板不平度限值　　　　　　　　　　表 13-2-1

公称尺寸（mm）	<1000	>1000~1500	>1500
管板表面臌包突起	<11	<13	<15

5. 拉撑板焊口断裂

目前很多锅炉制造单位对角板拉撑的焊接质量不重视，角焊焊肉高度普遍不够，质量差。有的因缝隙太大，就用铁棒或扁铁堵塞，焊后检查员又很少检查，使焊缝容易脱开，甚至有整条焊缝全部撕开，至角板拉撑不起作用。更甚者还造成爆炸事故。

对于这种情况必须进行修理。没有焊透的或只有点焊的必须补焊，保证焊肉高度，必要时要用样板来检查焊肉高度。

6. 排污管烧坏

很多锅炉排污管裸露于烟道内，受高温烟气冲刷的而过热，使管皮氧化损坏。要砌人字墙使排污管隔热（图13-2-21）。

（三）水管锅炉受压元件的损坏及维修

1. 锅筒的损坏

（1）腐蚀。上锅筒及下锅筒都会因水质不良、含盐量高以及没有进行除氧处理，而产生氧腐蚀和电化学腐蚀。没有省煤器的锅炉，锅内氧腐蚀更为突出。为此蒸发量大于6.5t/h的水管锅炉，都应有除氧装置。

电化学腐蚀一般常发生在封头扳边处和应力大的部位。腐蚀都呈不规则形状的深坑，为溃疡性腐蚀。

对轻微的斑点腐蚀进行焊补即可。

锅炉外侧的砖墙接触处也会产生腐蚀，这在下锅筒砖墙搁脚处较多，尤其是锅炉长期停用，地面潮湿，即造成钢板腐蚀。

（2）锅筒孔带处裂缝

①苛性脆化。胀口长期渗漏而产生的金属晶界腐蚀，对于这种缺陷必须挖补或更换。

②由于过胀，使管孔壁应力过大，产生硬化；钢材质量不好或胀管次数过多，也会在

带孔管处产生裂纹。这些缺陷应根据裂纹的数量和位置分别采取焊补、挖补和更换处理。

（3）锅筒变形。上锅筒受辐射热的部位，会因水垢厚和缺水出现臌包的情况，并且会使整个锅筒弯曲变形（图13-2-22）。水管锅炉的下锅筒也会发生弯曲变形。因为升火时，下锅筒的上半部热，而下半部是死水区，升温慢，同一锅筒上下两部位温差很大，会因伸胀不同而弯曲。对这样的缺陷要以防为主。一般变形可不修理，严重臌包要挖补。锅筒发生弯曲变形也会使水管胀口渗漏，锅炉就会无法运行，要重新补胀。

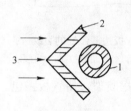

图 13-2-21　人字墙隔热
1—排污管；2—人字墙；3—火焰

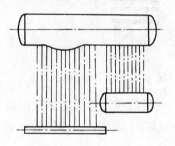

图 13-2-22　锅筒臌包

2. 水冷壁管和对流管束损坏

水管常见的损坏主要有：

（1）胀口损坏

水管的胀口容易渗漏和产生裂纹，主要是胀管的工艺不良，如过胀、胀偏、多次胀管以及胀管管端退火不合适、胀管率不够等。另外，如果锅炉运行中水质不好，易结水垢，使管子过热，造成管口渗漏。管口渗漏一般可用补胀办法修理，缺陷严重的需换管。

（2）焊口穿孔

有些管子在焊接时，由于焊接电流选大了，将管孔烧穿并进一步腐蚀，使焊口穿孔。对于这种情况，轻微的可暂不修理，严重的要换管。

（3）管子腐蚀

尾部对流管束在锅炉给水没有除氧的情况下，最容易被水中溶解的氧气腐蚀。没有省煤器时，氧腐蚀更突出，腐蚀呈密布均匀的溃疡坑，直至将管子蚀穿；另外，在胀管端部，由于电化学腐蚀从伸出部分逐渐往下腐蚀，使管端金属越来越少，直至腐蚀到管孔内，从而降低了管子与筒壁的胀力。严重时会发生脱管事故。如果发生以上情况，就必须换管。

水冷壁的下部接触到的灰渣，常使管子外部腐蚀。应在停炉保养时清理炉内灰渣。腐蚀严重的要更新下部水管。

（4）管子弯曲、塌陷以及臌包、爆裂

这些损伤主要发生在水冷壁管上，对流管束也有由于磨损而爆裂的。这种损坏一旦被发现，问题就已经比较大了，必须及时更换管子。

有的由于修理方法错误，使本来可以避免的事故发生。如某单位出水压力为2t/h的水管锅炉，因水垢过多引起水冷壁管过热，该单位采取了错误的就位切断堵管的修理方法（图13-2-23），结果锅炉运行不到半个月，在堵死的下

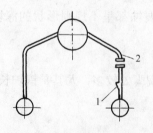

图 13-2-23　管子爆破
1—爆破口；2—中间截断堵死

端又发生爆管事故，造成死亡一人、伤二人的人身事故。其原因是上、下留下了两段"盲肠"。这段不流通的管子，当产生蒸汽时又出不去，致使管子再次过热，发生爆破。

3. 集箱损坏

长期停用的锅炉，下集箱与砖墙接触处易受潮气作用而腐蚀，集箱端部也常因手孔盖渗漏而腐蚀。轻微腐蚀的可以用堆焊维修。

作为防焦箱的下集箱，尤其是使用倾斜式往复炉排的下集箱前端无水冷壁管，受热产生的蒸汽不能及时排出，将使集箱端部过热而胀包。对于此处应该绝热，或用管子把产生的蒸汽引走。

集箱损坏严重的要更换。

4. 省煤器损坏

（1）铸铁省煤器损坏

省煤器铸造质量不好、锅炉间断上水、升火时对省煤器没有冷却措施，都会造成省煤器管裂纹。另外，锅炉运行时，水垢较多、锅炉缺水，或者烧油锅炉的省煤器管子上挂油垢，当空气流入引起二次燃烧、排烟温度偏高，使省煤器内汽化，造成气塞，产生水击等原因，都会使省煤器管子产生裂纹和烧坏。这就需要更换省煤器管子。为缩短修理时间，可在损坏的管子中穿入一根钢管，在两头焊上法兰，填上垫料与弯头法兰连接，维持临时运行，待锅炉检修期时更换。

（2）钢管式省煤器损坏

由于给水未作除氧处理或除氧不良，就会腐蚀钢管省煤器，有的锅炉3~6个月就把钢管省煤器腐蚀烂掉。另外，若排烟温度过低，在燃料烟气的露点温度以下，烟气中的二氧化硫和三氧化硫与水汽共同作用，会在管壁上形成亚硫酸和硫酸腐蚀钢管，使管子烂透，这就需要换管。

5. 过热器损坏

过热器一般布置在第一烟道或辐射区内，温度都在900~1000℃以上，管子内是饱和蒸汽，传导情况本来就不如水管，如果锅炉水碱度过高，蒸汽品质不好，或者锅筒内汽水分离不好，蒸汽大量带水，都会在过热器管内结垢，使过热器过热、管子变形、胀包直到引起爆破。另外，运行中火位调整不好，烧偏火，炉膛内结焦，造成热偏差，也会使过热器高温蠕变，产生变形，甚至爆破。此外，升火时未冷却过热器，也会烧坏。

轻微变形可以暂时不修，严重损坏的必须更换。个别管子不能立即更换时，可以先堵塞，但旧管子不要去掉，使烟气流通截面不变，烟气流速和流量不变，对周围过热器不会进一步造成损坏。

下面，把不同类型锅炉的受压元件在运行中经常出现的故障归纳几点，见表13-2-2。

锅炉受压部件的常见故障、原因及检修方法　　　　　　　表13-2-2

故障类型	原　因	检　修　方　法
腐　蚀	长期渗漏 锅炉给水未进行水处理，给水质量较差 保养不佳 处于潮湿状态	首先应提高给水质量，减缓锅炉的腐蚀；对轻度腐蚀，可进行防锈、涂漆，腐蚀严重则需进行补焊、堆焊修理，或更换

续表

故障类型	原因	检修方法
渗漏	焊接质量差 胀接质量差 垫的质量差 过热变形	堆焊 补焊 换垫 堆焊磨平,并注意勿使炉温急剧变化
裂纹	炉温骤然发生变化 压力波动 疲劳裂纹 材料老化	劈V型焊槽,焊后磨平
管子爆裂	结垢过厚 腐蚀严重,壁薄 安装不合理 焊接质量差 过热	严重时更换;个别裂口可堆焊或割换一段管子
臌包	水垢过厚 过热	严重时可挖补,补焊,清除水垢
变形	水垢过厚 产生过热	挖补或更换,及时清除水垢

二、锅炉安全附件的保养维修

压力表、水位表、安全阀是锅炉安全运行必不可少的附属装置,要使它们保持灵敏、准确,除了合理选用和正确安装外,还应在日常运行中加强维护和检查。

(一)安全附件的维护

1. 压力表的维护和检查

(1)压力表应保持洁净,表盘上的玻璃要明亮清晰,使指针所指示的压力值能清楚易见,表盘玻璃破碎或表盘刻度模糊不清的压力表应停止使用。

(2)压力表的接管要定期清洗,以免堵塞,特别是那些用水未进行处理的锅炉和介质具有粉尘或黏性物的压力容器,其压力表的接管更应经常清洗。要经常检查压力表指针的转动与波动是否正常;检查连接管上的旋塞(特别是三通旋塞)是否处在全开的位置上。

(3)压力表要定期进行校验,一般每年至少要校验一次。如果在锅炉压力容器运行期间,发现压力表指示不正常时应立即检验校正。

2. 水位表的维护和检查

(1)水位表应经常保持清洁,玻璃管(板)必须明亮清晰、水位清楚易见。为了防止堵塞,水位表要定期进行冲洗,冲洗时不要同时关闭汽、水旋塞,以防玻璃冷却再进汽、水时受热破裂。

(2)要经常检查水位表的工作状态:汽、水旋塞是否处于全开位置,水位是否正常,液面是否总是在轻微晃动,水位表有无渗漏等。如果水位表液面静止不动,则可能是水旋塞或水连管堵塞，应马上对水位表进行冲洗。如发现水位表有渗漏现象，应立即进行检修，以保证水位指示准确。

3. 安全阀的维护检查

(1) 安全阀要经常保持清洁，防止阀体弹簧等被油垢、脏物沾满或生锈腐蚀，有排气管的安全阀必须经常检查排气管是否畅通。

(2) 安全阀的加压装置经调整铅封后即不能随意松动或移动，要经常检查安全阀的铅封是否完好，检查杠杆式安全阀的重锤是否松动或被移动。发现安全阀有泄漏现象时，应及时更换或检修。禁止用拧紧弹簧或杠杆上多挂重物等方法来减除安全阀的渗漏。

(3) 为了防止安全阀的阀瓣和阀座被油垢等脏物粘住或堵塞，致使安全阀不能按规定的压力开放排气，锅炉上的安全阀以及介质为空气、蒸汽和其他惰性气体的压力容器上的安全阀，应定期做手提排气试验，试验的间隔期限应根据气体的具体情况而定。用于这种场合的安全阀，应装有提升装置。

(二) 安全附件常见故障及处理

1. 压力表的常见故障及排除方法

压力表的常见故障及排除方法　　　　　　　　　　　　　　　13-2-3

故障	原因	排除方法
指针不动	1. 旋塞没打开或位置不正确； 2. 汽连管或存水弯管或弹簧弯管内被污物堵塞； 3. 指针与中心轴的结合部位可能松动或卡住； 4. 扇形齿轮与小齿轮脱节； 5. 指针变形后与刻度盘表面接触妨碍指针移动； 6. 弹簧管与表座的焊口渗漏。	1. 开启旋塞； 2. 拆卸、清除污物； 3. 压紧指针使其不松动或使指针不卡住； 4. 修理扇形轮和小齿轮，使其吻合； 5. 修表，紧固连杆销子； 6. 取下压力表，焊补渗漏处。
压力表指针不回零位	1. 弹簧弯管失去弹性，形成永久变形； 2. 弯管积垢，游丝弹簧损坏； 3. 汽连管控制阀有泄漏； 4. 弹簧弯管的扩展位移，与齿轮牵动距离的长度没有调整好； 5. 指针本身不平衡或变形弯曲。	1. 更换弹簧弯管或压力表； 2. 清洗弯管换游丝； 3. 修理三通旋塞； 4. 修表后进行校正； 5. 修指针。
压力表指针抖动	1. 游丝损坏，游丝弹簧损坏； 2. 弹簧弯管自由端与连杆结合的螺丝不活动；以致弯曲管扩展移动时，使扇形齿轮有抖动现象； 3. 连杆与扇形轮结合螺丝不活动； 4. 中心轴两端弯曲，转动时，轴两端作不同心转动； 5. 压力表三通旋塞或存水弯管的通道局部被垫衬堵塞或遮盖。	1. 更换游丝及弹簧； 2. 更换清洗螺丝； 3. 更换清洗螺丝； 4. 更换压力表； 5. 吹洗压力表、三通旋塞和存；水弯管，并正确放置垫衬
表面模糊内有水珠	1. 壳体与玻璃板结合面没有橡皮垫圈或橡皮垫圈老化，使密封不好； 2. 弹簧弯管与表座连接的焊接质量不良，有渗漏现象； 3. 弹簧管有泄漏	1. 更换橡皮垫圈，使密封； 2. 重新焊接； 3. 更换弹簧管或压力表

2. 水位表的常见故障及排除方法

水位表的常见故障及排除方法　　　　　表 13-2-4

故　障	原　因	排　除　方　法
旋塞漏水	1. 旋塞密封面不严密； 2. 旋塞芯子磨损； 3. 填料不严密或变硬。	1. 研磨； 2. 研磨或更换芯子； 3. 增加填料或更换填料。
假水位	1. 旋塞关闭； 2. 旋塞被填料堵塞； 3. 连通管被水垢、填料堵塞； 4. 旋塞有泄漏。	1. 打开旋塞； 2. 打开旋塞清理堵塞的填料； 3. 清除水垢、填料； 4. 研磨或更换旋塞。
水位呆滞	1. 旋塞或连通管被水垢或污物堵塞； 2. 旋塞未打开。	1. 清除污垢； 2. 打开旋塞。
玻璃管爆裂	1. 填料不匀，没留空隙； 2. 质量不好，没预热； 3. 上、下接头不对正； 4. 管端有裂纹； 5. 冲洗时开关过猛。	1. 安装时填匀填料，留间隙； 2. 安装时要先预热； 3. 更换时，上下接头要找正； 4. 更换； 5. 操作按规程缓慢操作。

3. 安全阀常见故障及排除方法

安全阀常见故障及排除方法　　　　　表 13-2-5

故　障	原　因	排　除　方　法
不到规定的压力排气	1. 调整开启压力不准确 2. 弹簧式安全阀的弹簧歪曲，失去应有弹力或出现永久变形 3. 杠杆式安全阀重锤未固定好向前移动	1. 校对安全阀； 2. 检查或调整弹簧； 3. 调整重锤。
漏汽、漏水	1. 阀芯与阀座接触面不严密、损坏、或有污物； 2. 阀杆与外壳之间的衬套磨损，弹簧与阀杆间隙过大或阀杆弯曲； 3. 安装时阀杆倾斜，中心线不正； 4. 弹簧永久变形，失去弹性，弹簧与托盘接触不平； 5. 杠杆与支点发生偏斜； 6. 阀芯与阀座接触面压力不均匀； 7. 弹簧压力不均，使阀盘与阀座接触不正。	1. 研磨接触面，清除杂物； 2. 更换衬套，调整弹簧与阀杆的间隙，调整阀杆； 3. 校正中心线使其垂直于阀座平面； 4. 更换变形失效的弹簧； 5. 检修调整杠杆； 6. 检修或进行调整； 7. 调整弹簧压力。
到规定压力不排气	1. 阀芯和阀座粘住； 2. 杠杆式安全阀杠杆被卡住或销子生锈； 3. 杠杆式安全阀的重锤向外移动或附加了重物； 4. 弹簧式安全阀弹簧压得过紧； 5. 阀杆与外壳衬套之间的间隙过小，受热膨胀后阀杆卡住。	1. 手动提升排汽试验； 2. 检修杠杆与销子； 3. 调整重锤位置，去掉附加物； 4. 放松弹簧； 5. 检修、使间隙适量。

续表

故障	原因	排除方法
排气后，阀芯不回位	1. 弹簧式安全阀弹簧歪曲； 2. 杠杆式安全阀杠杆偏斜卡住； 3. 阀芯不正或阀杆不正。	1. 检修调整弹簧； 2. 检修调整杠杆； 3. 调整阀芯和阀杆。
排气后，压力继续上升	1. 选用的安全阀排气量小于锅炉蒸发量； 2. 阀杆中线不正或弹簧生锈，使阀芯不能开启到应有高度； 3. 排气管截面不够	1. 更换与锅炉蒸发量匹配的安全阀； 2. 检修调整阀杆或弹簧； 3. 更换排气管

三、链条炉排常见故障及排除

链带式炉排常见故障与排除方法　　　　　　　表13-2-6

故障	原因	排除方法
掉炉排片	1. 炉排长短不一； 2. 炉排卡住。	1. 更换炉排片； 2. 找出卡住原因。
炉排卡住	1. 前后轴不平行； 2. 炉排跑偏； 3. 边条和轴销子脱落而卡死炉排； 4. 密封间隙不合适（左、右下联箱）而卡死炉排； 5. 炉排片断裂、卡住炉排； 6. 炉排脱落一段而卡住炉排； 7. 老鹰铁烧坏或下降，顶住炉排； 8. 炉排过热变形； 9. 长轴窜位而卡住炉排； 10. 炉灰未清除。	首先断电，用扳手倒转炉排，根据用力大小，判断事故发生原因；找出跑偏原因，调整轴距，除掉坏炉片，调直边摩擦铁，将长轴复位等，根据不同情况采取不同处理方法排除之。
炉排跑偏	1. 前后轴不平行； 2. 两侧板不平行； 3. 链条松紧不一。	测量后调整。
炉排起拱	1. 炉排下漏灰清理不及时； 2. 炉排片断裂； 3. 长轴不直。	1. 及时清灰； 2. 更换炉排片； 3. 调直长轴。
链条与链轮错位	1. 炉排片孔磨损大； 2. 轴磨细； 3. 链条齿端错开，链条与轮不能啮合； 4. 炉排跑偏； 5. 链条过松	1. 更换炉片； 2. 更换长轴； 3. 调整链轮松紧； 4. 调整链轮位置； 5. 调整

鳞片式炉排的常见故障与排除方法　　　　　　　表13-2-7

故障	原因	排除方法
掉炉排片	1. 炉排片不标准，尺寸不一； 2. 套管长度不一致，夹板间距太大； 3. 小轴磨损严重； 4. 夹板断裂或孔眼磨损。	1. 更换炉排片； 2. 换合适的节距套管； 3. 更换小轴； 4. 更换有缺陷夹板。

续表

故　障	原　因	排　除　方　法
老鹰铁被掀起或烧坏	1. 炉排片前后交叠时错开； 2. 煤的熔点低，燃烧后灰渣结焦在炉排上； 3. 火位后移，将老鹰铁烧坏。	换用新炉排片，及时除焦。
炉排片卡住停走	1. 两侧密封铁安装质量不好或过热变形，产生不平行； 2. 炉排拉杆长短不一，与框架顶住； 3. 夹板或炉排片轴动作不灵活，或落不平而顶老鹰铁； 4. 煤中金属杂物或焦渣卡住； 5. 炉排片断裂或夹板上的销子脱落卡住炉排； 6. 炉排梁弯曲，轴承缺油； 7. 炉排跑偏。	1. 调整密封铁； 2. 换合适拉杆； 3. 换合适零件； 4. 防止杂物进入炉中； 5. 调整炉排松紧程度，更换断裂炉排片或装好销子； 6. 调直炉排梁，给轴承加油； 7. 加强检查，及时排除异常
炉排片下陷或挤断；炉排片拱起	1. 炉排片与夹板接触处磨损或断裂； 2. 链条铆销处过紧，链条结合处不能活动	1. 更换新夹板或补焊； 2. 链条结合处加油

四、锅炉事故的判断和处理

造成锅炉事故的原因主要有两方面，一是锅炉设备本身质量有问题；二是运行中管理和操作有问题，不遵守安全操作规程、制度，不严密监视安全仪表，不定期检查和维修，对新装修锅炉没有很好的检验和验收等等。对历来锅炉事故的分析，绝大部分都是属于责任事故。因此，要防止锅炉发生事故必须加强对锅炉的安全管理和责任心。锅炉容易出现的事故症状和处理方法如表 13-2-8 所示。

锅炉易发事故的判断和处理　　　　表 13-2-8

事　故	症　状	原　因	预防及处理方法
汽水共腾	1. 汽泡水位计水面剧烈波动； 2. 过热器温度下降； 3. 炉水含盐量增加； 4. 严重时管道发生水冲击，法兰接头处冒白汽。	1. 炉水给水含盐量超过规定值； 2. 负荷增加过急。	1. 开大连续排污阀门； 2. 降低负荷（即减小用汽量）； 3. 注意进水和放水，改善炉水品质； 4. 打开蒸汽管道各疏水阀及过热器疏水阀； 5. 通知化验部门取样化验。
锅炉缺水	1. 水位计内充满蒸气，因此水位计呈白色； 2. 有水位警报器的锅炉发出低水位信号； 3. 过热蒸汽温度升高； 4. 蒸汽流量大于给水流量； 5. 特别严重时可嗅到焦味。	1. 水位表堵塞，形成假水位； 2. 水箱无水或给水泵、给水管道发生故障、放水阀门泄漏。	1. 经常检查冲洗水表； 2. 检查给水泵、给水管道及锅炉各放水阀门，如有严重损坏应立即停炉；如果不是严重缺水，设备又无缺陷，则应加强进水，保持正常水位；如果严重缺水，应立即减负荷，关闭给水阀，停止锅炉进水，进行紧急停炉的迅速熄火操作。停炉应保持密闭状态，按规定进行操作，将锅炉冷却。

续表

事 故	症 状	原 因	预防及处理方法
锅炉满水	1. 水位计内充满炉水，水位计颜色发暗； 2. 有水位警报器的锅炉发出高水位信号； 3. 过热蒸汽温度下降； 4. 给水流量大于蒸气流量。	1. 工作人员责任心不强，对水位监视不严； 2. 给水自动调节器失灵或运行人员被假水位现象所迷惑。	1. 进行各水位计的水位对照、冲洗，以判明水位指示的正确性； 2. 将自动给水调节阀改换为手动操作，并关闭给水调节阀停止向锅炉给水； 3. 开启锅炉下部的排污阀放水； 4. 等水位正常后，再开启给水阀，恢复运行。
锅炉爆炸	1. 超压； 2. 钢板破裂	1. 安全阀和压力表失灵； 2. 缺水或水垢造成钢板过热烧坏；钢板被腐蚀减薄，强度下降； 3. 锅炉设计或制造上有缺陷	1. 防止超压，对安全阀、压力表应定期测试校准，保持其灵敏和可靠性； 2. 防止缺水，重视对水位计的检修； 3. 防止结垢和腐蚀，加强给水处理； 4. 对新安装或大修的锅炉，未经检验合格，不能使用。对设计、制造中存在的缺陷，必须加以解决

第三节 采暖系统管道附件的维修

一、采暖管道常见故障及排除

采暖管道常见故障及排除方法　　　　　　表 13-3-1

故 障	故 障 原 因	排 除 方 法
管道破裂	1. 焊接质量不良； 2. 冻结胀裂； 3. 管道受力不均或外负荷压坏、撞坏。	1. 补焊或更换管子； 2. 防冻保温，更换新管； 3. 更换新管。
钢管腐蚀	1. 油漆脱落； 2. 处在潮湿处。	1. 定期刷漆； 2. 防腐处理。
接口漏水	1. 管接口冻裂或外力压坏； 2. 填料或密封垫圈损坏； 3. 丝扣没上紧或松动； 4. 丝扣腐蚀。	1. 更换新管； 2. 更换垫圈； 3. 拧紧丝扣； 4. 更换丝扣。
管道堵塞	1. 杂质、腐蚀物、水垢沉淀聚集堵塞； 2. 管道内水冻结堵塞。	1. 定期排污、冲洗； 2. 加热解冻。
法兰盘渗漏	法兰垫被水或蒸汽浸蚀	更换法兰垫，紧固螺丝时要对角紧

二、采暖管道阀门常见故障及排除

（一）给水逆止阀常见故障及排除

给水逆止阀常见故障及排除方法　　　　　表 13-3-2

故　障	原　因	排 除 方 法
倒汽倒水	1. 阀芯与阀座接触面有伤痕或磨损； 2. 阀芯与阀座接触面有污垢。	1. 检修或研磨接触面； 2. 消除污垢。
阀芯不能开启	1. 阀座阀芯接触面粘住； 2. 阀芯转轴被锈住	1. 消除水垢，防止粘住； 2. 打磨铁锈使之活动

（二）减压阀常见故障及排除

减压阀常见故障及排除方法　　　　　表 13-3-3

故　障	原　因	排 除 方 法
减压阀失灵或灵敏度差	1. 阀座接触面有污物； 2. 阀座接触面磨损； 3. 弹簧失效或折损； 4. 通道堵塞； 5. 薄膜片疲劳或损坏； 6. 活塞、汽缸被磨损或腐蚀； 7. 活塞环与槽卡住； 8. 阀体内充满冷凝水。	1. 清除污物； 2. 研磨接触面； 3. 更换弹簧； 4. 清除污物； 5. 更换薄膜片； 6. 检修汽缸； 7. 更换活塞环，清洗环槽； 8. 松开螺丝堵，放出冷凝水。
阀体与阀盖接触面渗漏	1. 连接螺丝紧固不均匀； 2. 接触面有污物或磨损； 3. 垫片损坏。	1. 均匀紧固连接螺丝； 2. 清除污物； 3. 修整接触面更换垫片。
阀后压力不能调节	1. 冷凝水充满阀体； 2. 活塞、汽缸被磨损或蚀坏； 3. 调节弹簧失灵。	1. 打开阀下的丝堵放水； 2. 修理或更换； 3. 更换弹簧或减压阀。

（三）蒸汽阀常见故障及排除

蒸汽阀常见故障及排除方法　　　　　表 13-3-4

故　障	原　因	排 除 方 法
阀芯阀座接触面渗漏	1. 接触面有污垢； 2. 接触面有磨损。	1. 清除污垢； 2. 研磨接触面。
盘根处渗漏	1. 盘根压盖未压紧； 2. 盘根不实或过硬失效。	1. 紧固压盖； 2. 增添、更换盘根。
阀体与阀盖的接触面渗漏	1. 阀盖未压紧； 2. 接触面有污物或垫圈损坏。	1. 旋紧阀盖； 2. 清除接触面污物，更换垫圈。
阀杆转动不灵活	1. 盘根压得过多、过紧； 2. 阀杆或阀盖上的螺丝损坏； 3. 阀杆弯曲、生锈； 4. 阀杆丝扣缺油或被污垢卡住	1. 减少或放松盘根； 2. 检修阀杆或阀盖的螺丝； 3. 检修、更换阀杆； 4. 加润滑油或清除污物

（四）排污阀常见故障及排除

排污阀常见故障及排除方法　　　　　　　　　　　　　　　　表 13-3-5

故　障	故　障　原　因	排　除　方　法
盘根处渗漏	1. 盘根压盖歪斜或未压紧； 2. 盘根过硬失效。	1. 压紧盘根压盖； 2. 更换盘根。
阀芯与阀座接触面渗漏	1. 接触面夹有污垢； 2. 接触面磨损。	1. 清除污垢； 2. 研磨接触面。
手轮转动不灵活	1. 盘根压得过多、过紧； 2. 阀杆表面生锈，阀杆上端的方头磨损。	1. 适当减少放松盘根； 2. 清除阀杆铁锈，重新焊补方头。
阀体与阀盖法兰间渗漏	1. 法兰螺丝松紧不一； 2. 法兰间垫片损坏； 3. 法兰间夹有污垢。	1. 均匀紧固法兰螺丝； 2. 更换法兰垫片； 3. 清除污垢。
闸门不能开启	1. 闸门片磨蚀损坏； 2. 阀杆螺母丝扣损坏	1. 检修更换闸门片； 2. 更换阀杆螺母

（五）其他阀门常见故障及排除方法参考第十章第二节内容。

三、采暖管网主要设备维修

（一）疏水器故障及维修

疏水器故障及排除方法　　　　　　　　　　　　　　　　表 13-3-6

设备	故　障	原　因	排　除　方　法
浮筒式疏水器	1. 疏水器不排水	1. 浮筒过轻； 2. 阀孔堵塞； 3. 止回阀锈在阀孔上； 4. 芯子杆过长堵死阀孔。	1. 加重浮筒； 2. 清除穿通； 3. 除锈使其活动； 4. 改短芯子杆。
	2. 疏水器后常流水而采暖设备中积水	1. 阀孔或其他部分被污物局部堵塞； 2. 流量大而阀孔过小。	1. 清除污物； 2. 改大阀孔或更换设备。
	3. 疏水器不间断工作，并有漏气	1. 浮筒过重或容积过小； 2. 旁通阀不严； 3. 浮筒有漏洞，浮不起来； 4. 直立管比芯子杆长，对不上阀孔； 5. 芯子杆与直立管中间空隙小，热膨胀后易卡住。	1. 调整浮筒重量或更换浮筒； 2. 研磨修严； 3. 修补； 4. 改直直立管； 5. 车小芯子杆。
	4. 疏水器间断工作，但有漏气	1. 顶针与阀孔不严或积有污物； 2. 疏水器安装不平，针与阀孔中心线对不准； 3. 旁通阀不严密。	1. 研磨或清洗； 2. 整平； 3. 研磨修严。

续表

设备	故 障	原 因	排 除 方 法
浮筒式疏水器	5. 间断排水不漏气，但设备中有积水	1. 疏水器高于散热器； 2. 疏水器规格选小了。	1. 可放低疏水器； 2. 更换疏水器。
	6. 一次排水量小	浮筒组合体因日久产生水垢与锈层，总重量增加，容积减小。	消除浮筒组合体的水垢和锈层，使浮筒组合体总重量达到产品要求
	7. 排放时间过长	1. 长期不使用，阀套口径锈蚀，直径变小； 2. 止回阀锈蚀，不能全部开启。	1. 经过几次排放使用，锈层即可冲去； 2. 清除止回阀锈蚀。
倒吊筒式疏水器	1. 不排水	1. 吊筒上小孔堵塞； 2. 阀孔堵塞。	1. 穿通； 2. 清除干净。
	2. 不断排水	1. 流量大，阀孔小； 2. 疏水器选小了。	1. 改大阀孔； 2. 更换疏水器。
	3. 不间断工作并有漏气	1. 吊筒上小孔过大，吊筒不上浮； 2. 吊筒过重，容积过小； 3. 杠杆太活、顶尖与阀孔不严。	1. 焊补改小； 2. 更换； 3. 修理校正。
热动力式疏水器	1. 冷而不排水	1. 疏水器前面的过滤器阻塞； 2. 蒸汽管路中的阀门损坏； 3. 蒸汽管路或弯头阻塞。	1. 拆开清洗； 2. 修换阀门； 3. 拆开清洗。
	2. 热而不排水	1. 疏水器的旁通管漏汽； 2. 由于阀板重量过轻，阀座与阀板漏汽。	1. 关严旁通管阀门； 2. 增加阀板重量。
	3. 排水不停	1. 阀座与阀板处磨损； 2. 选用的疏水器排水能力太小	1. 重新研磨或更换； 2. 更换疏水器或增加疏水器，并联安装

（二）其他装置常见故障维修

其他装置常见故障维修方法　　　　表 13-3-7

故 障	原 因	消 除 方 法
套筒伸缩器阀门不严渗漏	1. 填料质量不好； 2. 填料未压紧； 3. 研磨不良； 4. 污物进入阀体； 5. 阀杆垫片不良或损坏。	更换填料，并将螺栓均匀拧紧。 修理。 拆开清洗。 更换垫片。
除污器阻力增大，流量减小	污物堵塞。	及时清洗除污器。
集气罐不排气	安装不正确。	集气罐应安装在供水管路的最高点，连接集气罐的管路应有向上的坡度，以利于空气排除。

续表

故　障	原　　因	消　除　方　法
暖风机不热	1. 进水管坡向错误造成积气； 2. 管内、阀门或孔板堵塞； 3. 加热器内堵塞； 4. 供水温度不符合要求。	1. 校正坡向； 2. 清除污物或检修阀门； 3. 清洗加热器； 4. 调节水温。
暖风机散热不符合产品性能要求	1. 风量太小； 2. 循环水量太小； 3. 加热器不符合要求或局部堵塞	1. 校正叶轮转向，检查转速是否符合要求，皮带有无滑动； 2. 调整水量； 3. 更换或检修

四、采暖管道的维护

（一）运行期间维护

1. 管道如装设在暖气沟里，应随时注意管网检查井沟口的盖子是否盖严实，以防冷风袭入；架空装置的管道，应注意管道保温层有无破裂和损坏的部分，如有破裂和损坏应及时进行修补，以减少管道的热损失和防止管道上冻。

2. 当室外温度较低时，应加强检查，防止采暖系统发生冻坏事故；锅炉房（或供热管道）因故停止供暖时间较长时，须将系统中的水排净，以防管道或散热器被冻裂。

3. 如在正常供汽时有"水锤"声，可能是管道的坡度发生了问题或疏水器有堵塞现象，应查明原因并设法排除，以免因汽水相撞而击毁管道。

4. 热水采暖系统中的循环水，应使用经处理合格的软水，并应定期排污，以减少管道的腐蚀和产生堵塞的现象。

5. 采暖系统运行期间，需经常注意检查各种装置（蒸汽采暖系统中的减压阀、疏水器、补偿器等；热水采暖系统中的除污器，排气装置等）及各种仪表（压力表、温度表、流量表等）的工作状态是否正常；对于除污器、水封管等处的排污阀，要定期排放。发现问题及时排除，以确保系统运行正常与安全。

6. 对采暖系统出现的滴漏现象，要及时进行"堵漏"。

7. 对于热得慢或不热的散热器要及时检修。

8. 需向用户讲明使用供暖设备的注意事项，如用户不得随意调节或关闭管道阀门，以保证系统安全和正常地进行工作；不得随意振打，蹬踏管道和散热器，以防管道发生渗漏现象；不得随意排放散热器中的热水洗手、洗脸和洗涤衣物；不得在系统亏水时打开跑风门，以防系统进行补水和运行时发生跑水现象。

（二）停运后的维护

1. 系统停运后，应对所有管线进行认真检查，对于腐蚀严重的管子，应进行更换，以免来年供暖时发生泄漏。

2. 系统停运后，应对系统中的所有控制件（包括各处的阀门以及蒸汽采暖系统中的减压阀、疏水器等）卸下来清洗，对于整体卸下来有困难的，可拆部分零件，进行检修清洗。

清洗时，要用煤油浸泡2～4小时，然后擦洗干净；外部与内部零件最好用黄油或机油封好，外壳部分要涂漆防腐，经常活动的部位，注意更换新的填料和进行油封。

对于有不严、失灵等缺陷的控制件，在检修中应用研磨、更换等措施予以修复，以保证该控制件于来年供暖时灵活有效。

3. 检查膨胀水箱中有无沉淀和积垢，膨胀水箱各连接管工作是否正常。

4. 热水采暖系统停运后，应将系统中（包括锅炉在内）的水全部放掉，再用净水冲洗系统和清洗除污器，最后用经处理合格的水充满系统，其满水状况要保持到来年系统再次运行，以免系统遭受腐蚀和系统连接部位的填料或垫料因干燥而在来年供暖时漏水。如充水不是用处理过的水，而是用自来水时，应将水加热到100℃左右，以排除水中空气，不然系统仍会遭受腐蚀。

第四节 散热器故障检查与维修

一、散热器漏水漏气的修理

目前散热器漏水漏气主要有两种情形：一种属暖汽片砂眼漏；另一种是暖汽片的接口漏，一般以拆开散热器重新组对的方法为彻底的修理方法，但拆暖气片工作量较大，不宜在采暖期做，宜放在非采暖期的大修中去做。

采暖期间散热器漏水漏汽的修理宜采用以下方法：

（一）替换散热器

散热器因砂眼或接口处不严密而严重漏水漏气时，应用与之同型、同片数的散热器替换。同型、同片数的散热器来源有二：一是在系统停运的大修季节中，根据本单位哪种形式的散热器使用较多，预先组对出若干组合格的散热器，以备冬季换用；二是根据散热器的形式、片数临时组织人力突击组对。

（二）粘糊砂眼

当散热器上有不易被肉眼发现的砂眼（砂眼直径在0.1mm以下）漏水漏汽时，可将散热器从系统中临时拆卸下来，用锉刀将砂眼及其附近清理一下，直至见到金属光泽为止；然后用干净的棉丝沾丙酮擦揩干净，在砂眼及其附近涂抹一层快速粘接剂，粘接剂外层用麻丝勒紧捆牢。待粘接剂干燥固化后（一般室温下需3小时），即可对粘接好的散热器进行水压试验。合格后，即可将该散热器装回原处。

二、散热器热得慢或不热的检查和修理

（一）蒸汽采暖系统散热器加热慢或不热的原因和检修

1. 整个供暖系统达不到室内设计温度，热用户普遍不热

（1）运行中锅炉供汽压力、温度低，供汽量不足；

（2）散热器数量少；

（3）由于新建、扩建工程，供热面积扩大，超过锅炉的热容量，同时也使供热管道的热负荷达不到需要的供热量的要求。

要解决以上问题，需经过计算和根据具体情况，对原有设备和管道进行改装或更换。

2. 个别环路内全部散热器不热

(1) 环路入口处阀门被关或调节过小,造成热力失调。应将阀门打开或调节适度;

(2) 由于扩建、新建工程,使供热管道安装不合理,造成水力失调,应根据具体情况,对管道进行改装或更换。

3. 末端散热器加热慢或不热

(1) 末端气压不足,有如下情形:

①在管道的末端扩大了供暖面积,所需的供汽量超过了原设计的供汽量。解决办法是改装或更换设备和管道;

②末端热用户的进汽阀门开度过小,应调至适度;

③管道漏汽,使末端供汽量不足,应修补或更换管子;

④靠近锅炉房的热用户入口处汽压偏高,造成末端散热器中的凝水不易排走。应适当调小近区热用户的阀门开度和适当加大末端阀门开度;

⑤管道的正常坡度遭到破坏,使管道内一部分凝水排不走,形成水塞。如有水击声,应检查管道进行修理;

⑥锅炉房未按规定汽压供汽;

⑦如果不存在以上问题时,应考虑是否管道堵塞,及时拆管排除。

(2) 疏水器堵塞,影响蒸汽的流动

此时用手摸试,蒸汽管和回水管是热的,但疏水器是凉的,应将疏水器两侧的阀门关闭,打开旁通阀门,拆开疏水器进行检修。

(3) 回水管阀门开度小或没开,造成散热器中的凝水积聚

此时用手摸试回水管,阀门附近应有由热变凉的管段。经检查如阀门开度正常,应停汽拆开阀门盖检查,看是否闸板与阀杆有脱扣现象。

(4) 回水管被堵塞

这会产生与回水阀门开度小或没开的相同毛病,只是由热变凉的管段不在阀门附近,而是发生在某一段回水管段上。应将由热变凉的管段拆开或割开检查,直至发现堵塞物。

4. 个别散热器加热慢或不热的原因和检修

(1) 当用手摸试蒸汽支管或立管不够热或根本不热,而回水管热时,原因如下:

①蒸汽管堵塞,应拆开管段,进行清除;

②蒸汽阀门开度小或没开,应将阀门开度调节适当;

③蒸汽阀门的阀芯从阀杆上脱落或被异物堵塞,应在停汽的情况下,打开阀盖检修。

(2) 当蒸汽管热而回水管不热时:

①回水管被堵塞,应拆开管段进行清除;

②疏水器有毛病,必须进行检修。疏水器检修可见表13-3-6。

5. 同一条管线上几组散热器热得慢或不热的检修

(1) 按上述3、4介绍过的方法进行检查和修理;.

(2) 分支管和立管上的阀门开度小或没开,应调至适度;

(3) 分支管和立管可能有堵塞,可拆开进行检修;

(4) 并联环路水力失调,其原因是环路间的压力不平衡。距蒸汽入口近的环路汽压高于距蒸汽入口较远的环路,致使近环路凝水可以排走,而远环路凝水聚集。此时需调节立

管（一般指楼房）和散热器入口控制阀门（指平房），使距蒸汽入口近的立管阀门或散热器入口控制阀门开度为最小，第一、第二、第三……各环路阀门开度逐个递增，直至最后一个环路，阀门的开度为最大，务求各环路间的压力基本平衡，即可克服水力失调现象。

（二）热水采暖系统散热器加热慢或不热的检修

1. 整个供热系统达不到设计要求的室内温度

(1) 热负荷计算有误或设备选型不当，造成以下问题：

①锅炉压力供热不足，整个供热量不够；

②主供热管道过细，热负荷不足；

③散热器数量少；

④散热器传热系数下降，特别是钢串片散热器由于不断胀缩，造成串片松动，传热系数大大降低。

针对具体问题，对原有设备和管道进行改装、更换和增加。

(2) 运行中锅炉供水、回水温度低，没有达到规定的要求，应及时和锅炉房联系解决。

2. 系统有较多散热器散热不正常

(1) 由于新建扩建工程，供热面积扩大、热用户增加，原锅炉不能供给足够的热负荷，这时应及时更换或增加锅炉。

(2) 循环水泵容量不足，由于增建、扩建供热面积，泵的容量满足不了循环流量和作用压头，表现是给水管升温快，而回水管升温慢，供水温度与回水温度之差超过正常范围，这时应更换水泵。

(3) 系统中有空气，影响热水的正常循环，使一部分散热器不热，应通过放气阀或集气罐等排气装置将气体排走。

(4) 系统热力失调。热力失调就是流量分配不均，造成一部分散热器过热，一部分散热器不热。不同层数散热器热不平衡叫竖向热力失调，原因是各立管环路之间竖向水力失调；同层散热器热不平衡叫水平热力失调，其原因是水平水力失调。异程双管系统和串联式单管系统产生水力失调，一般是由于设计选用的管径剩余作用压头较大，造成近环路水流量过大，远环路水流量不足，这就导致了冷热不均的问题，解决的办法是增加近环路压力损失，减少远环路压力损失，即关小近环路阀门的开度，开大远环路阀门开度。

同程双管系统产生水力失调，常常是由于管道被污物淤塞，出现流量减小而造成的，修理方法是清洗管路或更换立管。

(5) 管道有严重泄漏现象。当发现有较多散热器不热，而系统的补水量显著增加时，应对供暖管道进行检查，发现泄漏处，及时修理。

(6) 管道有堵塞或冻结现象。此现象一般发生在管子末端。造成堵塞原因是系统清洗不彻底，补给水质不合格，解决办法是在末端安装放水装置，适当地排放污物；管道冻结是由于水循环不好，对于冰冻的管道，可用气焊枪、喷灯或用接有蒸汽的软管烤开。

(7) 外力造成管道变形，破坏了管道的正常坡度，管道内发生"气塞"现象。应及时恢复管道坡度。

3. 个别散热器不热

(1) 散热器中窝有空气。可用手动排气风门排放空气，排风门应装在散热器的上 1/3

处，与蒸汽采暖散热器排风门安装在散热器的下 1/3 处不同。

(2) 散热器两端的控制阀门开度小，阀芯脱落、脏物堵塞等。可将阀门调节适度或打开阀盖进行检修。

第五节　锅炉辅助设备的维修

为使锅炉连续安全经济运行，除了重视对锅炉本体的保养维修，还应加强对水泵、风机、水处理等锅炉房辅助设备的维护。水泵的运行管理及维修在第十章已做介绍，本节不再赘述。

一、风机的保养及维护

(一) 风机的运行管理

1. 启动前的检查

(1) 用手搬动风机，主轴和叶轮应转动灵活，无摩擦和卡住现象；

(2) 轴承的润滑油应充足，冷却水管畅通，加油和防护设备齐全良好；

(3) 电动机地脚螺栓无松动，接地线可靠；

(4) 风量调节阀灵活好用；

(5) 电机与风机的转向应一致。

2. 风机的启动

(1) 为了减小启动时电动机的负载，离心式风机宜先关闭调节风门再行开车；轴流式风机宜先将调节风门和进口百页窗等打开后再行开车。

(2) 风机启动后达到正常转数时，再调整风量调节阀至规定负荷。

3. 风机的运行

值班人员应经常观察机组运转情况，添加润滑油。当发现机身剧烈振动，轴承或电机温度过高以及其他不正常现象时，应立即停机检查，预防事故发生。

4. 风机的维护

对风机的维护，除需遵守维护机器的一般规则外，还应注意以下几点：

(1) 应按照规定的开车、运行、停车操作规程进行操作；

(2) 风机所输送的气体介质中，如含过量有损于通风设备的杂质时，应在进入风机前对所输送介质进行过滤或净化处理；

(3) 对风机应定期检查，清除风机内部和风道中的灰尘、积水、污垢等脏物，防止风机及风道堵塞或生锈；

(4) 通风机长期停用时，应每隔一段时间将转子转动 120~180 度，以免因长期在一个方向上受力而使转轴弯曲变形。

(5) 风机机组采用压力给油润滑时，在运行过程中，轴承润滑油进口处油压应符合设备技术文件的规定；无规定时，一般进油压力应为 $0.8 \times 10^5 \sim 1.5 \times 10^5 \text{Pa}$；若低于规定值，应立即开动油泵，同时查明油压不足的原因，设法消除。

(二) 风机常见故障及排除方法

风机在运行过程中的不正常现象，归纳起来有以下三方面：性能方面的故障，机械方面的故障，以及轴承方面的故障。发生故障后，应认真分析原因，尽快排除，现将风机运行中常见故障及排除方法列于表 13-5-1，供参考。

风机常见故障及排除方法　　　　　　　　　　表 13-5-1

故　障	故　障　原　因	消　除　方　法
风机转速符合，但风量、风压不足	1. 风管漏风； 2. 系统阻力太大或局部堵塞； 3. 风机轴与叶轮松动。	1. 堵住漏风处； 2. 调整部分管件及管径，减小系统阻力，清除堵塞物； 3. 检修加固。
风机转速符合，但风量过大	1. 设备选择不当； 2. 系统阻力太小。	1. 降低转速或更换设备； 2. 适当关小风门，增加阻力。
风压过高，排出风量减小	1. 出风管阀门打开不够大； 2. 风管中有杂物、尘土等，严重堵塞； 3. 气体成分改变，气体温度过低或含尘浓度增加，以致气体重度增加。	1. 适当开大阀门； 2. 清扫风道内杂物； 3. 测定气体重度，清除引起重度增大的因素。
风压偏低，排出风量增大	1. 气体重度改变或气体温度过高； 2. 进风管破损或风管连接处不严引起漏风。	1. 测定气体重度，适当关小排风阀门； 2. 找出漏风处，堵严。
风压、风量降低	1. 皮带用旧后在轮上打滑； 2. 电机转速降低； 3. 叶轮叶片受到严重磨损。	1. 更换皮带； 2. 电压太低，向供电部门反映，改善供电条件； 3. 更换磨损部件。
叶轮损坏或变形	1. 叶片表面或铆钉头，腐蚀或磨损； 2. 铆钉和叶片松动； 3. 输送气体介质温度过高，使叶轮产生变形。	1. 更换损坏部件； 2. 用小冲子紧住；如铆钉损坏，应更换铆钉； 3. 采取措施，降低输送介质温度。
机壳过热	风机在阀门关闭的情况下运行时间过长。	停车，待冷却后再启动。
轴承过热	1. 轴承安装不良，或主轴与电机轴不同心；推力轴承与支承轴承不垂直，顶部侧隙和端隙过大； 2. 轴瓦刮研不良，存油沟斜度过小； 3. 轴承缺油或润滑油质不良	1. 用仪器进行检查校正，调整联轴器，使之同心； 2. 重新刮研找正 3. 加油或更换不合要求的润滑油

二、离子交换器常见故障处理

离子交换器常见故障排除方法　　　　　　　　表 13-5-2

故　障	故　障　原　因	消　除　方　法
周期出水量降低；交换剂工作交换容量降低	1. 交换剂被污染，表面沉淀了悬浮物； 2. 还原时，还原液与交换层接触时间短，还原不充分； 3. 再生时，用盐量（酸量）小，浓度低； 4. 再生液浓度过高； 5. 正洗时间长，水量过大； 6. 交换剂中毒，水中含 Al^{2+}、Fe^{3+} 过多。	1. 正、反洗用压缩空气吹洗； 2. 原水悬浮物含量不能超标(5mg/L)； 3. 增加用盐量； 4. 降低再生液浓度，用水冲洗； 5. 重新还原； 6. 交换剂复苏，进行预处理。

续表

故　障	故　障　原　因	消　除　方　法
软水出水量小	1. 交换剂层高度不够； 2. 进水量不够或阻力过大。	1. 加添交换剂； 2. 改变管道。
交换剂焦化	1. 水质碱度过高，pH 过大； 2. 水温过高（超过 40℃）； 3. 盐浓度太大。	1. 进水预处理； 2. 降低水温； 3. 用水冲洗。
出水硬度突然升高，不合格；软水氯根忽然升高	1. 正在还原中的钠离子交换器的运行出口阀未关或不严，废液进入或漏入软化水母管； 2. 操作失误或盐液入口阀不严，使还原盐液进入或漏入正在运行中的钠离子交换器。	1. 检查并关严出口阀或停运进行修理； 2. 停运、更换或修理阀门。
正洗时间过长	1. 正洗进出水配水装置不合理； 2. 交换层的水力分层不够均匀。	1. 改进进水装置； 2. 采用适当流速找出合理的正洗速度。
软化水出现黄褐色	只有磺化煤，才发生此现象，原因是磺化煤胶化。	消除胶化层，再生反复清洗，还原时，适当降低盐液浓度。
交换剂中毒	进水含铝、铁离子过多	1. 进水进行预处理； 2. 用 5%～25% 的盐酸浸泡 24 小时

三、除尘器和除渣机的维护

（一）旋风除尘器运行维护

旋风除尘器常出现漏风和磨损等问题，造成除尘效率下降。因此运行中应注意以下三点：

1. 除尘器运行时必须保持密封性，特别是除尘器下部的落灰、贮灰和卸灰等装置切忌漏风，对锁气器也应定期检查。当漏风量达 5% 时，效率将下降 50%；当漏风量达到 15% 时，除尘效率下降为零。

2. 要有严格的定期除灰制度。否则，灰尘积满落灰斗后，除尘器便起不到除尘作用，大量尘粒又随烟气飞出，加重风机和除尘器的磨损，同时超标的烟尘排入大气，造成环境污染。

3. 发现除尘器磨损时，应及时更换或修补；要定期检查内部是否有堵塞；外部表面应涂防锈漆，防止腐蚀。

（二）离心式水膜除尘器使用注意事项：

1. 要经常检查除尘器筒体内有无缺角、掉边、凸凹不平等缺陷，要保持内壁光滑平整，四周的水膜要均匀，有一定厚度，不要形成水花而影响除尘效果。

2. 在锅炉负荷发生变化时，应及时调整引风风压，不要因烟气量的变化使水膜破坏，造成烟气带水，风机振动。

3. 经常检查除尘器有无漏水漏风现象，发现泄漏应及时修补，保持其严密性。

4. 要按设计要求供水，经常检查喷水管水压或溢水槽的水位。一旦缺水，容易引起筒体炸裂，烧坏除尘器。

5. 要定期清灰，防止烟气带水和排灰管堵塞。

6. 使用水膜除尘器必须进行废水处理，严防"三废"搬家。处理内容：一是要沉淀澄清，使其含尘浓度达到国家规定的排放标准；二是用碱中和。

7. 北方寒冷地区，除尘器露天布置时应采取防冻措施。

（三）除渣机的维护

1. 机械除渣机运行中要防止水封不严。采用机械除渣的锅炉，通常是用水封将炉膛与外界隔开。因此，落渣斗内应保证有一定的水位。一旦水封破坏，大量冷风就会由除渣机处进入锅炉，使炉膛温度下降，影响锅炉效率；经常检查除渣机有无磨损，发现问题，及时修理。

2. 对水力除渣设备要防止内壁的腐蚀和磨损。

第十四章 供电用电设施设备维修

在供用电中,为了保证安全、可靠、优质和经济合理地供电,做好供用电设备的维护、故障处理及检修是十分重要的。本章着重介绍照明线路与灯具的维修,配电线路和防雷装置的检修,高低压电器的检修,电动机与变压器的检修,内燃发电机组的使用与维修,电梯的维护管理和检修。

第一节 照明线路与灯具的检修

一、照明线路的验收

(一)照明线路安装完毕,应经过检查,才可接上电源,检查内容一般有两项:

1. 检查电路绝缘性能

用500V兆欧表(摇表)检查照明线路的绝缘性能。在一般情况下,各回路的绝缘电阻应不低于0.5MΩ。

2. 检查电路的安装技术

通常检查以下几点(图14-1-1):

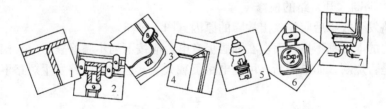

图14-1-1 照明电路安装技术的检查

(1)电线在连接处绝缘带包扎的情况,或有无漏包,图14-1-1(1);
(2)在多线平行的干线上分接支路时,是否接错,应套管保护的地方有无漏套,图14-1-1(2);
(3)电线的支持物如瓷夹、木(塑料)槽板等有否漏装,是否装好,图14-1-1(3、4);
(4)电线的线头和电气装置的接线桩是否接好图14-1-1(5);
(5)电气装置的盖子是否盖上;电镀表的接线是否接好,是否接错等,图14-1-1(6、7)。

(二)照明线路的接电

如果是新装照明电路,用户进户线和供电线路的接通,须由供电指定单位承接。如果仅仅是用户内部扩大电路,也就是把新装的支路联接到原有的电路上,则用户可自行接电。

(三) 照明线路的校验

照明线路接电完毕后,要经过校验,才能推上总开关使用。

在校验电路前,应将各级熔断器的熔丝按设计要求安放好。

校验电路的方法很多,现介绍一种校灯法(又可称校火灯,俗称挑担灯)来检查照明线路,具体做法如下:

1. 打开照明配电箱,关掉总开关,卸下装熔丝的插盖(或装熔体的旋盖),包括关断分路低压断路器。

2. 关掉全部照明开关。配电箱总开关的上桩头接上三相电源(相电压220V),中性线接上零排,测试电源是否正常。卸下所有的分路熔丝(熔断器盖),合上总开关。

3. 如图14-1-2,用100W的校火灯泡,对各分路熔断器两端桩头逐个进行跨接试验,校火灯泡可能出现以下三种情况:①不亮或很暗,稍暗;②达到100W的正常亮度;③超过100W的正常亮度或非常亮。其中,第一种情况说明此分路正常;第二种情况说明次分路内有短路情况;第三种情况说明次分路的两根相线短路了(这种情况是两根相线错接在一起了或穿管线路损伤所致)。应排除故障后继续校验,校验电路均正常后,即可投电运行。

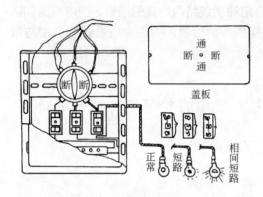

图14-1-2 挑担灯的校验法

二、照明电路的检修

1. 照明电路断(开)路的检修

照明电路发生故障后应先找出故障的原因(图14-1-3)。

如果户内的电灯都不亮,而左右邻居仍有电,应按下列步骤检查:(1)检查用户熔断器里的熔丝是否烧断,如果烧断,可能电路负载太大,也可能电路发生短路事故,应作进

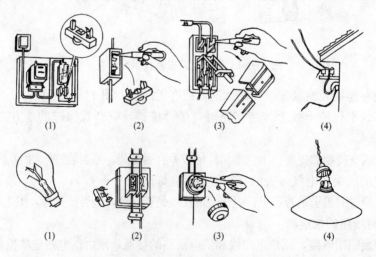

图14-1-3 照明电路断路检修

一步检查。(2) 如果熔丝未断，则要用测电笔测试一下熔断器的上接线桩头是否有电。如果没有，应检查总开关里的熔丝是否烧断。(3) 如果总开关里的熔丝也未断，则要用测电笔测试一下总开关的上接线桩头是否有电。(4) 如果总开关的上接线桩头也没有电，可能是进户线脱落，也可能是供电侧总熔断器的熔丝烧断或自动开关跳闸，应通知供电单位检修。

如果个别电灯不亮，应按下列步骤检查：(1) 检查灯泡里的灯丝是否烧断。(2) 如果灯丝未断，应检查分路熔断器里的熔丝是否烧断。(3) 如熔丝未断，则要用试电笔测试一下开关的接线桩头有没有电。(4) 如开关的接线桩头有电，应检查灯头里的接线是否良好。如接线良好，则说明电路中某处的电线断了。断路故障有两种：一是相线断路，表现是断线点之后的导线均无电；二是中性线断路，表现是断线后的导线均呈带电状态。处理方法是检查第一个不亮的灯位，定能查出。

2. 照明电路短路的检修

短路是电路常见的故障之一。电路发生短路时，电流就不通过用电器而直接从一根导线通过另一根导线。在一般情况下，可根据短路时发生的情况先从以下几个方面进行检修（图 14-1-4）：(1) 用电器的接线没有接好；(2) 未用插头，直接把两根线头插入插座；(3) 护套线受压后，内部的绝缘层被折破；(4) 穿管电线的管口漏装保护垫圈，管口把电线的绝缘层磨破了；(5) 建筑物年久失修，漏水或瓷夹脱落，绝缘不好的两根导线相碰；(6) 用电器内部线圈的绝缘层破损；(7) 用金属线帮扎两根导线，把电线的绝缘层勒破。

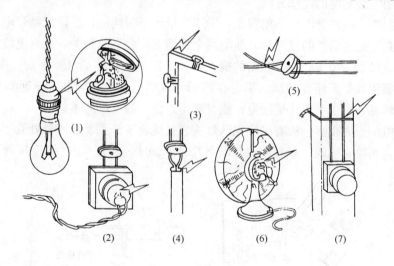

图 14-1-4　照明电路短路的检修

整个电路里哪些用电器或哪段导线发生短路，也可用校灯法检查。

电路发生短路时，必须查出发生短路的原因，并加以修理后，才可恢复供电。

3. 照明电路的漏电检查

(1) 常见的照明线路漏电现象（图 14-1-5）

电线和建筑物之间漏电，多半是由于绝缘不好的电线、受雨淋水浸的电线或者绝缘层已破损的电线触及建筑物引起的。木台里的线头包扎安装得不妥当，触及建筑物，也会引起类似的漏电现象。

火线和地线之间漏电，引起这种漏电现象的原因一般有三种：一是双根胶合电线的绝缘不好；二是电线和电气装置浸水受潮；三是电气装置两个接线桩头之间的胶木烧坏（图14-1-5）。

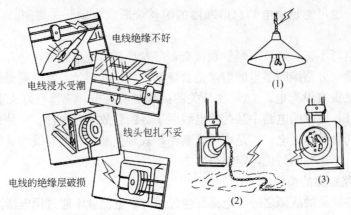

图 14-1-5 常见照明线路漏电现象

电路里漏电，既会危及人身安全，又有可能引起漏电起火，还要浪费大量的电能。因此，一旦发现漏电现象，必须立即进行检修。

（2）照明电路漏电的检修方法

电路里漏电，往往会出现下列现象：①用电量比平时增加；②建筑物带电；③电线发热。这时，必须把电路里的灯泡和其他电器全部卸下，合上总开关，观察电度表的铝盘是否在转动。也可以一个支路一个支路的检查。如果铝盘仍在转动（要观察一圈），可拉下总开关，观察铝盘是否还在转动。铝盘在转动，说明电度表有问题，应通知供电单位检修。铝盘不转动，则说明电路里漏电；铝盘转得越快，漏电越严重。

电路漏电的原因很多，检查时应先从灯头、挂线盒、开关、插座等处着手。如果这几处都不漏电，再检查电线，并着重检查以下几处（图14-1-6）：①电线连接处；②电线穿

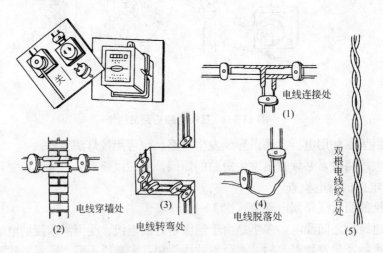

图 14-1-6 照明电路漏电检修

墙处；③电线转弯处；④电线脱落处；⑤双根电线胶合处；⑥电线穿管损伤处等。检查结果，如果只发现一二处漏电，只要把漏电的电线、用电器或电气装置修好或换上新的就可以了；如果发现多处漏电，并且电线的绝缘层全部变硬发脆，木台、木槽板多半绝缘不好，那就要全部换新的。

4. 照明线路燃烧的原因和检修方法（图14-1-7）

电路燃烧是比较严重的用电事故，必须严格防止。引起电路燃烧的原因主要有：(1) 电线和电气装置因受潮而绝缘不好，引起严重的漏电事故；(2) 电线和电气装置发生短路，而熔丝太粗，或盲目用铜丝、铁丝、铝丝代替，不起保护作用；(3) 某一支路用电量太大，而自动空气开关整定值太大，失去了保护作用。

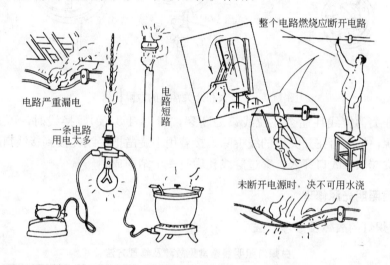

图14-1-7　照明电路燃烧的原因和检修方法

电路燃烧前会发出塑料、橡胶或胶木的焦臭味，这时应立即停电检修，不可继续使用。

一旦电路发生燃烧，首先应采取断电措施，决不可一见着火就用水浇或用灭火器去灭火。断电的方法可根据电路燃烧的情况而定：如果是个别用电器发生燃烧，可先关开关，或拔去插头，停止使用这个用电器，然后进行检查；如果是整个电路发生燃烧，应立即拉下总开关，断开电源（如果总开关离得很远，可在离开燃烧处较远的地方用有绝缘柄的钢丝钳或干燥的木柄斧头把两根电线一先一后地切断）。操作时需用干燥的木板或干凳垫在脚下，使人体与大地绝缘。当电源切断后，火势仍不熄灭，才可用水或灭火器灭火，但未切断电源的电路仍应避免受潮。

5. 灯头和开关常见的故障（图14-1-8）

灯头：螺旋口式灯头里有一块有弹性的铜片，图14-1-8（a），这块铜片往往会因弹性不足而不能弹起。发现这种现象，要拉下总开关，切断电源，再用套有绝缘管的小旋凿把铜片拔起。如果弹性的铜片表面有氧化层或污垢，应将其表面刮干净，否则也会使灯泡不亮。

开关：扳动式开关里有弹性的铜片，作为静触点，图14-1-8（b），这两块铜片往往因使用日久而各弯向外侧。发现这种现象，可先拉下总开关，切断电源，再用小旋凿把铜片弯向内侧。

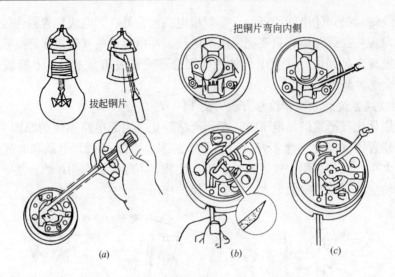

图 14-1-8　灯头和开关常见的故障检修

拉线式开关的拉线往往会在拉线口处断裂，图 14-1-8（c）。换线时，可先拉下总开关，切断电源，把残留在开关里的线拆除。接着用小旋凿把穿线孔拨到接线口处，把剪成斜形的拉线尖端从拉线口穿入，穿过穿线孔后打一个结即成。

三、常用照明光源修理

（一）白炽灯的故障及修理方法

白炽灯照明线路常见故障及修理方法　　　　　表 14-1-1

故障现象	产生原因	修理方法
灯泡不亮	(1) 灯泡钨丝烧断； (2) 电源熔断器的熔丝烧断； (3) 灯座或开关接线松动或接触不良； (4) 线路中有断路故障。	(1) 调换新灯泡； (2) 检查熔丝烧断的原因并更换熔丝； (3) 检查灯座和开关的接线处并进行修复，或用校火灯头检查； (4) 检查线路的断路处并进行修复。
开关合上后熔断器熔丝烧断	(1) 灯座内两线头短路； (2) 螺口灯座内中心铜片与螺旋铜圈相碰、短路； (3) 线路中发生短路； (4) 用电器发生短路； (5) 用电量超过熔丝容量。	(1) 检查灯座内两接线头并进行修复； (2) 检查灯座并扳中心铜片； (3) 检查导线是否老化或损坏并进行修复； (4) 检查用电器并进行修复； (5) 减小负载或更换熔断器。
灯泡忽亮忽暗或忽亮忽熄	(1) 灯丝烧断，但受震后忽接忽离； (2) 灯座和开关接线松动； (3) 熔断器熔丝接头接触不良； (4) 电源电压不稳定。	(1) 调换灯泡； (2) 检查灯座和开关并修复； (3) 检查熔断器并修复； (4) 检查电源电压。
灯泡发强烈白光并瞬时或短时烧坏	(1) 灯泡额定电压低于电源电压； (2) 灯泡钨丝有搭丝，从而使电阻减小，电流增大。	(1) 更换与电源电压相符的灯泡； (2) 更换新灯泡。

续表

故障现象	产生原因	修理方法
灯光暗淡	(1) 灯泡内钨丝挥发后，积聚在玻壳内表面透光度减小，同时由于钨丝挥发后变细，电阻增大，电流减小，光通量减小； (2) 电源电压过低； (3) 线路老化或绝缘损坏有漏电现象	(1) 正常现象，不必修理； (2) 调高电源电压； (3) 检查线路，更换导线

注：灯丝断掉在没有新灯泡更换时，可将灯丝轻轻对接暂时使用，有新灯泡后应及时更换。

（二）荧（日）光灯的故障及修理方法

荧光灯的故障及修理方法　　　　　　表 14-1-2

故障现象	产生原因	修理方法
灯管不能发光	1. 接触不良； 2. 起辉器损坏； 3. 灯管损坏； 4. 镇流器内部断开； 5. 电源故障（熔断丝熔断或空气开关跳闸）。	1. 紧固灯座或起辉器座内的接触簧片检查电路内部是否有线头松脱； 2. 将起辉器取下，用电线把起辉器座内两个接触簧短路，若灯管两端发亮则说明起辉器损坏，应更换； 3. 用万用表测试灯丝； 4. 用万用表测试镇流器电阻； 5. 检查电源电压。
灯管两端发光	1. 起辉器损坏； 2. 气温过低； 3. 电源电压过低； 4. 灯管陈旧寿命将终。	1. 将起辉器取下，若灯管正常发光，则说明起辉器损坏，应予更换； 2. 提高气温或加保温层； 3. 检查电源电压，如有条件应改用粗导线或升高电压； 4. 更换新灯管。
灯光抖动	1. 接线错误或灯脚松动； 2. 起辉器接触点并合或内部电容器击穿。	1. 改正电路或加固； 2. 更换起辉器。
灯管两端发黑或生黑斑	1. 灯管陈旧； 2. 若系新灯管可能因起辉器损坏，使两端发射物加速蒸发； 3. 灯管内水银凝结（细灯管常有）； 4. 电源电压过高； 5. 起辉器不好或接线不牢； 6. 镇流器配用规格不合。	1. 更换新灯管； 2. 更换起辉器； 3. 起动后即能蒸发； 4. 如有条件应调低电压； 5. 调换起辉器或将接线加固； 6. 调换合适镇流器。
灯光减低或色彩较差	1. 灯管陈旧； 2. 气温低或冷风直吹灯管； 3. 电路电压太低或电路压降较大； 4. 灯管上积垢太多。	1. 更换新灯管； 2. 加罩或回避冷风； 3. 可调整电压或调换导线； 4. 清除灯管积垢。

续表

故障现象	产生原因	修理方法
灯管使用时间短	1. 镇流器配用规格不合或质量差，或镇流器内部短路致使灯管电压过高； 2. 开关次数太多或起辉器不好，引起长时间闪烁； 3. 震动引起灯丝断掉； 4. 新灯管因接线错误而烧坏。	1. 更换镇流器； 2. 减小开关次数或更换起辉器； 3. 改善装置位置减小震动； 4. 改正接线。
灯不亮或补偿（功率因数）电容器不起作用	1. 熔丝熔断可能补偿电容器内部短路； 2. 补偿电容器接线接触不良或短路； 3. 补偿电容器接线错误。	1. 更换电容器； 2. 检修接线； 3. 改正接线。
灯光闪烁或光有滚动	1. 新灯管的暂时现象； 2. 单根管常见现象； 3. 起辉器接触不良或损坏； 4. 镇流器配用规格不合或接线不牢。	1. 开用几次或灯管两端对调即可消失； 2. 有条件和需要时改装双管灯； 3. 加固起辉器接触点或调换起辉器； 4. 调换镇流器或将接线加固。

荧光灯由灯管、镇流器、起辉器等三个主要部件组成。为了减少线路的功率损耗，通常采用并联电容器提高功率因数。其接线如图 14-1-9 所示，使用时应注意以下几点：

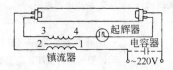 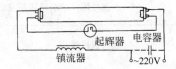

图 14-1-9　直管形荧（日）光灯接线图

1. 使用各种灯管时，应配相应功率的镇流器和起辉器，不同功率不能混用。

2. 使用荧光灯必须按规定正确接线，否则将导致灯管烧坏或不亮；使用电子镇流器的荧光灯，直接将灯管金属插头接入到镇流器引出的插座上即可。

第二节　供配电线路与防雷装置的检修

一、供配电线路的检修

供配电线路是建筑供配电系统的重要组成部分，担负着输送和分配电能的重要任务，按其结构可分为架空线路和电缆线路。

（一）架空线路的检查与检修

对架空线路应做好以下几方面的检查与检修工作：

1. 按规定周期对线路进行巡视检查

（1）定期巡视：巡视周期应根据架空线路的运行状况，沿线环境及重要性综合确定，一般情况下，35kV 及以上架空线路每两个月至少巡视一次，10kV 及以下架空线路每季度至少一次。

（2）遇有恶劣天气时，应根据架空线路周围环境的不同特点，进行不同性质的特殊巡视，如对污秽区遇有雨、雪天气时应增加巡视。

（3）根据架空线路所带负荷情况，适当进行夜间巡视。

（4）架空线路发生故障后，应根据变配电所出线开关保护动作情况进行故障的巡视。

2. 架空线路的巡视及登杆检查项目

（1）沿线地区有无堆放易燃、易爆和强腐蚀的物体，有无危及安全的挖土、堆土、建筑和吊车装卸、爆破、射击等活动；

（2）沿线地区有无树枝等杂物影响线路安全，有无新建交叉跨越物，其跨越距离是否符合规定；

（3）电杆有无倾斜、损坏及基础下沉现象，木杆有无变形、腐朽，如有倾斜应增加拉线，木杆腐朽应打绑桩或换杆；

（4）横担各部螺丝有无松动，发现松动应及时紧固；

（5）拉线是否完好，有无锈蚀、松弛、断股等现象，水平拉线对地面垂直距离是否符合规定；

（6）导线有无锈蚀、断股、烧伤等现象，否则应绑线或更换；

（7）导线接头是否良好，有无过热和氧化腐蚀等现象；

（8）导线对各种跨越距离及对地面的垂直距离是否符合规定；

（9）导线弧垂是否一致，弧垂有无过大或过小现象；

（10）绝缘子是否脏污，有无裂纹、闪络和放电现象；

（11）检查悬式绝缘子的开口销子和弹簧锁子是否完好，有无腐蚀、缺损或松动脱出现象；

（12）避雷装置的接地是否良好，接地线有无锈蚀和断裂。

3. 架空线路的故障及其防止措施

（1）架空线路的故障及其防止措施

①在配电线路中，由于线路水平排列，而且线间距离较小，如果同一档距内的导线弛度不相同，刮大风时各根导线的摆动也不相同，这就可能引起相间导线相碰而短路，所以必须严格注意导线的张力，使三相导线的弛度相等，并且在规定的标准内。

②大风刮断树枝掉落在线路上，引起导线相间短路，甚至断线，架空导线下树木的高度已超过导线，树枝紧贴或挨到导线，引起漏电，大风使树枝摆动，也可引起相间短路或断线，防止的措施应根据绿化与环境美化的要求，修剪树木或在架空线下载种低矮或生长较慢的树种。

③导线由于制造上的缺陷和架设中的损伤，造成导线断股，运行一段时间后，断股散开，散开处的线头碰到邻近导线上引起短路，因此发现断股导线后，应及时用绑线将断股线头绑绕好。

④导线长期受水分、大气及有害气体的影响，氧化侵蚀而损坏，钢导线和避雷线最容易锈蚀，巡视时发现导线严重腐蚀，应进行更换。

（2）瓷绝缘的故障原因和防止措施

①线路上的瓷质绝缘子由于受到空气中所含酸、碱、盐类有害成分的影响，使瓷质部分污秽，遇到潮湿天气，污秽层吸收水份，使导电性能加强，绝缘子表面放电而造成闪络事故。

为防止架空线路由于污秽而引起的闪络事故，目前行之有效的技术措施是采用防污瓷瓶或增加绝缘子的泄漏距离，以及采用高一级电压等级的瓷瓶。

②线路上误装不合格的瓷瓶或因绝缘子老化，在线路电压作用下发生闪络击穿。巡视时发现有闪络痕迹的瓷瓶应及时更换，而且新更换上的瓷瓶必须经过电器试验合格。

③瓷绝缘部分受外力破坏，发生裂纹或破损，如果打掉了大块瓷或是从边缘到顶部有裂纹时迅速更换，否则会引起绝缘降低而发生闪络。

(3) 电杆及金具的故障原因及防止措施

①由于土质及水份影响，使木杆根部腐朽，往往造成倒杆事故，因此木杆杆根应有防腐措施，如涂沥青或加钢筋混凝土桩等；

②水泥杆被外力碰撞发生倒杆事故，如运输机械碰杆等；

③线路受力不均，使杆塔倾斜，应加装拉线或调整线路；

④在导线振动的地方，金具螺丝易因振动而自行脱出，发生事故，因此清扫时应仔细检查金具各部件的接触是否良好。

(二) 电缆线路的运行维护与检修

1. 电缆线路的运行维护

(1) 敷设在土中、沟道中的电缆每三个月巡视检查一次；室内电缆终端头应每月巡视检查一次。

(2) 检查电缆沟的出入通道是否畅通，沟内如有积水应及时排处，并查明积水原因，采用堵漏措施，发现沟内有污物应及时清扫。

(3) 检查电缆沟内的防火及通风设备是否完善正常，并记录沟内的温度是否正常。

(4) 检查电缆沟及地面是否出现挖土、种树、打桩等现象，以及线路穿越的路面、铁路和建筑物等设施是否在翻造或检修等施工，有否可能破坏电缆安全运行的现象存在。

(5) 检查电缆中间接头及终端盒，接头有无破损及放电现象，接地是否良好。

(6) 检查室外漏出地面的电缆保护钢管或角钢有无锈蚀、移位等现象，固定是否可靠。

(7) 检查电缆路径地面有无酸碱腐蚀性排泄物及堆放的石灰等。

2. 电缆线路的常见故障及检修方法

(1) 常见故障主要有短路、受潮和断线等三种。造成的原因主要有电缆受外界机械损伤，严重过载，过电压使绝缘击穿，中间接头或终端盒不密封等。

(2) 常见故障的检修

①用兆欧表检查故障的原因：通常用500V或1000V兆欧表来区别电缆故障的原因。分别在电缆两端测量绝缘电阻值，当测得的某相对地绝缘电阻远远小于其他两相的对地绝缘电阻时，则该相电缆芯线对地短路；用同样方法还可测出相间短路、断线和受潮等故障。同时也能从绝缘电阻的下降程度，大致上分析出故障部分接近哪个终端。

②用电桥测定故障具体部位：通常采用单臂电桥来测定电缆线故障的部位，测试时电缆应有二根完好的芯线，否则要借用其他平行线路上的芯线或临时安装一根回线。测试故

障点的方法如图 14-2-1 所示。当电桥平衡时，电桥两臂电阻值之比应等于电缆芯线回路组成的两个电阻值之比；由于导线电阻值与它的长度成正比，所以平衡式为：

$$R_1/R_2=(2L-X)/X \text{ 即 } X=2R_2L/(R_1+R_2)$$

式中 R_1 和 R_2——电桥每臂电阻值（Ω）；
　　　　L——所测电缆芯线长度（m）；
　　　　X——故障点离测试点的距离（m）。

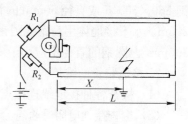

图 14-2-1 单臂电桥测定电缆故障点

③用智能电缆故障测试仪测量电缆线路的所有类型故障。

二、避雷与接地装置的检修

防雷、接地是房屋电气安全技术的重要内容。防雷、接地和接零的合理性，不仅影响供电系统的正常运行，而且关系到人身安全。因此，正确检修防雷、接地和接零装置是保证房屋建筑和电气设备安全、可靠工作的重要措施。

（一）避雷装置的检修

1. 建筑物防雷装置的检修

每年雷雨季节到来之前要对建筑物的防雷装置作全面的检修。

（1）检查接闪器连接部位是否牢固；

（2）检查接闪器与引下线的联接是否可靠；

（3）检查引下线与接地线的联接。

如发现脱焊或局部锈蚀、断线，应及时修理。

2. 电气防雷设备的检修

电气防雷设备。主要是 10kV 及以下供配电系统的防雷。

（1）避雷器在安装前和每年雷雨季节到来之前要进行绝缘电阻的测定，其绝缘电阻应在 1000～2000MΩ 以上，低压的也要在 200MΩ 以上才能投入运行，测量避雷器的绝缘电阻，可用 2500V 或 1000V 的兆欧表测试。在测试绝缘电阻前，还应检查避雷器的外表情况。如瓷筒有无裂纹，顶端帽盖上的紧固螺丝有无松动现象，瓷筒表面有无闪络等现象。

经常遭雷击的地区，其变压器低压侧及用户进户线入口处需加装 400V 电压等级的避雷器，以确保变压器和用户用电设备的安全。

（2）检查避雷器与电气线路的连接，避雷器与接地体的连接是否可靠。

（二）接地、接零装置的检修

1. 接地电阻、接地体

（1）接地电阻

变压器低压侧中性点直接接地系统，接地电阻不大于 4Ω；重复接地电阻应等于或小于 10Ω。保护接地电阻取决于人体允许的接触电压及电网的接地电流，一般取保护接地电阻为 4～10Ω。电气设备的防雷接地电阻不应大于 10Ω。建筑物防雷接地，一类、二类建筑物冲击接地电阻不应大于 10Ω；三类建筑物冲击接地电阻不应大于 30Ω。

（2）接地体

接地体顶端应埋设在地下深 0.8m 左右，一般不应小于 0.6m。垂直接地体多采用角钢 L50×50×5 或直径 50mm 的管形接地体，管壁厚度不小于 3.5mm，角钢或钢管长度为 2.5m。水平接地体用扁钢或圆钢等材料制成。扁钢的厚度不应小于 4mm，截面积不小于 100mm^2。圆钢的直径不应小于 10mm。

2. 接地装置的维护

(1) 检查各种接地线连接点是否牢固，接地线有无损坏、锈蚀和断路；

(2) 检查接地电阻是否符合要求，不符合要求的应及时处理；

(3) 检查接地线与引下线连接处（断接卡子）是否符合要求。为防止断接卡子上的镀锌螺栓锈蚀，应涂抹中性凡士林，使螺栓拆卸方便，便于测试接地电阻；

(4) 检查接地引下线与土壤接触部分是否损坏、锈蚀；

(5) 检查裸露在外的接地线、接地引下线和电缆铠甲有无生锈。

对损坏和断路的接地线应及时修复，生锈的接地线和电缆铠甲应除锈，刷防锈漆两道，并刷黑漆加以保护。接地引下线与地表接触部分新建和检修时应加热缩塑料管保护，保证接地线完整可靠。

(三) 用接地电阻测量仪测量接地电阻

接地电阻测量仪也称接地摇表，主要用于直接测量各种接地装置的接地电阻。

1. 接地电阻的测量方法

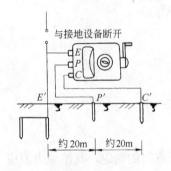

图 14-2-2 接地电阻的测量

(1) 沿被测接地极 E' 使电位探测针 P' 和电流探测针 C' 依直线彼此相距 20m，且电位探针 P' 插于接地电极 E' 和电流探测针 C' 之间（图 14-2-2）。

(2) 用导线将 E'、P' 和 C' 联接仪表相应的端钮。

(3) 应将仪表放置水平位置，检查指针是否指于中心线上，否则可用零位调整器将其调至中心线上。

(4) 将"倍率标度盘"置于最大倍数，慢慢转动发电机的手柄，同时旋动"测量标度盘"使检流计的指针指于中心线。

(5) 当检流计的指针接近平衡时，加快发电机摇把的转速，使其达到每分钟 120 转以上，调整"测量标度盘"使指针指于中心线上。

(6) 如果"测量标度盘"的读数小于 1 时，应将倍率标度置于较小的倍数、再重新调整"测量标度盘"以得到正确读数，并乘以倍率标度的倍数，即为所测的接地电阻值。

2. 测量注意事项

(1) 当测量电气设备保护接地电阻时，一定要断开设备，否则会影响测量的数值。

(2) 当接地极 E' 和电流探针 C' 之间的距离大于 20m 时，电位探针 P' 的位置允许插在离 E'、C' 之间的直线几米以外，但 E'、C' 间距离小于 20m 时，则应将电位探测针 P' 正确地插在 E' 和 C' 的直线中间。

第三节　高、低压电器的检修

高、低压电器是供配电装置的重要组成部分。它包括各种断路器、隔离开关、自动空气开关、漏电保护器、接触器以及熔断器等。

一、常用高压开关和保护电器的检修

（一）高压熔断器

在建筑供电系统中，对容量较小而且不太重要的负荷，广泛使用高压熔断器作为输、配电线路及电力变压器的过载及短路保护，它既经济又能满足一定程度的可靠性。

1. 高压熔断器熔体与熔断管及负荷电流的配合

（1）熔体的额定电流值最好为熔丝管容量的 30%～100%，不能大于熔丝管额定值，以利于灭弧；

（2）熔体额定电流值应与负荷电流配合，根据负荷的性质不同，一般熔体的额定电流为负荷电流的 1.5～2.5 倍。

2. 高压熔断器的运行检查

（1）户内型熔断器瓷管的密封是否完好，导电部分与固定底座静触头的接触是否紧密；

（2）检查瓷绝缘部分有否损伤和放电痕迹；

（3）检查熔断器的额定值与熔体的配合和负荷电流是否相适应；

（4）户外型熔断器的导电部分接触是否紧密，弹性静触头的推力是否有效，熔体本身有否损伤，绝缘管有否损伤和变形；

（5）户外型熔断器的安装角度有否变动，分、合操作时应动作灵活，无卡劲；熔体熔断时熔丝管掉落应迅速，以形成明显的隔离间隙，上、下触头应对准；

（6）户外型熔丝管上端口的磷铜膜片是否完好，紧固熔体时应将膜片压封住熔断管上端口，以保证灭弧迅速，熔丝管正常时不应发生受力震动而掉落的现象。

3. 跌落式熔断器常见故障及修理方法

跌落式熔断器常见故障及修理方法 表 14-3-1

常 见 故 障	产 生 原 因	修 理 方 法
熔丝熔断	1. 过载或电气设备短路； 2. 熔丝容量选得太小； 3. 熔丝质量不好。	1. 减少负载或排除短路，更换熔丝； 2. 重新选择熔丝； 3. 更换熔丝。
熔丝管烧坏	熔断器上、下转轴安装不正或转动不灵活，使熔丝熔断时熔丝管不能迅速跌落。	停电检修熔断器，更换熔丝管。
熔丝管误跌落	1. 操作马虎，未合紧熔丝管； 2. 熔断器上部静触头的弹簧压力过小，或熔断器上盖被烧损、磨损，不能挡住熔丝管	1. 重新合上熔丝管； 2. 停电检修熔断器；调整上部静触头的弹簧压力

（二）高压隔离开关

1. 高压隔离开关的运行维护

（1）触头及连接点有无过热现象；负荷电流是否在它的容量范围内；

（2）瓷绝缘有无破损和放电现象；

（3）操作机构的部件有无开焊、变形或锈蚀现象，轴、销钉、紧固螺母等是否正常；

第十四章　供电用电设施设备维修

（4）维修时应用细砂布打磨触头、接点，检查其紧密程度，并涂以中性凡士林油；

（5）分、合闸过程应无卡劲，触头中心要校准，三相是否同时接触；

（6）严禁带负荷分、合闸，维修时应检查它与断路器的连锁装置是否完好；

（7）隔离开关每年应进行一次接点电阻和开、合试验。

2. 高压隔离开关常见故障及修理方法

高压隔离开关的常见故障及修理方法　　表 14-3-2

常见故障	产生原因	修理方法
隔离开关拉不开	1. 接触部分卡住； 2. 传动机构失灵。	1. 停电检修接触部分； 2. 停电检修传动机构。
接触部分发热或变色	1. 压紧弹簧松弛或螺栓松动； 2. 闸刀接触不良。	1. 停电更换弹簧或拧紧螺栓； 2. 停电检修接触部分。
带负荷拉合闸	违反操作规程，导致隔离开关误操作	带负荷误拉闸时，如在拉开后就发现误拉闸，应继续拉闸到底，注意不要重新合闸。如系分相拉闸，应在该相拉闸完毕后，停止其他相的拉闸，改用断路器操作。带负荷误合闸后，在未切除负荷之前，不许再把误合闸的隔离开关重新拉开

（三）高压负荷开关

1. 负荷开关的运行维护

（1）检查负荷电流是否在额定值范围内，接点部分有无过热现象；

（2）检查瓷绝缘的完好性及有无放电痕迹；

（3）检查灭弧装置的完好性，消除烧伤、压缩时漏气等现象；

（4）柜外安装的负荷开关，应检查开关与操作手柄之间的安全附加挡板装设是否牢固；

（5）连接螺母是否紧密；

（6）操作传动机构各部位是否完整，动作应无卡劲；

（7）三相是否同时接触，中心有无偏移等。

2. 高压负荷开关的常见故障及修理方法

高压负荷开关的常见故障及修理方法　　表 14-3-3

常见故障	产生原因	修理方法
三相触头不能同时分断	传动机构失灵	检修传动机构，调整弹簧压力
触头损坏	由电弧烧损而引起	修理或更换触头
灭弧装置损坏	由电弧烧损而引起	更换灭弧装置

（四）高压断路器

1. 高压断路器的运行检查

（1）值班人员应在每班时间内对断路器巡视检查一次，对于无值班的变、配电所，每周应检查一次。在断路器发生故障跳闸后，应对它立即进行特殊巡视检查，以决定是否需要检修，并作好记录。

(2) 绝缘套管有无异常杂音及闪路；

(3) 外壳温度，油面计所指示的油面，外壳是否漏油；

(4) 传动机构的状态及排气孔的隔片是否完整；

(5) 导体连接点处有无过热现象；

(6) 分、合闸操作电源回路是否保持正常，信号装置的指示是否正确；

(7) 电气、机械联锁装置是否正常；

(8) 对高压断路器还应每年进行一次耐压试验，在每次大修时还应更换新油。

2. 高压断路器常见故障及修理方法

高压断路器的常见故障及修理方法　　　　表 14-3-4

常 见 故 障	产 生 原 因	修 理 方 法
断路器不能合闸	1. 传动机构卡住或安装调整不当； 2. 辅助开关接点接触不良； 3. 铁芯顶杆松动变位； 4. 合闸回路断线或熔丝熔断； 5. 合闸线圈内部钢套不光滑或铁芯不光滑，导致卡涩现象。	1. 检查传动机构，正确地安装调整； 2. 检修辅助开关； 3. 检修、调整铁芯顶杆； 4. 修复断线或更换熔丝； 5. 修磨钢套或铁芯。
断路器不能跳闸	1. 参照断路器不能合闸的原因； 2. 继电保护装置失灵。	1. 参照断路器不能合闸的处理方法； 2. 检查测试继电保护装置及二次回路。
油断路器缺油 （油位计见不到油）	1. 漏油使油面过低； 2. 油位计堵塞	1. 立即断开操作电源，在手动操作把上悬挂"不准拉闸"的警告牌，将负荷从其他地方切断，停电检修漏油部位。此时油断路器只能当刀闸使用； 2. 清除油位计中的脏物，使其指示正常

二、常用低压电器的检修

各种低压电器经长期使用或使用不当，缺乏经常性维护，可能产生故障影响正常运行。因此，必须及时做好修理工作。修理电器时拆卸必须仔细，要注意各零件的装配次序，千万不可硬拆、硬敲，造成不必要的损失。

（一）自动空气开关

自动空气开关主要用于低压配电系统工作中的不频繁操作，它可供电路在过载、短路、失压以及电压降低时自动切断电路之用。

1. 调整和检查自动空气开关触头时应注意的参数

调整和检查触头时应注意以下主要参数：

(1) 开距：即触头完全断开时动、静触头之间的最短距离。开距在保证可靠灭弧的条件下，应尽量小一些，以减少工作间隙。衔铁行程：电磁铁芯尺寸和行程应尽量小，以利于减少触头的振动。双档触头的弧触头开距一般在 15～17mm 之间，弧触头刚接触时主触头之间的距离，以 4～6mm 为宜。

(2) 超行程：是触头开始接触时动触头再向前走的一段距离，它应保证主触头在磨损

1/2～1/3 时仍能可靠接触。过大的超行程不利于触头减少振动，一般主触头超行程在 2～6mm 之间。

(3) 初压力：动、静触头刚接触时的压力，一定数值的初压力可降低动、静触头开始碰撞时的反弹（或称跳动），以减少触头的振动和电磨损。

(4) 终压力：触头处于闭合位置时的压力，主要是使运行时触头温升不超过允许值，同时使主触头在通过短路电流时不会因电动力斥开产生跳动而熔焊。

2. 自动空气开关常见故障及修理方法

自动空气开关常见故障及修理方法　　　　　表 14-3-5

常 见 故 障	产 生 原 因	修 理 方 法
手动操作自动空气开关触头不能闭合	1. 失压脱扣器无电压或线圈损坏； 2. 贮能弹簧变形，闭合力减小； 3. 反作用弹簧力过大； 4. 机构不能复位再扣。	1. 加以电压或更换线圈； 2. 更换弹簧； 3. 调整弹簧反作用力； 4. 调整脱扣表面至规定值。
电动操作的自动空气开关不能合闸	1. 操作电源电压不符； 2. 操作电源容量不够； 3. 合闸电磁铁或电动机损坏； 4. 电磁铁拉杆行程不够； 5. 电动机操作定位开关失灵； 6. 控制器中的整流管或电容器损坏。	1. 更换电源； 2. 增大电源容量； 3. 检修电磁铁或电动机； 4. 重新调整或更换拉杆； 5. 重新调整或更换开关； 6. 更换整流器或电容器。
有一相触头不能闭合	1. 该相连杆损坏； 2. 限流开关斥开机构可折连杆之间的角度变大。	1. 更换连杆； 2. 调整到原技术条件规定的要求（一般为 170°）。
分励脱扣器不能使自动开关分闸	1. 线圈损坏； 2. 电源电压太低； 3. 脱扣面太大； 4. 螺钉松动。	1. 更换线圈； 2. 更换电源或升高电压； 3. 重新调整脱扣面； 4. 拧紧螺钉。
失压脱扣器不能使自动空气开关分闸	1. 反力弹簧的反作用力太大； 2. 贮能弹簧力太小； 3. 机构卡死。	1. 调整或更换反力弹簧； 2. 调整或更换贮能弹簧； 3. 检修机构。
自动空气开关在起动电动机时自动分闸	1. 电磁式过电流脱扣器瞬动整定电流太小； 2. 智能型瞬时脱扣器的整定电流太小。	1. 调整瞬动整定电流； 2. 按说明调整瞬动整定电流。
自动开关工作一段时间后自动分闸	1. 过电流脱扣器长延时整定值不符合要求； 2. 热元件或半导体延时电路元件变质。	1. 重新调整； 2. 更换元件。
失压脱扣器有噪声或振动	1. 铁芯工作面有污垢； 2. 短路环断裂； 3. 反力弹簧的反作用力太大。	1. 清除污垢； 2. 更换衔铁或铁芯； 3. 调整或更换弹簧。
自动开关温升过高	1. 触头接触压力太小； 2. 触头表面过分磨损或接触不良； 3. 导电零件的连接螺钉松动。	1. 调整或更换触头弹簧； 2. 修整触头表面或更换触头； 3. 拧紧螺钉。

续表

常见故障	产生原因	修理方法
辅助触头不能闭合	1. 动触桥卡死或脱落； 2. 传动杆断裂或滚轮脱落。	1. 调整或重装动触桥； 2. 更换损坏的零件。
半导体过电流脱扣器误动作，使自动开关断开	在寻找故障时，确认半导体脱扣器本身无故障后，在大多数情况下可能是别的电器动作产生巨大的电磁场脉冲，错误触发半导体脱扣器	需要仔细寻找引起错触发的原因，例如大型电磁铁的分断，接触器的分断和电焊等，找出错触发源予以隔离或更换线路

（二）接触器常见故障的检修

接触器是用来频繁地接通和断开交、直流主电路及大容量控制电路的控制电器。它具有动作迅速，操作安全方便，能频繁操作和远距离操作等优点，主要用作电动机的主控开关或低压配电线路的自动投切。

1. 接触器的故障检修

（1）触点断相：由于某相触头接触不好或连接螺丝松脱，使电动机缺相运行，此时电动机虽能转动，但发出嗡嗡声，有此情况，应立即停车检修。

（2）触头熔焊：按"停止"按钮，接触器不能分断，此类故障是由于两相或三相触头因过载电流大而引起熔焊现象的，应立即切断前一级开关，检查修理。

（3）接触器的维护：要定期检查接触器各部件工作情况，零部件如有损坏要及时更换或修理；接触器的可动部分不能卡住，活动要灵活，紧固件无松脱；接触器的触头表面部分与铁芯极面要经常保持清洁，如有油垢，要及时清洗，触头接触面烧毛时，要及时修整，触头严重磨损时，应及时更换。

（4）灭弧罩如有碎裂，应及时更换，原来带有灭弧罩的接触器决不允许不带灭弧罩使用，以防止短路事故。

2. 交流接触器常见故障及修理方法

交流接触器常见故障及修理方法 表 14-3-6

常见故障	产生原因	修理方法
通电后不能合闸	1. 线圈故障或线圈的控制回路开断； 2. 运动部分的机械结构卡住； 3. 交流接触器转动轴生锈或歪斜； 4. 触头与灭弧室壁卡住； 5. 线圈额定电压与电网电压不相符。	1. 调换故障线圈，检查线路找出断开点； 2. 修理时首先应用机油润滑机械联结部分，必要时拆开消除故障原因； 3. 拆下来清洗轴端及支承件使轴杆转动灵活或调换配件； 4. 调整触头与灭弧室位置，消除两者的摩擦现象； 5. 换上相符的电压线圈。
接触器合闸一下但又断开	1. 控制线路内的接点连接不良； 2. 联锁触头接触不良或控制线路内的中间继电器触头接触不良	1. 检查线路接点，修复缺陷； 2. 整修触头，使其接触良好。
送电后并未完全合上	接触器触头弹簧太紧。	调整触头弹簧，压力应不超过出厂的极限范围。

续表

常见故障	产生原因	修理方法
断电时衔铁不落下	1. 触头间弹簧压力过小; 2. 电器的底板下部较上部凸出; 3. 衔铁或机械部分被卡住; 4. 触头熔焊在一起。	1. 调整触头压力; 2. 装直电器; 3. 除去障碍; 4. 更换触头。
主触头发热	1. 负载超过额定容量; 2. 触头超行程过大; 3. 触头严重氧化; 4. 触头严重烧损; 5. 触头压力不足; 6. 触头积有灰尘、污垢或烧损; 7. 接线松脱。	1. 测量负载电流,减小负载; 2. 更换触头; 3. 拆下触头,清洁触头表面; 4. 更换触头; 5. 检查压力,调换弹簧; 6. 用回丝揩清,或用细砂布砂清; 7. 拆下清理然后旋紧。
辅助触头接触不良	1. 污垢、烧坏; 2. 弹簧弹性不足。	1. 用回丝揩清或用砂布砂清; 2. 检查压力,调换弹簧。
在完全合上后主触头有火花及发热	1. 触头不符合规格要求; 2. 触头压力不足。	1. 更换触头; 2. 更换弹簧,用细砂布修整触头。
交流声强大	1. 电枢与铁心结合不良,表面有尘污或生锈; 2. 短路环损坏; 3. 接触压力过大; 4. 电枢和铁芯的夹紧螺丝松动; 5. 电枢与铁心结合不均匀; 6. 电压太低; 7. 各部配合不当。	1. 刮去尘污,用干净回丝揩清表面; 2. 更换同样尺寸和材料的短路环; 3. 调换触头弹簧; 4. 紧固螺丝; 5. 擦清电枢及铁心,必要时进行刮研,刮研工作必须小心进行; 6. 检查线路电压; 7. 检查电磁铁的转动轴和连杆。
线圈过热烧毁	1. 超压运行; 2. 线圈弄错(断续短时定额的线圈使用时间超过限度); 3. 操作过于频繁; 4. 线圈部分短路,由于遭到机械损坏,腐蚀或导电尘埃; 5. 欠压运行,磁铁不能闭合; 6. 四周温度升高(高于30℃)。	1. 检查线路电压; 2. 核对制造厂产品说明书,调换线圈; 3. 适当延长操作间隔时间; 4. 调换新线圈并设法改善所在环境或增加绝缘厚度; 5. 检查线路电压及反作用弹簧; 6. 调节温度或改换装置。
线圈损毁	1. 空气潮湿,含有腐蚀性气体; 2. 机械方面碰坏; 3. 严重振动。	1. 更换新线圈,必要时用特种绝缘漆; 2. 对碰坏处进行修整或调换新线圈。拆装时要小心,以免碰坏; 3. 检查装置情况,消除或减轻振动。
短路环断却	由于电压过高,线圈用错弹簧断却或疲劳,以致磁铁作用时撞击过猛。	调换配件并找出原因

续表

常见故障	产生原因	修理方法
配件磨损或断却	1. 由于电压过高,与线圈不合,以致操作时闭合及断开的冲击力过大; 2. 由于短路环断却,控制电路的部分接触不良,以致闭合时发生振动; 3. 由于负载过大,使用次数过多,尘埃中带有金属微粒	调换配件,并研究原因所在

（三）热继电器的常见故障及修理方法

热继电器是在电动机等电气设备过载时起保护作用的一种自动控制电器；它具有结构简单，体积小，价格较低，保护特性较好等优点，应用非常广泛。所以对热继电器的维护十分重要。

热继电器的常见故障及修理方法　　　　　　　　表 14-3-7

常见故障	产生原因	修理方法
热继电器误动作	1. 电流整定值偏小; 2. 电动机起动时间过长; 3. 操作频率过高; 4. 连接导线太细。	1. 调整整定值; 2. 按电动机起动时间的要求,选择合适的热继电器或采取措施。在起动过程中将热继电器短接; 3. 减少操作频率或更换热继电器; 4. 按规定选用标准导线。
热继电器不动作	1. 电流整定值偏大; 2. 热元件烧断或脱焊; 3. 动作机构卡住; 4. 导板脱出; 5. 连接导线太粗。	1. 调整整定值; 2. 更换热元件; 3. 检修动作机构; 4. 调整好导板位置; 5. 按规定选用标准导线
热元件烧断	1. 负载侧短路; 2. 操作频率过高。	1. 排除短路故障,更换热元件; 2. 减小操作频率,更换热元件或热继电器。
热继电器的主电路不通	1. 热元件烧断; 2. 接线螺钉未拧紧	1. 更换热元件或热继电器; 2. 拧紧螺钉

三、互感器的检修

互感器分为电压互感器和电流互感器。

（一）电压互感器的检修

1. 运行中的巡视检查

运行中的互感器应经常保持清洁，每二年进行一次预防性试验，平时应定期巡视检查。

（1）油浸式电压互感器，检查是否有漏油现象，油表中油位至少在最低监视线以上。

（2）观察瓷质部分应无破损和放电现象。

(3) 检查有无异常响声。在运行中，一般不易听到"嗡嗡"的响声，如内部放电，会发出"吱吱"声，应多加注意。

(4) 当线路接地时，供接地监视用的电压互感器声音是否正常。

(5) 接至测量仪表、继电保护及自动装置回路的熔丝是否熔断等。

2. 常见故障及修理方法

电压互感器的常见故障及修理方法　　　　表 14-3-8

常见故障	产生原因	修理方法
测量仪表无指示或指示不正确	1. 二次回路断路或接触不良； 2. 低压侧熔丝熔断或单极空气开关跳闸。	1. 检查二次回路； 2. 查明原因，更换熔丝或合上单极空气开关。
内部故障	1. 二次侧过载或短路，使高压熔断器熔丝熔断； 2. 有火花放电的响声和噪声，发出臭味或冒烟。线圈与外壳之间或引出线与外壳之间火花放电，有过热现象	1. 高、低压侧熔丝选择不匹配，应重新选择； 2. 应立即停电检修，如无法修复应更换电压互感器

（二）电流互感器的运行检修

1. 运行中的检查

电流互感器运行中检查的主要内容是：

(1) 检查表面有否损坏之处，检查绝缘瓷瓶接触连接的状况。

(2) 检查有无响声，在正常运行中是听不到"嗡嗡"声，如果二次侧开路或过载等原因会发出较大的"嗡嗡"声，二次侧开路可用电流表来监视。

2. 常见故障及修理方法

电流互感器的常见故障及修理方法　　　　表 14-3-9

常见故障	产生原因	修理方法
测量仪表无指示或指示不正确	1. 二次回路断路； 2. 二次回路接触不良或端子排螺钉松动。	1. 检查二次回路； 2. 检查二次回路或拧紧螺钉。
内部故障	1. 二次侧负载阻抗过大（引起发热）； 2. 二次回路开路（电流互感器冒烟、声音不正常，可能引起线圈烧坏）	1. 减小二次侧阻抗； 2. 应停电检查，修复或更换新电流互感器

四、漏电保护器的使用与维护

漏电保护器是用以防止因触电、漏电引起的人身伤亡事故、设备损坏以及火灾的一种安全保护电器。

装设漏电保护器仅仅是防止发生人身触电伤亡事故的一种有效的后备安全措施，而最根本性的措施是防患于未然；不能过分夸大漏电保护器的作用，而忽视了根本安全措施，对此应有充分认识。

（一）电流动作型漏电保护器（RCD）

漏电保护器按其动作原理可分为电压动作型和电流动作型两大类，电压动作型因存在难以克服的缺点而为历史所淘汰，电流动作型可分为电磁式、电子式和中性点接地式三类。

1. 漏电保护器的工作原理

漏电保护器的工作原理图如图 14-3-1。

当被保护电路无触电、漏电故障时，由克希荷夫电流定律可知，正常情况下通过漏电电流互感器 TA 的一次侧电流的相量和等于零，即

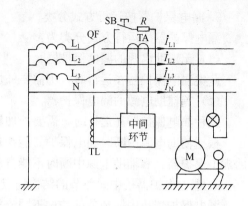

图 14-3-1 漏电保护器的工作原理图

$$\dot{I}_{L1} + \dot{I}_{L2} + \dot{I}_{L3} + \dot{I}_N = 0 \quad (14\text{-}3\text{-}1)$$

这样，各相线工作电流在电流互感器环形铁心中所产生的磁通相量和也为零，即

$$\Phi_{L1} + \Phi_{L2} + \Phi_{L3} + \Phi_N = 0 \quad (14\text{-}3\text{-}2)$$

因此，电流互感器的二次侧线圈没有感应电动势产生，漏电保护器不动作，系统保持正常供电。

当被保护电路有人触电或出现漏电故障时，由于漏电电流的存在，使得通过电流互感器一次侧的各相负荷电流（包括中性线电流）的相量不再为零，即

$$\dot{I}_0 = \dot{I}_{L1} + \dot{I}_{L2} + \dot{I}_{L3} + \dot{I}_N \quad (14\text{-}3\text{-}3)$$

各相负荷电流的相量和 $\dot{I}_0$ 为漏电电流（或剩余电流）。此时，在电流互感器的环形铁心上将有励磁磁势存在，所产生的磁通的相量和，即

$$\Phi_0 = \Phi_{L1} + \Phi_{L2} + \Phi_{L3} + \Phi_N \quad (14\text{-}3\text{-}4)$$

因此，电流互感器的二次侧线圈在交变磁通 Φ_0 的作用下，就有感应电动势 E_2 产生，此信号电压经过中间环节的处理和比较，当达到预期值时，使主开关的励磁线圈 TL 通电，驱动主开关动作，迅速切断被保护电路的供电电源，从而达到防止触电事故的目的。图 14-3-1 中是由 SB（按钮）和电阻器 R 组成的试验回路，供检验保护器动作正常与否。由上述漏电保护器的工作原理可知，它仅能就电路相线或零线的对地漏电或触电提供保护，对相与相之间的触电是不起保护作用的。

2. 漏电保护器按主开关的极数和电流回路分类

按主开关的极数和电流回路分类有：

(1) 单极二线漏电保护器。

(2) 二极漏电保护器。

(3) 二极三线漏电保护器。

(4) 三极漏电保护器。

(5) 三极四线漏电保护器。

(6) 四极漏电保护器。

这种分类形式用以满足被保护电路的各种接线方式的需求。其中单极二线、二极三线和三极四线三种形式的漏电保护器均有一根直接穿过漏电电流检测互感器而不能断开的中性线。

3. 漏电保护器按运行方式分类

漏电保护器按运行方式分类为：

(1) 无辅助电源的漏电保护器

此类漏电保护器在运行时，不需要外加辅助电源。

(2) 有辅助电源的漏电保护器

此种漏电保护器在运行时，需要外加辅助电源。

根据辅助电源中断时漏电保护器能否自行断开，又可分为辅助电源中断时能自动断开的漏电保护器，和辅助电源中断时不能自动断开的漏电保护器。

4. 漏电保护器按中间环节的结构特点分类

漏电保护器按中间环节的结构不同分类：

(1) 电磁式漏电保护器

电磁式漏电保护器的中间环节为电磁机构，有电磁脱扣器和灵敏继电器两种形式。

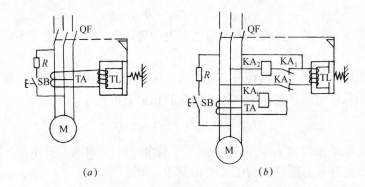

图 14-3-2　带有电磁脱扣器和电磁继电器型漏电保护器电气原理图
(a) 电磁脱扣器型；(b) 电磁继电器型

电磁式漏电保护器由于全部采用了电磁元件，故其承受过电流冲击和过电压冲击的能力较强。并且当主电路缺相时仍能起漏电保护的作用。但是，电磁式漏电保护器的灵敏度不易提高，制造工艺复杂、价格较贵，已逐步被电子式所取代。

(2) 电子式漏电保护器

电子式漏电保护器的中间环节为由电子器件组成的电子电路，有分立元件电路，也有集成电路，对漏电信号起放大、处理和比较作用。这种漏电保护器由于使用了电子元器件，因此，很容易提高灵敏度，且制造容易、调整方便、使用长久。但电子元器件对使用环境的要求严格，抗电磁干扰性能较差。

电磁式和电子式漏电保护器的性能比较见表 14-3-10。

电磁式与电子式漏电保护器性能比较　　　　表 14-3-10

项　目	电磁式	电子式
灵敏度	以 30mA 为限，100A 以上的大容量产品提高灵敏度有困难	灵敏度高，可制成超高灵敏度 6mA 及以下
电源电压对特性的影响	无	有（有稳压电源可减少影响）

续表

项　目	电　磁　式	电　子　式
环境温度对特性的影响	很小	有（有温度补偿可减少影响）
绝缘耐压能力	可满足2000V或2500V，1min的耐压试验	只能按电子元件试验要求进行试验
耐雷电冲击能力	强	弱（有过电压吸收器可提高耐雷能力）
延时和反时限特性	比较困难	容易
耐机械冲击和振动能力	一般较差	较强
外界磁场干扰	小	强（电子回路采取防干扰措施后可减少影响）
结构	简单	复杂
制造要求	精密	简单
接线要求	可进出线倒接	不可倒接
价格	较贵，100A以上很贵	较便宜，100A以上比电磁式便宜得多

（二）漏电保护器的选择与使用

1. 漏电保护器类型的选择

应根据保护对象和保护要求选择漏电保护器类型：①要求有短路保护时宜选用漏电断路器；②在发生接地漏电故障时不允许断开被保护电路，而只发出信号时，宜选用漏电继电器；③电路中本来已有短路保护电器时，应选用漏电开关；④用于线路末端或移动电器时可使用漏电插头及插座。

2. 漏电动作特性的选择

应根据直接触电保护和间接触电保护的不同要求选择漏电保护器的漏电动作特性。

（1）直接触电保护宜采用漏电动作电流为30mA的快速动作型漏电开关。例如，在住宅进户线的电度表后安装一台漏电动作电流为30mA的快速动作型漏电开关；在发生触电后还可能引起二次性伤害处，宜安装灵敏度更高的漏电动作电流为10mA的快速动作型漏电开关。

（2）间接触电发生在额定电压为220V及380V的固定式用电设备的绝缘损坏时：①当设备外壳的接地电阻为500Ω以下，单机保护可选用漏电动作电流为50mA的快速动作型漏电保护器；额定电流较大的电气设备或多台设备的供电回路，可选用漏电动作电流为100mA的快速动作型漏电保护器。②设备外壳的接地电阻在100Ω以下，宜选用漏电动作电流为300～500mA的快速动作型漏电保护器。

（3）当分支电路设有高灵敏度高速漏电保护器时，为保证供电的连续性和实现分级保护，干线处宜选择额定漏电动作电流大，而且漏电动作有延时的漏电保护器。

应当指出因用电设备本身在正常情况下有一定的泄漏电流，所以无限制地提高对漏电保护器灵敏度的要求是不恰当的，因这样做会引起漏电保护器经常误动作而影响供电可靠性。

3. 漏电保护器的安装和使用

（1）安装前应检查产品铭牌上的数据是否符合使用要求，并操作数次视其动作是否灵活。

（2）产品上标有电源端和负载端时应按此规定接线切忌接反。

（3）应按规定位置进行安装以免影响动作性能。同时应注意带短路保护的漏电保护与其他元件或物体的相互位置。

（4）保护器的额定电流应与被保护元件的负载电流相配合尤其是带过载保护的产品。否则，过大起不到过载保护作用过小则发生误动作。

（5）在高温、低温、高湿、多尘以及有腐蚀性气体的环境中使用时应采取必要的辅助防护措施以防保护器不能正常工作或损坏。

（6）使用之前应操作试验按钮检验保护器的动作功能，只有能正常动作方可投入使用。

（7）在装有漏电保护器的线路中用电设备外壳的接地线不得与工作零线连接，以防发生误动作，也不能与无漏电保护器保护的用电设备外壳接地线共用一个接地体。在有接零保护的系统中，用电设备外壳接地线允许同保护器前面的零线连接，但不得穿过保护器的零序电流互感器铁芯。

（8）保护器的漏电、过载和短路保护特性均由制造厂调整好，用户不允许自行调节。

（9）有过载保护的产品在动作后需要投入时，应先按复位按钮使脱扣器复位，不可按漏电指示器，因为它仅指示漏电动作。

（三）触电漏电保护器的误动作原因及防止方法

1. 因接线错误引起的误动作

在三相四线制供电线路中若单相负载连接错误会导致触电漏电保护器产生误动作。如图14-3-3（a）的单相负载的工作中性线没有穿过漏电电流互感器，会引起误动作，正确接线应使工作中性线穿过漏电电流互感器。可采用三极四线式触电漏电保护器按图14-3-3

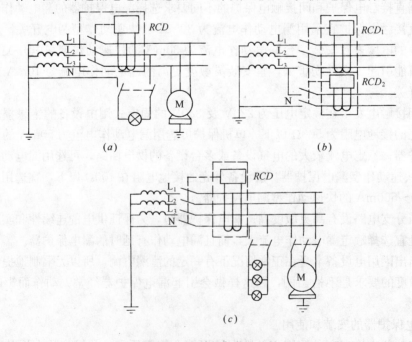

图14-3-3 单相负载的连接

(c) 接线也可采用二台触电漏电保护器按图 14-3-3 (b) 接线,对单相负载和三相负载分别进行保护。

在电气设备具有保护接零线路中,安装触电漏电保护器时,若误将保护接零导线穿过漏电电流互感器,将使电气设备的漏电电流无法被检测出来,造成漏电保护器拒动如图 14-3-4 (a),正确接线见图 14-3-4 (b)。

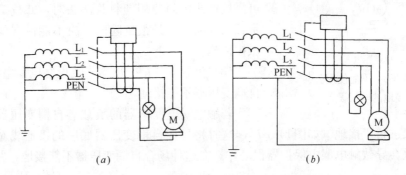

图 14-3-4 电气设备的保护接零的连接

由上述可知,安装触电漏电保护器时,一定要注意线路中中性线的正确接法即工作中性线一定要穿过漏电电流互感器,而保护中性线决不能穿过漏电电流互感器。

2. 由于接地不当而引起的误动作

(1) 触电漏电保护器后面的工作中性线不能进行重复接地。

在图 14-3-5 (a) 接法中,由于在漏电电流互感器后面对工作中性线实施了重复接地,这样将使一部分工作电流通过重复接地极流入大地而造成触电漏电保护器的误动作。而当电气设备发生漏电故障时,漏电电流则又可能通过工作中性线回流,使漏电电流互感器检测不出漏电故障信号,使触电漏电保护器不动作。正确接线如图 14-3-5 (b),将重复接地点移至漏电电流互感器的前面。

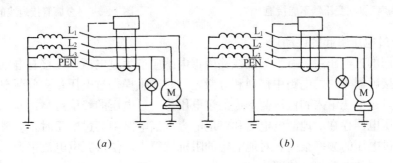

图 14-3-5 零线重复接地的连接

(2) 装设触电漏电保护器和不装设触电漏电保护器的电气设备不能采用公用接地极。

若装设触电漏电保护器和不装设触电漏电保护器的电气设备错用一个公共接地极(如图 14-3-6)。因为不装保护器的电气设备发生漏电故障时,危险的接触电压 (U_d) 将通过公共接地极传到已装设保护器的电气设备上,此时,触电漏电保护器并不能动作,不起保护作用,就会造成触电危险。

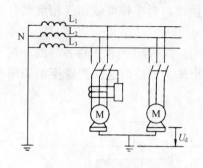

图 14-3-6　不能使用公共接地的电气设备

如果同一幢大楼每户的各种用电设备都接到自来水管或其他金属管件网上，当某户用电设备发生碰壳漏电故障时，则可将危险接触电压传到各户的所有用电器设备上去，即使安装了触电漏电保护器也不能避免传过来的危险接触电压，尤其是当金属管网未实施可靠接地或中间使用塑料管接头时，此危险接触电压是相当高的，这是很危险的，决不能错误地以此作为保护措施。

(3) 负载为自耦变压器，装设触电漏电保护器时，自耦变压器不能接地

若触电漏电保护器的负载有自耦变压器时，而自耦变压器又进行了接地（如图14-3-7），这时将形成自耦变压器底座的接地线对工作电流的分流，也会导致触电漏电保护器误动作。在这种场合自耦变压器不能接地，并应放置在绝缘底座上。

(4) 漏电电流互感器一次导体带有金属管时，金属管的接地线应装在负载侧

漏电电流互感器带有金属管电缆时若金属管的接地线装在漏电电流互感器的电源侧，由于漏电故障电流将穿过漏电电流互感器，触电漏电保护器不会动作（如图 14-3-8）。正确的接法应把金属管的接地线移到漏电电流互感器的负载侧，或把漏电电流互感器安装在无金属管的导线处。

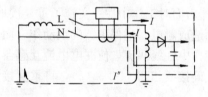

图 14-3-7　自耦变压器不能接地

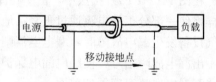

图 14-3-8　金属管接地线的连接

3. 由于过电压引起的误动作

低压电网的过电压主要有：架空线路因雷电感应产生过电压；在接有电感性负载（变压器、电磁接触器等）的电路中接通和分断电路时产生操作过电压；在分断空载变压器时会产生高压侧过电压窜入到低压侧形成的过电压等。过电压的峰值可高达 6000V。

由于低压电网存在对地漏电电阻和对地电容，当电路中有过电压时，会瞬时增加漏电电流，因为过电压的频率很高，对地电容的阻抗就很小，使得充电电流很大，往往会造成触电漏电保护器的误动作（如图 14-3-9）。

为防止过电压引起触电漏电保护器的误动作，可选用脉冲电压不动作型触电漏电保护器，该型保护器在入线端装设了过电压吸电路，就可避免瞬时电压引起的误动作。也可以选用延时型触电漏电保护器，避开冲击波过电压。

4. 由高频对地电流的影响而引起的误动作

在低压电网中由于变压器、电动机的磁饱和影响以及使用整流器、晶闸管、电弧炉、气体放电灯等都会产生高频电流。当供电线路长、对地电容大时高频电流对地的漏电就会

引起触电漏电保护器的误动作（图 14-3-10）。

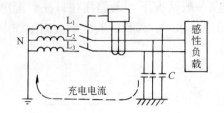

图 14-3-9 过电压造成触电
漏电保护器的误动作

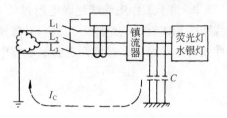

图 14-3-10 气体放电灯的
高频放电

当负载侧或电源侧产生高次谐波引起漏电电流时，应注意提高电网对地的绝缘阻抗，特别是三相四线制供电线路中性线的对地绝缘。

5. 开关闭合不同步引起的误动作

开关闭合不同步，会通过对地绝缘电阻和电容产生漏电电流，引起触电漏电保护器的误动作。因为此漏电电流持续时间很短，其延续时间最长为 1ms，因此可以采用脉冲电压不动作型或延时型触电漏电保护器。

6. 浪涌电流引起的误动作

电动机起动时的电流及白炽灯接通时的闪流很大，有时高达其额定电流 7 倍以上，如此大的浪涌电流通过漏电电流互感器时，由于漏磁通的不对称会在二次绕组产生感应电压造成误动作。因此，选用触电漏电保护器时，一定要注意"主回路中不导致漏电动作的最大电流极限值"。这一技术指标应符合要求（即 6 倍额定电流）。

当线路中的浪涌电流超过触电漏电保护器的规定值时，则应在线路中设法限制浪涌电流（如电动机的降压起动），或采用延时型触电漏电保护器并注意选择合适的额定漏电动作电流和延迟时间。

7. 电磁干扰引起的误动作

当触电漏电保护器装设处有较强的电磁场时，也会引起误动作。

若触电漏电保护器附近有电炉、电解槽等大电流母线时，由于漏电电流互感器被磁化，使二次绕组感应出电压，造成触电漏电保护器的误动作。因此需将保护器远离母线（距 2500A 的母线至少应在 10cm 以上），并将漏电电流互感器与母线成平行放置，可减少大电流影响。

当触电漏电保护器接近发报机、遥控设备、超声波设备时由于漏电电流互感器使电磁波聚集，而达到二次绕组动作电压时，会造成保护器的误动作。

防止电磁场干扰影响的有效办法是对漏电电流互感器实施有效的电磁屏蔽。如将二次线圈和环形铁心屏蔽，一次导体与环形铁心屏蔽，二次绕组到中间环节的引线尽量缩短（3m 以下）等。

8. 由于循环电流引起的误动作

对于两台并联运行的配电变压器，往往会因变压器内阻抗不完全相同，分流不同使两台变压器的接地线中产生环流，此环电流会使触电漏电保护器发生误动作，如图 14-3-11 (a)。防止措施是将两台变压器通过公共接地极接地，并把漏电电流互感器接在公共接地线上，如图 14-3-11 (b)。

9. 由于工作中性线绝缘电阻过低引起的误动作 在一般情况下，人们往往只注意配电线路中相线对地的绝缘，却很容易忽视中性线对地的绝缘水平。然而，有时确会因工作中性线对地绝缘水平过低而引起触电漏电保护器误动作（图 14-3-12）。

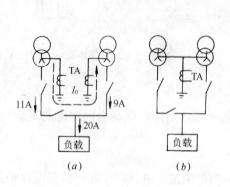
图 14-3-11　变压器并联运行的环电流

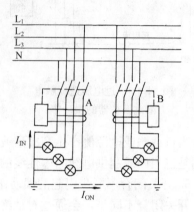
图 14-3-12　中性线对地绝缘水平过低引起误动作

在图 14-3-12 中，有 A、B 两个分支回路，均装有触电漏电保护器。当 A 分支电路三相负载不平衡时，使 A 分支中性线有较大的工作电流（即零序电流）I_{IN} 流过，工作中性线对电网中性点有一定的电压降。由于 A 分支和 B 分支中性线对地绝缘水平差，使 A 分支中性线工作电流有一分流 I_{ON} 经过大地向 B 分支回流。两个分支上的触电漏电保护器都能检测到这一漏电信号，而引起其误动作，因此，不可忽视中性线对地的绝缘水平。

10. 由于超出正常使用条件引起的误动作

任何一种类型的触电漏电保护器，只有在规定的使用条件下才能保证其应有的动作性能，超出其规定的使用条件时，将使其动作性能发生变化，从而可能引起误动或拒动。

电压过高或超过规定的使用条件，往往会造成电子电路的故障，因此，每月应操作一次试验按钮，以便确认保护器是否可靠、有效。

（四）触电漏电保护器的常见故障及维修

触电漏电保护器为安全保护电器，维护修理必须保证质量。应由经过培训并掌握专门知识和技能的专业人员进行维修。

经过返修后的触电漏电保护器应重新测试其漏电动作特性及对修理部件作试验。没有条件进行维修或试验的地方，应送生产厂家或专门修理点进行返修，以确保质量。

对电子式触电漏电保护器的电子线路故障，一般可按电路原理图查找损坏的元件，换上同型号、同规格的电子元件通常可恢复工作。因此，本节不再作专门叙述。下面仅对漏电断路器机构部分的常见故障和维修方法作一简单介绍。

1. 漏电断路器的常见故障及排除方法

要保证漏电断路器的电气特性和使用寿命，应该定期（一般为半年一次）检查及时发现故障，找出原因立即进行维修排除。表 14-3-11 为漏电断路器的常见故障、原因分析和处理方法，表 14-3-12 为漏电断路器附件的常见故障和处理方法，供读者参考。

漏电断路器常见故障和处理方法　　　　　表 14-3-11

故障状态		原因		排除方法
操作反常	不能合闸	连杆机构损坏。		更换。
		机构弹簧断裂或疲劳性失效。		更换
		锁扣没有锁位。		使其锁扣。
		锁扣磨损已不能锁扣。		更换。
		漏电脱扣器不能复位	进入尘埃、水汽等导致不吸合。	更换、返修。
			牵引杆变形复位点位移。	揭开密封板重新调整复位点
			漏电脱扣器灵敏度下降。	更换、返修。
			漏电继电器拉杆变形。	更换拉杆。
			漏电继电器摇臂复位拉簧脱落。	重新装上。
	不能合闸	放大机构故障	晶闸管、集成块或其他电子元件击穿。	更换损坏元件。
			操作按钮没有复位。	按复位按钮使其复位。
		经常使用电压脱扣器来脱扣。		更换断路器，将电压脱扣器改为电动操作。
	不能分闸	由于短路电流作用，双金属片变形。		修理。
		电压不足、线圈没有励磁。		使线圈励磁。
		没有经过必须的锁扣时间。		等双金属片冷却后再锁扣。
		分合机构磨损性故障。		更换。
		分合弹簧折断、疲劳性失效。		更换。
		触点熔焊，自由脱扣机构不能动作。		更换。
		分断大电流而使触点熔焊。		用分断容量较大的漏电断路器替换。
	按动试验按钮不动作	试验按钮按不到底。		加长按钮顶端。
		试验回路断线。		重新焊接。
		试验电阻烧毁。		更换电阻
		零序电流互感器二次侧引线折断。		重新焊接。
		零序电流互感器二次侧引线短路。		用绝缘套管或其他绝缘材料隔开。
		电子元件部分虚焊断线。		重新焊接、连线。
		电子元件特性变化、整机灵敏度下降。		返修。
		漏电脱扣器衔铁支撑点脱落。		返修。
	按动试验按钮，漏电动作后没有指示	指示灯不亮，寿命已到。		调换新指示灯。
		指示按钮装置部分调整不佳，造成指示件跳不出。		返修。
漏电动作反常	漏电动作值变小	半导体元件或晶闸管漏电流增大。		更换管子。
		漏电脱扣器动作功率或保持力等变小。		返修；调节永久磁铁（调进）；调节释放拉簧，使力变小。

续表

故障状态		原因		排除方法
漏电动作反常	漏电动作值变大	零序电流互感器特性下降，或剩磁增大。		更换零序电流互感器。
		半导体元件放大倍数下降。		更换管子。
		漏电脱扣器动作功率或保持力变大。		返修；调节永久磁铁（调出）；调节释放拉簧，使力变小。
	三相漏电动作值差异明显	整流部分的滤波电容击穿。		更换元件。
手柄折断		操作力过大。		更换手柄。
		手柄和机架相对位置错位。		更换手柄。
导通不良		动静触头间混进异物。		去除异物。
		分断电流过大，导电部分熔断。		更换。
		短路电流作用使触头损耗大。		更换。
		操作频率过高而引起导电部分软连结断。		更换。
误动作	在正常负载下动作	环境温度过高。	选择不当或温度修正曲线选择不当。	更换规格。
		温升过高。	接线端部分松动。	加固接线端。
			触点发热。	修理触点。
		漏电断路器质量差	调整不合适。	返修。
	起动过程中误动作	由于反复启动，启动电流引起发热。	选择不当。	更换规格。
		启动时间过长。	选择不当。	更换规格。
	起动瞬间动作	热脱扣器动作后没有充分冷却。		应充分冷却。
		漏电断路器操作机构磨损或转轴变形。		更换。
		在合闸同时有反常电流。		检查电路排除故障。
		漏电断路器质量差。		返修。
	合闸时动作（漏电指示跳出，表示漏电动作）	配线长，对地静电电容量大，有漏电流过。		变更额定漏电动作电流或将漏电开关安装在负载附近。
		漏电断路器并联使用，或没有接入零线。		按正确接线法接线。
	使用过程中动作	雷电感应或过强的脉冲过电压、过电流窜入。		在漏电断路器中安装防冲击波装置。
	电源侧短路	电弧空间不足。		消除原因，更换机座。
		灰尘堆积。		清洁去除灰尘。
		导电体落在电源侧。		消除原因，更换机座。

续表

故障状态		原因	排除方法
温升反常	接线端温度高	紧固不良。	增固。
		触点接触不良，使触点发热。	修理触点。
	塑壳两侧温度高	维护保养不良，使触点发热、紧固部发热。	增固、修理触点。
		凭感觉测量错误。	用温度计测定。
温升反常	接线螺钉发热	螺钉松动。	增固。
		螺钉和接线端接触不良。	螺钉重新调过。
		超过所选的额定电流。	调换规格。
		使用电源频率不当。	调换品种。
不动作	过电流时不脱扣	短路电流作用使双金属片变形。	返修。
		运输震动等外部原因使过电流脱扣器（液压式）衔铁失落或卡死。	返修。
		漏电断路器质量差。	返修。
		后备保护断路器分断时间短	降低电流整定值，变更后备保护开关

漏电断路器附件常见故障及其处理方法　　　　表 14-3-12

故障状态		原 因		处理方法
欠压脱扣器	不能合闸	不能吸合。	滑动铁芯中有异物嵌入。	清洁，各摩擦活动部分加油。
			线圈电压低。	改善电压。
			线圈烧毁。	调换线圈。
	失压时不脱扣	电压不足，活动部分、轴等部位摩擦力增大。		加油。
		有剩余电压。	剩磁。	返修。
		使用频率或电压不对。		调整。
电压脱扣器	脱扣不动作	电压不足。	操作电压下降。	改善电压或更换线圈。
		线圈烧毁。	线圈长时间励磁。	更换线圈，设计中加防止烧损的辅助接点。
			在动作电压下长期励磁。	更换线圈，注意操作。
			防止烧损用的触点接触不良。	更换线圈，修理触点。
			加了反常电压。	更换线圈。
警报开关、辅助开关	动作不良	接触不良，小开关触头熔焊。	开关负荷过大。	更换小开关。
			小开关质量差。	更换小开关。
		小开关变形、破损。	调整不良。	返修。
		安装螺钉松动	安装不牢靠。	紧固
			运输中松动。	

2. 漏电脱扣器的维修

维修漏电脱扣器应注意以下事项：铍莫合金制作的零部件和永久磁铁等铁磁部件应轻拿轻放，严禁敲打；避免用油污或有汗水的手指触摸磁铁极面和衔铁吸合面；所有工具、辅助材料均不能产生粉尘、纤维和金属屑末；所有零部件均应清洁后方可进入装配。修理漏电脱扣器可按下述步骤进行：

(1) 清洁

在进行漏电脱扣器修理之前，应把积聚在漏电断路器外壳上的灰尘、污垢用工业乙醇或其他清洁剂擦拭干净，然后打开漏电断路器的胶木盖，再用同样方法清除漏电脱扣器外壳上的灰尘和污垢，更换已生锈不能再用的弹簧、螺钉和有关的部件。

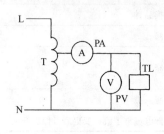

图 14-3-13 检测测量电路

(2) 外部修理

外部修理应在无油雾、水汽及腐蚀性气体的干燥清洁车间（中级净度）中进行。凭目测和仪器仪表测量漏电脱扣器的动作特性，并作登记。测量电路见图 14-3-13，毫安表精度为 0.5 级，毫伏表为 GB9 真空管毫伏表或晶体管型电压表，根据故障原因按表 14-3-12 进行修理。

(3) 校验

校验可在外部修理的同时进行。修理后的触电漏电保护器应操作试验按钮，检查其漏电保护动作性能，确认能正常动作之后，才允许投入运行。

第四节 电动机与变压器的检修

一、电动机的检修

异步电动机按其定子绕组的相数可分为单相异步电动机和三相异步电动机，三相异步电动机有两种基本形式，一种是（鼠）笼型异步电动机；另一种是绕线型异步电动机，二者之间主要区别是转子构造不同。

(一) 电动机的运行检查

1. 电动机起动前的准备和检查

(1) 电动机起动前应进行下列检查

a. 检查电源电压是否正常，对于 380V 电动机，电源电压不宜低于 360V 或高于 400V。

b. 检查线路的接线是否可靠，熔断器的安装是否正确，熔丝有无损坏。

c. 检查联轴器的连接是否牢靠，机组转动是否灵活，有无摩擦、卡住、窜动等不正常现象。

d. 检查机组周围有无妨碍运行的杂物或易燃物品等。

(2) 对于新安装或长期停用的电动机，在以上检查之前还应进行下列检查：

a. 用兆欧表检查电动机绕组间和绕组对地的绝缘电阻。一般 380V 电动机的绝缘电阻应大于 0.5MΩ，否则应进行干燥处理。测试电动机绝缘电阻的方法如图 14-4-1 所示。测试前，应先将兆欧表进行校验，即将兆欧表测试端短路，并摇动兆欧表手柄，看指针是否指在"0"位置上；然后将测试端断开，再摇动手柄，看指针是否指在"∞"位置上。测试时，要把兆欧表平置放稳，摇动手柄的速度要均匀。测试后，应将被测试的导电部分与大地接通，进行放电。兆欧表在摇动手柄时能产生很高的电压，在兆欧表尚未停转或绕组尚未放电时，不可用手触摸设备的被测试部分或进行拆线，以防触电。

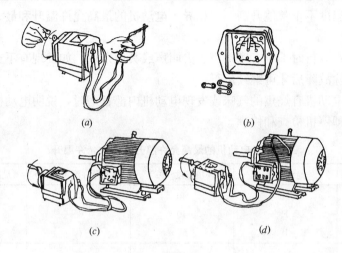

图 14-4-1　用兆欧表测试电动机的绝缘电阻

(a) 校验兆欧表；(b) 拆去电动机接线盒中的连接片；(c) 测试电动机三相绕组间的绝缘电阻；(d) 测试电动机绕组对地（机壳）的绝缘电阻

b. 按电动机铭牌的技术数据，检查电动机的容量是否合适，电压、频率与实际线路是否相符，接线是否正确。

c. 检查电动机基础是否稳固，螺栓是否已拧紧。

d. 检查电动机轴承是否有油。如轴承缺油，应及时补足。一般（鼠）笼型电动机滚动轴承可采用钙钠基润滑脂，湿热地带电动机滚动轴承可采用复合钙基润滑脂。

e. 检查电动机机座、电源线穿线钢管以及起动设备的金属外壳接地是否可靠。

2. 电动机起动时的注意事项

（1）操作人员应整理好自己的服装，以防卷入旋转机械；机组近旁不应有其他人员。

（2）使用星三角起动器和自耦减压起动器时，必须遵守操作程序。

（3）几台电动机共用一台变压器时，应由大到小一台一台地起动电动机。

（4）一台电动机的连续起动的次数，一般不宜超过 3~5 次，以防止起动设备和电动机过热。

（5）合闸后如果电动机不转或转速很慢、声音不正常时，应迅速拉闸查明原因。如检查电源电压是否正常，熔丝是否熔断，电动机引线是否松脱或断线，负载是否过重，被带动的机械是否有故障，电动机绕组是否断路或短路等。

3. 运行中的监视和维护

电动机运行监视和维护的主要内容：

（1）应经常保持清洁，不允许有水滴、油滴或杂物落入电动机内部。

（2）注意电动机的运行电流（负载电流）不得超过铭牌上规定的额定电流。

（3）注意电源电压是否正常。一般电动机要求电源电压的变化不得超过额定电压的±7%，三相电压的差别不得大于5%。

（4）注意监视电动机的温升。监视温升是监视电动机运行状况的直接可靠的办法，当电动机的电压过低，电动机过载运行、电动机两相绕组（缺相）运行、定子绕组短路时，都会使电动机的温度不正常地升高。三相异步电动机的最高允许温升和最大允许温升见表14-4-1。

（5）电动机在运行时不应有摩擦声、尖叫声或其他杂声，如发现有不正常声音，应及时停车检查，消除故障后才可继续运行。

（6）当闻到电动机有烧焦的气味或发现电动机内部冒烟时，说明电动机的绕组绝缘已遭受破坏，应立即停机检查和修理。

三相异步电动机的最高允许温升和最大允许温升   表 14-4-1

电动机部件	绝缘等级	环境温度（℃）	最大允许温度（℃）	最高允许温度（℃）
定子绕组	A	40	55	95
	E	40	65	105
	B	40	70	110
定子铁芯	A	40	60	100
	E	40	75	115
	B	40	80	120
滚动轴承		40	40	80
滑动轴承		40	55	95

（7）检查电动机及开关外壳是否漏电和接地。用验电笔检查电动机及开关外壳时，如发现金属外壳带电，说明设备已漏电，应立即停机处理。

如安装有漏电开关，可以自动停机。

4．电动机在运行中如出现下列情况之一，应立即切断电源，停机检查：

（1）发生人身事故时；

（2）电动机冒烟起火；

（3）轴承温度超出允许值；

（4）电流超过额定电流或运行中电流猛增时；

（5）振动剧烈、发热、发响、转速急剧下降；

（6）内部发生窜轴冲击、扫膛、转速突然下降；

（7）联轴器失灵或损坏；

（8）起动设备或保护设备发生故障如触头强烈冒火花、温升过高、热继电器失灵或单相运行时。

切断电源后必须立即向上级主管部门汇报并详细检查原因，消除故障后方可继续合闸运行。

（二）电动机故障及修理

三相异步电动机的常见故障及修理方法

表 14-4-2

常见故障	产生原因	修理方法
电动机不能起动	1. 电源未接通; 2. 定子绕组或外部电路断路; 3. 定子绕组间短路; 4. 定子绕组接地; 5. 定子绕组接线错误; 6. 负载过重或传动机构卡住; 7. 控制线路接线错误; 8. 轴承损坏或卡住。	1. 检查熔丝是否熔断,开关触头是否未接触,电动机引线是否断线或接头松动,并加以修理; 2. 检修定子绕组或外部电路的断路处; 3. 检查短路部位,加包绝缘,必要时重绕定子绕组; 4. 查出接地点,加包绝缘,排除接地故障; 5. 按正确接法改正接线; 6. 减轻负载或更换容量较大的电动机; 7. 按正确接法改正接线; 8. 更换轴承。
电动机内部冒烟或冒火	1. 定子绕组短路; 2. 负载过重; 3. 电动机内部接线松动或断路。	1. 在短路处加包绝缘或拆下绕组重绕; 2. 检修烧坏的绕组,减轻负载或更换容量较大的电动机; 3. 检查电动机内部接线有无松动或断路,并予以修复。
电动机外壳带电	1. 接地线松动或断路; 2. 电动机绕组受潮,绝缘老化或引出线碰壳。	1. 检修接地线; 2. 对电动机绕组进行干燥处理,绝缘老化严重时应更换绕组,查出碰壳的引出线,并加包绝缘。
电动机起动后转速低于额定转速	1. 电源电压过低; 2. 将三角形接线的电动机错;接成星形; 3. 负载过重; 4. (鼠)笼转子断条或脱焊。	1. 调整电源电压; 2. 按正确接法改正接线; 3. 减轻负载或更换容量较大的电动机; 4. 将电动机接到电压较低(约额定电压的15%~30%)的三相交流电源上,测量定子的电流,如果(鼠)笼转子有断条或脱焊,随着转子位置不同,定子电流也会产生变化,找出断条或脱焊部位后予以修复。
电动机振动过大	1. 电动机地基不平或电动机安装不合要求; 2. 电动机转子或轴上所附的联轴器、皮带轮、飞轮等不平衡; 3. 转子铁芯变形或转轴弯曲; 4. 轴承安装不良或轴承损坏。	1. 检修地基及电动机安装情况,并加以调整; 2. 做静平衡和动平衡试验,使其保持平衡; 3. 修整转子外圆或校正转轴; 4. 重新安装轴承或更换轴承。
电动机温升过高	1. 负载过重; 2. 电源电压过高或过低; 3. 定子绕组匝间及相间短路或接地; 4. 定子铁芯部分硅钢片之间绝缘不良或有毛刺; 5. 电动机通风不好; 6. 环境温度过高。	1. 减轻负载或更换容量较大的电动机; 2. 调整电源电压; 3. 查出短路或接地部位,加包绝缘或重绕定子绕组; 4. 拆开电动机检修定子铁芯; 5. 清除风道尘土,检查风扇是否损坏,并予以修理或更换; 6. 采取降温措施。

续表

常见故障	产生原因	修理方法
电动机运行时有不正常的声音	1. 定子和转子相擦； 2. 电动机两相运行有嗡嗡声； 3. 转子风叶碰壳； 4. 轴承润滑脂过少。	1. 更换轴承；如果轴承未坏，而发现轴承内圆或外圆与转轴或端盖配合面松动时，可镶套或更换转轴和端盖； 2. 检查是否有一相熔丝熔断或是否有一相触头未接触，更换熔断的熔丝，检修不能接触的触头； 3. 校正风叶，拧紧螺钉； 4. 清洗轴承，添加新的润滑脂，注意润滑脂的量不宜超过轴承内容积的70%。
轴承过热	1. 轴承损坏； 2. 辅承与转轴配合过松或过紧； 3. 轴承与端盖配合过松或过紧； 4. 润滑脂过少过多或润滑脂太脏混有沙尘铁屑等； 5. 联轴器安装不合要求； 6. 电动机两侧端盖或轴承未装平	1. 更换轴承； 2. 过松时在转轴上镶套，过紧时重新加工转轴至标准尺寸； 3. 过松时，在端盖上镶套，过紧时重新加工端盖至标准尺寸； 4. 增、减润滑脂或更换润滑脂； 5. 重新安装联轴器； 6. 重新安装端盖或轴承，拧紧螺钉

单相异步电动机常见故障、原因及修理　　表14-4-3

常见故障		产生原因	修理方法
通电后电动机不能起动	电动机发出"嗡嗡"声，用外力推动后可正常旋转	1. 辅助绕组内有开路； 2. 起动电容器损坏； 3. 离心开关或起动继电器触点未合上； 4. 罩极电动机短路环断开或脱焊。	1. 用万用表找出开路点，加以修复； 2. 更换电容器； 3. 检修起动装置触电； 4. 焊接或更换短路环。
	电动机发出"嗡嗡"声，外力也不能使之旋转。	1. 电动机过载； 2. 轴承损坏或卡住； 3. 端盖装配不良； 4. 转子轴弯曲； 5. 定转子铁芯相擦； 6. 主绕组接线错误； 7. 转子断条。	1. 测负载电流判断负载大小，若过载即减载； 2. 修理或更换轴承； 3. 重新调整装配端盖，使之装正； 4. 校正转子轴； 5. 若系轴承松动造成，应更换轴承否则应锉去相擦部位，校正转子轴线； 6. 重新接线； 7. 修理转子。
	没有"嗡嗡"声	1. 电源断线； 2. 进线线头松动； 3. 主绕组内有断路； 4. 主绕组内有短路，或因过热烧毁。	1. 检查电源恢复供电； 2. 重新接线； 3. 用万用表找出断点并修复； 4. 修复。
电动机发热	发热集中在轴承端盖部位	1. 新轴承装配不当，扭歪，卡住； 2. 轴承内润滑脂固结； 3. 轴承损坏； 4. 轴承与机壳不同心，转子转起来很紧。	1. 重新装置、调整； 2. 清洗、换油； 3. 更换轴承； 4. 用木锤轻敲端盖，按对角顺序逐次上紧端盖螺栓；拧紧过程中不断试转轴是否灵活，直至全部上紧。

续表

常见故障		产生原因	修理方法
触摸电动机外壳有触电麻手感		1. 绕组通地； 2. 接线头通地； 3. 电机绝缘受潮漏电； 4. 绕组绝缘老化而失效。	1. 查出通地点，进行处理； 2. 重新接线，处理其绝缘； 3. 对电动机进行干燥； 4. 更换绕组。
电动机通电时，保险丝熔断		1. 绕组短路或接地； 2. 引出线接地； 3. 负载过大或由于卡住电动机不能转动。	1. 找出故障点修复； 2. 处理同1； 3. 负载过大应减载，卡住时应拆开电动机进行修理。
电动机转速达不到额定值		1. 过载； 2. 电源电压频率过低； 3. 主绕组有短路或错接； 4. （鼠）笼转子端环和导条断裂； 5. 机械故障（轴弯、轴承损坏或污垢过多）； 6. 起动后离心开关故障使辅助绕组不能脱离电源（触头焊牢、灰屑阻塞或弹簧太紧）。	1. 检查负载、减载； 2. 调整电源； 3. 检查修理主绕组； 4. 检修转子； 5. 校正轴，清洗修理轴承； 6. 修理或更换触头及弹簧。
电动机发热	起动后很快发热	1. 主绕组短路； 2. 主绕组通地； 3. 主、辅绕组间短路； 4. 起动后辅助绕组断不开，长期运行而发热烧毁； 5. 主辅绕组相互间接错。	1. 拆开电动机检查主绕组短路点、修复； 2. 用兆欧表找出接地点，垫好绝缘，刷绝缘漆，烘干； 3. 查找短路点并修复； 4. 检查离心开关或起动继电器，修复； 5. 重新接线，更换烧毁的绕组。
	运行中电动机温升过高	1. 电源电压下降过多； 2. 负载过重； 3. 主绕组轻微短路； 4. 轴承缺油或损坏； 5. 轴承装配不当； 6. 定转子铁芯相擦； 7. 大修重绕后，绕组匝数或截面搞错。	1. 提高电压； 2. 减载； 3. 修理主绕组； 4. 清洗轴承并加油，更换轴承； 5. 重新装配轴承； 6. 找出相擦原因，修复； 7. 重新换绕组。
	电动机运行中冒烟，发出焦糊味	1. 绕组短路烧毁； 2. 绝缘受潮严重，通电后绝缘击穿烧毁； 3. 绝缘老化脱落，造成短路烧毁。	检查短路点和绝缘状况，根据检查结果进行局部或整体更换绕组。
电动机运行中噪音大		1. 绕组短路或通地； 2. 离心开关损坏； 3. 转子导条松脱或断条； 4. 轴承损坏或缺油； 5. 轴承松动； 6. 电动机端盖松动； 7. 电动机轴向游隙过大； 8. 有杂物落入电动机； 9. 定、转子相擦	1. 查找故障点，修复； 2. 修复或更换离心开关； 3. 检查导条并修复； 4. 更换轴承加油； 5. 重新装配或更换轴承； 6. 紧固端盖螺钉； 7. 轴向游隙应小于0.4mm，过松则应加垫片； 8. 拆开电动机，清除杂物； 9. 进行相应修理

(三) 电动机的保养和检修

1. 电动机保养、检修的划分和周期：

(1) 一级保养：由操作人员进行，每天进行；

(2) 二级保养：由操作人员进行，每半年进行一次；

(3) 小修：由检修人员进行，每年进行一次；

(4) 大修：由检修人员进行，根据每次小修情况确定大修时间。

2. 电动机保养检修内容

电动机保养检修内容　　　　表 14-4-4

等级	内　　容
一级保养	电动机一级保养要完成本节第一部分中，运行监视和维护中所列各项内容，并认真填写电动机运行记录。
二级保养	1. 完成一级保养的全部内容。 2. 更换润滑油。 转子轴承是滚动轴承或滑动轴承的电动机，可根据容量和转速，选用润滑油脂润滑，运行期间如采用滚动轴承的电机，轴承工作温度正常，平时不需要添脂，运转 1500～2000h 后，拆开清洗凉干，装入新脂、装脂量约为轴承腔积的 1/3，如果轴承工作温度超过允许温升，则应及时拆开检查，必要时添加或清洗更换；采用滑动轴承的电机，运行中要经常检查油位，不足时添加，每季度都要检查清洗换油。 3. 检查各部位的零部件、轴承及紧固各部螺丝。
小修	1. 检查与清扫电动机和起动设备； 2. 测量绕组的绝缘电阻；低于 0.5MΩ 应进行干燥，电动机干燥可采用远红外线灯泡干燥法，干燥时，将电动机放在一个特殊烘箱中，用远红外线灯泡向定子中偏下处照射，干燥时间约 12 小时，温度不宜超过 100℃（注意不要局部过热）； 3. 检查轴承磨损情况并清洗修理或更换轴承； 4. 添加润滑脂； 5. 检查开关机构是否灵活，触头接触是否良好，三相开关是否同时开闭，有无烧伤或腐蚀，引线接头是否可靠，更换所有损坏的零件； 6. 检查接线盒的接线螺丝有无松动或烧伤，接地线有无断裂或开断，有条件最好测量接地电阻； 所有小修都应详细记入设备档案，发现重要缺陷应有计划地安排大修时间。
大修	1. 完成小修的全部内容； 2. 定子的修理包括吹风清扫； 3. 更换定子线圈或转子断条； 4. 轴承的修理或更换； 5. 大修时，对电动机的附属设备也应作一次全面检查和试验，大修后经验收合格方能投入生产。大修工作应在有经验的专业人员指导下进行。

3. 电动机用润滑油、脂

电动机用润滑油、脂　　　　表 14-4-5

工作条件		容量（kW）	
		100 以下	100～1000
滚动轴承	高速 1500～3000r/min	3 号锂基脂，3 号钙基脂，2 号钙钠基脂。	3 号锂基脂，3 号钠基脂。
	中速 1000～1500r/min	3 号锂基脂，3 号钙基脂，2 号钙钠基脂。	3 号锂基脂，3 号钠基脂。
	低速 1000 以下 r/min	2 号锂基脂，2 号钙基脂，2 号钙钠基脂。	2 号锂基脂，2 号钠基脂。

续表

工作条件		容量（kW）	
		100 以下	100～1000
滑动轴承	高速 1500～3000r/min	32 号机械油。	32 号机械油。
	中速 1000～1500r/min	32 号机械油。	46 号机械油。
	低速 1000 以下 r/min	46 号机械油	68 号机械油

（四）电动机的拆装

1. 电动机的拆装步骤

拆卸电动机时，可按图 14-4-2 所示的步骤进行：

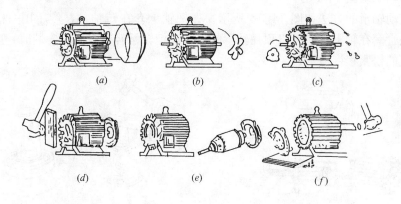

图 14-4-2　拆卸电动机的步骤

(a) 卸下风扇罩；(b) 卸下风扇；(c) 卸下前轴承外盖和后端盖螺钉；(d) 垫上厚木板，用手锤敲打轴端，使后端盖脱离机座；(e) 将后端盖连同转子抽出机座；(f) 卸下前端盖螺钉，用长木块顶住前端盖内部外缘，把前端盖打下

电动机的安装步骤与拆卸步骤相反。

2. 电动机引线的拆装

拆线时应先切断电源。如果电动机的开关在远处，应把开关断开或把熔断器的熔丝卸掉，并且挂上"有人检修，不准合闸"的牌子，以防有人误合闸。打开接线盒，用验电笔验明接线柱上确实无电后，才可动手拆卸电动机引线。拆线时，每拆下一个线头，应随即用绝缘布包好，（并作好记号，以便安装）以防误合闸时造成短路或触电事故。

接线时，应按铭牌所规定的接法连接。引线接完后，应把电动机的外壳按要求接地或接零。

3. 轴承盖的拆装

只要拧下固定轴承盖的螺钉，即可拆下轴承外盖。拆卸时，应先在轴承盖上标上记号，以防安装时装错位置。

安装轴承盖时，应先在外盖插入一只螺钉，并转动电动机转轴，使内外盖的螺孔对准，把螺钉拧进内盖的螺孔，然后把其余两只螺钉也装上。

4. 端盖的拆装

拆卸时，应先在端盖与机座的接缝处标上记号，然后拧下固定端盖的螺钉，取下端盖。

安装时，应注意清除端盖与机座接合面上的污垢，并将端盖安在正确的位置上。装螺钉时，应按对角线的位置轮番逐渐拧紧，各螺钉的松紧程度要一致。

拆装端盖时，如需敲打端盖，应使用铜锤或木榔头，而且不能用力过大，以防端盖破裂。

5. 转子的拆卸

抽出或装入转子时，应注意不要碰坏铁芯和定子绕组。

6. 滚动轴承的拆装

拆卸滚动轴承的办法，在侧面作好尺寸记号，选用大小合适的拉具，拉具的脚应尽量扣住轴承的内圈（图 14-4-3）。

安装滚动轴承的方法如图 14-4-4 所示。先把轴承套在转轴上，然后用一根内径略大于转轴的铁管套在轴上，使管口顶住轴承的内圈，把轴承轻轻打入。安装时，应注意使轴承在转轴上的松紧程度适当。

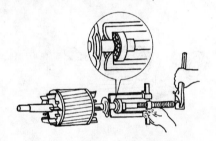

图 14-4-3　滚动轴承的拆卸

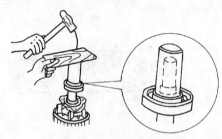

图 14-4-4　滚动轴承的安装

（五）三相异步电动机定子绕组的检修

三相异步电动机定子的故障可分为断路、接地、短路和接反等故障，现分述如下：

1. 绕组断路故障的检修

断路故障多发生在于电动机绕组的端部，各绕组元件的接线头或电动机引出线端等地方，因此首先要检查这些地方。如果发现断头或接头松脱时，应把导线连接并焊牢，包上新的绝缘材料，才可使用。如果是由于绕组匝间短路、接地等故障而造成，一般需要更换绕组。

对电动机断路可用兆欧表、万用表（放在低电阻档）或校验灯等来校验。对于△形接法的电动机，检查时，需每相分别测试，见图 14-4-5 (a)。对于 Y 形接法的电动机，检查时必须先把三相绕组的接头拆开，再每相分别测试，见图 14-4-5 (b)。

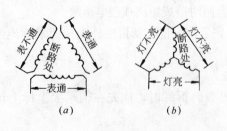

图 14-4-5　用兆欧表或校验灯检查绕组断路
(a)△形接法；(b) Y 形接法

中等容量电动机绕组大多采用多根导线并绕和多支路并联，如果其中有一部分断路时，可采用三相电流平衡法或电阻法来检查。

三相电流平衡法：对于 Y 形接法的电动机，将三相绕组并联，通入低压电流（电流

≤额定值），如果三相电流值相差大于5%时，电流小的一相为断路相，见图14-4-6（a）。对于△接法的电动机，需拆开接头，分别测量每相绕组的两端，其中电流小的一相为断路相，见图14-4-6（b）。

2. 绕组接地故障的检修

线圈受潮、绝缘老化、线圈重绕后在嵌入定子铁心里的时候，如绝缘被擦伤或绝缘未垫好等，都会造成接地故障。检查接地故障可用万用表（低阻档）或校验灯按图14-4-7逐相进行检查，如电阻为零或校验灯发亮的一相，即为接地相。然后检查接地相绕组绝缘，如果有破裂及焦痕的地方，即为接地点。一般电动机接地点都在绕组伸出铁心的槽口部分。如为擦伤，可用绝缘材料将绕组与铁芯绝缘好，即可使用。如果接地发生在槽内，大多数需更换绕组。

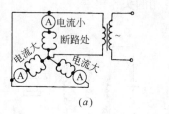 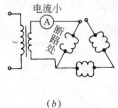

图14-4-6 用平衡法检查多支路绕组断路
(a) Y形连接；(b) △形连接

图14-4-7 用校验灯检查绕组接地

3. 绕组短路故障的检修

电动机绕组受潮、线圈绝缘老化、损伤，较长时间在过电压、欠电压、过载的情况下运行或两相运行，都会使绕组短路。

短路的情况有几种：线圈匝间短路；相邻线圈短路；一个极相组线圈的两个端子间短路；相间短路等。

常用的检查方法有：

(1) 观察法。电动机发生短路故障后，在故障处由于电流大，产生高热，使导线外面的绝缘老化焦脆，所以观察电动机线圈是否有烧焦痕迹，即可找出短路处。

(2) 利用兆欧表或万用表检查相间绝缘。如果二相间绝缘电阻很低，就说明该两相短路。

(3) 电流平衡法。用图14-4-6所示方法，分别测量三相绕组电流，电流大的相为短路相。

4. 绕组接反时的检修

电动机绕组接反后起动时，电动机有噪声，产生振动，三相电流严重不平衡，电动机过热，转速降低，甚至会停转，烧断熔丝。

绕组接反只有两种情况：一种是电动机内部个别线圈或极相接反；另一种是电动机外部接线接反。

(1) 个别线圈或极相组接反时的检查方法

拆开电动机，将一个低压直流电源（6V左右）接入某相绕组内，用一只指南针搁到铁心槽上逐槽移动检查，如果指南针在每极相组的方向交替变化，表示接线正确；如果在相邻的极相组指南针指向相同,表示极相组接反;如在同一个极相组中,指南针的指向交替变化,说明有个别绕组嵌反。

(2) 三相绕组头尾接反的检查方法

a. 绕组串联检查法(图14-4-8):将任意两相绕组串联起来接上灯泡,再在第三相绕组上接220V交流电压(对中、大型电机用36V交流电压),如果灯泡亮了,说明这两绕组头尾连接是正确的;如果灯泡不亮,说明这两绕组头尾连接错误,可将其中一相的头尾对调再试。确定为两头尾后,即可按此法再找到第三相的头尾。

b. 用万用表检查法:将电动机绕组按图14-4-9所示接好。当接通开关瞬间,如万用表(放毫安档)指针摆向大于零的一边,则电池正极所接线头与万用表正端所接线头同为头或尾;如指针反向摆动,则电池正极所接线头与万用表负端所接的线头同为头或尾,再将电池或万用表接至另一相的两个线头试验,就可以确定各相的头、尾端。

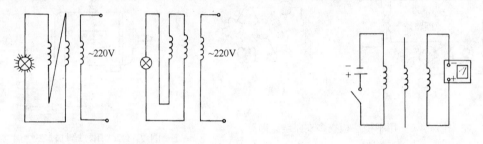

图14-4-8 用灯泡检验三相绕组接头的正反　　　图14-4-9 用万用表检查三相绕组接头的正反

(六) 重绕小型异步电动机定子绕组

电动机绕组损坏严重,无法局部修复时,就要把原来的整个绕组拆去,重新嵌入新绕组。

重绕定子绕组的步骤是:查明损坏原因,记录原始数据;拆除定子绕组;准备绝缘材料;绕制线圈;嵌线与接线;浸漆与烘干;电动机装配与试验。

1. 查明损坏原因,记录原始数据

查明损坏原因,分析损坏原因,可以防止修复后重新烧坏。将查明损坏原因和定子绕组的原始数据填入电动机修理记录单中,如表14-4-6所示。表中的试验数据要在重绕好以后经过试验再填。定子铁芯总长度是包括通风沟在内的长度;铁芯长度是总长度减去通风沟的长度;槽形尺寸用一张较厚的白纸按在拆除线圈后的槽口端部,取下槽形痕迹,再绘出槽形,标注各部分尺寸。

绕组数据的取得。在拆除绕组时,应留下一个较完整的线圈,以便量取各部分尺寸。然后将线圈的一端剪断,取其中三个周长最短的单元线圈,量其长度,取平均值,作为线模模芯周长尺寸。测量线径时,应量取线圈的直线部分,烧去漆皮,用棉纱擦净,应多量几根导线,对同一根导线也应在不同位置量取三次,取其平均值。

2. 拆除损坏定子绕组的方法

(1) 电流加热法:将绕组端部各连接线拆开,在一相绕组中通入单相低压大电流加热,当绝缘软化,绕组冒烟时,切断电源,打出槽楔,乘热迅速拆除绕组,要留下一只完整的线圈。

电动机修理记录单　　　　　　　　　　　　　　　表 14-4-6

铭牌数据	型号		容量	kW	相数		绝缘	级
	电压	V	电流	A	接法		转数	r/min
	效率		功率因数		制造厂		出厂编号	

铁芯数据	外径		绕组数据			原来	修理
	内径			型式			
	总长			并绕支路			
	通风沟数			节距			
	净长			并联根数			
	气隙			导线规格			
	槽数			线圈数			
				绕组重量			

槽形尺寸				线圈尺寸			

试验值	绝缘电阻	绕组对地	MΩ	相间	U 相 MΩ	V 相 MΩ	W 相 MΩ
	交流耐压		V			s	
	直流电阻	U 相 Ω		V 相 Ω		W 相 Ω	
	空载	电压（V）		电流（A）		功率（W）	
		UV	VW	WU	U	V	W
	短路	电压		电流		功率（W）	
		UV	VW	WU	U	V	W

损坏原因及备注	

　　　　　　　　　　　　　　　　　　　　　　　　　　　年　月　日

　　(2) 用烘箱、煤球炉、煤气、乙炔、喷灯等加热，在加热过程中应特别注意防止烧坏铁芯，使硅钢片性能变坏，加热后要迅速拆除绕组。

　　(3) 溶剂溶解法：此法只适用于拆除 1kW 以下的小型电动机的定子绕组。常用的溶剂有苯、丙酮、酒精和苯的混合溶剂、丙酮加苯的石腊溶剂。使用溶剂，要在通风良好的地方使用，要防火、防止苯中毒。

　　也可用 10% 的烧碱溶液作腐蚀剂的方法把槽楔与绝缘物腐蚀掉。使用此法时，定子绕组从溶液中取出时要用清水冲洗干净。铝壳电动机不宜用此法。

　　(4) 冷拆法：先将绕组一端紧靠铁芯割断，在另一端用钳子将导线拉出。如绝缘漆粘结，槽内导线形成一个整体时，可用一根比槽稍小一点的齐头铁棒，顶住割断的线圈端部，用锤子轻轻敲打出线圈，敲打线圈时，应在另一端顶住槽两边的齿部，以防引起齿扩张。

　　在拆除过程中，应尽量保留一个完整的线圈，量取有关数据，作为制作绕线模的参考。全部拆除后要将槽内清洗干净，并修正槽形。

　　3. 备好绝缘材料

　　异步电动机定子绕组绝缘分为槽绝缘、相绝缘和层间绝缘三种。槽绝缘用于槽内，使绕组与铁芯之间绝缘。相绝缘又称端部绝缘,它是用于绕组端部两相绕组之间的绝缘。层间绝缘,是用于双层绕组上下层之间的绝缘。

绝缘材料要根据电动机的绝缘等级和电压等级来选择主绝缘材料,并配以适当的补强材料,以保护主绝缘材料不受机械损伤。常用的补强材料有青壳纸,主绝缘材料有聚脂薄膜、漆布等。

在选用绝缘材料时,可以用耐温高的绝缘材料代替耐温低的绝缘材料,而不能以低代高。比如,E级绝缘材料可以用于A级绝缘的电动机,但A级绝缘材料不能用于E级绝缘的电动机。另外,选用绝缘材料时,主绝缘材料和引出线、套管、绑线、浸渍漆等应为同一绝缘等级的,彼此配套使用。

(1) 槽内绝缘

E级槽绝缘规范　　　　　　　　　　　　　　　　表 14-4-7

机 座 型 号	材料厚度 (mm)
JQ₂1～3号	0.27复合聚酯薄膜青壳纸
JQ₂4～6号	0.27复合聚酯薄膜青壳纸＋0.15绝缘纸
JQ₂7～9号	0.27复合聚酯薄膜青壳纸＋0.17醇酸玻璃漆布

B级槽绝缘规范　　　　　　　　　　　　　　　　表 14-4-8

Y系列电机中心高	材料厚度 (mm)
Y80～112	0.20聚酯薄膜聚酯纤维酯复合箔DMD＋0.05聚酯薄膜M
Y132～160	0.25聚酯薄膜聚酯纤维酯复合箔DMD＋0.05聚酯薄膜M
Y180～280	0.30聚酯薄膜聚酯纤维酯复合箔DMD＋0.05聚酯薄膜M

槽内绝缘的结构形式见图 14-4-10。

① 采用引槽纸的见图 14-4-10 (a),嵌好线后将引槽纸齐槽口剪平,然后折合封好。

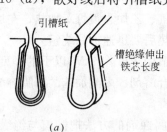

(a)

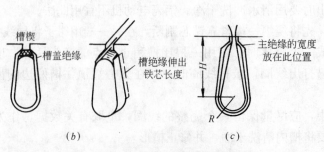

(b) 　　　　　　　　　　　　　　(c)

图 14-4-10　电动机槽绝缘的结构形式
(a) 用引槽纸的;(b) 用临时引槽纸;(c) 槽绝缘的宽度

②槽绝缘纸在槽的两边褶边，用临时引槽纸，嵌好线后，将临时引槽纸抽出，上面盖上一条 U 型垫条封起来，如图 14-4-10（b）。

③槽绝缘伸出铁芯的长度，要根据电动机的容量而定，可参考表 14-4-9 所给的经验数据。

槽绝缘伸出铁芯的长度　　　　表 14-4-9

机座号	1～3	4～5	6～7	8	9
伸出长度（mm）	7.5	8	10	12	15

槽绝缘的宽度应使主绝缘放到槽口下转角处为宜，见图 14-4-10（c）。
过宽会影响嵌线，过窄则包不住导线，可根据槽形尺寸按下式计算：

主绝缘宽度＝$\pi R+2H$（mm）

引槽纸宽度＝$\pi R+2H+(20\sim 30)$（mm）

④双层绕组槽绝缘结构形式（图 14-4-11）。

裁剪黄蜡布或玻璃丝漆布时，应与经纬线成 45°角裁剪，这样不易在槽口处撕裂。裁剪绝缘纸时，纤维方向应该做槽绝缘和层间绝缘的宽度方向。绝缘材料应保持清洁、干燥和平整，不要随意折叠。复合绝缘应将主绝缘的反面与槽壁接触。

槽楔下衬垫的绝缘材料规格应和槽绝缘相同。槽楔用厚 2.5～4.0mm 的梯形竹楔，并经变压器油煎处理。

（2）端部绝缘：端部相间绝缘用一层聚酯薄膜复合绝缘纸，端部绝缘后必须绑扎固定。

（3）引出线绝缘：引出线与绕组端线相连的部位，用 0.15mm×15mm 醇酸玻璃漆布带半迭包一层，外面再套上醇酸玻璃丝套管。在绑扎端部时必须将其一起扎牢。

4. 绕制线圈

（1）绕线模的简易制作：定子线圈是在绕线模上绕制而成的。绕线模的尺寸，可按照电动机的型号，在电工手册等有关技术资料中查到。也可以从拆下的完整绕组中取其中最小的一匝，参考它的形状及周长作线模尺寸。线模是由芯板和上下夹板组成（图 14-4-12），线模制作后应先试绕一联绕组试嵌。

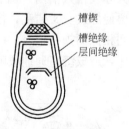

图 14-4-11　双层绕组槽绝缘

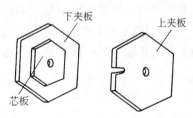

图 14-4-12　双层叠绕组线模

（2）线圈绕制：小型三相异步电动机采用的散嵌式线圈都是绕线机上利用绕线模绕制的。可以以极相组绕制（嵌线方便增加了接线工艺）。比较先进的工艺是把属于一相的所有线圈一次连续绕成，中间不间断，把极相组之间的连接线放长一点，套上套管，这样就省去了一道工序，提高了工效，节省了原材料。

(3) 绕制线圈时应注意以下几点：

①绕制时导线必须排列整齐，避免交叉混乱。

②匝数必须准确。

③导线直径必须符合要求。

④绕线时，必须保持导线的绝缘不受损坏。

⑤绕制好的线圈两个直线部分要用线扎好，以防散开。

⑥完成绕线后，每相绕组用电桥测量其直流电阻，并检查线圈的匝数。

5. 嵌线与接线

嵌线前，要从电动机绕组展开图中，找出嵌线工艺和接线的规律，并绘制接线图。

小型异步电动机定子双层绕组嵌线的过程：

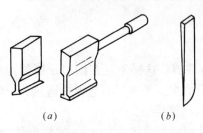

图 14-4-13 嵌线工具

（1）准备好嵌线工具：小型异步电动机嵌线工具有压线板、理线板、剪刀、尖嘴钳及木锤等。压线板的型状如图 14-4-13（a）所示，压脚宽度应比槽上部宽度小 0.6～0.7mm，应光滑无棱，在压线时不会损伤绝缘。理线板见图 14-4-13（b），一般是用红钢纸或布纹层压板或楠竹做成，要厚薄适宜，磨得光滑，长度以能滑入槽内 2/3 处为准。手锤也可以用橡胶锤，若用金属锤时，在敲打线圈时要垫上木条，以防误伤导线绝缘。

（2）要按绝缘结构形式、规格、准备好槽绝缘，层间绝缘和槽楔，以及端部的扎线和绑带。

（3）嵌入第一节距线圈的下层边：先将线圈理平擦上石蜡，然后以出线盒为基准来确定第一槽位置。嵌线前先用右手要把嵌的线一条边捏扁，用左手捏住线圈的一端向相反方向扭转，见图 14-4-14（a），使线圈的槽外部分略带扭纹形，否则线圈容易松散。线圈边捏扁后放到槽口的槽绝缘中间，左手捏住线圈朝里插入槽内，见图 14-4-14（b）。如槽内不用引槽纸，应在槽口临时衬两张薄膜绝缘纸，以保护导线绝缘不被槽口损伤，进槽后，取出薄膜绝缘纸。如果线圈边捏得好，一次就可把大部分导线拉入槽内，剩下少数导线可用理线板划入槽内。导线进槽应按线圈的绕制顺序，不要使导线交叉错乱，槽内部分必须整齐平行，否则影响全部导线的嵌入，而且会造成导线间相擦而损伤绝缘。嵌线时，还要注意槽内绝缘是否偏移到一侧，防止漏出铁芯与导线相碰，造成绕组通地故障。

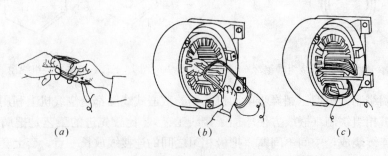

图 14-4-14 嵌线方法

嵌好一个线圈的一条线圈边后，另一条线圈边暂时吊起来在下面垫一张纸，以免线圈边与铁芯相碰而擦伤绝缘，见图 14-4-14（c）。槽内下层线圈嵌好后，就把层间绝缘放进槽内，用压线板压平，两端伸出槽外匀等，并叠压住下层线圈两端伸出部分。依次嵌入其他各线圈的下层边，直至嵌完一个节距数为止。

（4）嵌入上层边：嵌完一个节距线圈的下层边后，再嵌新线圈时，便可将新线圈的上层边从第一槽起，依次嵌入铁芯槽的上层里去。其方法是：先用压线板压实下层边及层绝缘；然后将上层边推至槽口，埋好导线，用左手大拇指及食指把上层边捏扁，依次送入槽内，再用压线板轻轻压实导线，剪去露出槽口的引槽纸。用理线板将槽绝缘两边折拢，盖住导线，用竹楔压平，如图 14-4-14（c），再把槽楔打入槽内压紧（图 14-4-11）。接着在两端垫入相间绝缘，使其压住层间绝缘并与槽绝缘相接触。以后的线圈均可照此嵌入槽内，端部相间绝缘应边嵌线边垫上，不要等嵌完线后再一起垫，否则不易垫好。

（5）嵌入最后一个节距线圈：当嵌完最后一个节距线圈后，就可以把最初吊起的那几个上层边逐一放下，嵌入相应的槽内。

（6）端部整形及绑扎：嵌完全部线圈后，检查绕组外形；端部排列及相间绝缘，认为合乎要求后，将木板垫在绕组端部，用手锤轻轻敲打，使绕组两端形成喇叭口，其直径大小要适宜，既要有利通风散热，又不能使端部离机壳太近（图 14-4-15）。将形状整理好后，修剪相间绝缘，使其高出线圈 3～4mm。

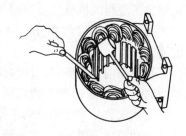

图 14-4-15　把线圈端部敲成喇叭口

中型电动机每个线圈的端部都要使用玻璃丝布带包扎好；小型电动机在端部整形后，连同引轴线用绑线或布带统一绑扎好。

（7）端部接线：端部接线应按照绘制的接线图连接，或按照拆线时记下的连接方式接线。

（8）嵌线质量的检查：检查的内容包括外表检查；绕组有无接错或嵌反；直流电阻测定和耐压试验。

①外表检查：要求嵌入的线圈直线部分应平整整齐，端部没有严重的交错现象；导线绝缘损伤部位的包扎和接头的包扎应当正规；相间绝缘应当垫好，端部绑扎应当牢固，端部的形状和尺寸应当符合要求；槽楔不能超出铁芯的内圆面，伸出铁芯两端的长度要近似相等，槽楔端部不应破裂，应有一定紧度；槽绝缘两端破裂的修复应当可靠，少于 36 槽的电动机，槽绝缘两端破裂处不能超过三处，大于 36 槽的电动机不能超过 4 处。

②检查绕组有无接错或嵌反：检查绕组接错或嵌反可以用指南针法，也可以在三相绕组内通入 60～100V 的三相交流电源，在定子铁芯的内圆上放一只小钢珠，钢珠沿着内圆旋转，表明绕组没有嵌反或接错；如钢珠吸住不动，表明绕组可能接错或嵌反及短路、断路故障。

③测定直流电阻：绕组如果没有接错或嵌反，就可以测定直流电阻。在正常情况下，三相绕组的直流电阻应该相同，由于绕线时的拉线不均或电磁线制造时的公差，以及焊接接头的接触电阻不完全相等，三相绕组的直流电阻允许不平衡度不得超过±4%，即

$$(最大值-平均值)/平均值 \times 100\% \leqslant 4\%$$

$$（平均值-最小值）/平均值\times100\%\leqslant4\%$$

如三相电阻不平衡度大于 4%，可能绕组有短路、断路故障。测量直流电阻可用低阻欧姆表或电桥。

④耐压试验：重新更换绕组的电动机应进行绕组对机壳及绕组之间的绝缘强度试验，必须经过 1min 的耐压试验而不发生击穿。对额定电压为 380V，额定功率大于 1kW 的电动机，试验电压为 50Hz 正弦交流电，电压为 1760V，额定功率小于 1kW 的电动机试验电压为 1260V。先用摇表测量绝缘电阻，合格后进行耐压试验。

耐压试验通常按下列方法进行：

(a) U、V 两相绕组接火线，W 相和机壳接地、进行一次耐压试验。

(b) 把 U、W 相接火线、V 相和机壳接地再进行一次耐压试验。

在两次试验中都未发生击穿便是合格。

6. 电动机绕组浸漆与烘干

电动机绕组浸漆的目的是提高绕组的绝缘强度、耐热性、耐潮性以及导热能力，同时也增加了绕组的机械强度和耐腐蚀能力。

A 级绝缘绕组常用 1012 牌号耐油清漆，E 级绝缘绕组常用 1032 牌号三聚氰胺醇酸漆。

在浸漆前，先要将白坯预烘，排除水分，预烘温度一般为 110℃ 左右，时间约 4~8h。预烘时，约每隔 1h 测绝缘电阻一次，待绝缘电阻稳定后，才可浸漆。

浸烘次数是与电动机的工作环境温度、绝缘漆的性质有关。一般电动机浸烘 2 次，湿热带电动机要浸烘 3~4 次。漆的黏度要适当，太黏不易渗入绕组内部，太稀则漆膜较薄。漆太黏时，可用二甲苯等溶剂稀释。

绕组的温度要冷到 60~70℃ 左右才能浸漆，因为温度过高时漆中溶剂迅速挥发，使绕组表面形成漆膜，反而不易浸透。但温度低于室温，绕组又吸入潮气。浸漆时要求浸 15min 左右，直到不冒气泡为止，然后把余漆滴干。如受设备限制，可用浇漆的办法，先浇绕组一端，再浇另一端，浇漆要浇得均匀，全部都要浇到，最好重复浇几次。待余漆滴干后，再进行烘干。浸漆时应注意引出线上不能浸到漆。

浸漆后都要进行烘干处理，目的是挥发漆中的溶剂和水分，并使绕组表面形成较坚固的漆膜。烘干过程最好分为两个阶段，第一是低温阶段，温度控制在 70~80℃，约烘 2~4h，这样使溶剂挥发不太强烈，以免表面很快结成漆膜，使内部气体无法排出；第二是高温阶段，温度控制在 110~120℃，烘 8~16h。转子尽可能竖烘，以便校平衡。上述烘干（包括预烘）温度都是指 A 级绝缘，对 E 级绝缘应相应提高 10~20℃ 左右。

烘干（包括预烘）过程中，每隔 1h 用兆欧表测量绕组对地的绝缘电阻，开始时绝缘电阻下降，后来逐步上升，最后 3h 内必须趋于稳定。一般在 5MΩ 以上，烘干才算结束。

常用烘干设备和烘干方法：

(1) 灯泡干燥法

用红外线灯泡或一般灯泡使灯光直接照射到电动机绕组上，改变灯泡瓦数和个数，可以改变干燥温度。

(2) 电流干燥法

接法如图 14-4-16 所示。

电源是单相 220V 交流电压（或低电压）。电流大小控制在电动机额定电流的 60% 左右，用变阻器（或改变绕组串并联方式）来调节，亦可用盐水变阻器（但要防止触电）。

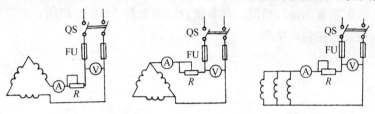

图 14-4-16　电流加热法干燥电动机

对于绕线式转子异步电动机，首先把转子滑环上电刷引线接到盐水变阻器，堵住转子；在定子三相绕组通以三相低压交流电（约 0.2 倍电源电压，如图 14-4-17 所示）或者三相绕组串联通以单相 220V 交流电，电流大小控制在电动机额定电流的 60% 左右。

用电流加热法来干燥，转子最好不要放在定子内，以免阻碍潮气排出。如果定子绕组里电流较大，需要减小时，也可把转子放在里面，但是要把转子堵住不使转动。测量绝缘电阻时应切断电源。

被水浸湿的电动机不可用电流加热法来干燥，最好用灯泡法、热风法或煤炉法进行干燥。

7. 试验

为了保证重绕的质量，必须对电动机进行一些必要的试验，检验其质量是否符合要求。试验的项目大致有：绝缘试验；空载试验；短路试验；绕线式转子开路电压试验和温升试验。

电动机在试验开始前，要先进行一般性的检查。检查电动机的装配质量，各部分的紧固螺栓是否旋紧，引出线的标记是否正确，转子转动是否灵活；如果是滑动轴承，还要检查油箱内的油是否符合要求；对于滑环电动机应检查电刷装配情况等。确认电动机的一般情况良好后，才能进行试验。

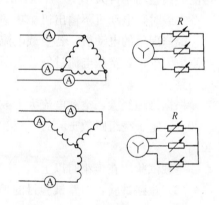

图 14-4-17　绕线式转子异步电动机干燥法

(1) 绝缘试验

绝缘试验的内容有绝缘电阻的测定，绝缘耐压试验及匝间绝缘强度试验。试验时，应先将定子绕组的 6 个线头拆开。

①绝缘电阻的测定：绝缘电阻包括各相绕组对机壳的绝缘电阻、相与相之间的绝缘电阻。绝缘电阻的阻值不得小于 0.5MΩ。

②绝缘耐压试验：按前述方法以 75% 标准试验电压重做一次，严格采用图 14-4-18 的电路做耐压试验，施加的电压应从试验电压全值的 50% 开始，然后逐渐增加。

③匝间绝缘耐压试验：试验是在电动机空载试验以后进行。试验时，通以 1.3 倍额定电压的三相交流电源，持续运转 1min，以不击穿为合格。

对绕线式转子电动机进行匝间耐压试验时，应使转子开路，使转子不能转动，给定子绕组通以 1.3 倍额定电压的三相交流电源，转子绕组中感应电压也高于额定电压 30%。

（2）空载试验：空载试验是测定电动机的空载电流和空载损耗功率；利用电动机空转检查电动机的装配质量和运行情况。空载试验电路如图 14-4-19 所示，试验中应测量三相电压、三相电流及三相输入功率。

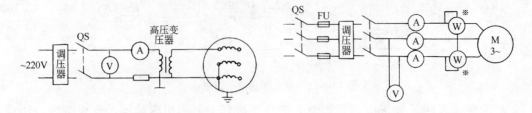

图 14-4-18　耐压试验线路图　　　　图 14-4-19　空载试验线路图

由于空载时电动机的功率因数较低，为了测量准确，瓦特表宜选用低功率因数瓦特表来测量功率。电流表和瓦特表的电流线圈要按可能出现的最大空载电流来选择量程。起动过程中，要慢慢升高电压，以免起动电流过大而冲击仪表。

当三相电源电压对称且等于电动机额定电压时，电动机任一相空载电流与三相电流平均值的偏差均不得大于 10%，若超过 10%，应查明原因。

空载时，电动机不输出机械功率，试验时的输入功率就是电动机的空载损耗功率。

经修理后的电动机，若空载电流过大，表明定子与转子间气隙超过允许值，或定子绕组匝数太少；若空载电流过低，表明定子绕组匝数太多，或三角形误接星形，或二路改接成一路。

根据修理经验，空载电流太大或太小，可相应调整定子绕组的匝数。空载电流±15%~20%，定子绕组匝数±5%；空载电流±30%，匝数±10%；空载电流±50%，匝数±20%。

空载试验应在半小时以上。

（3）短路试验：短路试验目的是测定短路电压和短路损耗。

（4）绕线式转子开路电压的测定：测定的目的是为判断转子绕组的匝数是否与修理前相同，并检查转子绕组有无匝间短路或连接错误。

（5）温升试验：电动机的温升试验须在电动机满载运行时，温度达到稳定的情况下测定，从电动机开始运转至电动机温度稳定需要几个小时。当电动机温度稳定后，使用酒精温度计的玻璃球紧贴线圈进行测量。也可将酒精温度计的玻璃球用锡箔紧裹后，再紧贴线圈进行测量。对于封闭式电动机，可将吊环旋出，将酒精温度计的玻璃球用锡箔紧裹，塞入吊环孔测量（四周用棉絮裹住）。用温度计测得的温度，是电动机表面的温度，它比绕组内部温度最高点大约低 10℃。因此应把测得的温度加 10℃，再减去环境温度，就是电动机的温升。

（七）电动机完好标准

电动机的完好标准应做到：

1. 运行正常

电流在允许范围内，出力能达到铭牌要求。定子、转子的温升和轴承温度在允许范围内各部振动和轴向窜动不大于规定值。

2. 结构完整无损，绝缘性能良好

绕组铁芯和槽楔无老化、松动，各次试验合格，绝缘电阻在热状态下每千伏电压不小于 1MΩ（兆欧），电机封闭良好。

3. 外观整洁，零附件齐备，性能良好

外壳铭牌完整，字迹清晰，电机内无其他积灰和油泥，起动和保护设备均齐全完好，合乎要求，轴承不漏油，接地线完整。

4. 技术资料齐全

通常应具备设备履历卡、运行记录、检修试验记录。

二、变压器的检修

（一）变压器的运行检查

1. 运行前检查

变压器投入运行前必须认真、细致地进行检查，检查的主要内容为：

（1）检查铭牌数据，铭牌电压和线路电压是否相符；

（2）检查试验合格证，如合格证日期已超过两个月或变压器经过长途运输，都应重新请有关部门测验电气性能；

（3）检查油位是否正常、有无渗油、漏油现象，呼吸器是否通气；

（4）检查高、低压套管及引线是否完整，螺丝是否松动；

（5）检查高压开关是否正确，电缆和母线有无异常现象；

（6）检查高低压熔丝、开关设备是否按规定选用，防雷保护是否齐全；

（7）检查变压器外壳保护接地是否良好，接地电阻是否合格；

（8）检查分接开关位置是否与电源电压相适应。

经检查都符合要求后，方能投入运行。

2. 变压器的停送电操作

变压器停送电操作即拉合开关，看起来很简单，但容易误操作。因此，必须严格按照安全操作规程进行。对于只用跌落式熔断器控制的变压器，一般停送电操作顺序是：

（1）停电时操作程序

先将用电负荷切除，然后拉低压分路开关，低压总开关，最后在变压器空载情况下拉下高压跌落式熔断器。拉下三相高压跌落式熔断器时应先拉中间一相，然后拉背风一相，最后拉迎风的一相。

（2）送电（合闸）操作顺序

送电（合闸）操作和停电时操作顺序正好相反，先合高压，后合低压，次序是：先合高压跌落式熔断器；再合低压总开关；最后将负载投入运行。

合跌落式熔断器时，必须肯定变压器是空载的情况下才允许操作，操作开始应先合迎风一相，再合背风相，最后为中间相。操作时必须使用合格的绝缘拉杆，穿绝缘鞋或站在干燥的木台上，有条件时应有一人监护。

对于设有高压开关柜的变压器，拉、合闸原则上也是先断低压侧，后断高压侧；先合高压侧，后合低压侧。对于高压断路器和隔离开关的操作顺序：停电时先拉高压断路器，后拉隔离开关；送电时，先合隔离开关，后合高压断路器。

3. 运行后检查

变压器投入运行后应按规定认真做好运行后检查，检查中如出现异常情况应及时作出分析，寻求对策或向电业管理部门报告。检查内容有：

(1) 声音是否正常

变压器正常运行时，由于交流电和磁通的变化，铁芯叠片会发生振动，发出均匀的嗡嗡声。若变压器内部有缺陷或外电路发生故障时，就会引起异常音响，如音响很大，很不均匀，有爆裂声则应立即停止运行。

(2) 温度是否正常

变压器温度是以变压器上层的温度作标准，一般不应超出85℃，最高不应超出95℃。对于没有温度计的变压器，可以用水银温度计贴在变压器外壳上测量，则正常温度不能超过75~80℃，温度对变压器的寿命有很大影响，变压器的工作温度每升高8℃，其绝缘寿命就要缩短一半。变压器在温度95℃以下运行寿命为20年左右，如温度升至105℃则缩短到7年，温度升至120℃运行则寿命缩短为2年，如在170℃温度下连续运行那么只要10~12d就将报废。

变压器温度除了取决于周围环境温度与本身的制造质量外，更与变压器工作电压和负荷大小直接相关。当变压器温度不正常并不断上升时，要立即停止运行。

(3) 油位和油色是否正常

变压器的正常油位应在油标计的1/4~3/4之间，新变压器油色为浅黄色，运行后呈浅红色。油面的上升或下降（渗漏除外）主要是油温变化引起的，油面变化不正常，轻者影响变压器的寿命，重者将变压器烧毁。当油面急剧下降或上升，一时查不清原因时应立即停止运行。发现油色异常，应取油样进行试验。

(4) 套管、引线的连接是否良好

套管不清洁、出现破损裂纹就容易泄漏电流，甚至对地放电，发现套管严重破损和出现放电现象时要立即停止运行并报告管理部门处理。

(5) 高低压熔丝是否正常

发现熔丝熔断，应查明原因，排除故障后再重新换上熔丝，投入运行。换高压熔丝时，一定要用绝缘拉杆进行，防止发生人身事故。

(6) 接地装置是否良好

正常运行的变压器外壳接地线、中性点接地线和防雷装置接地线都连接在一起，如果发生锈蚀、断股等情况要抓紧处理。

(7) 油枕的集污器内有无脏物和积水

油枕内油受热膨胀或受冷收缩时，空气是通过呼吸器排出和吸入的。在变压器"呼吸"过程中，通过设置在呼吸器内吸潮剂吸收来自空气中潮气，但吸潮剂吸水能力有一定限度；超过限度潮气时将在油枕内凝集并呈滴状注入集污器，如不及时将集污器内积水放走，则水会流入变压器内，破坏变压器的绝缘。定期打开集污螺丝，排除脏物和积水是不可忽视的检查项目。

除了上述检查外，在特殊天气如雷雨过后、大风等还要进行特殊检查。

(二) 变压器的常见故障及修理方法

变压器的常见故障及修理方法　　　　表 14-4-10

常见故障	产 生 原 因	修 理 方 法
变压器发出异常声响	1. 声音比平常沉重，可能超负荷； 2. 声音比平常尖锐，可能电源电压过高； 3. 出现声响大而嘈杂，可能内部结构松动； 4. 出现爆裂声，可能线圈和铁芯被击穿； 5. 套管太脏或裂纹，熔断器触头接触不严，发出嗞嗞声。	1. 减少负荷； 2. 按操作规程，降低电源电压； 3. 停电修理； 4. 停电修理； 5. 停电清洁套管或更换套管。
油温过高	1. 变压器过负荷； 2. 三相负荷不平衡； 3. 变压器散热不良。	1. 减少负荷； 2. 调整三相负荷分配使之平衡；对于Y，yn连接的变压器，其中线电流不得超过低压线圈额定电流的25%； 3. 检查并改善冷却系统的散热情况。
油面高度不正常	1. 油温过高、油面上升； 2. 变压器漏油、渗油、油面不正常下降。	1. 油温过高、油面上升； 2. 变压器漏油、渗油、油面不正常下降。
变压器油变黑	变压器线圈绝缘击穿。	修理变压器线圈。
低压熔丝熔断	1. 变压器过负荷； 2. 低压线路短路； 3. 用电设备绝缘损坏、造成短路； 4. 熔丝容量选择不当，质量不好或安装不当。	1. 减少负荷； 2. 排除短路故障、更换熔丝； 3. 修理用电设备、更换熔丝； 4. 更换熔丝，按规定安装。
高压熔丝熔断	1. 变压器绝缘击穿； 2. 低压设备绝缘损坏造成短路，但低压熔丝未熔断； 3. 熔丝容量选择不当，质量不好或安装不当； 4. 遭受雷击。	1. 修理变压器，更换熔丝； 2. 修理低压设备，更换高压熔丝； 3. 更换熔丝，按规定安装； 4. 更换熔丝。
过负荷、过电流保护动作	1. 变压器过负荷； 2. 变压器油箱外部高低压侧发生短路； 3. 变压器油箱内部发生相间短路。	1. 减少负荷； 2. 停电修理； 3. 修理变压器。
瓦斯继电器动作	1. 变压器线圈匝间短路、相间短路、线圈断线、对地绝缘击穿等； 2. 分接开关触头表面熔化或灼伤；分接开关触头放电或各分接头放电。	1. 停电修理变压器线圈； 2. 停电修理分接开关。

（三）变压器的保养和检修

1. 变压器保养检修的划分和周期

（1）一级保养

一级保养（日常保养），由值班电工进行，每天不可少于一次。

(2) 二级保养

二级保养，由运转人员进行，每半年进行一次。

变压器保养检修内容   表 14-4-11

检修级别	检 修 内 容
(1) 一级保养	1. 保持变压器及周围环境的整齐、清洁； 2. 监视并记录变压器的运行电压、电流； 3. 监听变压器的声响； 4. 检查油温油位和干燥剂是否正常等。
(2) 二级保养	1. 完成一级保养的全部内容； 2. 检查变压器的冷却装置、油标油枕、电源母线、熔断器以及各种保护与信号装置，使之完善。
(3) 小修	变压器小修最好安排在雷雨季节前进行，具体内容为： 1. 清理外壳、散热器、油枕、防爆筒、油标、套管的外部积尘和油垢； 2. 察看并紧固引出线螺丝及其他外部螺丝； 3. 检查套管有无裂痕和放电痕迹，清扫油箱、散热管、油位计，应注意及时加油； 4. 检查接地线以及对变压器油进行耐压试验或换油； 5. 小修完成后在投入运行前要经过电气试验（用兆欧表测量线圈的绝缘电阻）各项指标达到规定值方可运行。
(4) 大修	变压器大修属于恢复性修理，内容为： 1. 拆开顶盖、取出铁芯，检修和更换所有缺陷的零部件； 2. 清扫外壳重新油漆； 3. 对变压器油进行耐压试验或换油、装配后仍需进行规定的电气性能测定，在达到规定值方可运行

(3) 小修

小修，由检修人员（技术比较强的电工）进行，每年进行一次。

(4) 大修

大修，由检修人员进行，每 5~10 年进行一次，大修工作必须在专业人员指导下进行。

2. 变压器保养检修内容

变压器大修后应检查检修质量，记录各项检修内容并按规定组织验收。

3. 变压器的吊芯检查

变压器经过长途运输和装卸，或长期停用后需恢复使用前应进行吊芯检查。

变压器吊芯检查要在干燥清洁的室内进行，如必须在室外进行时，也要选择在晴天和无风沙的环境中进行。吊芯检查的步骤是放油→吊芯→检查→处理→投入运行。检查要由有经验的专职电工按照严格的操作规程进行。吊芯检查后如不经干燥投入运行，必须经过必要的电气试验。

当发现变压器铁芯受潮时，就要对变压器进行干燥，一般的干燥方法有热风干燥、烘箱干燥、零序电流干燥、涡流干燥及短路干燥法等，可根据具体条件进行选取。

(四) 变压器的绝缘电阻允许值

变压器在使用期间的绝缘电阻无硬性规定，表 14-4-12 可供参考。测量绝缘电阻主要测量变压器一次线圈对二次线圈、一次线圈对"地"（指变压器铁芯和外壳）和二次线圈对地的绝缘电阻值。测量时要用电压 1000～2500V 的摇表并在 5℃气温以上进行。测量前要将变压器一次侧和二次侧出线端分别短路及接地放电以保安全。

变压器线圈绝缘电阻的允许值　　　　　表 14-4-12

线圈电压	变压器工作状态	线圈在以下温度（℃）时的绝缘电阻值（MΩ）								
		10	20	30	40	50	60	70	80	90	100
3～10kV	安装或检修后	900	450	225	120	64	36	19	12	8	5
	运行中	600	300	150	80	48	24	13	8	5	4

测得的绝缘电阻值要载入档案，判断变压器是否合格，要着重看历次数据的变化规律，如果在使用中发现突然降低为原始值的 70% 时，则说明有受潮现象，应作进一步的检查。

（五）变压器的完好标准

1. 运行正常

运行正常的标准为出力不超过铭牌额定值，上层油温不超过 85℃，油位在规定的监视线内，声音正常，一次侧引出线及其接点符合标准。

2. 结构完整无损、绝缘性能良好

主要体现在线圈、瓷套管和分接开关的各项预防性试验指标合格，变压器油符合要求。

3. 外观整洁，零、附件齐全，性能良好

外壳铭牌完整、字迹清晰、装有气体（瓦斯）继电器（小容量变压器无此设备）、油枕、吸湿器（即呼吸器）、油位计、冷却系统、接地线等各种附件，且这些器件的技术性能良好。外观整洁、瓷件完整无渗漏现象，附属设备动作灵活，保护装置齐全可靠。

4. 技术资料齐全

通常应具备设备履历卡、运行记录、检修试验记录和变电装置电气主结线图。

（六）干式变压器的维护

环氧树脂浇注型变压器具有安全、难燃、耐潮性强、绝缘性能稳定、损耗低、噪声小、运行可靠、维修简便等优点，已成为高层建筑及其他重要场所的一种供电设备。从过负荷能力看，与油浸式变压器相比：在 30min 内，比油浸式强；在 0.5～8h 内，比油浸式弱；在长期运行时与油浸式没有什么区别。

1. 投入运行前的检查

（1）干式变压器一般安装在户内。为能在满负荷下长期运行，必须充分地迎风和换气。

（2）检查绕组有无开裂，接线端子接头、铁芯、夹紧装置等变压器本体各部分有无损伤、松动。

（3）检查有无雨水、灰尘及导电性杂质附着。清扫变压器本体、外壳。

（4）检查温度计、接地线等电气接线是否正常。

（5）对于风冷式干式变压器，要检查风扇的绝缘电阻和风扇接线是否正常；核对风扇旋转方向；监听风扇运行时有无异常声响和振动。

（6）检查并校对仪表指示是否正确，保护装置的动作是否正常。

（7）如有必要应进行绝缘电阻测量。用1000V或2500V兆欧表测量，并记录存档。绝缘电阻允许值，以表14-4-13所列的经验数据为大致判断标准。如果低于表14-4-13中的数值，则应清洁绕组表面和端子支架上的灰尘，并用电热器进行干燥，设法恢复其绝缘水平。

以绝缘电阻判断绝缘受潮的标准（25℃）　　　　表14-4-13

额定电压（kV）	33	22	11	6.6	3.3	1.1以下
绝缘电阻（MΩ）	100	50	30	20	10	5

2. 试运行

试运行期间必须特别注意检查，主要有：

（1）有无异常声响和振动；

（2）有无焦臭味等异常气味；

（3）有无局部过热造成变色；

（4）迎风、换气情况是否良好。风冷式的风扇旋转方向是否正确。

3. 日常维护

运行人员应每天对变压器进行巡视和检查，并把检查结果记录下来。日常检查项目见表14-4-14。

日常检查项目　　　　表14-4-14

检查内容	异常现象	可能原因	处理方法
抄录电压、电流、频率、功率因数、周围温度	读数不正常	1. 仪表不正常； 2. 其他。	1. 修理或更换； 2. 查明原因，采取措施。
抄录温度	温升不正常	1. 仪表不正常； 2. 过负荷； 3. 空气过滤器网眼堵塞； 4. 绕组内部异常； 5. 其他。	1. 修理或更换； 2. 减轻负荷，平衡各相负荷，增加变压器容量； 3. 清扫或更换； 4. 查原因，采取措施； 5. 查明原因，采取措施。
有无异常声响	1. 铁芯励磁声； 2. 振动、共振声； 3. 铁芯机械振动声； 4. 放电声； 5. 附属设备声音不正常。	1. 过电压或负荷中采用晶闸管等元件； 2. 安装不稳固或共振； 3. 螺栓、螺母未拧紧； 4. 接地不良或发生电晕； 5. 风扇不正常。	1. 改变分接头位置； 2. 安装稳固、消除共振条件； 3. 拧紧螺栓、螺母，夹紧铁芯； 4. 完善接地工作，查明发生电晕原因，采取措施； 5. 修理或更换轴承。

续表

检查内容	异常现象	可能原因	处理方法
接线端子、分接开关有无异常	过热变色。	1. 过负荷或电流异常； 2. 紧固部分松动； 3. 接触面不良。	1. 减轻负荷； 2. 紧固松动部分； 3. 研磨，再电镀。
铁芯、绕组等外检观	1. 附着灰尘； 2. 浇注绝缘龟裂。	环境差，维护不善。	1. 除尘，加强维护； 2. 查明原因，采取措施。
部件有无破损、脱落	1. 部件破损； 2. 部件脱落。	1. 过电压； 2. 雷击。	1. 查明原因，采取措施； 2. 完善防雷装置。
有无生锈		附着雨水或水滴。	防止雨水侵入，再涂漆。
有无腐蚀		有特殊气体存在	防止有害气体侵入

4. 定期检查

第一次在运行后 2～3 个月，以后每年至少一次。定期检查项目见表 14-4-15。

定期检查项目 表 14-4-15

检查内容	异常现象	可能原因	处理方法
绕组连接线有无污脏	附着灰尘。	环境差，维护不善。	用干燥压缩空气吹干净或用吸尘器清除，或用抹布擦干净。注意不要擦伤绕组绝缘表面，不能用汽油等溶剂。
绕组有无老化	1. 龟裂、变色； 2. 放电痕迹，附着炭黑。	1. 局部过热或自然老化 2. 产生或受到异常电压侵入。	1. 同制造厂协议处理； 2. 查明原因，采取措施。
绕组绝缘电阻低	低于表 14-4-13 值。		受潮显著时，与制造厂联系，采取适当措施。
铁芯，通风有无污脏及其它异常现象	1. 附着灰尘； 2. 生锈腐蚀。	1. 环境差，维护不善； 2. 防锈材料恶化，有害气体存在，附着雨水、水滴、凝露。	1. 用压缩空气或吸尘器，或抹布清除灰尘。 2. 用规定的涂料修补，防止有害气体侵入，做好防漏水处理，降低室内相对湿度。
引出线分接开关，紧固处有无异常	1. 过热变色 2. 生锈	1. 过负荷，松动，接触面不良； 2. 有害气体存在，受水侵入。	1. 减轻负荷，拧紧螺钉，研磨，重新电镀。 2. 防止有害气体侵入，做好防漏水处理，降低室内相对湿度。
绕组支持有无异常	松动	1. 螺栓、螺母松动； 2. 其他。	1. 拧紧螺栓、螺母； 2. 查明原因，采取措施。
压力式湿度等仪表，保护装置是否正常	不正常。	有故障。	更换或修理。
检查风扇是否正常	不良。	有故障。	更换或修理（建议约每 3 年更换一次风扇轴承）。
检查空气过滤器	滤网堵塞		更换或修理

第五节　三相异步电动机控制线路的制作与维修

按照电气原理图制作三相异步电动机控制线路，进行调试、试车和排除故障是低压安装维修电工必须具备的能力。本节以常用的三相异步电动机起动控制线路为例，讲述制作线路的基本步骤，以及调试、试车和检查、排除故障的方法。

一、制作电动机控制线路的步骤

制作电动机控制线路，一般应按下面所述的步骤进行。

（一）熟悉电气原理图

电动机控制线路是由一些电器元件按一定的控制关系联接而成的。这种控制关系反映在电气原理图（简称原理图）上。为了能顺利地安装接线、检查调试和排除线路故障，必须认真阅读原理图。明确电器元件的数目、种类和规格；要看懂线路中各电器元件之间的控制关系及联接顺序；分析线路控制动作，以便确定检查线路的步骤方法；对于比较复杂的线路，应看懂是由哪些基本环节组成的，分析这些环节之间的逻辑关系。

为了方便线路投入运行后的日常维修和排除故障，必须按规定给原理图标注线号。应将主电路与辅助电路分开标注，各自从电源端起，各相线分开，顺次标注到负荷端。标注时应作到每段导线均有线号，并且一线一号，不得重复。

（二）绘制安装接线图

原理图是为方便阅读和分析控制原理而用"展开法"绘制的，并不反映电器元件的结构、体积和实际安装位置。为了具体安装接线、检查线路和排除故障，必须根据原理图，绘制安装接线图（简称接线图）。在接线图中，各电器元件都要按照在安装底板（或电气控制箱、控制柜）中的实际安装位置绘出；元件所占据的面积按它的实际尺寸依照统一的比例绘制；一个元件的所有部件应画在一起，并用虚线框起来。各电器元件之间的位置关系视安装底板的面积大小、长宽比例及连接线的顺序来决定，并要注意不得违反安装规程。绘制接线图时应注意以下几点：

1. 接线图中各电器元件的图形符号及文字代号必须与原理图完全一致，并要符合国家标准。

2. 各电器元件上凡是需要接线的部件端子都应绘出，并且一定要标注端子编号；各接线端子的编号必须与原理图上相应的线号一致；同一根导线上连接的所有端子的编号应相同。

3. 安装底板（或控制箱、控制柜）内外的电器元件之间的连线，应通过接线端子板进行联接。

4. 走向相同的相邻导线可以绘成一股线。

绘制好的接线图应对照原理图仔细核对，防止错画、漏画，避免给制作线路和试车过程造成麻烦。

（三）检查电器元件

安装接线前应对所使用的电器元件逐个进行检查，避免电器元件故障与线路错接、漏接造成的故障混在一起。对电器元件的检查主要包括以下几个方面：

1. 电器元件外观是否清洁完整；外壳有无碎裂；零部件是否齐全有效；各接线端子及紧固件有无缺失、生锈等现象。

2. 电器元件的触点有无熔焊粘连、变形、严重氧化锈蚀等现象；触点的闭合、分断动作是否灵活；触点的开距、超程是否符合标准；接触压力弹簧是否有效。

3. 电器的电磁机构和传动部件的动作是否灵活；有无衔铁卡阻、吸合位置不正等现象；新产品使用前应拆开清除铁芯端面的防锈油；检查衔铁复位弹簧是否正常。

4. 用万用表或电桥检查所有元器件的电磁线圈（包括继电器、接触器及电动机）的通断情况，测量它们的直流电阻值并作好记录，以备检查线路和排除故障时作为参考。

5. 检查有延时作用的电器元件的功能，如时间继电器的延时动作、延时范围及整定机构的作用；检查热继电器的热元件和触头的动作情况。

6. 核对各电器元件的规格与图纸要求是否一致。例如，电器的电压等级、电流容量；触点的数目、开闭状况；时间继电器的延时类型等。不符合要求的应更换或调整。

电器元件先检查后使用，避免安装、接线后发现问题再拆换，提高制作线路的工作效率。

（四）固定电器元件

按照接线图规定的位置将电器元件固定在安装底板上。元件之间的距离要适当，既要节省板面，又要方便走线和投入运行后的检修。固定元件时应按以下步骤进行：

1. 定位

将电器元件摆放在确定好的位置，用尖锥在安装孔中心作好记号。元件应排列整齐，保证连接导线做得横平竖直、整齐美观，同时尽量减少弯折。

2. 打孔

用手钻在作好的记号处打孔，孔径应略大于固定螺丝的直径。

3. 固定

板上所有的安装孔均打好后，用机螺钉将电器元件固定在安装底板上。

固定元器件时，应注意在螺钉上加装平垫圈和弹簧垫圈。紧固螺丝时将弹簧垫圈压平即可，不要过分用力。防止用力过大将元件的塑料底板压裂造成损失。

（五）照图接线

接线时，必须按照接线图规定的走线方位进行。一般从电源端起按线号顺序做，先做主电路，然后做辅助电路。

接线前应做好准备工作：按主电路、辅助电路的电流容量选好规定截面的导线；准备适当的线号管；使用多股线时应准备烫锡工具或压接钳。

接线应按以下的步骤进行：

1. 选适当截面的导线，按接线图规定的方位，在固定好的电器元件之间测量所需要的长度，截取适当长短的导线，剥去两端绝缘外皮。为保证导线与端子接触良好，要用电工刀将芯线表面的氧化物刮掉；使用多股芯线时要将线头绞紧，必要时应烫锡处理。

2. 走线时应尽量避免导线交叉。先将导线校直，把同一走向的导线汇成一束，依次弯向所需要的方向。走线应做到横平竖直、拐直角弯。做线时要用手将拐角做成90的"慢弯"，导线的弯曲半径为导线直径的3～4倍，不要用钳子将导线做成"死弯"，以免损坏导线绝缘层和损伤线芯。做好的导线束用塑料线卡（塑料轧头）卡好。

3. 将成型好的导线套上写好的线号管，根据接线端子的情况，将芯线窝成圆环或直接压进接线端子。

4. 接线端子应紧固好，必要时加装弹簧垫圈紧固，防止电器动作时因振动而松脱。

接线过程中注意对照图纸核对，防止错接。必要时用试灯、蜂鸣器或万用表校线。同一接线端子内压接两根以上导线时，可以只套一只线号管；导线截面不同时，应将截面大的放在下层，截面小的放在上层。所使用的线号要用不易退色的墨水（可用环乙酮与龙胆紫调合），用印刷体工整地书写，防止检查线路时误读。

（六）检查线路和试车

制作好的控制线路必须经过认真检查后才能通电试车，以防止错接、漏接及电器故障引起线路动作不正常，甚至造成短路事故。检查线路应按以下步骤进行：

1. 核对接线

对照原理图、接线图、从电源端开始逐段核对端子接线的线号，排除漏接、错接现象。重点检查辅助电路中易错接处的线号，还应核对同一根导线的两端是否错号。

2. 检查端子接线是否牢固

检查所有端子上接线的接触情况，用手一一摇动、拉拔端子上的接线，不允许有松脱现象。避免通电试车时因虚接造成麻烦，将故障排除在通电之前。

3. 万用表导通法检查

这是在控制线路不通电时，用手动来模拟电器的操作动作，用万用表测量线路通断情况的检查方法。应根据线路控制动作来确定检查步骤和内容；根据原理图和接线图选择测量点。先断开辅助电路，以便检查主电路的情况，然后再断开主电路，以便检查辅助电路的情况。主要检查下述内容：

（1）主电路不带负荷（电动机）时相间绝缘情况；接触器主触点接触的可靠性；正反转控制线路的电源换相线路及热继电器热元件是否良好、动作是否正常等。

（2）辅助电路的各个控制环节及自保、联锁装置的动作情况及可靠性；与设备的运动部件联动的元件（如行程开关、速度继电器等）动作的正确性和可靠性；保护电器（如热继电器触点）动作的准确性等情况。

4. 试车与调整

试车前应做好准备工作，包括：清点工具；清除安装底板上的线头杂物；装好接触器的灭弧罩；检查各组熔断器的熔体；分断各开关、使按钮、行程开关处于未操作前的状态；检查三相电源是否对称等。然后按下述的步骤通电试车：

（1）空操作试验：先切除主电路（一般可断开主电路熔断器），装好辅助电路熔断器，接通三相电源，使线路不带负荷（电动机）通电操作，以检查辅助电路工作是否正常。操作各按钮检查它们对接触器、继电器的控制作用；检查接触器的自保、联锁等控制作用；用绝缘棒操作行程开关，检查它的行程控制或限位控制作用等。还要观察各电器操作动作的灵活性，注意有无卡住或阻滞等不正常现象；细听电器动作时有无过大的振动噪声；检查有无线圈过热等现象。

（2）带负荷试车：控制线路经过数次空操作试验动作无误，即可切断电源，接通主电路，带负荷试车。电动机起动前应先作好停车准备，起动后要注意它的运行情况。如果发现电动机起动困难、发出噪声及线圈过热等异常现象，应立即停车，切断电源后进行检查。

(3) 有些线路的控制动作需要调试：例如定时运转线路的运行和间隔时间；Y-△起动线路的转换时间；反接制动线路的终止速度等。应按照各线路的具体情况确定调试步骤。

试车运转正常后，可投入正常运行。

二、单向起动控制线路

电动机单向起动控制线路常用于只需要单方向运转的小功率电动机的控制。例如小型通风机、水泵以及皮带运输机等机械设备。线路的制作过程如下：

（一）熟悉电气原理图

图 14-5-1 是电动机单向起动控制线路的原理图。主电路中刀开关 QS 起隔离电源作用；熔断器 FU1 对主电路进行短路保护；接触器 KM 的主触点控制电动机 M 的起动、运行和停车；热继电器 FR 进行过载保护。FR 的常闭触点串联在 KM 的电磁线圈通路上。在控制电路中 SB1 为停止按钮，SB2 为起动按钮。

在起动按钮 SB2 上并联了接触器 KM 的一副常开辅助触点，称为"自保"触点。触点上、下端子的联接线称为"自保线"。

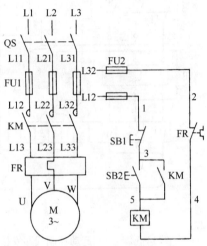

图 14-5-1 单向起动控制线路

线路的控制动作如下：合上刀开关 QS

起动

按下 SB2 → KM 线圈得电 ┬→ KM 主触点闭合 → 电动机 M 得电起动、运行
　　　　　　　　　　　 └→ KM 常开辅助触点闭合 → 实现自保

停车

按下 SB1 → KM 线圈失电 ┬→ KM 主触点复位 → 电动机 M 断电停车
　　　　　　　　　　　 └→ KM 常开辅助触点复位 → 自保解除

（二）绘制安装接线图

线路中的刀开关 QS、两组熔断器 FU1 和 FU2、交流接触器 KM 和热继电器 FR 装在安装底板上，控制按钮 SB1、SB2 和电动机 M 在底板外，通过接线端子板 XT 与安装底板上的电器连接。绘图时注意使 QS、FU1、KM 及 FR 排在一条直线上。对照原理图上的线号、在接线图上作好端子标号（见图 14-5-2）。

（三）检查电器元件

检查刀开关的三极触刀与静插座的接触情况；拆下接触器的灭弧罩，检查相间隔板；检查各主触点表面情况；按压其触头架观察动触点（包括电磁机构的衔铁、复位弹簧）的动作是否灵活；检查热继电器，观察常闭触点的分断动作；用万用表测量电磁线圈的通断，并记下直流电阻值；测量电动机每相绕组的直流电阻值，并作记录。检查中发现异常应检修或更换电器。

第十四章 供电用电设施设备维修

（四）固定电器元件

按照接线图规定的位置将电器元件摆放在安装底板上。注意使QS中间一相触刀、FU1中间一相熔断器、KM中间一极触点的接线端子和FR热继电器成一直线，以保证主电路走线美观规整。定位打孔后，将各电器元件固定牢靠。

（五）照图接线

接线时的顺序要求是先主电路，后做辅助电路，还应注意以下几点：

1. 如使用JR16系列有三相热元件的热继电器，主电路接触器KM主触点三只端子（L13、L23、L33）分别与三相热元件上端子连接；如使用其他系列只有两相热元件的热继电器，则KM主触点只有两只端子与热元件端子连接，而第三只端子连线直接接入端子板XT相应端子。

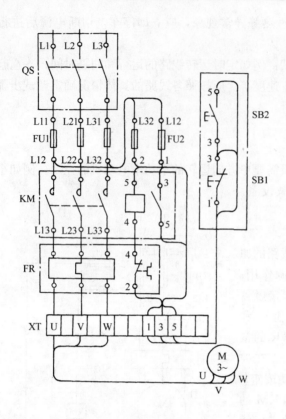

图14-5-2　单相起动控制线路安接线图

2. 按钮盒中引出三根（1、3、5号线）导线，使用三芯护套线与接线端子板连接。

3. 接触器KM的自保触点上、下端子接线分别为3号和5号，而KM线圈上、下端子分别为5号和4号，注意不可接错，否则将引起线路自起动故障。

（六）检查线路和试车

1. 对照原理图、接线图逐线核查。重点检查按钮盒内的接线和接触器的自保线防止错接。

2. 检查各接线端子处接线情况，排除虚接故障。

3. 用万用表电阻档检查断开QS，摘下接触器灭弧罩。

（1）检查主电路（拔去FU2切除辅助电路）。

（2）检查辅助电路接好FU2，作以下几项检查：

a. 检查起动控制：将万用表笔跨接在刀开关QS下端子L11、L31处，应测得断路；按下SB2，应测得KM线圈的电阻值。

b. 检查自保线路：松开SB2后，按下KM触头架，使其常开辅助触点也闭合，应测得KM线圈的电阻值。

如操作SB2或按下KM触头架后，测得结果为断路，应检查按钮及KM自保触点是否正常，检查它们上、下端子连接线是否正确，有无虚接及脱落。必要时移动表笔缩小故障范围的方法探查断路点。如上述测量中测得短路，则重点检查单号、双号导线是否错接到同一端子上了。例如：起动按钮SB2下端子引出的5号线应接到接触器KM线圈上端的 5 号端子，如果错接到 KM 线圈下端的 4 号端子上，则辅助电路的两相电源不经负载（KM 线圈）直接连通，只要按下 SB2 就会造成短路。再如：停止按钮 SB1 下接线端子引出的 3 号线如果错接到接触器 KM 自保触点下接线端子（5 号），则起动按钮 SB2，不起控制作用。此时只要合上隔离开关 QS（未按下 SB2），线路就会自行起动而造成危险。

c. 检查停车控制：在按下 SB2 或按下 KM 触头架测得 KM 线圈电阻值后，同时按下停车按钮 SB1，则应测出辅助电路由通而断。否则应检查按钮盒内接线，并排除错接。

d. 检查过载保护环节：摘下热继电器盖板后，按下 SB2 测得 KM 线圈阻值，同时用小螺丝刀缓慢向右拨动热元件自由端，在听到热继电器常闭触点分断动作的声音同时，万用表应显示辅助电路由通而断。否则应检查热继电器的动作及连接线情况，并排除故障。

4. 试车

完成上述各项检查后，清理好工具和安装板检查三相电源。将热继电器电流整定值按电动机的需要调节好，然后按以下步骤通电试车。

（1）空操作试验：合上 QS，按下 SB2 后松开，接触器 KM 应立即得电动作，并能保持吸合状态；按下停止按钮 SB1，KM 应立即释放。反复操作几次，以检查线路动作的可靠性。

（2）带负荷试车：切断电源后，接好电动机接线，合上 QS、按下 SB2，电动机 M 应立即得电起动后进入运行；按下 SB1 时电动机立即断电停车。

（七）常见的故障及处理方法

1. 合上刀开关 QS（未按下 SB2）接触器 KM 立即得电动作；按下 SB1 则 KM 释放，松开 SB1 时 KM 又得电动作。

分析：故障现象说明 SB1（常闭按钮）的停车控制功能正常，而 SB2（常开按钮）不起作用。SB2 上并联 KM 的自保触点，从原理图分析可知，故障是由于 SB1 下端连线直接接到 KM 线圈上端引起的。怀疑 3 号线和 5 号线有错接处。

检查：拆开按钮盒，核对接线未见错误，检查接触器辅助触点接线时，发现将按钮盒引出的 3 号线错接到 KM 自保触点下接线端子（5 号），而该端子是与 KM 线圈上端子（5 号）连接的，所以造成线路失控。

处理：将按钮盒引出的护套线中 3 号、5 号线对调位置接入接线端子板 XT，重新试车，故障排除。

2. 试车时合上 QS，接触器剧烈振动（振动频率低，约 10～20Hz），主触点严重起弧，电动机时转时停，按下 SB1 则 KM 立即释放。

分析：故障现象表明起动按钮 SB2 不起作用，而停止按钮 SB1 有停车控制作用，说明接线错误。接触器剧烈振动且频率低，不像是电源电压低（噪声约 50Hz）和短路环损坏（噪声约 100Hz），怀疑是自保线接错。

检查：核对接线时发现将接触器的常闭触点错当自保触点使用，造成线路失控。合上 QS 时，KM 常闭触头将 SB2 短接，使 KM 线圈立即得电动作，当 KM 衔铁吸下时，带动其常闭触点分断，使 KM 线圈失电；而衔铁复位时，其常闭触点又随之复位而使线圈得电，引起 KM 剧烈振动。因为衔铁基本是在全行程内往复运动，因而振动频率较低。

处理：将自保线改接在 KM 常开辅助触点端子，经检查核对后重新试车，故障排除。

3. 试车时按下 SB2 后 KM 不动作，检查接线无错接处；检查电源，三相电压均正常，线路无接触不良处。

分析：故障现象表明，问题出在电器元件上，怀疑按钮的触头、接触器线圈、热继电器触头有断路点。

检查：分别用万用表 R×1 档测量上述元件。表笔跨接辅助电路 SB1 上端子和 SB2 下端子（1 号和 5 号端子），按下 SB2 时测得 R→0，证明按钮完好；测量 KM 线圈阻值正常；测量热继电器常闭触点，测得结果为断路。说明在检查 FR 过载保护动作时，曾拨动 FR 热元件使其触点分断，切断了辅助电路，忘记使触点复位，因此 KM 不能起动。

处理：按下 FR 复位按钮，重新试车，"故障"排除。

4. 试车时，操作按钮 SB2 时 KM 不动作，而同时按下 SB1 时 KM 动作正常，松开 SB1 则 KM 释放。

分析 SB1 为停车按钮，不操作时触点应接通。起动时 SB1 应无控制作用。故障现象表明 SB1 似接成了"常开"型式。

检查：打开按钮盒核对接线，发现错将 1 号、3 号线接到停止按钮常开触点接线端子上了。

处理：改正接线重新试车，故障排除。

三、星形-三角形（Y-△）降压起动控制线路

额定运行为△形接法且容量较大的电动机，可以采用 Y-△降压起动法。起动时绕组作 Y 形连接，待转速升高到一定值时，改为△形连接，直到稳定运行。目前主要采用按钮切换和时间继电器切换两种（手动或自动切换）。

（一）熟悉电气原理图

图 14-5-3 是时间继电器转换的自动 Y-△起动线路的电气原理图。辅助电路中的时间

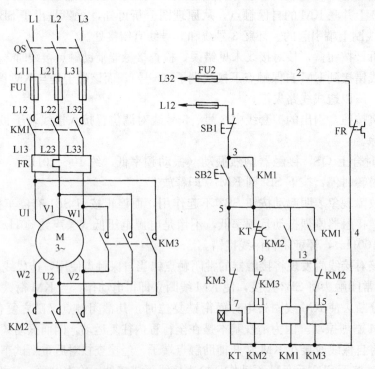

图 14-5-3　自动星三角减压起动控制线路

继电器 KT，用来控制电动机绕组 Y 接线起动的时间和向△接线运行状态的转换。由 Y 接触器 KM2 的常开辅助触点接通电源接触器 KM1 的线圈通路，保证 KM2 主触点的"封星"线先短接后，再使 KM1 接通三相电源，因而 KM2 主触点不操作起动电流，其容量可以适当降低；在 KM2 与 KM3 之间设有辅助触点联锁，防止它们同时动作造成短路；此外，线路转入△接线运行后，KM3 的常闭触点分断，切除时间继电器 KT，避免 KT 线圈长时间运行而空耗电能，并延长其寿命。

（二）绘制安装接线图

主电路中 QS、FU1、KM1 和 KM3 排成一纵直线，KM2 与 KM3 并列放置以方便走线。将 KT 与 KM1 并列放置，使各电器元件排列整齐，走线美观方便。注意主电路中各接触器主触点的端子号不得标错；辅助电路的并联支路较多，应对照原理图看清楚连线方位和顺序。尤其注意连接端子较多的 5 号线，应认真核对，防止漏标编号。绘好的接线图见图 14-5-4。

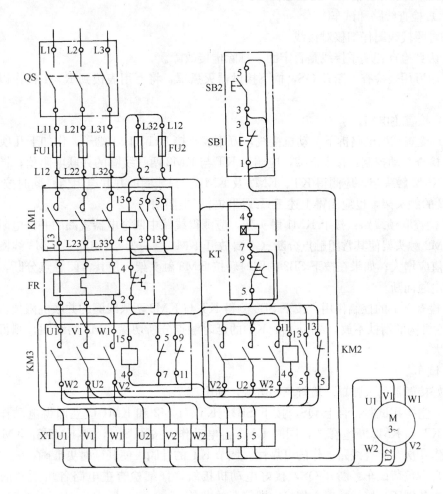

图 14-5-4　自动星三角减压起动控制线路安装接线图

（三）检查电器元件

按要求检查各电器元件。线路中一般使用 JS7-1A 型气囊式时间继电器。首先检查延时类型，如不符合要求，应将电磁机构拆下，倒转方向后装回。用手压合衔铁，观察延时器的动作是否灵活，将延时时间调整到要求的起动时间（调节延时器上端的针阀），例如5s左右。

（四）固定电器元件

除了按常规固定各电器元件以外，还要注意 JS7-1A 时间继电器的安装方位。如果设备运行时安装底板垂直于地面，则时间继电器的衔铁释放方向必须指向下方，否则违反安装要求。

（五）照图接线

主电路中所使用的导线截面积较大，注意将各接线端子压紧，保证接触良好和防止振动引起松脱。辅助电路中 5 号线所连接的端子多，其中 KM2 常闭触点上端子到 KT 延时触点上端子之间的连线容易漏接；13 号线中 KM1 线圈上端子到 KM2 常闭触点上端子之间的一段连线也容易漏接，应注意检查。

（六）检查线路和试车

1. 对照接线图仔细核对接线。
2. 认真检查各端子接线是否牢固，排除虚接故障。
3. 用万用表检查。断开 QS，摘下接触器灭弧罩，将万用表拨到 R×1 档作以下各项检查：

(1) 检查主电路。

(2) 检查辅助电路拆下电动机接线，万用表笔接 L11、L31 端子，作如下几项测量。

a. 检查起动控制：按下 SB2，应测得 KT 与 KM2 两只线圈的并联电阻值；同时按下 SB2 和 KM2 触头架，应测得 KT、KM2 及 KM1 三只线圈的并联电阻值；同时按下 KM1 与 KM2 的触头架，也应测得上述三只线圈的并联电阻值。

b. 检查联锁线路：按下 KM1 触头架，应测得线路中四个电器线圈的并联电阻值；再轻按 KM2 触头架使其常闭触点分断（不要放开 KM1 触头架），切除了 KM3 线圈，测量的电阻值应增大；如果在按下 SB2 的同时轻按 KM3 触头架，使其常闭触点分断，则应测得线路由通而断。

c. 检查 KT 的控制作用：按下 SB2 测得 KT 与 KM2 两只线圈的并联电阻值，再按住 KT 电磁机构的衔铁不放，约 5s 后，KT 的延时触点分断切除 KM2 的线圈，测得的电阻值应增大。

4. 试车

装好接触器的灭弧罩，检查三相电源，通电试车。

(1) 空操作试验：合上 QS，按下 SB2，KT、KM2 和 KM1 应立即得电动作，约经 5s 后，KT 和 KM2 断电释放，同时 KM3 得电动作。按下 SB1，则 KM1 和 KM3 释放。反复操作几次，检查线路动作的可靠性。调节 KT 的针阀，使其延时更准确。

(2) 带负荷试车：断开 QS，接好电动机接线，仔细检查主电路各熔断器的接触情况，检查各端子的接线情况，作好立即停车的准备。

合 QS，按下 SB2，电动机应得电起动转速上升，此时应注意电动机运转的声音；约 5s 后线路转换；电动机转速再次上升进入全压运行。

（七）常见故障及处理方法

线路经万用表检测动作无误，进行空操作试车时，操作 SB2 后 KT 及 KM2、KM1 得电动作，但延时过 5s 而线路无转换动作。

分析：故障是因时间继电器的延时触点未动作引起的。由于按 SB2 时 KT 已得电动作，所以怀疑 KT 电磁铁位置不正确，造成延时器工作不正常。

检查：用手按压 KT 的衔铁，约经过 5s，延时器的顶杆已放松，顶住了衔铁，而未听到延时触点切换的声音。因电磁机构与延时器距离太近，使气囊动作不到位。

处理：调整电磁机构位置，使衔铁动作后，气囊顶杆可以完全复位。重新试车，故障排除。

1. 用途

起动控制线路是一种用来控制电动机起动、停止或反转的电路。除少数手动起动器外，大多由通用接触器、热继电器、按钮等元件按一定方式组合而成，一般具有过载、欠电压保护功能。在各种起动控制线路中，以电磁起动控制应用最多。

2. 分类

起动控制线路的型式很多，一般可按起动方式及结构型式分类，如表 14-5-1 所示。

四、起动控制线路的用途与分类

起动控制线路的用途及分类 表 14-5-1

分类名称		用 途
全压直接起动	电磁	供远距离频繁控制三相笼型异步电动机的直接起动停止及可逆转换，并具有过载、断相及失压保护作用。
	手动	供不频繁控制三相笼型异步电动机的直接起动、停止，可具有过载、断相及欠压保护作用。结构简单、价廉、操作不受电网电压波动影响。
减压起动	星-三角起动 手动	供三相笼型异步电动机作星-三角起动及停止用，并具有过载、断相及失压保护作用。在起动过程中，时间继电器能自动地将电动机定子绕组由星形转换为三角形联接。
	星-三角起动 自动	供三相笼型异步电动机作星-三角起动及停止用。
	自耦减压起动 手动	供三相笼型异步电动机作不频繁地减压起动及停止用，并具有过载、断相及失压保护作用。
	自耦减压起动 自动	
	电抗减压起动	供三相笼型异步电动机的减压起动用，起动时利用电抗线圈来降压，以限制起动电流。
	电阻减压起动	供三相笼型异步电动机或小容量直流电动机的减压起动用，起动时利用电阻元件来降压，以限制起动电流。
	延边-三角形起动	供三相笼型异步电动机作延边三角形起动，并具有过载、断相及失压保护作用。在起动过程中，将电动机绕组接成延边三角形起动完毕时自动换接成三角形。
	综合起动	供远距离直接控制三相笼型异步电动机的起动和停止用，并具有过载、短路、失压保护作用和事故报讯指示装置

第六节　内燃机发电机组的使用与维修

内燃机主要指柴油机或汽油机，它是发电机组的原动机，通过燃烧燃油产生的热能作动力，驱动交流同步发电机发电。柴油机作动力的称为柴油发电机组；汽油机作动力的称为汽油发电机组；总称为内燃发电机组。

一、内燃发电机组的使用

（一）机组的选用

1. 容量选择

发电机组容量大小的选择，一般只考虑主要生产设备的用电负荷。设备项负载所需要的有功功率为 P_1、P_2……P_n，相应的无功功率为 Q_1、Q_2……、Q_n，将 P_n、Q_n 数值分别相加，求得 ΣP、ΣQ：

$$\Sigma P = P_1 + P_2 + \cdots\cdots + P_n (\text{kW}) \tag{14-6-1}$$

$$\Sigma Q = Q_1 + Q_2 + \cdots\cdots + Q_n (\text{kWar}) \tag{14-6-2}$$

机组的视在功率 S 为：

$$S = \sqrt{(\Sigma P)^2 + (\Sigma Q)^2}(\text{kVA}) \tag{14-6-3}$$

在选择机组型号时，需换算成有功功率：

$$P = S \cdot \cos\varphi(\text{kW}) \tag{14-6-4}$$

式中发电机功率因数 $\cos\varphi$ 一般取 0.8。

2. 设备选型

发电机容量应该能够满足最大用电设备启动需要，应按启动容量选择和校验。

目前国内市场常见的机组主要有两种形式：普通机和自启动机组。自启动机组具有停电自动开机、来电自动关机等项性能，可以减少维护工作量，并且反应迅速，但造价一般要比普通机组高约30%。

市场上柴油发电机组的型号、系列较多，质量有高有低。质量档次较高的是一些原装进口机组，像美国的卡特彼勒机组等，它们的性能和电气指标均属上乘，但价格也是最高的。近几年国内一些厂家引进了国外一些先进的生产制造技术，组装柴油发电机组，像常见的康明斯机组和曼海姆机组，就是引进美国康明斯公司和德国曼海姆公司的柴油机技术，并加以消化吸收组装制造的，其质量介于原装机组和国产机组之间，价格适中，在高层建筑中多有采用。国产机组的质量近几年也有提高，由于它的价格低，售后服务能跟得上，因此也有一定市场。

（二）机组的安装

1. 对机房的要求

油机室通常设立三个房间：油机室、值班室、油库。油机室用来装设发电机组、油机配电屏等设备，为了散热通风，油机室一般应南北向为宜，尽量避免西晒。机组容量在80kW 以下时，层高要求不低于 3.5m，在 80kW 以上时，要求层高在 4m 以上。门为外开双扇门，门口宽度不小于 1.5m。外窗要能开启，形成对流。值班室一般紧靠油机室。油库有地下和地上两种，地上油库即在地上建一小平房，将大油桶安放在内。地下油库即将柴油存放在地下油罐内，另装油泵取油。典型机房平面布置见图14-6-1。

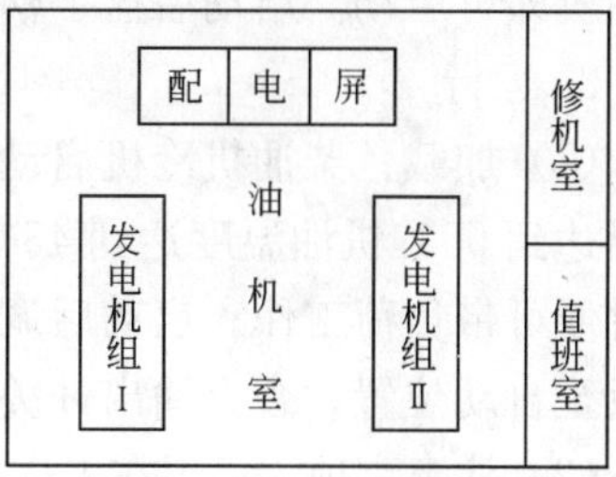

对于设备安装距离一般要求是：机组周围的维护走道净宽不小于1m，机组操作面与墙之间的距离不小于1.5m，两台机组之间的走道净宽不小于1.5m。

2. 基础制作及安装

柴油发电机组的基础要求牢固耐久，支承得住机组

图 14-6-1　油机室平面布置图

的重量和冲力，要便于机组的操作和检修，不得和建筑物的地基连在一起。基础的宽度要略大于机组底盘宽度，一般每边宽出15cm（基础高出地面部分）。基础的深度应满足经验公式：

$$H = KD/1000 \tag{14-6-5}$$

式中　H——基础埋在地下的深度（m）；

　　　D——汽缸直径（mm）；

　　　K——土壤系数（表14-6-1）。

土 壤 系 数 K　　表 14-6-1

土 壤 性 质	K 值
岩石、石砾、圆石子、砂砾大颗粒砂子	3～5
小颗粒砂子，干的含沙黏土厚度不小于4m	5～8
砂或含沙的湿黏土、小砂子、土路基	8～10

基础的具体作法：按设计好的深度和宽度开挖地基（还要留出20cm左右的防震槽，挖好后夯实底部泥土，然后开始浇注混凝土。混凝土的比例为1：2：4（水泥、砂、碎石）。浇注时需预留排水沟，发电机组的输出线、控制线、输油管等需要穿的钢管都必须埋好，穿线钢管应避免直角弯头。待混凝土全部凝固后（约15天即可安装）。传统的地脚螺栓固定机组的作法因存在施工不便和适应性差等缺点，现在已很少采用，目前常用的固定方式是用减震器，其方法是先将减震器固定在机组的导轨上，然后将机组落在基础上即可。此方法安装非常方便，效果也比较理想。

（三）机组的使用与操作

1. 启动

（1）启动前的检查：拆装维修或较长时间没有运转过的机组，在启动前应检查主要连接螺栓是否有松动现象。摇动曲轴检查各运动零件转动是否灵活，有无不正常响声。检查机组有无漏油漏水现象，电动机启动电路的接线有无松动，蓄电池电量是否充足。

平时在运转的机组，启动前应检查燃油、冷却水是否充足，用油尺检查曲轴箱中润滑油的高度是否符合要求，需要人工注润滑油的地方应加足润滑油。

（2）启动操作步骤：对于拆装过燃油系统或长时间没有运转过的柴油机，在启动前应先将燃油系统中的空气排出去，方法是：打开油开关，旋开放气阀或高压油泵上的放气螺钉，用手油泵泵油，直到从放气孔里流出连续不断的油时为止，燃后再将放气阀或放气螺钉旋紧。每天运转的柴油机可以不排气。

人工启动的方法是：先将油门放在1/2～1/3的位置，若环境温度较低，则需开启预热装置，待预热后再启动。然后将减压手柄扳到减压的位置，摇动曲轴逐渐增加转速，当接近启动转速时，突然将减压手柄扳回原位，再摇动手柄下，靠飞轮与运动零件的惯性，

柴油机即可启动。启动后摇手柄自行退出啮合。

2. 运行

（1）加载：柴油机冷机启动后，空载运转由低速逐渐增加到中速，进行预热运转，当水温达到55℃机油温度达到45℃时，逐渐将柴油机调至额定转速，当冷却水温达65℃以上时便可带负荷工作。启动后调整转速，使发电机配电屏的频率表指示在50Hz，调压手柄扳至自动位置，合上输出开关，送出三相交流电。

（2）注意事项：机组在工作中应运转平稳，无异常响声及敲击振动现象，发出的三相交流电的频率稳定在50Hz，线电压应稳定在400V。调速机构应调整准确，无转速不稳现象。机组连续运转时，水温应在85~95℃之间，机油压力一般在200~400kPa，排气无黑烟。

3. 停机

（1）正常停机：卸去负荷，逐渐降低转速，运转约5min，待水温降到70℃以下时，再操作调速手柄慢慢的停机。停机后若环境温度低于5℃，待水温降至30~40℃时，应放掉全部冷却水，防止水套冻裂。也可在冷却水中加入防冻剂或采取其他措施。

（2）紧急停机：当柴油机发生机油压力表上指针突然下降或无力，冷却水中断或水温超过100℃，飞车、有异常敲击声等现象时，必须紧急停机。

4. 注意事项

（1）电动机启动时应注意，每次电启动到运转的时间不得超过15s，若第一次启动未成功，需稍等片刻再进行第二次启动，若多次均未能启动，应停止启动，查明原因后再进行启动。

（2）柴油机启动后，其机油压力过高或过低均应停机检查，严禁在机油压力不符合规定的情况下运转。

（3）应按机组出厂说明书的要求选用燃油和机油。

（4）在使用中应按规定的技术指标带负荷，柴油机只能在持续功率下进行长期运转，在额定功率下运转时间不得超过12h。

（四）柴油机的技术保养

柴油发电机组进行技术保养，可以及时地消除机组故障，保证机组经常处于良好状态，并可延长使用寿命。

一般对柴油机发电机组作技术保养是按开机累计小时计算的，如果柴油机组是备用电源设备，累计到一、二级技术保养小时数再作保养，时间上就太久了，所以要根据具体情况灵活掌握。技术保养一般分为四种类别，下面分别作简要介绍。

1. 日常技术保养

（1）旋松燃油滤清器底部放油螺栓，放出部分污油杂质；

（2）清洁柴油机、水泵及各附属设备的油污和灰尘，并检查各连接部分螺栓有无松动现象；

（3）检查油底壳内存油情况（油位应保持在量油标尺上二刻线的中间位置）和质量。如质量变坏，油内有金属屑或油量突然增减时，均应检查原因，并及时加注或更换新油；

（4）检查并校正气门间隙；

（5）清洁电气设备各部分的油污和水迹，并检查接头是否牢固；

（6）检查传动皮带是否良好，皮带接头处是否牢固，松紧是否适当；

（7）检查燃油箱内的存油量并加满燃油，检查燃料系统各部件及油管接头是否良好；

(8) 检查冷却水箱存水情况及其水位。

2. 一级技术保养（运行100～150h）

(1) 执行每日技术保养工作；

(2) 检查曲轴与其从动设备的中心线是否移动，并进行校正；

(3) 检查蓄电池电解液面，是否高出极板10～15mm，不足时需加蒸馏水补齐；

(4) 检查连杆螺栓和锁定开口销是否松动；

(5) 清洗燃油箱和燃油滤清器；

(6) 检查内燃机调速机构的工作，并用机油润滑该机构的全部运转部位；

(7) 放出油底壳中的机油进行滤清，再掺些新机油加入油底壳内使用，并清洗机油滤清器；

(8) 水泵轴承注入钙基润滑脂（黄油）。注入不可太多，否则油会沿水泵轴进入水泵与温水融合，这样会使冷却系统散热不良；

(9) 清洗空气滤清器滤网；

(10) 清洗加机油口盖上通风孔内的钢丝绒，清洗后浸上机油再装入。

3. 二级技术保养（运行300～400h）

(1) 执行一级技术保养；

(2) 彻底清洗燃料系统，包括燃油箱、滤清器、输油管、喷油泵和喷油器；

(3) 彻底检查、清洗润滑系统，包括曲轴箱、机油管、机油滤清器、机油泵、机油冷却器等，更换新机油。特别应注意机油冷却器油管是否锈蚀或损坏；

(4) 拆洗气缸盖，清除积炭，研磨气门，并拆下排气管清除烟灰；

(5) 检查连杆、连杆轴承、配气机构、冷却水泵、调速器等零件的情况，如有松动损坏，应予检修；

(6) 检查发电机、电动机的换向器是否失圆，并用砂布将积污打光。检查电刷的弹簧压力，电刷与换向器的接触是否良好，如有损坏则应更换；

(7) 检查蓄电池的电压及电解液比重，电解液比重应是1.27～1.29。

4. 三级技术保养（700～1000h）

(1) 执行二级技术保养；

(2) 彻底清洗检查各主要机件，如气缸、活塞、活塞环、活塞销、连杆及各部位的轴承，并视情况更换零件；

(3) 清洗水套内泥沙污物和水垢。

(五) 柴油的选用

1. 柴油的性质

柴油，是一种石油化工产品，它是在260～350℃的温度范围内从石油中提炼出来的属碳氢化合物，其中碳的成分为87%、氢12.6%、氧0.4%。

柴油的使用性能指标主要是发火性、蒸发性、黏度和凝点，这些对柴油机性能影响最大。

2. 柴油的选用

(1) 柴油的牌号：国产柴油分为轻柴油和重柴油。轻柴油的挥发性较好，它根据凝点数值分成几种牌号：0号、10号、20号、35号。数字表示凝固点温度，如20号柴油的凝固点是-20℃。重柴油按粘度大小分成三种：10号、20号、30号，号数越大黏度越大。

(2) 选用：柴油的选用与很多因素有关。一般转速在 1000r/min 以上的高速柴油机选用轻柴油，并根据当地气温条件选择某一种牌号。一般气温高于 15℃时可选用 0 号轻柴油，气温在 0～+15℃时可选用 10 号或 20 号轻柴油，气温在 -15～0℃时则选用 35 号轻柴油。10 号重柴油用于 500～1000r/min 的柴油机，20 号重柴油用于 300～700r/min 的柴油机，30 号重柴油用于 300r/min 以下的柴油机。高速柴油机若采用重柴油可降低柴油机的运转费用，但因重柴油杂质多，黏度大，用时需有相应的技术措施，例如加强滤清、预热柴油、提高冷却水温度，选择合适的喷油压力和喷油提前角等。

(六) 常用维护工具介绍

在维护当中经常要用到一些工具，如转速表、量缸表、台钳、厚薄规等，它们是维护和处理故障必不可少的。如何了解和掌握其使用方法，是每个维护人员必须重视的，因为如果使用不当，不但没有效果，还可能会给机组带来另外的损伤。下面介绍二种维护工具的使用方法。

1. 喷油器试验器

对于装配好的喷油器或使用过一段时间后的喷油器，应进行检验和调整，这个工作一般在喷油器试验器上完成。试验器的构造如图 14-6-2 所示，它是利用一个单体式喷油泵，当手柄 11 插入手柄套 10 并作上下运动时，通过杠杆构将使单体式喷油泵输出高压柴油。当旋开阀门 3 时，高压柴油同时进入喷油器及压力表中，使压力表指针逐渐升高，当达到一定压力时，喷油器喷油。这时压力表指示的数值即是喷油压力的数值。

在进行调整之前，首先应进行试验器本身严密性的检查，检查方法是堵死高压油管 8 的出口（不装喷油器），用手柄压油至压力表数值为 25MPa，观察各接头处不应有漏油现象，在一分钟内其压力下降不应超过 2MPa。

该试验器一般用来检验喷油器的密封性、喷油雾化情况，调整喷油压力等。

2. 量缸表

对于需要修理和已经修理过的缸套（或气缸），需要测量其锥形度、椭圆度及磨损量等，这时就需要使用量缸表，如图 14-6-3 (a) 所示。

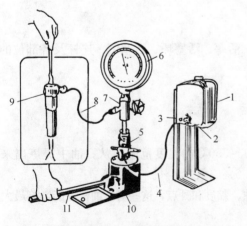

图 14-6-2 喷油器试验
1—存油筒；2—柴油箱滤清器；3—阀门；4—输油管；
5—单体式喷油泵；6—压力表；7—三通油管接头；
8—高压油管；9—喷油器；10—手柄套；11—手柄

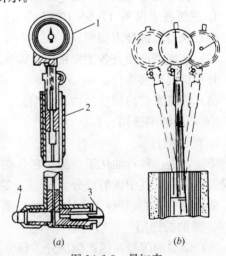

图 14-6-3 量缸表
1—千分表；2—传动杆；3—活动短杆；
4—固定短杆

测量时把量缸表放入缸套内,保持垂直,为了防止偏差,需把量缸表前后摆动,见图 14-6-3（b）。此时表针指示最小值时为垂直时的正确位置。一般测量气缸的位置至少需要三处:第一处在气缸顶部以下 10～15mm 处,第二处在气缸中间,第三处在气缸下部以上 15～20mm 处,即活塞环运动区域之外。

二、内燃发电机组常见故障及维修

（一）故障的一般判断方法

柴油发电机组产生故障的原因是多方面因素造成的,不同的故障表现出不同的现象,要想排除故障,就需先查明原因。这需要维护人员在维护当中,通过听、看、摸、嗅等感觉,发现柴油机的异常表现,如声音异常、动作异常、温度异常、气味异常等。当有异常现象出现时,必须进行调查、分析、推理、判断,找出发生故障的原因和部位,加以排除。

1. 异常声音的判断

用一通心起子或铁条,一端贴耳,一端触及各检查部位,可以清晰地听到异常声音产生的部位。

2. 部分停止法

经分析判断,怀疑可能由于某一工作部位引起,此时可使该部位停止工作,观察现象是否消失,从而确定故障原因和部位。

3. 比较法

若怀疑是由于某一零件或部件造成的,可更换一新件,比较机组前后工作情况是否有变化,找出原因。

4. 试探法

用改变局部范围内部技术状态,观察对机组工作性能的影响,以判断故障原因。

正确分析和判断机组故障的原因,是一项复杂而又细致的工作,不应在未弄清故障原因之前就乱拆机组,这样不但不能消除故障,而且还可能在重装时造成新的故障。

（二）常见故障及维修

1. 柴油机的常见故障和检修方法

（1）柴油机不能启动（表 14-6-2）

柴油机不能启动及排除方法　　　　表 14-6-2

序号	产生故障的原因	排 除 方 法
1	燃油系统的故障: （1）燃油系统中漏入空气; （2）燃油管路阻塞; （3）燃油滤清器阻塞; （4）输油泵不供应油或断续供油; （5）喷油很少、喷不出油或喷油压力太低。	（1）检查燃油管接头是否松弛旋开喷油泵及燃油滤清器上的放气螺塞,用手泵把燃油压到溢出螺塞不带气泡为止,然后旋紧螺塞,并将手泵旋紧。松开高压油管的喷油器上端的螺帽,撬喷油泵弹簧,当管口流出的燃油内没有汽泡时,旋紧螺帽,再撬喷油泵弹簧几次,使各喷油器中充满燃油。 （2）检查管路是否畅通。 （3）清洗滤清器。 （4）检查进油管是否漏气,如排除进油管漏气后仍不供油,应检修输油泵。 （5）将喷油器拆出来后,仍接在高压油管上,再撬喷油弹簧,观察喷油头的雾化是否良好。

续表

序号	产生故障的原因	排除方法
2	启动系统的故障： （1）启动系统接线错误或接触不良。 （2）蓄电池电力不足。 （3）启动电动机炭刷与整流子接触不良。	（1）检查接线是否正确和牢靠。 （2）用电力充足的蓄电池或增加蓄电池并联使用。 （3）修整或调换炭刷、用木砂纸清理整流子表面，并吹净灰尘。
3	压缩冲程压力不足： （1）活塞环过度磨损。 （2）气门漏气	（1）更换活塞环，视磨损情况更换气缸套。 （2）检查气门间隙、气门弹簧、气门导管及气门座的密封情况，若气门密封线不连续时，可用气门砂研磨成至一条连续光滑的线

（2）柴油机在正常运转情况下，突然发不出规定的功率（表14-6-3）

柴油机发不出规定的功率及排除方法　　　　表14-6-3

序号	产生故障的原因	排除方法
1	气门弹簧损坏。	检查气门弹簧并更换。
2	进排气定时或喷油提前角不对。	校正喷油提前角度和进排气门开关度数，检查高压油泵传动轴处二只螺钉是否松动，如系螺钉松动，应扳紧。
3	进排气门与摇臂的间隙不正确。	检查并调整至规定间隙。
4	压缩冲程压力不足。活塞环卡住，气门杆咬住，不灵活。	清洗检修。
5	柴油机过热（冷却或润滑系统故障，水温过高）。	检修冷却及润滑系统并除去水套中的水垢，清洗机油冷却器。
6	柴油机气缸内积炭太多。	拆开气缸盖清除积炭并找出积炭原因。
7	空气滤清器堵塞。	检查空气滤清器油平面是否正常或清洗空气滤清器。
8	排气管路阻塞。	清除积炭。
9	燃油系统进空气。	按前述将燃油系统中的空气放出。
10	喷油泵故障。	检修或更换配件。
11	喷油器有故障。	更换喷油嘴配件或进行检修。
12	气缸盖喷油器孔漏气： （1）喷油器紧帽铜垫圈损坏； （2）喷油器孔平面未清理干净； （3）喷油嘴与喷油器体结合面渗漏。	（1）更换垫圈； （2）清理座孔； （3）拧紧喷油器紧帽或研磨平面。
13	气缸盖与机体密合处漏气（其特征是在变速时有一股气流从垫片处冲出）： （1）气缸盖大螺母松。 （2）气缸盖垫片损坏	（1）按规定扭矩拧紧大螺母。 （2）检查气缸盖和机体接合面及更换气缸盖垫片（不要勉强修复旧的垫片），必要时可铲刮气缸盖和机体的接合面

(3) 柴油机运转时有不正常的杂声（表 14-6-4）

柴油机不正常的杂声及排除方法　　　　　　　　表 14-6-4

序号	故障特征	产生原因	排 处 方 法
1	气缸内发出有节奏的清脆的金属敲击声。	喷油时间过早。	重新调整喷油时间。
2	气缸内发出低沉不清晰的敲击。	喷油时间过迟。	重新调整喷油时间。
3	柴油机在运转过程中有轻微而尖锐的响声，此种响声在急速运转时尤其清晰。	活塞销与连杆小头孔配合太松。	更换连杆小头轴承使之在规定间隙范围。
4	柴油机在启动后发出响声，此种响声随柴油机走热后逐渐减轻。	活塞与气缸套间隙过大。	更换活塞环或视磨损程度更换缸套。
5	当柴油机在 1500r/min 运转时，在曲轴箱内听到机件的撞击声，此时突然降低转速，可以听到沉重而有力的撞击声。	连杆轴承太松。	检查连杆轴承，必要时予以更换。
6	柴油机在运转过程中发出： (1) 特别尖锐而刺耳的响声，在加大油门时，此响声更为清晰。 (2) 有霍霍声。 (3) 主轴承用滑动轴承的柴油机，发出沉重的撞击声。	(1) 曲轴滚柱轴承过紧。 (2) 曲轴滚柱轴承松动。 (3) 主轴承间隙过大，情况与连杆轴承撞击声响声相似。	(1) (2) 检查有响声的滚柱轴承，并更换之。 (3) 检查更换主轴瓦。
7	柴油机在急速运转时，听到曲轴前后游动的碰撞声。	曲轴推力轴承磨损，造成间隙过大，导致曲轴前后游动。	检查推力轴承，并用垫片调整至规定间隙。如磨损严重，应更换新品。
8	柴油机气缸盖处发出有节奏的轻微敲击声。	气门弹簧折断，气门梃杆弯曲，推杆套筒磨损。	更换配件，调整气门间隙。
9	在前盖板处发出不正常的声音，当柴油机突然降低转速时，可听到撞击声。	(1) 齿轮磨损过多。 (2) 齿隙过大。	调整齿隙，必要时更换齿轮。
10	柴油机在运转中，气缸盖处发出沉重而均匀的有节奏的敲击声，用手指轻轻捏住气缸盖罩壳的螺柱（即固定紧摇臂座的螺柱）上有活塞碰气门的感觉。	活塞碰气门。	拆下气缸盖罩，检查相碰原因，调整气门间隙。必要时增加气缸盖垫片（视需要增加 0.20～0.40mm 的紫铜垫片，可用旧缸垫代用）。
11	在气缸盖处，听到干摩擦响声	摇臂调节螺钉与推杆的球面处无机油	在球面处浇注一些机油

(4) 柴油机排气烟色不正常：柴油机在带负载运转时，排气烟色一般为淡灰色，负载略重时，则可能为深灰色（在短期内运转还是允许的）。这里说的排气烟色不正常是指排气冒黑烟、蓝烟或白烟。排气冒黑烟，表示燃烧不完全。蓝烟表示机油串入燃烧室，白烟

表示柴油雾滴在燃烧室未燃烧。现将故障产生的原因及排除方法列于表14-6-5。

柴油机排气烟色不正常及排除方法 表 14-6-5

序号	故障特征	产 生 原 因	排 除 方 法
1	排气冒黑烟。	(1) 柴油机负载超过设计规定； (2) 各缸喷油泵供油不均匀； (3) 气门间隙不正确，气门密封线接触不良； (4) 喷油太迟，部分燃油在柴油机排气管中燃烧。	(1) 调整负载，使之在设计范围内； (2) 调整各缸供油量，使之平衡； (3) 检查气门间隙，气门、气门弹簧和密封情况，并消除缺陷； (4) 调整喷油提前角。
2	排气冒白烟。	喷油嘴喷油时，有滴油现象。雾化不良，喷油压力低。	检查喷油嘴偶件，若密封不良，则更换新的喷油嘴，检查喷油压力，调整到说明书中规定范围。
3	排气冒蓝烟。	(1) 空气滤清器阻塞，进气不畅，或滤清器中机油过多； (2) 活塞环卡死或磨损过多，弹性不足，使机油进入燃烧室	(1) 检查空气滤清器，视故障原因给予清洗或减少机油至规定平面； (2) 清洗活塞环；必要时更换新活塞环

(5) 柴油机机油压力不正常：柴油机使用后发现压力不足或过高，可旋动调整螺杆使压力正常，当不能调整时可参照表14-6-6检修。

柴油机油压不正常及排除方法 表 14-6-6

序号	故 障 原 因	排 除 方 法
1	机油泵齿轮磨损或装配不符合要求而造成工作不正常。	试验机油泵性能，更换齿轮调整间隙，或更换新泵
2	机油管路漏油或阻塞折断。	检修各管路通畅和漏油情况，必要时调换。
3	机油 冷却器或机油滤清器阻塞。	清洗。
4	机油压力调节器弹簧损坏，调压阀平面不平。	更换弹簧；修磨调压阀平面。
5	曲轴前轴油封处，曲轴法兰端，摇臂轴之间的连接油管，凸轮轴承处连杆轴承处严重漏油。	检修各处，各轴承如磨损超过允许值必须更换。
6	机油压力表损坏或压力表连接油管阻塞	机油压力表损坏或压力连接油管阻塞

(6) 机油温度过高耗量太大，稀释 (表14-6-7)

柴油机温度过高及排除方法 表 14-6-7

序号	故 障 原 因	排 除 方 法
1	油温过高；柴油机负载（同时排气冒黑烟）过重，或机油冷却器堵塞。	减轻负载，清洗机油冷却器。
2	活塞环被粘住或磨损过甚。气缸套磨损过甚，使机油窜入燃烧室及燃气至曲轴箱，此时排气冒蓝烟，机油加油口也要冒烟。	更换活塞环，必要时换气缸套。
3	使用不适当的机油。	按有关规定选用。
4	活塞环回油孔被积炭阻塞	除去积炭，更换油环

（7）油底壳机油平面升高（表14-6-8）：内燃机经正常运转后，油底壳机油平面较原加入时升高，主要因冷却水进入机油内，机油呈浮黄色泡沫（可取机油放在玻璃杯内静置一小时，视杯底部有否沉淀水）。

柴油机油底壳机油平面升高及排除方法 表14-6-8

序号	故障原因	排除方法
1	气缸套下的封水圈损坏。	更换封水圈。
2	气缸盖裂缝（此时排气中水分增多并凝聚起来）。	更换气缸盖。
3	气缸垫损坏。	更换气缸垫。
4	水冷式机油冷却器芯子损坏，使冷却水进入机油内（用盛器取排出水看是否有油花）。	检修或更换冷却器芯子。
5	气缸套与机体接合面漏水。	检查气缸套肩胛与机体之间铜垫圈是否损坏，必要时换新品。
6	气缸套已腐蚀有小气孔以致漏水。	更换气缸套。
7	水泵中的水漏入油底壳： （1）水泵轴与水封处漏水； （2）水泵封水橡皮圈损坏	（1）检修并更换水封研磨密封面； （2）更换封水橡皮圈

（8）出水温度过高（表14-6-9）

柴油机出水温度过高及排除方法 表14-6-9

序号	故障原因	排除方法
1	水管中漏入空气形成气塞。	放出管中空气，并检查各管接头处是否扳紧，不得漏气。
2	冷却水循环不良，水量不足，叶轮损坏。	张紧水泵皮带。在开式循环中提高水位，在闭式循环中水箱内加满水。拆检水泵校正水泵间隙，或调换叶轮及轴。
3	冷却系统中，散热水箱的散热片和铜管表面积垢太多。	清除水垢，清洗表面。
4	风扇传动皮带松弛，转速降低风量减少。	调整皮带张力或更换皮带。
5	水温表不正确，节温器失灵。	更换水温表，检验节温器。
6	负载过重	减少载荷

（9）喷油泵的一般故障（表14-6-10）

柴油机喷油泵一般故障及排除方法 表14-6-10

序号	故障原因及特征	排除方法
1	喷油泵不喷油： （1）油箱中无油； （2）燃油输油泵故障； （3）燃油滤清器或油管阻塞； （4）燃油系统中进入空气； （5）油泵芯子磨损； （6）出油阀不能紧闭或断裂。	（1）油箱内加入燃油； （2）检修； （3）清洗； （4）排除空气； （5）更换； （6）拆开清洗并研磨修整或调换封油垫圈。

续表

序号	故障原因及特征	排除方法
2	喷油不均匀： (1) 燃油系统进入空气； (2) 出油阀弹簧断裂； (3) 出油阀平面与外圆磨损； (4) 油泵芯子弹簧断裂； (5) 杂质使油泵芯子阻滞； (6) 进油压力太小； (7) 齿轮调节不当。	(1) 排除空气； (2) 更换新弹簧； (3) 研磨修整或更换； (4) 更换； (5) 清洗； (6) 检查燃油输油泵及燃油滤清器； (7) 应调整到出厂记号。
3	出油量不足： (1) 出油阀漏油； (2) 接头漏油； (3) 油泵芯子套筒磨损； (4) 装配错误。	(1) 研磨修整或更换； (2) 检查各接头并修理； (3) 更换； (4) 重新装配调整。
4	出油量过多： (1) 油泵各缸未平衡； (2) 装配错误	(1) 重新调整； (2) 重新调整。

(10) 转速控制方面的一般故障（表 14-6-11）

柴油机转速控制及排除方法　　　　　表 14-6-11

序号	故障原因及特征	排除方法
1	调速不稳定： (1) 各缸供油量不均匀； (2) 喷油嘴喷孔结炭塞死和滴油； (3) 拉杆销子松动； (4) 油泵芯子弹簧断裂； (5) 出油阀弹簧断裂。	(1) 调整油量控制套筒； (2) 检修畅通喷孔或调换喷油嘴； (3) 更换拉杆销子； (4) 更换； (5) 更换。
2	急转速不能达到： (1) 手柄未放到底； (2) 弹簧挂耳轧死； (3) 齿轮齿杆有轻微轧住。	(1) 检修将调速手柄放到底； (2) 检修并清除之； (3) 检修并清除之。
3	游车（内燃机转速不稳定） (1) 调速主副弹簧久用变形； (2) 飞铁滚轮销孔和座架磨损松动； (3) 油泵齿轮齿杆配合不当； (4) 飞铁张开和收拢距离不一致； (5) 调速器外壳孔油泵盖板孔松动，凸轮轴游动间隙过大； (6) 齿杆销孔和拉杆与拉杆销子配合间隙太大； (7) 低速稳定器调整不当； (8) 调节齿条（或调节拨叉）发涩。	(1) 调节或更换新弹簧； (2) 更换新飞铁； (3) 重新调整装配； (4) 检修校正； (5) 检修增加铜垫片，调整到规定间隙； (6) 更换拉杆销子； (7) 按规定调整； (8) 检查齿条及孔和拉杆（或拨叉机构）连接部分是否灵活自如。

续表

序号	故障原因及特征	排除方法
4	飞车： (1) 转速过高； (2) 调速器外壳下部的螺塞松掉，杠杆销子脱落； (3) 调速弹簧断裂； (4) 齿杆和拉杆连接销子脱落，弹簧销片断裂； (5) 杠杆销子脱落； (6) 喷油泵齿条卡死； (7) 调速器滚珠轴承损坏； (8) 调速器滑管套筒咬住； (9) 喷油泵内润滑油面过高，机油黏度太大	立即紧急停车检修： (1) 检修各部分，拆开高速限制螺钉铅封重行调整； (2) 检修重新装配； (3) 更换弹簧； (4) 检修或更换； (5) 检修或更新； (6) 拆下总泵进行检修； (7) 更换轴承； (8) 检修或更新； (9) 更换用11号柴油机机油，调整油面高度

(11) 输油泵的一般故障（表14-6-12）

柴油机输油泵一般故障及排除方法　　　　　表14-6-12

故障原因及特征	排 除 方 法
燃油输油量不足： (1) 输油泵止回阀断裂； (2) 活塞磨损； (3) 进油紧帽漏气	(1) 更换止回阀； (2) 更换； (3) 扳紧管接头螺帽

(12) 喷油器的一般故障（表14-6-13）

柴油机喷油器的一般故障及排除方法　　　　　表14-6-13

序号	故障原因及特征	排 除 方 法
1	喷油很少或喷不出油： (1) 油路有空气； (2) 油针与油针体咬住； (3) 油针与油针体配合太松； (4) 燃油系统漏油严重； (5) 喷油泵供油不正常； (6) 油针体与油针轧死。	(1) 排除空气； (2) 修整或更换； (3) 更换新喷嘴偶件； (4) 紧固油路接头或更换零件； (5) 检修调整； (6) 清洗、修理。
2	喷油压力低： (1) 调压螺钉松； (2) 调压弹簧变形而致压力减退。	(1) 调整喷油压力到规定数值； (2) 调整或更换新弹簧。
3	喷油压力太高： (1) 调压弹簧压力太大； (2) 油针粘住； (3) 喷孔塞死。	(1) 调整压力或更换； (2) 修理喷油嘴； (3) 清洗修理。
4	喷油器漏油严重： (1) 调压弹簧折断； (2) 油针体座面损坏； (3) 油针咬住； (4) 紧帽久用变形； (5) 喷油器外壳平面磨损不平。	(1) 更换新弹簧； (2) 更换新喷嘴偶件； (3) 清理或更换新的喷嘴偶件； (4) 更换新紧帽； (5) 研磨外壳平面或更换。

续表

序号	故障原因及特征	排除方法
5	燃油泵雾化不良： (1) 油针体变形或磨损； (2) 油针体座面磨损或烧坏。	(1) 更换新喷油嘴偶件； (2) 更换新喷油嘴偶件。
6	喷油成线： (1) 喷孔塞死； (2) 油针体座面磨损过度； (3) 油针咬住。	(1) 清洗或更换； (2) 更换新喷油嘴偶件； (3) 清理或更换。
7	喷油嘴表面烧坏或呈蓝黑色（柴油机过热）	检修冷却系统，并更换新喷油嘴偶件

(13) 电启动装置的故障（表 14-6-14）

柴油机电启动装置故障及排除方法　　　表 14-6-14

序号	故障原因及特征	排除方法
	启动电机传动齿轮不能进入啮合	
1	1. 启动电机继电器不工作 (1) 启动按钮毁坏或接触不良； (2) 转换开关触点烧坏； (3) 电压不足（电瓶亏电，电路系统接触不良或漏电）。 2. 启动电机传动齿轮与柴油机飞轮齿圈 (1) 齿轮单面磨损较重或起毛； (2) 启动电机齿轮与飞轮齿圈的中心线不平行； (3) 启动电机齿轮端面到飞轮齿圈端面间隙过大或者顶死； (4) 启动电机的杠杆脱钩； (5) 启动电机传动齿轮铜套松脱； (6) 启动电机离合器紧固螺母松脱。	(1) 修理或更换启动按钮； (2) 拆开并清理触点； (3) 检查电路线路及蓄电池。 (1) 修理齿轮； (2) 重新安装，消除不平行现象； (3) 该间隙应在 2.5～5mm 范围内，不合要求时用增减垫片的方法调整； (4) 重新安装调整； (5) 拆开启动电机进行检查修理； (6) 拆开重新装配。
	启动电机进入啮合但柴油机不能转动或转动无力	
2	(1) 电压不足（电路接触不良，漏电或电瓶亏电）； (2) 离合器摩擦片打滑； (3) 启动电机整流子沾油或烧蚀，电刷磨损，电刷弹簧压力不足； (4) 启动电机电枢与磁场线圈碰撞或短路。	(1) 检查电路线路和蓄电池； (2) 在离合器内压环和摩擦片之间增加垫圈调整； (3) 用砂纸清洁启动电机整流子，如磨损烧蚀严重，需要进行修理； (4) 送修理单位进行修理。
	柴油机已启动，但启动电机齿轮不能分离，发出尖锐的噪声	
3	(1) 启动电机继电器内铜接触盘和两个触点粘连； (2) 启动转换开关大小铜接触盘与触点粘连； (3) 启动电机杠杆脱钩或偏心螺钉松脱； (4) 杠杆回位弹簧折断或丧失弹性； (5) 启动电机电枢轴折断或弯曲； (6) 齿面拉毛卡死。	(1) 检查线路，修整触点； (2) 拆开检查修理触点； (3) 重新调整固定； (4) 更换弹簧； (5) 更换启动电机； (6) 修整齿面。

续表

序号	故障原因及特征	排除方法
	蓄电池故障	
4	1. 蓄电池电力不足 (1) 电液液面过低； (2) 极板间短路； (3) 极板硫化； (4) 充电发电机供电不足； (5) 电线接触不良。 2. 蓄电池温度过高 (1) 内部短路； (2) 充电电流过大。 3. 因充电电流过大，或外电路短路，致使蓄电池外壳变形，封口胶破裂； 4. 电液混浊； 5. 极板活性物质脱落	1. (1) 添加蒸馏水或比重为 1.1 的稀硫酸溶液； (2) 清除沉淀物，更换电液； (3) 反复充放电消除硫化； (4) 检修继电调节器和皮带紧度； (5) 使导线的接触良好。 2. (1) 消除短路； (2) 检修继电调节器。 3. 用火烤或重新封口； 4. 更换电液； 5. 沉淀少者，消除后继续使用，沉淀多者，更换极板

(14) 充电发电机工作不正常（表 14-6-15）

充电发电机工作不正常及排除方法　　　　表 14-6-15

序号	故障原因及特征	排除方法
	充电发电机换向器有强烈火花	
1	(1) 电刷和整流子接触不良； (2) 整流子烧蚀严重，出现凹坑或失圆； (3) 云母片凸出。	(1) 使电刷压力正常，接触良好； (2) 修整整流子达到规定要求； (3) 修刮云母片。
	充电发电机工作有噪音和敲击声	
2	(1) 轴承磨损有明显松动； (2) 轴承过紧，安装不正确； (3) 磁极螺丝松动，使磁极与电枢发生摩擦。	(1) 更换轴承； (2) 校准轴承配合，改进安装方法； (3) 上紧螺钉，校验空气隙是否够，是否均匀。
	充电发电机温度过高	
3	(1) 电枢线圈短路； (2) 磁场线圈短路； (3) 轴承缺油或咬住； (4) 三角皮带拉紧过强； (5) 电刷弹簧过强。	(1) 用短路试验器检查并修理； (2) 用电桥测量电阻，进行修理； (3) 加注润滑油或清洗轴承，更换润滑脂； (4) 调整三角皮带拉紧力； (5) 调整电刷弹簧压力。
	电流表不指示充电状态	
4	(1) 充电线路内导线接触不良； (2) 充电发电机整流子油污或烧蚀； (3) 充电发电机电刷过度磨损，电刷弹簧压力不够； (4) 充电发电机电刷卡滞或与整流子接触不良； (5) 电枢或磁场绕组开路或短路； (6) 充电发电机调节器发生故障； (7) 三角皮带拉紧力不够，充电发电机转速下降。	(1) 排除导线折断或接触不良现象； (2) 清洁整流子； (3) 更换电刷； (4) 使电刷在支架内灵活移动，并与整流子完全接触； (5) 用电桥或短路试验器检查并修理； (6) 按规定进行调整； (7) 按规定调整皮带拉力。

续表

序号	故障原因及特征	排除方法
	电流表指示充电电流过强	
5	(1) 充电发电机的电枢与磁场电路短路，调节器不能控制； (2) 调节器不正常	(1) 消除短路； (2) 重新检查和调整调节器

2. 汽油机的常见故障和检修方法

(1) 汽油机启动困难（表 14-6-16）

汽油机启动困难及排除方法　　　　　　表 14-6-16

序号	产生故障原因	排除方法
1	混合气过稀： (1) 汽化器浮子过低； (2) 油管或汽油滤清器或汽油泵滤网阻塞不畅通； (3) 汽化器与进气管连接处不紧密； (4) 进气管与气缸体组装面不紧密而漏气； (5) 阻风门开启太大。	检修下列各项： (1) 调整浮子至合适高度； (2) 拆卸油管或汽油滤清器或汽油泵滤网，清洗后用压缩空气吹通； (3) 拧紧汽化器与进气管连接螺帽或更换衬垫； (4) 拧紧进气管与气缸体组装面的固紧螺帽或更换衬垫； (5) 关小阻风门。
2	混合气过浓： (1) 汽化器浮子过高； (2) 汽化器量孔过大； (3) 汽化器主量孔针调整不当； (4) 阻风门未开足。	检修下列各项： (1) 调整浮子至合适高度； (2) 更换量孔； (3) 调整主量孔针至合适位置； (4) 开大阻风门。
3	电火花太弱或不发火： (1) 点火线圈损坏； (2) 分电器断电接触点无间隙或接触面不良； (3) 电容器损坏； (4) 高压导线损坏或与气缸盖上火花塞短路； (5) 低压线损坏或松脱； (6) 点火线圈或分电器受潮； (7) 火花塞受潮或电极积炭； (8) 火花塞间隙过大、过小； (9) 火花塞绝缘瓷破裂； (10) 分电器盖或分电头损坏； (11) 蓄电池电量不足。	检修下列各项： (1) 更换点火线圈； (2) 调整断电接触点至合适的间隙，或清除断电接触点上的氧化物； (3) 更换； (4) 更换高压线，或装紧高压线与气缸盖上火花塞的连接； (5) 更换低压线或拧紧低压线； (6) 拆下烘烤； (7) 拆下清除积炭并烘烤； (8) 调整间隙； (9) 更换； (10) 更换损坏件； (11) 拆下另行检查或充电。
4	点火时间不对： (1) 分电器装错； (2) 高压线接错。	检修下列各项： (1) 重新组装； (2) 按点火次序重新插接。

续表

序号	产生故障原因	排除方法
5	气缸进水： (1) 气缸盖螺栓不紧； (2) 气缸床损坏。	放尽水套冷却水后检修下列各项： (1) 按规定扭力拧紧缸盖螺栓； (2) 更换。
6	气缸压缩不良： (1) 气门漏气； (2) 气门弹簧弹力不足或折断； (3) 气门间隙过大或过小； (4) 气缸床损坏； (5) 气门杆胶粘； (6) 活塞、活塞环、气缸过度磨损。	检修下列各项： (1) 研磨气门，调整气门间隙； (2) 更换； (3) 调整规定间隙； (4) 更换； (5) 清洗气门机构各零件； (6) 更换活塞环或活塞组件。

(2) 汽油机运转不正常或中途熄火（表 14-6-17）

汽油机运转不正常或中途熄火及排除方法 表 14-6-17

序号	产生故障原因	排除方法
1	混合气过稀或过浓；	清洁或调整汽化器；
2	电火花太弱或不发火；	按表 14-6-16 中序号 3 检修；
3	气缸进水；	按表 14-6-16 中序号 5 检修；
4	气缸压力低；	按表 14-6-16 中序号 6 检修。
5	汽油供给不畅 (1) 汽油滤清器太脏； (2) 汽油泵沉淀滤网阻塞； (3) 汽油管阻塞； (4) 汽油管接头漏油； (5) 汽化器浮子油面过低； (6) 汽化器量孔阻塞。	检修下列各项： (1) 清洗滤芯； (2) 清洗油泵滤网； (3) 拆下管子吹通； (4) 拆下检修，拧紧螺管接头； (5) 调整合适的油面高度； (6) 拆下吹通并清洗。
6	汽油机过热： (1) 风扇皮带太松； (2) 水泵损坏； (3) 水箱漏水或水量不足； (4) 气缸水套积垢过多； (5) 节温器失灵； (6) 油底壳内机油过少； (7) 机油太稀，无黏性。	检修下列各项： (1) 调整皮带合适松紧度； (2) 检修； (3) 焊补水箱或添加清洁水； (4) 清洗水套； (5) 更换节温器； (6) 添加适量机油； (7) 更换合适的机油。

(3) 汽化器回火放炮（表 14-6-18）

汽化器回火放炮及排除方法　　　　　　　　　　　　　　　　　表 14-6-18

序号	产生故障原因	排 除 方 法
1	混合气过稀： (1) 主量孔阻塞，主量针调整不合适； (2) 汽油供应不足。	检修下列各项： (1) 清洗和调整量针； (2) 按表 14-6-17 中序号 5 检修调整。
2	点火时间不对。	调整合适的点火角度。
3	气门漏气。	调整合适的气门间隙，或修磨气门。
4	高压线接错。	按点火次序重插高压线。
5	汽油机过热。	按表 14-6-17 中序号 6 检修

（4）汽油机发生不正常声响（表 14-6-19）

汽油机发生不正常声响及排除方法　　　　　　　　　　　　　表 14-6-19

序号	产生故障原因	排 除 方 法
1	点火时间过早。	调整分电器合适的点火角度。
2	汽油机过热。	按 14-6-17 中序号 6 检修。
3	活塞销与连杆衬套配合间隙过大。	更换活塞销或连杆衬套。
4	活塞环、活塞、气缸壁磨损过度。	搪修气缸，更换活塞和活塞环。
5	气门间隙过大。	调整气门的合适间隙。
6	主轴承或连杆轴承过度磨损，间隙过大。	更换或检修主轴承或连杆轴承，并调整规定间隙。
7	气门杆间隙过大。	更换气门导管或气门。
8	气门梃柱孔间隙过大。	检修梃柱导管或更换梃柱。
9	正时齿轮过度磨损，间隙过大	更换齿轮

（5）机油消耗过多（表 14-6-20）

机油消耗过多及排除方法　　　　　　　　　　　　　　　　　表 14-6-20

序号	产生故障原因	排 除 方 法
1	机油管接头漏油。	检查并拧紧。
2	气门与气门导管孔间隙过大。	更换气门导管和气门。
3	活塞、活塞环、气缸过度磨损。	检修气缸，更换活塞和活塞环。
4	油底壳内机油过多。	放出过多的机油。
5	机油压力过高。	调整机油泵减压阀，使压力正常。
6	油封和油底壳衬垫损坏漏油	更换油封或衬垫

（6）汽油机运转无怠速（表 14-6-21）

汽油机运转无怠速及排除方法　　　　　　　　　　　　　　　表 14-6-21

序号	产生故障原因	排 除 方 法
1	汽化器节气门开启过大。	调整到合适开度。
2	汽化器怠速量孔控制失灵。	调整怠速量针至合适的位置。
3	进气管漏气。	拧紧进气管螺栓或更换衬垫。
4	个别火花塞损坏或积炭过多，或间隙过大或过小。	更换坏火花塞，或清洗和调整电极合适间隙。
5	点火时间过早	调整点火角度

(7) 汽油机无力（表 14-6-22）

汽油机无力及排除方法 表 14-6-22

序号	产生故障原因	排 除 方 法
1	点火时间过迟	调整点火角度
2	电火花太弱： (1) 点火线圈、分电盖、高压线或火花塞受潮； (2) 高、低压线接头松脱； (3) 白金及火花塞间隙过大或过小； (4) 白金接点过脏或火花塞积炭过多。	检修下列各项： (1) 拆下烘烤； (2) 检查装好； (3) 按规定调整间隙； (4) 清除氧化物及脏物、积炭等。
3	气缸压缩不良。	按表 14-6-16 中序号 6 检修。
4	汽油机过热	按表 14-6-17 中序号 6 检修。
5	汽油供应不畅。	按表 14-6-17 中序号 5 检修。
6	混合气过稀	按表 14-6-16 中序号 1 检修

3. 内燃发电机组的常见故障和检修方法（表 14-6-23）

内燃发电机组常见故障及排除方法 表 14-6-23

序号	故障原因及特征	排 除 方 法
1	接地的金属部分有电： (1) 接地不良，绝缘电阻过低； (2) 接地不良，电机引出线碰机壳或线路碰地。	(1) 调整接地，如发电机受潮严重，绝缘电阻太低，则应烘干绕组； (2) 使引出线及线路碰地处绝缘良好。
2	电表无读数： (1) 发电机不发电； (2) 熔丝烧断； (3) 仪表损坏； (4) 电路断路。	(1) 检查主机和励磁机定子各绕组； (2) 更换熔丝； (3) 更换仪表； (4) 找出断路处并接好。
3	电路各接点、触点过热： (1) 接头松脱、接触不良； (2) 触头烧伤。	(1) 检查并接好； (2) 用很细的砂布擦修触头，并调整触点位置使之接触良好。
4	绝缘电阻过低： (1) 导线或元件损坏后碰地，绝缘电阻为零； (2) 发电机线圈受潮； (3) 配电盘线路受潮。	(1) 检查找出故障处，更换损坏元件； (2) 烘干线圈； (3) 检查找出故障处，擦拭干净，烘干或风干。
5	机组震动过大： (1) 联轴器中心不对； (2) 地脚螺钉松动或安装不稳； (3) 轴承损坏； (4) 机组转动部分掉进杂物	(1) 调整中心； (2) 紧固地脚螺钉，或检修机组安装情况； (3) 检修或更换轴承； (4) 清除

4. 同步发电机的常见故障检修方法（表14-6-24）

同步发电机常见故障及排除方法　　　　表14-6-24

序号	故障原因及特征	排 除 方 法
1	发电机不发电： (1) 失去剩磁； (2) 励磁装置不供给励磁电流。 发电机不发电： (3) 接线松动或接触不良； (4) 熔断器烧断，发电机有端电压而电压表无读数； (5) 电刷和滑环接触不良或电刷压力不够； (6) 刷握生锈，滑环油泥使电刷不能上下滑动； (7) 转子励磁绕组断路或电枢绕组断路。	(1) 进行充磁； (2) 检查修理励磁装置。 (3) 将各接头用细砂布打磨并接好； (4) 断定电机本身及线路正常后更换新的熔断器； (5) 擦净滑环表面，研磨电刷使其与滑环紧密地接触，加强电刷弹簧压力； (6) 拆下刷握用细砂布擦净生锈表面，如损伤严重应更换； (7) 检查修理。
2	发电机电压调不上去： (1) 发电机转速太低； (2) 励磁电流过小； (3) 开关接触不良或损坏； (4) 电表不准； (5) 调压电阻不合适。	(1) 调整转速达到额定值； (2) 检修励磁装置； (3) 检查开关的接触部分，可用细砂纸擦净接触表面，如损坏严重应更换； (4) 检修电表或更换； (5) 调整调压电阻值。
3	发电机电压不稳： (1) 励磁装置各元件有接触不良或自动调压元件性能不稳； (2) 励磁变阻器接线松动； (3) 电刷接触不良。	(1) 检修或更换相关元件； (2) 将接线紧固接妥； (3) 调整电刷压力，磨合电刷与滑环接触面。
4	加上负载后电压下降： (1) 励磁电流加不上； (2) 单相供电线路接地。	(1) 检查励磁装置； (2) 使碰地部分绝缘良好。
5	发电机过热： (1) 过载或三相负载严重不平衡； (2) 铁芯松动； (3) 磁场线圈、电枢线圈有短路处； (4) 通风道阻塞，环境温度过高或风扇损坏。	(1) 随时注意电流表读数，及时调整三相负载平衡地在额定范围内运行，切勿长期过载运行； (2) 紧固铁芯； (3) 测试检修短路部分线圈； (4) 降低输出电流或检修风扇。
6	轴承过热： (1) 轴承过度磨损或已损坏； (2) 润滑油规格不符，装油量过多过少，或油不干净； (3) 轴承安装不正确； (4) 轴承内、外圈有裂纹并出现噪音	(1) 更换新轴承； (2) 用汽油或煤油清洗轴承，适量加添符合规格的润滑油； (3) 调整装配正确； (4) 更换轴承

第七节 电梯的维护管理与检修

电梯属于特种设备，其检查与维修应由具有资质的单位实施。本节仅就相关知识作简单介绍。

电梯如果使用得当，并有专人管理和定期保养，不但能够及时排除故障、减小停机待修时间，还能延长电梯的使用寿命，提高使用效果。反之，就会降低电梯的使用寿命，甚至引发人身和设备事故，带来严重后果。因而，对使用的电梯，关键在于加强对电梯的管理、合理使用、健全维护和定期保养等制度。

一、电梯的管理

房屋管理部门在接收一部经安装、调试、验收、合格的新电梯后，要指定专职或兼职的管理人员，以便电梯投入运行后能妥善处理在运行使用、维护保养、检查修理等方面的问题。

在电梯数量较少的单位，管理人员可以是兼管人员，也可由电梯专职维修人员兼任。

一般情况下，管理人员需开展下列工作：

1. 收取控制电梯厅外自动开关门锁的钥匙、操纵箱上电梯工作状态转换开关的钥匙（一般的载货电梯和医用病床电梯可能没有装设）、机房门锁的钥匙等。

2. 根据本单位的具体情况，确定司机和维修人员的人选，并送到有合适条件的单位进行技术培训。

3. 收集和整理电梯的有关技术资料，包括：井道及机房的土建资料，安装平面布置图，产品合格证书，电气控制说明书，电路原理图和安装接线图，易损件图册，安装说明书，使用维护说明书，电梯安装及验收规范，装箱单和备品备件明细表，安装验收试验和测试记录以及安装验收时移交的资料，国家有关电梯设计、制造、安装等方面的技术条件、规范和标准等。

资料收集齐全后应登记建档，妥为保管，只有一份资料时应提前联系复制。

4. 收集并妥善保管电梯备品、备件、附件和工具。根据随机技术文件中的备品、备件、附件和工具明细表，清理校对随机发来的备品、备件、附件和专用工具，收集电梯安装后剩余的各种安装材料，并登记建账，合理保管。此外，还应根据随机技术文件提供的技术资料编制备品、备件采购计划。

5. 根据本单位的具体情况和条件，建立电梯管理、使用、维护保养和修理制度。

6. 熟悉收集到的电梯技术资料，向有关人员了解电梯安装、调试、验收时的情况，条件具备时可控制电梯作上下试运行若干次，认真检查电梯的完好情况。

7. 在做好必要的准备工作，且条件具备后即可交付使用，否则应暂时封存。封存时间过长时，应按技术文件的要求妥当处理。

二、电梯日常保养与检修

（一）电梯的维护保养和预检修周期

电梯投入使用后，维修人员与司机应同心协力，密切配合。维修人员应经常向司机了解电梯的运行情况,并通过自己眼看、耳听、鼻闻、手摸,以至用必要的工具和仪器进行实地检测等手段,随时掌握电梯的运行情况和各零部件的技术状态,发现问题及时处理。

为了确保电梯安全、可靠、稳定地运行,维护人员除应加强日常维护保养外,还应根据电梯使用的频繁程度,按随机技术文件的要求,制定切实可行的日常维护保养和预检修计划。制定预检修计划时一般可按每周、每月、每季、每年、3～5年为周期,并根据随机技术文件的要求和本单位的特点,确定各阶段的维修内容,进行轮翻维护保养和预检修,维护保养和检修过程中应做好记录,各周期的主要工作内容一般如下:

1. 每周:按表14-7-1的要求,检查曳引机减速箱及电机两端轴承贮油槽内的油位是否符合要求,各机件中的滚动、转动、滑动摩擦部位的润滑情况是否良好,并进行清扫、补油和注油。检查两端站的限位装置、极限开关、门锁装置、门保护装置(安全触板开关或其他保护设施)等主要电气安全设施的作用是否正常,工作是否可靠,清扫各机件和机房的油垢和积灰、确保机件和环境的卫生。

2. 每月:按表14-7-1的要求,检查有关部位的润滑情况,并进行补油注油或拆卸清洗换油、检查限速器、安全钳、制动器等主要机械安全设施的作用是否正常,工作是否可靠,检查电气控制系统中各主要电器元件的动作是否灵活,继电器和接触器吸合和复位时有无异常的噪声,机械联锁的动作是否灵活可靠,主要接点被电弧烧蚀的程度,严重者应进行必要的修理。

3. 每季:按表14-7-1的要求,检查有关部位的润滑情况,并进行补油注油或拆卸清洗换油:各主要机件的运行情况是否正常,电气控制系统中各主要电器元件的接点被电弧烧蚀的程度,电气元件的紧固螺钉有无松动,各种引出和引入线的压紧螺钉和焊点有无松动。检查门刀与门锁、隔磁板与传感器,打板与限位装置,打板与开关门调速、断电开关、绳头拉手与安全钳开关、限速器涨紧装置与限速器断绳开关,安全触板与微动开关等存在相对运动和机电配合部位的参数尺寸有无变化,各机件的紧固螺钉有无松动、作用是否可靠。

电梯各主要机件、部位润滑及清洗换油周期表　　　　　　表14-7-1

机械名称	部　　位	加油及清洗换油时间	油脂型号
曳引机	油箱。	新梯半年内应常检查,发现杂质应时更换,开始几年每年更换机油一次。老梯和使用不平凡的电梯可根据油的黏度和油质决定或适当延长。	参照表14-7-3。
曳引机	蜗轮轴的滚动轴承。	每月挤加一次,每年清洗换油一次。	钙基润滑脂。
曳引机制动器	制动器销轴。	每周加油一次。	机油。
曳引机制动器	电磁铁可动铁芯与铜套之间。	每半年检查一次,每年加油一次。	石墨粉。

续表

机械名称	部　　位	加油及清洗换油时间	油脂型号
曳引电动机	电动机滚动轴承。	每月挤加一次，每季至每半年清洗换油一次。	钙基润滑脂。
	电动机滑动轴承。	每周加油一次，每季至每半年换油一次。	黏度为恩氏黏度°E30~45℃的透明油。
导向轮、轿顶轮、对重轮、复绕轮	轴与轴套之间。	每周给油杯挤加一次，每年拆洗换油一次。	钙基润滑脂。
无自动润滑装置的滑动导靴	导轨工作面。	每周涂油一次，每年清洗加油一次。	钙基润滑脂。
有自动润滑装置的滑动导靴	导靴上的润滑装置。	每周加油一次，每年清洗导轨工作面一次。	L-AN46（GB 443—89）。
滚轮导靴	滚轮导靴轴承。	每季挤加一次，每半年至一年清洗换油一次。	钙基润滑脂。
开关门系统	吊门滚轮及自动门锁各滚动轴承和轴箱。	每月挤加一次，每年清洗换油一次。	钙基润滑脂。
	门导轨。	每周至每月擦洗并加少量润滑油一次。	机油。
	开关门的直流电动机轴承。	每季挤加一次，每年清洗换油一次。	钙基润滑脂。
	自动开关门传动机构上的各种滚动轴承、轴销。	每周挤加一次，每半年清洗换油一次。	钙基润滑脂机油。
限速器	限速器旋转轴销、涨紧轮轴与轴套。	每周加一次，每半年清洗换油一次。	钙基润滑脂。
安全钳	传动机构。	每月加润滑油一次。	机油。
	安全嘴内的滚、滑动部位。	每季涂油一次。	适量凡士林。
选层器	滑动拖板、导向导轨和传动机构。	每月至每季加油一次，每年清洗换油一次。	钙基润滑脂。
油压缓冲器	油缸	每月检查和补油一次	参照表14-7-5

4. 每年：按表14-7-1的要求，对有关部件进行拆卸、清洗、换油、检查各机件的滚动、转动、滑动部位的磨损情况，严重者应进行修复或更换。

5. 每3~5年：对全部安全设施和主要机件进行全面的拆卸、清洗和检测，磨损严重而影响机件正常工作的应修复或更换，并根据机件磨损程度和电梯日平均使用时间，确定大、中修时间或期限。

（二）主要零部件的检查修理和调整

1. 曳引机（有蜗轮减速器）

蜗轮减速器运行时应平稳无振动，蜗轮与蜗杆轴向游隙应符合表14-7-2或随机技术文件的规定。

蜗轮和蜗杆轴向游隙（mm）　　　　　　　　　　　　表 14-7-2

中心距	100～200	>200～300	>300
蜗杆轴向游隙	0.07～0.12	0.10～0.15	0.12～0.17
蜗轮轴向游隙	0.02～0.04	0.02～0.04	0.03～0.05

电梯经长期运行后，由于磨损使蜗轮副的齿侧间隙增大，或由于蜗杆的推力轴承磨损造成轴向窜动超差，使电梯换向运行时产生较大冲击。若检修过程中实测结果超过表 14-7-2 的规定时，应及时更换中心距调整垫片和轴承盖垫片或更换轴承。

油箱中的润滑油在环境温度 −5～+40℃ 的范围内，可采用表 14-7-3 所列的规格。

减速箱润滑油型号　　　　　　　　　　　　表 14-7-3

名　称	型　号	100℃时黏度	
		厘斯（mm^2/s）	°E100
齿轮油	HL-20（冬季）	17.9～22.1	2.7～3.2
齿轮油	HL-30（夏季）	28.4～32.3	4.0～4.5
轧钢机油	HJ3-28 号	26～30	3.68～4.20

窥视孔、轴承盖与箱体的连接应紧密不漏油。对于蜗杆伸出端用盘根密封者，不宜将压盘根的端盖挤压过紧，应调整盘根端盖的压力，使出油孔的滴油量以每 3～5min 滴一滴为宜。

在一般情况下，每年应更换一次减速箱的润滑油，对新安装后投入使用的电梯，在开始的半年内，应经常检查箱内润滑油的清洁度，发现杂质应及时更换，对使用不太频繁的电梯，可根据润滑油的黏度和杂质情况确定换油时间。

在正常工作条件下，机件和轴承的温度应不高于 80℃，没有不均匀的噪声或撞击声，否则应检查处理。

(1) 制动器

制动器的动作应灵活可靠。抱闸时闸瓦与制动轮工作表面应吻合，松闸时两侧闸瓦应同时离开制动轮工作表面，其间隙应不大于 0.7mm，且间隙均匀。

制动带（闸皮）的工作表面应无油垢，制动带的磨损超过其厚度的 1/4，或已露出铆钉头时应及时更换。

轴销处应灵活可靠，可用机油润滑。电磁铁的可动铁芯在铜套内滑动应灵活，可用石墨粉润滑。制动器线圈引出线的接头应无松动，线圈的温升不得超过 60℃。

当闸瓦上的制动带经长期磨损后与制动轮工作面间隙增大，影响制动性能或产生冲击声时，应调整衔铁与闸瓦臂的连接螺母，使间隙符合要求。通过调整制动簧两端的螺母使压力合适，在确保安全可靠和能满足平层准确度的情况下，应尽可能提高电梯的乘坐舒适感。

(2) 曳引电动机

电动机与底座的连接螺栓应紧固。电动机轴与蜗杆连接后的不同轴度：对于刚性连接应不大于 0.02mm；对于弹性连接应不大于 0.1mm。

电动机两端轴承贮油槽中的油位应保持在油位线上，最少应达到油位线高度的一半以上，同时还应经常注意油的清洁度，发现杂物应及时更换新油。换油时，应把油槽中的油全部放出，并用汽油洗净后，再注入新油。在正常情况下，轴承的温升不得超过 80℃。由于轴承磨损而产生不均匀的异常噪声，或造成电机转子（或电枢）的偏摆量超过 0.2mm 时，应及时更换轴承。

对于直流电动机，炭刷必须与换向器的工作面保持良好接触（接触压力为 1.47～2.45MPa），在刷盒内应滑动自如，换向器的工作表面应光洁，若表面粗糙或有烧焦现象时，只允许用 0 号细砂纸在电动机转动下研磨，如表面过于不平或椭圆度较大时，应进行车削加工，不允许用粗砂纸打磨，严禁用粗砂纸或金刚砂纸研磨。

电动机的绝缘电阻值应不小于 0.5MΩ，低于规定值时，应用汽油、甲苯或四氯化碳清除绝缘上的异物，并经烘干后再喷涂绝缘漆，以确保绝缘电阻不小于 0.5MΩ。

（3）曳引绳轮

检查各曳引绳的张力是否均匀，防止由于各曳引绳的张力不均匀，而造成曳引绳槽的磨损量不一。通过测量各曳引绳顶端至曳引轮上轮缘间的距离，如出现相差 1.5mm 以上时，应更换曳引绳轮。

检查各曳引绳底端与绳轮槽底的距离，防止曳引绳落到槽底后产生严重滑移，或减少曳引机曳引力的情况。经检查，有任一曳引绳的底端与槽底的间隙≤1mm 时，绳槽应重车或更换曳引绳轮。但重车后，绳槽底与绳轮下轮缘间的距离，不得小于相应曳引绳的直径。

（4）速度反馈装置

用于交、直流闭环电气控制系统的测速装置，采用直流测速发电机时，每季度应检查一次电刷的磨损情况。如磨损情况严重，应修复或更换，并清除电机内的炭末，给轴承注入钙基润滑脂。

2. 限速器和安全钳

限速器和安全钳的动作应灵活可靠，在额定速度下运行时，应没有异常噪声，转动部分应保持良好的润滑状态，油杯内应装满钙基润滑脂。限速器绳索伸长到超过规定范围，而且碰触断绳开关时，应及时将绳索截短，防止因此而切断控制电路，影响电梯的正常运行。限速器钢丝绳更换要求与曳引绳相同。限速器的夹绳部位应保持干净无油垢。

安全钳的传动机构动作应灵活，转动部位应用机油润滑。安全嘴内的滑动、滚动机件应涂适量的凡士林，以润滑和防锈。楔块与导轨工作面的距离应为 2～3mm，且间隙均匀。

3. 自动门机构和厅轿门

应定期检查开关门电机炭刷的炭末，磨损严重时应及时修复或更换。电机轴承应定期挤加钙基润滑油脂，定期清洗并更换新的润滑油脂。

减速机构的传动皮带张力应合适，由于皮带伸长而造成打滑时，应适当调整皮带轮的偏心轴和电机底座螺钉，使皮带适当涨紧。

吊门滚轮在门导轨上运行时，应轻快并无跳动和噪声。门导轨应保持清洁，定期擦洗并涂少量润滑油。因吊门滚轮磨损，使门扇下落、门扇与踏板间隙小于 4mm 时，应更换新滚轮。挡轮与导轨下端面的间隙应为 0.5mm，否则应适当调整固定挡轮的偏心轴。

安全触板及其控制的微动开关动作应灵活可靠,其碰撞力应不大于4.9N。

4. 导轨和导靴

采用滑动导靴时,对于无自动润滑装置的轿厢导轨和对重导轨应定期涂钙基润滑脂,若设有自动润滑装置时,则应定期给润滑装置加油。应定期检查靴衬的磨损情况,当靴衬工作面磨损量超过1mm以上时,应更换新靴衬。

采用滚轮导靴时,导轨的工作面应干净清洁,不允许有润滑剂,并定期检查导靴上各轴承的润滑情况,定期挤加润滑脂和定期清洗换油。

导轨的工作面应无损伤,由于安全钳动作造成损伤时,应及时修复。固定导轨的压导板螺栓应无松动,每年应检查紧固一次。

5. 曳引钢丝绳

应经常检查各曳引绳之间的张力是否均匀,相互间的差值不得超过5%。若曳引绳磨损严重,其直径小于原直径的90%,或曳引绳表面的钢丝有较大磨损或锈蚀严重时,应更换新绳。当曳引绳各股的断丝数超过表14-7-4的规定时,也应更换新绳。

曳引绳磨损、锈蚀、断丝表　　　　　　　　　　　　　　表 14-7-4

断丝表面磨损或锈蚀为其直径的百分数(%)	再一个捻距内的最大断丝数	
	断丝在绳股之间均布	断丝集中在1或2个绳股中
10	27	14
20	22	11
30 以上	16	8

曳引绳过分伸长时,应截短重做曳引绳锥套,曳引绳表面油垢过多或有砂粒等杂物时,应用煤油擦洗干净。

6. 缓冲器

弹簧缓冲器顶面的不水平度应不大于2mm,并垂直于轿底缓冲板或对重装置缓冲板的中心。固定螺栓应无松动。

油压缓冲器用油的凝固点应在-10℃以下,黏度指标应在75%以上。油面高度应保持在最低油位线以上。在一般情况下,油压缓冲器用油的黏度范围及规格按表14-7-5选用。

油压缓冲器用油的规格及粘度范围　　　　　　　　　　　表 14-7-5

电梯载重量(kg)	缓冲器油号规格	运动黏度 40℃ (mm²/s)
500	全损耗系统用油 L-AN5	4.14~5.06
750	全损耗系统用油 L-AN7	6.12~7.48
1000	全损耗系统用油 L-AN10	9.00~11.00
1500	全损耗系统用油 L-AN22	19.8~24.2

应经常检查油压缓冲器的油位及漏油情况,低于油位线时,应补油注油。所有螺钉应紧固。柱塞外圆露出的表面,应用汽油清洗干净,并涂适量防锈油(可用缓冲器油)。

应定期检查缓冲器柱塞的复位情况,以低速使缓冲器到全压缩位置,然后放开,从开始放开一瞬间计算，到柱塞回到原位置止，所需时间应不大于90s。

7. 导向轮、轿顶轮和对重轮

导向轮、轿顶轮和对重轮轴与铜套等转动磨擦部位，应保持良好的润滑状态，油杯内应装满润滑油脂。并定期清洗换油，防止由于润滑油失效或润滑不良造成抱轴事故。

8. 自动门锁和门电联锁

每月应检查一次自动门锁的锁钩、锁臂及滚轮是否灵活，作用是否可靠，给轴承挤加适量的钙基润滑脂。每年应彻底检查和清洗换油一次。

定期以检修速度控制电梯上下运行，检查门刀是否在各门锁两滚轮的中心，避免门刀撞坏门锁滚轮，以及由于门锁或门刀错位，造成电梯运行时中途停车。

检查门关妥时，门锁工作是否可靠，是否能把门锁紧，在门外能否把门扒开，其扒开力应不少于196.1~294.1N。

9. 电气控制设备

（1）选层器和层楼指示器

应定期检查传动机构的润滑情况，动触头和定触头的磨损情况，并检查调整各接点组的接触压力是否合适，各接点引出线的压紧螺钉有无松动。

经常使电梯在检修慢速状态下，在机房的钢带轮和轿顶上仔细检查，观察钢带有无断齿和裂痕现象，连接螺钉是否紧固，发现断齿和裂痕时，应及时更换。

（2）端站限位开关和端站强迫减速装置

应经常检查端站限位开关或端站强迫减速装置的动作和作用是否可靠，开关的紧固螺钉是否松动。并经常通过检查调整，使每个开关内的接点组具有足够大的接触压力，清除各接点表面的氧化物，修复被电弧造成的烧蚀，确保开关能可靠接通和断开电路。

（3）控制柜

应定期在断开控制柜输入电源的情况下，清扫控制柜内各电器元件上的积灰。

定期检查和调整各接触器和继电器的各组接点，使各组接点具有足够大的接触压力。当接点组的接触压力不够大，必须通过调整加大其接触压力时，应用扁嘴钳调整接点的根部，切忌随意扳扭接点的簧片，破坏簧片的直线度，降低簧片弹性，导致接触压力进一步减小。

定期清除各接点表面的氧化物，修复被电弧造成的烧伤，并紧固各电器元件引出引入线的压紧螺钉。

对控制柜进行比较大的维护保养后，应在断开曳引机电源的情况下，根据电气控制原理图检查各电器元件的动作程序是否正确无误，接触器和继电器的吸合复位过程是否灵活，有无异常的噪声，避免造成人为故障。

定期检查熔断器熔体与引出引入线的接触是否可靠，注意熔体的容量是否符合电路原理图的要求，变压器和电抗器有无过热现象。

（4）换速、平层装置

应定期使电梯在检修慢速状态下，检查换速传感器和平层传感器的紧固螺钉有无松动，隔磁板在传感器凹形口处的位置是否符合要求，干簧管能否可靠动作和复位。

（5）安全触板

应定期检查安全触板开关的动作点是否正确，开关的紧固螺钉是否松动。引出引入线是否有断裂现象。

（6）门电联锁开关

应经常检查门电联锁开关的动作是否灵活可靠。自动门锁的锁勾碰压开关的压力和碰压点是否合适，电联锁开关采用导电片和簧片时，应经常检查导电片与触头之间有无虚接现象。

（7）自动开关门调速开关和断电开关

应定期检查开关打板、开关的紧固螺钉、开关引出引入线的压紧螺钉有无松动，打板碰撞开关时的角度和压力是否合适，并给开关滚轮的转动部位加适量润滑油。

（8）其他电器部件和元器件

应定期清扫各电器部件、元器件上的积灰，各电器部件的紧固螺钉和引入线的压紧螺钉有无松动。检查和调整各元器件的接点，使接点组具有足够大的接触压力，并清除各接点的氧化物、修复被电弧造成的烧蚀等。

三、电梯常见故障和检修方法

根据电梯制造厂家和部分电梯用户的不完全统计，造成电梯必须停机修理的故障中，机械系统中的故障约占全部故障的10%～15%左右；电气控制系统中的故障约占全部故障的5%～90%左右。电梯的常见故障和检修方法见表14-7-6。

电梯的常见故障和检修方法一览表 表14-7-6

故障现象	主要原因	检修方法
按关门按钮不能自动关门	1. 开关门电路的熔断器熔体烧断； 2. 关门继电器损坏或其控制电路有故障； 3. 关门第一限位开关的接点接触不良或损坏； 4. 安全触板不能复位或触板开关损坏； 5. 光电门保护装置有故障。	1. 更换熔体； 2. 更换继电器或检查其电路故障点并修复； 3. 更换限位开关； 4. 调整安全触板或更换触板开关； 5. 修复或更换。
在基站厅外扭动开关钥匙开关不能开启厅门	1. 厅门开关门钥匙开关接点接触不良或损坏； 2. 基站厅外开关门控制开关接点接触不良或损坏； 3. 开门第一限位开关的接点接触不良或损坏； 4. 开门继电器损坏或其控制电路有故障。	1. 更换钥匙开关； 2. 更换开关门控制开关； 3. 更换限位开关； 4. 更换继电器或检查其电路故障点并修复。
电梯到站不能自动开门	1. 开关门电路熔断器熔体烧断； 2. 开门限位开关接点接触不良或损坏； 3. 提前开门传感器插头接触不良或损坏； 4. 开门继电器损坏或控制电路有故障； 5. 开门机传动皮带松脱或断裂。	1. 更换熔体； 2. 更换限位开关； 3. 修复或更换插头； 4. 更换继电器或检查其电路故障点并修复； 5. 调整或更换皮带。

续表

故障现象	主 要 原 因	检 修 方 法
开或关门时冲击声过大	1. 开关门限速粗调电阻调整不妥; 2. 开关门限速细调电阻调整不妥或调整环接触不良。	1. 调整电阻环位置; 2. 调整电阻环位置或调整其接触压力。
开关门过程中门扇抖动或有卡住现象	1. 踏板滑槽内有异物堵塞; 2. 吊门滚轮的偏心档轮松动,与上坎的间隙过大或过小; 3. 吊门滚轮与门扇联接螺丝松动或滚轮严重磨损。	1. 清除异物; 2. 调整并修复; 3. 调整或更换吊门滚轮。
选层登记且电梯门关妥后不能启动运行	1. 厅轿门电联锁开关接触不良或损坏; 2. 电源电压过低或断相; 3. 制动器抱闸未松开; 4. 直流电梯的励磁装置有故障。	1. 检查修复或更换电联锁开关; 2. 检查并修复; 3. 调整制动器; 4. 检查并修复。
轿箱运行时有异常噪声或振动	1. 导轨润滑不良; 2. 导向轮或反绳轮轴与轴套润滑不良; 3. 传感器与隔磁板有碰撞现象; 4. 导靴靴衬严重磨损; 5. 滚轮式导靴轴承磨损。	1. 清洗导轨或加油; 2. 补油或清洗换油; 3. 调整传感器或隔磁板位置; 4. 更换靴衬; 5. 更换轴承。
轿厢平层误差过大	1. 轿厢过载; 2. 制动器未完全松开或调整不妥; 3. 制动器刹车带严重磨损; 4. 平层传感器与隔磁板的相对位置尺寸发生变化; 5. 再生制动力矩调整不妥。	1. 严禁过载; 2. 调整制动器; 3. 更换刹车带; 4. 调整平层传感器与隔磁板相对位置尺寸; 5. 调整再生制动力矩。
轿厢运行未到换速点突然换速停车	1. 门刀与厅门锁滚轮碰撞; 2. 门刀与厅门锁调整不妥。	1. 调整门刀或门锁滚轮; 2. 调整门刀或厅门锁。
轿厢运行速度忽快忽慢	1. 直流电梯的测速发电机有故障; 2. 直流电梯的励磁装置有故障。	1. 修复或更换测速发电机; 2. 检查并修复。
轿厢运行到预定停靠层站的换速点不能换速	1. 该预定停靠层的换速传感器损坏或与换速隔磁板的位置尺寸调整不妥; 2. 该预定停靠层站的换速继电器损坏或其控制电路有故障; 3. 机械选层器换速触头接触不良; 4. 快速接触器不复位。	1. 更换传感器或调整传感器与隔磁板之间的相对位置尺寸; 2. 更换继电器或检查其电路故障点并修复; 3. 调整触点接触压力; 4. 调整快速接触器。
轿厢到站平层不能停车	1. 上、下平层传感器的干簧管接点接触不良或隔磁板与传感器的相对位置参数尺寸调整不妥; 2. 上、下平层继电器损坏或其控制电路有故障; 3. 上、下方向接触器不复位。	1. 更换干簧管或调整传感器与隔磁板的相对位置参数尺寸; 2. 更换继电器或检查其电路故障点并修复; 3. 调整上、下方向接触器。

续表

故障现象	主要原因	检修方法
有慢车没有快车	1. 轿门、某层站的厅门电联锁开关接点接触不良或损坏； 2. 直流电梯的励磁装置有故障； 3. 上、下运行控制继电器，快速接触器损坏或其他控制电路有故障。	1. 更换电联锁开关； 2. 检查并修复； 3. 更换继电器、接触器或检查其他电路故障点并修复。
上行正常下行无快车	1. 下行第一、二限位开关接点接触不良或损坏； 2. 直流电梯的励磁装置有故障； 3. 下行控制继电器、接触器损坏或其控制电路有故障。	1. 更换限位开关； 2. 检查并修复； 3. 更换继电器、接触器或检查其电路故障点并修复。
下行正常上行无快车	1. 上行第一、二限位开关接点接触不良或损坏； 2. 直流电梯的励磁装置有故障； 3. 上行控制继电器、接触器损坏或其控制电路有故障。	1. 更换限位开关； 2. 检查并修复； 3. 更换继电器、接触器或检查其电路故障点并修复。
电网供电正常，但没有快车也没有慢车	1. 主电路或直流、交流控制电路的熔断器熔体烧断； 2. 电压继电器损坏或其电路中的安全保护开关的接点接触不良、损坏。	1. 更换熔体； 2. 更换电压继电器或有关安全保护开关。
轿厢起动困难或运行速度明显降低	1. 电源电压过低或断相； 2. 制动器抱闸未松动； 3. 直流电梯的励磁装置有故障； 4. 曳引电动机滚动轴承润滑不良； 5. 曳引机减速器润滑不良	1. 检查并修复； 2. 调整制动器； 3. 检查并修复； 4. 补油或清洗更换润滑油脂； 5. 补油或更换润滑油

第十五章 房屋抗震加固维修工程预算

房屋的抗震加固与维修工程均需编制修缮预算。

第一节 加固维修预算的特点

由于加固维修工程与新建工程相比，具有工程零星分散、工程项目复杂、工期一般较短、施工场地狭窄、地区特点更强和回收利用旧料等特点，便产生了加固维修预算的如下特点：

一、使用修缮定额

在编制房屋加固维修预算时，所使用的定额为《房屋修缮工程预算定额》，简称修缮定额。修缮定额与预算定额相比，有以下两个特点。

（一）工料消耗多

完成相同数量的同一种分项工程项目，在修缮定额中规定的工料消耗量要高于建筑工程预算定额的工料消耗量。这主要是由于加固维修工程零星分散，施工场地狭窄，施工中有时房屋不腾空，不停止使用，要保护原有建筑物和装修、设备、家具等，作业环境困难，加固维修工人专业化程度低，经常变工种操作，以手工作业为主不能大量使用机械，材料损耗量大等原因造成的。如某市建委在1986年规定：修缮定额中缺项部分，"可参照《省预算定额》相应项目，人工费乘以系数1.15，材料费乘以系数1.05"。

（二）地区性强

因为修缮定额是根据各地的施工特点、施工技术、管理水平，以及当地的工料价格等资料编制的，尤其是由于各地旧房在建筑结构和建筑风格上存在着很大的差异，就更加突出了修缮定额地区性的特点。于是，有些地区和城市（如重庆、广州、大连等）便编制适用于当地的修缮定额，而未使用所在省的统一修缮定额。

二、回收利用旧料

在房屋加固维修工程施工中，往往有大量的旧料被拆下来。这是一笔不小的物力和财力。为了贯彻厉行节约的原则。在房屋拆除工程施工中，应做到文明施工，切实抓好"拆、收、管、用"四个环节，充分回收和利用旧料，以减少新材料的使用量，降低房屋加固维修工程的造价。

在编制房屋加固维修预算、计算旧料回收利用的数量时，可根据房屋的实际破损情况，按照修缮定额中规定的旧料回收率确定。在某市修缮定额中"旧料回收率"的规定如表15-1-1。

旧 料 回 收 率　　　　　　　表 15-1-1

名　称	回收率(%)			名　称	回收率(%)		
	完好房	一般房屋	危房		完好房	一般房屋	危房
椽子	70	55	40	门窗扇	80	70	60
檩子	90	85	80	板墙	50	40	30
屋架	85	80	75	墙筋、平顶筋	60	45	30
封檐板	50	40	30	穿洞排列	70	60	50
木大梁	95	90	85	抬梁、顶撑	80	70	60
楼地楞	90	85	80	砖墙、柱(高标号)	50	40	30
楼地板	60	45	30	砖墙、柱(低标号)	70	60	50
踢脚板	75	60	50	土瓦	50	40	30
楼梯梁、帮、板	80	70	60	平瓦	60	50	40
门窗框	95	90	85	勒脚、基脚条石	按实	按实	按实

第二节　修　缮　定　额

一、修缮定额的内容

修缮定额一般由目录、总说明、分部工程说明及工程量计算规则、定额项目表以及有关附录等部分组成。

（一）总说明

综合说明修缮定额的编制原则、指导思想、编制依据、适用范围、组成和作用，同时还说明编制定额时已考虑和没有考虑的因素，有关规定和使用方法等。

（二）分部工程说明

在修缮预算定额中每个分部的首页说明中，均附有分部工程说明。主要说明本分部工程定额的编制依据，项目划分的原则，施工方法的确定，定额综合的主要内容，定额的换算原则和方法，选用材料的规格和各种材料损耗率的确定等。

（三）分部工程量计算规则

在修缮预算定额中每个分部的定额项目表之前，均附有分部工程量计算规则。对本分部所属各分项工程项目的工程量计算规则，均作了明确的规定。它规定了各分项工程项目工程量的计算方法、计量单位、尺寸的起止范围、应扣除和应增加的部分，以及计算附表等。

工程量是以物理计量单位（如 m、m^2、t 等）或自然计量单位（如个、套等）表示的房屋加固维修工程中各分项工程项目的实物量。计算工程量的工作，是整个加固维修预算编制过程中最繁重的一道工序，花费的时间最长，它直接影响到加固维修预算的编制速度。工程量又是加固维修预算的基础数据，它的准确与否又直接影响到修缮预算的准确性。所以必须全面熟悉修缮定额中的工程量计算规则，在工程量计算上狠下功夫，才能保证加固维修预算的质量。

（四）定额项目表

定额项目表是定额的主要构成部分。在项目表中规定了各分项工程项目的人工、材料耗用量指标，还列有根据取定的人工工资标准、材料预算价格等分别计算出的人工、材料费用（有的项目还列有机械费用）及其汇总的基价（即修缮预算价格）。在项目表的上方为该分项工程的工作内容和计量单位。有时在项目表的下部还列有附注。

（五）附录

附录（或称附件、附表）通常包括各种混凝土、砂浆配合比表，建筑材料名称及规格表等。

二、修缮定额的选用

在编制房屋加固维修预算时，必须正确地选用定额。在选用定额时，应注意以下几点：

（一）应选用当地、现行的修缮定额：因为修缮定额有较强的地区性，故应选用当地、现行的修缮定额。

（二）利用附近地区的修缮定额：如果当地没有修缮定额时，可利用附近地区的修缮定额，但必须注意结合当地的实际情况，把附近地区修缮定额中的有关数据进行适当的调整。

（三）利用预算定额：如果当地没有修缮定额时，还可以利用当地、现行的预算定额，但须注意增加工、料消耗数量、考虑拆除工程和旧料回收利用等事项。

第三节　加固维修预算的编制步骤和方法

加固维修预算的编制步骤和方法如下：

一、熟悉施工图纸、收集预算资料

（一）熟悉施工图纸

在编制加固维修预算之前，应首先熟悉施工图纸，了解设计意图和工程全貌，以便正确、及时地编制预算。

1. 先依据图纸目录清点和整理图纸，并准备好所需要的有关标准图集。

2. 再按图纸编排顺序逐张阅读施工图纸，了解工程概貌、各个部位的结构构造和使用材料的情况，以及各部分相互之间的关系。

3. 在阅读、熟悉施工图纸的基础上，还应对施工图纸进行必要的核对。发现问题应在编制预算前解决。

（二）收集预算资料

应将编制加固维修预算必备的修缮预算定额、地区材料预算价格、取费标准等有关资料收集齐全，并熟悉它们的内容和使用方法。

（三）收集施工组织设计资料

编制加固维修预算还应注意收集施工组织设计中影响预算编制的资料，如土方开挖是采用机械还是人工；运土的方法和距离；放坡或支挡土板；构、配件的加工和堆放地点；脚手架的采用；构件的吊装方法等，以便正确地计算工程量和选用修缮预算单价。

（四）了解施工现场情况

（五）了解施工方式

了解建筑工程是采用自营方式，还是承包方式；出包时是采用包工包料方式，还是包工不包料方式；施工企业的所有制性质是国营企业、县以上城镇集体企业或县以下集体企业，以便正确确定应取的费用。

二、计算工程量

（一）确定工程量计算项目（列出工程项目）

计算工程量时，应先根据施工图纸、修缮定额、施工组织设计资料及施工现场实际情况，确定工程量计算项目（这对于初学预算的人员尤为重要），并将分项工程项目名称、定额编号和计量单位（基本单位）一并列出。这样既可加快计算速度，又可减少或避免在计算工程量过程中发生漏项、错项或重复计算的现象。

在计算工程量列出项目时，要按先拆除、后新作和修补的加固维修施工顺序进行，还须注意拆除工程对其他部位的影响。如拆换基础若影响到基础附近的室内地面、室外散水也会受到损坏时，则应同时考虑对它们进行加固维修。

（二）计算工程量

在计算过程中，如发现新项目，要随时补充，以免遗忘。

三、选用修缮预算单价

工程量计算完毕后，应按照修缮定额的分部分项顺序，逐项套用与施工图纸中工程内容相应的修缮预算单价。如遇到工程内容与定额项目内容不一致时，在定额允许换算的情况下．应将有关的修缮预算单价换算成所需要的修缮预算单价。如遇到定额中没有某个项目时，应编制补充修缮预算定额（或补充单位估价表）。

在选用修缮预算单价时，还要注意考虑旧料的回收利用问题。

四、编制加固维修工程预算表

编制加固维修工程预算表时，要按先拆除、后新作和修补的顺序排列工程项目。加固维修工程与新建工程所采用的预算表式样基本相同。目前所使用的工程预算表的式样各地不尽相同，表 15-3-1 是采用的工程预算表形式之一。该表不仅反映了单位工程的工程直接费，分部工程的工程直接费，单位工程的人工费、材料费和机械费，还统计出各种主要材料的需用量。

编制加固维修工程预算表的一般步骤和方法如下：

（一）按定额编号的顺序，把工程量计算表中相应的定额编号、分项工程项目名称、单位（要用定额的计量单位）和工程数量（要按定额单位计量），填入工程预算表内。

（二）根据工程预算表内各分项工程项目的名称和定额编号，将选用的各分项工程项目的预算单价、人工、材料、机械三种费用的单位价和主要材料的定额量、填入工程预算表相应栏内。

（三）将各分项工程项目的工程数量乘其预算单价，即得其总价，填入工程预算表相应栏内。

加固维修工程预算表　　　　　　　　　　　　　　　表 15-3-1

工程名称：___　　　　　　　　　　　　　　　　　　　　共　页　第　页

序号	定额编号	项目名称	单位	工程数量	预算价格	总价	人工费（元）	材料费（元）	机械费（元）	钢材（元）	木材（元）	水泥（元）	黏土砖（千匹）	黏土瓦（块）	生石灰（kg）	特细砂（t）	碎石（t）
							单位价	单位价	单位价	定额量	定额量	定额量	定额量	定额量	定额量	定额量	定额量
							合价	合价	合价	需用量	需用量	需用量	需用量	需用量	需用量	需用量	需用量
										—	—	—	—	—	—	—	—
										—	—	—	—	—	—	—	—
										—	—	—	—	—	—	—	—

（四）将各分项工程项目的工程数量分别乘其人工费、材料费和机械费的单位价，即得其合价，分别填入工程预算表相应栏内。

（五）将各分项工程项目的工程数量分别乘各种主要材料的定额量，即得其需用量，填入工程预算表相应栏内。

（六）按分部工程将各分项工程项目的总价、合价及各种主要材料的需用量分别进行汇总，即得分部工程的工程直接费、人工费、材料费、机械费和各种主要材料需用量，填入工程预算表相应的小计栏内。

（七）最后把各分部工程小计栏内的工程直接费、人工费、材料费、机械费及各种主要材料需用量分别进行汇总，即得单位工程的工程直接费、人工费、材料费、机械费和各种主要材料需用量，填入工程预算表最后相应的总计栏内。

五、编制主要材料用量表

加固维修预算文件还应包括主要材料用量表（也称主要材料汇总表），见表 15-3-2。主要材料一般包括：钢材（钢筋、型钢）、木材、水泥、砖、瓦、生石灰、砂、石、玻璃、沥青、铁件等。次要材料可以省略不计。

主要材料用量表　　　　　　　　　　　　　　　表 15-3-2

序　号	材料名称	规　格	单　位	贮　量	备　注
1	水泥		t	217.000	
2	成材		m³	146.140	
3	钢筋	Φ10 以上	t	8.288	
4	钢筋	Φ10 以内	t	6.743	
5	钢管		t	0.267	
6	生石灰		t	47.34	
7	砂	净砂	t	794.84	
8	砾石		t	283.43	
9					
10					

有些地区将主要材料分析统计工作合并在工程预算表内一次完成，从而使加固维修预算的编制程序进一步简化，只是由于受到表格篇幅的限制，所能统计的主要材料种类较少。

当地区规定需要分析统计的主要材料种类较多时，采用表15-3-2形式统计主要材料用量就有些不便，可采用专用的主要材料分析统计表（见表15-3-3）进行主要材料的分析统计工作。

主要材料分析统计表中的定额编号、分项工程名称及单位、主要材料名称、单位及定额量，分别从修缮定额的相应栏内抄来。表中的工程数量从工程量计算表中相应栏内抄来。然后用各子目的工程数量分别乘其各种主要材料的定额数量，即得其需用量。最后将各子目所需的各种主要材料需用量分别加以汇总，即得该单位加固维修工程各种主要材料的总需用量，将其填入表15-3-3中即可。编制主要材料分析统计表的工作量大且复杂，在进行计算或统计时，必须十分仔细，以防遗漏或错算。

主要材料分析统计表　　　　　　表15-3-3

工程名称：_____　　　　　　　　　　　　　　　　　　　　共　　页　第　　页

序号	名 称	定额编号	178		182		187		主材合计
			C20钢筋混凝土现浇框架		C20钢筋混凝土现浇圈梁		C20钢筋混凝土现浇雨篷		
		单位	m³		m³		m³		
		数量	218.69		24.85		54.57		
			定额量	需用量	定额量	需用量	定额量	需用量	
1	钢材	kg	124	27118	110	2734	7	382	30234
2	成材	m³	0.2425	53.032	0.0524	1.302	0.0166	0.906	55.240
3	水泥	kg	312	68231	312	7753	30	1637	77621
4	河砂	t	0.47	102.784	0.47	11.680	0.0I	2.183	116.647
5	碎石	t	1.66	363.025	1.66	41.251	0.15	8.186	412.462

六、编制主要材料调价计算表

主要材料调价计算表（见表15-3-4）可用来计算以下两种价差：

主要材料调价计算表　　　　　　表15-3-4

工程名称：_____　　　　　　　　　　　　　　　　　　　　工程地点：_____

材料名称	规格	单位	数量	价差调整（元）		分区价差调整（元）	
				差价	金额	差价	金额
钢材	元钢	t					
钢材	型钢	t					
成材		m³					
水泥		t					

续表

材料名称	规格	单位	数量	价差调整（元）		分区价差调整（元）	
				差价	金额	差价	金额
白水泥		t					
黏土青砖	标准砖	千匹					
黏土红砖	标准砖	千匹					
页岩砖	标准砖	千匹					
灰砂砖	标准砖	千匹					
黏土小青瓦		千匹					
水泥平瓦		千匹					
生石灰		t					
河砂		t					
坚碎石	05～4cm	t					
小 计							
采购及保管费2.2%							
合 计							

（一）主要材料价差的调整

根据地区规定，有些主要材料因材料来源、材料原价、运费标准发生变化，实际价格与预算价格发生出入时，应按照实际来源和各级物价部门规定或批准的出厂价格和运费标准进行调整。

调整的方法应根据各地规定执行，一般有三种方法：

1. 将材料价差直接进入相应的修缮预算价格，即重新编制单位估价表，这种方法计算繁琐，不宜采用。

2. 汇总主要材料用量，对需调价的主要材料，单独列表计算调整价差，这是一般常用的方法。

3. 由当地建设主管部门在一段时间内测定综合调整系数，按调整系数求得材料价差调整额。用这种方法调整价差最简便，但若市场价格变化太大则不易控制调整系数，出入较大。

（二）主要材料分区价差的调整

根据地区规定，有些主要材料应按照工程所在地点和当地主管部门颁发的"分区价差调整表"规定的价差进行分区价差的调整。

分区价差调整额＝主要材料用量×分区价差×(1＋采购及保管费率)

七、编制加固维修工程预算费用表

编制加固维修工程预算费用表是在完成上述编制工作，求得工程直接费的基础上，按照有关规定和费率，进而计取间接费、计划利润和营业税金等费用，并确定单位工程加固维修预算造价的计算过程。因各地规定的取费项目及费率不尽相同，其表式也不一样。下节编制实例中所示之加固维修工程预算费用表，仅供参考。

八、写编制说明

在编制说明中，一般应说明以下问题：
（一）编制依据；
（二）施工方式；
（三）遗留项目或暂估项目，并说明原因；
（四）存在问题及处理意见；
（五）其他。

九、装订签章

（一）装订
编好的单位工程加固维修预算，应按下列顺序编排并装订成册：
1. 封面；
2. 编制说明；
3. 加固维修工程预算费用表；
4. 加固维修工程预算表；
5. 主要材料调价计算表；
6. 补充或换算的单位估价表。
工程量计算表和主要材料分析统计表一般只留作底稿，可不装入预算文件中。
（二）签章
已经编好的加固维修工程预算，编制者应签名或盖章，并请有关负责人审核、审批、签字（或盖章）后，再加盖编制单位公章，才算最后完成。

第四节 加固维修预算编制实例

加固维修工程预算，在实际工作中一般分为单项工程预算和分部分项工程预算两种情况，下面分别予以介绍。

一、分部分项工程项目（子目）加固维修预算

下面以某单位办公室（其加固维修施工图见图15-4-1）为例，介绍其分部分项工程项目（子目）修缮预算中工程量及人工费、材料费、主材消耗量的计算方法。因计算过程中主要依据当地、现行的修缮定额来进行，所以下面先摘要列出××省××市一九××年现行的《房屋修缮工程预算定额》中的部分说明、工程量计算规则，以及相应的定额项目表，以便于举例中查用。

(一) 修缮定额中分部说明、工程量计算规则摘录

第一分部 拆 除 工 程

1. 本分部适用于整幢或部分结构的拆除，但不包括水电卫生器具的拆除，后者已分别列入"水电卫生工程"章内。

2. 工作内容：

(1) 包括在拆除时一般安全措施和道路整理。

(2) 包括拆除材料在水平运距为 30m 以内的清理、集中、分类堆码和垃圾归堆。超过上述运距时，超过部分按"渣土清运"另计。

(3) 拆除±0.00以下的工程包括填平槽坑。

(4) 包括按照原样修复因拆卸而引起破坏的邻近建筑物。

(5) 不包括拆除材料的加工，如剔砖灰、起钉、断料等。在拆除时，如需增加支撑、挂安全网或搭脚手架，可按相应定额另计。

3. 拆除工程必须坚持自上而下、自外而内、分部分层循序进行，并用绳索将材料绑牢往下吊放，以尽可能保持原材料、成品、半成品的完整。严禁推倒、拉垮，或自高空往下抛掷等"武拆"手段。因"武拆"引起材料损坏的，其人工费应乘0.5系数。达到旧料回收率（换算出的价值总价）时，可按回收旧料总值5％提取小组计奖。但必须办理入库手续，材料人员认可，作到账物相合。

4. 工程量：整体拆除按建筑面积计算，分部拆除按实作工程量计算。

5. 超过两层的楼层拆除，其人工费乘以下系数：三层1.19，四层1.25，五层1.33，六层以上1.43。

（注：第二至六部分与本例无关，略）

第七分部 木 结 构 工 程

1. 一般说明：

(1) 本分部木材等级采用综合二等材，其木材种类除硬木地板为三、四类材种外，其他项目均以一、二类材种为准，如采用三、四类材种时，分别乘以下列系数：

木门窗制作安装人工乘以系数1.25；其他项目乘以系数1.35。

(2) 定额中注明的木材截面或厚度均以毛料为准，如设计为净截面时，应增加刨光损耗；板、枋材一面刨光增加3mm，两面刨光增加5mm；圆木构件按每立方米材积增加刨光损耗0.05m^3；方木屋架、檩木一面刨光增加2mm，两面刨光增加4mm。

(3) 定额中拆换项目均包括拆除、制作安装等全过程工作。

(4) 木门窗安装定额中不包括玻璃安装，门窗框安装定额中未包括木砖安装。

2. 分项说明：

(1) 门窗制作安装定额的框扇截面，如设计规定超过定额规定最大或最小截面时，应按比例换算。框以边梃截面为准，扇以主梃截面为准，换算公式如下：

$$\frac{设计截面（设计为净截面者应如刨光损耗）}{定额截面} \times 定额材积$$

(2) 门窗简修系指简单的掺钉或砍刨修理，不另添料。门窗修理则作了添料估算。

(3) 门窗制安定额中已包括门窗框刷防腐油、框边填石灰麻刀及安装普通小五金等工料。

(4) 普通门窗安装中如使用贵重五金时，其费用可另行计算，人工不增加，定额中五金费亦不扣除。

(5) 门窗扇安装角铁，每10扇增加人工费0.63元，材料费按实计算。

(6) 门芯板如采用纤维板时，按装板门定额执行，$1.7m^2$ 以内的门扇每10扇增加纤维板 $20m^2$，树脂胶2.76kg；并扣除定额项目中的全部薄板，以及人工费2.21元，其他门扇以此换算。

(7) 百页窗拆换修理按添料50%计算，如与实际不符时，木材按实际换算，其他工料不变。

(8) 扦子窗制安带框者，扣除定额中小枋材料，人工乘以系数0.8，框按相应项目执行。

(9) 半玻门扇面积超过 $0.8m^2$ 者，材料按实际换算，人工不变。

(10) 木板大门材料费中未包括铁件和五金费，使用时按实际计算。

(11) 木梁、木柱如需安装铁件者，按铁件单安装计算。木柱换脚绑接，圆木按直径160mm，长度1m；方木按240mm×240mm×1000mm考虑，木材消耗，如与实际不符时，木材按实调整，其他工料不变。

(12) 固定支撑以混水为准，若需刨光，木材按规定增加，人工乘系数1.15。

(13) 屋架跨度指屋架两端上下弦中心线交点之间的长度。

(14) 普通人字屋架需刨光者，人工乘系数1.15。钢木屋架需刨光者，人工乘系数1.1。檩木需刨光者，人工乘以系数1.25。木材损耗均按规定增加。

(15) 屋架加固修理定额以不下架为准，若需下架，按制作安装相应项目执行，旧料利用剔除计算。

(16) 檩木使用铁件时，方木每立方米竣工木料增加铁件7.5kg；圆木每立方米竣工木料增加铁件6.2kg，定额铁钉扣减1.2kg。

(17) 穿逗牮正定额中未包括牮正后增加的各种固定支撑，如需支撑按相应项目执行。穿逗构件拆换或绑接，按相应木梁、木柱项目执行。

(18) 制作安装木牛腿定额中木材消耗与设计不符时，可按实调整，人工不变。

(19) 屋面木基层翻修定额中如需拆换椽子和挂瓦条，小枋和挂瓦条按实计算，其他工料不变。

(20) 顶棚面层定额中除竹席顶棚包括打压条外，其余项目均不包括钉压条，如何压条时按相应项目执行。

(21) 薄板顶棚面层厚度以1.5毛料为准，如与定额规定不同时，可按比例换算，其他工料不变。

(22) 顶棚板条面层修整定额按添板条20%计算，如与实际不符时，可按实调整，人工不变。透气板条以清水艺术梭子格为准，若作其他艺术花格，人工不变。

(23) 间壁墙定额中均不包括钉压条，如钉压条时按相应项目执行。

(24) 板条间壁墙定额中面层以单层为准，如用双面按展开面积计算。制安板条梭子格以120mm空花格为准，如与实际不符时，按空花格比例换算材料，人工不变。

(25) 薄板间壁墙修整按添薄板20％计算，如与实际不符时，可按比例调整，其他工料不变。

(26) 木楼楞定额中按中距40cm，截面5cm×18cm，每10m² 木地板31.33m 楞木计算的，如与设计规格不同时，楞木料可以换算，其他工料不变。

(27) 定额中按企口板厚2.5cm、平口板厚3cm毛料计算，如与设计厚度不同时，可以换算，其他工料不变。

(28) 木地板制作安装定额中包括木地板、踢脚板制定。

(29) 硬木地板制作安装挖补定额未包括硬木地板材料费，使用时按实际计算。

(30) 捆绑定额中未考虑木楼楞、木檩子、木基层、屋面层，使用时按相应项目执行。

3. 计算规则：

(1) 门窗框按框料延长米以樘计算，拆换以米计算。

(2) 门窗扇按扇外围面积以扇计算，拆换构件按延长米计算，拆换五金按副计算。门扇不包括门上亮子，门上亮子按窗扇另计。

(3) 木门窗半成品运用定额中的框扇面积，均按门、窗的外围面积计算。

(4) 窗台板按平方米计算，如无设计尺寸时，可按框外围宽度加10cm，凸出墙面的宽度按墙外皮加5cm计算。

(5) 木捆板、木盖板、木墙裙、筒子板按设计尺寸以平方米计算。

(6) 木梁、木柱、剪刀撑、支撑、屋架、檩木等均按返工木料以立方米计算。屋架的夹板、垫木、风撑、挑沿木并入相应的屋架内。与圆木屋架相连接的挑沿木、风撑等为方木时，应乘以1.54系数折合圆木并入圆木屋架内。单独挑沿木、檩托木按方檩木计算。檩木垫木和檩托木已包括在定额内。简易木屋架和屋架加固修理，按不同规格以樘计算。

(7) 屋面木基层接斜面积以平方米计算。不扣除附墙烟囱、通风孔、通风帽底座、屋顶小气窗和斜沟的面积。天窗挑沿与屋面重叠部分按设计规定增加。

(8) 封檐板按延长米计算，博风板按斜长计算，有大刀头者，每个大刀头增加长度50cm。

(9) 间壁墙及护墙板按净长乘净高以平方米计算。扣除门窗洞口面积，但不扣除面积在0.3m²以内的孔洞。

(10) 厕所、浴室隔断按上下横枋乘高度再乘长度以平方米计算。门窗面积并入隔断计算。

(11) 顶棚按主墙间的实铺面积以平方米计算，不扣除间壁、检查孔、穿过顶棚的柱垛和附墙烟囱等。顶棚检查孔已包括在定额内。斜山顶棚按斜面积计算。

(12) 木楼地面按房间净面积以平方米计算，不扣除间壁墙，穿过木地板的柱、垛和附墙烟囱等，但门和空圈的开口部分也不增加。楞木定额中包括用防腐油、剪刀撑、水平撑、游沿木的工料。

(13) 木楼梯按水平投影面积计算，楼梯井宽超过30cm时应扣除。定额内包括踢脚板、平台和伸入墙内部分的工料。简易楼梯按步数计算。栏杆和扶手可全部按水平投影长度（不包括伸入墙内部分）乘以系数1.15，以延长米计算。拆换构件按相应件数计算。

(14) 竹、木捆绑按排列的正投影面积计算。竹捆绑拆换以根计算。木捆绑拆换以立方米计算。

(注：第八部分与本例无关，略)

第九分部 屋 面 工 程

1. 一般说明

(1) 瓦屋面

1) 屋面盖瓦包括：传瓦、选瓦、砍瓦、铺瓦、挂瓦，"翻盖"、"检漏"，除上述内容外，还包括拆卸坏瓦、清扫屋面，添瓦重铺、除垃圾。瓦屋面屋脊和瓦出线均已包括在定额内。

2) "检漏"还包括上房脚步的面积及添瓦工作量，上房脚步每一米折算为一平方米"检漏"面积。

3) 瓦屋面"翻盖"、"检漏"均未包括添瓦量，计算时，根据原瓦屋面破损程度按估算计量。但子目内已有的材料和人工不变。

(2) 石棉瓦屋面

1) 石棉瓦的规格不同，如用大波石棉瓦，材料的数量、费用允许换算，人工费乘0.95系数。

2) 镀锌螺丝带垫圈、石棉瓦带镀锌螺丝是专用配套的。

(3) 卷材屋面

均包括刷冷底子油一遍，如设计要求不刷冷底油时，按楼地面刷第一遍冷底子油工料用量扣减。油毡收头的材料已包括在定额内。

(4) 三合土屋面

包括检沟、角沟抹灰。

(5) 刚性屋面

钢筋是按直径$\phi 4$，间距200mm双向布筋计算的，如设计与定额不同，钢筋数量可按实际调整。

(6) 涂料防水屋面

1) 屋面防水涂料系采用重庆长寿氯丁胶乳沥青防水涂料及建筑油膏考虑的，如用其他涂料，材料用量、价格允许调整，人工不作调整。

2) 油膏嵌缝应使油膏与板结粘合严密，灌满全缝，高出屋面板1cm左右，作成龟背形或圆弧形。粘贴20cm宽的玻璃布，并在布上涂刷二至三遍防水涂料。

3) 高出屋面的结构（女儿墙、烟囱、泛水等）与屋面连结处，在嵌缝油膏的基础上，用宽约30cm的玻璃布贴牢，再刷涂料。

(7) 屋面排水

1) 屋面天沟宽度以0.9m以内为准，如宽度超过0.9m，其人工乘系数1.24，其余不变。

2) 铸铁落水管、铸铁落水口、铸铁水斗、铸铁弯头均已包括管外刷沥青工料，管外如刷油漆时，应扣减定额沥青用量，其油漆用量按油漆分部相应定额项目计算。

2. 计算规则

(1) 计量单位见各子目。

(2) 计算屋面面积时不扣除附墙烟囱通风口、天窗狮子口、天沟所占面积，为简化计算，可按水平投影面积乘屋面延尺系数换算。

(3) 刚性屋面突出墙面的结构与屋面的连接处及转角处，需用油膏填缝的按嵌缝计算，其余部分（如天沟、斜沟、雨水斗、沟脊虎口等）以展开面积计算，套用以烟囱根，泛水定额。

(4) 同一刚性屋面，如有油膏嵌构造（连接）缝，又有满涂刷防水时，应将嵌填缝和涂刷分别计算，套用相应项目定额，但在计算涂刷面积时，应将嵌键所占平面面积扣除（7~10cm 宽）。

(5) 刚性防水屋面按实铺水平投影面积以平方米计算，泛水和刚性屋面变形结等弯起部分或加厚部分，已包括在定额内，挑出墙外的出格和屋面天沟，另按相应定额项目计算。

(6) 刚性屋面作防水涂料时刷冷底子油均包括在相应项中，不得另计。

(7) 卷材屋面按实铺面积以平方米计算，不得扣除房上烟囱、风帽底座、风道、斜沟、变形缝等所占面积，但屋面山墙、女儿墙、天窗变形缝、天沟等弯起部分，以及天窗出檐与屋面重叠部分应按图示尺寸（如无图纸规定时，女儿墙和变形缝弯起高度可按 25cm 天窗可按 50cm）计算，并入屋面工程内。

(8) 石棉水泥落水管、铸铁落水管按水斗下口起计算；石棉水泥暗沟以实际安装水平长度计算，石棉水泥水斗、铸铁落水口、铸铁弯头按个计算。

坡屋面延尺系数表　　　　　　　　　　　　　表 15-4-1

坡　　　度			延尺系数	隅延尺系数	坡　　　度			延尺系数	隅延尺系数
$B(A=1)$	$B/2A$	角度 θ	$C(A=1)$	$D(A=1)$	$B(A=1)$	$B/2A$	角度 θ	$C(A=1)$	$D(A=1)$
1.000	1/2	45°	1.4142	1.7320	0.400	1/5	21°48′	1.0770	1.4697
0.750		36°52′	1.2500	1.6008	0.350		19°47′	1.0595	1.4569
0.700		35°	1.2207	1.5780	0.300		16°42′	1.0440	1.4457
0.666	1/3	33°40′	1.2015	1.5632	0.250	1/8	14°02′	1.0308	1.4362
0.650		33°01′	1.1927	1.5564	0.200	1/10	11°19′	1.0198	1.4283
0.600		30°58′	1.1662	1.5362	0.150		8°32″	1.0112	1.4222
0.577		30°	1.1545	1.5274	0.125	1/16	7°08′	1.0078	1.4197
0.550		28°49′	1.1413	1.5174	0.100	1/20	5°42′	1.0050	1.4178
0.500	1/4	26°34′	1.1180	1.5000	0.083	1/24	4°45′	1.0034	1.4166
0.450		24°14′	1.0966	1.4841	0.066	1/30	3°49′	1.0022	1.4158

注：1. 表中符号见附图；
　　2. 两坡水屋面的实际面积为屋面水平投影面积乘延尺系数 C；
　　3. 四坡水屋面斜脊长度 $=A\times D$（当 $S=A$ 时）；
　　4. 沿山墙泛水长度 $=A\times C$。

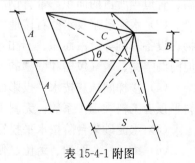

表 15-4-1 附图

第十分部 装 饰 工 程

1. 一般说明

(1) 本分部定额中规定的抹灰厚度，除注明者外，一般不得调整。设计规定的砂浆种类或配合比与定额不同时，材料可以换算，人工不变。

(2) 定额中各种砂浆系采用小厂水泥，如水泥不同时可以换算。

(3) 本定额均以普通抹灰为准，一底一面两遍成活，如设计要求中级抹灰，人工费乘 1.25 系数。高级抹灰，人工费乘 1.50 系数。

(4) 本分部均考虑了场内材料运输、调运砂浆、抹灰、找平、压光、修补脚架洞眼、清扫墙面、清理落地灰等全部操作过程。砍补，还包括铲除旧灰层及将垃圾运至 30m 以内的指定地点。

2. 分项说明

(1) 顶棚抹灰以不出檐为准，如为出檐，出檐部分人工费乘 1.45 系数，其余不变。

(2) 水磨石、水刷石剁假石以不分格为准，如系分格嵌条者，人工费乘 1.25 系数，分色者人工费乘 1.15 系数；机磨者人工费乘 0.75 系数，其余不变。

(3) 柱面抹灰以方形为准，如圆形柱，人工费乘 1.20 系数，其余不变。

(4) 整体面层的水泥砂浆、水磨石楼地面面层定额中，已包括踢脚线工料，不再另计。

(5) 镶贴面层的磁砖是按 150mm×150mm 考虑的，如设计规定采用 100mm×100mm 或 150mm×75mm 的磁砖时，人工费乘 1.43 系数，其余不变。

(6) 各种"线"抹灰，是按下列展开宽度考虑的：腰线、雨篷、窗台：0.3m 以内；压顶 0.8m 以内。如实际宽度超出上述宽度 10% 以上者，可以按实换算工料。

(7) 水磨石的"其他"项目中，包括楼梯、踏步、蹲位、小便槽、水池、阳台、栏板(杆)等。

(8) 本分部定额内包括搭拆 4.5m 以内高度的简易操作架凳用工。

3. 计算规则

(1) 墙面抹灰按展开面积计算，扣除门窗洞口和墙裙所占的面积，不扣除 0.3m² 以内的孔洞和墙裙面积。内墙应扣除门窗口（门窗框外围面积，下同）和空圈所占的面积，不扣除踢脚板、挂镜线、0.3m² 以内的孔洞和墙与梁头交接处的面积，但门窗洞口，空圈侧壁和顶面也不增加。垛的工程量按展开面积计算。

外墙应扣除门窗洞口、空圈和 0.3m² 以上的孔洞所占面积。门窗洞口、空圈的侧墙（不带线者）、顶面和垛的侧面抹灰合并在墙面扑灰工程量内计算。

(2) 顶棚抹灰按主墙间的顶棚面积计算。不扣除间壁墙、垛、柱、附墙烟囱、检查洞、管道等所占的面积，带有钢筋混凝土梁的顶棚、梁底及两侧应展开合并计算。

(3) 水泥砂浆及水磨石楼地面面层均按主墙间的净面积计算，应扣除凸出地面的构筑物、设备基础等所占面积。不扣除柱、垛、间壁墙、烟囱及 0.3m² 以内的孔洞所占面积，但门洞空圈、暖气包槽和壁龛的开口部分亦不增加。

(4) 楼梯间抹灰按水平投影面积计算，栏杆另计。底面抹灰按"顶棚"另计，其中有斜平顶者工料乘 1.1 系数，无斜平顶者（锯齿形）工料乘 1.5 系数。

(5) 水泥砂浆台阶按水平投影面积计算。

(6) 梁、柱、明沟、蹲位、便槽、水洞，均按展开面积计算。

(7) 墙裙按展开面积计算，扣除门窗洞口所占的面积。

(8) 瓷砖、陶瓷锦砖（马赛克）贴水沟按底、沟壁展开面积计算，套用"楼、地面镶面砖"项目。

(9) 阳台、雨篷、抹灰，指平面面层抹灰的工程量，不包括阳台的栏杆。如有栏杆抹灰者，按栏杆抹灰项目另计。

(10) 栏杆抹灰。包括栏板和扶手，如需分开计量，可按其各占工料比例为：栏板65％，扶手35％。

第十一分部　油漆、粉刷、玻璃工程

1. 一般说明

(1) 油漆、粉刷均按旧门窗、旧墙面等考虑包括清除灰土、污迹、油壳、锈斑、调抹腻子。填补裂缝、砂子，"简易"二遍成活，"普通"三遍成活。凡未注明"简易"或"普通"者，油漆按"普通"、粉刷按"简易"。但在大中修工程中，加添的新门窗、新墙面等，亦使用本定额，不另换算。

(2) 玻璃安装按新作考虑，包括裁安玻璃，调抹油灰（或钉压条），钢框还包括安卡子，螺栓。如系旧门窗玻璃拆换，人工乘系数（木框乘1.25，钢框乘1.75）。其余不变。

(3) "刷浆"项内，凡注有"毛面"、"光面"者，"毛面"系指砖、石、混凝土及混水木面，"光面"系指抹灰面及清水木面，凡未注明者，以"毛面"为准，但"光面"不调减。

(4) "金属面单刷防锈漆"套用金属面刷调和漆定额，除保留防锈漆及其他费用外，剔除其余材料项目及其费用，但人工不变。

(5) 水质涂料不分机喷或手工刷，亦不分抹灰面、砖墙面、混凝土面、拉毛墙面均执行本定额。

(6) 顶棚刷乳胶漆二遍按用面每$100m^2$，增加人工（费）1.65元，其他不变。

(7) 顶棚、压条分色者，定额人工费乘以系数1.70。

2. 计算规则

(1) 门窗（包括贴脸）、栏杆：按平米计算（满外量、高×宽）。

(2) 墙、顶棚、铺板、楼板：按实际面积计算（扣除门窗洞口、墙裙、不扣踢脚板及各种线条）。

(3) 梁、柱：按展开面积计算（截面周长×长）。

(4) 钢屋架、零星构件：按重量计算。

（二）修缮定额中定额项目表摘录

（注：一至三项与本例无关，略）

四、抹灰层拆除　　　　　　　　　　　　　表15-4-2

项　目	单位	单价（元）	板条、竹编			屋脊、檐边、天沟	晒台、屋面、楼地面、散水	踏步、台阶
			梁、柱包方	顶棚	墙			
				$100m^2$		$10m^2$		$10m^2$ 水平投影面积
编　号			33	34	35	36	37	38
预算价格	元		8.83	9.05	6.33	1.93	173	2.53
合计用工	工日	2.50	3.53	3.62	2.53	0.77	0.69	1.01

五、石砌体拆除 单位：m³

表 15-4-3

项 目	单 位	单价（元）	墙基	柱基	勒脚	墙	柱	水池
编 号			39	40	41	42	43	44
预算价格	元		1.45	1.60	1.28	1.23	1.48	1.28
合计用工	工日	2.50	0.58	0.64	0.51	0.49	0.59	0.51

项 目	单 位	单价（元）	明沟	暗沟	窨井	栏杆踏步	海面石石平台	石礅磴石蔑子
			m³			10m	10m²	10个
编 号			45	46	47	48	49	50
预算价格	元		1.95	293	5.52	3.75	3.38	0.85
合计用工	工日	2.50	0.78	1.17	2.10	1.50	1.35	0.34

（三）分部分项工程项目（子目）工程量计算

1. 确定工程项目名称（限于篇幅，仅列出部分工程项目名称）

（1）拆除室内地面及室外散水抹灰层
（2）顶棚面层板条制作安装
（3）挑檐顶棚清水板条制作安装
（4）平瓦屋面翻盖（一般房、水泥砂浆）
（5）板条顶棚抹灰（1∶2.5 石灰砂浆打底，纸筋灰浆罩面）
（6）室内地面面层新抹（1∶2.5 水泥砂浆）
（7）木门用调和漆（普通）
（8）挑檐顶棚清水板条调和漆（普通）
（9）室内墙面及顶棚抹灰面刷石灰浆（光面）

2. 确定各分部分项工程项目的定额编号、计量单位、计算工程量

（注：第一至第六分部工程与本例无关，略）

第七分部　木结构工程

（注：一至八项与本例无关，略）

九、顶棚

表 15-4-4

工作内容：制作安装楞木，刷防大腐油及搭拆 4.5m 以内简易架凳。楞木下钉板条，清水板条刨光等。

单位：100m³

项 目		单位	单价（元）	顶棚楞木				顶棚面层			
				吊在屋架上或搁在墙、梁下		檩木下斜钉	檐口下钉	板条		透气板条	
				制作安装	加固、修理			制作安装	修理	制作安装	修理
编 号			—	672	673	674	674	676	677	678	679
预算价格		元		644.40	70.63	440.08	462.00	108.32	29.54	188.62	57.02
其中	人工费 材料费	元 元		20.93 623.47	10.48 60.15	18.83 421.25	23.23 438.77	15.50 92.82	7.75 21.79	57.75 130.87	29.00 28.02

续表

项目	单位	单价(元)	顶棚楞木				顶棚面层			
			吊在屋架上或搁在墙、梁下		檩木下斜钉	檐口下钉	板条		透气板条	
			制作安装	加固、修理			制作安装	修理	制作安装	修理
合计用工	工日	2.50	8.37	4.19	7.53	9.29	6.20	3.10	23.10	11.60
材料 小枋	m³	434.30	1.3470	0.1200	0.9350	0.9630	—	—	—	—
板条	m³	117.50	—	—	—	—	0.6990	0.1400	1.0360	0.2000
木砖	m³	279.00	0.0560	—	—	—	—	—	—	—
铁钉	kg	1.786	10.92	4.50	8.50	11.50	3.90	1.95	3.06	1.5
防腐油	kg	1.60	2.09	—	—	—	—	—	—	—
其他	元		—	—	—	—	3.72	1.86	3.67	1.84

项目	单位	单价(元)	顶棚面层						顶棚面层					
			檐口顶棚				檩木上斜钉板条		竹编		竹席		薄板	
			清水		混水									
			制作安装	修理	制作安装	修理	制作安装	修理	制作安装	修理	制作安装	修理	制作安装	修理
编号	—	—	680	681	682	683	684	685	686	687	688	689	690	691
预算价格	元		198.23	161.98	110.73	30.73	110.25	30.50	115.57	34.77	112.02	27.97	1226.43	145.36
其中 人工费	元		64.10	32.05	17.20	8.60	16.28	8.15	27.08	13.55	14.73	7.38	43.05	21.53
材料费	元		134.13	129.93	93.53	22.13	93.97	22.53	88.49	21.22	97.29	20.59	1183.38	123.83
合计用工	工日	2.50	25.64	12.82	6.88	3.44	6.51	3.26	10.83	5.42	5.89	2.95	17.22	8.61
材料 板条	m³	117.50	1.0360	0.2020	0.6990	0.1398	0.6990	0.1398	0.1000	0.0200	—	—	—	—
薄板	m³	455.80	—	—	—	—	—	—	—	—	—	—	2.5760	0.2600
竹片	捆	1.30	—	—	—	—	—	—	50.0	10.0	—	—	—	—
竹席	m²	0.85	—	—	—	—	—	—	—	—	110.0	22.0	—	—
铁钉	kg	1.786	4.30	2.15	4.30	2.15	4.50	2.15	4.60	2.30	0.72	0.36	3.12	1.95
其他	元		4.72	2.36	3.72	1.86	3.80	1.90	3.52	1.76	2.50	1.25	3.67	1.84

附注:"檩木下斜钉板条"按斜面计算,"修理"包括木楞掺钉修理。

(注:第八分部工程与本例无关,略)

第九分部 屋面工程

一、瓦屋面

表 15-4-5

工作内容:包括天窗狮子口盖瓦及屋脊检边、天沟和压山的座灰盖瓦、作毛瓦头、调制砂浆等。

单位:100m²

项目	单位	单价(元)	小青瓦(布瓦)						平瓦				补丝缝100条	
			新盖		翻盖		检漏		新盖		翻盖			
			水泥砂浆	混合砂浆	水泥砂浆	混合砂浆	水泥砂浆	混合砂浆	水泥砂浆	混合砂浆	水泥砂浆	混合砂浆	水泥砂浆	混合砂浆
编号	—	—	816	817	818	819	820	821	822	823	824	825	826	827
预算价格	元	9	657.45	651.05	34.03	29.32	14.87	14.65	339.73	336.83	121.28	18.70	5.87	5.62
其中 人工资	元		30.85	30.85	17.60	17.60	12.57	12.57	19.03	19.03	13.30	13.30	4.30	4.30
材料费	元		626.60	620.20	14.43	11.72	2.30	2.08	320.70	317.80	7.98	5.40	1.57	1.32

第十五章 房屋抗震加固维修工程预算

续表

项目	单位	单价(元)	小青瓦(布瓦) 新盖 水泥砂浆	小青瓦(布瓦) 新盖 混合砂浆	小青瓦(布瓦) 翻盖 水泥砂浆	小青瓦(布瓦) 翻盖 混合砂浆	小青瓦(布瓦) 检漏 水泥砂浆	小青瓦(布瓦) 检漏 混合砂浆	平瓦 新盖 水泥砂浆	平瓦 新盖 混合砂浆	平瓦 翻盖 水泥砂浆	平瓦 翻盖 混合砂浆	平瓦 补丝缝100条 水泥砂浆	平瓦 补丝缝100条 混合砂浆
合计用工	工日	2.50	12.34	12.34	7.04	7.04	5.03	5.03	7.61	7.61	5.32	5.32	1.72	1.72
材料 水泥砂浆1:2	m³	—	(0.233)	—	(0.186)	—	—	—	(0.106)	—	(0.09)	—	—	—
混合砂浆	m³	—	—	(0.245)	—	(0.196)	—	—	—	(0.111)	—	(0.09)	—	—
小青瓦	千匹	41.21	14.713	14.713	—	—	—	—	—	—	—	—	—	—
平瓦	千匹	183.80	—	—	—	—	—	—	1.651	1.651	—	—	—	—
脊瓦	千匹	284.10	—	—	—	—	—	—	0.0282	0.0282	—	—	—	—
水泥 32.5级	kg	0.110	147.96	54.88	118.11	44.3	5.90	2.22	67.31	24.86	57.15	20.15	5.70	2.02
特细砂	t	12.55	0.297	0.254	0.237	0.203	0.01	0.01	0.135	0.115	0.115	0.093	0.010	0.009
石灰	kg	0.045	—	56.17	—	52.14	—	2.61	—	29.53	—	23.94	—	2.39
纸筋	kg	0.454	—	4.07	—	3.25	—	0.01	—	1.1	—	1.49	—	0.15
其他	元	—	0.27	0.27	0.47	0.47	1.52	1.52	0.15	0.15	0.25	0.25	0.81	0.81

(注：二、三项内容与本例无关，略)

第十分部 装饰工程

一、石灰砂浆抹灰

表 15-4-6

工作内容：石灰砂浆底，纸筋白灰罩面，石灰砂浆 1:2.5   单位：100m²

项目	单位	单价(元)	顶棚 混凝土(1:0.5:2.5)(混合砂浆) 新抹	顶棚 混凝土(1:0.5:2.5)(混合砂浆) 砍补	顶棚 板条 新抹	顶棚 板条 砍补	顶棚 竹编 新抹	顶棚 竹编 砍补	梁、柱面 砖、石柱面 新抹	梁、柱面 砖、石柱面 砍补	梁、柱面 钢筋混凝土梁、柱 新抹	梁、柱面 钢筋混凝土梁、柱 砍补	梁、柱面 板条(梁、柱包方) 新抹	梁、柱面 板条(梁、柱包方) 砍补
编号	—	—	922	923	924	925	926	927	928	929	930	931	932	933
预算价格	元		158.80	182.91	94.78	142.78	139.86	162.88	131.22	156.37	130.83	156.40	139.30	1160.94
其中 人工费	元		42.08	55.95	37.75	50.20	41.10	54.68	54.35	72.28	56.03	74.53	60.58	74.83
材料费	元		116.72	126.96	57.03	92.58	98.76	108.20	76.87	84.09	74.80	81.68	78.72	86.11
合计用工	工日	2.50	16.83	22.38	15.10	20.08	16.44	21.87	21.74	28.91	22.41	29.81	24.23	29.93
材料 石灰砂浆1:2.5	m³	—	(1.302)	(1.419)	(1.323)	(3.379)	(2.595)	(2.854)	(1.858)	(2.043)	(1.795)	(1.975)	(1.914)	(2.105)
纸筋灰浆	m³	—	(0.211)	(0.240)	(0.221)	(0.240)	(0.221)	(0.240)	(0.231)	(0.254)	(0.231)	(0.254)	(0.231)	(0.254)
32.5级水泥	kg	0.110	602.83	656.99	—	—	—	—	—	—	—	—	—	—
生石灰	kg	0.045	553.87	603.02	545.66	866.77	915.82	1004.9	708.62	779.176	690.29	759.39	724.91	797.22
特细砂	t	12.55	1.512	1.647	1.851	3.328	3.630	3.993	2.599	2.858	2.511	2.763	2.678	2.945
纸筋	kg	0.454	8.43	9.12	14.23	19.61	19.84	21.71	16.97	18.66	16.70	18.36	17.22	18.93
水泥	t	0.200	—	—	—	—	—	—	1.25	1.38	1.22	1.34	1.29	1.42
其他	元		2.54	2.54	2.60	2.60	2.64	2.64	4.41	4.41	4.41	4.41	4.41	4.41

二、水泥砂浆抹灰

表 15-4-7

工作内容：清理修补基层面、堵墙眼、调运砂浆、清扫落地灰、养护抹灰层等   单位：100m²

项目	单位	单价(元)	楼地面 新抹	楼地面 砍补	踏步、台阶 新抹	踏步、台阶 砍补	散水 新抹	散水 砍补
编号	—	—	944	945	946	947	948	949
预算价格	元		272.34	309.85	417.26	480.06	236.43	267.42

续表

项目		单位	单价(元)	楼地面		踏步、台阶		散水	
				新抹	砍补	新抹	砍补	新抹	砍补
其中	人工费	元		46.10	61.33	94.00	125.03	34.23	45.53
	材料费	元		226.24	248.52	323.26	355.03	202.20	221.89
合计用工		工日	2.50	18.44	24.53	37.60	50.01	13.69	18.21
材料	水泥砂浆 1:2	m³		(2.40)	(2.64)	(3.39)	(3.73)	(2.12)	(2.33)
	素水泥浆	m³		(0.10)	(0.11)	(0.16)	(0.18)	(0.10)	(0.11)
	32.5级水泥	kg	0.110	1674.20	1841.62	2392.97	2632.27	1496.40	1644.77
	特细砂	t	12.550	3.055	3.361	4.315	4.747	2.699	2.966
	水	t	0.200	1.35	1.49	1.68	1.85	1.27	1.34
	其他	元		3.47	3.47	5.54	5.54	3.47	3.47

第十一分部 油漆、粉刷、玻璃工程

一、木材面油漆

表 15-4-8

工作内容：清扫、调抹腻子、补缝、砂平、刷第一遍调合漆，找补腻子、再砂平刷第二遍调合漆。"普通"还再找补腻子、砂平、刷第三遍调合漆。

单位：10m²

项目		单位	单价(元)	调合漆						调合漆					
				本门窗		纱门窗		百页窗、花窗		牛肋窗、栏杆		墙、顶棚、铺板		楼板、嵌花板	
				简易	普通	简易	普通	简易	普通	简易	普通	简易	普通	简易	普通
编号		—	—	1016	1017	1018	1019	1020	1021	1022	1023	1024	1025	1026	1027
预算价格		元		28.69	33.66	17.85	20.67	32.82	37.24	19.53	22.06	15.45	17.76	14.92	15.95
其中	人工费	元		3.98	4.70	2.60	3.05	4.93	5.83	3.45	4.08	2.18	2.58	1.70	2.05
	材料费	元		24.71	28.96	15.25	17.62	27.89	31.41	16.08	17.93	13.27	15.18	13.22	13.92
合计用工		工日	2.50	1.59	1.88	1.04	1.22	1.97	2.33	1.38	1.63	0.87	1.03	0.68	0.81
材料	调合漆	kg	4.952	3.42	4.10	2.09	2.39	4.59	4.59	2.07	2.42	2.07	2.42		
	熟桐油	kg	9.218	0.70	0.70	0.40	0.40	0.70	0.70	0.50	0.50	0.20	0.20	0.40	0.40
	煤油	kg	0.715	0.40	0.40	0.30	0.30	0.40	0.40	0.30	0.30	0.30	0.30	0.30	0.30
	石膏粉	kg	0.271	0.46	0.46	0.30	0.30	0.50	0.50	0.30	0.30	0.30	0.30	0.40	0.40
	地板漆	kg	5.181											1.60	1.70
	其他	元		0.92	1.80	0.92	1.80	1.20	1.80	0.92	1.10	0.92	1.10	0.92	1.10

（注：二、三项内容与本例无关，略）

四、刷浆、喷浆

表 15-4-9

工作内容：清扫灰土、清除铁锈、刷油漆、刷喷浆、除油等全部操作工艺过程

单位：10m²

项目	单位	单价(元)	刷浆						喷石灰浆	刷白水泥			涂料两遍
			石灰浆		胶质白粉浆		色装		水泥浆		抹灰面(光面)	混凝土栏杆、花窗	阳台、雨篷隔板、栏板等	
			毛面	光面	毛面	光面	光面	毛面						
编号	—	—	1055	1056	1057	1058	1059	1060	1061	1062	1063	1064	1065	1066
预算价格	元		1.00	0.83	2.35	1.85	2.30	2.79	1.67	0.77	2.95	6.95	3.68	4.36

续表

项目		单位	单价(元)	刷浆						水泥浆	喷石灰浆	刷白水泥			涂料两遍
				石灰浆		胶质白粉浆		色装				抹灰面(光面)	混凝土栏杆花窗	阳台、雨篷隔板、栏板等	
				毛面	光面	毛面	光面	光面	毛面						
其中	人工费	元		0.58	0.50	0.80	0.75	0.833	0.95	0.98	0.30	0.98	3.03	1.38	0.88
	材料费	元		0.42	0.33	1.55	1.10	1.47	1.84	0.69	0.47	1.97	3.92	2.30	3.48
合计用工		工日	2.50	0.23	0.20	0.32	0.30	0.33	0.38	0.39	0.12	0.39	1.21	0.55	0.35
材料	石灰	kg	0.045	3.8	3.00	2.90	2.40	3.00	3.80	—	3.80	—	—	—	—
	水泥	kg	0.110	—	—	—	—	—	—	3.50	—	—	—	—	—
	白水泥	kg	0.325	—	—	—	—	—	—	—	—	3.50	7.10	4.03	—
	建筑胶	kg	0.978	—	—	—	—	—	—	—	—	0.71	1.50	0.86	—
	涂料	kg	0.832	—	—	—	—	—	—	—	—	—	—	—	4.00
	其他	元		0.25	0.20	1.42	0.99	1.34	1.67	0.30	0.30	0.15	0.15	0.15	0.15

注：刷浆用的水及"胶质白粉浆"内的水胶、白粉，"色浆"内的色料，"水泥浆"的血料，均包括在"其他"项内。"石灰浆"的"其"项，包括水、盐及小型机械费。"喷石灰浆"以手动，二遍为准，如电动，人工乘系数 0.75，其他不变。

各分部分项工程项目的定额编号、计量单位的确定，要根据各分部分项工程项目对应的分工说明、计算规则、定额项目表来对照确定。而分部分项工程项目名称则主要依据加固维修工程施工图纸、修缮预算定额、相关知识及实践经验来综合确定后列出的。

举例说明如下：

（1）拆除室内地面及室外散水抹灰层

1）分项工程项目名称，由图 15-4-1 加固维修说明第 4 条来确定。

2）定额编号，由表 15-4-2 查得，定额编号 37。

3）计量单位，由表 15-4-2 查得，计量单位 m^2（基本单位）。

从以上可列出该分项工程项目的定额编号、分项工程名称、计量单位如下：

定额编号	分项工程名称	单位
37	拆除室内地面及室外散水抹灰层	m^2

4）计算工程量（有关数据见本章实例图 15-4-1）

室内地面抹灰层：

净长　　　　　净宽
$(28.24-0.24 \times 7) \times (5.24-0.24 \times 2) = 126.43 m^2$

室外散水抹灰层：

纵向中心长　　横向中心长　　散水宽
$[(28.24+0.30 \times 2)+(5.24+0.30 \times 2)] \times 2 \times 0.60 = 41.62 m^2$

室外台阶抹灰层：

M1台阶长　个　散水宽　M2台阶长　个　散水宽
$2.10 \times 5 \times 0.60 + 2.60 \times 1 \times 0.60 = 7.86 m^2$

小计：$126.43+41.62-7.86=160.19 m^2$

根据拆除分部中第 4 条，以及相应的定额项目表（表 15-4-2），拆除踏步、台阶应按水平投影面积另行计算,所以在以上工程量计算中减去室外台阶抹灰层拆除工程量。

(2) 顶棚面层板条制作安装

1) 分项工程项目名称,由图 15-4-1 加固维修说明第 2 条来确定。

2) 定额编号,由表 15-4-4 查得,定额编号 676。

3) 计量单位油表 15-4-4 查得,计量单位 m²(基本单位)。

从以上可列出该分项工程项目的定额编号、分项工程名称、计量单位如下:

    定额编号   分项工程名称   单位
     676   顶棚面层板条制安   m²

4) 工程量计算(有关数据见图 15-4-1)

室内顶棚板条制安:

$$\text{净长} \quad \text{净宽}$$
$$(28.24-0.24\times 7)\times(5.24-0.24\times 2)=126.43\text{m}^2$$

(3) 挑檐顶棚清水板条制安

1) 分项工程项目名称,由图 15-4-1 中加固维修说明第 2 条来确定。

2) 定额编号,由表 15-4-4 查得,定颁编号 680。

3) 计量单位,由表 15-4-4 查得,计量单位 m²(基本单位)。

从以上可列出该分项工程项目的定额编号、分项工程名称、计量单位如下:

    定额编号   分项工程名称   单位
     680   挑檐顶棚清水板条制安   m²

4) 工程量计算

根据第七分部木结构工程计算规则第(11)条;第九分部屋面工程计算规则第(2)条及表 15-4-1,其工程量计算如下:

挑檐顶棚清水板条制安:

$$\text{纵向水平长} \quad\quad\quad \text{横向水平长} \quad \text{坡度系数} \quad \text{挑檐顶棚宽}$$
$$\left[\left(28.24+\frac{0.48}{2}\times 2\right)+\left(5.24+\frac{0.48}{2}\times 2\right)\times 1.1180\right]\times 2\times 0.48=33.71\text{m}^2$$

(4) 平瓦屋面翻盖(一般房、水泥砂浆)

1) 分项工程项目名称,由图 15-4-1 加固维修说明第 1 条(加固维修说明从略,下同)确定。

2) 定额编号,由表 15-4-5 查得,定额编号(824),又根据第九分部屋面工程一般说明第 3) 条,表 15-4-5 中未包括添瓦量,所以应进行换算,定额编号后加一"换"字,定额编号 824 换。

3) 计量单位,由表 15-4-5 查得,计量单位 m²(基本单位)。

从以上可列出该分项工程项目的定额编号、分项工程名称、计量单位如下:

    定额编号   分项工程名称   单位
    824 换   平瓦屋面翻盖(一般房、水泥砂浆)   m²

4) 工程量计算

根据第九分部屋面工程计算规则第(1)、(2)条及表 15-4-1,其工程量计算如下:

平瓦屋面翻盖（一般房、水泥砂浆）：

纵向水平长　　　横向水平长　　坡度系数

$(28.24+0.50\times2)\times(5.24+0.50\times2)\times1.1180=203.99\text{m}^2$

(5) 板条顶棚抹灰（1∶2.5水泥砂浆打底、纸筋灰浆罩面）

1）分项工程项目名称，由图15-4-1加固维修说明第2条来确定。

2）定额编号，由表15-4-6查得，定额编号924。

3）计量单位，由表15-4-6查得，计量单位 m^2（基本单位）。

由以上可列出该分项工程项目的定额编号、分项工程名称、计量单位如下：

　　定额编号　　　　　　　　分项工程名称　　　　　　　　单位
　　924　　顶棚抹灰（1∶2.5水泥砂浆打底、纸筋灰浆罩面）　　m^2

4）工程量计算

根据第十分部装饰工程，计算规则第（2）条，其工程量计算如下：

板条顶棚抹灰：

净长　　　　净宽

$(28.24-0.24\times7)\times(5.24-0.24\times2)=126.43\text{m}^2$

同顶棚面层板条制安工程量。

(6) 室内地面面层新抹（1∶2水泥砂浆）

1）分项工程项目名称，由图15-4-1加固维修说明第4条来确定。

2）定额编号，由表15-4-7查得，定额编号944。

3）计量单位，由表15-4-7查得，计量单位 m^2（基本单位）。

由以上可列出该分项工程项目的定额编号、分项工程名称、计量单位如下：

　　定额编号　　　　　　　分项工程名称　　　　　　　单位
　　944　　室内地面面层新抹（1∶2水泥砂浆）　　m^2

4）工程量计算

根据第十分部装饰工程，计算规则第（3）条，其工程量计算如下：

室内地面面层新抹（1∶2水泥砂浆）：

净长　　　　净宽

$(28.24-024\times7)\times(5.24-0.24\times2)=126.43\text{m}^2$

同室内地面抹灰层拆除工程量。

(7) 木门窗调合漆（普通）

1）分项工程项目名称，由图15-4-1加固维修说明第5条来确定。

2）定额编号，由表15-4-8查得，定额编号1017。

3）计量单位，由表15-4-8查得，计量单位 m^2（基本单位）。

从以上可列出该分项工程项目的定额编号、分项工程名称、计量单位如下：

　　定额编号　　　　　　分项工程名称　　　　　　单位
　　1017　　木门窗调合漆（普通）　　m^2

4）计算工程量（有关数据见图 15-4-1）

根据第十一分部油漆、粉刷、玻璃工程，一般说明第（1）条及计算规则第（1）条，其工程量计算如下：

木门窗调合漆（普通）：$(2.60-0.01) \times \overset{宽}{(1.00-0.01 \times 2)} \times 5 + \overset{高}{(2.60-0.01)} \times$

$\overset{宽}{(1.50-0.01 \times 2)} \times 1 + \overset{高}{(2.601-1.10-0.01 \times 2)} \times \overset{宽}{(1.00-0.01 \times 2)} \times 10 = 31.03 m^2$

（8）挑檐顶棚清水板条调合漆（普通）

1）分项工程项目名称，由表 15-4-1 加固维修说明第 2 条来确定。
2）定额编号，由表 15-4-8 查得，定额编号 1025。
3）计量单位，由表 15-4-8 查得，计量单位 m²（基本单位）。

从以上可列出该分项工程项目的定额编号、分项工程名称、计量单位如下：

    定额编号   分项工程名称   单位
    1025   挑檐顶棚清水板条调合漆（普通）   m²

4）计算工程量

根据第十一分部油漆、粉刷、玻璃工程，一般说明第（1）条及计算规则第（2）条，第九分部屋面工程，计算规则第（2）条及表 15-4-1，其工程量计算如下：

挑檐顶棚清水板条调合漆（普通）

$$\left[\left(\overset{纵向水平长}{28.24+\frac{0.48}{2} \times 2}\right)+\left(\overset{横向水平长}{5.24+\frac{0.48}{2} \times 2}\right) \times \overset{坡度系数}{1.1180}\right] \times 2 \times \overset{挑檐顶棚宽}{0.48} = 33.71 m^2$$

同挑檐顶棚清水板条制安工程量。

（9）室内墙面及顶棚抹灰面刷石灰浆（光面）

1）分项工程项目名称，由图 1-4-1 加固维修说明第 2、5 条来确定。
2）定额编号，由表 15-4-9 查得，定额编号 1056。
3）计量单位，由表 15-4-9 查得，计量单位 m²（基本单位）。

从以上可列出该分项工程项目的定额编号、分项工程名称、计量单位如下：

    定额编号   分项工程名称   单位
    1056   室内墙面及顶棚抹灰面刷石灰浆（光面）   m²

4）计算工程量

根据第十一分部油漆、粉刷、玻璃工程，一般说明第（3）、（5）条，计算规则第（2）条其工程量计算如下：

内墙面刷石灰浆：

$$\left[\overset{总\qquad\qquad 长}{(28.24-0.24 \times 7) \times 2 + (5.24-0.24 \times 2) \times 12}\right] \times \overset{高}{3.26} - \overset{门窗面积}{31.03} = 328.35 m^2$$

顶棚刷石灰浆：同板条顶棚抹灰工程量，即 126.43m²

小计：328.35+126.43=454.78m²

（四）分项工程项目（子目）定额直接费、人工费、材料费、主要材料消耗量计算

下面以某部办公室（其加固维修施工图见图15-4-1），摘要介绍几个分项工程项目（子目）的定额直接费、人工费、主要材料消耗量的计算方法，其他有关分部分项工程项目的计算方法、原理与上述类似。

1. 拆除室内地面及室外散水抹灰层160.19m²，定额编号37

由前述内容，查表15-4-2，分别计算如下：

    定额单位 预算价格

1）定额直接费：$\frac{160.19}{10} \times 1.73 = 27.71$ 元

2）人工费：$\frac{160.19}{10} \times 1.73 = 27.71$ 元

2. 顶棚面层板条制作安装126.43m²，定额编号676

由前述内容，查表15-4-4，分别计算如下：

    定额单位 预算价格

1）定额直接费：$\frac{126.43}{100} \times 108.32 = 136.95$ 元

2）人工费：$\frac{126.43}{100} \times 15.50 = 19.60$ 元

3）材料费：$\frac{126.43}{100} \times 92.82 = 117.35$ 元

4）主材消耗量：

①板条：$\frac{126.43}{100} \times 0.6990 = 0.884$ m³

②铁钉：$\frac{126.43}{100} \times 3.90 = 4.93$ kg

③其他材料费：$\frac{126.43}{100} \times 3.72 = 4.70$ 元

从以上可知，定额直接费等于人工费与材料费之和，材料费等于材料消耗量乘材料预算单价之和，即：

19.60+117.35=136.95 元

0.884×117.50+4.93×1.786+4.70=103.87+8.80+4.70=117.37 元

117.35 元≈117.37 元（计算中小数四舍五入引起的误差）。

3. 挑檐顶棚清水板条制作安装33.71m²，定额编号680

由前述内容，查表15-4-4，分别计算如下：

    定额单位 预算价格

1）定额直接费：$\frac{33.71}{100} \times 198.23 = 66.82$ 元

2）人工费：$\frac{33.71}{100} \times 64.10 = 21.61$ 元

3) 材料费：$\frac{33.71}{100} \times 134.13 = 45.22$ 元

4) 主材消耗量：

① 板条：$\frac{33.71}{100} \times 1.0360 = 0.349 \text{m}^3$

② 铁钉：$\frac{33.71}{100} \times 4.30 = 1.45 \text{kg}$

③ 其他材料费：$\frac{33.71}{100} \times 4.72 = 1.59$ 元

从以上可知，定价直接费等于人工费与材料费之和，材料费等于材料消耗量乘材料预算单价之和，即：

21.61＋45.22＝66.82 元

$0.349 \times 117.50 + 1.45 \times 1.786 + 1.59 = 41.01 + 2.59 + 1.59 = 45.19$ 元≈45.2 元（计算中小数四舍五入引起的误差）。

4. 平瓦屋面翻盖（一般房、水泥砂浆）203.99m²，定额编号 824 换

由前述内容，查表 15-4-5；第九分部屋面工程一般说明第（3）条；表 15-4-1；图 15-4-1 中加固维修说明第 1 条及单位估价表中的预算单价换算；其中增加 50% 的平瓦、脊瓦数量是参照表 15-4-5 中定额编号 822 计算的。分别计算如下：

定额单位　　预算价格

1) 定额直接费：$\frac{203.99}{100} \times 177.08 = 361.23$ 元

2) 人工费：$\frac{203.99}{100} \times 13.30 = 27.13$ 元

3) 材料费：$\frac{203.99}{100} \times 163.78 = 334.09$ 元

4) 主材消耗量：

① 板条：$\frac{203.99}{100} \times 1.651 \times 50\% = 1.685$ 千匹

② 铁钉：$\frac{203.99}{100} \times 0.0282 \times 50\% = 0.029$ 千匹

③ 其他材料费：$\frac{203.99}{100} \times 57.15 = 116.58 \text{kg}$

④ 特细砂：$\frac{203.99}{100} \times 0.115 = 0.235 \text{t}$

⑤ 其他材料费：$\frac{33.713}{100} \times 0.25 = 0.51$ 元

从以上可知，定价直接费等于人工费与材料费之和，材料费等于材料消耗量乘材料预算单价之和，即：

27.13＋334.09＝361.22 元≈361.23（计算中小数四舍五入引起的误差）

$1.685 \times 183.80 + 0.029 \times 284.10 + 116.58 \times 0.110 + 0.235 \times 12.55 + 0.51$

＝309.70＋8.24＋12.82＋2.95＋0.51＝334.22 元≈334.09 元

（计算中小数四舍五入引起的误差）

5. 板条顶棚抹灰（1:2.5石灰浆打底，纸筋灰罩面）126.43m²，定额编号924

由前述内容，查表15-4-6，分别计算如下：

      定额单位   预算价格

1) 定额直接费：$\dfrac{126.43}{100} \times 94.78 = 119.83$ 元

2) 人工费：$\dfrac{126.43}{100} \times 37.75 = 47.73$ 元

3) 材料费：$\dfrac{126.43}{100} \times 57.03 = 72.10$ 元

4) 主材消耗量：

① 生石灰：$\dfrac{126.43}{100} \times 545.66 = 689.88$ kg

② 特细砂：$\dfrac{126.43}{100} \times 1.851 = 2.34$ t

③ 纸筋：$\dfrac{126.43}{100} \times 14.23 = 17.99$ kg

6. 室内地面面层新抹（1:2水泥砂浆）126.43m²，定额编号944

由前述内容，查表15-4-7，分别计算如下：

      定额单位   预算价格

1) 定额直接费：$\dfrac{126.43}{100} \times 272.348 = 344.32$ 元

2) 人工费：$\dfrac{126.43}{100} \times 46.10 = 58.28$ 元

3) 材料费：$\dfrac{126.43}{100} \times 226.24 = 286.04$ 元

4) 主材消耗量：

①水泥（325号）：$\dfrac{126.43}{100} \times 1674.20 = 2116.69$ kg

②特细砂：$\dfrac{126.43}{100} \times 3.055 = 3.862$ t

7. 木门窗调合漆（普通）31.03m²，定额编号1017

由前述内容，查表15-4-7，分别计算如下：

      定额单位   预算价格

1) 定额直接费：$\dfrac{31.03}{10} \times 33.66 = 104.45$ 元

2) 人工费：$\dfrac{31.03}{10} \times 4.70 = 14.58$ 元

3) 材料费：$\dfrac{31.03}{10} \times 28.96 = 89.98$ 元

4) 主材消耗量：

①调合漆：$\dfrac{31.03}{10} \times 4.10 = 12.72$ kg

②熟桐油：$\dfrac{31.03}{10} \times 0.70 = 2.17$ kg

③煤油：$\frac{31.03}{10} \times 0.40 = 1.24$ kg

④石膏粉：$\frac{31.03}{10} \times 0.46 = 1.43$ kg

8. 挑檐顶棚清水板条调合漆（普通）33.71m²，定额编号 1025

由前述内容，查表 15-4-7，分别计算如下：

     定额单位   预算价格

1) 定额直接费：$\frac{33.71}{10} \times 17.76 = 59.87$ 元

2) 人工费：$\frac{33.71}{10} \times 2.58 = 8.70$ 元

3) 材料费：$\frac{33.71}{10} \times 15.18 = 51.17$ 元

4) 主材消耗量：

① 调合漆：$3.371 \times 2.42 = 8.16$ kg

② 熟桐油：$3.371 \times 0.20 = 0.67$ kg

③ 煤油：$3.371 \times 0.30 = 1.01$ kg

④ 石膏粉：$3.371 \times 0.20 = 0.67$ kg

9. 室内墙面及顶棚抹灰面刷石灰浆（光面）454.78m²，定额编号 1056

由前述内容，查表 15-4-7，分别计算如下：

     定额单位   预算价格

1) 定额直接费：$\frac{454.78}{10} \times 0.83 = 37.75$ 元

2) 人工费：$\frac{454.78}{10} \times 0.50 = 22.74$ 元

3) 材料费：$\frac{454.78}{10} \times 0.33 = 15.01$ 元

4) 主材消耗量：

① 石灰：$45.478 \times 2.42 = 136.43$ kg

② 其他材料费：$45.478 \times 0.20 = 9.10$ 元

从上述（三）、（四）两项内容中，分别介绍了确定各分部分项工程项目的定额编号、计量单位、计量工程量，以及计算其定额直接费、人工费、材料费、主要材料消耗等内容。以便于房屋管理人员在实际工作中参照使用。如房屋加固维修工程出包施工，则加固维修工程预算书编制方法详见下述内容。

二、单项工程加固维修预算

下面以某办公室（其加固维修施工图见图 15-4-1）为例，编制办公室单项工程加固维修预算书如下。限于本书篇幅，本节实例中仅作了办公室单项工程修缮预算中的土建工程修缮预算书，至于水、电设备的修缮预算，其编制步骤、方法、原理与土建工程修缮预算基本相似，在实际工作中，可参考有关资料进行编制。

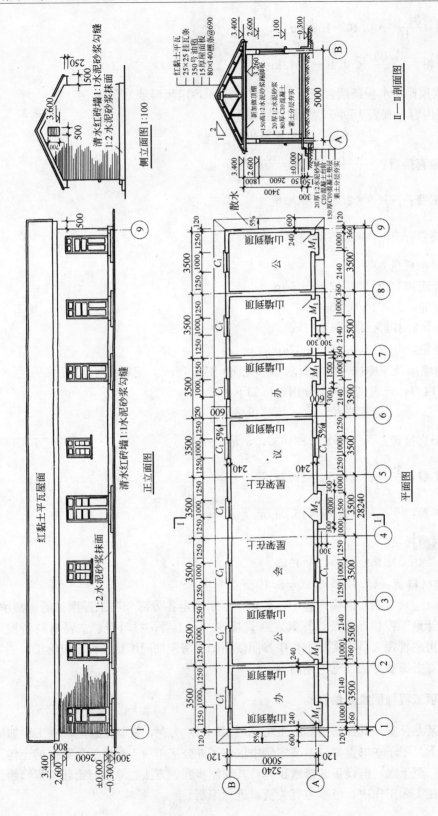

图 15-4-1 某办公室的加固维修施工图（加固维修说明从略）

附预算表如下：

1. 办公室加固维修工程预算书

审批单位××设计审查中心　　　　　建设单位××服务中心
编制单位××造价咨询中心　　　　　工程编号　008

编 制 说 明	1份	1页	单位估价表	1份	1页
加固维修工程预算费用表	1份	1页	工程量计算表	1份	2页
加固维修工程预算表	1份	2页		份	页
主要材料调价计算表	1份	1页		份	页

审批人：×××　　　审核人：×××　　　编制人：×××

二○○×年×月×日

一、编制依据
　（一）××市设计院设计的办公室加固维修工程（工程号008）施工图；（图15-4-1）
　（二）××省××市一九××年《房区修缮工程预算定额》；
　（三）××省××市一九××年《建筑安装材料预算价格》；
　（四）××省××市关于编制房屋加固维修工程预算的有关文件和规定。
二、施工及承包方式
　（一）该加固维修工程拟出包给××市××区住宅修建公司施工；
　（二）承包方式为包工包料。
三、其他条件
　（一）板条顶棚抹灰采用1：2.5石灰砂浆打底，纸筋灰浆罩面；
　（二）该加固维修工程采用小厂水泥；
　（三）建筑垃圾由施工单位在水平运距为30m以内清理、归堆，由建设单位负责外运；
　（四）该办公室位于××市××区。

2. 加固维修工程预算费用表（摘录）

工程名称：办公室

序号	工程费用名称	取费基数（元）（或计算式）	取费率（%）	金额（元）
（五）	间接费	（1）＋（2）＋（3）		282.18
（1）	施工管理费	［（一）＋（二）］	6.22	158.98
（2）	临时设施费	［（一）＋（二）］	2.02	51.63
（3）	劳保基金	［（一）＋（二）］	2.80	71.57
（六）	计划利润	［（一）＋（二）＋（五）］	2.37	67.26
（七）	小计	（一）＋……＋（六）		2946.84
（八）	定额管理费	（七）	0.08	2.36
（九）	税金	［（七）＋（八）－临时设施费－劳保基金］	3.3485	94.63
（十）	合计	（七）＋（八）＋（九）		3043.83
（十一）	加固维修工程（土建）单方造价	3034.83/147.88		20.58

第十五章 房屋抗震加固维修工程预算

3. 加固维修工程预算表

工程名称：办公室

序号	定额编号	项目名称	单位	工程数量	预算价格（元）	总价（元）	人工费（元）单位价/合价	材料费（元）单位价/合价	成材（m³）定额量/需用量	生石灰（kg）定额量/需用量	特细沙（t）定额量/需用量	水泥（kg）定额量/需用量	平瓦（千匹）定额量/需用量
		一、拆除工程											
1	37	拆除室内地面及室外散水抹灰层	10m²	16.0190	1.73	27.71	1.73/27.71	—	—	—	—	—	—
2	38	拆除室外台阶抹灰层	10m²	0.7860	2.53	1.99	2.53/1.99	—	—	—	—	—	—
		二、新作工程											
3	672	顶棚椽木制安	100m²	1.2643	644.40	814.71	20.93/26.46	623.47/788.25	1.347/6.70	—	—	—	—
4	675	挑檐顶棚椽木制安	100m²	0.3371	462.00	155.74	23.23/7.83	438.77/147.91	0.963/0.325	—	—	—	—
5	676	顶棚面层板条制安	100m²	1.2643	108.32	136.95	15.50/19.60	92.82/117.35		—	—	—	—
6	680	挑檐顶棚清水板条制安	100m²	0.3371	198.23	66.82	64.10/21.61	134.13/45.22		—	—	—	—
7	924	板条顶棚抹灰（1:2.5石灰砂浆打底，纸筋灰浆罩面）	100m²	1.2643	94.78	119.83	37.75/47.73	57.03/72.10		545.66/690	1.851/2.34	—	—
8	944	室内地面面层新抹（1:2水泥砂浆）	100m²	1.2466	272.34	344.32	46.10/58.28	226.24/286.04		—	3.055/3.86	1674.20/2117	—
9	946	混凝土台阶面层新抹（1:2水泥砂浆）	100m²	0.0786	417.26	32.80	94.00/7.93	323.26/25.41		—	4.315/0.34	2392.97/188	—

第四节 加固维修预算编制实例

续表

序号	定额编号	项目名称	单位	工程数量	预算价格(元)	总价(元)	人工费(元) 单位价/合价	材料费(元) 单位价/合价	成材(m^3) 定额量/需用量	生石灰(kg) 定额量/需用量	特细沙(t) 定额量/需用量	水泥(kg) 定额量/需用量	平瓦(千匹) 定额量/需用量
10	948	散水面层翻抹（1∶2水泥砂浆）	100m^2	0.3376	236.43	79.82	34.23/11.56	202.20/68.26	—	—	2.699/0.91	1496.40/505	—
11	1017	木门窗调合漆（普通）	10m^2	3.1030	33.66	104.45	4.70/14.58	28.96/89.96	—	—	—	—	—
12	1021	百页窗调合漆（普通）	10m^2	0.0650	37.24	2.42	5.83/0.38	31.41/2.04	—	—	—	—	—
13	1025	挑檐顶棚清水板条调合漆（普通）	10m^2	3.3710	17.76	59.87	2.58/8.70	15.18/51.17	—	—	—	—	—
14	1025换	封檐板、博风板调合漆（普通）	10m^2	1.4890	18.81	28.01	3.63/5.41	15.18/22.60	—	—	—	—	—
15	1056	室内墙面及顶棚抹灰面刷石灰浆（光面）	10m^2	45.4780	0.83	37.75	0.50/22.74	0.33/15.01	—	—	—	—	—
		三、修补工程											
16	493	门框筒修	10樘	0.60	4.69	2.81	2.50/1.50	2.19/1.31	—	—	—	—	—
17	508	窗框筒修	10樘	1.00	5.31	5.31	1.73/1.73	3.58/3.58	—	—	—	—	—
18	544	门扇筒修	10扇	0.70	7.16	5.01	5.73/4.01	1.43/1.00	—	—	—	—	—
19	565	窗扇筒修	10扇	5.20	3.80	19.76	2.75/14.30	1.05/5.46	—	—	—	—	—
20	824换	平瓦屋面翻盖（一般房水泥砂浆）	100m^2	2.0399	177.08	361.23	13.30/27.13	163.78/334.09	—	—	0.115/0.23	57.15/117	0.826/1.685
		总 计				2407.31	330.64	2076.66	2.025	826	7.68	2927	1.685

4. 主要材料调价计算表

工程名称：办公室　　　　　　　　　　　　　　　　　工程地点：××区

材料名称	规格	单位	数量	价差调整（元）		分区价差调整（元）	
				差价	金额	差价	金额
成材		m³	2.025			−0.15	−0.30
生石灰		t	0.826			−3.65	−3.01
特细砂		t	7.68			+0.78	+5.99
小计							+2.68
采购及保管费率2%							+0.06
合计							+2.74

5. 单位估价表

定额编号				824换		1025换	
分项工程名称				平瓦屋面翻盖		封檐板、博风板调合漆	
规格说明				一般房、水泥砂浆		普通	
单位				100m²		10m²	
单位估价（元）		基价		177.08		18.81	
	其中	人工费		13.30		3.63	
		材料费		163.78		15.18	
		机械费					

序号	工料或费用名称	规格	单位	单价	数量	合价	数量	合价
1	合计用工		工日	2.50	5.32	13.30	1.45	3.63
2	平瓦		千匹	183.80	0.826	151.82		
3	脊瓦		千匹	284.10	0.014	3.98		
4	水泥	32.5级	kg	0.110	57.15	6.29		
5	特细砂		t	12.55	0.115	1.44		
6	调合漆		kg	4.952			2.42	11.98
7	熟桐油		kg	9.218			0.20	1.84
8	煤油		kg	0.715			0.30	0.21
9	石膏粉		kg	0.271			0.20	0.05
10	其他材料费		元			0.25		1.10

6. 工程量计算表

工程名称：办公室

序号	定额编号	分项工程名称	单位	工程量	工程量计算式	备注
1	38	拆除室外台阶抹灰层	m²	7.86	M1台阶　　M2台阶 2.10×0.60×5＋2.60×0.60 ＝7.86m²	

续表

序号	定额编号	分项工程名称	单位	工程量	工程量计算式	备注
2	37	拆除室内地面及室外散水抹灰层	m²	160.19	1. 室内地面抹灰层：$(28.24-0.24\times7)\times(5.24-0.24\times2)=126.43m^2$ 2. 室外出水抹灰层：$[(28.24+0.30\times2)+(5.24+0.30\times2)]\times2\times0.60-$台阶$7.86=33.76m^2$ 合计：$126.43+33.76=160.19m^2$	
3	672	顶棚楞木制安	m²	126.43	同室内地面抹灰层拆除工程且	
4	675	挑檐顶棚楞木制安	m²	33.71	$[28.24+0.48/2\times2+(5.24+0.48/2\times2)\times1.1180]\times2\times0.48=33.71m^2$	
5	676	顶棚面层板条制安	m²	126.43	同顶棚楞木制安工程量	
6	680	挑檐顶棚清水板条制安	m²	33.71	同挑檐顶棚楞木制安工程量	
7	924	板条顶棚抹灰（1:2.5石灰砂浆打底，纸筋灰浆罩面）	m²	126.43	同顶棚楞木制安工程量	
8	944	室内地面面层新抹（1:2水泥砂浆）	m²	126.43	同室内地面抹灰层拆除工程量	
9	946	混凝土台阶面层新抹（1:2水泥砂浆）	m²	7.86	同台阶抹灰拆除工程量	
10	948	散水面层新抹（1:2水泥砂浆）	m²	33.76	同散水抹灰层拆除工程量	
11	1017	木门窗调和漆（普通）	m²	31.03	M1　　　　　　1M2 $2.59\times0.98\times5+2.59\times1.48\times1+$ 10C1 $1.48\times0.98\times10=31.03m^2$	
12	1021	百页窗调和漆（普通）	m²	0.65	$0.68\times0.48\times2=0.65m^2$	
13	1025	挑檐顶棚清水板条调合漆（普通）	m²	33.71	同挑檐顶棚楞木制安工程量	
14	1025换	封檐板、博风板调合漆（普通）	m²	14.89	$\{[(28.24+0.50\times2)+(5.24+0.50\times2)$ 　　　　　　　　　　　系数 $\times1.1180]\times2+0.50\times4\}\times0.20$ $=14.89m^2$	
15	1056	室内墙面及顶棚抹灰面刷石灰浆（光面）	m²	454.78	1. 室内墙面刷石灰浆：$[(28.24-$ 　　　　　　　长 $0.24\times7)\times2+(5.24-0.24\times2)\times$ $12]\times$ 高　　门窗 $3.26-31.03=328.35m^2$ 2. 顶棚刷石灰浆：同顶棚楞木制安工程量，即$126.43m^2$ 合计：$328.35+126.43=454.78m^2$	
16	493	门框简修	樘	6	M1　M2 $5+1=6$樘	

续表

序号	定额编号	分项工程名称	单位	工程量	工程量计算式	备注
17	508	窗框简修	樘	10	C1：10樘	
18	544	门扇简修	扇	7	M1　M2 5+2=7扇	
19	565	窗扇简修	扇	52	C1　M1　M2 40+10+2=52扇	
20	824换	平瓦屋面翻盖（一般房、水泥砂浆）	m²	203.99	(28.24+0.50×2)×(5.24+0.50 　　　　　　　　系数 ×2)×1.1180=203.99m²	

第十六章 房屋抗震加固与维修新材料、新技术

随着科学技术的发展，抗震加固新材料和新技术的不断涌现并逐步在房屋建筑抗震加固中得到应用和推广。本节对近年来广泛推广和应用的房屋抗震加固与维修新材料、新技术作简单介绍。

第一节 房屋抗震加固与维修新材料介绍

一、碳纤维片材

（一）概述

碳纤维片材是碳纤维布和碳纤维板的总称。碳纤维布为连续碳纤维单向或多向排列、未经树脂浸渍的布状碳纤维制品；碳纤维板为连续碳纤维单向或多向排列，并经树脂浸渍固化的板状碳纤维制品。碳纤维布的抗拉强度应按纤维的净截面积计算，净截面积取碳纤维布的计算厚度乘以宽度，碳纤维布的计算厚度为碳纤维布的单位面积质量除以碳纤维密度；碳纤维板的性能指标应按板的截面（含树脂）面积计算，截面（含树脂）面积取实测厚度乘以宽度。

（二）碳纤维片材的优点

碳纤维力学性能优异，它的密度不到钢的 1/4，碳纤维树脂复合材料抗拉强度一般都在 3500MPa 以上，是钢的 7～9 倍，抗拉弹性模量为 23000～43000MPa，亦高于钢。碳纤维的比强度即材料的强度与其密度之比可达到 $2000MPa/(g/cm^3)$ 以上，而 Q235 钢的比强度仅为 $59MPa/(g/cm^3)$ 左右，其比模量也比钢高，因而在加固领域得到越来越多的应用。

（三）碳纤维片材的应用

碳纤维成品在加固工程中用量最大和最普遍的是碳纤维布和板，碳纤维布常用的规格是 $200g/m^2$ 和 $300g/m^2$，厚度分别是 0.110mm 和 0.167mm，主要应用于替代钢筋混凝土结构的梁、板的受拉区钢筋及梁柱的抗剪箍筋；碳纤维复合板厚度一般为 1.2～1.4mm，由多层碳纤维布经过树脂浸渍固化而成，主要用于梁、板的加固，用碳纤维板加固的结构，外形规整，施工简便，但原材料单价较高。

（四）碳纤维片材的主要性能指标

碳纤维片材的主要力学性能指标应满足表 16-1-1 的要求。

碳纤维片材的主要力学性能参照 GB/T3354—1999《定向纤维增强塑料拉伸性能试验方法》测定。

碳纤维片材的主要力学性能指标   表 16-1-1

性能项目	碳纤维布	碳纤维板
抗拉强度标准值 f_{cfk}	≥3000MPa	≥2000MPa
弹性模量 E_{cf}	≥2.1×10^5MPa	≥1.4×10^5MPa
伸长率	≥1.4%	≥1.4%

单层纤维布单位面积碳纤维质量不宜低于 $150g/m^2$，也不宜高于 $450g/m^2$；在施工质量有可靠保证时，单层碳纤维布单位面积碳纤维质量可提高到 $600g/m^2$。碳纤维板的厚度不宜大于 2.0mm，宽度不宜大于 200mm，纤维体积不宜小于 60%。

（五）碳纤维布的新应用

碳纤维布加固混凝土受弯构件是一种新型的结构加固方法。加固后碳纤维布只有在梁中主筋屈服后其高强度特点才得以发挥，对梁的开裂荷载和屈服荷载提高程度有限，对梁在使用阶段的各项性能的改善作用也有限，因此规范里规定了它的设计应变值远小于其极限应变值。为了更加充分而合理地利用碳纤维布的高强度特点，工程上开始将碳纤维布进行预张拉后再用于结构的加固，以便使碳纤维布可以较早地参与工作，从而使其高强度的特点得以发挥。此种利用预应力碳纤维加固混凝土的方法，对构件在使用阶段的性能明显改善。

二、碳纤维片材配套树脂

（一）概述

碳纤维片材配套树脂是碳纤维片材的专用粘结剂，是使被加固构件与碳纤维布共同受力的保证，对被粘贴界面和碳纤维布有很高的粘结力和强度，抗拉、抗压、特别是粘贴抗剪强度远高于混凝土相应的强度；对界面和碳纤维布都要有良好的渗透性和相容性，具有抗冲击、耐疲劳、抗老化等优异性能，因此在碳纤维片材加固中得到广泛应用。

碳纤维片材粘结剂分为配套的底层树脂、找平材料、浸渍树脂和粘结树脂。底层树脂是用于基底处理的树脂，其作用是增强混凝土表层，提高混凝土与找平材料或粘结树脂界面的粘结强度。找平材料的作用是填充混凝土表面的空洞、裂隙等，使加固表面平整度符合要求，并与底层树脂及浸渍树脂具有可靠的粘结强度，形成粘结体系。浸渍树脂是粘贴碳纤维布的主要粘结材料，其作用是使碳纤维丝之间以及与混凝土之间充分粘结，保证可以协同工作承受荷载作用。粘结树脂是粘贴碳纤维板的主要粘结材料。

（二）配套树脂类粘结材料的主要性能指标

浸渍树脂和粘结树脂性能指标   表 16-1-2

性能项目	性能指标要求	试验方法
拉伸剪切强度	≥10MPa	GB 7124—86
拉伸强度	≥30MPa	GB/T 2568—1995
压缩强度	≥70MPa	GB/T 2569—1995
弯曲强度	≥40MPa	GB/T 2570—1995
正拉粘结强度	≥2.5MPa 且不小于被加固混凝土抗拉强度的标准值 f_{tk}	CECS 146：2003
弹性模量	≥1500MPa	GB/T 2568—1995
伸长率	≥1.5%	GB/T 2568—1995

底层树脂性能指标　　　　　　　　　　　　　　　　　　　　　　　表 16-1-3

性能项目	性能指标要求	试验方法
正拉粘结强度	≥2.5MPa 且不小于被加固混凝土抗拉强度的标准值 f_{tk}	CECS 146：2003

找平材料性能指标　　　　　　　　　　　　　　　　　　　　　　　表 16-1-4

性能项目	性能指标要求	试验方法
正拉粘结强度	≥2.5MPa 且不小于被加固混凝土抗拉强度的标准值 f_{tk}	CECS 146：2003

三、化学植筋胶

（一）概述

化学植筋的锚固性能主要取决于锚固胶和施工方法，我国使用最广泛的锚固胶是环氧基锚固胶。

在重大的工程项目中，应对植筋胶的耐高温性能、抗震性能、长期性能、防火性能、环保性能提出要求。对于工程中选用化学植筋胶，不仅看暂时的受拉性能，应注重植筋胶的综合性能。

（二）喜利得植筋胶

喜利得化学植筋胶系统有 3 个部分，分别为 HY-150 化学植筋胶、RE-500 化学植筋胶、HVA 化学黏着锚栓。HY150 植筋胶主要为无机成分，焊接性能特别好；RE500 植筋胶为双酚 A 改性树脂，特别适用于潮湿及光滑孔壁情况，凝固时间较长，尤其适用于高温天气；HVA 化学黏着锚栓主要成分为树脂、石英砂及其他填充料，其特殊设计的药剂管，可倒挂施工及用于曲孔中，适合屋顶安装，拥有非常高的载荷，适用于震动负载下，小间距、小边距的重型安装。

四、裂缝修补剂

裂缝修补剂是一种新型的材料添加剂，再加上水泥粉、砂浆或混凝土后具有卓越的粘合性和弹性，主要用于修补裂缝及提高表面质量，适用于所有混凝土、石材、木材、金属结构等工程的防水抗渗及裂缝修补。

常用的混凝土建筑物裂缝补强采用低压树脂注入法，是靠弹性橡胶膜的收缩自动完成环氧树脂的注入，优于传统的靠人工注入树脂的工法。借着机械灌注（高压）或注射器注入法（低压），可深入结构体极细微之裂缝，充分达到修补和补强的效果，使结构物恢复其整体性，并达成一体化之目的。

好的裂缝修补剂具有良好的流动性，能渗入席位的深层裂缝；粘结性好，与混凝土粘结力强，不收缩，耐久性好，能确保与原结构协同工作。

裂缝修补剂的主要特点有：无毒、不燃烧、环保型，适用于任何形式的表面构造；具有超级的粘结强度与粘结能力、是可塑性、防水、密封、耐磨损的材料；耐候性强，抗大气侵蚀，耐紫外线照射，并有优越的抗冻能力；不再乳化的水成共聚物，可作为涂盖层，提供良好的基底结合层；易于使用，易于用水清洁。

五、建筑结构胶

建筑结构胶专门用于混凝土结构的粘钢补强加固和拉结筋锚固。用建筑结构胶加固的构件增加重量小，不影响建筑物的使用净空，不改变构件的外形，连接处受力均匀，且施工工艺简单，操作方便，速度快，效率高，成本低。其加固效果明显，构件的承载能力有大幅度提高。建筑结构胶在室温固化三天后，测试的建筑结构胶的各项力学性能见表16-1-5。

建筑结构胶的各项力学性能（MPa）　　　　表16-1-5

钢/钢粘结性能		钢/混凝土粘结性能		粘结剂力学性能		耐温性能		
抗剪	抗拉	抗剪	抗拉	抗剪	抗拉	60℃	80℃	100℃
18～20	35～45	混凝土破坏	混凝土破坏	32.5	61.5	20.3	13.4	8.5

建筑结构胶的适用范围：一般钢筋混凝土构件外部涂刮粘贴钢板加固，土木结构工程中金属、非金属及高分子材料的自粘或互粘；长期工作环境温度≤70℃；施工环境干燥、通风，粘贴面洁净、干燥、无油污；固化环境温度不低于5℃；环境温度25℃时，固化时间不少于2～3天。

六、建筑物结构加固料

（一）概述

建筑物结构加固料是一种以水泥为胶结材，配以复合外加剂和特制骨料，现场加水搅拌后即可使用，具有无收缩、高强、易施工等特性的专用加固料，适用于各种建筑物结构加固、修补。

（二）建筑结构加固料特性及优点

建筑物结构加固料具有大流动性、无收缩、高强、与原混凝土结合好及易施工等特性，对于解决结构复杂、施工环境狭小、时间紧迫等问题非常有效，可用于混凝土梁、柱、墙的加固、修补、接头填充，桥梁道路的加固、抢修，混凝土裂缝的修补。

灌浆料的优点如下。

1. 流动性好。在水灰比很低的情况下，可获得很大的流动度，能完全填充灌注空间，并实现自流平和自密实。

2. 微膨胀。使填充部位不产生收缩，确保粘结处无缝、不松动，与钢筋握裹力大，与老混凝土粘结牢固。用于设备安装，能保证安装精度；用于后张法预应力钢筋混凝土孔道灌浆，能减少预应力损失；用于地面自动找平，可大大提高施工效率。

3. 早强、高强。抗压强度3天即大于30MPa。

4. 耐久性高。系无机灌浆材料，不存在老化，对钢筋无锈蚀，耐久坚固，用于地面耐磨性好。

（三）多功能修补砂浆特性及优点

多功能修补砂浆和易性好，有细滑和均匀的质感，与大多数建筑材料如混凝土、石材、钢材等粘结良好。由于现代建筑材料的多样性，需要修补砂浆满足各种技术性能要求，如与各种基材的粘结、柔性、出色的耐久性等。

未改性的水泥砂浆虽然有很高的强度和硬度，但与许多常用基材（表面较光滑的混凝土、木材、瓷砖及金属等）的粘结力却很低，传统普通水泥砂浆拌合物的施工性也较差，如保水性差（与吸水性强的基材粘结力差），且表面易产生裂纹，抗流挂性差（立面及顶面施工较困难）。

七、混凝土保护剂

随着工业领域的不断发展，不同分子结构的高分子聚合物材料不断地出现，这些高分子聚合物材料被引进建筑行业，作为混凝土结构表面的保护剂材料。目前，混凝土保护剂主要分为两种：一种为在混凝土表面形成保护膜，将混凝土表面封闭，这种保护剂主要依赖分子力或氢键键力与表面结合，属物理性粘结作用，如聚丙烯酸酯、改性丙烯酸酯材料、环氧树脂及改性环氧树脂、聚氨酯及改性聚氨酯类材料、聚氯乙烯及偏氯乙烯树脂不饱和酸树脂 EVE、SRS 等；另一种为渗透性保护剂，不仅可在混凝土表面形成保护膜，还可以渗透进混凝土内，在钢筋表面形成保护膜，甚至能抑制混凝土中的氯离子、氧气和水分子与钢筋产生的电化学腐蚀，主要由长链烷基硅烷组成，有很好的渗透性，能提高抗渗强度和耐污性能。

混凝土保护剂的特点有：

1. 分子粒径极小，穿透混凝土形成憎水屏障，同时能保持透气性。
2. 效果稳定，抗氯离子侵蚀性好。
3. 保护周期长，0.3mm 以下裂缝仍具有防水性能。
4. 抗紫外线防止基材风化、开裂、脱落，增强混凝土抗冻融性和耐磨性，延长使用寿命。
5. 不改变基材色泽和外观，操作简便，无须专业人员和工具，表层固化时间短。

八、钢筋阻锈剂

（一）概述

钢筋阻锈剂是指掺入混凝土中以阻止或减缓钢筋锈蚀的外加剂。钢筋阻锈剂是一种能阻止或减缓钢筋腐蚀的化学物质，根据使用方法的不同，可分为两种：一种为直接涂刷在钢筋表面，保护钢筋不被侵蚀；另一种为渗透性的阻锈剂，这种产品既可作为钢筋阻锈剂，又可作为混凝土保护剂，如 PROTECTOSIL CIT。一些能改善混凝土对钢筋防护性能的矿物添加料（如硅灰等），不算作钢筋阻锈剂。通常的混凝土外加剂是旨在改善混凝土自身的性能的，而钢筋阻锈剂则是旨在改善和提高钢筋的防腐蚀能力的。

（二）钢筋阻锈剂的作用

混凝土中钢筋腐蚀破坏，大大缩短了结构物的使用寿命。加入钢筋阻锈剂能起到两方面的作用：一方面推迟了钢筋开始生锈的时间，另一方面减缓了钢筋腐蚀发展的速度。在严酷的腐蚀环境中（海洋或融冰撒盐等），一般 5～15 年内可出现钢筋腐蚀造成的顺钢筋裂缝，若不及时修复，将很快达到破坏极限；而掺用钢筋阻锈剂后，将能期望达到设计年限的要求（美国以 75 年为钢筋阻锈剂可以达到的目标年限）。

（三）钢筋阻锈剂的性能要求

钢筋阻锈剂需要能和钢筋牢固地结合，具有良好的粘结性，而且还需要能和混凝土修补材料融合，无毒无害，使用方便。

（四）钢筋阻锈剂的分类

目前市场上的阻锈剂主要有以下几种分类：

1. 按使用方式和应用对象，分为掺入型（DCI）和渗透型（MCI）。掺入型（DCI）：掺加到混凝土中，主要用于新建工程，也可用于修复工程。渗透型（MCI）：喷涂于混凝土外表面，主要用于已建工程的修复。

2. 按形态，分为水剂型和粉剂型。水剂型：国外产品主要是水剂型。粉剂型：国内产品主要是粉剂型。

3. 按化学成分分为无机型、有机型和混合型。无机型的成分主要由无机化学物质组成。有机型的成分主要由有机化学物质组成。混合型由有机和无机化学物质组成。

4. 按作用原理分为阳极型、阴极型和混合型。

第二节　房屋抗震加固与维修新技术

一、粘钢加固技术

（一）概述

粘钢加固是一种在混凝土构件外部粘贴钢板，以提高其承载力和满足正常使用的加固方法，适用于承受静力作用的一般受弯、受拉构件加固，但不适用于超筋截面加固。粘钢加固技术适用于环境温度不大于60℃，相对湿度不大于70%，以及无化学腐蚀影响的情况，否则应采取防护措施。

粘钢加固施工快速、现场无湿作业或仅有抹灰等少量湿作业，对生产和生活影响小，加固后对原结构外观和原有净空无显著影响。

（二）板粘钢加固

板的抗弯强度不足或板上有裂缝并超过允许值，可采用粘钢板的加固方法；板上有裂缝时，应将裂缝处理后再进行粘钢板加固。

粘贴钢板的尺寸和间距根据计算确定，一般钢板厚度以3mm、4mm为宜，宽度以50～100mm为宜，间距不宜超过500mm，并宜均匀布置。

板在承担正弯矩的跨中加固钢板时，一般粘贴到支承梁边；板在承担负弯矩的支座加固钢板时，伸过支座边缘的长度不应小于一般板的构造要求。为了加强钢板粘贴面的抗剪强度和锚固作用，应在加固钢板的板端加设2～3个膨胀型锚栓，直径为6～8mm。

（三）梁粘钢加固

把钢板粘贴在梁的受拉区即可提高其抗弯强度，粘贴在梁侧面即可提高其抗剪强度，对梁进行粘钢加固时，应考虑以下因素。

1. 粘贴钢板厚度，主要根据设计要求，考虑施工要求及钢板锚固长度而定。钢板愈厚，所需锚固长度愈长，钢板潜力难以充分发挥，而且钢板愈厚，其硬度也大，不好粘贴，如粘贴不密实也会影响钢板与原有梁的共同协调工作；相反，钢板愈薄，相对用胶量就愈大，施工工作量也大，防腐蚀处理也较难。

2. 钢板锚固长度，粘贴钢板在弯矩为零的加固点以外的锚固长度，对于受拉区锚固，不得小于200t（t为钢板厚度），亦不得小于600mm；对于受压区锚固，不得小于160t，亦不得小于480mm。对于加固受弯构件，为了加强对外贴钢板径向的约束能力，可根据梁的跨度以及受力情况而在锚固区增设U形箍板或膨胀型锚栓等附加措施，一般在支座加固钢板的端头加设三个膨胀型锚栓，而在正弯矩加固钢板端头除加三个膨胀型锚栓外，宜加设两个U形箍板。U形箍板厚度宜为3mm，宽度宜为50mm，间距为100～150mm；膨胀型锚栓直径一般采用10mm。

3. 当构件斜截面受剪承载力不足时，可粘结并联U形箍板进行加固。U形箍板宽度宜为50～70mm，间距不宜大于300mm，具体数值根据计算确定。为了加强U形箍板的锚固，在箍条端部必须设有附加扁钢压条，其宽度不宜小于箍板宽度，箍条端加设一剪切膨胀型锚栓，锚栓直径一般采用6mm。

当被加固梁在次梁集中力作用处的附加吊筋和箍筋总截面面积不够时，可在梁的两侧粘贴U形箍板加强，一般箍板宽度和净距均为50mm，箍板条端部设有附加锚固扁钢和锚栓。

4. 为了施工方便，保证粘贴质量，一般加固钢板宽度不宜小于100mm，不宜大于300mm，也不得大于梁宽。如设计上需要较宽的加固钢板或遇到障碍物，可以把钢板分成2～4条，分别粘贴，必要时还可把两层钢板重叠粘贴。为了充分利用钢板对混凝土的加强作用，更有效地提高其承载力，承担负弯矩的加固钢板应贴在梁顶或楼板面；承担正弯矩的加固钢板应尽量粘在梁底面或其附近，对于受压区的粘钢加固，当采用梁侧粘贴钢板时，钢板宽度不得大于梁高的1/3。

若加固钢板较长，可在粘贴前焊接或采用搭接连接成整体（粘钢的锚固长度按混凝土加固规范计算而得，不等同于钢筋在混凝土中的锚固长度）。

5. 梁正弯矩钢筋不足，加固钢板一般是粘贴到支座处的梁或柱边。当梁的跨度较大或加固钢板截面面积较大时，可把部分加固钢板按梁的弯矩图形要求缩短，但要考虑其延伸长度不得小于锚固长度。

6. 框架梁在支座处的加固钢板连接，一般是在框架柱四周的楼板面做角钢套箍或钢板套箍。角钢套箍的角钢不宜小于L100×10，必要时可采用不等边角钢，以增大粘结面和满足加固钢板的焊接长度要求；钢板套箍的钢板厚度不宜小于8mm，有两块钢板套入柱后焊成一块，也可在接缝上盖扁钢条与钢板焊接，并加适量的膨胀型锚栓。楼板上混凝土表面和角钢（或钢板）的粘结面均应按照施工要求进行表面处理后用乳胶水泥粘贴，最后焊上负弯矩加固钢板带。

7. 为了延缓胶层老化，防止钢板锈蚀，钢板及其邻接的混凝土表面，应抹1∶3的水泥砂浆保护层，其厚度对于梁不得小于20mm，对于板不得小于15mm。如钢板的表面积较大，可粘一层铅丝网或点粘一层豆石，以利于砂浆粘结。

（四）柱粘钢加固

框架柱的粘钢加固是由纵向钢板和横向箍板与原柱粘结而成，纵向钢板和横向箍板对柱内部混凝土起了约束作用，随着外荷载的增大，这种约束作用愈明显，不仅提高了柱子的极限承载力，同时也提高了柱子的变形能力。

根据粘钢柱的受力要求，纵向钢板宜优先布置在柱的四个角。横向箍板应沿柱全长设置，一般被加固框架柱上下端部分宜设有2～3道，间距为100mm的箍板；中间的箍板间距不宜大于500mm；横向箍板沿柱截面全封闭，封闭处钢板重叠部分的长度不小于50mm；除用粘结剂粘贴外，宜在钢板重叠处设一个膨胀型锚栓。

框架柱加固的纵向钢板厚度以 4mm、5mm 为宜，宽度以 100～150mm 为宜，横向箍板厚度以 3mm、4mm 为宜，宽度以 50～70mm 为宜。

（五）施工工艺

整个施工工艺流程如下：被粘接混凝土及钢板表面处理→涂胶→粘贴钢板→固定加压→胶结剂固化→卸支撑→检验。

1. 混凝土构件表面处理，用角向磨光机对粘合面进行打磨，除去表层，露出新面，除去粉尘，待完全干燥后用脱脂棉沾丙酮擦拭表面。

2. 钢板粘接面，须进行除锈和粗糙处理，如钢板未生锈或轻微锈蚀，可用喷砂、砂布或平砂轮打磨，直至出现金属光泽。打磨粗糙度越大越好，打磨纹路应与钢板受力方向垂直。其后，用脱脂棉沾丙酮擦拭干净。如钢板锈蚀严重，须先用适度盐酸浸泡 20min，使锈层脱落，再用石灰水冲洗，中和酸离子，最后用平砂轮打磨出纹道。

3. JGN 粘结剂为甲、乙两组分，使用前应进行现场质量检验，合格后方能使用，按产品使用说明书规定配制。注意搅拌时应避免雨水进入容器，按同一方向进行搅拌，容器内不得有油污。

4. 粘结剂配制好后，用抹刀同时涂抹在已处理好的混凝土表面和钢板面上，厚度 1～3mm，中间厚边缘薄，然后将钢板粘贴于预定位置，如果是立面粘贴，为防止流淌，可加一层脱蜡玻璃丝布。粘好钢板后，用于锤沿贴面轻轻敲击钢板，如无空洞声，表示已粘贴密实，否则应剥下钢板，补胶，重新粘贴。

5. 钢板粘贴好后立即用夹具夹紧，或用支撑固定，并适当加压，以使胶液刚从钢板边缝挤出为度。

6. JGN 型粘结剂在常温下固化，保持在 20℃以上，24h 即可拆除夹具或支撑，3 天即可受力使用，若低于 15℃，应采取人工加温，一般用红外线灯加热。

7. 加固后，钢板表面应粉刷水泥砂浆保护。如钢板表面面积比较大，为利于砂浆粘结，可粘一层铅丝网或粘一层豆石。

8. 施工质量标准及验收方式

（1）粘钢加固的验收标准如下：

《钢结构工程施工质量验收规范》GB 50205—2001；《建筑钢结构焊接规程》JGJ 81—91；

《混凝土结构加固技术规范》CECS 25：1990；

《现有建筑抗震鉴定及加固规程》DGJ 08—81—2000。

（2）验收方式：撤除临时固定设备后，应用小锤轻轻敲击粘结钢板，从声响判断粘接效果或用超声波法探测粘结密实度。如锚固区粘结面积少于 90%，非锚固区粘结面积少于 70%，则此粘结件无效，应剥下重新粘结。

二、粘贴纤维片材加固技术

（一）概述

粘贴纤维片材加固技术是一种利用树脂胶结材料将碳纤维布或碳纤维板粘贴于构件表面，从而提高结构承载力的加固方法。碳纤维片材轻质高强，该法除具有粘贴钢板相似的优点外，还具有耐腐蚀、耐潮湿、几乎不增加结构自重、耐用、维护费用较低等优点，但需要专门的防火处理，适用于各种受力性质的混凝土结构构件和一般构筑物。

（二）板碳纤维加固

板的抗弯强度不足或板上有裂缝并超过允许值，可采用碳纤维片材加固。若板上有裂缝，要求处理后才进行碳纤维片材加固。由于板一般缺失的钢筋量较小，碳纤维在板上分布比较均匀、间距较小，加固对板的尺寸厚度影响很小，因此碳纤维加固最适用于混凝土板加固中。

板碳纤维加固要求如下。

1. 在板进行受弯加固时，碳纤维片材应粘贴在受拉区一侧，即板跨中的下部和连续板、悬臂板的上部。纤维方向应与加固的受力方向一致，沿受力筋方向粘贴。

2. 当板的正弯矩进行受弯加固时，碳纤维片材宜伸至支座边缘，并宜在两端处设置200mm宽的U形箍做压条。在集中荷载作用点两侧宜设置构造的碳纤维片材横向压条。

当碳纤维片材延伸至支座边缘仍不能满足按《碳纤维片材加固混凝土结构技术规程》计算得出的粘结延伸长度 $1d$ 时，应在碳纤维片材延伸长度范围内通长设置垂直于受力碳纤维方向的压条。压条宜在延伸锚固长度范围内均匀布置，且在延伸长度端部必须设置一道。每道压条的宽度不宜小于加固碳纤维布条宽度的1/2，压条的厚度不宜小于加固碳纤维布厚度的1/2。

3. 当板的负弯矩进行受弯加固时，碳纤维片材截断位置距支座边缘的延伸长度应根据负弯矩分布情况按《碳纤维片材加固修复混凝土结构技术规程》中要求计算得出的粘结延伸长度 $1d$（应延伸至不需要碳纤维片材截面之外不小于200mm），且不小于板跨度的1/4。

4. 板受弯加固时，碳纤维片材宜采用多条密布方案。

5. 碳纤维布沿碳纤维受力方向的搭接长度不小于100mm。当采用多条碳纤维布加固时，各条碳纤维布之间的搭接位置宜相互错开。

（三）梁碳纤维加固

碳纤维片材加固梁是利用树脂胶结材料将碳纤维片材贴于梁的表面，从而提高梁的抗弯和抗剪承载能力，以达到对梁补强加固及改善结构受力性能的目的。

梁碳纤维加固要求如下。

1. 若梁上有裂缝应进行灌缝或封闭处理后，才进行粘贴碳纤维片材加固。

2. 在梁进行受弯加固时，碳纤维片材应粘贴在受拉区一侧，即梁跨中的下部和连续梁、悬臂梁的上部，纤维方向应与加固的受力方向一致，沿受力筋的方向粘贴。

3. 在梁进行受剪加固，采用碳纤维片材封闭式粘贴、U形粘贴或侧面粘贴时，纤维方向宜与梁轴线垂直。

4. 对梁负弯矩区进行加固时，碳纤维片材截断位置距支座边缘的延伸长度，应根据负弯矩分布情况《碳纤维片材加固混凝土结构技术规程》CECS 146：2003中要求计算的粘结延伸长度 $1d$（应延伸至不需要碳纤维片材截面之外不小于200mm），且不小于梁跨度的1/3。

当碳纤维片材在框架负弯矩区进行受弯加固时，应采取可靠锚固措施与支座连接。当碳纤维片材需绕过柱时，宜在梁的两侧各4倍板厚的范围内粘贴，当有可靠依据和经验时，可适当放宽。

5. 当碳纤维片材粘贴于梁侧面受拉区受弯加固时，粘贴区域宜在距受拉边缘 1/4 梁高范围内。

6. 当对梁正弯矩进行受弯加固时，碳纤维片材宜延伸至支座边缘。在集中荷载作用点两侧宜设置构造碳纤维片材 U 形箍或横向压条。当碳纤维片材延伸至支座边缘仍不能满足按《碳纤维片材加固混凝土结构技术规程》计算得出的粘结延伸长度 $1d$ 时，应采取以下锚固措施。

（1）在碳纤维片材延伸长度范围内应设置碳纤维片材 U 形箍锚固措施。U 形箍宜在延伸长度范围内均匀布置，且在延伸长度端部必须设置一道 U 形箍。U 形箍的粘贴高度宜伸至板底面。每道 U 形箍的宽度不宜小于受弯加固碳纤维布宽度的 1/2，U 形箍的厚度不宜小于受弯加固碳纤维布厚度的 1/2。

（2）当采用碳纤维板时，应在其延伸长度端部采取可靠的机械锚固措施。

（3）当碳纤维布的延伸长度小于规范中计算所得的 1/2 时，应采取其他可靠的机械锚固措施。

7. 采用碳纤维片材对梁进行受剪加固时

（1）应优先采用封闭粘贴形式，也可采用 U 形粘贴、侧面粘贴；对碳纤维板，可采用双 L 形板形或 U 形粘贴形式。

（2）当碳纤维片材采用条带布置时，其净间距不应大于现行国家规范规定最大箍筋间距的 0.7 倍。

（3）U 形粘贴和侧面粘贴的粘贴高度宜伸至板底面，对于 U 形粘贴形式，宜在上端粘贴纵向碳纤维片材压条；对侧面粘贴形式，宜在上、下端粘贴纵向碳纤维片材压条。

8. 当碳纤维布沿其纤维方向需绕梁转角处粘贴时，转角处外表面的曲率半径应不小于 20mm。

9. 碳纤维布沿纤维受力方向的搭接长度应不小于 100mm。当采用多条或多层碳纤维布加固时，各条或各层碳纤维布之间的搭接位置宜相互错开。

10. 为了保证碳纤维片材能够可靠地与混凝土共同工作，一般宜采取附加锚固措施。附加锚固措施包括机械锚固措施，可采用钢板或角钢等粘贴在碳纤维片材外，再用膨胀型锚栓锚固于混凝土中，锚栓数量及布置方式应根据锚固区受力大小确定，一般钢板压条厚度不宜小于 3mm，锚栓直径不宜小于 6mm，应考虑因采取附加锚固措施而造成碳纤维片材损伤对加固效果的影响。

（四）柱碳纤维加固

碳纤维片材可采用封闭式粘贴、U 形粘贴或侧面粘贴对柱构件进行受剪加固，可采用封闭式粘贴对柱进行抗震加固。

1. 采用碳纤维片材对柱进行受剪加固时：碳纤维片材的纤维方向宜与构件轴向垂直；应优先采用封闭粘贴形式，也可采用 U 形粘贴、侧面粘贴；对碳纤维板，可采用双 L 形板形或 U 形粘贴形式；当碳纤维片材采用条带布置时，其净间距不应大于现行国家规范规定最大箍筋间距的 0.7 倍。

2. 采用碳纤维片材对柱进行抗震加固时：柱端箍筋加密区的总折算体积配箍率应按《碳纤维片材加固混凝土结构技术规程》规范公式计算，并满足现行国家标准《混凝土结构设计规范》GB 50010—2002 对柱端箍筋加密区体积配箍率的要求。

碳纤维片材在箍筋加密区宜连续布置，碳纤维片材两端应搭接或采取可靠连接措施形成封闭箍。碳纤维片材条带的搭接长度不宜小于150mm，各条带搭接位置应相互错开。

（五）构造要求

1. 在受弯加固和受剪加固时，被加固混凝土结构和构件的实际混凝土强度等级不应低于C15。采用封闭粘贴碳纤维片材加固混凝土柱时，混凝土强度等级不应低于C10。

2. 当碳纤维片沿其纤维方向需绕构件转角处粘贴时，转角处的曲率半径不应小于20mm。

3. 当碳纤维片沿其受力方向搭接接长时，其搭接长度不应小于100mm，各层搭接的位置，应相互错开。

4. 为保证碳纤维片材可靠地与混凝土共同工作，必要时应采取附加锚固措施。

（六）施工要求

1. 施工工艺流程

整个施工按以下步骤进行：施工准备→混凝土表面处理→涂刷底层树脂→找平处理→主涂→贴碳纤维贴片→主涂→表面处理。

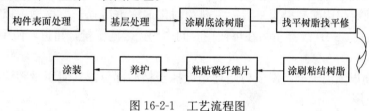

图 16-2-1　工艺流程图

（1）施工准备

a. 认真阅读设计施工图。

b. 施工材料须有品质证明书或测试报告，以判断材料性能是否合乎补强工程的品质要求。

c. 施工材料须储存于通风良好，温度 5～25℃ 的储藏所。

（2）混凝土表面处理

a. 以砂轮机或磨光机将混凝土表面劣化层（风化、游离石灰、脱模剂、剥离之砂浆、粉刷层、污物等）清除，露出混凝土结构新面。转角粘贴处应进行导角处理并打磨成圆弧状，圆弧半径不应小于 20mm。

b. 磨平后以毛刷或吹风机将粉尘及松动物质去除，表面要平整干净并保持干燥。

c. 若补强施工标的是属于凹角部位时，须使用环氧树脂砂浆修整（补土作用），使其凹面成曲线平滑化，以利贴片贴覆。

（3）涂刷底层树脂混凝土表面曾结露或接触到水处的不得施工，湿气太高将导致树脂与水汽产生作用而干扰胶化过程。施工过程及注意要点如下。

a. 将底漆之主剂和硬化剂依规定配比，置于搅拌槽中以低速电动搅拌器充分且均匀搅拌，一次搅拌量为可使用时间内用完之施工量，超过可使用时间之材料不可再使用（可使用时间依材料使用说明书指示）。

b. 施工时，以滚筒毛刷将底漆均匀涂抹于混凝土表面，涂抹量随施工面的状况不同而异，要斟酌使用，涂抹次数依现场状况决定是否涂布第二道，涂抹第二道时须等第一道初干后。

    c. 底漆指触干燥时间大约为 3~12h。

    d. 施工现场严禁火源，施工人员必须使用保护工具。

（4）表面不平整之再修整（较小区域凹洞之补土工作）本工作为碳纤维贴片贴覆工程前之再修整工作。

    a. 将补土之主剂和硬化剂依规定配比称重后置于搅拌器中搅拌，一次搅拌量为可使用时间内用完之量，超过可使用时间的材料不可再使用。

    b. 等底漆干燥后，将补土材料涂抹于混凝土表面凹陷部位及转角处，涂抹后的部位必须使用适当工具（如刮刀、砂轮机、研磨机等）加以修整，使整个表面平整光滑，转角成为光滑的圆弧。

（5）粘贴碳纤维布混凝土表面曾结露或曾接触到水处不得施工，因湿度太高会导致树脂与水汽产生作用而干扰胶化过程。施工过程与注意要点如下。

    a. 涂布浸渍树脂前必须先确认底漆状况为指触干燥。

    b. 依所设计尺寸裁剪碳纤维贴片。

    c. 依所规定配比配制浸渍树脂，主剂及固化剂称重后置于搅拌槽中以低速电动搅拌器充分均匀搅拌，一次搅拌量为在可使用时间内用完之施工量，超过可使用时间的材料不可再使用。

    d. 施工面以滚筒毛刷将浸渍树脂均匀涂抹于粘贴部位，其使用量随混凝土表面状况不同而斟酌使用。

    e. 用脱泡滚轮或凹槽式塑胶滚轮顺着纤维方向来回滚压，排除气泡，以使浸渍树脂充分浸透碳纤维布；拱起部位及角落容易产生气泡，须小心除泡，滚压时不得损伤碳纤维布。

    f. 在已贴妥的纤维布上，再度用滚筒毛刷将浸渍树脂均匀涂抹于纤维布上，重复 e 步骤，务必使纤维布浸渍完全。纤维贴片贴覆 30min 后才可进行其上层树脂涂抹，此期间要注意贴片是否有浮起或错位现象，若有则以滚轮或刮刀压平修正。

    g. 两层以上粘贴时，重复 d~f 步骤，但以相隔一天的效果最好，若迫于工期，则至少要间隔 1h 以上。冬季施工以一日施工一层，品质最好。

    h. 纤维贴片搭接时，纤维方向交接处搭接长度须大于 10cm。

    i. 施工中若有发生结露现象，则须擦干和保持干燥才可施工，同时在贴覆后要考虑施工环境对贴覆的影响（如风压效应、端部的固定等）。

    j. 施工人员须穿戴保护工具（如面罩、眼镜、手套等）。

（七）施工质量标准及验收方式

1. 碳纤维加固的验收标准如下：《纤维增强复合材料加固混凝土结构技术规范》DG/TJ08—012—2002；《碳纤维片材加固混凝土结构技术规程》CECS 146：2003。

2. 目视检测粘贴质量：以不能有间隙、缺脂区及产生波纹为标准。

3. 金属锤测试粘贴质量：测试位置，施工区域全检；检测标准，完工后三天，用金属锤轻敲，检视碳纤维补强面是否有空孔现象。

4. 在施工前，应确认碳纤维片材和配套树脂类粘接材料的产品合格证和产品质量出厂检验报告，各项性能指标应符合规范要求。

（八）碳纤维加固法与粘钢加固法、加大截面加固法的比较

传统的加固方法中，粘钢加固法和加大截面加固法具有代表性，为全面了解和认识各种加固技术的特点和先进性，从综合的角度出发，根据材料费用、建设费用以及维护费用的比较，将碳纤维加固法与对这两种结构加固技术进行比较、评价。

碳纤维加固法与粘钢加固法、加大截面加固法的定性比较　　表 16-2-1

加固方式	碳纤维布加固法	粘钢加固法	加大截面加固法
施工工期	较短	较长	长
施工质量控制	可按实际所需尺寸现场裁剪，可用于曲面等不规则形状的加固。不需大型机具，轻质柔软，易贴敷。有效粘接面积基本达100%，局部出现气泡可用针管注胶修复，易于发现加固缺陷且方便修补。	钢板提前切割成型，如遇不规则尺寸，下料困难，很难与实际结构吻合。因自身刚度大，有效粘接面积难以达到粘碳纤维的水平，出现空臌难以补救，不易发现加固缺陷，发现问题不方便补救。	需要将原混凝土保护层剔掉，新增钢筋与原来钢筋焊接，现场支模板灌浆，难度大且质量难以控制，不易发现加固缺陷，发现问题不方便补救。
施工条件	施工便利，手工作业可方便处理曲面、拐角；不需要机械固定；无湿作业，对环境影响小。	需要机械辅助；不适合曲面拐角加固；需要机械抬升固定；无湿作业，对环境影响小。	需要机械辅助；所用机具较多；施工工艺对场地要求高，现场有湿作业，对环境影响大。
对原有构件影响	一层粘贴厚度 0.3～0.6mm，每层质量 400～600g/m²，基本不增加结构自重和结构尺寸，不会损伤原结构。	一层粘贴厚度 3～6mm，每层质量 2316～4712kg/m²，略增加结构自重和结构尺寸，钻孔可能损伤原结构钢筋。	较明显增加结构自重和结构尺寸，钻孔可能伤及原结构钢筋。
与混凝土同工作性能	通过3种粘接材料的粘接，与混凝土形成一个复合整体，共同工作性能好。	通过一种结构胶粘接，并另外用锚栓锚固，粘接不充分。	新老混凝土界面难以有效结合。
适用范围	适用面广，可广泛适用于各种结构类型、各种结构形状（包括曲面、节点）的加固修复。	仅适用于简单结构类型。	仅适用于简单结构类型。
耐久性	碳纤维材料具有优异的耐久性能，可耐酸、碱、盐及大气环境的腐蚀。	在温度作用下易引起钢板与混凝土变形不同步，导致粘接层破坏，钢板本身易腐蚀。	新增钢筋由于施工缺陷等容易锈蚀，耐久性差。
后期维护	几乎不需要。	存在钢筋腐蚀问题，需要定期防腐处理。	存在钢筋腐蚀问题。
工程造价	800～1200元/m²	800～1000元/m²	随临时设施的难易程度、材料质量不同而异

碳纤维加固法同其他加固法在使用材料的种类、性能、成本、施工工艺等方面都不同，决定了各种方法在材料费用、施工费用及后期维护费用等方面的差别。现以某工程中一简支梁加固为例，对三种加固方法进行定量分析如下。

该梁是跨度为5m的双筋简支梁，宽 $b=200$mm，梁高 $h=500$mm，保护层厚35mm，混凝土 C20，$f_c=11$MPa。

钢筋及碳纤维布参数 表 16-2-2

钢筋	强度设计值（MPa）	弹性模量（GPa）	受压钢筋面积（mm²）	受压钢筋面积（mm²）
	310	210	804	226
碳纤维布	厚度（mm）	拉伸强度（MPa）	弹性模量（GPa）	极限应变（%）
	0.111	3430	230	2.1

三种加固方式技术比较 表 16-2-3

加固方式	碳纤维布加固法	粘钢加固法	加大截面加固法
施工工期	5个工日（人）	8个工日（人）	12个工日（人）
需要辅助设备	台秤、专用滚筒、刮板	钢板切割机、抬升机、钻孔机、夹具等	电焊机、模版
质量检测	易发现缺陷且补救方便	不易发生缺陷，且不方便补救	不易发生缺陷，不方便补久
施工条件	无湿作业，施工方便	无湿作业，施工有一定难度	有湿作业，施工难度大
对原结构影响	结构增重约0.02kN，不损伤原结构	结构增重约0.2kN，钻孔损伤原结构	结构增重1.5kN，钻孔损伤原结构
与混凝土粘接性能	粘接良好	粘接不充分	新老混凝土难以有效结合
耐久性	耐腐蚀性良好	钢板易锈蚀	冻融作用下耐久性差，钢筋易锈蚀
后期维护	10年以上维护一次	一般5年维护一次	一般10年维护一次

三种加固方法造价比较 表 16-2-4

加固方式	碳纤维布加固法	粘钢加固法	加大截面加固法
加固前承载弯矩 M(kN·m)	106	106	106
承载弯矩提高量	30%	30%	30%
加固材料用量	碳纤维布：2m² 粘接胶：1.6kg	钢板：15.7kg 粘接胶：2.5kg 化学锚固：8个	灌浆料：0.06m³ 钢筋
材料费用（元）	410	305	300
施工费用（元）	150	120	180
维护费用（元）	0	150	50
工程费（元）	560	575	530

综上所述，采用碳纤维布进行结构加固，与传统的粘钢加固法、加大截面加固法相比，具有较明显的综合优势。

三、预应力加固技术

（一）概述

采用外加预应力的钢拉杆（分水平拉杆、下撑式拉杆和组合式拉杆三种）、钢绞线或型钢撑杆，对结构进行加固的方法。适用于要求提高承载力、刚度和抗裂性及加固后占用空间小的混凝土承重结构。此法不宜用于处在高于60℃环境下的混凝土结构，否则应进行防护处理，也不适用于混凝土收缩徐变大的混凝土结构。

该法能降低被加固构件的应力水平，不仅使加固效果好，还能较大幅度地提高结构整体承载力，但加固后对原结构外观有一定影响；适用于大跨度或重型结构的加固以及处于高应力、高应变状态下的混凝土构件的加固。

（二）梁预应力加固

采用预应力拉杆进行加固时，可用横向张拉法、机械张拉法和电热张拉法施工。当采用横向张拉法加固钢筋混凝土梁时，一般可分为水平拉杆、下撑式拉杆和混合式拉杆等三种拉杆布置方式。水平式拉杆适用于正截面受弯承载力不足的加固；下撑式拉杆适用于斜截面受剪承载力及正截面受弯承载力均不足的受弯构件加固；混合式拉杆适用于正截面受弯承载力严重不足而斜截面受剪承载力略微不足的加固。

1. 采用预应力拉杆进行加固时的构造要求

（1）当用预应力水平拉杆或下撑式拉杆加固梁，加固的张拉力较小（一般在150kN以下）时，可选用两根直径为12~30mm的HPB235钢筋；若加固的预应力较大，也可采用HRB335级钢筋，被加固梁截面高度大于600mm时则可采用型钢拉杆。

（2）预应力水平拉杆或预应力下撑式拉杆中部的水平段距离被加固梁的下缘的净空一般不应大于100mm，以30~80mm为宜。

（3）预应力下撑式拉杆的斜段宜紧贴在被加固梁的梁肋两旁。

（4）预应力拉杆端部的锚固构造：被加固构件端部有传力预埋件可利用时，可将预应力拉杆与传力预埋件焊接；如无传力预埋件时，宜焊制专门的钢托套，套在混凝土构件上与拉杆焊接，钢托套可用型钢焊成，也可用钢板加焊加劲肋，钢托套与混凝土构件间的空隙，应用细石混凝土或砂浆填塞密实，钢托套对构件混凝土的局部受压承载力应经验算合格；横向张拉通过拧紧螺栓的螺帽进行，拉紧螺栓的直径不得小于16mm，其螺帽的高度不得小于螺杆直径的1.5倍。

2. 采用预应力撑杆进行加固时的构造要求

（1）预应力撑杆用角钢的截面不应小于L50×5，压杆肢的两根角钢用缀板连接，形成槽形的截面。也可用单根槽钢作压杆股。缀板的厚度不得小于6mm，其宽度不得小于80mm，其长度要考虑角钢与被加固柱之间的空隙大小而确定。相邻缀板间的距离应保证单个角钢的长细比不大于40。

（2）压杆肢的两根角钢与顶板（平行于缀板而较厚）间通过焊缝传力，顶板与承压角钢之间则通过抵承传力。

（3）当预应力撑杆采用螺栓横向拉紧的施工方法时，双侧加固的撑杆的两个压杆肢中部向外折弯，在弯折处拉紧螺栓头建立预应力。单侧加固的撑杆只有一个压杆肢，仍在中点处折弯，并采用螺栓进行横向张拉。

（4）弯折压杆肢之前，需在角钢的侧立肢上切出三角形缺口。角钢截面因此受到削弱，应在角钢正平肢上补焊钢板予以加强。

（5）拉紧螺栓的直径不应小于16mm，其螺帽高度不应小于螺杆直径的1.5倍。

（三）柱预应力加固

预应力撑杆加固框架柱是一种简单又快速的加固方法,能有效地提高轴心受压或偏心受压柱的承载力,预应力撑杆有单侧和双侧两种:单侧撑杆适用于受压配筋量不足或混凝土强度过低、弯矩不变号的偏心受压柱加固;双侧撑杆适用于需变号的偏心受压及轴心受压柱加固。

预应力撑杆由四根(双侧)或两根(单侧)角钢组成,这四根或两根角钢先用连接板(缀板)连成两组或一组,然后装在被加固柱的两侧或单侧。撑杆也可以采用两根(双侧)或单根(单侧)槽钢做成。

预应力撑杆的张拉方法如下。

1. 双侧预应力撑杆加固法:双侧撑杆张拉时,应用拉紧螺栓将稍有弯曲的两根撑杆相互拉紧,使撑杆变直,撑杆就建立预应力值,然后,将连接板焊在角钢或槽钢撑杆的翼缘上,使两组撑杆连在一起,再去掉撑杆上、下安装用的拉紧螺栓,也去掉撑杆中间的拉紧螺栓,并锯掉连接板的伸出部分。

2. 单侧预应力撑杆加固法:单侧撑杆安装在偏心受压柱的受压一侧,其构造和安装方法与双侧撑杆相同。撑杆安置后,使撑杆中部向外弯曲,由于在柱的另一侧没有撑杆,就设有支承板,将拉紧螺栓固定在支承板上,拧紧螺栓,将撑杆拉直并紧贴在柱表面上,这样单侧撑杆就建立预应力,然后,将连接板一端焊在角钢撑杆侧面的翼缘上,另端焊在短角钢上,每双短角钢又由连接板连接起来,与侧面连接板形成固定撑杆的箍,撑杆即固定在柱上。

3. 预应力撑杆角钢的截面不应小于L50×5,压杆肢的两根角钢用连接板(缀板)连接。连接板(缀板)的厚度不得小于6mm,其宽度不得小于80mm,其长度根据被加固柱与角钢的尺寸而定。相邻连接板(缀板)间的距离应保证单肢角钢的长细比不大于40。

4. 撑杆的上下端通过承压角钢和传力顶板支撑在与被加固柱相连的结构上。在安装承压角钢处应凿掉混凝土保护层,抹上高强度聚合物砂浆或1:1水泥砂浆,装上承压角钢。承压角钢截面不得小于120mm×80mm×12mm,其翼板内表面与被加固柱的外表面齐平。传力板厚度不小于16mm,其截面面积应不小于撑杆的截面面积;传力顶板与撑杆的两端相焊接,其与角钢肢焊连的板面及承压角钢抵承的面均应刨平。在传力板的伸出部分,留有安装拉紧螺栓的孔洞。

5. 在撑杆角钢翼缘中点应切出三角形的切口,安装撑杆时,这切口可以使撑杆在中间朝外弯曲,安装后,在撑杆弯曲处,为了补偿在撑杆翼缘上切出槽口所造成的截面削弱,应在角钢正平肢上补焊钢板予以加强。

6. 拉紧螺栓的直径不应小于16mm,其螺帽高度不应小于螺杆直径的1.5倍,可采用双螺帽。

7. 为了撑杆压力能较均匀地传递,增大承压角钢的传力翼缘刚性,必要时,可在承压角钢其翼缘下加设钢垫板,其厚度宜为10~15mm。

8. 采用角钢或槽钢的撑杆与柱之间的结合,与湿式外包钢加固法相同。

(四)预应力拉杆加固施工要点

1. 拉杆在安装前必须进行检查、校正、调直,拉杆几何尺寸和安装位置必须准确。

2. 张拉前应对焊接接头、螺杆、螺帽的质量进行认真检查,并做好记录,以保证拉杆传力可靠,避免张拉过程中断裂或滑动,造成事故。

3. 预应力拉杆端部的传力结构质量很重要，施工前检查铺具附近细石混凝土的填灌、钢托套与原构件空隙的填塞，拉杆端部与预埋件或钢托套的连接焊缝等，并详细记录施工日期、负责施工和负责检查的人员、质量检查结果、试验数据等，预加应力的施工应在质量检查合格后进行。

4. 横向张拉控制时，可先适当拉紧螺栓，再逐渐放松，至拉杆仍基本上平直而并未松弛弯垂时停止放松，记录这时的有关读数，作为控制横向张拉量的起点。

5. 横向两点张拉时，必须同时拧紧螺栓，扳手的转数应彼此相同，保证两点均匀张拉。

6. 当张拉量达到要求后，再用点焊将拧紧螺栓上的螺帽固定，切除栓杆伸出螺帽外的部分，然后涂防锈漆或防火保护层。

7. 预应力拉杆的锚固件用高强度水泥砂浆、乳胶水泥、铁屑砂浆牢固胶结在坚实的混凝土基层上。

8. 对于较大跨度的构件（如屋架、屋面梁）进行张拉时，应做好变形观测，如发现起拱或产生左右扭曲，应立即停止张拉，待慎重检查并处理后，方可继续进行张拉。

（五）电热张拉法加固施工要点

1. 张拉前必须用万能表检查拉杆是否漏电，绝缘是否良好。

2. 张拉过程中，应经常检查和测量一两次导线的电压、电流强度、钢筋温度、通电时间等，如发现混凝土构件温度升高很快，钢筋伸长缓慢、导线发热、电热设备发生噪声等现象，应停电查明原因。

3. 电热张拉要求一次完成，若发生意外情况，必须重复张拉时，电热张拉重复次数不得超过三次。

4. 停电以后，构件两侧的钢筋必须在几秒钟内同时拨入槽内，以免由于钢筋冷缩而造成困难。

5. 张拉时，钢筋与各铁件间需采用两层石棉纸或其他方式作为绝缘处理。

6. 电热张拉时，构件两端必须设置安全防护措施，操作人员必须穿胶鞋，带绝缘手套，操作时构件两端不得站人。

（六）预应力撑杆加固施工要点

1. 宜在施工现场附近，先用缀板焊连两个角钢，形成压杆肢，然后在压杆肢中点处，将角钢的侧立肢切割出三角形缺口，弯折成所设计的形状，再将补强钢板弯好，焊在弯折后角钢的正肢上。

2. 撑杆末端处角钢（及其垫板）与构件混凝土间的嵌入深度、传力焊缝的施焊工艺数据、焊工及检查人员、质量检查结构等均应有记录，检查合格后，将撑杆两端用螺栓临时固定，然后进行填灌。传力处细石混凝土或砂浆填灌的施工日期、施工负责及质量检查人员、有关配合比及试块试验数据、施加预应力时混凝土的龄期等均要有检查记录。经施工质量检查合格后，方可进行横向张拉。

3. 预应力撑杆的横向张拉量应按计算结果认真进行控制，两根拉紧螺栓应同步拧紧，确保两点均匀张拉。

4. 横向张拉完毕后，应用连接板焊连双侧加固的两个压杆肢，单侧加固时用连接板焊连在被加固柱另一侧的短角钢上，以固定压杆股的位置。焊接连接板时，应防止预压应力因施焊时受热而损失;可采取上下连接板轮流施焊或同一连接板分段施焊等措施来防止预应力损失,焊好连接板后,撑杆与被加固柱之间的缝隙,应用砂浆或细石混凝土填灌密实。

5. 加固的压杆肢、连接板、缀板和拉紧螺栓等均应有有效的防腐、防火的保护措施。

四、化学植筋加固技术

(一) 概述

系一项对混凝土结构较简捷、有效的连接与锚固技术,可植入普通钢筋,也可植入螺栓,已广泛应用于已有建筑物的加固改造工程;例如施工中漏埋钢筋或钢筋偏离设计位置的补救,构件加大截面加固的补筋,上部结构扩跨和顶升对梁、柱的接长,房屋加层接柱和高层建筑增设剪力墙的植筋等。

(二) 施工工艺

植筋施工需要注意的几个要点如下:

1. 孔洞干净与否对植筋质量影响很大,施工时要先用刷子刷孔三遍,然后用吹风机吹灰。

2. 钢筋表面干净与否对粘结力有较大影响,所植钢筋如有生锈,需进行除锈处理。

3. 预注胶水时,胶水需注入到孔底,使空气得以排除,避免气泡产生。

4. 植筋后植筋胶固化前必须做好保护工作,如在植筋胶初凝阶段时间内触动所植钢筋,钢筋的粘结强度会下降得很快,因此,钢筋植入后在一段时间内不得触动。

5. 施工时,先将所有需要植筋的部位进行钻孔和清孔工作,然后由施工现场管理人员进行孔洞检查,检查合格后再进行植入钢筋工作,做到施工有序,管理到位。

6. 施工顺序

(1) 凿出混凝土结构面。要求在进行植筋之前,将外围非结构层除去,或了解非结构层深度。

(2) 钻孔。定孔位:按设计图钢筋图示位置尺寸采用钢卷尺、钢板尺在需要植筋的旧混凝土面上定出钻孔位置,并加以记号标注;钻孔:应使用专门的电锤和钻头,孔深符合设计图纸要求或锚固长度要求,钻孔直径和植筋直径的匹配,应符合表 16-2-5 的规定。

植筋、化学螺栓直径及种植深度的匹配 表 16-2-5

植筋的直径 (mm)	钻孔直径 (mm)	钻孔深度 (mm)	植筋的直径 (mm)	钻孔直径 (mm)	钻孔深度 (mm)
8(植筋)	12	120	18(植筋)	25	270
10(植筋)	14	150	20(植筋)	28	300
12(植筋)	16	180	22(植筋)	30	350
14(植筋)	18	210	25(植筋)	32	400
16(植筋)	22	240			

(3) 清孔。对孔的清理,应先用刷子刷孔,再用吹气筒吹去孔内粉尘,清孔工作应至少进行三次。

(4) 配置粘结剂及对锚固钢筋除锈。严格按配比配置粘结剂,并必须搅拌均匀。如果所植钢筋生锈或有油污，应用除锈剂将污垢进行清洗。

（5）注粘结剂植筋开始向孔内注植筋胶，大致注满 1/3 孔体积，为预防孔内有空气，要求胶水一定要注入孔底。对加工好的钢筋（要求植入长度范围刷胶充分）植入注满胶的孔中，慢慢旋转插入钢筋，钢筋植入深度不小于 $15d$（d 为钢筋直径）。

（6）在植筋胶完全固化前，不得触动所植钢筋。

7. 施工质量标准及验收方式按照相关设计要求及产品说明规定的相应设计荷载，请国家专业质量检测单位到现场对植筋进行拉拔测试。

附录 A 中国地震动参数区划图

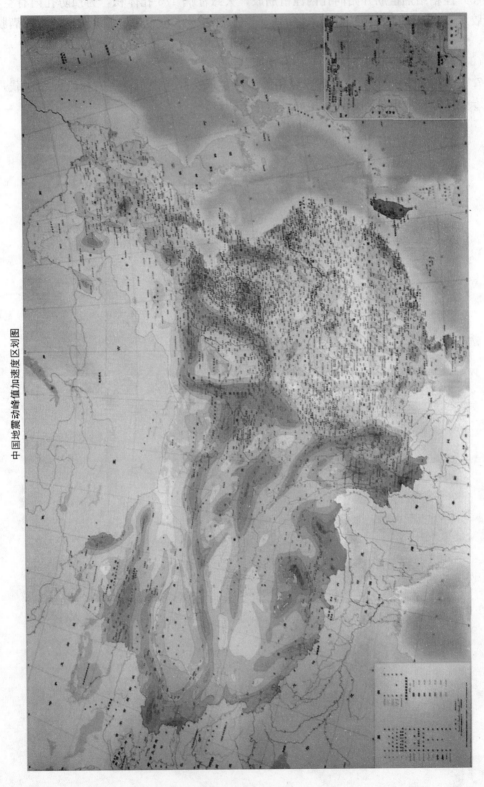

中国地震动峰值加速度区划图

附录 A 中国地震动参数区划图

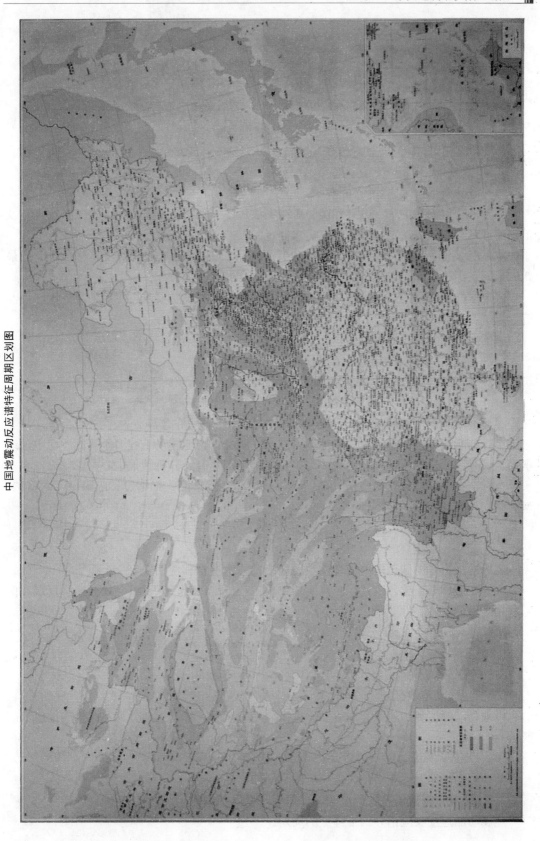

中国地震动反应谱特征周期区划图

附录 A 中国地震动参数区划图

中国地震动参数区划图说明书

前言

本标准的全部技术内容为强制性。

本标准是根据《中华人民共和国防震减灾法》第三章第十七条、第十八条有关规定及工程建设对编制地震动参数区划图的需求制定的。

本标准吸收了我国近10年来新增加的、大量的地震区划基础资料及其综合研究的最新成果，采用了国际上最先进的编图方法。

制定本标准的目的是为减轻和防御地震灾害提供抗震设防要求，更好地服务于国民经济建设。

中国地震动参数区划图包括：

a) 中国地震动峰值加速度区划图；
b) 中国地震动反应谱特征周期区划图；
c) 地震动反应谱特征周期调整表。

本标准由中国地震局提出并归口。

本标准起草单位：中国地震局地球物理研究所、中国地震局工程力学研究所、中国地震局地质研究所、中国地震局地壳应力研究所、中国地震局分析预报中心。

本标准主要起草人：胡聿贤、高孟潭、徐宗和、薄景山、张堵震、陈国星—谢富仁、李大华、冯义钧、许晏萍。

1 范围

本标准给出了中国地震地震动参数区划图及技术要素和使用规定。

本标准适用于新建、改建、扩建一般建设工程抗震设防，以及编制社会经济发展和国土利用规划。

2 定义

本标准采用以下定义。

2.1 地震动参数区划

以地震动峰值和加速度和地震动反应谱周期为指标，将国土划分为不同抗震设要求的区域。

2.2 地震动峰值加速度

与地震动加速度反应谱最大值相应的水平加速度。

2.3 地震动反应谱特征周期

地震动加速度反应谱开始下降点的周期。

2.4 超越概率

某场地可能遭遇大于或等于给定的地震动参数的概率。

2.5 抗震设防要求

建设工程抗御地震破坏的准则和在一定风险水准下抗震设计采用的地震烈度或者地震动参数。

3 技术要素

3.1《中国地震动峰值加速度区划图》和《中国地震动反应谱特征周期区划图》的比例尺为1∶400万。

3.2《中国地震动峰值加速度区划图》和《中国地震动反应谱特征周期区划图》的设防水准为50年超越概率10%。

3.3《中国地震动峰值加速度区划图》和《中国地震动反应谱特征周期区划图》的场地条件为平坦稳定的一般（中硬）场地。

3.4《地震动反应谱特征周期调整表》采用四类场地划分。

4 使用规定

4.1 新建、扩建、改建一般建设工程的抗震设计和已建一般建设工程的抗震鉴定与加固必须按本标准规定设防要求进行。

4.2 下列工程或地区的抗震设防要求不应直接采用本标准，需做专门研究：

a) 抗震设防要求高于本地震动参数区划图抗震设防要求的重大工程，可能发生严重奖惩灾害的工程，核电站和其他有特殊要求的核设施建设工程；

b) 位于地震动参数区划分界线附近的新建、扩建、改建建设工程；

c) 某些地震研究程度和资料详细程度较差的边远地区；

d) 位于复杂工程地质条件区域的大城市、大型厂矿企业、长距离生命线工程以及新建开发区等。

5 地震动反应谱特征周期调整表

地震动反应谱特征周期调整表

场地类型划分	特征周期分区			
	坚硬	中硬	中软	软弱
1区	0.25	0.35	0.45	0.65
2区	0.30	0.40	0.55	0.75
3区	0.35	0.45	0.65	0.90

6 关于地震基本烈度向地震动参数过渡的说明

本标准直接采用地震动参数（地震动峰值加速度和地震动反应谱特征周期），不再采用地震基本烈度。现行有关技术标准中涉及地震基本烈度概念的，应逐步修正。在技术标准等尚未修订（包括局部修订）之前，可以参照下述方法确定：

附录A 中国地震动参数区划图

a) 抗震设计验算直接采用本标准提供的地震动参数；

b) 当涉及地基处理、构造措施或其他防震减灾措施时，地震基本烈度数值可由本标准查取地震动峰值加速度并按下表确定，也可根据需要做更细致的划分。

地震动峰值加速度分区与地震基本烈度对照表

地震动峰值加速度分区 g	<0.05	0.05	0.1	0.15	0.2	0.3	≥0.4
地震基本烈度值	<Ⅵ	Ⅵ	Ⅶ	Ⅷ	Ⅷ	Ⅷ	≥Ⅸ

附录 B 中国地震烈度区划图(1990年版)

中国地震烈度区划图说明书

前言

我国是一个多地震的国家,地震的发生对我国经济建设和人民生命财产的危害十分严重。为了贯彻以预防为主的方针,减轻地震灾害,减少经济损失,在工程建设时,需要考虑当地可能遭遇的地震危险程度。地震区划是以现有资料为基础,根据当前的科学技术水平和地震危险程度对国土进行划分。地震区划图展示了地区之间潜在地震危险程度的差异。

从 30 年代即已开始的地震区划工作,迄今已有 50 余年的历史。随着科学技术的进步,地震区划的目的、内容和方法均在不断地改进和发展。我国的地震区划工作已经历了两个阶段:

(1) 1956 年前后,由李善邦和徐煜坚主持编制了我国 1:500 万的地震区划图。该图采用了两条原则,即曾经发生过地震的地区,同样强度的地震将来还可能重演;地质条件(或称地质特点)相同的地区,地震活动性亦可能相同。此图是我国的第一张全国性地震区划图件,它首次全面地反映了我国地震烈度分布的基本面貌,不足之处是此图没有赋予明确的时间概念,不少地方确定的烈度值偏高,因此未被建设部门接受使用。

(2) 从 1972 年至 1976 年,国家地震局编图组完成的 1:300 万地震区划图。该图是先进行地震危险区划,后完成地震烈度区划。地震危险区划是对未来百年内可能发生地震的地点和强度进行预测,地震烈度区划是在地震危险区划的基础上预测未来百年内遭遇的最大烈度分布。该图应用了当时对地震活动性和地震地质等方面的研究成果,描绘了初具时间概念的地震基本烈度区划图,即以一百年内,平均土质条件下,场地可能遭遇的最高地震烈度为编图的标准。该图被正式批准并颁布作为中、小型工程抗震设防的依据。该图反映了 70 年代中国地震区划的科学水平。

近十年来,我国的地震科学事业取得了明显的进步,积累了大量的新资料和研究成果;国内外在编制地震区划图的技术和方法有了新的进展;工程结构力学和抗震设计也已发展到了以极限状态为安全标准的概率设计阶段;我国新颁布的抗震设计规范(GBJ11—89)也引入了具有概率含义的三级设防准则。现有的观测事实和研究结果均表明,地震的发生和地震动的特性都具有一定的随机因素,还不能做出精确的预测,必须用可靠性理论的方法来处理。为了反映这些特点,应该进行概率含义的地震区划。

为了使地震区划适应当前工程建设抗震设计的实际需要和地震科学的发展水平,本区划图采用了地震危险性分析概率方法,图上赋予了有效时间区限和概率水平的含义。

中国地震烈度区划图(1990)的比例尺为 1:400 万,图上所标示的地震烈度值,系指在 50 年期限内,一般场地条件下,可能遭遇超越概率为 10% 的烈度值。50 内年超越概率为 10% 的风险水平,是目前国际上普遍采用的一般建筑物抗震设防标准。

本说明书旨在简要介绍编图的技术途径、原则方法、使用范围等，详细论述见专门的研究报告。

本图是在国家地震局震害防御司统一组织下完成的。参加编制的单位有各省、市、自治区地震局（办）和国家地震局所属研究所、队。本图的主编：高文学、时振梁。副主编：陈达生、金严、张裕明、叶洪、鄢家全、陶夏新。

一、技术途径

编制本区划图所遵循的技术思路为：
(1) 采用地震危险性分析概率方法；
(2) 考虑地震活动的时空不均匀性；
(3) 吸收中长期地震预报的研究成果。

目前，国际上工程地震研究中所采用的地震危险性分析概率方法，主要是由科内尔（Cornell，1968）等人发展起来的分析方法。编制本区划图时，考虑到我国地震活动强度高、分布广、复发周期长、地震构造复杂、区域性差异大的特点，并充分吸收了前两次地震区划工作的经验，以及近十余年来在中长期地震预测方面的科研成果，对地震危险性分析模型进行了必要的改进。

本次编图采用的地震危险性分析概率方法的主要特点是：
(1) 强调了地震统计特征，包括地震发生的时间过程和震级频度关系的统计分析，地震时间过程符合分段的泊松过程，用地震带内未来百年的地震活动趋势确定地震活动水平；
(2) 采用以震级为条件概率的地震空间分布函数，来反映地震活动在空间分布上的非均匀性，该函数同时也隐含了地震活动在时间域上的非均匀性。

这种方法用于区划的主要步骤和流程如附图所示。具体作法概述如下：
(1) 通过对区域地震活动性、地球物理场和地震地质条件的认识，划分出能反映地震活动特征和地震活动水平的统计单元（地震区、带）；
(2) 以地震带为基础，统计大小地震的震级—频度关系；分析未来100年内该带的地震活动趋势，由此确定该地震带的地震年平均发生率；
(3) 以强震发生的地质标志和地震活动图象为依据，进一步划分出具有不同震级上限的潜在震源区；
(4) 考虑各种预测因素，按震级间隔分档，分配地震年平均发生率于每个潜在震源区内；
(5) 考虑到地震波衰减的地区性特点，采用椭圆或共轭椭圆衰减模型，按各地区衰减的方向性，计算各场点的地震危险性；
(6) 按统一年限和概率水平的地震烈度值编制地震烈度区划图。

二、基础资料和图件

为本次编图需要而整理、编辑的基础资料和图件有：
(1) 中国微震震中分布图（1970～1986，$M=1\sim4.5$）；
(2) 中国活动构造图（据各省市地震局提供的新构造图和现代构造图资料整理编辑）；

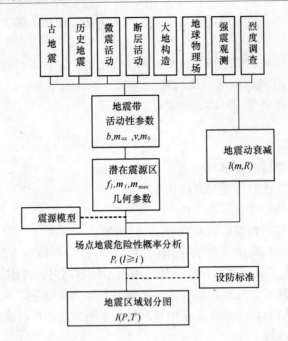

(3) 中国地震综合等震线图（据各省市地震局提供的等震线图编辑）；

(4) 中国地震震源机制分布图；

(5)《中国地震简目（BC780 — AD 1986，$M \geqslant 4\tfrac{3}{4}$》（由中国地震简目汇编组整编）；中国邻区历史地震简目和中国及邻区历史地震震中分布图；

(6) 强震观测资料；

(7) 各省、市、自治区地震局（办）地震区划编图组提供的基础图件和报告；

(8) 国家地震局所属各研究所、队提供的各种地球物理场、深部构造、地壳形变、卫星影像解释等图件和报告；

(9) 各专题研究报告，琼北、鲁南地震区划图和报告，和各期地震区划工作资料汇编，各种有关文集、报告等；

(10) 中国及邻区地震区、带划分图及说明；

(11) 中国及邻区潜在震源区分布图。

为保证基础图件的可信度，以上所编图件均采用比例尺为1∶250万图作底图。

三、划分地震区、带和潜在震源区

为了正确地反映地震活动强度、频度的空间非均匀性，本区划图采用先划分地震区、带，进一步确定潜在震源区的两级划分方法。

1. 划分地震区、带

地震活动和地质构造有着密切的关系，我国的地震活动和新构造活动有明显的区域性和成带性。地震活动的强度、频度和新构造活动有明显相关的地区和地带，分别称之为地震区和地震带。根据我国大区域地震活动和地质构造的特点，可分为东北、华北、华南、新疆、青藏高原、台湾和南海7个地震区。

地震带的划分是在划分地震区的基础上进一步区分出构造活动性和地震活动性的地区

差异。这主要是指各地震带间地震活动强度和频度上的差异,这些差异直接影响到危险性分析中参数的选取和地震危险程度的评估。本区划图所定义的地震带,具有统计单元的功能。这不仅要反映带内地震活动的区域性特点;还要含有一定数量的大小地震,使各项地震活动性参数具有稳定性和代表性。

划分地震带的主要依据为:

(1) 新构造、现代构造运动性质、强度一致性较好或类似的地带;

(2) 地震活动性相一致或基本一致的地带,这包括地震强度、频度、最大震级、地震活动周期、古地震和历史地震的复发间隔、应变积累、释放过程、震源深度等;

(3) 地球物理场和地壳结构相类似的地带。

地震带的边界是根据构造活动带、地震活动性、地球物理场变异带等多种依据综合确定的。

根据上述划分地震带的原则和依据,将中国及其邻区共划分为 27 个地震带。

2. 划分潜在震源区

潜在震源区系指未来可能发生破坏性地震的地区。潜在震源区是根据构造类比和地震活动的空间分布特征确定的。构造类比是指历史上虽然没有强震记载,但与已经发生过强震地区的构造条件具有类似特点的地段或地区进行对比,以此划分为同类震级上限的潜在震源区;或虽无强震记载,但有古地震遗迹的地段,也可根据古地震的强度划定;地震活动的空间分布特征,是指在历史上已经发生过强震,或中、小地震成带或成丛密集分布的地段或地区,判定为该地区有可能发生破坏性地震,可据其活动规模并结合构造条件来划分潜在震源区。具体划分潜在震源区时,考虑了以下几个方面:

(1) 主要以地震带为基础确定潜在震源区,对于非地震带内的潜在震源区,据当地地震和地质条件划定;

(2) 根据地震构造标志来确定其范围,特别是具有高震级上限的潜在震源区,由于标志明确,范围相对要小;

(3) 在强震原地重复率不高和地震活动性强但记录时间短的地区,充分重视构造类比和图像识别研究的成果;

(4) 历史上已发生过 5.5 或 6 级以上地震的地区,都要划出高于或等于该震级的潜在震源区;

(5) 为便于统计计算,潜在震源区边界均采用直线,通常潜在震源区的延伸方向代表发震断层的方向,可作为地震动衰减的长轴方向。

据此,在全国及相邻地区划分出 733 个潜在震源区。

四、地震活动性参数

本区划图分析计算中采用的地震活动性参数包括:震级上限(m_u),震级—频度关系式中的 b 值,地震年平均发生率(v),起算震级 m_0 和地震空间分布函数 $f_{l,mj}$ 等。

1. 确定地震活动性参数的原则

本区划图基于地震危险性分析方法,力求反映地震活动在时间和空间分布上的非均匀性,按"分两级确定参数"的原则进行,即首先确定地震带的参数,再进一步确定各潜在震源区的参数。确定地震活动性参数时具体考虑了下列几个方面。

(1) 为了客观描述该区的地震活动水平，并使地震危险性分析建立在对未来地震趋势认识的基础上，本区划图以地震带作为确定地震活动性参数的统计单元；

(2) 为了保持地震事件的独立性和随机性，删除了大地震的余震和震群。

在某些特定地区，如宁夏的吴忠附近和山西的垣曲等地，常在很短的时间内发生若干次震级相差不大（1级之内）的地震群，对于此类地震群只保留其中最大的一次地震；对于我国东部地区，把能够判断为余震的均删除；西部地区地震活动的重复期较短，只删去主震后两年内的余震。

(3) 依据地震活动趋势分析，评估从目前起未来百年内可能有的地震活动水平，确定地震带总的地震年平均发生率；

(4) 为了保证高震级地震的影响不被低估，本区划图按震级档来分配地震年平均发生率，并用地震空间分布函数来描述地震活动的时、空不均匀性；

(5) 吸收中长期地震预测的科研成果，采用多项因子综合评定方法来确定地震空间分布函数 $f_{l,mj}$。

2. 确定地震带活动性参数的主要依据

(1) 震级上限 m_{uz}：地震带内的震级上限（m_{uz}）是指该地震带内可能发生的地震震级上限值，预期未来达到和超过该震级地震的概率趋于0。确定该参数的主要依据为：①地震带的最大历史地震震级；②已发现的地震带内的最大古地震震级；③地震带内的地震构造规模和性质类比结果。

(2) 起算震级 m_0：m_0 是指对场点有影响的最小震级，它与震源深度，震源类型以及工程抗震要求有关。由于浅源地震对工程的影响较大，甚至有一些4级地震就能造成轻微的破坏；因此，为了确保Ⅵ度以上烈度值的可靠性，在编制本区划图中各地震带的起算震级 m_0 均取为 $m_s 4.0$ 级。

(3) 震级—频度关系式中的 b 值：b 值代表一个地区内大小地震频次的比例关系，它与该地区的应力状态和地壳介质破裂强度有关。在地震危险性分析中，b 值是一个重要的参数，它的作用在于确定地震震级的分布密度函数和各级地震的年平均发生率。潜在震源的 b 值，选取该潜在震源所在地震带（或地震区）统计所得的 b 值。

本区划图所使用的 b 值，是由常用的震级—频度关系式确定的，
$$\log N = a - bM$$
式中　M 为震级；N 为累积频度；a,b 为系数。

所用的统计方法有：

利用历史地震资料统计：当地震带内某一可信时间域和可信震级域内的地震资料相对比较完整时，可利用相应时段和相应震级域的历史地震资料进行统计。

历史地震和近期小震相结合统计：对于历史地震资料记载时间较短，历史地震频度偏少，而近期仪器记录的中小地震又比较完整、丰富的地震带，则采用历史地震和近期小震相结合的方法求 b 值。以使延长震级区间，扩大样本量，比较客观地反映该区的大小地震的比例关系。

引用大区的 b 值：个别地震带地震资料太少，无法得到合理的 b 值，则根据地质构造和地震括动性类比原则，直接引用该地震带所在地震区的 b 值来代替地震带的 b 值。

(4) 地震年平均发生率 (v)：地震年平均发生率是指地震带内每年发生等于和大于震

级为 m_0 的地震数,该参数代表了地震带的地震活动水平。地震年平均发生率的准确性,对地震危险性分析结果的影响颇大。地震年平均发生率是依据地震带上的 b 值及对该带未来地震活动趋势预测的基础上确定的。它与所选取的地震资料统计时段有关,要求在该时段内备震级档的地震资料完整、可靠;同时还需要考虑地震活动在时间上的非均匀性,要求被统计时段的地震活动性能代表未来百年内的地震活动水平。实际上,历史地震资料记录中往往遗漏一些震级较低的地震,因而影响到对未来地震趋势的估计。为此,在确定地震年平均发生率时,必须考虑地震资料本身的时、空不均匀性和完整性。

确定 v 值所遵循的方法和依据主要有:

以地震带为统计单元确定其 v 值;

各地震带的 m_0 均取取 $m_s 4.0$ 级;

利用地震活动趋势估计对 v 值进行宏观控制,使其同该地震带未来百年内的地震活动水平相当;

当未来百年内的地震活动水平可以用长时间的平均活动水平来代表时,则直接依据该带的 a、b 值确定 v 值;

在地震带内中、小历史地震遗漏较多的情况下,则由高震级地震的年平均发生率来推算震级大于 4 级的地震年平均发生率 v 值;

● 地震带内近期地震活动水平低,但预测未来百年内又有可能进入活动高潮期的地震带,则选用历史上相应活动期的年平均发生率;

● 若本地震带的地震资料太少,可以用区域的 b 值和带内中强地震的年平均发生事来推算。

3. 确定潜在震源区地震活动性参数的主要依据

(1) 潜在震源区的震级上限:潜在震源区的震级上限 m 是指该潜在震源区内可能发生的最大地震震级。预期未来发生超过该震级地震的概率趋于 0。潜在震源区的震级上限主要是通过对该潜在震源区本身的地震活动性和地质构造特点来确定。

对于已经发生过破坏性地震的潜在震源区,通常根据历史地震资料来进行评定:若该区地震资料丰富,历史地震资料记载已超过几个活动周期,可认为历史记载的最大震级代表了该潜在震源区的震级上限;如果由构造类比所得到的结果高于史料记载的最大震级,则以构造类比的结果作为该区的震级上限;

对于尚未记载到破坏性地震的潜在震源区,其震级上限可通过对该区地震构造条件与同一地震带中已知强震震中区的构造进行对比分析,并考虑图象识别等研究成果来确定;也可参考各种统计方法(如活断层的长度、位错量与震级的关系,标志性地震活动的空间尺度与震级的关系等)及古地震的震级来确定。

(2) 潜在震源区震级上限间隔:编制本区划图中的震级间隔取 0.5 级。所以,潜在震源区的震级上限分为 8.5,8,7.5,7,6.5,6,5.5,5 八个震级档次。由于我国各地震带的地震活动水平相差很大,对地震活动水平很高,发生 6 级或 6.5 级地震随机性很大的地震带,如青藏高原边缘各地震带,南、北天山地震带,只能分出震级上限 6.5 级或 7 级以上五个或四个震级档次的潜在震源区,而将 6 级或最 6.5 级地震作为本底地震处理。

(3) 本底地震:依据地质构造、历史地震和仪器记录地震的分析,通常以不能明确地划归某个潜在震源区的最大地震,可认定为该区域的本底地震。

(4) 地震空间分布函数 $f_{l,mj}$：为了如实地反映地震活动的时、空不均匀性，需要将地震带内的地震年平均发生率，按预测结果合理地分配到相应的各潜在震源区中去。本区划图应用震级分档的方法来分配地震年平均发生率。该方法不仅充分反映了地震活动的时空不均匀性，而且可以避免低估大地震的危险程度。

按地震危险性分析的思路，地震带内 m_j，档震级的地震年平均发生率可以表示为：

$$v_{mj} = \frac{2v\exp(-\beta(m_j - m_0))SH\left(\frac{1}{2}\beta\Delta m\right)}{1 - \exp(-\beta(m_{uz} - m_0))}$$

式中　$\beta = b \times \ln 10$。b 为该地震带震级频度关系式中的 b 值；$SH(1/2\beta\Delta m)$ 为变量的正弦双曲函数。

对于地震带中的第 l 个潜在震源区，各震级档 m_j 的年平均发生率可以表示为：

$$v_{l,mj} = \frac{2v\exp(-\beta(m_j - m_0))SH\left(\frac{1}{2}\beta\Delta m\right)}{1 - \exp(-\beta(m_{uz} - m_0))} f_{l,mj}$$

式中　m_{uz} 为地震带的震级上限，Δm 为震级分档间隔。本研究中 $\Delta m = 0.5$，m_j 是分档向隔中心对应的震级值，$f_{l,mj}$ 即为地震空间分布函数。

在确定各潜在震源区的空间分布函数 $f_{l,mj}$ 时，着重考虑了以下几个方面的因素。

潜在震源区的可靠性程度。可由潜在震源区的地震构造条件或图像识别方法所判断可能发震的概率值来确定；

中长期地震预报成果。参考了包括国家地震局组织的 2000 年前的地震危险区划分研究成果和 1977 年编制的"中国地震危险区划图"上所反映的高震级地震危险区等一系列成果。

地震活动的区域特征。包括历史地震和古地震重复时间间隔，大地震的减震作用。地震活动图像及水平等区域特征。注意了东部地区强震活动的"免疫性"和"新生性"，西部地区则强调其强震活动的"重复性"。

面积因素。在划分潜在震源区边界时，应尽可能考虑地震构造因素，但还得考虑同一地震带相同震级档次地震的随机性，即在单位面积上发震概率相近的因素，也就是将潜在震源区面积作为空间分布因素之一来考虑。

具体分析时，根据上述四个方面的因素对空间分布函数单独赋值，对每一个因素先在地震带内按某一震级档次归一化，然后再根据各因素之和在地震带内归一化，即可得到相应地震带内各潜在震源区分震级档次的空间分布函数 $f_{l,mj}$。

五、地震烈度衰减关系和等震线长轴取向

1. 烈度衰减关系

烈度衰减关系由地震等震线资料拟合求得，选用的资料要求震级 M 和烈度 I 独立测定，故所选用的资料均为有仪器测定的震级，同时也有详细的宏观调查报告。

本次编图所使用的烈度衰减关系公式为：

$$I = a_0 + a_1 M - a_2 \ln(R + R_0)$$

式中系数 a_0，a_1，a_2 常数，R_0 由地震等震线资料拟合求得。

根据中国地震的特点，等震线形状取为椭圆形，分别对长短轴两个方向求得衰减关

系式。

公式的使用范围取决于原始资料的覆盖范围，如果超过此覆盖范围时，对其适用性应持慎重态度。

所选地震等震线资料包括了地震震级 M，烈度值（I）及长、短轴半径（R_a，R_b）三个参数，这三个参数的覆盖范围为：

震级：总共选用198个地震的等震线，这198个地震的震级分布为：

M：	5～5.5	5.6～6	6.1～6.5	6.6～7	7.1～7.5	7.6～8	≥8
N：	59	42	42	21	22	10	3

其中等震线共566条，随烈度值的分布为：

烈度：	Ⅴ	Ⅵ	Ⅶ	Ⅷ	Ⅸ	Ⅹ	Ⅺ
条数：	97	169	149	88	44	16	3

长半轴（震中距）的分布范围为：

长轴半径：	0～5km	6～10km	11～150km	>150km
条数：	36	92	405	33

这些数据基本上集中于烈度Ⅴ～Ⅷ度，震中距在150km之内。直接用这些数据拟合得到的烈度衰减公式，在近场和远场都不能恰当地反映真实情况，其可信度都大为降低。

为了使远、近场的烈度衰减曲线逼近其真实情况，采取了以下措施：

近场：由于等震线资料只给出了最内圈等震线的烈度，没有反映震中处（$R<5km$时）的最高破坏情况。因此，在震中区要增加控制点，其烈度值在最内等震线烈度上加0.1～1度。

远场：现有等震线只绘到Ⅴ度。为了更好地反映远场衰减情况，增加了有感范围半径作为控制点。一般有感烈度为Ⅲ—Ⅴ度，计算时取3.5度。有感半径（R）与震级的关系式如下：

$$\log R = 0.22M + 1.11 \qquad 5 < M \leq 8.5$$

有感范围形状取为圆形，即I=3.5度时，等震线长、短轴相等。据此数据再拟合，使得衰减曲线的近、远场形态都得到了很好的控制。

由于数据点随震级、烈度和震中距的分布极不均匀。故拟合过程中采取了加权的措施。

同时，还对拟合方法进行了试验，其结果表明，在增加了远、近场控制点之后，不同的拟合方法对结果的影响不超过0.5度。

为了要保证足够的数据量和区域构造的特点，使危险性分析计算中尽量避免过多的数值不连续，将全国分为东部和西部二个区，分别给出烈度衰减关系。

中国东部：

长轴 $I = 6.046 + 1.480M - 2.081\ln(R+25)$ $S=0.49$

短轴 $I = 2.617 + 1.435M - 1.441\ln(R+7)$ $S=0.56$

中国西部：

长轴 $I = 5.643 + 1.538M - 2.109\ln(R+25)$ $S = 0.64$

短轴 $I = 2.941 + 1.363M - 1.494\ln(R+7)$ $S = 0.61$

式中，I 为地震烈度，M 为面波震级，R 为震中距（单位：km），S 为标准误差。

2. 椭圆长轴取向及其概率分布

由于地震等震线为椭圆形，除地震震级和距离外，等震线长轴取向对场点地震危险性也起着一定的作用，在近场尤其显著。通常内圈等震线比较狭长，到外圈等震线逐渐趋于圆形。因此，等震线的取向对近场地震动的影响较大，而对远场区的影响则较小。

等震线长轴取向随地而异，主要与当地的区域活动构造走向有关。如华北地区等震线长轴取向有两个明显的优势方向，即北北东和北西西方向，西北地区的等震线长轴取向则以北西西为主。在危险性分析计算中，等震线长轴取向用分布函数，$f(\theta)$ 表示。其概率分布大致有四种类型：

对于只有单一走向断层的潜在震源区，$f(\theta) = 0.5\delta(\theta_1) + 0.5\delta(\theta_2)$ 其中 θ_1 和 θ_2 分别为共轭断裂的两个走向。

对于以一个方向断层为主，另一方向断层为辅的潜在震源区，$f(\theta) = 0.7\delta(\theta_1) + 0.3\delta(\theta_2)$，其中 θ_1 和 θ_2 分别为主干断裂与分支断裂的走向。

对于断层走向不清楚的潜在震源区，包括本底地震，则按照椭圆长轴方向在180度范围内的概率均匀分布。

六、地震危险性分析计算

设有 N 个地震带对场点的地震危险性有贡献。若第 n 个地震带对场点地震动年超越概率为 $P_n(I \geqslant i)$，则场点总的地震动年超越概率表示为：

$$P(I \geqslant i) = 1 - \prod_n^N [1 - P_n(I \geqslant i)]$$

在地震危险性分析中，最关键的步骤是确定第 n 个地震带对场点的地震危险性。以某一特定地震带为例，叙述确定地震带对场点的地震危险性。为简单起见，公式中参数略去了关于地震带的角标，所有参数都描述同一地震带。

地震带是地震活动性分析的基本统计单元，它应具有统计上的完整性和地震活动趋势的一致性。地震时间过程符合分段的泊松过程。在 t 年内，年平均发生率为 v，则

$$P_{kt} = \frac{(vt)^k}{k!}e^{-vt}$$

式中 P_{kt}，为统计区内未来 t 年内发生 k 次地震的概率。

地震带内大小地震的比例遵从修正的震级额度关系，相应的震级概率密度分布函数为

$$f_m(m) = \frac{\beta\exp[-\beta(m-m_0)]}{1-\exp[-\beta(m_{uz}-m_0)]}$$

式中 $\beta = b \times \ln 10, m_{uz}$ 为地震带的震级上限。

在地震带内，可划分出若干潜在震源区。潜在震源区的地震空间分布函数是一个与震级有关的常数，记作 $f_{l,mj}$，其物理含意是一次震级为 $m_j \pm \frac{1}{2}\Delta m$ 的地震落在第 l 个潜在震源区内的概率。它作为震级的条件概率，可以反映地震带内地震强度空间分布的非均匀性。对指定震级档的 $f_{l,mj}$ 在整个地震带内是归一化的，即有

$$\sum_{l=1}^{N_s} f_{l,mj} = 1$$

其中 M 为地震带内潜在震源区总数，$f_{l,mj}$ 可以用统计方法综合判断确定。

Δm 为震级分档步长，m_j 的定义是从起算震级 m_0 到潜在震源区的震级上限 m_u 的若干档中第 j 档的中心震级。

根据分段泊松分布模型和全概率定理，地震带内所发生的地震，影响场点的地震烈度值（I）超越培定值（i）的超越概率为

$$P(I \geqslant f) = 1 - \exp\left\{-v\sum_{l=1}^{N_s}\iiint\sum_{j=1}^{N_m} P(m_j)f_{l,mj}/s_l \cdot P(I \geqslant i \mid E)f_l(\theta)\mathrm{d}x\mathrm{d}y\mathrm{d}\theta\right\}$$

式中 $P(m_j)$ 为地震带内地震落在 j 震级档 $m_j \pm \frac{1}{2}\Delta m$ 的概率；N_m 为震级分档档数：

$$P(m_j) = \frac{2}{\beta} f_m(m_j) SH\left(\frac{1}{2}\beta\Delta m\right)$$

由以上两式可得：

$$P_n(I \geqslant i) = 1 - \exp\left(-\frac{2v}{\beta}\sum_{l=1}^{N_s}\sum_{j=1}^{N_m}\iiint P(I \geqslant i \mid E)f_m(m_j)SH(\frac{1}{2}\beta\Delta m)f(\theta)f_{l,m}/S_l\mathrm{d}x\mathrm{d}y\mathrm{d}\theta\right)$$

式中 $P(I > i \mid E)$ 是其中第 l 个潜在震源区内发生特定事件（震级为 $m_j \pm \frac{1}{2}\Delta m$，特定的椭圆长轴取向）时场点处地震烈度值超过 i 的概率。

由于烈度衰减关系具有一定的离散性，由于衰减公式中给出的只是烈度的期望值。为了使区划结果更为安全、可靠，必须考虑衰减关系的离散性。

计算中所采用的校正方法，是目前地震危险性分析中普遍使用的方怯，即按烈度衰减关系的离散性符合正态分布。衰减关系的校正问题，已经在计算程序中考虑，计算输出的数值即为经过校正的结果。

为了保证有适当密度的格点值，以供勾划烈度分区界线，又不至于增加过多的计算量，计算格点以 $0.2° \times 0.2°$ 为间距，全国范围总共有 3 万个计算格点。

计算时的输入参数是各个地震带的 b 值、v 值，各个潜在震源区节点的坐标经度、纬度，各个潜在震源区的主破裂面走向，震级上限，地震带地震空间分布函数；以及区域衰减关系式中的系数和标准误差。计算采用的计算程序，是由国家地震局于 1988 年 8 月组织专家组审查过的计算程序。

七、地震烈度区划

依照本区划图 1：400 万比例尺的精度要求，对全国 3 万个控制点进行地震危险性概率计算，并按 50 年 10% 的超越概率水平得到相应的烈度值。

以全国范围 68 个县、市（其中 26 个县、市位于高震级潜在震源区内）作为样本，对各项地震活动性参数进行敏感性分析。评估对计算结果的不确定性影响。其中：

地震年平均发生率若提高 50% 或降低 50% 时，在以 50 年超越概率 10% 的情况下（以下同），其烈度结果差别约 0.1~0.5 度；

b 值变化，相应的 v 值也随之改变。当 b 值变化±0.05 时，对于远离强震震源区的场点，烈度变化约 0.1～0.3 度；对处于强震潜在震源区内的场点，烈度变化约 0.2～0.4 度。

潜在震源区主破裂方向的不确定性影响：若椭圆长轴取向差值在 15 度以内，其计算结果的烈度差值小于 0.1 度；

在烈度分区作归并时，调整幅度一般为 0.2～0.3 度，少数高烈度区中的控制点为 0.4～0.6 度。图上分出五类烈度区：＜Ⅴ、Ⅵ、Ⅶ、Ⅷ 和 ＞Ⅸ。

八、结语

(1) 关于区划图上烈度值的含义：鉴于我国一般工业和民用建筑结构设计的使用基准期为 50 年，本区划图所标示的地震烈度值，系指 50 年期限内，一般场地条件下，可能遭遇超过概率为 10% 的烈度值。该烈度值称为基本设防烈度。

(2) 本区划图的适用范围

国家经济建设和国土利用规划的基础资料。

一般工业和民用建筑的地震设防标准。

制定减轻和防御地震灾害对策的依据

(3) 由于编图所依据的基础资料、比例尺和概率水平所限，本区划图不宜作为重大工程和某些可能引起严重次生灾害的工程建设的抗震设防依据。此类重要工程的地震环境选址和抗震设计的地震动参数的确定，都必须按有关规定和工作大纲的要求，做更详细的工程地震研究。

(4) 由于资料的详简程度不一，影响到各地区的成图精度也有较大的差别。对于某些边远地区，因研究程度较差，在这些地区开展建设时，应尽可能补做一些工程地震工作。

(5) 本区划图不包括我国海域部分及小的岛屿。

参 考 文 献

[1] 住房和城乡建设部主编. 建筑抗震设计规范 GB 50011—2001(2008 年版). 北京：中国建筑工业出版社，2008

[2] 住房和城乡建设部主编. 建筑工程抗震设防分类标准 GB 50223—2008. 北京：中国建筑工业出版社，2008

[3] 住房和城乡建设部主编. 镇(乡)村建筑抗震技术规程 JGJ 161—2008. 北京：中国建筑工业出版社，2008

[4] 住房和城乡建设部主编. 建筑抗震加固技术规程 JGJ 116—98. 北京：中国建筑工业出版社，2008

[5] 中国建筑工业出版社编. 建筑工程检测鉴定加固规范汇编. 北京：中国建筑工业出版社，2008

[6] 住房和城乡建设部主编. 危险房屋鉴定标准 JGJ 125—99(2004 年版). 北京：中国建筑工业出版社，2004

[7] 住房和城乡建设部主编. 混凝土结构加固设计规范 GB 50367—2006. 北京：中国建筑工业出版社，2006

[8] 住房和城乡建设部主编. 碳纤维片材加固混凝土结构技术规程 CECS146：2003(2007 年版). 北京：中国建筑工业出版社，2007

[9] 东京都防灾会议. 东京都地区防灾规划—震灾篇. 北京：地震出版社，2004

[10] 王静爱等. 中国自然灾害时空格局. 北京：科学出版社，2006

[11] 王龙珠主编. 防灾工程学导论. 北京：中国建筑工业出版社，2006

[12] 周德源等. 建筑结构抗震技术. 北京：化学工业出版社，2006

[13] 陈肖柏等. 土的冻结作用与地基. 北京：科学出版社，2006

[14] 中国地震局监测预报司编. 2004 年印度尼西亚苏门答腊 8.7 级大地震及其对中国大陆地区的影响. 北京：地震出版社，2005

[15] 中国灾害防御协会编. 中国灾害大事记. 北京：地震出版社，2004

[16] 北京市建设委员会组织编写. 中国古建筑修建施工工艺. 北京：中国建筑工业出版社，2007

[17] 吴紫汪主编. 冻土地基与工程建筑. 北京：海洋出版社，2005

[18] 袁海军主编. 建筑结构检测鉴定与加固手册. 北京：中国建筑工业出版社，2006

[19] 王亚勇主编. 建筑抗震设计规范算例. 北京：中国建筑工业出版社，2006

[20] 中国建筑科学研究院工程抗震研究所. 房屋建筑抗震设计常见问题解答. 北京：中国建筑科学研究院，2004

[21] 国家地震局. 中国地震烈度区划图. 北京：地震出版社，1991

[22] 中国地震局等. 中国地震动参数区划图. 北京：国家质量技术监督局，2001

[23] 戴国莹主编. 房屋建筑抗震设计. 北京：中国建筑工业出版社，2005

[24] 尹之潜主编. 地震损失分析与设防标准. 北京：地震出版社，2004

[25] 刘大海等. 建筑抗震构造手册. 北京：中国建筑工业出版社，2006

[26] 孙瑞虎主编. 房屋建筑修缮工程. 北京：中国铁道出版社，1988

[27] 彭圣浩主编. 建筑工程质量通病防治手册. 北京：中国建筑工业出版社，1984

[28] 陕西省建筑设计院编. 建筑材料手册(第二版). 北京：中国建筑工业出版社，1984

[29] 马福昌主编. 建筑工程概预算. 北京：解放军出版社，1995

[30] 刘云鹤主编. 营房维修. 北京：解放军出版社，1987

参考文献

[31] 华克专等. 建筑修缮工程技术手册. 北京：中国建筑工业出版社，1992
[32] 李鸿猷. 城乡建筑工程质量通病分析与防治530问. 成都：四川科学技术出版社，1987
[33] 兰后基建营房部. 军队营房简明知识手册(军队内部). 1992
[34] 许兴华. 房屋建筑维修手册. 济南：山东科学技术出版社，1988
[35] 董吉士等. 房屋维修加固手册. 北京：中国建筑工业出版社，1987
[36] 杨文渊. 实用土木工程手册. 北京：人民交通出版社，1985
[37] 童长江，管枫年. 土的冻胀与建筑物冻害防治. 北京：水力电力出版社，1985
[38] 钱鸿缙. 湿陷性黄土地基. 北京：中国建筑工业出版社，1985
[39] (前苏联)E·A·索洛昌著. 膨胀土上建筑物的设计与施工. 徐祖森等译. 北京：中国建筑工业出版社，1985
[40] 李文治编. 泵的构造与维修(第一版). 科学文献出版社重庆分社，1988
[41] 潘金生编. 离心式水泵的维护检修. 北京：煤炭工业出版社，1976
[42] 国家机械工业委员会统编. 中、高级管道工工艺学. 北京：机械工业出版社，1994
[43] 田家山主编. 水泵及水泵站. 上海：上海交通大学出版社，1989
[44] 李正华，江建华编. 工业锅炉检验. 北京：劳动人事出版社，1987
[45] 李德英编. 锅炉量化管理与节能技术. 北京：中国建筑工业出版社，1992
[46] 国家劳动总局编. 锅炉与压力容器安全. 上海：上海科学技术出版社，1985
[47] 王哲显编. 采暖系统运行、维修与管理. 北京：中国建筑工业出版社，1990
[48] 何伟等编. 简明水暖工手册. 北京：中国建筑工业出版社，1987
[49] 王旭等编. 给排水工程与卫生设备. 北京：中国建筑工业出版社，1988
[50] 宋仁元主编. 防止给水系统的漏损. 北京：中国建筑工业出版社，1988
[51] (美)威廉S·福期特. 市政工程维护与管理. 李延直等译. 北京：中国建筑工业出版社，1983
[52] 李秋富编. 水暖维修工. 北京：中国建筑工业出版社，1988
[53] 同济大学等编. 锅炉及锅炉房设备. 北京：中国建筑工业出版社，1988
[54] 《实用电工手册》编写组. 实用电工手册. 北京：北京科学技术出版社，1983
[55] 周萃初编. 怎样装修电灯. 上海：上海科学技术出版社，1983
[56] 洪觉民，王乃新，王静争编著. 中小自来水厂管理维护手册. 北京：中国建筑工业出版社，1990
[57] 陈家盛编. 电梯结构原理及安装维修. 北京：机械工业出版社，1990
[58] 邮电部邮政总局主编. 供用电设备维护手册. 北京：人民邮电出版社，1994
[59] 卢存恕. 建筑抗震设计手算与构造. 北京：机械工业出版社，2005
[60] 宋健雄主编. 低压电气设备运行与维修. 北京：高等教育出版社，1977
[61] 腾松林，杨校生编著. 触电漏电保护器及其应用. 北京：机械工业出版社，1994
[62] 邓钫印编. 建筑工程防水材料手册. 北京：中国建筑工业出版社，1994.
[63] 张有才等. 建筑物的检测鉴定. 加固与改造. 北京：冶金工业出版社，1997
[64] 张熙光等. 建筑抗震鉴定加固手册，第一版. 北京：中国建筑工业出版社，2001
[65] 许炳权. 装饰装修施工技术，第一版. 北京：中国建材工业出版社，2003
[66] 梅全亭等. 营房抗震加固与维修技术手册. 北京：中国建筑工业出版社，2008